Estrategias de aprovisionamiento y utilización de las materias primas líticas en el campo volcánico Pali Aike (prov. Santa Cruz, Argentina)

Judith E. Charlin

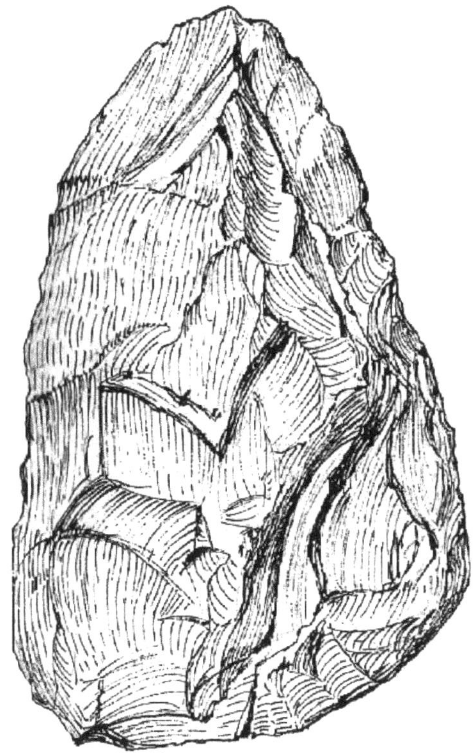

BAR International Series 1901
2009

Published in 2016 by
BAR Publishing, Oxford

BAR International Series 1901

Estrategias de aprovisionamiento y utilización de las materias primas líticas en el campo volcánico Pali Aike (prov. Santa Cruz, Argentina)

ISBN 978 1 4073 0383 3

BAR Publishing is the trading name of British Archaeological Reports (Oxford) Ltd. British Archaeological Reports was first incorporated in 1974 to publish the BAR Series, International and British. In 1992 Hadrian Books Ltd became part of the BAR group. This volume was originally published by Archaeopress in conjunction with British Archaeological Reports (Oxford) Ltd / Hadrian Books Ltd, the Series principal publisher, in 2009. This present volume is published by BAR Publishing, 2016.

Printed in England

BAR
PUBLISHING

BAR titles are available from:

BAR Publishing
122 Banbury Rd, Oxford, OX2 7BP, UK
EMAIL info@barpublishing.com
PHONE +44 (0)1865 310431
FAX +44 (0)1865 316916
www.barpublishing.com

ÍNDICE DE CONTENIDOS

SECCIÓN 4: Las materias primas líticas. Análisis y resultados

---

SECCIÓN 5: La evidencia artefactual. Análisis y resultados

SECCIÓN 6: Discusión y conclusiones

SECCIÓN 7: Anexos

AGRADECIMIENTOS

sta tesis se ha llevado a cabo en el marco de los siguientes proyectos de investigación dirigidos por el Dr. Luis A. Borrero: PIP-CONIC T 2390, PIP- CONIC T 5676, PICT-ANICyT 04-9498, Grant-National Geographic Society 7736-04 y BACyT F133.

n primer lugar, mis mayores agradecimientos a mis directores de tesis y becas, la Dra. Nora V. Franco y el Dr. Luis A. Borrero, por acompa arme, asesorarme y guiarme en el desarrollo de las investigaciones para esta tesis.

Mis agradecimientos en particular y de todo el equipo en general a la familia Rodr guez ahn, que nos han mostrado su hospitalidad y apoyo durante los traba os de campo, especialmente a Lili y Federico.

Tambi n quiero agradecer a Patricia Campan, Flavia Carballo Marina, uan B. Belardi y Silvana spinosa por las numerosas veces que me han hospedado cari osamente en sus respectivas casas en R o Gallegos.

Asimismo, tanto Patricia como Flavia, unto con Liliana Manzi, han respondido a mis frecuentes preguntas sobre La Carlota 1. Liliana ha colaborado mucho en el armado de los mapas que se presentan en esta tesis, por lo cual no puedo de ar de agradecerle enormemente las horas que ha pasado conmigo localizando los puntos del GPS.

A la Dra. Amalia Sanguinetti de Bórmida por permitirme volver a analizar la colección de Las Buitreras 1, como as tambi n las muestras de materiales recolectados en superficie en la cuenca del r o Gallegos, l Volc n y Markatch Aike 1. Tambi n al Dr. Hugo acobaccio por facilitarme gentilmente sus informes de beca sobre los artefactos l ticos de algunos de estos sitios. La Dra. ulieta Gómez Otero tambi n me ha facilitado sus informes como becaria del CONIC T sobre las investigaciones en Potrok Aike y uni Aike.

A mis compa eros de equipo, con quienes he pasado gratas ornadas de traba o de campo y de laboratorio. A Ramiro Barberena, con quien compartimos paso a paso el desarrollo de las respectivas tesis y hemos intercambiado ideas, preguntas y algunas respuestas. A Lorena L'Heureux y Marcelo Cardillo que me han ayudado a resolver cuestiones estad sticas. A Marcelo en especial por haber colaborado conmigo con los an lisis de morfometr a geom trica. A Fabiana Martin y Carola Casti eira por hacer m s divertidas las ornadas de traba o. A Karen Borrazo, con quien hemos compartido largas horas en el Departamento de Petrograf a del Museo B. Rivadavia. A Mar a Clara tchichury por todo su asesoramiento, gentileza y paciencia (sobre todo) para ense arnos a reconocer e identificar diferentes tipos de rocas. A Daniel Here por ayudarme enormemente en la edición de esta tesis. A Lili Charr , por los dibu os de los artefactos l ticos que ha realizado, algunos de los cuales se presentan aqu .

Finalmente a los urados de esta tesis, las Dras. Cecilia P rez de Micou, Victoria Horwitz y D nae Fiore, por las sugerencias realizadas para me orar y enriquecer la comunicación de los resultados alcanzados en el desarrollo de las investigaciones que aqu se presentan.

Mis agradecimientos m s sinceros a todos uds.

STRATEGIES OF PROVISIONING AND UTILIZATION OF LITHIC RAW MATERIALS IN THE PALI AIKE VOLCANIC FIELD (SANTA CRUZ PROVINCE, ARGENTINA)

The main goal of our research is the study of the strategies of provisioning and utilization of lithic raw materials within the Pali Aike volcanic field (PAVF), Santa Cruz Province, Argentina (South America). On this basis, we analyze the land-use patterns and home ranges of the human populations that inhabited this region during the Late Holocene (*ca.* last 4000 years BP). In order to do this, it is necessary to know if the different types of rocks used for manufacturing lithic artifacts were obtained by direct or indirect procurement (Renfrew 1977, Torrence 1984, Meltzer 1989, Ingbar 1994). Along with this, it is important to evaluate if there are diachronic changes in the provisioning and use strategies of lithic raw materials.

Previous archaeological research in this region suggests that basalt is the rock most usually used for artifact manufacture (Sanguinetti de Bórmida 1976, 1982, 1984; Gómez Otero & Fontanella 1980; Massone & Hidalgo 1981; Nami 1984a, 1984b, 1986; Gómez Otero 1986-87, 1989-90; Prieto 1989-90, 1997, among others). Geological information indicates that the volcanic outcrops of Pali Aike correspond to an alkaline basalt (Skewes 1978, Corbella 2002, D'Orazio *et al.* 2000 y 2004, Agostini *et al.* 1999). However, the geochemical analysis of archaeological artifacts macroscopically similar to basalt shows that none of the analyzed samples corresponds to the Pali Aike's outcrops (D'Orazio pers. com. 2003). Therefore, these outcrops were not used as sources of lithic raw material, and this is possibly due to the their low quality.

The thin-section analyses made on lithic artifacts manufactured on macroscopically similar black rocks show that, in fact, they represent different petrographic types of fine grain rocks that includ basalt, dacite, ftanite, and shale, among others. These rocks are difficult to differentiate without a microscope, and were called "fine-grained dark rocks".

In order to study the distribution and abundance of these different rock types on the landscape we follow the methodology outlined by Franco & Borrero (1999). This sampling strategy was designed to deal with secondary lithic deposits (*sensu* Nami 1985), which were the main prehistoric procurement source of rocks within the study area. This survey methodology consists in a number of people collecting appropriate rocks available at a selected location for a controlled amount of time. This strategy allows us to assess the return of different potential lithic sources, analyzing their diversity in terms of petrography, nodule sizes, and quality for the manufacture of artifacts, among other factors.

The regional sampling of the available lithic sources indicates that the fine-grained dark rocks are actually scarce and come from spatially restricted places. They are available on the Gallegos river basin, in the margins of some lagoons between the Gallegos and Chico rivers, on the northern coast of the Magellan Strait, and in some places in the southern Atlantic coast of the Santa Cruz Province.

The availability of lithic resources in the Pali Aike volcanic field provides the frame of reference to evaluate the intensity of lithic artifacts reduction. At a regional scale, it helps to understand the provisioning and technological strategies.

We follow a materialist and non-typological perspective for the analysis of lithic artifacts (Hiscock 2007). The degree of exploitation of different lithic raw materials is evaluated according to several reduction variables. The rock-type by class of artifact (debris, unifacial tools, bifacial tool, and cores) is the unit of comparison. We applied several reduction indexes, including: flake-scar density in debris (Ingbar *et al.* 1989) and cores; tools residual length (Kuhn 2004); unifacial tools geometric index of reduction (Kuhn 1990) and estimated wear angle measured on retouched edges; reactivation index in bifacial tools (Iriarte 1995), and rate of retouched edges and points by artifact.

The spatial patterns of explotaiton of lithic raw materials show an increase in the reduction intensity of artifacts in relation with the distance from the main permanent potential sources: the Gallegos river, to the north of the PAVF, and the Strait of Magellan, to the south.

The central area of the PAVF is located at the largest distances from the main potential lithic sources. Accordingly, the artifacts recovered in this area show the highest levels of utility consumption recorded regionally. The variability recorded in the degree of reduction at this place suggests that some rocks were obtained nearby, so probably the lagoons located between the Gallegos and Chico rivers also functioned as potential sources.

The lithic analyses conducted indicate that there are spatial differences in the density of artifacts, provisioning strategies, and use of lithic raw materials between the sites located to the north and south of the Chico river, like Las Buitreras 1 and Cóndor 1 caves respectively. If we consider the distribution of maritime resources in the hinterland of the PAVF, the values of stable isotopes in human bones, and the archaeofaunistic evidences, it is possible to segment the PAVF in terms of differences in the human occupational intensity at a regional scale.

The case-study presented here contributes with a methodology of lithic analysis that is regional and non-typological, which has the pontential to be implemented in other areas of the world and with other specific research goals.

CAPÍTULO I: PRESENTACIÓN DEL PROBLEMA DE INVESTIGACIÓN

Introducción

A modo de introducción a la problemática abordada en esta tesis, se presenta sintéticamente el panorama sobre la utilización y disponibilidad de las materias primas líticas en el campo volcánico Pali Aike (CVPA). Así, se señalan las principales tendencias que mostraron los trabajos previos en el área, complementadas con algunos resultados preliminares de nuestros estudios que sirvieron para orientar las preguntas de investigación. A partir de este contexto se derivan los tópicos que se discuten en esta tesis, principalmente en relación con la disponibilidad, forma de adquisición y modo de explotación de las materias primas líticas locales y no-locales al CVPA. En este marco, se presentan los objetivos e hipótesis de investigación que guiaron nuestro trabajo.

Desde los primeros estudios de carácter sistemático en Patagonia Meridional, en la década de 1930, los artefactos líticos han ocupado un lugar importante en las investigaciones arqueológicas. Tanto en la Patagonia chilena como argentina, distintos tipos morfológicos de artefactos se utilizaron como indicadores diagnósticos para la diferenciación de "períodos culturales" y "tradiciones o industrias", junto con otros elementos (Bird 1938, 1946, 1993; Menghin 1952). Buena parte de estos estudios se concentraron en el sector septentrional (cuenca del río Gallegos) y meridional (Magallania, Chile) del CVPA, la región de estudio en esta tesis (ver capítulo II). A partir de estos trabajos iniciales se establecieron secuencias culturales que fueron el marco de referencia que guió las investigaciones subsiguientes. Los trabajos posteriores, desarrollados en diferentes sectores de esta región, discutieron varios de los postulados previos, principalmente en relación con la secuencia cronológica y los indicadores temporales considerados diagnósticos, tales como la morfología de las puntas de proyectil (Massone 1979, 1981; Massone e Hidalgo 1981; Sanguinetti de Bórmida 1984; Gómez Otero 1986-87, 1987, 1989-90; Prieto 1989-90; Ratto 1994). En relación con la utilización de las materias primas líticas, que es el tema de interés en la presente investigación, estos trabajos indicaron que en los sitios arqueológicos localizados en la cuenca de los ríos Gallegos y Chico, como así también en el sector sudoccidental del CVPA, ya en territorio chileno, la materia prima más utilizada era el basalto (Sanguinetti de Bórmida 1976, 1982; Gómez Otero 1986-87, 1987, 1989, 1993; Prieto 1989-90; Nami 1984a y b, 1986, 1993; Massone 1979, 1981, entre otros). Los estudios petrográficos y geoquímicos que hemos realizado sobre muestras naturales y artefactuales asimilables macroscópicamente al basalto, han indicado que se trata de distintos tipos petrográficos (dacita, basalto, ftanita, lutita, grauvaca, entre otros), muy semejantes entre sí, debido a la misma coloración (negra) y muy buena calidad para la talla (*cf.* también Ratto 1994). Los resultados de estos análisis se presentan en el capítulo VII y Anexo 1. En base a las dificultades para su diferenciación a ojo desnudo, este conjunto de rocas ha pasado a denominarse rocas de grano fino oscuras (RGFO de aquí en adelante). La disponibilidad de estas rocas fue detectada en distintos sectores del espacio regional, especialmente en el río Gallegos (*cf.* también Sanguinetti de Bórmida 1982; Gómez Otero y Fontanella 1980; Carballo Marina 2007, Carballo Marina *et al.* 2000; Ercolano *et al.* 2000, Ercolano y Carballo Marina 2005; Espinosa *et al.* 2000; Mansur *et al.* 2004; Charlin 2005 y 2007a) y sus afluentes, como el Gallegos Chico (Prieto 1997) y El Zurdo (obs. pers.); en algunas lagunas del interfluvio Gallegos-Chico, como la laguna Pali Aike, la del cerro Mackenzie (Nami 1986, 1994, 1999) y la laguna Potrok Aike (Gómez Otero 1986-87; obs. pers.); en la costa nororiental del estrecho de Magallanes (Massone 1984, Prieto 1988) y en el sector meridional de la costa Atlántica de Santa Cruz (Cañadón Gap; Franco com. pers.; *cf.* Charlin y Cardillo 2005).

Las investigaciones previas en el área también mostraron la utilización de cuarcitas y rocas silíceas, particularmente calcedonia y ópalo, para la manufactura de artefactos (Nami 1984a; Gómez Otero 1986-1987; Prieto 1989-90; Massone e Hidalgo 1981; Campan *et al.* 2007). De acuerdo con los análisis petrográficos realizados en Lago Argentino y Cabo Vírgenes (Franco com. pers.) y con la disponibilidad de rocas registrada en los muestreos de los depósitos naturales del CVPA realizados por nosotros, se trataría de dacitas en lugar de cuarcitas. Si bien esta última roca se encuentra disponible en Pali Aike, lo está en mucha menor proporción que la dacita, la cual es la materia prima más abundante en los diferentes sectores y fuentes potenciales de aprovisionamiento de este espacio. La utilización de la cuarcita para la manufactura de artefactos es escasa (ver capítulos VII y X). Las investigaciones en las cuencas de los ríos Gallegos y Chico, como así también en la costa atlántica (Nami 1984a y b, 1994, 1999; Gómez Otero 1986-87; Carballo Marina 2007; Carballo Marina *et al.* 2000; Ercolano *et al.* 2000, Ercolano y Carballo Marina 2005; Espinosa *et al.* 2000; Mansur *et al.* 2004) señalan la disponibilidad de dacita en abundancia en los depósitos glacifluviales del área. No se conoce aún la procedencia exacta de la calcedonia, aunque se sugieren algunos lugares como fuentes potenciales de aprovisionamiento sobre la base de la frecuencia de artefactos manufacturados sobre esta roca en los sitios arqueológicos cercanos y de la presencia de concentraciones de nódulos en determinados sectores del espacio próximos a coladas basálticas, que podrían ser su fuente primaria de procedencia (*cf.* Campan *et al.* 2007; ver capítulo VII). Con respecto a las materias primas no-locales, numerosos estudios han señalado la distribución supra-regional de las distintas variedades de obsidiana -diferenciadas por su coloración y áreas de procedencia-, que en muchos casos supera los 200 km desde las fuentes de aprovisionamiento (Molinari y Espinosa 1999; Stern y Prieto 1991; Stern y Franco 2000; Stern *et al.* 1995; Stern

1999, Stern 2000a y b; Morello *et al.* 2001, 2004; Manzi *et al.* 2005; Franco 2002a y b, 2007; Civalero y Franco 2003). En Pali Aike, la mayor parte de los artefactos en obsidiana se recuperó bajo la forma de desechos de talla; sólo en contadas excepciones se registran instrumentos formatizados, principalmente cabezales bifaciales (*sensu* Ratto 1994) en obsidiana verde (*cf.* Nami 1984a, 1987, 1995, 1999; Sanguinetti de Bórmida 1984; Gómez Otero 1986-87, 1987; Massone 1979, 1989-90; Massone e Hidalgo 1982; Prieto 1989-90; Prieto *et al.* 1998a; L'Heureux y Franco 2002; San Román *et al.* 2000; Stern 2000a y b; Campan *et al.* 2007; Charlin 2007c). La variedad que presenta la mayor abundancia en el CVPA es la obsidiana gris verdosa veteada, que de acuerdo con los análisis de Stern (com. pers. 2006) procede de la cordillera Baguales (ver capítulo X).

Esta información, que hemos presentado sintéticamente para introducir esta tesis, nos muestra que, por un lado, hay una disponibilidad diferencial de las distintas materias primas líticas en el CVPA, habiendo casos de fuentes de procedencia de determinadas petrografías que aún no han sido detectadas, y por el otro, debido a este factor y a otros que serán discutidos más adelante, las distintas clases de rocas fueron explotadas de diferente modo. Este panorama nos abre una serie de interrogantes que serán abordados y discutidos en el desarrollo de esta investigación, tales como la forma en que fueron adquiridas las diferentes materias primas líticas, incluyendo a aquéllas de procedencia no-local, como las obsidianas. Al respecto, más al norte de nuestra área de estudio, se ha propuesto una adquisición directa de la obsidiana negra para momentos de exploración del espacio en lago Argentino y una obtención a través del intercambio para momentos tardíos (Civalero y Franco 2003, Franco 2002a y b). Lo mismo es sostenido por Molinari y Espinosa (1999) para las áreas de los ríos Chalía y Gallegos durante el Holoceno tardío. Con respecto a la obsidiana verde, Morello *et. al.* (2001 y 2004; San Román y Prieto 2004) sugieren que uno o varios grupos canoeros del norte Magallánico-Fueguino habrían dominado su explotación durante los últimos 6.500 años, y que los grupos terrestres habrían tenido un acceso indirecto a la misma. Con respecto a la obsidiana gris verdosa veteada, artefactos sobre esta materia prima han sido recuperados en altas concentraciones en sitios de la cordillera Baguales (Stern y Franco 2000) y se sostiene el aprovisionamiento directo de esta roca desde momentos tempranos para lago Argentino (Franco 2007). En Pali Aike esta variedad de obsidiana es la que presenta la mayor abundancia y se ha registrado la presencia de un núcleo hacia el oriente del campo volcánico, por lo que nos preguntamos sobre la forma de aprovisionamiento de esta roca.

En base a los tópicos que fueron presentados, en esta investigación nos proponemos como objetivo general abordar el estudio de las formas de utilización de las materias primas líticas en la región volcánica de Pali Aike. Entendemos que el mismo puede contribuir a nuestra comprensión de los patrones de circulación humana y las formas de utilización del espacio por las poblaciones que ocuparon la región. Dentro de esta problemática, consideramos necesario estudiar los diferentes modos de obtención de las materias primas líticas, es decir, si éstas fueron adquiridas mediante el aprovisionamiento directo o indirecto (Renfrew 1977; Torrence 1984; Meltzer 1989; Ingbar 1994, Brantingham 2003, Whallon 2006) y la forma en que las mismas eran utilizadas en el área. Asimismo, pretendemos dar cuenta de los cambios en los modos de obtención de las materias primas a través del tiempo, considerando variables ecológicas y sociales. A continuación enunciamos detalladamente los objetivos de estudio que guiaron nuestra investigación en el CVPA y actuaron como marco de referencia.

1. Objetivos de investigación

Los objetivos generales que nos proponemos son los siguientes:

- Comprender la movilidad y el rango de acción de las poblaciones que ocuparon la región a través del análisis de las variaciones espaciales y temporales en la distribución de los artefactos líticos manufacturados sobre diferentes materias primas.

- Analizar la forma de utilización de los diferentes espacios por las poblaciones que ocuparon la región y sus cambios a través del tiempo.

Consideramos que una comprensión integral de los temas planteados en los objetivos generales requiere de la interrelación de la información aportada por múltiples líneas de evidencia en una escala regional de análisis, lo cual surge del trabajo en equipo (L'Heureux 2006; Barberena 2007; Martin 2007). Así, los resultados que aquí presentamos fueron obtenidos en el marco de proyectos de investigación dirigidos por el Dr. Borrero (2001a, 2004, 2005, 2006).

Por su parte, los objetivos específicos aluden al conocimiento y explicación de diferentes factores relacionados con las estrategias de aprovisionamiento y utilización de los recursos líticos por un lado y con las características y atributos de las fuentes potenciales de aprovisionamiento por el otro. Así, nos proponemos:

- Evaluar la disponibilidad, distribución y accesibilidad (*sensu* Haury 1995) de las diferentes fuentes potenciales de aprovisionamiento lítico, considerando su variación en espacio y tiempo.

- Analizar el modo de obtención de las diferentes materias primas líticas tratando de distinguir el aprovisionamiento directo o indirecto.

- Analizar las estrategias de utilización de las materias primas líticas en relación con su modo de obtención.

- Evaluar la circulación de las diferentes materias primas líticas utilizadas en la confección de los artefactos. Este objetivo incluye el evaluar si las mismas fueron introducidas ya preparadas al lugar de uso o como formas-base naturales.

- Evaluar los cambios en las estrategias de obtención y utilización de los recursos líticos a través del tiempo, considerando variables ecológicas y sociales.

- Evaluar la relativa importancia que tuvieron las diferentes fuentes potenciales de aprovisionamiento de materias primas líticas, tanto primarias como secundarias (*sensu* Nami 1985).

- Evaluar el papel que diferentes sectores del espacio cumplieron como fuentes potenciales de aprovisionamiento lítico, de acuerdo con los elementos del paisaje (*sensu* Stafford 1995).

2. Hipótesis

Dado que los objetivos de investigación orientan la discusión de la problemática bajo estudio en dos ejes, uno espacial y otro temporal, las hipótesis que sostenemos también siguen estos lineamientos. En primer lugar, como marco para la formulación de hipótesis, enunciamos una serie de supuestos acerca de los factores que inciden sobre la organización de las estrategias de aprovisionamiento y utilización de las materias primas líticas. Estos supuestos se derivan de varios modelos que han sido propuestos a partir de estudios etnoarqueológicos realizados principalmente entre grupos cazadores-recolectores, los cuales se presentan en el capítulo III. Los mismos pueden resumirse de la siguiente manera:

Las estrategias de aprovisionamiento de las materias primas líticas varían de acuerdo con:

- los patrones de movilidad y uso del espacio de los grupos humanos y las técnicas de movilidad implementadas (pedestre, ecuestre, acuática).

- la disponibilidad de rocas en el espacio regional (abundancia, diversidad petrográfica, calidad y propiedades físico-químicas de las rocas para la talla, entre otros factores).

- las técnicas de extracción, reducción inicial y acarreo del material.

- la relación con los grupos vecinos.

La utilización de las materias primas líticas varia de acuerdo con:

- los factores mencionados anteriormente y

- el modo en que son adquiridas las rocas (aprovisionamiento directo *vs*. indirecto).

- la forma bajo la cual se accede a las mismas (nódulos, núcleos, artefactos formatizados, entre otros).

A partir de la información sobre la disponibilidad de rocas en el CVPA (ver capítulo VII) y de acuerdo con los factores señalados, como hipótesis general sostenemos que:

H_1: Los grupos humanos que ocuparon el CVPA seleccionaron las RGFO entre los recursos líticos disponibles regionalmente para la manufactura de artefactos.

Esta hipótesis se contrastará considerando la relación entre la disponibilidad y la frecuencia de utilización de los distintos tipos de rocas, la intensidad de uso y las evidencias de estrategias de economía de materia prima (*sensu* Odell 1996) sobre los artefactos líticos, a partir de diferentes indicadores (ver capítulo IV.2.b).

Por otro lado, consideramos que

H_2: Los grupos humanos que ocuparon este espacio mantuvieron contactos con otros grupos ubicados al norte y sur del campo volcánico.

Esta hipótesis se contrastará teniendo en cuenta la forma de adquisición de las materias primas líticas no disponibles en la región bajo estudio.

En una escala temporal sostenemos que

H_3: La disponibilidad de materias primas líticas en Pali Aike ha variado a través del tiempo en relación con las condiciones paleoambientales y paleoecológicas, siendo mayor en momentos áridos.

La evidencia para discutir estas hipótesis se presenta en los capítulos VII a X.

CAPÍTULO II: ANTECEDENTES DE INVESTIGACIÓN EN EL CAMPO VOLCÁNICO PALI AIKE (CVPA)

Introducción

Se sintetizan las investigaciones previas en el CVPA, desde los trabajos iniciales de J. Bird (1993) en la Patagonia austral chilena, hasta proyectos actualmente en curso (Carballo Marina *et al.* 2000; Ercolano *et al.* 2000; Mansur *et al.* 2004; Campan *et al.* 2007, entre otros). En la presentación de estos trabajos el énfasis está puesto en la información sobre la representación de las materias primas líticas en los distintos sitios del CVPA, tanto en relación con la abundancia en la que se encuentran representadas como sobre las clases de artefactos que se manufacturaron sobre las mismas. Se incluyen las referencias sobre la disponibilidad de distintos tipos de rocas en sectores del espacio que podrían estar funcionando como fuentes potenciales de aprovisionamiento.

1. Las investigaciones previas

Las investigaciones arqueológicas de carácter sistemático en el campo volcánico Pali Aike comienzan a desarrollarse en la década de 1930, con los trabajos de Junius Bird en las cuevas Fell y Pali Aike, al suroeste del CVPA, en la Patagonia austral chilena (Bird 1938, 1946, 1983, 1993). A partir de estos estudios se estableció una secuencia de ocupación para el área, desde los *ca.* 11.000 años AP, cuando se registran las primeras evidencias de presencia humana, hasta momentos históricos (siglo XVIII) (Bird 1938, 1946, 1993). En esta secuencia, se diferencian seis "períodos" (Magallanes o Bird I a V y el "Período Histórico") caracterizados por tipos artefactuales diagnósticos -especialmente en base a la morfología y las materias primas de las puntas de proyectil y los tamaños de raspadores y raederas- y por la fauna representada (Bird 1938, 1946, 1993). Así, el *período I* se encuentra relacionado con las puntas de proyectil "cola de pescado" y en base a asociaciones contextuales (luego reconsideradas) se sostiene la caza de megafauna. Los discos de lava (litos discoidales) y la cremación de los muertos son otros rasgos diagnósticos (Bird 1938, 1946, 1983, 1993). El *período II* se caracteriza por puntas de proyectil óseas, dos tipos de punzones que se restringen a estos momentos y herramientas de corte. Aquí, la dieta se basa en el consumo de fauna moderna. En el *período III* se producen puntas de piedra triangulares apedunculadas, punzones, cuchillos y boleadoras pequeñas para capturar pájaros. En el *cuarto período* las puntas de proyectil pedunculadas reemplazan a las anteriores y se encuentran acompañadas por raspadores pequeños tipo "uñas de pulgar" y bolas líticas de mayores tamaños. Para este período los cuerpos son sepultados extendidos en túmulos de piedra. En el *período V* "la presencia de un quinto grupo cultural es evidente", indicada por puntas de flecha pequeñas, características de los Ona y otros artefactos típicos de este grupo como peinetas y cuentas de collar, entre otros. Por último, el *período histórico* muestra el contacto de los tehuelches con los europeos en la costa del estrecho de Magallanes a través de la presencia de artefactos de vidrio y cobre y la abundancia de huesos de caballo (Bird 1938, 1946, 1993).

Esta secuencia se convirtió en el marco de referencia para las investigaciones que se desarrollaron posteriormente. En la década de 1950 los trabajos en la cueva Fell fueron continuados por la misión francesa, quienes cuestionan la existencia del período II debido a la ausencia de tecnología ósea (Emperaire *et al.* 1963). Para estos momentos, en territorio argentino (Prov. Santa Cruz), se desarrollaron las investigaciones de O. Menghin (1952) en la cuenca del río Gallegos, al norte del campo volcánico. Dicho investigador identificó variaciones en los materiales líticos recuperados en las terrazas de este río, asignándolos a diferentes *facies* de la industria "Riogalleguense", a cada una de las cuales le correspondió una cronología diferente de acuerdo con las edades de las terrazas fluviales. La industria Riogalleguense forma parte de su Tradición Cultural Epiprotolítica, asociada a los primeros grupos de cazadores inferiores que arribaron al continente americano, y que se habría desarrollado en Patagonia desde el poblamiento temprano hasta tiempos históricos (Orquera 1984-85). Una segunda tradición cultural, de raigambre "Epimiolítica" y correspondiente a cazadores "superiores", fue propuesta para el norte de nuestra área de estudio, en la cuenca media del río Deseado (meseta central de Santa Cruz), a partir de las excavaciones de la cueva 3 de Los Toldos (Menghin 1952).

Desde fines de la década de 1970, la ampliación de las investigaciones en el área ha aportado nuevas evidencias que cuestionan y reformulan ambos tipos de periodizaciones. Massone (1979, 1981) realiza una revisión y actualización de la periodización de Bird, integrando los cinco períodos en tres unidades culturales (Temprana, Media y Tardía) según los rasgos ergológicos diagnósticos de contextos socioeconómicos y culturales particulares (Massone 1981). De esta forma, la unidad temprana incluye los períodos I y II, debido a la falta de precisiones para la diferenciación de este último período. La unidad cultural media está representada por el período III, y se ubica a partir de 8000 años AP. Por último, la unidad cultural tardía engloba los períodos IV y V a partir de 5000-4000 años AP y se vincula con los Aoniken'k (Massone 1981).

Por otro lado, a partir de las investigaciones y hallazgos realizados en Potrok Aike y Juni Aike (cuenca del río Gallegos, Prov. Santa Cruz), Gómez Otero (1983-85, 1986-87, 1987, 1989-90) ha discutido los rasgos técnico-morfológicos y tipológicos utilizados para diferenciar los períodos propuestos por Bird (1993) y por Menghin (1952). Esta autora critica la distinción entre los períodos IV y V de Bird según la morfología de las puntas de proyectil, ya que en Potrok Aike se halló una punta asimilable a las Bird IV en una capa sedimentaria ubicada sobre otra que contenía una punta tipo Bird V y no se observaron diferencias tecnológicas importantes entre los contextos que acompañaban a ambos tipos de puntas (Gómez Otero 1987). Además, esta investigadora señala la perduración en el último período de la gran mayoría de los rasgos presentes en el anterior; por lo tanto, considera más correcto definir al período V como un momento más moderno del Bird IV, que se extendería hasta el período histórico, es decir, desde los 4500 AP hasta los 1520 AD (Gómez Otero 1986-87, 1987, 1993). Sanguinetti de Bórmida (1984) señala la presencia temprana de las puntas denominadas Bird V en El Volcán (cuenca del río Chico), alrededor de los 3600 AP. Apreciaciones similares con respecto a la cronología de los diferentes tipos de puntas de proyectil se realizaron en el sitio Punta Dungeness 2, en la costa oriental del estrecho de Magallanes. Allí se observó la coexistencia de ambos tipos de puntas en un mismo estrato sedimentario, correspondiente a ocupaciones del siglo XVI y posteriores (Massone 1979). Cabe señalar que puntas que presentan características semejantes a las denominadas Bird IV han sido recuperadas en colecciones etnográficas y arqueológicas de un amplio sector de la Patagonia meridional, alcanzando el norte de Lago Argentino (Borrero y Franco 2001, Franco 2002a, L'Heureux y Franco 2002).

Prieto (1989-90) también cuestiona la periodización mencionada y descarta la posibilidad de que la reducción de tamaños que se observa entre las puntas de proyectil tipo Bird IV y V –uno de los criterios utilizado para diferenciar ambos períodos-, se encuentre relacionada con la introducción del arco y flecha en la Patagonia. En este sentido, menciona que las puntas del tipo Bird V son de tamaño muy pequeño para su efectividad a través de la caza con arco. Este autor, sobre la base de datos de Markgraf (citados en Bird 1993), tampoco encuentra modificaciones climáticas que permitan avalar el cambio en las estrategias de caza y por consiguiente en la tecnología. Prieto (op. cit.) señala que las puntas pedunculadas de los períodos IV y V presentan variabilidad de formas, tamaños y estilos, sugiriendo que la misma podría deberse a la reutilización de puntas rotas o de artefactos bifaciales correspondientes a ocupaciones anteriores. El mayor tamaño de los módulos que presentan las puntas de proyectil hasta el período III, posibilitaría la reutilización de estos materiales "volviéndose de este modo preformas de modificaciones intra e interperíodos" (Prieto 1989-90: 74). Massone e Hidalgo (1981) mencionan también la posible reutilización de puntas de proyectil abandonadas en las ocupaciones tardías del alero Pali Aike 2, localizado al SW del campo volcánico (para una discusión más extensa sobre las puntas de proyectil como indicadores temporales diagnósticos ver capítulo IV 2.a.2) .

Con respecto a la periodización propuesta por Menghin (1952), Sanguinetti de Bórmida (1982) realizó una revisión y clasificación tipológica de los materiales que integraban las distintas *facies* del "Riogalleguense" y una resignificación cronológica en base a los materiales de superficie, pero dentro del mismo esquema interpretativo. Orquera (1984-85) ha señalado las falencias de dicha cronología y del esquema bipartito propuesto por Menghin para explicar la ocupación de Patagonia. Dicho esquema propone el desarrollo paralelo de dos tradiciones culturales que habrían coexistido durante doce mil años como sistemas cerrados, sin influencias de una sobre la otra. La única diferencia sería la "intensidad" en la explotación del ambiente, lo cual definiría tipos adaptativos característicos de cada tradición. Asimismo, Orquera (op. cit.) sostiene que la industria "Riogalleguense", caracterizada por "instrumental tosco" no es una unidad defendible (*cf.* también Borrero 1980a).

Por su parte, Gómez Otero (1986-87) también ha señalado las falencias en cuanto a la distinción de la cultura Riogalleguense y sus *facies*, como así también en el sistema de datación relativa utilizado. Cabe señalar que en algunos yacimientos de la cuenca del río Gallegos relevados por esta investigadora, han sido recuperados materiales asimilables a las tres fases del Riogalleguense en asociación.

Como puede observarse, la región volcánica de Pali Aike ha sido objeto de estudio por parte de diversos investigadores. A continuación se exponen los principales trabajos desarrollados en el área, tanto en territorio chileno como argentino, haciendo especial referencia a las materias primas líticas recuperadas y a su forma de utilización, por constituir el tema de nuestro interés.

Sanguinetti de Bórmida (1982) realizó prospecciones en la cuenca de los ríos Gallegos y Chico con el objetivo de evaluar la variabilidad regional y de este modo establecer "subáreas culturales" (Sanguinetti de Bórmida op. cit.). También realizó excavaciones estratigráficas en diferentes sitios del área con el objetivo de establecer una secuencia regional. Esta investigadora señala que las materias primas más utilizadas en los diferentes sitios de superficie localizados en la cuenca del río Gallegos se presentan bajo dos formas: guijarros fluviales de tamaño mediano a grande (sin determinación petrográfica) y bochones de basalto chicos, de origen piroclástico, muy abundantes en las cotas altas. Entre los sitios excavados cabe mencionar la cueva de Las Buitreras 1, localizada en el curso medio del río Gallegos (Sanguinetti de Bórmida 1976, 1976-80, 1999), en la cual se encuentra una secuencia de al menos 7000 años radiocarbónicos. En los niveles inferiores, aunque sin dataciones radiocarbónicas, se recuperaron restos de megamamíferos pleistocénicos (milodón y caballo americano) en asociación con artefactos líticos. A partir de *ca.* 7000 AP las ocupaciones son relativamente intensas (Sanguinetti de Bórmida 1976).

Por otro lado, Massone e Hidalgo (1981) excavaron el alero Pali Aike 2, localizado al SW del campo volcánico, en proximidades de la cueva excavada por Bird. En la primera ocupación del alero, entre el 2000 y el 900 AP, se recuperaron algunos artefactos que se consideran diagnósticos del período Bird IV, como las boleadoras esféricas, las puntas pedunculadas y los raspadores frontales pequeños. En las ocupaciones iniciales se registra una mayor frecuencia y diversidad de tipos instrumentales, predominando los instrumentos sobre núcleos y las materias primas silíceas sobre el basalto. Por el contrario, en las ocupaciones finales, correspondientes a la transición período IV-V y al período V, predominan los instrumentos elaborados sobre lascas y el basalto sobre las rocas silíceas. La representatividad de la calcedonia, el ópalo y la obsidiana se mantiene estable en los diferentes niveles, siendo de importancia secundaria. Si bien en las últimas ocupaciones no han sido recuperadas puntas Bird V, el fechado radiocarbónico de 220 AP asigna el nivel 1 a este período; por consiguiente, esta carencia podría deberse a algún tipo de variabilidad funcional o simplemente a un error de muestreo (Massone e Hidalgo op. cit.). Los autores sostienen que la presencia aislada de moluscos entre los abundantes restos óseos de guanaco y ñandú, constituye un indicador de la explotación de la costa del estrecho de Magallanes por grupos cazadores-recolectores tardíos.

A partir de las excavaciones realizadas en el alero Peggy Bird (Estancia Brazo Norte) y en otros sitios localizados en el campo volcánico Pali Aike, todos correspondientes a la Unidad Cultural Tardía (*sensu* Massone 1981), Prieto (1989-90) sostiene el uso de aleros de escasas dimensiones que se encuentran al borde de afloramientos rocosos y cuyo conjunto artefactual se encuentra principalmente ligado a tareas de caza. Los mismos habrían funcionado como campamentos transitorios (*sensu* Borrero 1987). El basalto ha sido la materia prima principalmente utilizada en estos sitios, seguida por las rocas silíceas, la obsidiana, el jaspe y la calcedonia (Prieto op. cit.). Sin embargo, el autor señala que el basalto posiblemente proceda de más al norte, ya que no se encuentra disponible en la zona. La obsidiana se registra solamente en desechos de talla, siendo casi en su totalidad de la variedad verde; sólo tres desechos (sobre 78) son de obsidiana negra. En su discusión sobre las estrategias de caza con arco y flecha, Prieto señala el requerimiento de madera para los arcos, la cual no se encuentra disponible en la estepa. Este investigador sugiere que su obtención pudo motivar movimientos hacia o intercambio con grupos más occidentales, lo cual también se encuentra señalado por la presencia de obsidiana verde en los sitios esteparios, la cual probablemente procede del mar de Otway (Prieto op. cit.).

Por otro lado, en la laguna Thomas Gould, ubicada entre el río Chico y el cañadón Seco, Bird ha recuperado en superficie materiales atribuibles a los períodos III y IV y en estratigrafía de los períodos IV y V (Massone 1989-90). Por este motivo, Massone (1989-90) sostiene que la laguna Thomas Gould ha sido ocupada reiteradamente, durante diferentes períodos por grupos cazadores de tradición tehuelche y proto-tehuelche. Por otra parte, sobre la base de sus investigaciones en la costa nororiental del estrecho de Magallanes, sostiene que desde el período IV de Bird hay evidencias de ocupación por parte de cazadores terrestres en la costa meridional del continente, desde el sector nororiental de la Península de Brunswick hasta el limite atlántico del estrecho (Massone 1979). Estas ocupaciones se extenderían hasta el período histórico. Los sitios datados entre el 3725 AP y el 360 AP serían el resultado de la acción de estos grupos, que alcanzaban las costas del estrecho aprovechando los recursos litorales disponibles de acuerdo con sus necesidades de subsistencia (Massone 1979). Estos resultados son concordantes con los obtenidos recientemente para el área de Cabo Vírgenes, en la costa oriental del estrecho. Este área, si bien habría sido utilizada de manera marginal, habría formado parte del rango regular de acción de los cazadores recolectores terrestres, al menos hacia el 1200 AP (L´Heureux y Franco 2002). La presencia de obsidiana verde en estos sitios costeros plantea el problema de la forma de adquisición de la misma.

El análisis de los artefactos líticos de la cuenca del río Chico ha sido desarrollado en particular por Nami (1984a y b, 1986, 1994, 1993, 1999), quien propone un modelo de manufactura para las puntas de proyectil Bird IV o Riogalleguense III, en base a una metodología experimental. Dentro del modelo de manufactura propuesto, sostiene que el aprovisionamiento lítico se habría dado en fuentes secundarias, donde se encuentran las materias primas de mejor calidad para la talla obtenibles en la región, principalmente los guijarros basálticos de corteza alveolar (Nami 1986). Nami señala que en la formación geológica denominada "Rodados Tehuelches" se observa un alto porcentaje de nódulos de rocas silíceas y cuarcíticas. Cabe señalar aquí que los análisis petrográficos realizados en las áreas de Lago Argentino y Cabo Vírgenes, que fueron utilizados como muestras comparativas para la determinación macroscópica de muchas de las materias primas disponibles en el CVPA, sugieren que la gran mayoría de las rocas no corresponden a cuarcitas, sino a dacitas.

En lo que respecta a las materias primas utilizadas en El Volcán cueva 4, los análisis realizados por Nami (1984a) muestran el predominio del basalto, seguido por las materias primas silíceas. Señala que hay evidencias de un tratamiento especial de estas últimas, mencionando su aprovechamiento intensivo, como lo evidencia la reutilización de un raspador de sílice como un pequeño núcleo bipolar y las evidencias de craquelado por acción térmica en tres artefactos silíceos. En cuanto a las materias primas no locales, entre los desechos de talla se recuperaron microlascas de obsidiana verde, probablemente procedentes del área del Seno de Otway y el mar de Skyring (Magallanes, Chile), y un pedúnculo en esta misma materia prima en la cueva 2 (Nami 1984a).

En los aleros de Potrok Aike y Juni Aike (curso superior del río Gallegos) Gómez Otero (1983-85, 1986-87, 1987) también ha registrado la misma representación proporcional de materias primas: en primer lugar el basalto, seguido por las rocas silíceas y la cuarcita. Al igual que en el caso de Nami, entendemos que probablemente no se trate de cuarcita sino de dacita. Gómez Otero señala la disponibilidad local de estas materias primas bajo la forma de rodados fluvioglaciales en las orillas de la laguna y en las áreas deflacionadas circundantes. Del mismo modo que en la cuenca del río Chico, la obsidiana se encuentra escasamente representada entre los artefactos recuperados, presentándose bajo la forma de desechos, no habiéndose registrado la disponibilidad local de la misma entre los rodados anteriormente mencionados (Gómez Otero op. cit.).

En los últimos años se han retomado los trabajos en la cuenca del río Gallegos, tanto de carácter arqueológico como geológico, especialmente en el curso inferior y medio de este río y en la costa atlántica, en Punta Loyola (Carballo Marina *et al.* 2000; Ercolano *et al.* 2000, Carballo Marina y Ercolano 2001 y 2004; Ercolano y Carballo Marina 2005; Carballo Marina 2007; Espinosa *et al.* 2000). El análisis de la densidad de artefactos mostró una mayor intensidad de uso del espacio costero del estuario del río Gallegos en comparación con la costa atlántica y el valle medio e inferior del río Gallegos. Esto se relacionó con la presencia de canteras potenciales y mayor reparo en esta zona (Ercolano y Carballo Marina 2005). Las materias primas disponibles y utilizadas en mayor grado son el basalto y la dacita (ver capítulo VII.2.IV).

En la margen norte del río Gallegos se han desarrollado trabajos en el sitio Rud01 BK, ubicado en la terraza de Cabo Buen Tiempo (Mansur *et al.* 2004). Los mismos indican que el basalto, la madera silicificada, las dacitas, riolitas y cuarcitas son la mayoría de las rocas utilizadas para la manufactura de los artefactos. Las mismas se encuentran disponibles en las playas de guijarros al pie del acantilado norte de la ría y de la costa atlántica adyacente, aunque el basalto y la madera silicificada se presentan en baja abundancia (Mansur *et al.* 2004).

Ya hacia el interior del campo volcánico, en el curso medio del río Gallegos, recientemente se han abierto excavaciones en la cueva La Carlota 1 y se han realizado relevamientos de superficie en las inmediaciones de la misma y en un alero cercano, adonde se registran representaciones rupestres (Campan *et al.* 2007). Entre los artefactos líticos, la calcedonia se encuentra representada en abundancia, sobrepasando en la mayoría de los casos al basalto. De hecho, en la ladera sur de la colada donde se emplaza la cueva, se detectó la presencia de nódulos de calcedonia traslúcida y en menor proporción coloreada, bajo la forma de plaquetas, pudiéndose tratar de una fuente secundaria de aprovisionamiento. Con respecto a las materias primas no-locales, mientras en la superficie de la cueva se recuperó un núcleo bipolar en obsidiana negra, en estratigrafía se recuperaron desechos de talla en las variedades negra y gris de esta roca (Campan *et al.* op. cit.). Actualmente, el estudio de este sitio sigue en curso (Manzi *et al.* 2007)

CAPÍTULO III: ESTRATEGIAS DE APROVISIONAMIENTO Y UTILIZACIÓN DE LOS RECURSOS LÍTICOS EN POBLACIONES CAZADORAS-RECOLECTORAS: MODELOS PROPUESTOS

Introducción

En el presente capítulo se realiza una síntesis de los diferentes modelos que han sido propuestos para explicar el comportamiento asociado con el abastecimiento y la utilización de los recursos líticos en sociedades cazadoras-recolectoras, principalmente a partir de estudios etnoarqueológicos.

La presentación está centralizada en las variables o factores que cada uno de estos modelos postula como determinante o de mayor influencia en la organización de la tecnología de los grupos humanos, poniendo especial atención en el papel que se le otorga a la disponibilidad de las materias primas líticas y su incidencia sobre los modos en que se utilizan las rocas.

1. El marco teórico de los modelos

El abastecimiento de rocas para la manufactura de artefactos y los modos de utilización de los recursos líticos han comenzado a ser considerados tópicos de importancia en la investigación arqueológica en el marco de los estudios de optimización, desarrollados bajo el paradigma de la ecología del comportamiento (*cf.* Smith 1992a y b; Smith y Winterhalder 1992; Winterhalder y Smith 2000).

El objetivo principal de estos estudios es la evaluación de las respuestas adaptativas desarrolladas por los grupos cazadores-recolectores en diferentes ambientes. Esta evaluación se lleva a cabo en término de los *inputs* y *ouputs* energéticos y/o calóricos implicados en las conductas desarrolladas. En este marco, una respuesta óptima es aquella que, dentro de un conjunto de opciones posibles, tiende a maximizar los beneficios en relación a los costos (Kelly 1995). De este modo, los modelos de optimización tienen por objetivo evaluar el costo *vs.* beneficio de las diferentes estrategias adaptativas en sociedades cazadoras-recolectoras; con este fin se han desarrollado numerosos estudios etnográficos y etnoarqueológicos.

La mayoría de los modelos de optimización que se han propuesto dan cuenta del comportamiento relacionado con la obtención de los recursos de subsistencia (vegetales y animales), sin considerar los costos tecnológicos asociados con estas actividades. Los mismos implican, entre otros, el aprovisionamiento de las materias primas líticas, la manufactura, mantenimiento y reparación de los artefactos y el transporte de los mismos. Como señala Bousman (1993), el costo de la producción tecnológica debe ser considerado a la hora de establecer qué tan óptimas son las estrategias de búsqueda y procesamiento de los recursos bióticos con fines dietarios; por lo tanto es necesario evaluar los costos y beneficios asociados a la producción tecnológica. Asimismo, Beck *et al.* (2002: 488) señalan que *"...the costs and benefits of raw material acquisition, processing, and transport must figure into the overall evaluation of a particular foraging strategy."*

De este modo se han desarrollado numerosos estudios de la organización tecnológica (*sensu* Nelson 1991) de los grupos humanos con el objetivo de evaluar la incidencia de la tecnología lítica sobre la eficiencia en la obtención y procesamiento de los recursos, como así también de las estrategias desarrolladas en relación con la disponibilidad de los recursos líticos en el ambiente explotado y su relación con los patrones de movilidad y uso del espacio de las poblaciones humanas. En este marco, la tecnología es vista como un medio para resolver problemas en el ambiente físico y social, jugando un rol importante en las estrategias de adaptación humanas (Torrence 1989; Nelson 1991; Carr 1994). Las materias primas líticas son consideradas como un recurso, al igual que los de subsistencia, cuya obtención y uso se optimiza en términos del tiempo o la energía invertidos (Bamforth 1986; Jochim 1989; Jeske 1992). Si bien en la mayoría de los casos se propone que la optimización de la energía invertida en el abastecimiento de rocas es lo que determina la forma de utilización de la materia prima, en otros casos se sostiene que lo que es optimizado es el aprovechamiento mismo de la materia prima dada su escasez (Hayden 1989).

Así, diversos modelos han sido propuestos a efectos de evaluar los costos asociados al aprovisionamiento de las materias primas líticas y a la manufactura, uso, mantenimiento y transporte de los artefactos líticos. En la mayoría de ellos se considera a la distancia espacial a las fuentes de abastecimiento de rocas como una medida del tiempo invertido en su obtención y por consiguiente como un *proxy* de los costos del aprovisionamiento (ver *infra*). Sin embargo, debe tenerse en cuenta que no hay necesariamente una relación lineal entre la distancia a las fuentes de aprovisionamiento y el esfuerzo invertido (*cf.* Franco 2002a), ya que en muchos casos el aprovisionamiento lítico podría estar incluido (*embedded*) en otras tareas (Binford 1979).

2. Los primeros modelos propuestos: los aportes de la etnoarqueología

Entre los primeros modelos que se postularon en relación con el aprovisionamiento y la utilización de las materias primas líticas se encuentran las propuestas de Binford (1977a, 1979, 1980) a partir de sus estudios entre los Nunamiut.

Este investigador ha diferenciado dos tipos de estrategias de asentamiento-subsistencia entre los grupos humanos de acuerdo con los patrones de subsistencia y movilidad implicados. Las mismas han sido denominadas *collector* y *forager* (Binford 1980).

Los grupos logísticos o *collectors* se caracterizan por una baja movilidad residencial y una alta movilidad logística, lo cual implica la explotación de los recursos a partir de grupos de tareas especialmente organizados para tal fin. Estos grupos de trabajo abandonan la localización residencial y se establecen en campamentos ubicados estratégicamente, desde los cuales procuran el alimento que luego es transportado al campamento residencial (Binford 1980). Por el contrario, los grupos depredadores o *forager* se caracterizan por una alta movilidad residencial, generalmente estacional. La recolección de alimentos se realiza desde la base residencial, sobre un radio de forrajeo, trasladándose el grupo completo en busca de recursos y retornando diariamente al campamento (Binford 1980).

Las diferencias en las estrategias de asentamiento-subsistencia entre los grupos *forager* y *collector* se extienden a la organización de la tecnología. Los primeros han sido asociados con estrategias tecnológicas expeditivas, en tanto que los segundos lo han sido con estrategias conservadas. La adopción de una u otra estrategia es lo que determina, en mayor medida, la distribución, asociación y frecuencia relativa de artefactos (Binford 1977a). ¿Cuáles son las diferencias en la utilización dada a los artefactos líticos según se trate de una estrategia conservada o expeditiva? Binford (1977a) ha derivado varios conjuntos de expectativas arqueológicas en cuanto a la relación entre desechos de talla e instrumentos, entre diferentes tipos de instrumentos y en los patrones temporales del descarte, según se trate de una estrategia expeditiva o conservada. Estas diferencias pueden resumirse en dos grandes puntos de contraste:

- En tecnologías expeditivas, la tasa de reemplazo de instrumentos es directamente proporcional a la frecuencia de uso de los mismos, en tanto que en tecnologías conservadas, la tasa de reemplazo es inversamente proporcional a la duración de la vida útil o grado de mantenimiento del instrumento, no habiendo una relación directa con la frecuencia de actividades en las que el instrumento se usó.

- En tecnologías expeditivas, los desechos de manufactura y aquéllos derivados de las actividades en las cuales los instrumentos fueron utilizados se encuentran asociados espacialmente, mientras que en tecnologías conservadas no se espera esta asociación, ya que los instrumentos son transportados y devueltos a la localización residencial para su reparación.

Estas diferencias fundamentalmente se deben a que una estrategia tecnológica expeditiva se caracteriza por minimizar la inversión tecnológica, siendo los artefactos manufacturados, usados y descartados según las necesidades inmediatas. Esta estrategia implica que se prevea la disponibilidad de tiempo y materias primas en los lugares de uso, lo cual implica el almacenamiento planeado de materiales o la ubicación de los *loci* de actividades próximos a las fuentes de materias primas, la reocupación regular de los sitios equipados y la consideración del tiempo de manufactura de los instrumentos como parte de la actividad de uso (Nelson 1991). Por el contrario, la conservación es una estrategia de cuidado de los instrumentos, que incluye la manufactura con anticipación al uso, el trasporte, el mantenimiento y la reactivación, el almacenamiento o escondrijo de materiales, la prolongación de la vida útil de los instrumentos, el reciclaje, etc. Esta estrategia anticipa la necesidad de materiales o instrumentos en situaciones de incongruencia en la disponibilidad espacial de recursos y/o en situaciones de ausencia de tiempo disponible para la manufactura de artefactos (estrés temporal) (Nelson op. cit.).

En el marco de un trabajo etnoarqueológico con los Alyawara (Australia central), Binford y O'Connell (1984) visitaron una cantera de cuarcita que los informantes recordaban que había sido explotada por "*old men*". En las actividades que se llevaron a cabo en la misma, Binford y O'Connell (op. cit.) observaron la incidencia que ejercen sobre las estrategias de aprovisionamiento consideraciones tecnológicas tales como el tipo de instrumento que va a ser manufacturado, la frecuencia en la necesidad de utilización del mismo, entre otros factores relacionados con el modo en que van a ser usados los artefactos, lo cual puede traducirse en términos de conservación o expeditividad. Mientras las formas-base requeridas para la manufactura de instrumentos que van a ser conservados, como los "cuchillos masculinos", se realizan en la cantera misma a través de la preparación del núcleo en la forma adecuada, las formas-base necesarias para los "cuchillos femeninos" y otros tipos de artefactos utilizados cotidianamente en el campamento no son producidas en la cantera, sino que se trasporta el núcleo a la residencia para que sea utilizado cuando sea necesario. "*The decision to transport manufactured blanks versus cores was, in the Aborigine's view, related to differential tool demand and the potential use life of the special blades versus the "everyday" flakes or blanks for woodworking tools.*" (Binford y O'Connell op. cit.: 428).

Además de la distinción establecida entre estrategias conservadas y expeditivas en la manufactura, uso y descarte de los artefactos líticos, Binford (1979) ha diferenciado también dos tipos de estrategias de aprovisionamiento lítico de acuerdo con los costos implicados: "*embedded versus direct procurement strategies*" (Binford 1979: 259). En el primero de los casos, entendido como "aprovisionamiento incidental", Binford (op. cit.) alude a la obtención de materias primas en el transcurso del desarrollo de otras tareas, principalmente de subsistencia. Por "aprovisionamiento directo", se refiere a los movimientos de una población en el ambiente con el propósito exclusivo de obtener materias primas para la confección de instrumentos. Dicho investigador (op. cit.: 266) señala que "*... among mobile hunters and gatherers raw materials are generally procured as elements of an embedded strategy,* *and are obtained in anticipation of future needs."* Es por ello que sostiene que no hay costos directos en el aprovisionamiento de materias primas líticas, o que los mismos serían muy bajos, como tampoco los hay en la reparación y mantenimiento de los instrumentos. Todas estas tareas son ejecutadas *"off time"* en el marco de otras actividades. En el caso de los Nunamiut, el aprovisionamiento directo se dá solamente cuando no se pudieron obtener recursos de otra manera (Binford op. cit.). Por consiguiente, según los postulados de Binford, la organización tecnológica se comporta como una variable dependiente del sistema de asentamiento y subsistencia de los grupos humanos. "*... a logistics strategy in which foods are moved to consumers may be expected to be correlated with increases in curation and maintenance of tools, since both are organisational responses to conditions in which increasing efficiency would pay off*" (Binford 1977a: 266).

Entre los grupos *collector*, según sus observaciones entre los Nunamiut, Binford (1979) señala dos características principales en cuanto a las estrategias de aprovisionamiento de rocas: "*... raw materials or tools are rarely obtained through direct procurement strategies, and (...) the logistical operations of the systems are supported by a wide-ranging "caching" strategy which insures the dispersion in the habitat of goods and materials ...* " (Binford 1979: 270).

Por otro lado, las estrategias implementadas para el abastecimiento de rocas, manufactura, uso y descarte de los instrumentos y por consiguiente, el grado de conservación de la tecnología entre los Nunamiut varía según el equipo instrumental del que se trate. Así, Binford (1979) diferencia tres tipos de equipo, los cuales responden a distintas necesidades: *personal gear*, *insurance* o *household gear* y *situational gear*.

Este investigador señala que la disponibilidad inmediata de las materias primas líticas no actúa como un constreñimiento para la manufactura del *personal* y *household gear*, ya que son instrumentos manufacturados con anticipación al uso y previendo necesidades futuras, por lo tanto no se encuentran afectados por limitaciones de tiempo, en tanto que el *situational gear*, al responder a necesidades y contingencias inmediatas, es manufacturado sobre materias primas inmediatamente disponibles. De esta forma, "*... these materials may be naturally ocurring, cached, scavenged, or recycled personal gear*" (Binford 1979: 267). De acuerdo con estas características también se registran diferencias en la calidad de las rocas utilizadas en la manufacturas de estos equipos. Es más probable que el *personal* y *household gear* sea manufacturado sobre materias primas de mejor calidad que el *situational gear*, por los mismos factores antes señalados. Estas diferencias también se extienden al diseño de los instrumentos, las características del enmangue, las técnicas de reducción, el número de episodios o etapas de manufactura, los lugares donde la misma es realizada, las tasas de reactivación y reciclaje, entre otras características (Binford 1979; Binford y Stone 1985).

Así, las propuestas de Binford han puesto su énfasis en la organización de la tecnología en relación con el sistema de asentamiento-subsistencia de los grupos humanos y la mayoría de los estudios de organización tecnológica que subsiguieron se focalizaron, de este modo, en la reconstrucción de los patrones de movilidad y asentamiento prehistóricos. Sin embargo, distintas discusiones se han generado en base a estos postulados. Las mismas pueden sintetizarse alrededor del debate de dos temas principales: por un lado, en relación con los patrones de movilidad y subsistencia como determinantes fundamentales de la organización tecnológica, y como consecuencia de esto, en relación con los costos del abastecimiento de rocas. Y por otro lado, en relación con las razones y las características o aspectos implicados en una estrategia tecnológica de conservación de los artefactos y sobre cómo medirla. A continuación se exponen algunos de los tópicos de mayor importancia señalados en estas discusiones de acuerdo con lo sostenido por diferentes investigadores y se reseñan brevemente los nuevos modelos propuestos, aunque el tema no se agota en las investigaciones que se presentan.

3. ¿Cuáles son los factores determinantes en el aprovisionamiento y la utilización de las materias primas líticas?: los debates al respecto y las nuevas propuestas

En los estudios etnoarqueológicos desarrollados en el Desierto Central y Occidental de Australia, Gould (1978, 1979) y Gould y Saggers (1985) han observado que otros factores ejercen mayor influencia en la organización de la tecnología y el aprovisionamiento de rocas que aquéllos relacionados con las actividades de subsistencia de los grupos humanos. Asimismo, han observado que los aborígenes australianos realizan excursiones planificadas con el objetivo exclusivo del aprovisionamiento de materias primas líticas.

Gould y Saggers (op. cit.) señalan que las propiedades utilitarias de las materias primas líticas son un factor fundamental a ser considerado a la hora del abastecimiento, principalmente en relación con la calidad y eficiencia de las rocas para realizar determinada función. *"... Western Desert Aborigines made special effort to visit lithic sources, (...) in order to obtain raw material that was known to have superior technical properties."* (Gould y Saggers op. cit.: 120). Este es el caso evidenciado por la distribución de las materias primas líticas en el alero James Ranges East, adonde las rocas exóticas (disponibles más allá de los 40 km de radio del sitio) son las más utilizadas en la manufactura de las hachas, a pesar que las materias primas locales son abundantes y accesibles muy fácilmente. "*In the James Range, Aborigines could always find usable lithic materials within one kilometer of semi-permanent water supplies*" (Gould y Saggers 1985: 133). Los estudios experimentales de las cualidades físicas de las rocas y de la utilidad de los filos en materias primas locales *vs.* exóticas han demostrado que éstas últimas son las más eficientes para el trabajo de la madera (función para la cual se cuenta con innumerable evidencia etnográfica y microscópica sobre el uso de estas hachas). Por el contrario, en el alero Puntutjarpa son las rocas locales las que cuentan con estas ventajas, siendo las más representadas en este sitio. En consecuencia, en ambos contextos, a pesar de ser contrastantes en la representación de las materias primas locales *vs.* exóticas "*...technological factors do appear to control the presence and distribution of lithic materials of local versus non-local origin* " (Gould y Saggers op. cit: 123). Asimismo, Gould (1978) señala que los esfuerzos para obtener materia prima adecuada para ciertas clases de artefactos excede cualquier otro aspecto de la manufactura en términos de trabajo y tiempo invertido, por consiguiente, entre estos grupos los costos del aprovisionamiento son elevados. En consecuencia, estos investigadores señalan que las propiedades utilitarias de las materias primas deben ser consideradas en las explicaciones de la relación entre los artefactos arqueológicos y la fuente de procedencia de las rocas utilizadas para su manufactura. "... *(A) controlled techno-mechanical analysis of the lithic materials themselves must be applied before explanations based on economic embeddedness can be convincingly used*" (Gould y Saggers op. cit: 134). Consideramos que esta observación metodológica es adecuada a la discusión acerca de las condiciones bajo las cuales *embeddedness* es relevante y se toma en cuenta en nuestro análisis de los diferentes tipos de rocas disponibles en las fuentes potenciales de aprovisionamiento. Si bien esto se encuentra desarrollado en los capítulos IV.1.b y VII, podemos adelantar que teniendo en cuenta lo señalado anteriormente, además de considerar la abundancia y diversidad de materias primas líticas disponibles en Pali Aike, las propiedades de los diferentes tipos petrográficos se evaluan a partir de la calidad de las rocas para la talla (siguiendo a Aragón y Franco 1997) y considerando distintos aspectos relacionados con la morfología de los clastos, tales como la forma, esfericidad, redondez y textura superficial de los nódulos (Scasso y Limarino 1997), entre otros, que además de brindarnos información sobre el grado de transporte y posible procedencia de las rocas, nos permiten evaluar la incidencia de estos factores sobre las estrategias de reducción implementadas (*cf.* Shelley 1993).

Por otro lado, además de lo señalado por Gould y Saggers (op. cit.), la información etnográfica aportada por Stout (2002) para Irian Jaya (Indonesia), da cuenta de la planificación y duración que implican las actividades de aprovisionamiento entre los productores de hachas líticas. El aprovisionamiento de recursos líticos se lleva a cabo a través de la conformación de un grupo especializado en estas tareas. Dado que las actividades de aprovisionamiento se extienden por varios días, el grupo pasa la noche en viviendas localizadas cerca de los lugares de aprovisionamiento (Stout 2002).

Más allá de la información etnográfica y etnoarqueológica, en diferentes estudios arqueológicos sobre la tecnología se ha señalado que la movilidad no siempre puede explicar completamente los patrones de producción, uso y descarte de los artefactos (Bamforth 1986, 1991; Torrence 1983, 1989; Andrefsky 1994, entre otros) y que otros factores intervienen en la configuración de la tecnología adoptada.

Si bien a menudo se han relacionado tipos específicos de patrones tecnológicos con el grado de movilidad de un grupo (*cf.* Shott 1986, 1989; Parry y Kelly 1988; Odell 1994, entre otros), Bamforth (1986, 1991) ha señalado en varias oportunidades que la interacción entre diferentes factores y las características específicas de los contextos locales en los cuales los artefactos son producidos y usados -haciendo referencia principalmente a la naturaleza y disponibilidad de recursos líticos en el ambiente-, más que aspectos generales del modo de vida de una sociedad -como el grado de movilidad del grupo-, juegan un rol importante en la organización de la tecnología.

La discusión de Bamforth alude principalmente a los factores que inciden sobre la organización tecnológica y relacionado con esto, las razones o causas implicadas en la adopción de una estrategia tecnológica de conservación de los instrumentos.

Como hemos mencionado en un principio, Binford (1977a, 1979) señala varios aspectos de una estrategia de conservación de artefactos, la cual correlaciona con la organización del sistema de asentamiento y subsistencia sosteniendo que esta estrategia es eficiente en sistemas logísticos. Al respecto, Bamforth (1986) identifica al menos cinco aspectos distintos que son considerados por Binford (op. cit.) en su amplia definición de "conservación". Tales aspectos incluyen: 1. la producción de artefactos con anticipación al uso, 2. el diseño de los instrumentos para usos múltiples, 3. el transporte de los artefactos, 4. el mantenimiento y 5. el reciclaje de los mismos (Bamforth op. cit.).

Según Bamforth (op. cit.) los aspectos señalados son adaptaciones a distintas circunstancias y no son "eficientes" en todos los contextos. No hay razón para asumir que los distintos tipos de comportamiento subsumidos bajo el concepto de conservación tengan que darse todos juntos y en relación con sistemas de asentamiento-subsistencia logísticos. A través de numerosos casos etnográficos y arqueológicos se ha demostrado que la conservación, en sus distintos aspectos, se adopta como estrategia tecnológica tanto en grupos con movilidad logística como en grupos con una alta movilidad residencial (Bamforth op. cit.; Odell 1996, entre otros).

Bamforth (op. cit.) focaliza su discusión en torno a dos aspectos particulares de la conservación, el mantenimiento y el reciclaje, mostrando que estos comportamientos se encuentran estrechamente ligados a la disponibilidad de materia prima y son una respuesta a la escasez de la misma. Así, sostiene que el mantenimiento y el reciclaje sólo serían eficientes, es decir, de menor costo en relación con el reemplazo del instrumento, si la materia prima no se encuentra inmediatamente disponible; por consiguiente, según este autor, la escasez de la misma es el factor determinante para la adopción de una estrategia conservada. Algo similar es señalado (pero no desarrollado) con respecto a la manufactura de los artefactos con anticipación al uso: "*why would anyone transport tools from place to place if raw material could be obtained everywhere*?" (Bamforth op. cit.: 40). Sin embargo, es preciso considerar que el mantenimiento y/o reciclaje de un artefacto también son formas de ahorrar el tiempo y la energía invertida en la manufactura del mismo.

A través de dos casos arqueológicos Bamforth (op. cit.) demuestra que, por un lado, según la evidencia de la costa de California, un incremento en la complejidad de los patrones de asentamiento, es decir un aumento en la movilidad logística con respecto a la residencial, no se encuentra asociado con un incremento en la conservación de los artefactos -como se esperaría a partir del modelo de Binford- sino por el contrario, se observa un comportamiento más expeditivo (más acorde con lo sostenido por Parry y Kelly 1987). Por otro lado, a partir de la comparación del grado de conservación de los artefactos líticos en dos áreas con diferente disponibilidad de materias primas líticas en las llanuras altas de Texas, Bamforth muestra que el mantenimiento y reciclaje de artefactos es mayor sobre las materias primas exóticas, de superior calidad, que sobre las rocas de disponibilidad local. Lo mismo se señala con respecto a la diversidad de tareas para las que fueron utilizados los artefactos sobre estas clases de materias primas, registrándose una mayor diversidad de usos sobre las rocas exóticas (en referencia al aspecto 2 de la definición de conservación). Por consiguiente, Bamforth señala que la disponibilidad de recursos líticos establece restricciones sobre la tecnología, considerando que éste es el factor clave en la organización de la tecnología (sin descartar la incidencia de los patrones de asentamiento).

Esto mismo también es señalado por Andrefsky (1994), quien sostiene que el modo en que se utilizan las materias primas líticas depende más de la abundancia y calidad de las rocas disponibles en el ambiente, que del grado de movilidad residencial de los grupos. Según Andrefsky (op. cit.), la influencia de los patrones de asentamiento es sólo indirecta.

A través del estudio de tres casos arqueológicos en el oeste de Norteamérica, Andrefsky (1994: 23) demuestra que "*... mobile prehistoric populations would not necessarily produce formal tools if good-quality lithic raw material were readily accessible at needed locations. Similarly, if sedentary populations did not have access to readily available lithic raw materials, the production of wasteful informal tools would not necessarily be a common practice.*" Este investigador propone un modelo en el cual considera la relación entre la abundancia y calidad de las materias primas y el tipo de tecnología asociada, diferenciando entre herramientas formales e informales según el esfuerzo invertido en la manufactura (figura 1.III).

LITHIC ABUNDANCE	LITHIC QUALITY: High	LITHIC QUALITY: Low
High	cell 1 Formal and informal tool production	cell 2 Primarily informal tool production
Low	cell 3 Primarily formal tool production	cell 4 Primarily informal tool production

Figura 1.III: Relación entre la abundancia y calidad de las materias primas disponibles y el esfuerzo invertido en la manufactura de los artefactos según Andrefsky (1994:30)

Según el modelo, en contextos caracterizados por la presencia de materias primas de alta calidad en gran abundancia se manufacturan instrumentos formales e informales en la misma proporción aproximadamente. Cuando la materia prima que se encuentra disponible en abundancia es de baja calidad para la talla, la mayoría de los instrumentos producidos sobre la misma son informales. Los instrumentos formales son confeccionados sobre rocas de procedencia no-local y por lo tanto escasos. En un contexto de baja disponibilidad local de materias primas de alta calidad para la talla, se esperaría que los instrumentos manufacturados sobre estas rocas sean formales. Por otro lado, en situaciones de co-ocurrencia de materias primas de baja calidad en baja abundancia, la tecnología informal predomina sobre las rocas locales, en tanto que los instrumentos formales se manufacturan principalmente en materias primas de procedencia no-local.

Entonces, si consideramos lo señalado por los diferentes autores reseñados, el aprovisionamiento lítico no se comporta necesariamente como una variable dependiente de las estrategias de subsistencia. Este sólo sería el caso en ambientes con recursos líticos abundantes y ubicuos (Franco 2002a). Como mostraron los ejemplos reseñados, el factor que está desempeñando un papel clave para la adopción de una u otra estrategia tecnológica es la disponibilidad de materias primas, en referencia tanto a la abundancia como a la calidad de las mismas.

Dado que muchos de los comportamientos producto de la escasez de materia prima han sido agrupados bajo el rótulo de "conservación", junto con otros aspectos más relacionados con la movilidad de los grupos, Odell (1996) ha diferenciado ambos tipos de comportamiento y sus consecuencias materiales en un intento por clarificar la ambigüedad del concepto de conservación. Como también han señalado otros investigadores (Nash 1996; Shott 1996a, entre otros), el amplio uso de este concepto en contextos muy disímiles entre sí ha generado una gran ambigüedad con respecto al significado del término, qué es lo que está indicando y en relación con qué, y en cuanto a las unidades de análisis a las que se aplica (¿instrumento, industria, tecnología?). En este contexto, Odell (op. cit.) propone restringir el uso del término "conservación" a los comportamientos relacionados con la organización de la movilidad, manteniendo el énfasis original de Binford sobre este aspecto y denomina "actividades económicas inducidas por la escasez" a los comportamientos de optimización en el aprovechamiento de una roca - ya sea a través de la manufactura como del uso y reuso de los instrumentos - producto de la baja disponibilidad de materia prima. Ambos tipos de comportamiento son respuestas conservativas, pero se diferencian en los problemas o necesidades que están afrontando: en el primer caso, son producto de las decisiones humanas en cuanto a los patrones de movilidad adoptados y en el segundo, son una respuesta a la escasez en la disponibilidad de materias primas líticas en el ambiente explotado.

La propuesta de Odell es reducir la aplicabilidad del término "conservación" a los aspectos de la tecnología asociados con la organización de la movilidad, tales como la producción de los instrumentos con anticipación al uso, el diseño de los instrumentos para múltiples usos y el transporte de los mismos (tres de los aspectos identificados por Bamforth 1986 como parte de la definición de conservación propuesta por Binford). El mantenimiento y reciclaje de instrumentos son una respuesta común a ambos tipos de comportamiento, no encontrándose asociados exclusivamente con la organización de la movilidad. Si bien estos atributos tecnológicos también se encuentran presentes en contextos de economía de materia prima, es posible identificar estas situaciones a partir de los siguientes indicadores adicionales: la explotación de núcleos de tamaño pequeño, la presencia de tecnología bipolar, el alto grado de fragmentación de los instrumentos (producto del uso extensivo) y la intensidad de uso de los instrumentos, medida por medio del desgaste de los mismos hasta el agotamiento y por el uso de las fracturas como filos activos.

Es importante destacar que Odell no restringe la aplicabilidad de "conservación" a las estrategias de movilidad logísticas, sosteniendo que "*Mobility is mobility no matter how it is organizad, and (...) different kinds of mobility may be called curational*" (op. cit.: 75). Este punto también es sostenido por Shott (1996a), quien asimismo propone una redefinición de conservación, pero resaltando un aspecto diferente. Así es que el énfasis de Shott está puesto en la "eficiencia" de un instrumento conservado y por consiguiente su definición de conservación es una suerte de medida de utilidad. Este autor considera a la conservación como una propiedad de uso de los instrumentos, es decir, como una variable continua, no un estado o condición cualitativo. De este modo la define como "*the degree of use or utility extracted, expressed as a relationship between how much utility a tool starts with - its maximun utilit y- and how much of that utility is realized before discard*" (Shott 1989 citado en 1996a: 267). En pocas palabras, la conservación es definida como la relación entre la utilidad realizada y la utilidad máxima, asumiendo que la utilidad declina con el uso.

Como hemos visto, las redefiniciones de la conservación propuestas por Odell (1996) y por Shott (1996a) resaltan uno u otro de los aspectos considerados en su definición primigenia, pero además difieren en la unidad de análisis que consideran apropiada para evaluar la conservación. Mientras Odell (op. cit.) considera a la conservación como la respuesta tecnológica a la organización de la movilidad, de la cual se desprenden varias expectativas observables que deben ser evaluadas en un conjunto arqueológico; la propuesta de Shott (op. cit.), con una mayor fuerza metodológica y de base cuantitativa, entiende a la conservación al nivel de los instrumentos; de este modo, la conservación es medida sobre cada artefacto. Sobre estas bases se han propuesto diferentes métodos para cuantificar la conservación. Con este objetivo se han llevado a cabo numerosos estudios experimentales y se han desarrollado modelos matemáticos que proponen diferentes ecuaciones como medidas de conservación. La mayoría de estos modelos intentan estimar la utilidad perdida por el artefacto (producto de los sucesivos usos y reavivados a los que estuvo sujeto), en relación con su utilidad máxima o potencial. Así, algunos se basan en la predicción de la masa o volumen perdido por el artefacto a partir de la estimación de su masa original (Dibble 1987, 1998; Dibble y Pelcin 1995; Davis y Shea 1998; Pelcin 1998; Eren *et al.* 2005). Otros se basan en la relación entre variables directamente observables como la razón entre el espesor del filo retocado y el espesor de la forma-base (Kuhn 1990; Hiscock y Clarkson 2005a y b), la invasión o cobertura del retoque del filo sobre la superficie del artefacto (Clarkson 2002), la longitud residual del artefacto al momento del descarte (Kuhn 2004), la longitud del filo retocado y su curvatura y la proporción retocada del perímetro del artefacto (Hiscock y Attenbrow 2002 y 2003), entre otros indicadores considerados.

Dado que en nuestros objetivos de estudio nos proponemos comprender la forma de uso del espacio a través del modo en que se obtuvieron (aprovisionamiento directo *vs.* indirecto) y utilizaron las materias primas líticas en la manufactura de los artefactos, consideramos más pertinente para nuestro análisis seguir la propuesta de Shott (op. cit.). Esto se debe a que, de acuerdo con nuestros intereses, consideramos más adecuado utilizar herramientas analíticas que nos permitan evaluar los cambios o similitudes en la utilización de las rocas a escala regional; y por consiguiente el empleo de variables cuantitativas que nos permitan obtener un panorama de la variación en una escala espacial amplia y relacionarlo con distintos factores según las condiciones locales, más que realizar meras determinaciones discretas de un conjunto artefactual (si es o no es conservado). Los índices que utilizamos con este fin se encuentran desarrollados en el capítulo IV.2.e. El marco de referencia considerado para interpretar estas variaciones, siguiendo las propuestas de Andrefsky (1994), Bamforth (1986) y Odell (1996) entre otros, es la disponibilidad de materias primas líticas a nivel regional, considerando la interrelación entre la distancia a la fuente de aprovisionamiento y el grado de reducción de los artefactos como una medida adecuada para evaluar los costos del aprovisionamiento, las estrategias de obtención implementadas y el modo de utilización de los diferentes tipos de rocas (*cf.* Kuhn 2004. Ver *infra*).

Existe una variedad de trabajos en los que se evalúa el comportamiento de diversas variables artefactuales, tales como frecuencia de artefactos, grado de reducción, diversidad de materias primas, etc., en relación con la distancia a las fuentes de aprovisionamiento (Renfrew 1977; Torrence 1984; Beck *et al.* 2002; Brantingham 2003; Kuhn 2004). En este marco, Renfrew (1977) ha propuesto varios modelos cuantitativos para investigar los patrones de distribución de los artefactos a partir de su fuente de procedencia y la forma de adquisición de los mismos. Éstos se basan en la relación de dos variables: la frecuencia o abundancia de artefactos y la distancia a la fuente de abastecimiento de materia prima. En casos de aprovisionamiento directo, la relación entre estas variables sigue un patrón regular de decrecimiento monotónico, es decir que la frecuencia de ocurrencia de la clase artefactual considerada declina a medida que aumenta la distancia a la fuente de abastecimiento. Cuando un recurso está disponible en una fuente localizada, su distribución en el espacio es más abundante cerca de la fuente, disminuyendo a medida que nos alejamos, debido a los costos de transporte implicados. Este patrón es denominado curva de caída o *fall-off.* La misma puede adoptar tres formas: una distribución de Pareto, una Gaussiana o una exponencial. También varía la inclinación de la pendiente de la curva, siendo más o menos abrupta. Ambas variables (forma de la curva e inclinación de la pendiente) permiten diferenciar los modos de aprovisionamiento. Sin embargo, Renfrew señala que en algunos casos, como sucede con el modelo denominado *random walk or flight* -que implica un gran número de transacciones al azar (no direccionales)- se genera una curva gaussiana, por lo tanto un gran número de eventos no coordinados producen un patrón coherente y cuantificable como una curva de caída. Similares problemas de equifinalidad han sido señalados por varios autores a partir de diferente tipo de evidencia (Meltzer 1989; Ingbar 1994; Brantingham 2003). En este sentido, la simulación de estrategias de movilidad y aprovisionamiento de rocas ha mostrado que muchas de las consecuencias arqueológicas derivadas de los modelos de optimización en cuanto a la distribución, abundancia y diversidad de materias primas líticas son indistinguibles de los patrones generados al azar (Ingbar 1994; Brantingham 2003, 2006).

A través de un modelo basado en agentes, en el cual se simula el movimiento al azar de una población en un ambiente uniforme, adonde el aprovisionamiento se realiza cuando se encuentra una fuente de rocas y de acuerdo con la cantidad de instrumentos que necesitan ser reemplazados en el *toolkit* o conjunto instrumental, Brantingham (2003) muestra que la riqueza, frecuencia e intensidad de reducción de las materias primas en relación con la distancia a la fuente de aprovisionamiento sigue los mismos patrones que bajo supuestos de optimización. Por consiguiente, este investigador sostiene que el tipo y abundancia de las materias primas en el ambiente parecería no jugar un rol tan importante en la organización de la movilidad y las estrategias de aprovisionamiento, como se supone corrientemente en la teoría arqueológica.

Si bien estos postulados parecen extremos e infundados de acuerdo con lo indicado por la información etnográfica en relación con la optimización en las estrategias de forrajeo y con la disponibilidad de distintas materias primas, es de utilidad considerar lo sostenido por este autor como conclusión de su trabajo. En primer lugar Brantingham señala que si consideramos la incidencia de los procesos de formación de sitio, especialmente el carácter promediado del registro arqueológico, es dificultoso aislar los eventos discretos de aprovisionamiento; en consecuencia, aunque los mismos fueran óptimos, el resultado sería un patrón agregado del comportamiento de obtención de rocas indistinguible de un patrón neutral. En segundo lugar, deberíamos considerar la posibilidad de que una estrategia de forrajeo azarosa y de abastecimiento de materias primas indiferente a los tipos y abundancia de las mismas sea óptima. La ausencia de planeamiento y manejo del riesgo podría ser una estrategia más adaptativa que las alternativas más complejas. Es posible que la optimización se dé en otros aspectos del forrajeo que no incluyen el aprovisionamiento y transporte de las materias primas. Esta conclusión apoya lo sostenido por Binford (1979) en cuanto a la inclusión del aprovisionamiento de rocas en el marco de desarrollo de otras actividades de forrajeo.

Si bien los supuestos del modelo pueden no aceptarse como válidos, dado que no es probable que una estrategia de forrajeo se encuentre librada al azar, lo que demuestra el modelo neutral es que "*... our inferences about adaptative variability based on patterns of raw material richness and transport may be difficult to prove*" (Brantingham 2003: 506). Para revertir esta situación, los supuestos del modelo podrían ser modificados independientemente, manteniendo los otros constantes, para explorar qué variables son las que producen diferentes resultados y su correlato en el registro arqueológico. En este sentido, consideramos que sería fructífero testear el modelo en base a diferentes parámetros ambientales, principalmente de heterogeneidad ambiental, ya que es necesario evaluar las respuestas que se generan bajo condiciones de oferta diferencial de recursos. Si bien la disponibilidad equitativa de los recursos constituye un requisito básico de estos modelos para mantener un escenario neutral, consideramos sumamente necesario la simulación de situaciones de escasez, en tanto los correlatos de las mismas son los que han constituido un tema de debate en los modelos tecnológicos. Para Patagonia Meridional, las obsidianas constituyen uno de estos casos, en donde el registro agregado no alcanza a borrar el patrón de una utilización diferencial de estas rocas, probablemente producto de la economía de las mismas debido a su escasez y de su excelente calidad para la talla.

Algo similar sostiene Renfrew (1977) frente a situaciones de equifinalidad, quien propone la utilización de líneas de evidencia independientes para testear los distintos supuestos de los modelos.

Además de los problemas de equifinalidad señalados para los modelos que consideran la distribución de artefactos en relación con la distancia a la fuente, es preciso considerar lo señalado por Kuhn (2004: 432) en relación con las formas de llevar a cabo el aprovisionamiento más que en relación con la distancia. Esto implica un cambio de óptica en el análisis, por el cual ya no juzgamos las decisiones de recolección, sino que adoptamos un modelo como marco de referencia para comenzar a dar sentido al registro arqueológico: "*... the distances stone was moved in the past have no intrinsic meaning. Such facts are simple one frame of reference against which we can recognize and attempt to understand variation in human behavior. Artifacts can be transferred from source to site in many different ways, and the relationship between distance and cost varies according to how the transfer took place*" (el subrayado es nuestro). En este sentido, Kuhn (1994, 2004) señala que la relación entre la distancia de transporte y la historia de vida de los artefactos es más indicativa al respecto, en tanto nos informa sobre las transformaciones y usos del artefacto entre la fuente y el punto de descarte. Este autor diferencia tres estrategias de aprovisionamiento que implican el trasporte de materiales e instrumentos de distinto modo, operando bajo diferentes constreñimientos y con diferentes consecuencias artefactuales:

1. el aprovisionamiento de lugares
2. el aprovisionamiento de individuos y
3. el aprovisionamiento de actividades

El aprovisionamiento de lugares implica el almacenamiento de instrumentos y/o materias primas en determinados lugares del espacio en los cuales es probable el desarrollo de actividades. Esta estrategia de aprovisionamiento se encuentra en relación con el equipamiento de sitio (*insurance or household gear*) al que se refería Binford (1979) y ha sido registrada en diferentes contextos de estudio (*cf.* Potts 1984; Kuhn 1992; Martínez 2002).

En el segundo caso, son los individuos los que se encuentran abastecidos con instrumentos y/o materias primas, transportando los mismos (Kuhn 2004). Al igual que en el caso anterior, esta estrategia puede ponerse en relación con el *personal gear* definido por Binford (op. cit.). Dado que los costos de transporte son un importante constreñimiento en este caso, se espera que los artefactos producto de esta estrategia maximicen la utilidad potencial en relación con el peso (Kuhn 2004). Por el contrario, en el caso del aprovisionamiento de lugares, la inversión en manufactura, reducción y mantenimiento de los artefactos es mucho menor, en tanto los sitios se abastecen con materias primas en varios estados de manufactura, desde nódulos hasta instrumentos terminados.

A pesar de los diferentes constreñimientos involucrados, ambas estrategias implican la planificación y anticipación de las necesidades y por lo tanto se corresponden con una estrategia de conservación de la tecnología (Binford 1979, 1980).

A diferencia de las dos estrategias previas, el aprovisionamiento de actividades no es planificado, sino que se realiza cuando surge la necesidad. Por esta razón, el tiempo disponible es el mayor limitante, por lo tanto se espera una mínima inversión en la manufactura y la utilización de materiales localmente disponibles (Kuhn op. cit.). Consideramos que esta estrategia es equiparable a lo que Nelson (1991) denomina "estrategia oportunística" y Binford (1979) *situational gear*.

La implementación de una u otra estrategia o la combinación de varias depende de la interacción de varios factores, tales como la distribución y calidad de las materias primas, la movilidad residencial, la planificación de actividades y la naturaleza de las mismas (Kuhn 2004).

Para finalizar este apartado podemos señalar que todos los modelos que han sido reseñados previamente parten del supuesto de un acceso directo a las fuentes de aprovisionamiento, desarrollando diferentes expectativas con respecto al comportamiento de distintas variables medidas sobre los artefactos líticos o sobre los conjuntos artefactuales. Pero ¿cómo se comportan los artefactos y cómo puede medirse este comportamiento en casos de acceso indirecto a las fuentes? En el siguiente apartado se presentan algunos de los modelos propuestos para dar cuenta de la obtención de recursos a través del intercambio entre grupos.

4. La obtención de materias primas líticas a través del aprovisionamiento indirecto

La adquisición indirecta de recursos (incluyendo materias primas y artefactos líticos, como así también otros tipos de recursos utilitarios y no-utilitarios) involucra varios mecanismos de transferencia de bienes, tales como el intercambio (simétrico o asimétrico) entre grupos, la movilidad de individuos o familias, la migración y la conquista, entre otros (Meltzer 1989). De los mismos, el que aquí nos interesa y desarrollaremos la discusión es el intercambio de bienes entre grupos.

Si bien existe variada información etnográfica sobre distintas redes de intercambio, éste es básicamente no-utilitario. Asimismo, en estos estudios se ha focalizado la atención en las relaciones sociales involucradas más que en los correlatos materiales de estas transacciones, por consiguiente se cuenta con escasa información que pueda ser de utilidad para la interpretación del registro arqueológico.

Por otro lado, el intercambio no es una operación fácil de definir en término de reglas ni de acotar dentro de márgenes estables. La información etnográfica nos muestra la variedad de contextos en los que ocurre, la diversidad de bienes que involucra y los diferentes propósitos que lo movilizan. En base a una síntesis de lo postulado por distintos autores, Meltzer (op. cit.) señala cinco razones o funciones del intercambio:

1. mantener lazos entre grupos para asegurar el éxito reproductivo en ambientes de baja densidad.

2. posibilitar la obtención de bienes "inusualmente importantes" que no se encuentran disponibles en el rango de acción del grupo.

3. mantener la interacción entre bandas como una forma de seguro económico para tiempos de estrés de recursos en el ambiente local.

4. soportar un sistema de "mutualismo" entre grupos vecinos con adaptaciones especializadas que necesiten del excedente de los otros para complementar sus dietas.

5. iniciar o reforzar relaciones sociales.

Siguiendo a Meltzer y según la información etnográfica, esta última es la función más generalizada del intercambio y que opera a largo plazo.

En relación con los estudios arqueológicos que se han desarrollado sobre el intercambio en sociedades cazadoras-recolectoras, Meltzer (op. cit.) señala que en la mayoría de los casos esta problemática ha sido abordada casi exclusivamente a través de la consideración de los materiales líticos "exóticos". Este investigador discute los correlatos materiales de cuatro variables que comúnmente se consideran para diferenciar el aprovisionamiento directo del indirecto: la presencia – ausencia de materias primas exóticas, la cantidad y el tipo de artefactos manufacturados en materias primas exóticas, la uniformidad estilística y la secuencia de reducción de los artefactos. De este modo, Meltzer concluye que en la mayoría de los casos el aprovisionamiento directo e indirecto generan los mismos productos materiales, produciéndose problemas de equifinalidad (Meltzer 1989: 27-29 tabla 2.1). Solamente en dos circunstancias particulares es posible desechar un mecanismo de adquisición en favor de otro: *"In cases where an assemblage is composed entirely of exotic stone, it is reasonable to reject exchange as a means of acquisition of the stone. In cases where exotic stylistic attributes are present, it is reasonable to reject direct acquisition as the means by which the stone was acquired"* (Meltzer 1989: 30).

Sin embargo, debemos tener en cuenta que en determinados contextos se puede dar una combinación particular de estas dos variables, difícil de interpretar de forma directa. Son posibles los casos de conjuntos compuestos por artefactos manufacturados sobre materias primas exóticas y con atributos estilísticos también exóticos, sin que esto se encuentre relacionado necesariamente con un aprovisionamiento indirecto. Esta composición de los conjuntos podría esperarse para contextos de exploración de nuevos espacios (*sensu* Borrero 1994-95). A modo de ejemplo podemos señalar que entre las primeras evidencias culturales (*ca.* 9700 AP) recuperadas en Chorrillo Malo 2 (lago Argentino, Santa Cruz), se encuentra un desecho de talla manufacturado sobre una materia prima exótica - obsidiana negra en este caso-, que se interpretó como parte del equipo personal transportado por las poblaciones humanas que arrivaron al área en la exploración de nuevos espacios (*cf.* Franco y Borrero 2003; Franco 2002b; Civalero y Franco 2003). Si bien este artefacto es un desecho, por lo cual resulta dificultoso identificar atributos estilísticos diferenciales (los cuales pueden resultar más claros en instrumentos terminados, en relación con diferencias morfológicas que no se encuentran relacionadas con la función del artefacto, por ejemplo), y por consiguiente no ajusta a las posibilidades que estamos planteando, podría darse el caso de instrumentos con atributos estilísticos diferenciales que formen parte del *personal gear* (*sensu* Binford 1979) en el marco de la exploración de nuevas áreas. Éstos, sin embargo, serían difíciles de reconocer porque serían descartados al final de su vida útil o fragmentados.

Si bien consideramos de importancia los puntos señalados por Meltzer, sus propuestas y expectativas en la composición de los conjuntos han sido desarrolladas a escala de sitio, en referencia a conjuntos artefactuales correspondientes al mismo episodio de depositación. Por el contrario, nuestra investigación se desarrolló en una escala de trabajo regional, por consiguiente creemos necesario considerar además de las variables analizadas por Meltzer, otro tipo de indicadores más acordes con nuestra escala de análisis y con las características promediadas del registro arqueológico. Creemos que en este contexto de estudio resultan adecuados los modelos cuantitativos de distribución espacial que han sido reseñados anteriormente. En este marco, en cuanto al aprovisionamiento indirecto, Renfrew propone dos modelos que implican una cadena de transacciones: *down the line exchange* y *prestige-chain exchange*. La distribución de bienes de alto valor, especialmente de prestigio, tendrá una pendiente más pequeña que la distribución de otros artefactos. En estos casos inciden otros factores como una restricción en el número de personas para quienes es apropiado poseer el bien y la existencia de "esferas de circulación" que restringen la libre circulación del mismo. Por consiguiente, la diferencia principal en los patrones cuantitativos producto del abastecimiento directo o indirecto es que en el primero de los casos el decrecimiento es constante, en tanto en el segundo hay un área en la que la frecuencia o abundancia se mantiene y luego comienza a decaer. Si bien estos modelos han sido propuestos principalmente para sociedades centralizadas, en las que el control de la distribución de ciertos recursos, principalmente los obtenidos por intercambio, se encuentra restringido a una elite privilegiada, consideramos que son adaptables a situaciones adecuadas a nuestros casos de estudio.

Para el caso del intercambio de materias primas líticas en grupos cazadores-recolectores, Franco (2002a, 2007) ha propuesto dos alternativas: 1. el intercambio de instrumentos terminados y 2. el intercambio de nódulos o núcleos. Para el primer caso se espera que solamente algunas clases de instrumentos se encuentren representadas sobre la materia prima "exótica". En el segundo caso se espera la presencia de nódulos o núcleos en materia prima exótica en lugares específicos del paisaje y curvas *fall-off* a partir de estos puntos. Así, las expectativas para el segundo caso son: un decrecimiento en la frecuencia y tamaño de los artefactos, un incremento en el ángulo de descarte de los instrumentos, en las evidencias de reactivación y en el grado de explotación de los núcleos a partir de estos puntos (Franco op. cit.).

Por otro lado, en diferentes modelos se ha señalado la importancia de considerar variables demográficas y sociales en relación con la estructura de recursos del ambiente en el desarrollo de las redes de intercambio. Según diversos autores (Gamble 1993, 1996; Gould 1978, 1982; Gould y Saggers 1985; Hunt 2000, entre otros) la densidad demográfica y la ecología del ambiente afectan los rangos de acción y los sistemas de intercambio de las poblaciones. Por consiguiente, en zonas pobres en recursos y con una densidad demográfica baja, como en el desierto australiano, se desarrollan sistemas sociales inclusivos, a través de la integración de personas en grupos y redes amplias. Como sostienen Gould y Saggers (op. cit.: 118) en relación con las materias primas representadas en el alero Puntutjarpa del Desierto Occidental de Australia, *"The non-local or "exotic" stones were interpreted as evidence of long-distance social networks that operated to overcome or mitigate stresses imposed by drought. The long-distance movements of these lithic materials was congruent with a risk-minimizing model of hunter-gatherer adaptation that depended upon such long-distance networks whenever drought conditions required the temporary abandonment of an area."* (al respecto ver Gould 1978 y 1982). Este contexto contrasta con el de aquellas zonas ricas en recursos y con una densidad poblacional alta, en las cuales se maneja un principio de organización social exclusivo, a través de la formación de grupos territoriales (ver Dyson-Hudson y Smith 1978 para un modelo del desarrollo de la territorialidad según variables ecológicas). En ambos tipos de sistemas la función del intercambio varía. En los sistemas exclusivos la función de los bienes exóticos en las redes de intercambio es el pago de los derechos de membresía. Por este medio se obtiene el estatus de pertenencia a un grupo mayor que el inmediato, a través de la negociación. Por el contrario, en los sistemas inclusivos los bienes exóticos intercambiados constituyen el seguro de acceso a otros ambientes en épocas de carestía (Gamble 1993), funcionando como una "*safety net*" en términos de Whallon (2006). En este sentido, "... *the establishment and maintenance of regional and longer social ties has long been recognized as an important part of hunter-gatherer adaptations to uncertain environments.*" (Whallon 2006: 260). Al respecto, es importante considerar el modelo propuesto por este autor, en el cual se considera la escala espacial de estas redes en relación con las características ambientales inter-regionales. Según Whallon estas redes son el resultado de dos tipos de movilidad que, a diferencia de la movilidad residencial y logística, no se encuentran relacionados con la búsqueda y procesamiento de los recursos de subsistencia. Este autor los denomina *network mobility* e *informational mobility* (Whallon op. cit.:262). Por el primer tipo hace referencia a la movilidad por razones sociales, es decir, la encargada del mantenimiento de los lazos entre grupos. Por *informational mobility* se refiere a los movimientos en el espacio para recolectar y actualizar la información sobre la disponibilidad de recursos en el ambiente. La extensión de ambas redes depende, principalmente de la variabilidad regional en la disponibilidad de recursos y de la correlación inter-regional en la disponibilidad de recursos (figura 2.III).

La amplitud de la escala espacial de análisis es muy importante en el modelo, en tanto es la que permite evaluar la escala de homogeneidad ambiental, que es el principal factor determinante de la escala de las redes. "*The greater the scale of environmental homogeneity with respect to resource availability, scarcity, failure, etc., the greater the scale of mobility required to establish and maintain an adequately extensive "safety net" of social contacts and the flow of information necessary to call on that "safety net" in times of resource stress.*" (Whallon op. cit.: 263).

Pero... ¿cuál es la visibilidad arqueológica de estas redes? Al igual que lo señalado por Meltzer (1989), la distribución de los bienes exóticos es el principal indicador de las mismas, pero el énfasis de Whallon (op. cit.) está puesto en la evaluación de la distribución de estos bienes en relación con las condiciones ambientales macroregionales (ver *infra*).

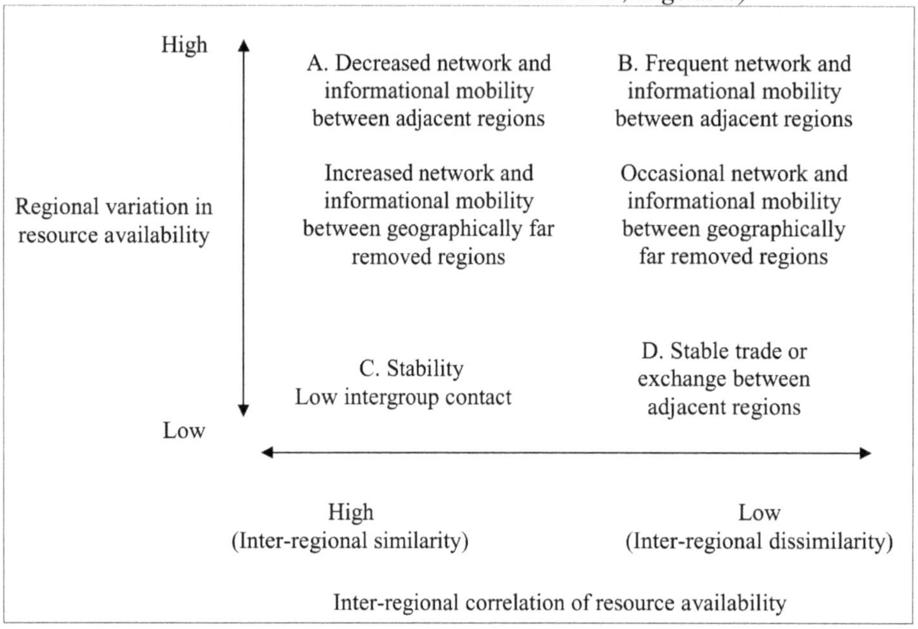

Figura 2.III: Relación entre las redes de intercambio y las características ambientales inter-regionales según Whallon (2006: 264)

El establecimiento y mantenimiento de estas redes requiere de elementos que simbolicen los lazos entre los grupos, los cuales se manifiestan frecuentemente por medio de regalos o bienes intercambiados y en algunos casos por ceremonias y rituales (Whallon op. cit.). La dirección de los movimientos producto de estas redes, indicada por la distribución de los bienes exóticos, es transversal a los patrones de movilidad relacionados con las actividades de subsistencia.

En el modelo espacial propuesto se diferencia entre la movilidad entre regiones adyacentes y la movilidad entre regiones geográficamente lejanas y entre bandas mínimas y bandas máximas o regionales. Esto implica, al trabajar en escalas promediadas del registro arqueológico, una dificultad metodológica. Sin embargo, se puede esperar que bajo ciertas condiciones (uso poco intensivo en el largo plazo, por ejemplo) sean identificables estas alternativas. Según Whallon (op. cit.) los contactos a variadas distancias, en distintas escalas geográficas, están indicados por bienes exóticos de diferente tipo, lo cual diferencia la naturaleza de los contactos. Así, las materias primas líticas circulan principalmente entre los grupos locales dentro de los límites de una banda regional, lo cual implica contactos y movilidad entre regiones adyacentes (*ca.* ≤ 200 km para el caso de estudio del SW de Alemania. *Cf.* Kelly 1985 para diferencias en el rango de acción de los grupos según latitud). Contactos a mayor escala (≥ 300 km.) involucran la interacción y movilidad entre bandas máximas y son sugeridos por la distribución de otro tipo de bienes, como las conchas y moluscos fósiles decorados en el caso del SW de Alemania, más que *ítems* utilitarios como las materias primas líticas.

¿Cuál es la relación entre la escala de distribución de estos bienes y las variables ambientales? El modelo predice que frente a un patrón ambiental B (ver figura 2.III), en el cual hay una alta variabilidad y una baja correlación en la disponibilidad de recursos inter-regional, se espera que la *network mobility* e *informational mobility* sean frecuentes entre regiones adyacentes y ocasionales entre regiones geográficamente lejanas. Los contactos a estas distancias ponen en relación grupos que explotan áreas en las cuales las fluctuaciones en la disponibilidad de recursos no están correlacionadas.

Por otro lado, frente a un patrón ambiental A (ver figura 2.III), caracterizado por una alta variabilidad y una alta correlación en la disponibilidad de recursos inter-regional, es decir, que habría una sincronía en las grandes fluctuaciones de recursos en una escala espacial amplia, se espera que la *network mobility* e *informational mobility* disminuyan entre regiones adyacentes y se incrementen entre regiones geográficamente lejanas.

Al igual que en el modelo *forager-collector*, ambas situaciones son los puntos extremos de un *continuum*, pero constituyen expectativas a la hora de analizar la distribución de bienes exóticos.

En la arqueología patagónica existen algunos indicadores de interacción entre ambientes con diferencias en la disponibilidad de recursos bióticos. En el caso de Pali Aike se ha evaluado el contacto y la movilidad entre el campo volcánico y las áreas costeras colindantes, principalmente la costa atlántica y del estrecho de Magallanes, a través de tres líneas de evidencia: el transporte de elementos marinos (moluscos y restos óseos de mamíferos marinos), la distribución de restos humanos con valores de isótopos estables que indican el consumo de recursos marinos y el registro arqueofaunístico de los sitios arqueológicos costeros y del interior (Borrero y Barberena 2006). Dicho estudio ha mostrado una distribución limitada de los recursos marinos en el interior y una baja intensidad de uso de la costa, a pesar del importante papel de los recursos marinos en la dieta, de base terrestre principalmente. Un panorama diferente se evidencia hacia el interior del campo volcánico, donde se localizan los nodos poblacionales con mayor intensidad de uso (Borrero y Barberena op. cit.).

Para los objetivos de esta tesis y considerando lo sugerido por Whallon, la distribución de estos indicadores debe ser contrastada con la distribución de las materias primas líticas locales y exóticas al campo volcánico, como las obsidianas, en un intento por aproximarnos a la dinámica de interacción inter-regional. Con respecto a la obsidiana verde en particular, se ha propuesto el control y distribución de esta roca por los grupos canoeros de los archipiélagos chilenos desde *ca.* 6500 años AP (Morello *et al.* 2001, 2004). Para los cazadores-recolectores que utilizaban la cuenca del río Santa Cruz, Franco (2002a) ha postulado la obtención de la obsidiana verde por intercambio para *ca.* 1100 años AP. Por otro lado, el estudio de la variabilidad morfológica en los diseños de determinadas clases artefactuales, como puntas de proyectil y raspadores, y su distribución espacial también puede aportar datos sobre la interacción inter-regional (*cf.* Wiessner 1983; Franco *et al.* 2006; Cardillo y Charlin 2007).

En una escala de análisis mayor y a largo plazo, Gamble (1993, 1996, 1998) ha propuesto un modelo que considera la escala espacial y social de las redes de interacción en el marco de la evolución humana. Gamble (op. cit.) ha diferenciado el desarrollo de dos tipos de redes entre los homininos: *Local Hominid Network* (LHN) y *Social Landscape* (SL). Ambos modelos tienen fundamentos espaciales y temporales, ya que constituyen los dominios para la adaptación y para la selección biológica y cultural.

La LHN es el espacio inmediato de reproducción de la vida social, el cual incluye el ambiente percibido, los recursos, otros homininos y competidores no-homininos, por consiguiente implica comportamientos sociales y de subsistencia. La LHN es común a toda la evolución humana y se basa en una estructura social compleja (Gamble 1996). Las dimensiones de la LHN pueden ser estudiadas por medio de la distribución de los artefactos líticos, es decir, las distancias a través de las cuales fueron regularmente transportados y el efecto que esto tiene sobre la cantidad y morfología de los artefactos. La LHN puede ser considerada como el ambiente construido a partir de la movilidad y a través de las relaciones mutuas entre los individuos y los lugares (Gamble 1996).

Por otro lado, el SL está constituido por varias LHN ligadas por la negociación y es el modelo que especialmente nos interesa en relación con la formación de redes de intercambio entre grupos. En este caso, el ambiente construido se extiende más allá de la escala de subsistencia y trasciende la LHN. El SL constituye una red extendida basada en un sistema social complicado, en el cual los objetos materiales adquieren mayor importancia en tanto se convierten en lazos simbólicos de filiación y son utilizados en la exhibición pública de la estructura social y en el ejercicio del poder individual a la distancia (Gamble op. cit.). Estas redes, que implican el movimiento a grandes distancias de artefactos con valor social, han surgido tardíamente en la evolución humana, siendo desarrolladas únicamente por los humanos modernos.

Para el caso de Patagonia meridional, Franco (2002a) a aplicado este modelo en la cuenca del río Santa Cruz sobre la base de la circulación de materias primas no locales para momentos de ocupación efectiva del espacio (*sensu* Borrero 1994-95). Para estos momentos se espera la construcción de "paisajes sociales" (en el sentido de Gamble op. cit.), en el que las distintas cadenas locales se liguen por la negociación, básicamente porque la densidad demográfica es mayor (Franco 2002a).

Para finalizar este capítulo podemos señalar que hemos reseñado brevemente los principales modelos y discusiones acerca de los mecanismos de obtención de las materias primas líticas para la manufactura de los artefactos (aprovisionamiento directo *vs.* indirecto), los costos asociados con esta actividad, las diferentes formas en que se utilizan las rocas, los factores que influyen sobre la adopción de una u otra estrategia tecnológica (conservada *vs.* expeditiva), entre otros temas relacionados con esta problemática. Asimismo, se ha presentado información etnográfica, etnoarqueológica y arqueológica que sustenta las diferentes proposiciones. De cada uno de los modelos expuestos se han señalado las variables que se consideran fundamentales en su incidencia sobre el aprovisionamiento y utilización de las materias primas líticas, como así también los puntos fuertes y débiles de los mismos. De acuerdo con muchas de estas proposiciones, el estudio de las estrategias de aprovisionamiento y utilización de las materias primas líticas en Pali Aike que se presenta en esta tesis, ha tomado como marco de referencia para la interpretación de la variabilidad observada, la disponibilidad de rocas a escala local y regional (ver capítulo VII). Así, será de suma importancia evaluar la forma en que se adquieren los distintos recursos líticos (aprovisionamiento directo o indirecto) y de acuerdo con ello, las estrategias tecnológicas que se implementan para su aprovechamiento. De esta forma, la explotación de las rocas se evalúa considerando los modelos espaciales de distribución de artefactos según las condiciones de acceso a las fuentes potenciales de aprovisionamiento (lo cual incluye a la distancia, entre otros factores) y de acuerdo con la intensidad de uso que evidencian los mismos (ver capítulo IV). A través de una aproximación cuantitativa nos proponemos abordar el estudio de la tecnología lítica en una escala espacial amplia, cuyos resultados se desarrollan en los capítulos IX y X.

CAPÍTULO IV: METODOLOGÍA

Introducción

En este capítulo se presentan los aspectos metodológicos que han guiado la investigación, desde el relevamiento de campo hasta el procesamiento de los datos. Por un lado se presentan las estrategias de muestreo implementadas para el relevamiento arqueológico del CVPA y para el muestreo de las fuentes potenciales de aprovisionamiento. Por otro lado, se profundiza en los aspectos teórico-metodológicos que fundamentan la perspectiva adoptada para el análisis de los conjuntos artefactuales. Con este objetivo se revisan y exponen sintéticamente distintos tipos de estudios y líneas de evidencia (etnoarqueología, experimentación, análisis de reducción, entre otros) que han mostrado algunos sesgos y falencias en las clasificaciones tipológicas corrientemente utilizadas en Arqueología para el análisis de los artefactos líticos. A partir de esto, se introduce el marco analítico adoptado, siguiendo una perspectiva materialista (*sensu* Hiscock 2007) y cuantitativa. Luego se presenta sintéticamente la forma de procesamiento de los datos.

1. La estrategia de muestreo del espacio regional

1.a El relevamiento arqueológico del CVPA

En el CVPA se han identificado tres unidades volcánicas de acuerdo con sus distintos momentos de formación, que se extendieron desde el Plioceno tardío al Holoceno (D´Orazio *et al.* 2000. Ver capítulo V). Dichas unidades presentan diferencias en cuanto a su localización y características geomorfológicas. Estas diferencias plantean importantes variaciones en la oferta de recursos para las poblaciones humanas. Así, por ejemplo, los aparatos volcánicos más recientes tienen mayores posibilidades de presentar aleros y cuevas, por encontrarse menos colmatados (Borrero 2001a). Debido a estas características diferenciales, el relevamiento arqueológico de este espacio tuvo en cuenta los distintos sectores del paisaje volcánico según la edad de los flujos basálticos. Siguiendo estas distinciones geológicas, se implementó un muestreo estratificado en las diferentes unidades identificadas (Borrero op. cit.). Así, se muestreó aproximadamente un 5 % de la unidad volcánica 2, con una antigüedad comprendida entre 2.1 millones de años y 300.000 años, la cual ocupa el 15 % del campo volcánico; un 10 % de la unidad 3, de antigüedad "protohistórica" (D'Orazio *et al.* op. cit.), que a pesar de representar tan sólo un 2 % del CVPA es la que ofrece las mayores posibilidades de reparo, y por último, se realizaron muestreos superficiales dirigidos en la unidad 1 (Borrero op. cit.), que es la que presenta la mayor cobertura.

El CVPA ha sido relevado siguiendo una metodología de trabajo distribucional, en la que se exploran grandes espacios con el objetivo de registrar las variaciones en la densidad de artefactos para evaluar los patrones de uso del espacio (Camilli y Ebert 1992, Dancey 1998, Dunnell y Dancey 1983, Foley 1981, entre otros). En este marco, el registro arqueológico se considera como un *continuum*, por lo cual se otorga igual importancia al material recolectado de superficie como al registro estratigráfico obtenido a través de sondeos arqueológicos en localizaciones específicas (*cf.* Belardi *et al.* 1992, entre otros). Así, la distribución en superficie de los artefactos líticos (capítulo IX) se compara con su distribución estratigráfica en las unidades de excavación (capítulo X).

Las muestras artefactuales de superficie han sido recuperadas a través de recolecciones sistemáticas (transectas y recolecciones controladas) y asistemáticas (hallazgos aislados) en distintos sectores del campo volcánico.

En cuanto al registro estratigráfico, se han sondeado varios aleros y reparos de pequeñas dimensiones y con distinta localización topográfica, orientación, altitud y tamaño, con el objetivo de registrar la mayor variabilidad posible de situaciones. Se realizaron excavaciones más extensas en dos cuevas ubicadas sobre las márgenes de conos volcánicos, denominadas Orejas de Burro 1 (52° 07.769' S 69° 33.151' W) y Cóndor 1 (51° 89.175' S 69° 36.743' W), que se localizan hacia el sur del río Chico. Ambas cuevas presentan evidencias de una intensa ocupación humana para el Holoceno tardío, no registrándose ocupaciones previas a *ca.* 3500 años AP (*cf.* Barberena *et al.* 2006, 2007a y b).

1.b El muestreo de las fuentes potenciales de aprovisionamiento

El abordaje de la problemática de estudio planteada en esta tesis requiere, en primer lugar, el conocimiento de la estructura regional de recursos líticos (*sensu* Ericson 1984). Si bien la información geológica al respecto es de suma importancia y nos permite tener una aproximación macro a la disponibilidad de rocas en el área, la discrepancia en la escala de análisis utilizada por geólogos y arqueólogos, hace necesario evaluar la disponibilidad de materias primas líticas desde una perspectiva arqueológica, que en la mayoría de los casos, requiere de una mayor resolución (Franco y Borrero 1999, entre otros). En este sentido, en un análisis arqueológico resulta imprescindible medir la distribución, disponibilidad, accesibilidad, calidad y variabilidad dentro y entre fuentes de aprovisionamiento en una escala regional de análisis (Franco y Borrero op. cit.).

En nuestro caso de estudio, resulta fundamental registrar la heterogeneidad que caracteriza a cada fuente en particular, ya que se trata de fuentes de aprovisionamiento secundarias (*sensu* Nami 1985), es decir, depósitos conformados por rocas que fueron transportadas desde su lugar de origen por agentes naturales, como ríos o morenas glaciarias, por lo cual cada fuente dispone de diferentes tipos y calidades de las rocas para la talla. En este sentido, consideramos de importancia comprender tanto la variabilidad espacial en la disponibilidad de los recursos líticos, como así también sus cambios temporales en el corto y largo plazo (Franco 1998, Franco y Borrero 1999) (ver capítulos VII y VIII).

Para evaluar la disponibilidad de materias primas líticas se siguió la metodología propuesta por Franco y Borrero (1999), cuyos puntos fundamentales se exponen a continuación.

En primer lugar, sobre la base de la información geológica disponible, se seleccionan los espacios a muestrear, incluyendo sectores que *a priori* parecerían carecer de materias primas. De esta forma, se ha evaluado la disponibilidad de rocas aptas para la talla en las tres unidades volcánicas diferenciadas por D' Orazio *et al.* (2000). Asimismo, se ha considerado la información disponible sobre geología glacial, con el objetivo de evaluar la existencia de diferencias entre los distintos depósitos de *drift* que han sido identificados en el área (Meglioli 1992). En el caso de observar que las rocas se distribuyen diferencialmente en alguna de las variables consideradas (ver *infra*), mostrando agrupaciones por sectores en una misma fuente de aprovisionamiento (como por ejemplo acumulaciones de nódulos de diferente tamaño o color en distintos sectores de la fuente), se realiza un muestreo en cada zona.

En las zonas seleccionadas, la recolección de materias primas se realiza siguiendo una unidad de tiempo establecida, registrándose la cantidad de personas que la efectúan, quienes recorren distintos sectores de la fuente. El criterio de selección que guía la recolección es la aptitud de las rocas para la talla (de acuerdo con las características texturales observadas macroscópicamente) y la representación de la variabilidad presente. En el caso de bloques o nódulos no transportables, las distintas variables relevadas se registran *in situ*. En este punto es necesario señalar que las recolecciones de rocas realizadas con esta metodología no pretenden ser una muestra representativa de la diversidad geológica del área, sino una aproximación a la variabilidad en la disponibilidad de rocas aptas para la talla.

De cada una de las rocas recolectadas o registradas *in situ* se toman muestras y se relevan las siguientes variables:

- <u>Clase de materia prima</u>: se determina mediante la observación macroscópica del interior de la roca, que luego se controla en el laboratorio a través de la comparación con muestras determinadas petrográficamente a través de cortes delgados. En muchos casos se contó con la revisión de la Dra. María Clara Etchichury, quién nos entrenó en la identificación megascópica de los diferentes tipos de rocas. El marco clasificatorio de referencia que nos guió en la identificación de las rocas se presenta en el capítulo VII.

- <u>Color</u>: se definieron categorías cromáticas generales a partir de la observación macroscópica (por ejemplo, verde, gris, negro, rojo, castaño, entre otros). En los casos que se observaron heterogeneidades en la coloración de la pasta/matriz, las mismas se especificaron (por ejemplo, gris verdoso, castaño rojizo, etc.)

- <u>Calidad para la talla</u>: siguiendo los criterios de Aragón y Franco (1997) según la textura de la pasta/matriz y el contenido de fenocristales u otras heterogenidades. Las categorías diferenciadas en una escala ordinal son: mala, regular, buena, muy buena y excelente.

- <u>Forma de presentación de las rocas</u>: gravas, bloques, etc. (*cf.* Scasso y Limarino 1997)

- <u>Tamaño</u>: se han tomado diferentes medidas según se tratara de bloques o gravas. En el caso de bloques se ha registrado el diámetro máximo. En el caso de las gravas el tamaño ha sido determinado a través de tres medidas de longitud (Krumbein 1941 en Scasso y Limarino 1997), que asimismo nos permiten determinar la morfología de los clastos. Éstas son eje mayor (a), eje intermedio (b) y eje menor (c) (figura 1.IV). Posteriormente, a partir de los tres ejes se calculó la media geométrica como medida de tamaño (Jungers *et al.* 1995).

- <u>Forma</u>: esta variable, como así también las que se enumeran a continuación, ha sido registrada solamente sobre las gravas, que constituyen prácticamente la totalidad del tipo de depósitos que han sido muestreados. En base a la longitud de los tres ejes se distinguen cuatro clases de forma, denominadas *tabular* (oblada o discoidal), *equidimensional*, *laminar* y *prolada* (Zingg 1935 en Scasso y Limarino 1997). La determinación de la forma se obtiene a partir de la relación entre los cocientes de los ejes b/a y c/b (figura 2.IV).

- <u>Esfericidad:</u> es el grado en que la morfología de los clastos se aproxima al de una esfera (Wadell 1932 en Scasso y Limarino 1997). Su determinación también se basa en la medición de los tres ejes. A mayor similitud entre las medidas de longitud, más se asemeja el clasto a una esfera. A través de la relación entre los cocientes de los ejes b/a y c/b, como en el caso anterior, se obtiene el valor de la curva de isoesfericidad (figura 3.IV). La esfericidad es una característica mayormente heredada de la roca madre y poco modificada por el transporte, al igual que la forma. Por ejemplo, rocas masivas y de granulometría uniforme tienden a dar partículas esferoidales. Por el contrario, si la roca presenta laminación, la abrasión producirá clastos oblados (Scasso y Limarino op. cit.). En muchas ocasiones las clases de Zingg resultan similares a la esfericidad, aunque un valor determinado de esfericidad puede tener distintas formas (Scasso y Limarino op. cit.).

- <u>Redondeamiento o redondez</u>: es una medida de la agudeza de los vértices de un clasto. Si bien existe una medida matemática para determinar el redondeamiento, esta es difícil de aplicar debido al tiempo que consume. Por consiguiente, en general se usan cartas de comparación visual, en las que se diferencian distintos grados de redondeamiento de los vértices (Scasso y Limarino op. cit.). Nosotros hemos utilizado la carta de *Kent State University*, la cual comprende cinco categorías de redondeamiento, desde 0.1 a 0.9 (figura 4.IV). El grado de redondeamiento es principalmente una consecuencia del transporte, ya que se incrementa con la duración del mismo. Sin embargo, debe tenerse en cuenta que el redondeamiento puede ser heredado de un ciclo/s sedimentario/s previo y/o que una intensa abrasión puede romper los clastos, tornándolos angulosos (Scasso y Limarino op. cit.).

- Textura superficial de alteración o corteza: es el microrelieve que presenta la superficie de los clastos. El mismo es indicativo de la forma de transporte, principalmente. Por ejemplo, los rodados glaciarios presentan estrías, en tanto que los fluviales tienen incisiones en forma de medialuna (Scasso y Limarino op. cit.) (figura 5.IV).

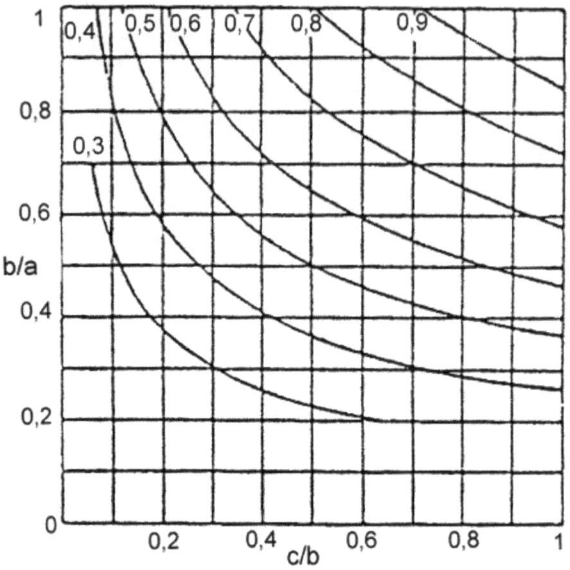

Figura 3.IV: Diagrama de curvas de isoesfericidad (sensu Krumbein 1941 tomado de Scasso y Limarino 1997).

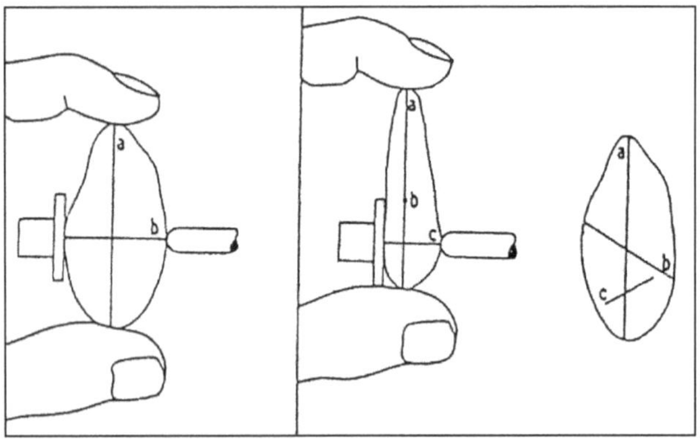

Figura 1.IV: Eje mayor (a), eje intermedio (b) y eje menor (c) de un clasto (sensu Krumbein 1941 tomado de Scasso y Limarino 1997).

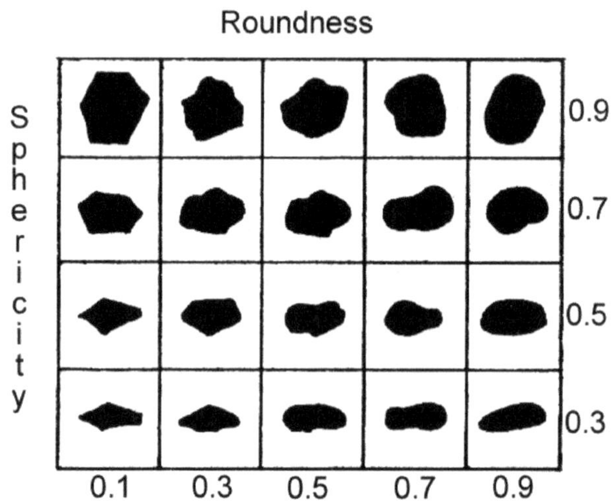

Figura 4.IV: Carta comparativa utilizada para determinar el grado de redondez del clasto (Kent State University)

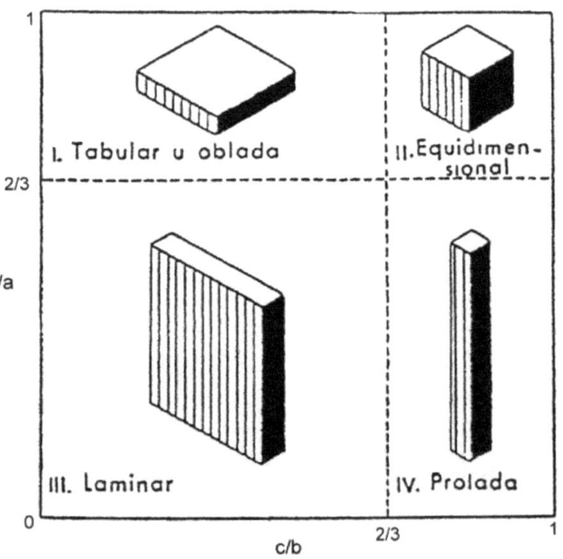

Figura 2.IV: Forma de las gravas (sensu Zingg 1935 tomado de Scasso y Limarino 1997)

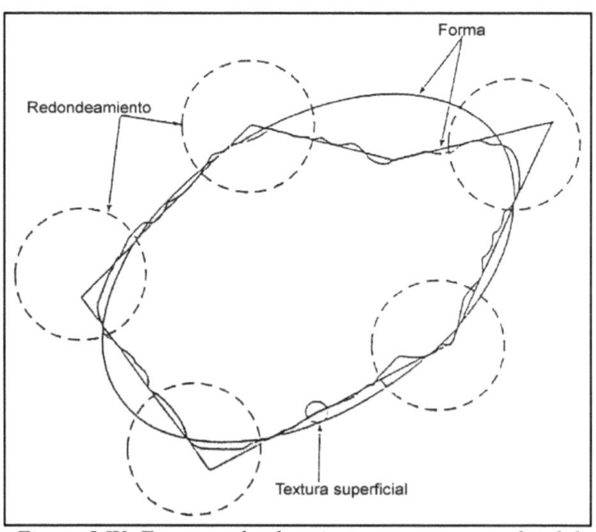

Figura 5.IV: Forma, redondeamineto y textura superficial de los clastos (De Barret 1980 tomado de Scasso y Limarino 1997 con modificaciones).

Nuestro interés en la morfología de los clastos se debe a tres razones principalmente, relacionadas con la metodología y objetivos de investigación. En primer lugar, consideramos que variables tales como forma, esfericidad, redondeamiento y tipo de corteza de los clastos nos ofrecen la posibilidad de caracterizar, y en los casos que fuera posible a partir de la variabilidad, diferenciar los lugares de procedencia de las rocas en el marco regional (*cf.* Bradbury y Carr 1995; Kuhn 1992, 2004 sobre el tipo de corteza como indicador de procedencia). Por consiguiente constituyen una herramienta de grano grueso para la identificación de las fuentes de procedencia de las rocas, al menos en la escala de elementos del paisaje (*sensu* Stafford 1995). En segundo lugar, nos interesan estas variables para evaluar la incidencia que la morfología de los clastos ejerce sobre las técnicas de reducción implementadas (*cf.* Shelley 1993) y sobre las estrategias de aprovisionamiento adoptadas según las propiedades utilitarias de las rocas (*cf.* Gould y Saggers 1985).

La estrategia de muestreo que hemos delineado nos permite evaluar el rendimiento relativo de las diferentes fuentes potenciales de aprovisionamiento a partir de la cantidad, calidad y tamaño de los nódulos recogidos por unidad de tiempo. De esta manera, se obtiene una relación entre el tiempo de búsqueda de las materias primas y los resultados obtenidos en los distintos *loci*. En este sentido, consideramos de importancia lograr un conocimiento aproximado de los costos de búsqueda, aprovisionamiento y procesamiento de las materias primas ya que las estrategias de aprovisionamiento y utilización de los recursos líticos se encuentran en relación directa con los costos de obtención de las mismas (Hayden 1989, Haury 1995, Franco 1998, entre otros).

2. Metodología de análisis de los conjuntos artefactuales

2.a ¿Cómo medimos la variabilidad en los artefactos líticos?

De acuerdo con el desarrollo histórico de la Arqueología como disciplina, la interpretación de la variabilidad observada en los conjuntos artefactuales ha ido cambiando según el paradigma teórico-metodológico en boga.

A fines del siglo XIX y principios del XX, las clasificaciones tipológicas de los artefactos tuvieron el fin de ordenar cronológica y espacialmente el desarrollo de las "culturas" a escala mundial (*cf.* Binford y Sabloff 1983, Clarke 1984, Lyman *et al.* 1997). De esta forma, el sistema clasificatorio adoptado puso su atención sobre un solo tipo de unidad: el tipo histórico (Lyman *et al.* 1997). Así, las clasificaciones se tiñeron de un significado cultural/etnográfico que condujo a la confusión del objetivo de las mismas con su significado *emic* (*cf.* White *et al.* 1977, Binford y Sabloff 1983, Hayden 1984, entre otros). Los patrones recurrentes en los artefactos eran considerados como el resultado tangible de la idea del "artesano", de su "intención", lo cual era considerado como el "*mental template*" (White *et al.* 1977). Este concepto se refería a las ideas concientes o inconscientes del artesano, por lo cual su identificación equivalía al reconocimiento de "tipos cognitivos o emic" (Spaulding 1953, Rose 1960, entre otros). En consecuencia, se creía que a través de la clasificación de los artefactos en tipos se reproducían las clasificaciones *emic* de los artefactos (*cf.* White *et al.* 1977, Hayden 1984). Como resultado, los conceptos de clasificación y tipología fueron confundidos. Una clasificación es un sistema arbitrario usado para agrupar objetos según diferentes atributos (tamaño, lugar de procedencia, área geográfica, materia prima, función, etc.) y la tipología es una forma de clasificación orientada a responder determinadas preguntas del investigador, no a revelar el sistema taxonómico etnográfico (Hayden op. cit.). Esta confusión se remonta a los inicios de la Arqueología, en el marco del paradigma histórico-cultural. En la Arqueología Americana, entre los 50' y 60', se debatió en numerosas oportunidades sobre la clasificación de los artefactos en "tipos" (*cf.* Spaulding 1953, Rose 1960, Ford 1954, entre otros). Sin embargo, en muchos casos el foco del debate fue más metodológico que epistemológico (Ebert 1979). Así, Spaulding (1953) propuso al análisis estadístico como la vía más adecuada para el "descubrimiento" y "definición" de los tipos de artefactos (*cf.* también Cowgill 1982), mientras que Rose (1960) postuló la complementariedad de las clasificaciones analíticas (en "modos") y taxonómicas (en "tipos"). Pero, en ninguno de estos dos casos se cuestiona la naturaleza de los tipos: "*...classification into types is a process of discovery of combinations of attributes favored by the makers of the artifacts, not an arbitrary procedure of the classifier.*" (Spaulding 1953: 305). En el caso de Rose, la diferenciación entre ambos sistemas de clasificación radica en el criterio de selección de las unidades (modos o tipos), pero tanto los modos como los tipos tienen un significado "cultural", sólo que varían en la amplitud o inclusividad de fenómenos: en tanto a través de una clasificación analítica (por modos) se identifican las pautas culturales, conceptos, ideas y procedimientos de manufactura que caracterizan a los artesanos de una comunidad, los tipos (en la clasificación taxonómica) constituyen los "modos diagnósticos" de las diferentes clases identificadas (Rose 1960). "*This distinction between ideational units (modes and combinations of distinctive modes making up types) and empirical units (specimens displaying certain modes) allowed one to measure change through time and difference across space because the units of measurements –modes and types- were inmutable, a temporal, and aspatial, just as is a unit of measurements such as an inch or a gram*" (Lyman *et al.* op. cit.: 105).

Por otro lado, si bien Ford (1954) considera a la clasificación en tipos culturales como una herramienta metodológica del investigador, no duda de su significado histórico y espacio-temporal, considerando al tipo como la herramienta conceptual básica en las investigaciones culturales. Hayden (op. cit.: 81) señala que " *...(U)p until* *the 1950s and even into the 1960s, archaeologists were being taught how to identify "types" without ever being told why those types were created ...".*

Los supuestos que guían esta metodología de análisis tienen ciertos problemas; como sostiene Ebert (1979: 64) "If stone tool analysis consists of classifying tools and assemblages into types, followed by the examination of formal deviation from an average or norm, then the results are preordained not only to "reveal" but to *define* culture and what it does." (cursivas originales).

En nuestra área de estudio, los trabajos de Bird (1993) en la Patagonia Meridional chilena se enmarcan dentro de este paradigma, con un mayor corte empirista (Borrero 1995). En Argentina, las investigaciones de Menghin (1952) y posteriormente Sanguinetti de Bórmida (1976, 1982, 1984) en nuestra área de estudio, también adoptan una perspectiva histórico-cultural pero siguiendo a la escuela de Viena (*cf.* Borrero 1989, 1995). El objetivo básico fue la construcción de secuencias culturales, diferenciándose las "culturas" a través de "industrias" y/o "tradiciones". Es en este punto donde las tipologías de artefactos entran en juego, siguiendo una perspectiva "a la Bordes" (Borrero 1995). Las industrias, compuestas por porcentajes de distintos tipos de instrumentos, fueron los indicadores cronológicos clave dentro de un "esquema de acomodación por semejanza" (Borrero 1995: 156). Borrero (1989) ha señalado los problemas de correspondencia, cronología y operatividad en las definiciones de las "industrias", así como su carácter inductivo y normativo (*cf.* también Orquera 1984-85).

Con el desarrollo de la Nueva Arqueología surgieron nuevas preguntas de investigación, para las cuales las tipologías construidas para resolver problemas histórico-culturales no eran adecuadas (Hayden op. cit.). Sin embargo, en muchos casos se le dió nuevo significado a las mismas viejas categorías (*cf.* en este sentido Dunnell 2001). Dentro de la Nueva Arqueología se comienza a evaluar la variabilidad artefactual en relación con los patrones de movilidad y uso del espacio por los grupos humanos (Binford y Binford 1966; Binford 1979, 1980; Parry y Kelly 1987; Johnson 1989), los procesos de formación y la historia de vida de los artefactos (Schiffer 1983, 1987, 1990), las estrategias tecnológicas de diseño (Torrence 1983, Bleed 1986, Nelson 1991, Bousman 1993), entre otros temas. El estudio de la variabilidad de los conjuntos líticos, entre otras cosas, fue estimulado a través de la teoría de rango medio (Binford 1977b, 1981, 1994, entre otros). Así, la etnoarqueología y la experimentación fueron el marco para el estudio de la variabilidad y comenzaron a mostrar evidencias que entraban en contradicción con lo comúnmente asumido en las clasificaciones tradicionales utilizadas para el análisis de los artefactos líticos. Esto se dio principalmente en la arqueología australiana y norteamericana a partir de los estudios etnoarqueológicos desarrollados entre los aborígenes del Desierto Occidental de Australia (Hayden 1998 [1977], 1979; Gould 1978; Gould *et al.* 1971; Gould y Saggers 1985; Binford 1986; Binford y O'Connell 1984; Binford y Stone 1985) y los Nunamiut de Alaska (Binford 1977a, 1979, 1980, 1982). A continuación presentamos algunas de las conclusiones más importantes que brindaron los estudios etnoarqueológicos en relación con la variabilidad de los conjuntos líticos y la interpretación de la morfología de los artefactos (a.1). Luego, continuamos con lo que sugirieron sobre estos temas los estudios experimentales -replicativos y funcionales- (a.2) y los análisis arqueológicos sobre el grado de reducción de los artefactos (a.3). La discusión de estos tópicos se presenta a través de distintos casos de estudio que consideramos representativos. Los mismos han sido seleccionados para esta exposición, pero no agotan el tema en cuestión, el cual ha sido debatido en variados contextos de investigación.

2.a.1 ¿Qué nos indican los estudios etnoarqueológicos sobre la variabilidad artefactual?

Dado que en el capítulo III nos hemos extendido en la presentación de los modelos de movilidad y tecnología propuestos por Binford (1977a, 1979, 1980) a partir de sus estudios entre los Nunamiut, en este capítulo la discusión se desarrolla a partir de las observaciones etnoarqueológicas realizadas entre los aborígenes del Desierto Occidental de Australia (Gould 1978, 1982; Gould *et al.* 1971; Hayden 1998 [1977], 1979), que estuvieron más orientadas al estudio de la variabilidad morfológica dentro de los conjuntos en relación con la manufactura y uso de los artefactos, que a la variabilidad interconjuntos en relación con el uso del espacio, como fue el eje de discusión de Binford.

Los estudios etnoarqueológicos de Gould (op. cit.) y Hayden (op. cit.) han brindado elementos para reevaluar las interpretaciones convencionales sobre los instrumentos considerados como tipos morfológicos que se diferencian funcionalmente de otros. Ambos investigadores han complementado sus observaciones de campo sobre la manufactura y uso de los artefactos con análisis funcionales microscópicos sobre las muestras etnográficas. De esta forma, se pueden señalar algunas características generales de los artefactos utilizados por estos grupos que no siguen los supuestos asumidos en las clasificaciones tipológicas (*cf.* también Hiscock 1998):

1. El uso "profano" (*sensu* Hayden 1998 [1977]) y "oportunista" (*sensu* Gould *et al.* 1971) de los instrumentos líticos: bajo esta denominación se hace referencia al escaso control sobre la talla y la falta de habilidad artesanal en la manufactura de los artefactos. El objetivo que orienta la talla es la tarea que se va a realizar, con poco interés sobre la forma del artefacto. Hayden (op. cit.) señala que del total de lascas producidas al azar se seleccionan aquellas consideradas adecuadas según los filos efectivos (la agudeza del filo natural) y el tamaño necesario para sostenerlas en la mano y ejercer presión. Gould y coautores (op. cit.) también sostienen que la única distinción formal considerada por los productores es el ángulo del filo de acuerdo con la tarea

implicada. Así, se distinguen dos categorías de artefactos según la sección transversal del filo, denominadas *purpunpa* (hachas) y *tjimari* (cuchillos) en lengua nativa.

2. La baja frecuencia con la que se producen instrumentos formatizados/retocados: Hayden (op. cit.) señala que usualmente se utilizan lascas primarias y bloques de piedra sin modificación para el raspado y hachado de la madera respectivamente. Los mismos no serían reconocidos arqueológicamente como instrumentos debido a su escasa modificación. Solamente en casos especiales se retocan las lascas: "... *retouched tools were made only when no suitable naturally occurring sharp-edged rocks were immediately available...*" (Hayden 1998 [1977]: 270) (ver *infra*). Gould *et al.* (op. cit.) también señalan que los cuchillos sólo se retocan si el filo natural lo necesita (por la ausencia del ángulo adecuado para la tarea a realizar). Además, dado que la mayoría de los instrumentos no enmangados y no retocados se descartan cuando se ha concluido la tarea, y por consiguiente no han sido utilizados por el lapso necesario para que se registren rastros de uso apreciables macroscópicamente, es muy difícil reconocerlos como instrumentos, al menos que se encuentren en asociación con otros restos culturales (Gould *et al.* op. cit.). Por consiguiente, los instrumentos retocados sólo dan cuenta de una pequeña proporción de los artefactos que fueron realmente utilizados.

En este punto es importante señalar las diferencias con respecto a los instrumentos enmangados (hachas), los cuales se retocan frecuentemente "*because unhafting and rehafting are time consuming, and once a piece is in the haft it is in self interest to get as much use from it as possible*" (Hayden op. cit.: 272). Gould *et al.* (op. cit.) señalan que de un total de 25 cuchillos, ocho fueron enmangados y diez escasamente retocados, en tanto que la totalidad de las hachas (*n*=25) fueron enmangadas y retocadas.

3. La falta de correspondencia entre forma y función del instrumento: a pesar de las diferencias en los tipos de filos, la mayoría de los instrumentos retocados se utilizan, en estos casos, para el trabajo de la madera. " ... *the scraper, notch, denticulate and burin may well be stylistic variants of a single functional type.*" (Hayden op. cit.: 280). Por consiguiente, se observa variabilidad morfológica, pero homogeneidad funcional.

4. Los factores que condicionan la forma y abundancia del retoque: al respecto, Hayden (op. cit.) sostiene que la formatización/retoque del filo representa en mayor medida la reactivación de un filo embotado, señalando que la forma y frecuencia del retoque son dependientes de la naturaleza[1] y disponibilidad de las materias primas líticas y la forma de enmangue, más que de la manufactura de una forma preconcebida.

[1] Por naturaleza de las materias primas Hayden se refiere a la forma de los nódulos de roca. El concepto de forma ha sido definido en el apartado 1.b de este capítulo.

Estas observaciones señalan, entre otras cosas, la dificultad en establecer una relación univoca entre forma y función y cómo la variabilidad morfológica se encuentra afectada por otros factores más relacionados con las características que presentan las materias primas líticas para la talla, que con formas ideales predeterminadas (*cf.* Dibble 1984, 1987; Kuhn 1992, 1994, entre otros). En la Arqueología australiana, estas observaciones impulsaron el desarrollo y adopción de modelos tecnológicos en los que se concibe a la variación morfológica de los artefactos como un continuo de reducción (Hiscock 1994, 1998, 2006, 2007; Hiscock y Veth 1991; Hiscock y Attenbrow 2002, 2003 y 2005). Dado que esta es la perspectiva adoptada en esta tesis, la misma se desarrolla más abajo (apartado 2.b).

2.a.2 ¿Qué nos sugieren los estudios experimentales?

Los análisis funcionales

Desde los inicios del desarrollo de los análisis funcionales microscópicos se ha advertido sobre los riesgos en establecer una relación unívoca entre forma y función. Sin embargo, en la mayoría de las investigaciones arqueológicas sobre artefactos líticos se establece una analogía intuitiva entre ambos aspectos (Álvarez 2004), a pesar que las implicaciones funcionales de los términos utilizados para denominar a los grupos tipológicos (morfológicos) deben considerarse hipótesis a falsear y no asignaciones funcionales aceptadas (Mansur-Franchomme 1987). Esto se debe a que las primeras clasificaciones y denominaciones que se dieron a los artefactos líticos se basaban fundamentalmente sobre analogías etnográficas que consistían en comparar la morfología de los instrumentos arqueológicos con los utilizados por las sociedades contemporáneas (*cf.* Clarke 1984, Álvarez 2003). Posteriormente, los estudios funcionales experimentales demostraron las falencias de la analogía etnográfica: "...una hoja de pedernal puede cortar carne, trabajar, pieles o rebajar madera; un buril permite hacer incisiones en hueso y madera y aún perforar estos materiales; una punta puede unirse en un astil y usarse como dardo o servir como cuchillo, con mango o sin él" (Semenov 1964, citado en Álvarez 2003).

Asimismo, como también lo sugirieron los estudios etnoarqueológicos entre los aborígenes del Desierto Occidental de Australia (Hayden 1984, Gould *et al.* 1977), las investigaciones sobre los rastros de uso han demostrado que las lascas con filos naturales constituyen una parte fundamental del *toolkit* de un grupo humano, a pesar de no ser consideradas con frecuencia como una pieza de importancia en la caracterización de las estrategias tecnológicas (Álvarez 2003). Por otra parte, la presencia del retoque en una pieza no constituye una garantía de que ésta haya sido utilizada para llevar a cabo alguna tarea (Bamforth y Bleed 1997, Álvarez 2003). Estas observaciones, entre otras, ponen en cuestión muchos de los criterios morfológicos más simples utilizados en las clasificaciones tipológicas, como la presencia de un filo formatizado para considerar a un artefacto como instrumento.

Numerosos estudios de microdesgaste han señalado las discrepancias entre las clasificaciones tecno-morfológicas y la función efectiva de los artefactos (Odell 1981, 1988, Bousman 2004, entre otros). En nuestro país, entre ellos se encuentran los trabajos de M. Álvarez (2000-2002, 2003, 2004, 2005) sobre conjuntos del canal Beagle (Tierra del Fuego), los cuales sintetizaremos a continuación para ejemplificar los aspectos señalados en un caso de estudio en particular.

La comparación de la diversidad tecno-morfológica y funcional de los instrumentos de los sitios de la costa norte del Canal Beagle ha mostrado que en cada uno de los sitios considerados (Túnel I Segundo componente, Túnel VII y Shamakush I) se han utilizados diferentes tipos de instrumentos para el desarrollo de las mismas tareas (Álvarez 2004). De esta manera, por ejemplo, mientras para el trabajo de la madera se han usado filos naturales en Túnel VII, han sido los filos retocados en raedera los que han cumplido esta función en el segundo componente de Túnel I. Al mismo tiempo, "...conjuntos con estructuras tecno-morfológicas similares (...) fueron utilizados para el desarrollo de actividades diferentes con un uso intensivo de recursos de distinta naturaleza." (Álvarez 2004: 41). En este sentido, las raederas y las lascas usadas con sus filos naturales están vinculadas con el trabajo sobre madera, hueso, y carne, entre otros, en tareas diferentes (corte, raspado, etc.) con movimientos disímiles (longitudinales o transversales). Los únicos instrumentos con integridad funcional fueron los raspadores. A modo de conclusión, esta investigadora señala la baja especificidad funcional del instrumental lítico del Canal Beagle, lo cual parecería sugerir, como lo ha señalado Mansur-Franchhomme (1987:50) que "la morfología depende más de criterios tecnológicos, disponibilidad, tipo y características de la talla de la materia prima, por ejemplo, y culturales, técnica de talla y arquetipos morfológicos (...) que de criterios funcionales".

Los estudios replicativos

Numerosos estudios experimentales sobre la manufactura, uso y reactivación de distintos tipos de instrumentos han mostrado las variaciones morfológicas por las que pasa un artefacto durante su vida útil (entre otros, Dibble y Whittaker 1981, Dibble y Pelcin 1995, Dibble 1997). Estas modificaciones, que ocurren en diferentes atributos del artefacto, traen aparejado que los mismos puedan ser clasificados en diferentes "tipos" según el momento de su vida útil en el que sean descartados o perdidos. Como caso a desarrollar aquí, a modo de ejemplo, hemos seleccionado un tipo de artefacto tan característico como las "puntas de proyectil". Los estudios experimentales de manufactura y reactivación de esta clase de instrumento han mostrado cómo el rejuvenecimiento de las puntas para mantenerlas funcionalmente activas, luego de haber sufrido diferentes tipos de daños y fracturas producto del uso, ocasiona cambios morfológicos que tienen como resultado una clasificación tipológica diferente (Flenniken y Raymond 1986, Towner y Warburton 1990, entre otros). Esto ha sido señalado en varias oportunidades con respecto a la tipología "*Monitor Valley*", utilizada para la clasificación de las puntas de proyectil en la Gran Cuenca (Estados Unidos de Norteamérica), la cual diferencia los tipos Elko (considerado como puntas de dardo) y Rosegate (considerado como puntas de flecha) en base a atributos métricos (*cf.* Thomas 1978, Flenniken y Raymond 1986, Towner y Warburton 1990, Shott 1997, Bettinger y Eerkens 1999). La manufactura, enmangue, uso y reactivación de 30 puntas Elko realizada por Flenniken y Raymond (op. cit.) ha mostrado el cambio morfológico de las mismas a través de su vida útil. Desde los inicios del proceso de producción, los propios errores de manufactura producen puntas funcionales pero con una gran variabilidad morfológica. Asimismo, el adelgazamiento de la base del pedúnculo requerido para el enmangue ocasiona que el 16.6% (*n*=5) de las puntas Elko cambien de subtipo. La reactivación de las puntas, luego de su uso en una situación experimental de caza, mostró que el 33.3% (8 de las 24 puntas de proyectil fragmentadas que pudieron mantenerse activas a través de la reactivación) cambió de tipo morfológico debido al retrabajo de las bases del pedúnculo dañadas por el uso. Las puntas Elko podían transformarse en una punta tipo Gatecliff, Rosegate o anómala después de la reactivación. Según esta experimentación, una de cada tres puntas cambia de tipo morfológico debido al daño sufrido durante el uso. Otros factores como las habilidades del tallador y la calidad de la materia prima, entre otros, pueden incrementar asimismo la variabilidad morfológica de las puntas. Estos investigadores sostienen que "*...morphological typologies do not accurately reflect prehistoric technology, or other relevant behavior, and the site formation processes that actually influenced the final shapes of chipped stone tools*" (Flenniken y Raymond op. cit.: 611).

Asimismo, el estudio experimental realizado por Towner y Warburton (op. cit.) sobre la reactivación de estas puntas ha mostrado que el 31% (*n*=8) cambió de tipo o subtipo de acuerdo con la tipología "*Monitor Valley*". Los factores que determinaron el cambio de tipo morfológico fueron el tipo y localización de la fractura sobre la punta. "*...(P)oints that received only tip damage easily remainder within the ECN category [Elko corned-notched] since the Monitor Valley typology uses only basal attributes to classify a point. On the contrary, any basal damage potentially could change the morphological type of the point.*" (Towner y Warburton op. cit.: 314).

Algo similar es señalado por Bettinger y Eerkens (op. cit.) con respecto a las diferencias regionales en la morfología de las puntas de proyectil de la Gran Cuenca. A través de la comparación de las clasificaciones de las puntas de proyectil según las tipologías Monitor Valley y Berkeley, señalan que las diferencias en la frecuencia de los tipos Elko y Rosegate en distintas áreas de la Gran Cuenca depende del grado de reactivación que presentan las puntas Elko y a diferencias en los mecanismos de transmisión cultural de una nueva tecnología (las puntas de flecha Rosegate). Como fue mencionado anteriormente, la tipología Monitor Valley diferencia los tipos Elko y Rosegate según el ancho de la base del pedúnculo (Rosegate<10 mm>Elko), mientras que la Berkeley se basa en el peso (Rosegate<3 grs>Elko). Debido a los diferentes atributos en los que se fundan estas tipologías para diferenciar los tipos de puntas, las puntas de dardo de Nueva Nevada, que presentan un alto grado de reactivación, se clasifican como Rosegate por la tipología Berkeley, dado que pesan menos, pero presentan la base del pedúnculo ancha ya que no se encuentra afectada por la reactivación. Por el contrario, al este de California, en cercanías de la fuente de aprovisionamiento de la obsidiana utilizada para la manufactura de estas puntas, las mismas se clasifican como Elko, debido a su mayor peso, al ser descartadas con menor reactivación (Bettinger y Eerkens op. cit.).

En el contexto de las investigaciones en la Gran Cuenca, la importancia de este debate radica en que los diferentes tipos de puntas de proyectil señalados implican distintas tecnologías de caza y han sido considerados como indicadores temporales diagnósticos (*cf.* Thomas 1978; ver discusión en Flenniken y Raymond 1986 y Thomas 1986). A modo de cierre de este ejemplo, podemos señalar que los análisis discriminantes realizados por Shott (1997) sobre una muestra de dardos enmangados procedente de diferentes museos de Norteamérica han mostrado que el ancho de hombros es la variable discriminante más significativa entre dardos y flechas.

En nuestra área de estudio una problemática similar se ha suscitado en torno a las puntas de proyectil denominadas "Bird o Magallanes IV y V", de acuerdo con la periodización propuesta por Junius Bird (1993) para Patagonia Meridional. Bird atribuyó el período IV a los Tehuelches Meridionales y el período V a los Onas, antes de su arrinconamiento en Tierra del Fuego, dada la semejanza de las puntas de proyectil recuperadas arqueológicamente y las utilizadas por los grupos etnográficos. Ambos tipos de puntas fueron considerados diacrónicos, asignándose a las puntas Bird IV una cronología de *ca.* 6500 años AP y a las Bird V *ca.* 700 años AP (Bird op. cit.), de acuerdo con los fechados obtenidos de las excavaciones de la cueva Fell y otros sitios al sur del campo volcánico, en la Patagonia Austral Chilena. Las discusiones posteriores sobre estos tipos morfológicos han girado en torno a tres tópicos principales: 1. la cronología de ambos tipos de punta, 2. los sistemas de caza involucrados y 3. la interacción entre poblaciones.

Con respecto al primer punto, excavaciones en distintos sitios arqueológicos mostraron la asociación entre las puntas Bird IV y V. A modo de ejemplo podemos señalar las investigaciones de Gómez Otero (1986-87, 1987, 1993) en el alero Potrok Aike, que mostraron una punta asimilable a las Bird IV en una capa sedimentaria ubicada sobre otra que contenía una punta tipo Bird V y no se observaron diferencias tecnológicas importantes entre los contextos que acompañaban a ambos tipos de puntas. Por otro lado, Sanguinetti de Bórmida (1984) señala la presencia temprana de las puntas denominadas Bird V en El Volcán (cuenca del río Chico), alrededor de los 3.600 AP. Asimismo, en el sitio Punta Dungeness 2, en la costa oriental del Estrecho de Magallanes, se observó la coexistencia de ambos tipos de puntas en un mismo estrato sedimentario, correspondiente a ocupaciones del siglo XVI y posteriores (Massone 1979) (para mayores referencias ver capítulo II).

Por otro lado, con respecto a los sistemas técnicos de los que formaron parte estas puntas, Prieto (1989-90) descarta la posibilidad de que la reducción de tamaños que se observa entre los tipos Bird IV y V –uno de los criterios utilizado para diferenciar ambos períodos-, se encuentre relacionada con la introducción del arco y flecha en la Patagonia. En este sentido, menciona que las puntas tipo Bird V son de tamaño muy pequeño para su efectividad a través de la caza con arco.

Por su parte, Ratto (1994) ha desarrollado un estudio específico de la forma de funcionamiento de los sistemas técnicos de los que participaron las puntas Bird IV y V a partir de muestras de puntas con esta morfología de los sitios Potrok Aike, Juni Aike y El Volcán. A través del análisis de distintas variables de diseño, como la aerodinamia, la superficie de refuerzo y el tipo de enmangue de los cabezales líticos, los estudios de Ratto (op. cit.) intentan inferir su medio de propulsión, el cual condiciona la implementación de técnicas de caza diferentes. Así, esta investigadora propone que los cabezales líticos conocidos como Bird IV y V son producto de estrategias de caza diferenciales, coexistiendo en tiempo y espacio. Por consiguiente sus diferencias no son cronológico-culturales sino tan sólo funcionales (Ratto op. cit.). Lo interesante de este estudio es que ha postulado la existencia de tres sistemas técnicos que coexisten en la cuenca de los ríos Gallegos y Chico, por lo menos entre 3600-740 años AP, según los fechados de los sitios considerados en el estudio. Los mismos son: lanzas arrojadizas propulsadas por fuerza muscular, flechas enastiladas propulsadas por arco y un arma de mano no arrojadiza. El primero de estos sistemas es el más abundante. A diferencia de Prieto (op. cit.), esta autora sostiene que las puntas Bird V de El Volcán, las cuales no fueron analizadas directamente sino en base a los datos publicados por Nami (1984a y b), corresponderían a flechas propulsadas por arco, en tanto que las Bird IV a lanzas arrojadizas.

Además del amplio rango temporal en el que se registra la coexistencia de ambos tipos de puntas, cabe señalar su extensión geográfica, dado que puntas de proyectil con características semejantes a las denominadas Bird IV han sido recuperadas en colecciones etnográficas y arqueológicas de un amplio sector de la Patagonia Meridional, desde Punta Arenas hasta el río Deseado (Aschero 1987; Borrero y Franco 2001; Franco 1999, 2002a; L'Heureux y Franco 2002; Franco *et al.* 2005 y 2006).

El análisis multivariado de dos colecciones arqueológicas procedentes de espacios distanciados aproximadamente 460 km (Punta Arenas, Magallanes, Chile *vs.* Floridanegra, Golfo San Jorge, Santa Cruz) señalan que las puntas bifaciales pedunculadas medianas denominadas Bird IV constituyen un diseño compartido, lo que abre preguntas sobre la conectividad de las poblaciones humanas en Patagonia Meridional para el Holoceno tardío (Franco *et al.* 2005). Si bien estas muestras presentan diferencias en las materias primas utilizadas, el grado de reactivación, la fragmentación y la estandarización en los tamaños, el análisis de componentes principales muestra el solapamiento entre los conjuntos, lo cual indica diseños morfológicos semejantes en la costa atlántica y en la costa occidental del estrecho de Magallanes (Franco *et al.* op. cit.).

2.a.3 ¿Cómo se comportan la intensidad de uso y el grado de reducción de los artefactos como factores de variabilidad morfológica?

Como quedó claro luego de los ejemplos que se expusieron, a lo largo de su vida útil un artefacto sufre modificaciones en su morfología de acuerdo con el uso, reactivación y reutilización al que es sometido (es decir, por su intensidad de uso). Por consiguiente, existe un continuo de variabilidad morfológica por el que transita el artefacto durante su ciclo de vida. Debido a ello, la segmentación de los instrumentos en tipos discretos es arbitraria y muchas veces las clasificaciones tipológicas sobre o subrepresentan la variabilidad morfológica, ya que diferencian tipos instrumentales en un continuo de reducción.

Variados estudios sobre el grado de reducción de distintos "tipos" de instrumentos en diferentes contextos arqueológicos han mostrado los sesgos de las clasificaciones tipológicas en la segmentación por tipos y subtipos de instrumentos. Sólo a modo de ejemplo podemos señalar los debates en torno a las raederas y muescas del Paleolítico Medio (Dibble 1984, 1987. Ver discusión en Close 1991 y Dibble 1991; Holdoway *et al.* 1996), los buriles del Paleolítico Superior (Clay 1976), las tulas, *horsehoof, scrapers*, puntas y artefactos con dorso preparado de Australia (Hiscock y Veth 1991; Hiscock 1994, 2006 y 2007; Hiscock y Attenbrow 2002, 2003 y 2005), entre otros. Este debate también se ha extendido a la clasificación de los desechos de talla según el porcentaje de corteza que conservan como indicador de estadios discretos de manufactura (Amick y Mauldin 1989; Bradbury y Carr 1995; Shott 1994, 1996b; Sullivan y Rozen 1985, entre otros).

A modo de ejemplo nos extenderemos en el caso de las raederas del Paleolítico Medio, en tanto ha sido uno de los primeros estudios en este sentido, que además cuenta con una fuerte evidencia de apoyo ya que considera algunos indicadores derivados de la experimentación (Dibble y Whittaker 1981, Dibble y Pelcin 1995, Dibble 1997; ver discusión en Davis y Shea 1998, Pelcin 1998 y Dibble 1998).

A través del análisis de distintas variables medidas sobre los instrumentos clasificados como raederas según la tipología de Bordes en conjuntos del Paleolítico Medio del Cercano Oriente (Dibble 1984) y de Francia (Dibble 1987), Dibble demuestra que las distintas clases de raederas representan diferentes etapas de reducción de la forma-base. La tipología de Bordes diferencia cuatro clases de raederas según la cantidad de filos retocados y su localización relativa en el perímetro de la forma-base (simples, dobles, convergentes y transversales). El análisis de Dibble muestra una fuerte correlación entre los indicadores de reducción y las diferentes clases de raederas. En los conjuntos franceses, este investigador identifica dos secuencias de reducción según se retoquen filos alternativos o se retoque repetidas veces el mismo filo (Dibble 1987). Esta última opción no fue registrada en el Cercano Oriente, lo cual muestra diferencias en las secuencias de reducción implementadas en ambas zonas y por consiguiente en la variabilidad tipológica. De acuerdo con la primera opción, una raedera simple se convierte en una doble y luego en una convergente a medida que aumenta el grado de reducción, llegando a su expresión máxima en los *limaces* (Dibble 1987).

La segunda opción atañe a las raederas transversales, en las cuales la intensidad del retoque (según la cantidad de series de retoque paralelo y superpuesto que presenta el filo), el ángulo de desgaste del filo y el ángulo de inclinación de la cuerda del filo, aumentan a medida que avanza la reducción. En ambos casos, la longitud del instrumento (de acuerdo con el eje tecnológico) y el área también disminuyen. Para testear que los tamaños más cortos de los instrumentos son el producto de la reducción y no de la utilización de formas-base más pequeñas, se estimó la masa original del instrumento (*cf.* Dibble y Whittaker 1981, Dibble y Pelcin 1995). Esta estimación demostró que hay una reducción progresiva del área de la forma-base desde las raederas simples a las transversales, pasando por los tipos dobles y convergentes. Las únicas variables que no muestran cambios significativos con el aumento de la reducción son el espesor de la forma-base y el área del talón, en tanto son los rasgos menos afectados por la reactivación.

Estudios posteriores han propuesto diferentes índices para medir el grado de reducción de las raederas (Kuhn 1990, Hiscock y Clarkson 2005a y b), los cuales se han extendido luego a los artefactos unifaciales en general (Clarkson 2002, Eren *et al.* 2005, entre otros. *Cf.* Shott 2005 para una discusión de los diferentes indicadores considerados). A modo de síntesis, podemos señalar que estos estudios han mostrado la asociación entre los cambios morfológicos de los instrumentos (que llevan a la definición de diferentes "tipos" o "subtipos") y el grado de reducción de los mismos.

2.b La metodología de análisis adoptada: una perspectiva materialista y cuantitativa

Los casos de estudio que se presentaron anteriormente mostraron algunos de los problemas asociados con las clasificaciones tipológicas corrientemente utilizadas en la investigación arqueológica. En esta tesis, para el análisis de los artefactos líticos se ha adoptado una perspectiva tecnológica-materialista, siguiendo las propuestas de Hiscock (2007). Una clasificación materialista se basa en la segmentación de los conjuntos y el análisis de los artefactos a partir de los atributos directamente observables, sin referencia a tipos o formas ideales. Esto implica que las divisiones establecidas son arbitrarias e impuestas de acuerdo con nuestros intereses particulares. El análisis de la variabilidad no se restringe a la comparación entre clases o dentro de una clase, como suele suceder en los análisis tipológicos, ya que las clases o tipos dejan de constituir la unidad de análisis. Por el contrario, se enfatiza la variación de los individuos dentro del total de la población. En este sentido, y en nuestro caso en particular, los análisis que se presentan no se encuentran segmentados por tipos, sino que nuestro interés reside en la comparación del modo en que fueron explotados los artefactos según la materia prima lítica sobre la que se encuentran manufacturados. Por consiguiente, las dimensiones de variabilidad que enfatizamos son aquéllas relacionadas con la intensidad de uso y el grado de reducción de los artefactos de acuerdo con la clase de roca utilizada. Así, nos interesan las variaciones en diferentes atributos de los artefactos, por ejemplo, a medida que aumenta la distancia a la fuente de aprovisionamiento de materia prima lítica. De este modo, las variaciones en la forma de los artefactos se evalúan en relación con la secuencia de producción y los factores que inciden sobre la manufactura, uso y reactivación de los artefactos, como la disponibilidad y propiedades de las materias primas líticas, el tipo de enmangue, los costos de transporte, entre otros (Hiscock op. cit.). En este sentido, la variación morfológica es entendida como un *continuum* más que como discontinuidades entre tipos morfológicamente distintos (*cf.* Dibble 1987; Hiscock y Attenbrow 2002, 2005, entre otros).

Para el análisis de la intensidad de uso de los artefactos, consideramos dos unidades de análisis según el tipo de variables consideradas: el artefacto como pieza individual y el filo y/o punta formatizado y/o con rastros complementarios (*sensu* Aschero 1975, 1983). Esta última unidad de análisis, que constituye un atributo o rasgo del artefacto, implica una escala menor a la de la pieza y nos posibilita evaluar, por ejemplo, la proporción de filos y/o puntas formatizados y/o con rastros complementarios por artefacto (en relación con el total de biseles disponibles), lo cual es considerado como un indicador mínimo de la intensidad de uso del instrumento (*cf.* Hiscock y Attenbrow 2002 y 2003), y en el caso de artefactos retomados y/o reciclados, constituye un indicador de la historia de vida del artefacto (*sensu* Schiffer 1987). En este sentido, el enfoque materialista considera al artefacto como un resultado de su historia de uso, adoptando una perspectiva "*backward-looking*" (Hiscock 2007). De esta manera, los artefactos no son considerados como una forma final prefijada ("*forward-looking*"), sino que el interés está puesto en las transformaciones que sufre el artefacto a través de su historia de vida. (*cf.* en este mismo sentido Dibble 1987, Kuhn 1994, entre otros).

En esta tesis, los artefactos líticos han sido clasificados en grandes grupos tecnológicos, considerados como clases artefactuales. Siguiendo a Aschero y Hocsman (2004) las mismas son: I. Núcleos, II. Desechos de talla, III. Artefactos formatizados y IV. Artefactos sin formatización con rastros complementarios. A su vez, dentro de cada clase pueden diferenciarse, artefactos con mayor o menor inversión de energía en su manufactura. Así, la clase número III se subdivide en: a. Artefactos de formatización unifacial y b. Artefactos de formatización bifacial, ya que la reducción y adelgazamiento bifacial de una forma-base implica un mayor tiempo de trabajo que producir un artefacto con el sólo retoque de sus bordes (Aschero y Hocsman op. cit.).

En la arqueología argentina la mayoría de los análisis líticos utilizan la tipología de Aschero (1975, 1983). La misma considera distinto tipo de variables: algunas que dan cuenta de las técnicas de talla, otras que hacen referencia al grado de reducción de los artefactos y otras relacionadas principalmente con aspectos funcionales. Si bien cada una de estas variables, consideradas independientemente, es de utilidad en nuestra investigación, la definición de "grupos tipológicos", sobre todo en el caso de los artefactos formatizados, implica la asociación de muchas de estas variables. En la clasificación de Aschero (op. cit.) la segmentación en tipos morfológicos supone la co-ocurrencia de determinadas características de la forma-base y del filo o punta formatizada del artefacto. Este aspecto es el que no nos resulta adecuado, por los factores señalados a lo largo de este capítulo, y de acuerdo con nuestros intereses particulares de investigación. En este sentido, nos resulta más pertinente la consideración de estas variables independientemente, ya que muchas de ellas se encuentran relacionadas con el grado de reducción del artefacto y varían, por ejemplo, en relación con la distancia a la fuente de aprovisionamiento de materia prima. Dado que nuestro mayor interés reside en la historia de vida de los artefactos, nuestra atención está puesta en la variabilidad sobre determinadas dimensiones, consideradas como indicadores de reducción, lo que nos resulta de mayor utilidad para una comprensión acabada del problema bajo estudio, que la definición de grupos tipológicos.

Entonces, la denominación de los artefactos según la clasificación morfológica-funcional de Aschero es utilizada para mantener un lenguaje en común y de un modo descriptivo (no analítico), como por ejemplo cuando hacemos referencia a los artefactos que han sido sometidos a análisis petrográficos y/o geoquímicos (capítulo VII) o en la presentación de los conjuntos artefactuales recuperados en los distintos sitios arqueológicos (capítulo VI), como una forma de resumir la información. En el análisis específico de los datos, se consideran las variables en bruto, de modo independiente a esta clasificación.

A continuación se presentan las distintas variables que han sido medidas en cada una de las clases artefactuales.

2.c Variables consideradas en el análisis de los artefactos líticos

En primer lugar, se presentan las variables que se consideraron en todas las clases artefactuales, las cuales principalmente tienen que ver con distintos atributos de las materias primas líticas, para continuar luego con las medidas específicas que se registraron por clase artefactual:

- Tipo de materia prima: según la determinación petrográfica (megascópica o microscópica). En los casos de rocas que según la observación macroscópica parecen haber sido o alteradas térmicamente, esta característica se aclara, por ejemplo: calcedonia alterada, ya que dificulta y modifica la identificación de otras variables, como color y calidad para la talla.

- Color: en categorías cromáticas generales según la observación macroscópica.

- Presencia de fenocristales: esta característica se utilizó para diferenciar las variedades volcánicas o sedimentarias de las RGFO (ver capítulo VII).

- Presencia de impurezas/inclusiones: para discriminar entre calcedonias y ópalos de origen sedimentario o volcánico según la presencia o ausencia de impurezas respectivamente (*cf.* Franco y Aragón 2004, Aragón com. pers., Etchichury com. pers.)

- Calidad para la talla: mala, regular, buena, muy buena y excelente (*sensu* Aragón y Franco 1997).

- Presencia de pátina: según su intensidad se diferencia en leve, mediana e intensa.

- Porcentaje de corteza: 0 (ausente), 1-25%, 26-50%, 51-75% y 76-100% (Franco 2002a).

- Textura de la corteza: lisa, vesicular, con marcas en v, con medialunas (ver 1.b en este capítulo).

- Diámetro máximo del artefacto: a través de grillas en intervalos de 25 mm^2 (Andrefsky 1998, Franco 2002a), con el objetivo de evaluar la incidencia de los procesos de formación.

2.c.1 NÚCLEOS

- Designación morfológica del núcleo: siguiendo a Aschero (1979, 1983). También se distinguen los "nódulos probados" (*sensu* Nami 1986) y los "hemiguijarros o guijarros partidos" (*sensu* Flenniken 1981). Mientras los nódulos probados presentan una o dos extracciones por percusión directa, por hemiguijarros hacemos referencia a guijarros partidos a través de técnica bipolar que fueron utilizados como núcleos (*split cobble cores* en terminología de Flenniken op. cit.). En los núcleos bipolares se distinguen unidireccionales y bidirecccionales, en los casos en los que el núcleo fue rotado y muestra plataformas de percusión transversales (*cf.* Flenniken 1981).

- Clase de extracción: lascas u hojas.

- Estado de conservación: entero o fragmentado.

- Extensión de la pátina en la superficie del artefacto: completa o parcial (caso en el que se especifica su localización).

- Longitud, ancho y espesor máximo: medidos en mm con calibre de corredera según el eje morfológico (*sensu* Aschero 1975, 1983).

- Cantidad mínima de extracciones: número mínimo de formas-base extraídas (*cf.* Franco 1991, 2002a; Cardillo y Scartascini 2007).

- Longitud y ancho de las últimas extracciones: medidos en mm con calibre de corredera de acuerdo con el eje tecnológico (Franco 1991).

- Tipo de plataforma de percusión: natural, lisa, diedra, facetada (*sensu* Aschero op. cit.).

- Terminación de las extracciones: aguda, quebrada, en charnela o sobrepasada (*sensu* Aschero op. cit.).

- Forma-base: lasca, nódulo, instrumento o indiferenciada.

2.c.2 DESECHOS DE TALLA

- Caracteres básicos de la forma-base: siguiendo a Aschero (1983).

- Estado de conservación: siguiendo a Hiscock (2002) se diferencian las siguientes categorías: entero, fragmentos proximal, mesial, distal, longitudinal derecho/izquierdo, longitudinal proximal derecho/izquierdo, longitudinal mesial, longitudinal distal derecho/izquierdo e indiferenciado.

- Extensión de la pátina en la superficie del artefacto: cara A, cara B, caras A y B (especificación por sector en el caso que no fuera la cara completa).

- Longitud, ancho y espesor máximo: medidos en mm con calibre de corredera de acuerdo con el eje tecnológico (*sensu* Aschero 1975, 1983). En los casos de lascas fragmentadas también se tomaron estas medidas para calcular el área y así poder aplicar el modelo de reducción de Ingbar *et al.* (1989) (ver *infra*).

- Cantidad mínima de extracciones en cara dorsal: número mínimo de negativos de lascado previos a la extracción de la lasca en cuestión (*cf.* Ingbar *et al.* op. cit.).

- Forma del talón: natural, liso-natural, liso, diedro, filiforme, puntiforme y facetado (*sensu* Aschero op. cit.), a los que se agregan los talones estallados (*sensu* Bradbury y Carr 1995). Los talones diferenciados en la clasificación de Aschero (op. cit.) pueden ser transformados a un valor numérico, de acuerdo con la cantidad de extracciones previas sobre la superficie de percusión, como un indicador del grado de reducción (Bradbury y Carr op. cit., Magne 1985, entre otros). Cuando se realizó esta transformación, la misma se indica en los análisis correspondientes.

2.c.3 ARTEFACTOS FORMATIZADOS

Esta clase de artefactos es la que presenta la mayor variabilidad y número de dimensiones de análisis. Esto se debe principalmente a que es una clase de gran inclusividad, en tanto comprende artefactos con una o dos caras trabajadas, artefactos de filo y puntas-herramientas. Por este motivo la misma ha sido subdividida en dos grandes grupos: artefactos de formatización unifacial y artefactos de formatización bifacial. Las variables consideradas en cada uno de estos grupos se presentan a continuación.

Por otro lado, como señalamos anteriormente, para el estudio de los artefactos formatizados y/o con rastros complementarios consideramos dos unidades de análisis: el artefacto y el filo y/o punta formatizado y/o con rastros complementarios. Por consiguiente, por cada pieza se registraron una serie de variables en relación con el artefacto como un todo y por otro lado, se relevaron distintas variables sobre cada uno de los filos y/o puntas formatizados y/o con rastros complementarios por artefacto.

Cabe señalar que si bien los artefactos formatizados y aquéllos sin formatización con rastros complementarios constituyen diferentes clases artefactuales (siguiendo a Aschero y Hocsman 2004), en los conjuntos de Pali Aike es frecuente la presencia de varios filos y/o puntas formatizados y/o con rastros complementarios por artefacto. Dado que le hemos otorgado el mismo grado de importancia a los filos y/o puntas formatizados y a aquéllos con rastros complementarios, sin diferenciar entre filos principales y complementarios (*sensu* Aschero 1975, 1983), todos ellos han sido registrados por igual, como pertenecientes a un mismo artefacto. En la clase de artefactos sin formatización con rastros complementarios solamente se registran los casos de artefactos que solamente presentan filos y/o puntas con estas características (ver *infra*).

Artefactos de formatización unifacial

Variables medidas sobre la pieza:

- Estado de conservación de la forma-base: de acuerdo con Hiscock (2002. Ver *supra*).

- Número de filos y/o puntas formatizados y/o con rastros complementarios

- Número de dorsos formatizados (*sensu* Aschero 1975, 1983)

- Número total de bordes disponibles por pieza

- Número de filos y/o puntas formatizados y/o con rastros complementarios / Número total de bordes disponibles por pieza (ver *infra* 2.e.1)

- Extensión de la pátina en la superficie del artefacto: cara A, cara B, caras A y B (especificación de la localización en el caso que no fuera una cara completa, por ejemplo: en filo, en talón, en una extracción previa, etc.).

- Longitud, ancho y espesor máximo: medidos en mm con calibre de corredera de acuerdo con el eje tecnológico (ET) para evaluar el tamaño de la forma-base y por eje morfológico (Aschero 1983) en los casos que no fuera posible identificar el ET y para evaluar el grado de reducción del instrumento (*cf.* Dibble 1984, 1987; Franco 1994; Hiscock y Attenbrow 2002, 2003; Kuhn 2004; Bousman 2005).

- Forma-base: lasca, instrumento (en el caso de artefactos retomados y/o reciclados), nódulo, etc. (*sensu* Aschero 1975, 1983).

- Cantidad mínima de extracciones: número de extracciones previas (negativos de lascado) a la formatización del instrumento (*sensu* Ingbar *et al.* op. cit.).

- Forma del talón: ver *supra*

- Largo, ancho y ángulo de percusión del talón: siguiendo a Franco (2002a) la longitud del talón corresponde a lo que Aschero (1983) denomina ancho del talón y el ancho, al espesor de Aschero (op. cit.). El ángulo de percusión corresponde al ángulo medido entre el talón y la cara de lascado (*sensu* Aschero op. cit.)

Variables correspondientes al filo y/o punta formatizado:

- Ubicación del filo y/o punta en cara: A, B, bifacial, no diferenciado (Aschero 1983).

- Largo, ancho y espesor máximo del filo y/o punta (en el caso de puntas destacadas *sensu* Aschero 1975): medidos en mm con calibre de corredera y en el caso de filos con un grado de concavidad o convexidad alto, el largo fue medido con cinta métrica flexible, con el fin de disminuir el error de medición de las curvaturas de los filos (*cf.* Cardillo y Charlin 2007).

- Ángulo inicial, medido y de desgaste del filo y/ o punta formatizado: medido con un goniómetro en intervalos de 5°. Esta medida se toma en sección transversal sobre los filos y en vista plana sobre las puntas (*sensu* Aschero 1975, 1983).

- Presencia de reactivación: si/no. Se considera que un filo o punta ha sido reactivado cuando presenta alguno de los siguientes atributos:

  - la presencia de, al menos, dos series de lascados, habiendo la segunda serie eliminado parte del filo formatizado por la primera (Franco 1994).

  - la presencia de salientes o espolones (nos referimos a los *spurs* de Shott 1995) entre los márgenes laterales de los lascados pertenecientes a la primera y la segunda serie, acompañados generalmente por diferencias en los ángulos iniciales (ángulos estimados *sensu* Aschero 1983) entre ambas series. En los casos en los que no se observa la superposición de series de lascados, la misma puede ser inferida a partir de estos rasgos.

  - la presencia de negativos de lascados de reactivación en la cara ventral del artefacto, cuyo punto de percusión se desprende del extremo proximal de los lascados de formatización originales. Nos estamos refiriendo a los casos de reactivación inversa (Aschero op. cit.).

Dado que existen casos en los que no es posible identificar la presencia de reactivación, como por ejemplo cuando la segunda serie de lascados elimina totalmente a la primera y no se observa la presencia de ninguno de los otros indicadores, la frecuencia de reactivación es considerada como un valor mínimo (Franco 1994).

Artefactos de formatización bifacial

- Clase: preformas bifaciales, bifaces y puntas de proyectil (*sensu* Aschero 1975, 1983; Aschero y Hocsman 2004), denominadas cabezales bifaciales de aquí en delante de acuerdo con lo sugerido por Ratto (1992, 1994. Para distintas posiciones sobre el uso de esta denominación ver Thomas 1978, Odell 1988, entre otros). Se omite la referencia a puntas de proyectil en tanto Ratto (op. cit.) ha demostrado la utilización de diferentes sistemas técnicos para los cabezales líticos asignados morfológicamente a los tipos "Bird IV y V" -los cuales constituyen la mayor parte de los artefactos bifaciales aquí analizados-, existiendo casos de armas de mano no arrojadizas. En el caso de bifaces las variables consideradas son las mismas que aquéllas medidas sobre los artefactos de formatización unifacial, excepto las que tienen que ver con la cantidad de filos, puntas y dorsos formatizados (a saber: número de filos y/o puntas formalizados y/o con rastros complementarios, número de dorsos formatizados y número total de bordes disponibles por pieza). Por consiguiente, las variables que se detallan a continuación se aplican específicamente a las preformas (en los casos en los que es posible) y a los cabezales bifaciales:

- Estado de conservación: entero o fragmentado. En este último caso se especifica si el fragmento corresponde al ápice, limbo, aletas/hombros o pedúnculo.

- Número y ubicación de la/s fractura/s: transversal, longitudinal u oblicua al ápice, limbo, aletas/hombros o pedúnculo (Aschero 1975, 1983).

- Peso: con balanza digital para los cabezales bifaciales enteros. El objetivo de esta medida fue evitar la redundancia en las medidas de tamaño, dado que las variables métricas de largo y espesor del cabezal (medidas en mm) se utilizan para el cálculo del índice de reactivación (Iriarte 1995) (ver *infra*).

- Largo, ancho y espesor máximo: medido en mm con calibre de corredera según EM (Aschero 1975, 1983).

- Forma-base: ver *supra*

- Forma, longitud, ancho y ángulo del talón: en el caso que la forma-base sea una lasca (ver *supra*)

- Largo del limbo con y sin aletas: siguiendo a Franco (2002a).

- Espesor del limbo: siguiendo a Aschero (op. cit.).

- Largo del pedúnculo: siguiendo a Aschero (op. cit.).

- Ancho de la base y del cuello del pedúnculo: siguiendo a Franco (2002a)

- Espesor del cuello del pedúnculo: siguiendo a Franco (1999, 2002a)

- Adelgazamiento de la base del pedúnculo: si/no. En caso afirmativo se especifica si fue adelgazado por lascados o por acanaladura (Aschero op. cit.).

- Ángulo entre la base de las aletas y el borde del pedúnculo: el ángulo fue medido con transportador para cada uno de los lados del cabezal a partir del dibujo del contorno de la pieza. Se realizó esta tarea dado que el goniómetro utilizado para la medida de los ángulos del filo formatizado de los instrumentos unifaciales no resulta adecuado para los cabezales bifaciales.

- Sección transversal y sección longitudinal: estos atributos han sido registrados solamente en los cabezales bifaciales, utilizando un copia perfiles Commune CP13. Así, se dibujaron los perfiles del cuello del pedúnculo, hombros (ancho máximo del cabezal) y sección longitudinal (a partir del centro del ápice del instrumento) para cada una de las caras de la pieza.

La mayoría de las variables que se han registrado en los cabezales bifaciales obedecen a nuestro interés en apreciar los cambios morfológicos de las piezas en relación con el grado de reducción de las mismas. Debido a que estos análisis fueron efectuados a partir de modelos de morfometría geométrica, se han reproducido las formas de los cabezales a partir del dibujo en papel de los contornos y de las secciones, los cuales fueron posteriormente escaneados. Por otro lado, es preciso señalar que en los casos de cabezales enteros las variables métricas han sido medidas a través de un calibre digital. El objetivo fue obtener una mayor precisión en las medidas cuantitativas que son correlacionadas con las variaciones de forma en los análisis anteriormente señalados (ver *infra*).

2.c.4 ARTEFACTOS SIN FORMATIZACIÓN CON RASTROS COMPLEMENTARIOS

Las variables medidas en esta clase artefactual son las mismas que las señaladas para los artefactos de formatización unifacial, excepto aquellas correspondientes al ancho y espesor del filo, al ángulo inicial y de desgaste del mismo (sólo se considera el ángulo medido) y a la presencia de reactivación.

2.e Los análisis cuantitativos

En primer lugar se presentan los índices y estadísticos que han sido calculados a partir de las variables en bruto, con el objetivo de resumir información de variables interrelacionadas y/o como indicadores de reducción. Luego se presentan sucintamente los procedimientos estadísticos y las técnicas analíticas de morfometría geométrica que han sido utilizados para la descripción y análisis de los datos.

2.e.1 Algunos índices y estadísticos utilizados

La **media geométrica** ha sido la medida de tamaño calculada para todas las clases artefactuales, ya que es el estadístico más utilizado para medidas lineales, como longitud, ancho y espesor. El mismo se basa en la *n*-ésima raíz del producto de *n* variables (Jungers *et al.* 1995). Su ventaja radica en que el valor obtenido es el resultado del cálculo de un centroide que resume las distancias entre las *n* variables.

Para el análisis de la **diversidad**, tanto de las clases de roca disponibles en las fuentes potenciales de aprovisionamiento (capítulo VII), como en la comparación del número de clases de roca explotadas para la manufactura de artefactos en los diferentes sitios arqueológicos (capítulos IX y X), se implementaron algunos índices de diversidad tales como Shannon-Wiener, Simpson y Dominancia. El concepto de diversidad, como herramienta analítica, nos posibilita caracterizar la estructura de una población o muestra ya que es una medida de la variabilidad (Jones y Leonard 1989). La diversidad presenta dos dimensiones: la riqueza, que nos permite dar cuenta del número de categorías o clases representadas en una muestra, y la homogeneidad, que nos indica cómo se distribuyen las cantidades por categoría (Jones y Leonard op. cit.). Por tratarse de una medida compuesta, en nuestro análisis consideramos tres tipos de índices que, por encontrarse correlacionados, nos permiten caracterizar de forma más precisa las muestras que estamos comparando. Dichos índices son el de Shannon-Wiener, el de Simpson y el de Dominancia. El primero de ellos considera la relación entre el número de individuos y de clases; por consiguiente es una medida simultánea de la riqueza y homogeneidad (*cf.* Shott 1989). Los valores más elevados del índice indican que la mayoría de las clases se encuentran representadas por pocos o cantidades similares de individuos (es decir, tienen una distribución homogénea), en tanto que los valores bajos sugieren que pocas clases se encuentran representadas por muchos individuos (la distribución es asimétrica ya que se encuentra dominada por una o pocas clases) (*cf.* Krebs 1989, Hammer *et al.* 2004, Kintigh 1989, Shott op. cit., Grayson 1989, Gotelli y Graves 1996). Este índice cuenta con la ventaja de ser sensible a la frecuencia de *ítems* en las clases menos representadas (Peet 1974, citado en Shott op. cit.). Los resultados obtenidos a través del índice de Shannon-Wiener pueden ser complementados por los índices de Simpson y Dominancia. Dichos índices varían entre 0 y 1, según la uniformidad o asimetría en la distribución de cantidades entre clases, respectivamente. Para la comparación de la diversidad entre muestras se utilizan dos procedimientos de randomización: el *boostrapping* y la permutación (Hammer *et al.* op. cit.). Ambas son técnicas de remuestreo al azar, con y sin reemplazo respectivamente. Se considera a la distribución muestreal como si fuera la verdadera distribución poblacional y a través del remuestreo de la misma se genera la distribución teórica. Cada una de las *n* observaciones originales tienen igual probabilidad de ser seleccionadas. El procedimiento de muestreo se repite varias veces, generalmente seleccionando 1000 muestras de tamaño *n* y a partir de estas muestras se estiman los parámetros, que constituyen la distribución teórica comparativa (Hammer *et al.* op. cit.).

En los párrafos que siguen se presentan los índices que han sido considerados como medidas de reducción en las distintas clases artefactuales, la mayoría de ellos derivados de estudios experimentales que se han llevado a cabo con el objetivo de evaluar diferencias y similitudes entre distintas técnicas de manufactura y a medida que avanza el proceso de reducción (*cf.* Amick y Mauldin 1989). Muchos de ellos centralizaron su atención sobre los **desechos de talla,** en tanto son los artefactos más numerosos en cualquier sitio arqueológico (Shott 1994, 1996; Sullivan y Rozen 1985; Ingbar *et al.* 1989; Bradbury y Carr 1995, entre otros). Estos estudios mostraron algunas constantes en la variación de determinados atributos sobre los desechos de talla a medida que aumenta la reducción, tales como la disminución del tamaño y el incremento de la cantidad de negativos de lascado en el cara dorsal de la lasca (Ingbar *et al.* op. cit.). A través de un modelo de regresión, estos investigadores señalan que la **densidad de negativos de lascado** (100 x cantidad de negativos de lascado en el cara dorsal/área de la lasca) es la medida que más se ajusta al proceso de reducción. En consecuencia, la hemos adoptado para calcular el grado de reducción de los desechos de talla. Cabe señalar que el área o superficie de la lasca es calculada a través del largo (en mm) por el ancho (en mm) según el eje tecnológico. El resultado expresa la cantidad de extracciones (negativos de lascado) por mm^2 (de aquí en más e/mm^2). Dado que la densidad es una medida relativa al tamaño, es posible calcularla sobre lascas fragmentadas, lo cual resulta necesario en las materias primas de representación minoritaria, como las obsidianas por ejemplo, ya que en caso contrario muchas veces no se encontrarían representadas entre los desechos de talla y careceríamos de un valor comparativo para apreciar el grado de reducción en las rocas no-locales.

Una medida similar ha sido aplicada sobre los **núcleos** con el objetivo de evaluar su utilidad residual al momento del descarte, es decir, si los mismos se desecharon con utilidad potencial o cuando se encontraban agotados. Esto nos permite comparar la explotación de las distintas clases de materias primas líticas, como así también la utilización de los diferentes espacios del campo volcánico. Al igual que en los desechos de talla, se calcula la razón entre el número mínimo de extracciones (formas-base) realizadas sobre el núcleo y el volumen del mismo (como medida de tamaño, en mm^3). Debido a la unidad de medida del volumen, el número mínimo de extracciones es multiplicado por 1000, para evitar un número excesivo de decimales. El resultado expresa la cantidad de extracciones (negativos de lascado) por mm^3 (e/ mm^3). Cardillo y Scartascini (2007) han propuesto una medida similar para el análisis de la utilidad marginal de los núcleos del Golfo de San Matías (Prov. de Río Negro).

Con respecto a los **artefactos de formatización unifacial**, se han aplicado dos tipos de medidas:

- Proporción de filos y/o puntas formatizados y/o con rastros complementarios/total de bordes disponibles por pieza: esta proporción constituye una medida mínima de la intensidad de uso del artefacto y a mayor escala, de la roca sobre la que se encuentra manufacturado. La misma es sólo una estimación aproximada en tanto la extensión del filo formatizado y/o con rastros complementarios no siempre es igual a la extensión del borde y en el caso de puntas-herramientas la estimación es aún más pobre, aunque, como en la mayoría de los casos se trata de puntas burilantes angulares sobre filos retocados (*sensu* Aschero 1983), la contabilización de los mismos nos posibilita una aproximación más ajustada. Medidas similares han sido propuestas por Hiscock y Attenbrow (2002, 2003). Cabe señalar que los dorsos formatizados y los filos formatizados en posible relación con el enmangue del instrumento, fueron registrados pero no contabilizados en el cálculo de este índice. Las características macroscópicas consideradas para clasificar un filo como resultado del enmangue (generalmente en los raspadores) fueron la ausencia de rastros de uso macroscópicos, el ángulo estimado del filo (*sensu* Aschero 1975, 1983) y la localización del mismo en relación con el eje morfológico del filo activo. Por estos motivos, la proporción de filos y/o puntas formatizados se considera como un valor mínimo y estimativo.

- Índice geométrico de reducción: Kuhn (1990) ha propuesto un índice de reducción para instrumentos unifaciales en base a un modelo geométrico sobre la sección transversal de la forma-base. El mismo constituye un indicador de la frecuencia o intensidad de reactivación de un filo y por lo tanto de la vida útil del instrumento. En dicho índice se considera la razón entre el espesor máximo del filo retocado (t) y el espesor máximo de la forma-base (T). Esta medida cuenta con la ventaja de ser independiente del tipo de reducción implementada y del tamaño original de la forma-base. Si bien ha habido debate en cuanto a la confiabilidad de dicha medida por la incidencia de distintos factores asociados con la forma de la forma-base del instrumento, las experimentaciones realizadas por Hiscock y Clarkson (2005a y b) han demostrado que las variaciones en la sección transversal de la forma-base (*"the flat-flake problem"*) no ejercen una influencia significativa sobre el cálculo del índice (sin embargo ver Shott 2005). Si bien el índice geométrico fue propuesto originalmente para calcular el grado de reducción en las raederas, es aplicable a otras clases de instrumentos de filo unifacial. El requisito que debe cumplir el artefacto para una adecuada aplicación del índice es que la forma-base sea una lasca, dado que el modelo se basa sobre la forma triangular de la lasca en sección transversal. Esta forma geométrica, considerada "típica" de las lascas, implica que el punto de mayor espesor se localiza hacia el centro de la pieza (figura 6.IV); por consiguiente, a medida que la reducción del artefacto avanza a través de sucesivas reactivaciones, los negativos de lascado del filo se aproximan al centro del artefacto, lo que se traduce en un incremento del espesor del filo (t), hasta que alcanza el espesor máximo de la forma-base (T). De esta forma, la tasa de t/T adquiere valores entre 0 y 1 a medida que avanza la reducción (figura 6.IV).

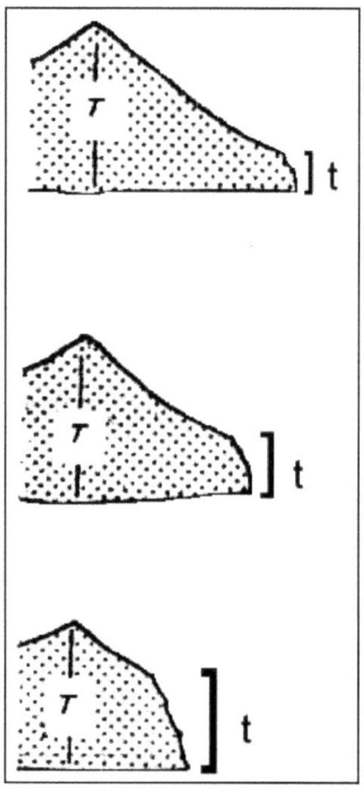

Figura 6.IV: Medición del índice geométrico de Kuhn (1990)

En este punto es necesario realizar dos aclaraciones: por un lado, este índice sólo fue aplicado sobre instrumentos de filo y por el otro, dado que muchos de los conjuntos de artefactos formatizados de Pali Aike presentan más de un filo por instrumento, en estos casos se calculó el "promedio del índice de reducción de Kuhn", propuesto por Hiscock y Attenbrow (2002, 2003):

$$(t_1/T_1+t_2/T_2+t_n/T_n)/n$$

Si bien estos investigadores lo utilizan para calcular el promedio de tres mediciones del índice, espaciadas a intervalos iguales, sobre un mismo filo (el más largo del instrumento), nosotros lo utilizamos para calcular un promedio de la intensidad de uso de los instrumentos que poseen varios filos formatizados. En este caso, la sumatoria de los índices ($t_1/T_1+t_2/T_2+t_n/T_n$) corresponde a una medida tomada sobre cada uno de los diferentes filos presentes en el artefacto. El índice geométrico no es aplicable a los filos naturales con rastros complementarios.

- <u>Ángulo de desgaste de los filos (*sensu* Aschero 1983)</u>: si bien esta es una medida directa, en los casos de instrumentos con más de un filo y/o punta formatizado se calculó el promedio del ángulo de desgaste, como en el índice previo. Esta medida tampoco es aplicable a los filos naturales con rastros complementarios.

- <u>Longitud residual de los instrumentos</u>: este indicador también ha sido propuesto por Kuhn (2004), quien sostiene que la longitud del instrumento al momento del descarte puede ser considerada como una medida de la cantidad de utilidad residual del mismo. De esta forma no se pretende dar cuenta de la cantidad de utilidad perdida por el uso y la reactivación del instrumento -lo cual sería dependiente del tamaño de la forma-base- sino más bien de las decisiones de cuándo abandonar y/o reemplazar el instrumento (Kuhn op. cit.). En este sentido se comporta como un indicador de la vida útil del mismo.

La utilidad de un instrumento puede ser medida en relación con la cantidad potencial de filos frescos y usables que puede ofrecer un artefacto (Kuhn 1994). "*A retouched tool that is too small and too worn to be used has a utility of zero, while a large, fresh flake blank with extensive potential for resharpening or reworking has a high potential utility.*" (Kuhn 1994: 429). De este modo es posible comparar la longitud de los instrumentos confeccionados sobre distintas materias primas y evaluar si los mismos han sido descartados cuando aún presentaban utilidad residual o si lo fueron cuando se encontraban agotados.

Esta medida requiere que el instrumento se encuentre entero y debe ser orientado según el eje morfológico (EM, *sensu* Aschero 1975, 1983). Aunque no lo denomina de esta manera, Franco (1994) ha utilizado esta medida para evaluar el grado de reactivación en los raspadores.

En el caso de instrumentos con más de un filo y/o punta formatizada y/o con rastros complementarios ($FPF_{y/o}RC$), se siguieron los postulados de Hiscock y Attenbrow (2002, 2003) de calcular el promedio, en este caso, de la longitud residual. Así, se midió la longitud de cada uno de los filos y/o puntas formatizados y/o con rastros complementarios por instrumento según el eje morfológico correspondiente para cada caso y se sacó un promedio de la siguiente forma:

$$(L_{1EM}+L_{2EM}+L_{3EM}+L_{nEM})/n$$

En los **cabezales líticos bifaciales** (*sensu* Ratto 1992, 1994), se ha considerado como indicador de reducción el índice de rejuvenecimiento propuesto por Iriarte (1995), el cual se obtiene a partir de la razón entre el largo y el espesor del cabezal. Mientras esta última variable es la menos afectada por la reactivación (como lo demostraron numerosos estudios experimentales; ver 2.a.2), el largo es la dimensión que muestra las mayores variaciones. Así, el índice es inversamente proporcional al rejuvenecimiento: a mayor reactivación, menor será el valor del índice y viceversa (Iriarte op. cit.).

2.e.2 El tratamiento estadístico de los datos

El tratamiento estadístico de los datos constó de la aplicación de dos clases de técnicas estadísticas: a) la estadística descriptiva y b) las pruebas comparativas basadas en hipótesis de nulidad, adaptadas a la comparación de las variables consideradas en los distintos casos. Esto incluye tanto análisis univariados como multivariados.

La estadística descriptiva nos permite tener una primera aproximación al comportamiento de los datos, a través de los valores de tendencia central (media y mediana) y dispersión (desvío estándar y rango) que presenta el conjunto analizado (*cf.* Norman y Streiner 1998, Hair *et al.* 1999, entre otros).

La información que nos brindan estos estadísticos nos permite conocer la estructura de los datos y de esta forma decidir el tratamiento más apropiado a seguir en el análisis estadístico aplicado. Así, de acuerdo con el comportamiento que muestran las variables y según las mismas sean de carácter continuo (variables de intervalo o de razón) o discreto (variables nominales u ordinales), se seleccionan los *test* y análisis a realizar, es decir, se decide si aplicar un *test* paramétrico o no-paramétrico.

Para la implementación de una estadística paramétrica es necesario chequear el cumplimiento de una serie de supuestos que requieren estos análisis, a saber la normalidad, homocedasticidad (u homogeneidad de varianza) y linealidad de las variables consideradas (Norman y Streiner 1998, Hair *et al* 1999, Zar 1999, Martínez Arias 2003). En muchos casos, para cumplir estos supuestos los valores en bruto deben ser transformados (a logaritmo natural, raíz cuadrada, etc.). En estos casos, se especifica el procedimiento adoptado.

Mientras la estadística descriptiva consiste en un resumen de los datos, la estadística inferencial (paramétrica o no-paramétrica) nos brinda un panorama del comportamiento del conjunto total (la población estadística) a partir de las características de sus partes. Cabe aclarar que la mayor parte de la estadística inferencial constó de *tests* uni y bivariados. La dificultad para realizar análisis multivariados reside en que no todas las variables comparadas (como los diferentes índices de reducción) pudieron ser medidas por igual en todas las muestras artefactuales bajo estudio, principalmente por la incidencia de la fragmentación, pero también en muchos casos por las propias características de los filos (p. e. ni el índice geométrico de reducción ni el ángulo de desgaste de los filos son medidas aplicables a los artefactos de filo natural con rastros complementarios) o por la presencia de una intensa pátina o alteración térmica sobre el artefacto que dificulta la identificación de determinados rasgos o atributos. Estos factores ocasionan que muchas veces no se puedan medir todas las variables a ser comparadas sobre el artefacto, lo cual reduce el tamaño de las muestras. Asimismo, dado que las variables de interés son todas ellas distinto tipo de indicadores de reducción se registra colinealidad, lo cual es un aspecto que debe evitarse en los análisis multivariados, como por ejemplo la regresión múltiple y los componentes principales (*cf.* Jackson 1991, Manly 1994, Jongman *et al.*1995).

Los *software* de estadística utilizados para los diferentes análisis fueron PAST 1.21, STATISTICA 6, SPSS 11.5 y NCSS 5.1.

2.e.3 Los análisis de morfometría geométrica

Los análisis morfométricos fueron realizados con el Lic. M. Cardillo. En los mismos se empleó el análisis de Fourier Elíptico (EFA) (Rohlf 1990), que es especialmente útil para lograr una descripción cuantitativa de la forma que puede ser empleada para describir o comparar conjuntos de objetos a partir de sus contornos. Mediante este método, la descripción de la forma se realiza a partir de *n* parámetros denominados harmónicas, cada una de las cuales contribuye a la descripción de la forma empírica en diferente grado. Las primeras harmónicas describen el contorno de una manera muy general, mientras que las últimas describen variaciones de forma que ocurren a pequeña escala (variaciones locales). Posteriormente, las harmónicas son normalizadas para eliminar el efecto del tamaño, orientación y rotación. El grado de resolución necesario para la descripción de una forma cualquiera puede ser manipulado de esta manera a partir de la selección del número de harmónicas. La utilización de esta metodología permite realizar una descripción cuantitativa de la forma de manera continua. Esto disminuye, entre otras cosas, la subjetividad de la definición tipológica o en categorías de forma cuya variación se comporta muchas veces como un continuo (Gero y Mazzullo 1984), además de permitir un tratamiento estadístico de la forma. Las primeras harmónicas capturan la forma general del contorno (redondeamiento, alargamiento, compresión), mientras que las de alto orden muestran la angularidad del contorno, como puede ser por ejemplo, la irregularidad de las aristas de los artefactos. Para la obtención de los contornos y la implementación de los análisis morfométricos se utilizaron los programas TpsPLS (Rohlf 2002), TpsUtil (Rohlf 2004a), TpsRelw (Rohlf 2004b) y TPSdig (Rohlf 2006).

CAPÍTULO V: GEOLOGÍA Y GEOMORFOLOGÍA DEL CVPA

Introducción

En este capitulo se presenta la información geológica y geomorfológica del área de Pali Aike a partir de la consideración de dos tipos de fenómenos que modelaron el paisaje del extremo sur continental: el vulcanismo y las glaciaciones. En primer lugar se presenta la información disponible sobre el vulcanismo en Pali Aike y sobre las principales características de los afloramientos volcánicos que constituyen el campo de lava. En segundo lugar se reseñan las últimas investigaciones sobre geología glacial que se han desarrollado en el área, haciendo hincapié en las discusiones sobre el origen y naturaleza de los depósitos de grava, en tanto son los que han sido utilizados como fuentes de aprovisionamiento de materias primas líticas por las poblaciones humanas pasadas.

1. El campo volcánico Pali Aike

El campo volcánico Pali Aike se localiza en la provincia estructural conocida como cuenca Austral o de Magallanes, la cual se dispone al este de los Andes entre los 46° y 55° S (Skewes 1978, Agostini *et al.* 1999, Corbella 2002, D´Orazio *et al.* 2000). Considerando los límites nacionales y provinciales, la mayor parte del campo volcánico Pali Aike se encuentra en territorio argentino, en el sector meridional de la Pcia. de Santa Cruz, entre el río Coig o Coyle (50° S) y la frontera con Chile, extendiéndose -ya en este país- hasta el estrecho de Magallanes (52° S) (Corbella op. cit.).

1.a Génesis y características de las formaciones volcánicas

En el extremo sur de Sudamérica se reconocen dos series volcánicas plio-cuaternarias, de características químicas y genéticas diferentes (Skewes op. cit.): una serie circumpacífica, de estrato volcanes en la alta cordillera y una serie extrandina oriental, con lavas tipo *plateau*, que se extienden a lo largo de la Patagonia chileno-argentina (figura 1.V). El campo Pali Aike pertenece a esta última serie, representando la unidad más austral y más joven de las lavas *plateau* de la Patagonia. La actividad volcánica que le dio origen comenzó en el Plioceno Tardío y continuó episódicamente hasta el Holoceno “en respuesta al campo de esfuerzos generado por la interacción entre las placas Sudamericana y de Escocia” (Agostini *et al.* 1999: 261).

El campo volcánico Pali Aike se encuentra conformado por coladas, campos de lava, elevaciones de moderada a escasa altura y varias decenas de grandes cráteres (Corbella op. cit.). Los afloramientos eruptivos cubren un área de 4500 - 3000 km², según las diferentes estimaciones (D´Orazio *et al.* 2000, Mazzarini y D‘Orazio 2003, Skewes op. cit., Agostini *et al.* op. cit., Douglas *et al.* 1987). Los mismos se asientan sobre sedimentos glaciares, niveles de terrazas glacifluviales pliocenas y pleistocenas, generalmente cubiertas por una capa de “Rodados Patagónicos” o directamente sobre la Formación Santa Cruz (Corbella op. cit.).

Dado que desde el Jurásico Superior la región de Magallanes ha actuado como una cuenca sedimentaria, encontramos intercalados entre los flujos de lava sedimentos terciarios y cuaternarios (Skewes op. cit.). Los sedimentos terciarios que se encuentran expuestos son escasos y de pequeñas dimensiones, correspondiendo a areniscas, areniscas conglomerádicas y conglomerados. Por el contrario, los sedimentos cuaternarios, constituidos por areniscas, conglomerados y gravas, se encuentran extensamente distribuidos en la zona, suprayaciendo a los sedimentos terciarios e interdigitados con los afloramientos volcánicos (Skewes op. cit., Meglioli 1992). Los avances glaciales durante el Cenozoico han depositado extensos cordones de till y sedimentos glacifluviales. De esta forma, los afloramientos volcánicos se encuentran flanqueados al oeste y al sur por acumulaciones morénicas. Asimismo, como producto del derretimiento de los hielos, se despliegan vastas planicies glacifluviales de gravas y arenas gruesas (Corbella 2002).

De acuerdo con los distintos momentos de formación de los afloramientos eruptivos, se han distinguido tres unidades, que presentan diferencias en cuanto a su localización, composición y características geomorfológicas (Skewes 1978, Agostini *et al.* 1999, Corbella 2002, D´Orazio *et al.* 2000) (figura 2.V). La Unidad 1 comprende mesetas de coladas basálticas de hasta 3.8 millones de años que cubren el 83 % del campo Pali Aike. Esta actividad volcánica dio origen a maares (ver *infra*), asociados con lavas que se encuentran actualmente cubiertas por sedimentos fluvioglaciares. La Unidad 2 está conformada por antiguos conos disectados, anillos de tufa volcánica y flujos de lava asociados, con una antigüedad comprendida entre 2.1 millones de años y 300.000 años, ocupando el 15 % del campo. Las paredes de estos conos presentan acumulación de sedimentos de origen eólico y se encuentran parcialmente afectadas por la erosión. La Unidad 3 presenta conos de escoria jóvenes y flujos de lava asociados, de antigüedad reciente, abarcando solamente un 2 % del campo. Las paredes de estos conos presentan escaso desarrollo de suelos y rastros mínimos de erosión.

En cuanto a la localización de los afloramientos, los más antiguos se encuentran hacia el oeste del campo volcánico, en tanto que los más recientes están emplazados en el ángulo sudeste (Agostini *et al.* 1999, Corbella 2002). Todos ellos se encuentran alineados fundamentalmente en dos direcciones (ENE-WSW), subparalelas a los principales rasgos tectónicos del extremo sur del continente (Skewes 1978, Corbella 2002, D’Orazio *et al.* 2000). En este sentido, las estructuras tectónicas son las que han ejercido el mayor control sobre el desarrollo del campo volcánico.

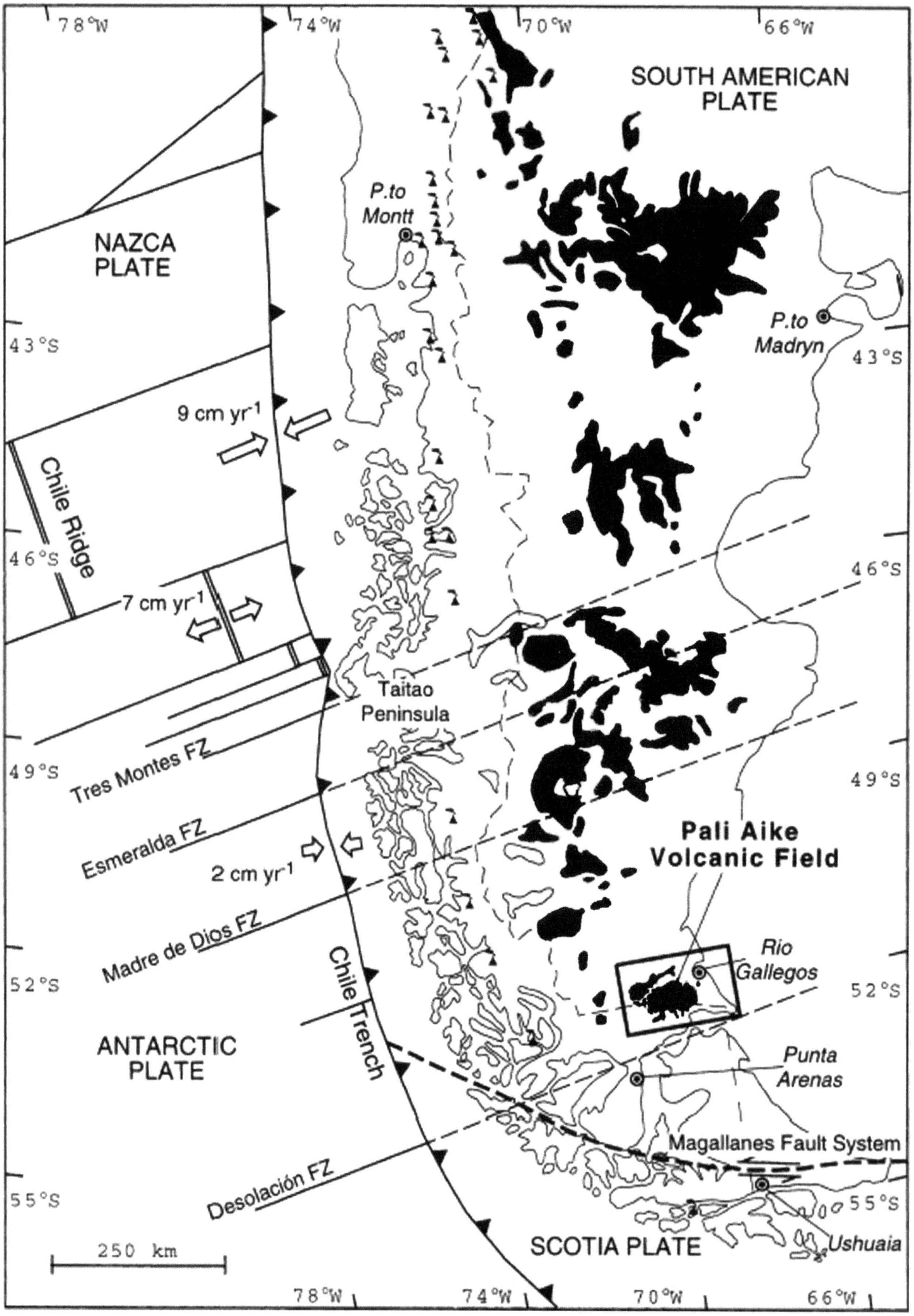

Figura 1.V: Series volcánicas de la Patagonia continental (tomado de D'Orazio et al. 2000)

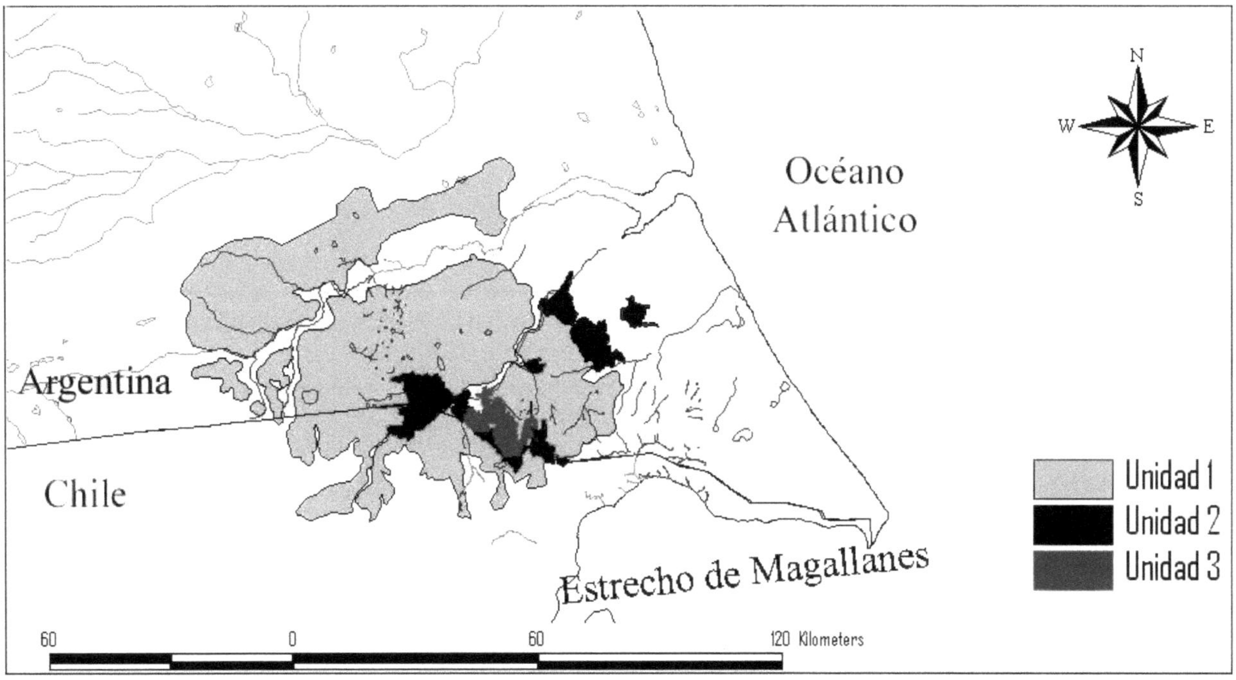

Figura 2.V: El campo volcánico Pali Aike. Se distinguen las unidades que lo constituyen según diferencias cronológicas.

Los afloramientos eruptivos de diferente edad presentan una oferta diferencial de recursos para las poblaciones humanas (Borrero 2001a). Así, por ejemplo, los aparatos volcánicos más recientes presentan mayores posibilidades de presentar aleros y cuevas, por encontrarse menos colmatados (D'Orazio *et al.* 2000), en tanto que los más antiguos pueden funcionar como zonas de concentración de nutrientes (*sensu* Yacobaccio 1994) dado que presentan maares y formación de suelos (Skewes 1978) y se encuentran asociados con praderas con buena humedad (Borrero com. pers. 2004). Los maares son depresiones de origen volcánico generados por explosiones freatomagmáticas (Corbella 2002). En los casos en los que la depresión es más profunda que el nivel de aguas subterráneas, los maares contienen lagunas en su interior, como las lagunas Timoné, Salada, Potrok Aike y Azul (Skewes op. cit., Haberzettl *et al.* 2003). Dada la presencia de agua y cobertura vegetal, estos conos pudieron haber funcionado como focos de atracción para los mamíferos y las poblaciones humanas. En relación con la Laguna Azul podemos señalar que la misma se encuentra disponible al menos desde *ca.* 6000 años (Haberzettl *et al.* op. cit.) y según los estudios de muestras de sedimentos de la superficie de la laguna realizados por el Proyecto SALSA[1] se han detectado altos contenidos de materia orgánica, indicativos de una alta producción primaria de algas. Asimismo, además de la disponibilidad de recursos bióticos, los maares funcionaron como fuentes potenciales de aprovisionamiento de materias primas líticas (ver capítulo VII).

1.b Petrología y geoquímica del campo volcánico

Las lavas que conforman el campo volcánico Pali Aike corresponden petrológica y químicamente a basaltos alcalinos (Skewes 1978, Corbella 2002, D'Orazio *et al.* 2000 y 2004, Agostini *et al.* 1999).

Las mismas presentan un contenido de fenocristales de olivino y clinopiroxeno de hasta un 20 %, con tamaños que varían entre 0,8 y 3 mm (Skewes op. cit., Corbella op. cit.). Los basaltos son de texturas porfídicas y afaníticas, con vesículas de diferente diámetro (obs. pers.) e inclusiones de rocas de grano grueso con dimensiones que varían de 2 a 40 cm (Skewes op. cit.). Dichas inclusiones o xenolitos, constituyen muestras de rocas provenientes del manto superior que infrayace al continente, que han sido transportadas a la superficie por el magma ascendente (Skewes 1978, Agostini *et al.* 1999, Selverstone y Stern 1983, Selverstone 1982). Si bien los xenolitos encontrados en Pali Aike son litológicamente muy heterogéneos, todos ellos constituyen rocas máficas y ultramáficas (Selverstone op. cit., Stern *et al.* 1985, Douglas *et al.* op. cit.). A través de su estudio es posible extraer información sobre la composición de la corteza y el manto terrestre, así como sobre las condiciones de presión y temperatura y la profundidad de origen de las mismas. A su vez, estos datos permiten inferir estas características para las lavas que las trasportaron.

Si bien la mayoría de las lavas de Pali Aike caen dentro del campo alcalino, las distintas unidades magmáticas (U1, U2 y U3 que se definieron anteriormente) presentan diferencias en la composición promedio de los elementos mayoritarios (Skewes op. cit., Agostini *et al.* op. cit.). Así, la Unidad 2 es la más alcalina de las tres formaciones. Por otro lado, el contenido de Al_2O_3 aumenta y el TiO_2 y P_2O_5 disminuye desde las unidades

[1] South Argentinean Lake Sediments Archives and Modelling

más antiguas a las más recientes, entre otras características (Skewes op. cit.).

2. Las glaciaciones y los depósitos de grava en Patagonia Meridional

El número y extensión de las glaciaciones y el origen y características de los depósitos de gravas han constituido un tema de debate en las investigaciones geológicas de la región patagónica desde las primeras observaciones realizadas por Darwin (*cf.* Feruglio 1950; Fidalgo y Riggi 1965, 1970; Rabassa y Clapperton 1990; Meglioli 1992; Clapperton *et al.* 1995; Clapperton 1993; Benn y Clapperton 2000). Numerosos estudios sobre estos temas se han realizado en diversas localidades de Patagonia, por consiguiente hemos restringido nuestra discusión a aquellos trabajos que consideramos pertinentes principalmente por la escala espacial de los mismos, por la correlación que realizan con estudios previos en el área y por constituir las últimas propuestas al respecto. En primer lugar expondremos brevemente las investigaciones sobre geología glacial que se han desarrollado en el área, con especial atención en el trabajo de Meglioli (1992), quien ha propuesto un modelo regional para Patagonia Meridional y Tierra del Fuego. Luego, abordaremos el debate sobre los rodados patagónicos y su origen, principalmente a partir de los estudios de Fidalgo y Riggi (1965, 1970).

La primera cartografía de los depósitos glacigénicos en Patagonia Meridional y Tierra del Fuego fue realizada por Caldenius (1932), quien diferenció cuatro *sistemas* morénicos (Inicioglacial, Daniglacial, Gotiglacial y Finiglacial, de más antiguo a más moderno) que correlacionó con los depósitos de *drifts* escandinavos. La cronología de las glaciaciones se determinó a través de los sedimentos de varves acumulados en lagos asociados con morenas. De este modo, todos los cinturones morénicos, excepto el más externo - Inicioglaciar -, fueron asignados a la última glaciación. Con respecto al Inicioglaciar, Caldenius sostuvo que representaba una glaciación más antigua.

Las primeras dataciones absolutas de los eventos glaciarios en el sur de Sudamérica fueron obtenidas por Mercer (1976), quien demostró que había glaciaciones más antiguas. Mercer encontró morenas interestratificadas con flujos de basalto en el valle del río Santa Cruz y en el estrecho de Magallanes. A través de la datación de los mismos fue posible asignarle edades límite a los depósitos glaciarios (entre *ca.* 1.0 – 1.2 m.a.). Mercer (op. cit.) denominó a ésta glaciación "la gran glaciación patagónica", dado que los glaciares avanzaron 200 km hacia el este del frente montañoso, alcanzando la plataforma continental atlántica. De esta forma, los hielos formaron un campo continuo a lo largo de los Andes, al sur de la región de los lagos chilenos (Rabassa y Clapperton 1990).

Posteriormente, fueron recuperados registros de glaciaciones más antiguas cerca del lago Viedma. Se trata de depósitos de till entre lavas datadas en 7.0 – 4.6 m.a (Mercer y Sutter 1981, citado en Rabassa y Clapperton 1990). Éstos son los depósitos glaciares conocidos más antiguos de Patagonia.

En nuestra área de estudio, la distribución de los depósitos glaciarios y sus edades fueron refinados a partir de los estudios realizados por Meglioli en Patagonia Meridional y Tierra del Fuego (Meglioli 1992, 1994; Meglioli *et al.* 1990). El objetivo de sus investigaciones fue precisar las cronologías de los eventos glaciarios y su extensión en el espacio para el lapso comprendido entre 3.5 m.a. - 25.000 años AP. Este investigador empleó múltiples técnicas de datación relativa (tales como el desarrollo de anillos de meteorización en las gravas, la geometría y morfología de las morenas, el desarrollo del perfil del suelo, etc.) para asignarle una edad a los depósitos glaciarios, las cuales fueron confirmadas a través de fechados absolutos de K/Ar y $^{40}Ar/^{39}Ar$ realizados sobre flujos de basalto que se encontraban por arriba, por debajo o interestratificados con los depósitos glaciarios.

En base a estos estudios, y para el lapso temporal considerado, Meglioli (1992) propuso un modelo de seis glaciaciones para el extremo sur de Patagonia y Tierra del Fuego. Así, las glaciaciones diferenciadas, de más antiguas a más modernas, son:

1. Río Grande (> 1.86 m.a < 2.05 m.a)
2. Sierra de los Frailes (> 1.07 m.a < 1.04 m.a)
3. Cabo Vírgenes (≥ 0.45 m.a < 1.07 m.a)
4. Punta Delgada
5. Primera Angostura
6. Segunda Angostura (> 16.000 años A.P)

Las glaciaciones de Punta Delgada y Primera Angostura no presentan edades absolutas, ya que no se encontraron depósitos de *drift* en contacto con basaltos. Una edad de aproximadamente 140.000 años fue asignada a la glaciación Primera Angostura en correlación con depósitos datados del norte de Patagonia (Meglioli 1992).

Los glaciares que se extendieron sobre el sur de Patagonia y Tierra del Fuego siguieron seis ejes principales: el valle del río Gallegos, el estrecho de Magallanes, el seno Skyring-Laguna Blanca, el seno Otway-Oazy Harbour, la Bahía Inútil-Bahía San Sebastián y el Lago Cami (Fagnano) (Meglioli 1992). Por este motivo, Meglioli (op. cit.) diferenció los depósitos de *drift* de cada glaciación según los lóbulos glaciarios y correlacionó unos con otros en un modelo regional (tabla 1.V). Las glaciaciones han sido denominadas según la nomenclatura de los *drifts* del lóbulo del estrecho de Magallanes debido a la posición central del mismo y a la extensión, integridad y buen desarrollo morfológico de sus unidades.

La primera glaciación que afecta nuestra área de estudio es Sierra de los Frailes (1.07 ± 0.03/1.4 ± 0.1 m.a). Si bien la glaciación más antigua en el modelo de Meglioli es Río Grande, la misma fue registrada solamente en Tierra del Fuego, a la cual cubrió por completo. En este sentido, los estudios de Meglioli apoyan lo sostenido por Caldenius en cuanto a la extensión de las dos glaciaciones más antiguas identificadas por este investigador. Caldenius sostuvo que el Inicioglacial y el Daniglacial habrían sobrepasado la costa Atlántica de Tierra del Fuego. Meglioli confirmó esta observación, pero les adjudicó una edad más antigua (Meglioli *et al.* 1990, Meglioli 1994).

Sierra de los Frailes es la glaciación que alcanza la mayor extensión hacia el norte, sobre el continente, y hacia el este, alcanzando la actual plataforma submarina del océano Atlántico (figura 3.V). La misma fue la glaciación más grande que tuvo lugar en Sudamérica durante el Pleistoceno temprano y se corresponde con el "Inicioglaciar" de Caldenius (1932) y la "*Greatest Patagonian Glaciatio*n" de Mercer (1976). Los depósitos de esta glaciación se encuentran cubriendo las superficies más altas y las pampas no disectadas; no se registran al interior de los valles lo cual sugiere que su depositación es previa a la formación de las redes fluviales. Posiblemente esta glaciación sea la responsable del cavado del estrecho de Magallanes (Meglioli 1992).

La glaciación Cabo Vírgenes (de edad "Daniglacial", siguiendo a Caldenius) estuvo presente en la región a través de dos lóbulos glaciarios, que cubrieron, hacia el norte el área de los senos de Otway y Skiring y el estrecho de Magallanes y hacia el sur, la depresión de bahía Inútil-bahía San Sebastián (Meglioli 1992, Coronato *et al.* 2004).

La glaciación Punta Delgada (también Daniglacial en el marco de Caldenius), al igual que la anterior estuvo formada por dos lóbulos, pero de menor extensión alcanzando bahía Posesión y punta Catalina en el estrecho de Magallanes y la costa sur de bahía San Sebastián en Tierra del Fuego (Meglioli 1992, Coronato *et al.* op. cit.).

La glaciación Primera Angostura (Gotiglacial de Caldenius) se extendió a través de lóbulos de menor tamaño, que se desarrollaron separados uno del otro. Así, los glaciares de Skiring, Otway y Magallanes fueron independientes. En los Andes fueguinos, se formó una red local de glaciares, a través del lago Fagnano y el canal de Beagle.

Finalmente, la última glaciación, denominada Segunda Angostura (Finiglacial de Caldenius) cubrió la zona de islas que hoy se encuentran emergidas. Como en el caso anterior, los lóbulos se mantuvieron independientes, tanto en Patagonia como en Tierra del Fuego.

Según el mapa de los límites aproximados de las glaciaciones que presenta Meglioli, Sierra de los Frailes es la glaciación que cubrió la mayor parte del área relevada por nosotros. Las glaciaciones subsiguientes han afectado en menor medida este área: Cabo Vírgenes alcanza el extremo SE del campo volcánico, en el límite fronterizo con Chile, en tanto que Punta Delgada y Primera y Segunda Angostura se restringen al área del estrecho de Magallanes y Última Esperanza, en Chile. Esto sugiere que durante el Pleistoceno tardío, el área de Pali Aike no estuvo afectada por las glaciaciones. Por consiguiente, la mayoría de los muestreos de rocas que hemos realizado (ver capítulo VII) se corresponderían con los depósitos de *drift* de la glaciación Sierra de los Frailes. Solamente los muestreos de la zona meridional de Pali Aike, en la E[a] Cóndor Sección Monte Aymond podrían ser asignados a la glaciación Cabo Vírgenes, aunque no contamos con los elementos necesarios para sostener esto. Hemos utilizado los mapas ofrecidos por Meglioli en los que se grafican, por un lado, los límites de las glaciaciones y la localización de las muestras de gravas para los análisis de anillos de meteorización, y por el otro, la localización de las muestras de basalto del campo volcánico que han aportado las cronologías absolutas para los diferentes depósitos de *drift* (Meglioli op.cit.: figuras 6, 7 y 15), para localizar nuestros muestreos de rocas en relación con las glaciaciones

Correlation of glacial deposits of Tierra del Fuego and Southernmost Patagonia

Regional Model	Southern Patagonia			Estrecho de Magallanes
	Río Gallegos Valley	Seno Otway	Seno Skyring	
Segunda Angostura glaciation	Seno Almirante Montt drift	Seno Otway drift	Seno Skyring drift	Segunda Angostura drift
Primera Angostura glaciation	Río Turbio drift	Oazy Harbour drift	Río Verde drift	Primera Angostura drift
Punta delgada glaciation	Not recognized	Dinamarquero drift	Laguna Blanca drift	Punta Delgada drift
Cabo Vírgenes glaciation	Glencross drift	Río Ciaike drift	Río Zurdo drift	Cabo Vírgenes drift
Sierra de los Frailes glaciation	Bella Vista drift	Pali Aike drift	Pali Aike drift	Sierra de los Frailes drift
Río Grande glaciation	Not recognized	Not recognized	Not recognized	Río Grande drift

Regional Model	Tierra del Fuego	
	Bahía Inútil	Lago Cami
Segunda Angostura glaciation	Bahía Inútil drift	Lago Cami drift
Primera Angostura glaciation	Lagunas Secas drift	Lago Chepelmut drift
Punta delgada glaciation	Sierras de San Sebastian drift	Río Valdez drift?
Cabo Vírgenes glaciation	Río Cullen drift	
Sierra de los Frailes glaciation	Pampa de Beta drift	
Río Grande glaciation	Río Grande drift	

Tabla 1.V: Modelo glacial regional para Patagonia meridional y Tierra del Fuego (tomado de Meglioli 1992).

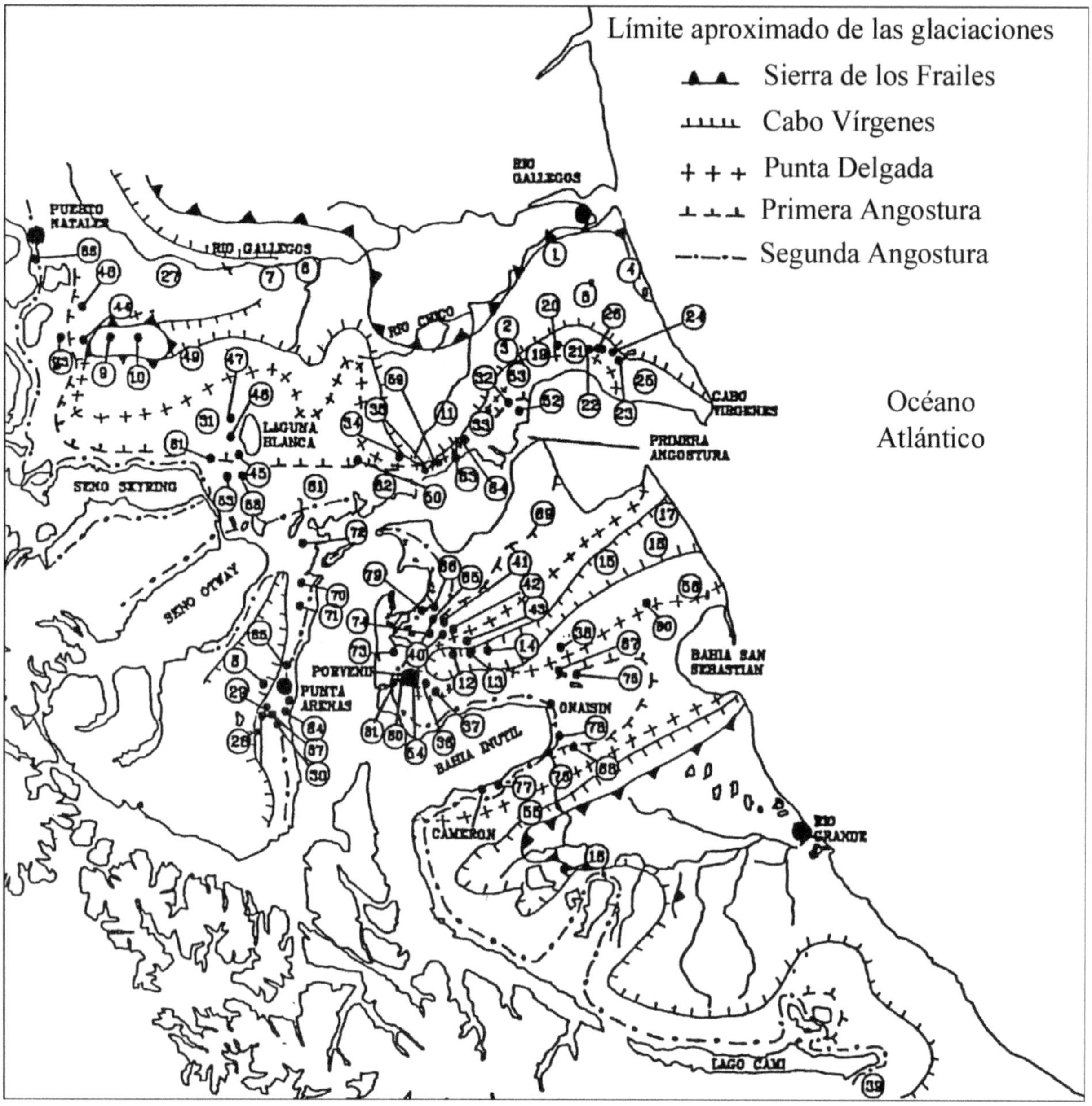

Figura 3.V: Límites aproximados de las seis glaciaciones identificadas por Meglioli para Patagonia Meridional y Tierra del Fuego (1992: 128 con modificaciones). Los números del 1 al 86 indican la localización de los muestreos de grava para el análisis de anillos de meteorización.

diferenciadas por este investigador. Las características particulares de los depósitos de *drift* diferenciados por Meglioli según los lóbulos glaciarios son señaladas en el capítulo VII en relación con las áreas donde se realizaron los muestreos de rocas.

Si bien, como hemos mencionado en un principio y el trabajo de Meglioli es un ejemplo de ello, se han realizado numerosos estudios sobre la cantidad y extensión de las glaciaciones, grandes áreas de Patagonia -fuera de los límites establecidos para las diferentes glaciaciones- se encuentran cubiertas por gravas. Si las mismas son un producto del acarreo de los glaciares y de su redistribución por el derretimiento posterior de los hielos (*outwash*), si son el resultado del transporte fluvial o marino, o responden a la acción de otros procesos, como la pedimentación por ejemplo, ha sido un tema de gran debate y no existe una opinión unánime.

Los depósitos de grava a los que nos referimos se extienden desde el sur del río Colorado, entre la cordillera de los Andes y la costa Atlántica y han sido considerados la mayoría de las veces como una unidad geológica denominada "Rodados Patagónicos, Rodados Tehuelches o Patagonian Shingle Formation " (Fidalgo y Riggi 1965). Sin embargo, "(D)esde un punto de vista geomorfológico estos depósitos forman parte de un variado número de unidades, integrantes en conjunto de dos grupos mayores genéticamente diferentes" (Fidalgo y Riggi 1970: 430).

La explicación sobre la génesis de los mismos fue realizada según distintas observaciones en diversos lugares de la Patagonia. No es sino hasta los trabajos de Fidalgo y Riggi (1965, 1970) que se realiza un análisis con criterios geomórficos y sedimentológicos de estos depósitos, abarcando un área aproximada de 27.000 km² entre los paralelos 46° y 46° 40', el límite internacional con Chile y la costa Atlántica. En base a las propiedades morfológicas, texturales y composicionales de las gravas, dichos autores niegan un origen glacial primario de las mismas, sosteniendo que "las gravas reconocidas como Rodados Patagónicos "sensu stricto", forman parte de dos *pedimentos* cronológicamente distintos, denominados Pedimento C° Guenguel y Pedimento Cañadón Seco" (op. cit. 1970: 432. Cursivas originales).

Según estos autores, los depósitos de gravas superficiales de la región patagónica deben ser divididos en dos grandes grupos a partir de su génesis y cronología: 1. Depósitos de gravas que forman parte de pedimentos, terrazas fluviales, piedemontes y pedimentos de flanco, de mayor antigüedad y de ubicación topográfica elevada, para los cuales se reserva la denominación de "Rodados Patagónicos strictu sensu" y 2. Depósitos de gravas de origen glacial (morenas, planicies fluvioglaciales, etc.), de menor antigüedad y posición estratigráfica diferente.

Por lo tanto, Fidalgo y Riggi (1970) consideran únicamente como Rodados Patagónicos strictu sensu a todos aquellos depósitos de gravas formados con anterioridad a los sedimentos glaciales y fluvioglaciales, excluyendo además a los depósitos de origen marino de la costa Atlántica que forman terrazas marinas, barras costeras y playas.

Además de diferenciarse ambos tipos de depósitos por sus características geomórficas, también lo hacen con respecto a la variabilidad litológica, la forma, esfericidad y redondez de las gravas (para una definición de estos conceptos ver capítulo IV.1.b.1).

La variabilidad litológica entre los depósitos de gravas de los pedimentos y los de las planicies fluvioglaciares, indica que proceden de diferentes fuentes geológicas situadas fundamentalmente en la cordillera (Fidalgo y Riggi 1965). Así, ambos tipos de depósitos se diferencian por las variedades de rocas representadas y por su abundancia relativa. Las rocas volcánicas son las predominantes tanto en los pedimentos como en las planicies fluvioglaciares, comprendiendo distintos tipos petrográficos tales como riolitas, riodacitas, dacitas, basaltos y andesitas. Estas rocas representan el 95 % del total en los pedimentos, mientras que en las planicies fluvioglaciares constituyen entre el 60 % y 75 %. Por otro lado, en los pedimentos las plutonitas y sedimentitas presentan porcentajes similares, estando ausentes las rocas metamórficas. En las planicies fluvioglaciares las sedimentitas faltan o representan solamente un 1 %, en tanto que se registran mayores variedades entre las plutonitas, filonianas y metamorfitas, algunas de las cuales no se presentan en los pedimentos, como las filitas, anfibolitas, cuarzo, calizas metamórficas, tonalitas, gabros y pegmatitas anfibólicas (Fidalgo y Riggi 1965).

En cuanto a la forma (siguiendo la clasificación de Zingg 1935), en los pedimentos predominan los clastos discoidales en tanto que en las planicies fluvioglaciares son mayoría los esferoidales. Estas diferencias tienen su correlato con respecto a la esfericidad (siguiendo a Krumbein 1941), presentando valores contrastantes, y en cuanto a la redondez, siendo los clastos de los pedimentos bien redondeados y redondeados, en tanto en las planicies predominan los redondeados y subredondeados (Fidalgo y Riggi 1965).

Esta interpretación de los rodados patagónicos como pedimentos de mayor antigüedad que los sedimentos glaciares ha sido apoyada por Rabassa y Clapperton (1990), quienes sostienen que el levantamiento de los Andes en el Terciario, principalmente a mediados del Mioceno, ha contribuído con los depósitos más antiguos pertenecientes a la *Patagonian Gravel Formation,* con una edad mayor a los 8 m.a. Sin embargo no dejan de considerar como componentes de la misma a los depósitos glacifluviales que se generaron posteriormente, principalmente durante el Pleistoceno temprano, cuando la "gran glaciación patagónica" descargó grandes lobulos glaciarios sobre los pedimentos de grava terciarios. "*Glaciofluvial outwash sediments undoubtedly began to form components units of the Patagonian gravels at this time, as suggested by Mercer* (1976)" (Rabassa y Clapperton op. cit.: 172). De esta forma se integran las dos últimas propuestas al respecto, considerándose una génesis mixta de estos depósitos.

La historia de las glaciaciones más recientes, de fines del Pleistoceno, solamente involucra el sector occidental de la Patagonia meridional (Sudgen 2005), por consiguiente no han afectado de manera directa nuestra área de estudio.

CAPÍTULO VI: LOS CONJUNTOS ARTEFACTUALES

Introducción

Se presenta la información descriptiva concerniente a los conjuntos artefactuales que fueron analizados en esta tesis. Los mismos incluyen recolecciones de superficie -sistemáticas y asistemáticas- en sitios arqueológicos y distintas geoformas del espacio regional, como así también hallazgos aislados. Los relevamientos subsuperficiales corresponden a sondeos y excavaciones más extensas, principalmente en reparos rocosos (aleros y cuevas). En este capítulo, los conjuntos de artefactos -cuyo análisis se desarrolla en los capítulos IX y X- se presentan de acuerdo con la distribución de materias primas líticas y clases artefactuales. Además de los relevamientos realizados en el marco del proyecto en el cual se inserta esta tesis, se han analizado colecciones procedentes de trabajos previos en Pali Aike, especialmente del área del río Gallegos. La presentación de la información se ordena de acuerdo con la localización relativa de los lugares de procedencia de las muestras de artefactos analizadas. Así, el CVPA ha sido segmentado en tres grandes sectores: 1. el sector septentrional, el cual comprende la cuenca del río Gallegos; 2. el sector central, correspondiente al curso medio del río Chico y el área de estepa que se extiende en su margen sur y 3. el sector meridional, que se restringe al ángulo SE del campo volcánico, cercano a la frontera con Chile. La información geológica particular de las distintas zonas se presenta en mayor detalle y extensión en el capítulo VII, ya que allí se pone en relación con la disponibilidad de materias primas líticas en las diferentes zonas.

1. SECTOR SEPTENTRIONAL DEL CVPA

Como fue señalado en el capítulo II, el sector septentrional de Pali Aike fue el foco de las investigaciones previas en el sector argentino del campo volcánico, desde los primeros trabajos de Menghin en los '50, hasta proyectos que se encuentran actualmente en curso (Menghin 1952; Sanguinetti de Bórmida 1976, 1976-80, 1982, 1999; Sanguinetti de Bórmida y Borrero 1977, 1983; Yacobaccio 1979; Gómez Otero y Fontanella 1980; Carballo Marina *et al.* 2000; Ercolano *et al.* 2000, Ercolano y Carballo Marina 2005; Carballo Marina 2007; Campan *et al.* 2007). La mayor parte de nuestros relevamientos de campo en este área fueron los muestreos de rocas realizados a lo largo del curso del río Gallegos (ver capítulo VII.2.I). Las muestras arqueológicas de este sector del espacio que hemos analizado proceden de las colecciones recuperadas por Sanguinetti de Bórmida (1976, 1982) en la cueva Las Buitreras 1 y en la E^a Palermo Aike y de muestras seleccionadas de los relevamientos recientemente realizados en la E^a La Carlota por F. Carballo Marina, L. Manzi y P. Campan.

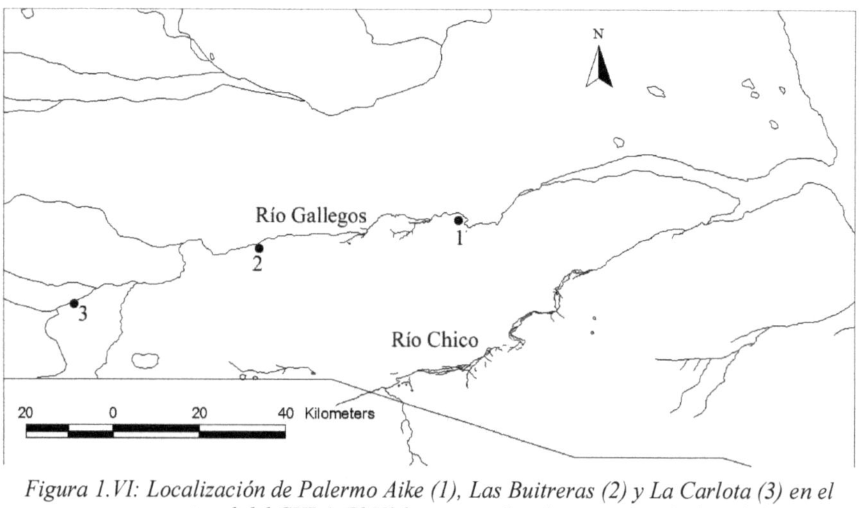

Figura 1.VI: Localización de Palermo Aike (1), Las Buitreras (2) y La Carlota (3) en el sector septentrional del CVPA. El N° 3 comprende a la cueva 1 y al alero 1 de La Carlota y al alero Romario Barria, todos emplazados en la misma colada volcánica

El conjunto de Las Buitreras 1 que ha sido analizado corresponde al material que se encontraba depositado en el Departamento de Investigaciones Prehistóricas y Arqueológicas (DIPA) del Instituto Multidisciplinario de Historia y Ciencias Humanas (IMHICIHU) del CONICET. Asimismo se revisó la parte de la colección que se encuentra en el Instituto de Ciencias Antropológicas de la Facultad de Filosofía y Letras (UBA), pero los materiales allí alojados pertenecen a las capas más tempranas de ocupación del sitio y por consiguiente no responden a nuestros intereses de estudio, focalizados en el Holoceno tardío.

En lo que se refiere a Palermo Aike, solamente se incluyeron muestras seleccionadas, que son detalladas más abajo, procedentes del depósito del DIPA, IMHICIHU.

Por otro lado, también se analizaron subconjuntos de artefactos de la cueva La Carlota 1 y del alero Romario Barria, localizado en proximidades de la misma (Campan *et al.* 2007), que se encuentran en la Universidad Nacional de la Patagonia Austral, Sección Río Gallegos, gracias a la gentileza de F. Carballo Marina, L. Manzi y P. Campan. Estas muestras fueron analizadas con intereses específicos que se refieren luego.

En la figura 1.VI se presenta la localización relativa de los sitios del sector septentrional del CVPA, cuyas muestras artefactuales fueron analizadas.

1.1 LAS BUITRERAS 1

La cueva Las Buitreras se encuentra ubicada en el curso medio del Río Gallegos, en la margen sur, aproximadamente a 80 km al oeste de la ciudad homónima (51° 07' S 70° 16' O). La misma se emplaza en una colada basáltica, a 25 m sobre el nivel de base, con una orientación N-S (figura 2.VI). La abertura de la entrada de la cueva es de 6 m de ancho, y la altura de la bóveda en su parte central es de aproximadamente 4 metros (Sanguinetti de Bórmida 1976, 1976-80,1999).

Figura 2.VI: Cueva Las Buitreras 1

El sitio fue relevado entre los años 1974-1980. Durante este período se excavaron tres cuadrículas, subdivididas por sectores, cubriendo un área de excavación de 36 m^2 y alcanzando una profundidad de 2 m en las cuadrículas 1 y 3A (Sanguinetti de Bórmida 1976). Las investigaciones en el sitio fueron retomadas en 1992, donde la excavación se amplió y se siguieron profundizando las cuadrículas previamente excavadas (Sanguinetti de Bórmida 1999). La muestra de artefactos analizada para la presente tesis procede de las cuadrículas 1, 2, 2' y 5, que corresponde a la totalidad de la colección a la que se tuvo acceso. De las mismas, se consideraron los materiales de las capas I a IV, para mantener la comparabilidad con el resto de los sitios excavados, todos ellos con ocupaciones asignadas al Holoceno tardío. La base de la capa IV tiene un fechado de 4310 ± 110 AP, en tanto que las capas III a I presentan una cronología de 670±60 AP y 750 ± 60 AP (Prieto *et al.* 1999). Si bien nuestro análisis considera sólo estas capas, en el sitio se han diferenciado ocho unidades estratigráficas, con ocupaciones humanas que se remontan al límite Pleistoceno-Holoceno. Hacia fines del Pleistoceno final se registra la presencia de restos vegetales (*Deschampsia elegantus*) característicos de ambientes más húmedos que los actuales (Prieto *et al.* 1999) y la coexistencia de fauna extinguida, fauna actual y el hombre (Sanguinetti de Bórmida y Borrero 1977, 1983). En las capas más antiguas (VII y VIII) se recuperaron restos de al menos dos individuos de *Mylodon* sp., dos especímenes de *Hippidion* sp., guanaco poco representado (Menegaz y Nami 1999; Sanguinetti de Bórmida y Borrero 1977; Scillato Yañé 1976), restos de *Dusicyon avus* (Caviglia 1976-80), *Reithrodon physodes*, *Ctenomys* sp. y aves indeterminadas (Borrero 1980b). En las capas I a V hay un predominio casi absoluto de guanaco y se observó una gran cantidad de especímenes con fracturas antrópicas (Caviglia y Figuerero Torres 1976).

Con respecto a los artefactos líticos, Yacobaccio (1979) ha realizado el análisis funcional microscópico de distintos conjuntos de artefactos según las capas, lo cual suma un total de 510 artefactos aproximadamente. El objetivo de este estudio fue comparar las actividades representadas en las diferentes capas para evaluar la variabilidad funcional del sitio (Yacobaccio op. cit.). Aquí, sintetizaremos las tendencias observadas en la parte de la secuencia que nos interesa. En su análisis no se considera la capa I debido a las evidencias de pisoteo. Este investigador señala la utilización predominante de los filos laterales en todas las capas, que corresponden a filos largos en raedera y cuchillo (Yacobaccio op cit.). La capa III es la que presenta el porcentaje más alto (15%) de instrumentos con varios filos utilizados, lo cual puede ser interpretado de acuerdo con nuestros objetivos de investigación como un indicador de mayor intensidad de uso de los mismos. En esta capa, la materia prima más abundante es el sílice (57%), seguido por el basalto (39%). A lo largo de la secuencia, las actividades relacionadas con la subsistencia, como el corte de carne y piel, se mantienen relativamente constantes. En la capa IV, la concentración de actividades relacionadas con el guanaco es más pronunciada que en las capas III y II, que presentan mayor diversidad funcional. En la capa IV también se registra una importante actividad de talla, fundamentalmente de retalla y retoque y/o reactivación de los instrumentos utilizados. En esta capa la materia prima más abundante es el basalto (47%), seguido por la cuarcita (26%). En las capas III y II hay una mayor tendencia hacia actividades relacionadas con el trabajo de sustancias duras. En la capa II el mayor énfasis está puesto en el sobado de cueros. Las materias primas de representación mayoritaria en esta capa son el basalto (45%) y el sílice (36%). En este punto es necesario realizar algunas observaciones con respecto a la clasificación de las materias primas líticas empleada por este investigador: por un lado, las rocas clasificadas como basalto deben considerarse como RGFO, de acuerdo con lo señalado previamente al respecto; por otro lado, las cuarcitas posiblemente correspondan a dacitas, dado que en el conjunto por nosotros analizado no se ha registrado ningún caso de cuarcita y sí la abundante presencia de dacita; y finalmente, por sílice, seguramente Yacobaccio se esté refiriendo de modo genérico a rocas silíceas tales como calcedonia, ópalo, sílice, xilópalo y jaspe, que fueron registradas en el análisis realizado por nosotros.

En cuanto a las características tecnológicas, Yacobaccio (op. cit.) señala la disminución del tamaño de los raspadores en los niveles superiores y la estandarización morfológica de las raederas a lo largo de la secuencia (homogeneidad en largo, ancho y espesor).

La muestra de Las Buitreras a la que hemos accedido suma un total de 718 piezas líticas: 683 artefactos tallados, 10 litos modificados por uso (que incluyen nueve percutores y un yunque), un artefacto manufacturado por picado, abrasión y pulido (que corresponde a una bola en proceso de formatización) y 24 ecofactos (tabla 1.VI). Estos últimos corresponden a nódulos transportados, probablemente de la margen del río Gallegos, localizada a menos de 1 km de distancia de la cueva. En las tablas 2 a 4.VI se presenta la distribución de frecuencias por materia prima lítica en los artefactos tallados (*n*=683), los percutores (*n*=9) y los ecofactos (*n*=24), respectivamente. Cabe señalar que las materias primas no identificadas entre los percutores y ecofactos se debe a que se trata de piezas enteras, en muchos casos quemadas, por lo cual no presentan ninguna fractura fresca que nos posibilite apreciar la pasta/matriz de la roca. De los nueve ecofactos indeterminados de la cuadrícula 2', según la textura superficial o corteza de la roca, uno parecería tratarse de un pórfido dacítico, otro de una roca plutónica y otros dos de dacita. Como yunque se ha utilizado un nódulo de granito, en tanto que la bola es de gabro.

Ecofactos	24
Litos modificados por uso	10
Artefactos manufacturados por lascado	683
Artefactos manufacturados por picado, abrasión y pulido	1
Total de piezas líticas	718

Tabla 1.VI: Total de ecofactos y artefactos según técnica de manufactura en Las Buitreras 1

Procedencia	Dacita	Granito	Pórfiro dacítico	Indet.	Total
superficie	0	1	0	0	1
Cuad. 1	0	0	0	1	1
Cuad. 2	1	0	1	1	3
Cuad. 2'	1	0	2	0	3
Cuad. 5	0	0	0	1	1
Total	2	1	3	3	9

Tabla 3.VI: Materias primas representadas en los percutores en Las Buitreras 1

En la figura 3.VI puede observarse la localización de las cuadrículas en la planta de la cueva. Cabe señalar que según Sanguinetti de Bórmida (1976) la cuadrícula 5 correspondería a los sectores 1 y 4 (S1 y S4 en figura 3.VI).

Cuadrícula	Calcedonia	Dacita	Diabasa	Granito	Pórfiro dacítico	Sedimentita	Vulcanita	Indet.	Total
1	0	0	0	1	0	0	0	0	1
2	0	2	0	0	0	0	0	4	2
2'	0	8	1	1	3	4	1	9	18
5	1	3	0	0	0	0	0	2	4
Total	1	13	1	1	3	4	1	15	24

Tabla 4.VI: Materias primas representadas en los ecofactos en Las Buitreras 1

Clase artefactual	Procedencia	Total	RGFO	Dacita	Pórfiro dacítico	Calcedonia	Ópalo	Sílice	Xilópalo	Jaspe con impurezas	Obsidiana negra	Filita	Indet
DESECHOS DE TALLA	Sup. cueva	15	7	6	0	2	0	0	0	0	0	0	0
	Cuad. 1	23	13	10	0	0	0	0	0	0	0	0	0
	Cuad. 2 *	355	123	179	2	40	3	2	0	1	1	2	2
	Cuad. 2' *	40	7	31	0	1	0	0	0	0	0	0	1
	Cuad. 5	49	32	15	0	2	0	0	0	0	0	0	0
	s/p**	5	3	2	0	0	0	0	0	0	0	0	0
	Total	**487**	**185**	**243**	**2**	**45**	**3**	**2**	**0**	**1**	**1**	**2**	**3**
NÚCLEOS	Sup. cueva	1	1	0	0	0	0	0	0	0	0	0	0
	Cuad. 1	0	0	0	0	0	0	0	0	0	0		0
	Cuad. 2 *	11	5	4	0	1	0	0	0	0	0	0	1
	Cuad. 2' *	12	2	9	1	0	0	0	0	0	0	0	0
	Cuad. 5	5	4	1	0	0	0	0	0	0	0	0	0
	Total	**29**	**12**	**14**	**1**	**1**	**0**	**0**	**0**	**0**	**0**	**0**	**1**
ARTEF. FORMATIZ. UNIFACIAL	Sup. cueva	4	1	3	0	0	0	0	0	0	0	0	0
	Cuad. 1	15	**5**	**7**	0	2	1	0	0	0	0	0	0
	Cuad. 2 *	72	22	38	0	10	2	0	0	0	0	0	0
	Cuad. 2' *	28	3	20	0	4	0	0	1	0	0	0	0
	Cuad. 5	17	5	9	0	3	0	0	0	0	0	0	0
	s/p**	16	6	2	0	4	2	0	1	0	0	0	1
	Total	**152**	**42**	**79**	**0**	**23**	**5**	**0**	**2**	**0**	**0**	**0**	**1**
ARTEF. FORMATIZ. BIFACIAL	Sup. cueva	2	1	0	0	1	0	0	0	0	0	0	0
	cuad. 2	4	3	1	0	0	0	0	0	0	0	0	0
	cuad. 2'	1	1	0	0	0	0	0	0	0	0	0	0
	s/p**	1	0	0	0	0	0	1	0	0	0	0	0
	Total	**8**	**5**	**1**	**0**	**1**	**0**	**1**	**0**	**0**	**0**	**0**	**0**
ARTEF. S/ FORMATIZ. C/ RASTROS COMPL.	Cuad. 2	5	3	1	0	1	0	0	0	0	0	0	0
	Cuad. 5	2	1	0	0	0	0	1	0	0	0	0	0
	Total	**7**	**4**	**1**	**0**	**1**	**0**	**1**	**0**	**0**	**0**	**0**	**0**

** incluye las prolongaciones de cuadrícula (cf. Sanguinetti de Bórmida 1976) **sin procedencia = se cuenta sólo con el dato de Nº de capa. Artef. Formatiz .unifacial / bifacial= Artefactos de formatización unifacial / bifacial. Artef. s/ formatiz. c/ rastros compl.= Artefactos sin formatización con rastros complementarios*

Tabla 2.VI: Materias primas representadas en los artefactos tallados por clase artefactual y unidad de excavación en Las Buitreras1

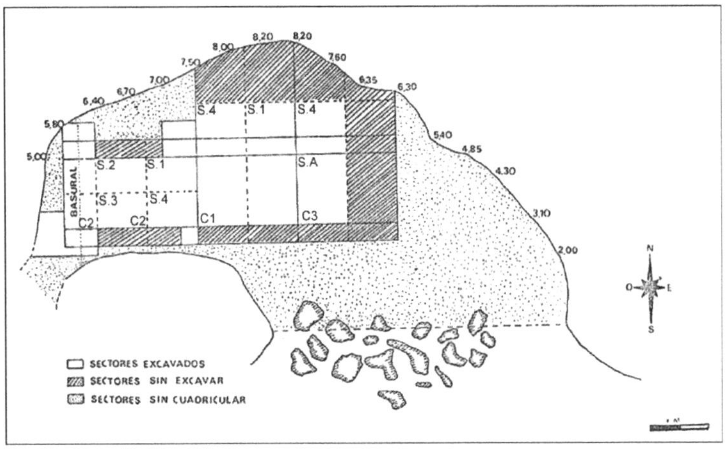

Figura 3.VI: Localización de las cuadrículas en la planta de la cueva Las Buitreras 1 (tomado de Sanguinetti de Bórmida 1976)

1.2 PALERMO AIKE

En el curso inferior del río Gallegos, aproximadamente a 50 km de la ciudad homónima, se encuentra la estancia Palermo Aike, que ha sido relevada por la Dra. Sanguinetti de Bórmida y equipo (Sanguinetti de Bórmida 1982). De acuerdo con los postulados de Menghin (1952), quien había definido "la industria Riogalleguense" y establecido una cronología relativa según la posición topográfica de la misma sobre las terrazas del río Gallegos, Sanguinetti de Bórmida (1982) prospectó las terrazas de este río con el objetivo de abordar esta problemática. De esta forma contamos con los materiales recolectados en superficie en tres *locus* de este sector del espacio: Palermo Aike Estancia, Palermo Aike sitio 2-cota de 60 m y Palermo Aike sitio 2-terraza alta-picada. Mientras Palermo Aike Estancia representa la cota de 30 m, Palermo Aike sitio 2-terraza alta-picada corresponde a la cota de 90 m (Sanguinetti de Bórmida 1982). Lamentablemente no contamos con mayores referencias sobre los lugares de recolección. Debido a que nos interesa aproximarnos al conocimiento de las formas de explotación de las materias primas líticas en espacios cercanos a una de las principales fuentes potenciales de aprovisionamiento del área, el valle del río Gallegos, se analizaron los núcleos de dichos conjuntos. Así, en el conjunto de Palermo Aike Estancia se encuentran representados un núcleo en dacita y cuatro en RGFO; Palermo Aike sitio 2-cota de 60 m solamente presenta un ejemplar en RGFO y en la terraza alta-picada de este sitio la totalidad de los núcleos recolectados, que suman un total de seis ejemplares, son en RGFO.

Con respecto a la disponibilidad de materias primas líticas en Palermo Aike, Sanguinetti de Bórmida (op. cit.) señala que mientras en las cotas bajas hay un alto porcentaje de guijarros fluviales de tamaño mediano-grande, los bochones de basalto son escasos y de tamaños pequeños. Éstos son muy abundantes en las cotas altas (de 60 y 90 m). Si bien no se menciona la determinación petrográfica de los "guijarros fluviales" posiblemente se esté refiriendo a distintas variedades de dacita, que son muy abundantes en el río Gallegos.

1.3 LA CARLOTA

La cueva La Carlota 1 se encuentra ubicada en la margen derecha del curso medio del río Gallegos (51° 51' 37'' S 70° 31' 312'' O), en una colada basáltica aproximadamente a 400 m del curso del río, correspondiente a la unidad volcánica 1 (*sensu* D'Orazio *et al.* 2000, Campan *et al.* 2007, figura 4.VI). La cueva cubre un área de 9.65 x 7.95 m y está orientada hacia el sur.

El relevamiento de este sector del espacio estuvo a cargo de Campan y coautores (op. cit.). Desde una metodología de trabajo distribucional, relevaron el área a través de transectas, algunas compuestas por tres líneas de relevamiento, separadas entre si por 10 m de distancia, cada una a cargo de un observador, y otras dirigidas, en sectores donde se visualizaba mayor frecuencia artefactual, como taludes de cuevas y aleros. En el 2005 se realizó un sondeo de 0,50x1 m en la línea de goteo de la cueva. Inicialmente el mismo fue de 0,50x0,50 m, denominado cuadrícula 1, pero posteriormente se amplió hacia el norte (fondo de la cueva) y esta nueva apertura se denominó cuadrícula 2. Luego se unificaron ambas cuadriculas y se excavaron juntas, pasando a denominarse cuadrícula 1/2. A los 0,80 m de profundidad, los fragmentos de rocas caídas del techo cubren la totalidad del área de excavación, lo cual impide continuar con la misma.

Este mismo año se relevaron las representaciones rupestres de un alero cercano, denominado Romario Barría (51° 51' 02.5" S 70° 31' 22.4" O), las cuales fueron asignadas al estilo "Río Chico" (Bate 1970, 1971). Este alero se localiza en el mismo afloramiento volcánico en el que se emplaza la cueva, a 300 m de la misma.

En el 2006, se extendieron las excavaciones de la cueva, abriéndose dos cuadrículas más (2 y 3), que cubrieron un área de 1 m^2. La roca de base se alcanzó a 1,70 m.

Figura 4.VI: Cueva La Carlota 1

Varias muestras selectivas, producto de estos trabajos, fueron analizadas por nosotros: por un lado, con el mismo objetivo con el que se analizaron los núcleos procedentes de Palermo Aike, también se analizaron los núcleos recuperados en la superficie de la cueva 1 de La Carlota y del alero Romario Barría y en una transecta realizada en el talud de la cueva, ya que fueron los únicos relevamientos de superficie en los que se encontraba representada esta clase artefactual. Asimismo, para evaluar el grado de reducción que presentan los instrumentos en el sector septentrional del CVPA, se seleccionó la clase morfológica de los raspadores (*sensu* Aschero 1979, 1983) para incluir entre las muestras analizadas. Así, del registro de superficie se cuenta con el análisis de los raspadores recuperados en las transectas y en la superficie de la cueva La Carlota 1 y del alero Romario Barría. Por otro lado, se cuenta con el conjunto completo de artefactos recuperados en superficie (n= 48) en otro alero cercano, que fue relevado por nosotros, denominado "alero La Carlota 1".

Campan *et al.* (2007) señalan que las materias primas representadas en los artefactos recuperados en las transectas y en las unidades de recolección por fuera de las mismas suman un 72% de calcedonia, 22% de RGFO y 5% de granito. En la superficie del alero Romario Barría, las RGFO son más abundantes (48%), seguidas por la calcedonia (43%) y la dacita (8%) (Campan *et al.* op. cit.).

En referencia al registro estratigráfico, se analizaron los núcleos y raspadores recuperados en la cuadrícula ½ de los trabajos de campo del 2005 (correspondientes a las cuadrículas 1 y 2 originales, luego transformadas a esta denominación) y el conjunto completo de obsidianas procedente de las cuadrículas 2 y 3 abiertas en el 2006. Al respecto es oportuno señalar que mientras en la superficie de la cueva se recuperó un núcleo bipolar en obsidiana negra, en estratigrafía se recuperaron las variedades de color verde, gris-verdoso y gris.

En la tabla 5.VI se presenta la distribución de frecuencias de los artefactos analizados de la Eª La Carlota por materia prima lítica y clase artefactual.

Clase artefactual	Procedencia	RGFO	Dacita	Calced	Ópalo	Obsidiana negra	Obsidiana verde	Obsidiana gris verdosa	Obsidiana gris	Total
NÚCLEOS	Transecta talud	1	6	13	0	0	0	0	0	20
	Transecta 3 FM*	0	0	2	0	0	0	0	0	2
	superficie cueva	0	0	2	0	1	0	0	0	3
	Cuad. 1/2	0	0	3	0	0	0	0	0	3
RASPADORES	Transecta talud	3	2	2	0	0	0	0	0	7
	Transecta 3 FM*	0	0	1	0	0	0	0	0	1
	superficie cueva	0	0	1	0	0	0	0	0	1
	Cuad. 1/2	1	0	4	1	0	0	0	0	5
	Cuad. 2	0	0	0	0	0	1	0	0	1
DESECHOS DE TALLA	Cuad. 2	0	0	0	0	0	13	6	6	25
	Cuad. 3	0	0	0	0	0	6	23	13	42
ARTEF. FORMAT. BIF.	Cuad. 3		0	0	0	0	1	0	0	1
Total general		5	8	28	1	1	21	29	19	112

**Fuera del área de Muestreo Calced= Calcedonia. Artef. Format. Bif= Artefactos de formatización bifacial*

Tabla 5.VI: Frecuencia de materias primas líticas en las muestras analizadas de la Eª La Carlota

En la tabla 6.VI se presenta la frecuencia de materias primas líticas representadas en los núcleos y raspadores recuperados en superficie del alero Romario Barría.

En la tabla 7.VI se muestra la distribución de frecuencia de materias primas líticas por clase artefactual para el total de la muestra recolectada en el alero La Carlota 1.

Clase artefactual	Recolección en	RGFO	Dacita	Calcedonia
NÚCLEOS	superficie alero	0	1	4
	talud	0	1	0
	Total	0	2	4
RASPADORES	superficie alero	1	0	0
	talud	0	0	1
	Total	1	0	1

Tabla 6.VI: Frecuencia de materias primas líticas en superficie del alero Romario Barría

Clase artefactual	RGFO	Dacita	Calcedonia	Total
Artefactos Formatizados	2	0	1	3
Desechos de talla	22	15	6	43
Núcleos	1	0	1	2
Total	25	15	8	48

Tabla 7.VI: Frecuencia de materias primas líticas por clase artefactual en el alero La Carlota 1.

Cabe señalar que esta cueva cuenta con un fechado radiocarbónico procedente de la cuadrícula 2, abierta en el año 2006, que le asigna una cronología de 1070±40 años AP (Beta-215184) al nivel de excavación ubicado a 1,10-1,15 m de profundidad. El mismo fue realizado sobre una epífisis distal de radiocúbito de guanaco (Campan com. pers. 2006).

2. SECTOR CENTRAL DEL CVPA

En este sector del espacio, correspondiente al curso medio del río Chico y a la estepa que se extiende hacia el sur, se cuenta con los relevamientos en Cerro Convento, Cerro Norte, Cerro Don Bosco, Cerro de los Frailes y lagunas Tres de Enero. Asimismo se han analizado las colecciones de superficie recolectadas por la Dra. Sanguinetti de Bórmida (1984) en las cuevas 1 y 4 de El Volcán y el alero 1 de Markatch Aike (figura 5.VI).

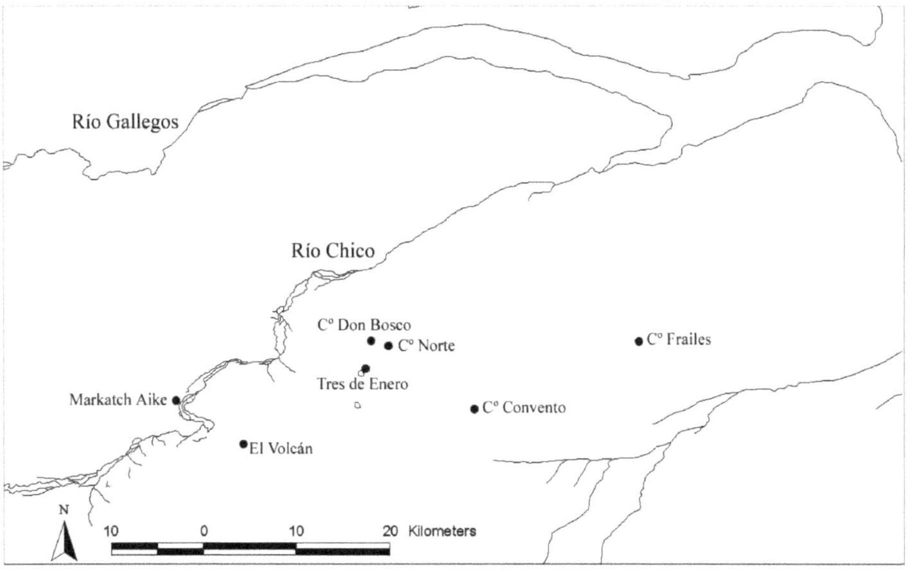

Figura 5.VI: Procedencia de las muestras artefactuales analizadas en el sector central del CVPA

La fuente potencial de aprovisionamiento más cercana al C° Convento es la laguna-maar N° 2 de Tres de Enero, localizada a 6,10 km de distancia de Cóndor 1. La laguna N° 1 está a 7 km y también presenta materias primas disponibles en sus márgenes. Sin embargo, ambas fuentes de aprovisionamiento son de carácter temporario, es decir, que se registran fluctuaciones en la disponibilidad de rocas de acuerdo con cambios ambientales estacionales o anuales (ver capítulo VII.3.b). La fuente permanente (entendiendo por permanente una disponibilidad de rocas constante) que se ubica a menor distancia es el río Chico, a 14,31 km. La costa norte del estrecho de Magallanes y la costa Atlántica se localizan a 32 y 36,8 km respectivamente.

2.1 CERRO CONVENTO: CUEVA CÓNDOR 1

La cueva Cóndor 1 se ubica en la margen externa de un cono volcánico denominado Cerro Convento, que forma parte de un alineamiento geológico mayor, conformado por cinco conos consecutivos que corren en sentido SE-NW (figura 6.VI, 51° 89.175’ S 69° 36.743’ O). Los mismos fueron prospectados con el objetivo de contar con un registro de superficie y asimismo, explorar la disponibilidad de materias primas líticas en esos espacios (ver capítulo VII.2.III). Los conos fueron numerados en orden creciente a partir del más cercano al maar Tres de Enero (Haller *et al.* 2006), denominado por nosotros laguna-maar N° 2 de Tres de Enero (ver capítulo VII.2.III, figura 21.VII.b). El cono N° 2 fue el único en el que no se observaron artefactos en superficie. Las materias primas representadas en los artefactos observados en la superficie de estos conos fueron registradas en el campo y se trata de RGFO, dacita, calcedonia, ópalo, sílice, obsidiana verde y diabasa, bajo la forma de desechos de talla, instrumentos de filo unifacial, núcleos y un fragmento de bola de boleadora.

Figura 6.VI: Cueva Cóndor 1

Dentro de la cueva Cóndor 1 se observaron evidencias de intervenciones previas por aficionados, registrándose un pozo de huaqueo en la entrada de la misma.

En el sitio se realizaron distintos tipos de relevamientos. Por un lado, en el talud de la cueva se efectuaron recolecciones sistemáticas en dos sectores del mismo que presentan diferencias de pendiente y topografía (ver 2.1.a). Por otro lado, se excavaron tres cuadrículas de 1x1 m, dos de ellas en el sector más profundo de la cueva (4E y 4F) y una tercera cercana a la línea de goteo, pero aún debajo del reparo rocoso (12H, figura 7.VI, ver 2.1.b).

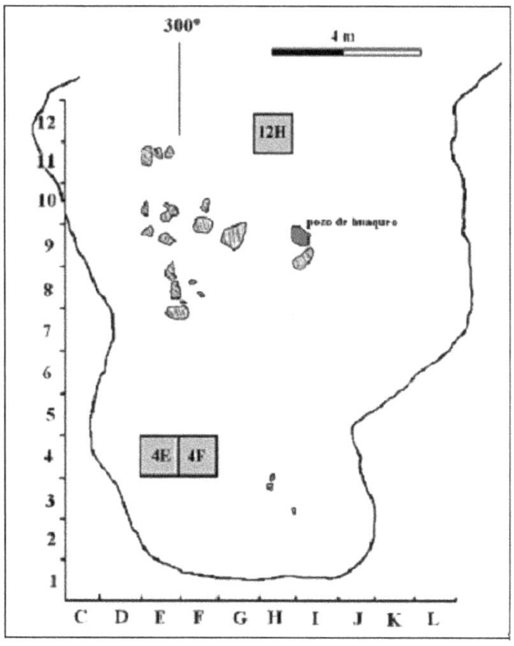

Figura 7.VI: Planta de Cóndor 1 con la localización de las cuadrículas excavadas

2.1.a Registro de superficie: el talud de la cueva

El muestreo de la superficie del talud implicó la realización de dos líneas de recolección de materiales que se inician en un mismo punto de la boca de la cueva. Cada línea fue segmentada en tramos, de longitud variable, de acuerdo con la pendiente. En cada uno de estos segmentos se realizaron las recolecciones de superficie en áreas de 0,50x0,50 m. En aquellos segmentos de gran longitud por mantener una pendiente relativamente constante, se realizaron dos recolecciones. La localización de las unidades de muestreo dentro de cada segmento respondió principalmente a dos factores: la presencia de trampas topográficas y de variaciones en la diversidad de materias primas líticas representadas. Para cada uno de los segmentos se registraron las condiciones de visibilidad, cobertura vegetal, potencial de enterramiento y presencia de trampas topográficas. De este modo se busca correlacionar la abundancia y las propiedades de los materiales arqueológicos recuperados en cada segmento con las respectivas propiedades de pendiente, morfología y vegetación. Dado que estos propósitos no responden a los objetivos de investigación de esta tesis, no nos extenderemos en esos resultados (*cf.* Charlin y Barberena en prep.). Aquí simplemente presentamos la distribución de las materias primas registradas en cada una de las líneas de recolección, denominadas talud 1 y 2.

El talud 1 tiene una longitud total de 23 m y está compuesto por trece segmentos (figura 8.VI). La frecuencia de materias primas representadas en este talud, tanto bajo la forma de artefactos como ecofactos, se presenta en la tabla 8.VI.

Nº Segm.	RGFO	Dacita	Calcedonia	Ópalo	Sílice	Jaspe	Xilópalo	Obsidiana negra	Obsidiana gris verdosa	Obsidiana gris	Cuarzo	Diabasa	Indet.	Total
1	18	6	4	1	0	1	0	0	0	1	0	0	0	31
2	7	2	5	0	0	0	0	0	0	0	0	0	0	14
3	12	9	5	0	0	0	0	0	0	0	0	0	0	26
4 Recol. 1	38	16	12	0	0	0	0	1	0	0	0	0	0	67
4 Recol. 2	43	19	12	1	0	0	0	0	0	0	0	0	0	75
5	16	12	2	0	0	0	0	0	0	0	0	2	0	32
6 Recol. 1	43	29	12	0	2	0	0	0	0	0	0	0	1	87
6 Recol. 2	63	42	12	1	0	2	1	1	1	0	0	0	0	123
7	48	25	19	1	0	0	0	0	0	0	0	0	0	93
8	30	16	9	0	0	0	0	0	0	0	0	0	0	55
9 Recol. 1	33	21	4	1	0	2	0	0	0	0	1	1	1	64
9 Recol. 1	9	4	1	0	0	0	0	0	0	0	0	0	0	14
10	5	5	0	0	0	0	0	0	0	0	0	0	0	10
11	12	3	3	0	0	0	0	0	0	1	0	0	0	19
12	7	6	2	0	0	0	0	0	0	0	0	0	0	15
13	4	2	0	0	0	0	0	0	0	0	0	0	0	6
Total	388	217	102	5	2	5	1	2	1	2	1	3	2	731

Tabla 8.VI: Frecuencia de materias primas líticas en los artefactos y ecofactos del talud 1 de Cóndor 1

Figura 8.VI: Línea de recolección "talud 1" en cueva Cóndor 1

Con respecto a los ecofactos, se trata de guijarros que no se encuentran disponibles naturalmente en las inmediaciones de la cueva, por lo cual debieron ser transportados, al menos entre 6 y 7 km, de acuerdo con la distancia a la que se encuentran las fuentes potenciales de aprovisionamiento más cercanas. El cuarzo representado en la 1° recolección del segmento 9 corresponde a un guijarro fracturado y la materia prima indeterminada en este mismo segmento es un guijarro entero, por lo cual no pudo ser identificado petrográficamente a ojo desnudo.

En el talud 2, cuya línea de recolección comprendió el 80% del talud de la cueva, representando aproximadamente 20 m, se reconocieron 10 segmentos. La distribución de materias primas en artefactos y ecofactos se presenta en la tabla 9.VI.

En el segmento 6 se recuperaron dos nódulos, uno fragmentado correspondiente a dacita y otro entero indeterminado. En el segmento 7, la materia prima indeterminada corresponde a una roca volcánica de grano grueso de un artefacto de molienda y en el segmento 8, dos de las piezas indeterminadas petrográficamente son un nódulo entero y un sobador con pigmento rojo en su superficie.

Los artefactos recolectados en ambas líneas de muestreo que han sido analizados corresponden a los instrumentos formatizados y núcleos. Debido al tamaño de la muestra, de los desechos de talla se ha registrado solamente la frecuencia por materia prima lítica.

Nº Segm.	RGFO	Dacita	Calcedonia	Ópalo	Sílice	Jaspe	Xilópalo	Obsidiana gris	Obsidiana gris verdosa	Diabasa	Indet.	Total
1	3	8	2	1	1	1	0	0	0	0	0	16
2	2	1	0	0	0	0	0	0	0	0	0	3
3	2	1	0	0	0	0	0	0	0	0	0	3
4	0	1	1	0	0	0	0	0	0	0	0	2
5	46	27	10	0	2	0	0	1	0	0	0	86
6	25	8	9	1	1	0	0	0	0	0	1	44
7	15	9	7	1	0	0	0	0	0	0	1	32
8	50	18	12	0	0	2	0	1	0	0	3	83
9	64	28	8	1	1	0	0	1	0	0	0	103
10	18	6	1	0	0	1	0	0	1	0	0	27
Total	225	107	50	4	5	4	0	3	1	0	5	399

Tabla 9.VI: Frecuencia de materias primas líticas en los artefactos y ecofactos del talud 2 de Cóndor 1

2.1.b Las excavaciones estratigráficas

Como hemos mencionado anteriormente, se excavaron tres cuadrículas de 1x1m con niveles de extracción de 10 cm. De acuerdo con los estudios geoarqueológicos y estratigráficos desarrollados por Barberena (2007) las cuadrículas 4E/4F, ubicadas en el fondo de la cueva, y la cuadrícula 12H, que se localiza en la boca de entrada, aproximadamente a 10 m de las anteriores, representan situaciones tafonómicas y formacionales completamente diferentes, bajo distintas condiciones de sedimentación, historia postdepositacional y exposición de los materiales. Al mismo tiempo, la diferencia en la localización de ambos contextos tiene implicancias en el uso humano de la cueva, por lo cual estos conjuntos pueden considerarse independientes. La densidad de materiales arqueológicos, tanto artefactuales como faunísticos y la morfología de las estructuras de combustión registradas en las dos cuadrículas avalan esto (Barberena op. cit.).

En la presente investigación la mayor parte de la información artefactual que se considera procede de la cuadrícula 12H, ya que presenta una mayor integridad y resolución cronológica (ver *infra*). En la misma se recuperaron un total de 6177 piezas líticas, de las cuales 6031 (97,6%) corresponden a desechos de talla. En la tabla 10.VI se muestra la frecuencia de las distintas clases artefactuales por materia prima y por capa.

Debido a la abundante cantidad de desechos de talla, en el análisis solamente se consideraron los de tamaño superior a 5 mm de diámetro máximo (tamaños iguales o inferiores a 5 mm fueron excluidos), que se muestrearon a través del programa Research Randomizer (www.randomizer.org/form.htm). A partir del inventario del número total de desechos, se realizó un muestreo aleatorio sin reemplazo del 25% de cada materia prima lítica. Los artefactos en obsidiana fueron excluidos del muestreo y se analizaron en su totalidad, por tratarse de una roca no-local y de representación minoritaria. Las materias primas indeterminadas, entre las que se incluyó a las rocas silíceas indeterminadas generalmente producto de alteración térmica, no fueron consideradas.

Nº Capa	Clase artefactual	MATERIA PRIMA LITICA													Total
		RGFO	Dacita	Calced.	Ópalo	Sílice	Xilópalo	Jaspe	RSil indet	Ob. verde	Ob. negra	Ob. gris verdosa	Ob. gris	Indet	
CAPA 1	Desechos de talla	181	62	42	9	0	0	4	0	2	0	4	0	1	**305**
	Artef.Format. Unif.	2	1	2	0	1	0	0	0	0	0	0	0	0	**6**
	Artef.Format. Bif.	0	0	1	1	0	0	0	0	0	0	0	0	0	**2**
	Artef.S/Format.c/RC	2	0	0	0	0	0	0	0	0	0	0	0	0	**2**
	Núcleos	1	0	0	0	0	0	0	0	0	0	0	0	0	**1**
	Artef. molienda	0	0	0	0	0	0	0	0	0	0	0	0	1	**1**
	Total	**186**	**63**	**45**	**10**	**1**	**0**	**4**	**0**	**2**	**0**	**4**	**0**	**2**	**317**
CAPA 2	Desechos de talla	544	201	149	22	5	0	14	0	7	1	7	2	1	**953**
	Artef.Format. Unif.	4	8	6	0	0	0	0	0	0	0	0	0	0	**18**
	Artef.Format. Bif.	2	0	0	0	0	0	0	0	0	0	0	0	0	**2**
	Artef.S/Format.c/RC	0	0	1	0	0	0	0	0	0	0	0	0	0	**1**
	Núcleos	3	0	0	0	0	1	0	0	0	0	0	0	0	**4**
	Total	**553**	**209**	**156**	**22**	**5**	**1**	**14**	**0**	**7**	**1**	**7**	**2**	**1**	**978**
CAPA 3	Desechos de talla	567	190	181	27	9	3	5	1	0	1	4	3	6	997
	Artef.Format. Unif.	6	4	6	0	2	0	0	0	0	0	0	0	0	18
	Artef.Format. Bif.	2	0	2	0	0	0	0	0	0	0	0	0	0	4
	Núcleos	1	1	5	1	0	1	0	0	0	0	0	0	0	9
	Percutores	0	0	0	0	0	0	0	0	0	0	0	0	1	1
	Total	**576**	**195**	**194**	**28**	**11**	**4**	**5**	**1**	**0**	**1**	**4**	**3**	**7**	**1029**
CAPA 4	Desechos de talla	538	298	192	36	4	2	10	0	3	0	4	1	1	1089
	Artef.Format. Unif.	5	5	2	0	0	0	0	0	0	0	0	0	0	12
	Núcleos	1	1	2	0	1	0	0	0	0	0	0	0	0	5
	Total	**544**	**304**	**196**	**36**	**5**	**2**	**10**	**0**	**3**	**0**	**4**	**1**	**1**	**1106**
CAPA 5	Desechos de talla	498	294	175	72	8	0	4	0	0	1	1	2	7	1062
	Artef.Format. Unif.	6	5	2	1	0	0	0	0	0	0	0	0	2	16
	Núcleos	3	3	2	0	0	1	0	0	0	0	0	0	0	9
	Ecofactos	0	1	0	0	0	0	0	0	0	0	0	0	0	1
	Total	**507**	**303**	**179**	**73**	**8**	**1**	**4**	**0**	**0**	**1**	**1**	**2**	**9**	**1088**

Artef. Formatiz .unifacial / bifacial= Artefactos de formatización unifacial / bifacial. Artef. s/ formatiz. c/RC.= Artefactos sin formatización con rastros complementarios RSil indet= Rocas silíceas indeterminadas Calced.= Calcedonia Ob.= Obsidiana

Tabla 10.VI: Frecuencia de materias primas líticas por clase artefactual y capa en la cuadrícula 12H de Cóndor 1

El *n* a muestrear de las diferentes materias primas se calculó sobre el total de los desechos de tamaño mayor a 5 mm. Cuando la frecuencia correspondiente al 25% de los subconjuntos de materia prima fue un número con decimales mayores a 0,5 se redondeó hacia el número entero siguiente (p.e 7,6 se redondeó a 8). La única condición que se le pidió al programa fue que cada número fuera único, para evitar la repetición de un mismo artefacto. En la tabla 11.VI se presenta la frecuencia de materias primas líticas por capa en los desechos iguales o inferiores a 5 mm que no fueron considerados en el muestreo, en la tabla 12.VI del conjunto de desechos sujeto a muestreo y en la tabla 13.VI del conjunto muestreado e incluido en el análisis.

Nº capa	RGFO	Dacita	Calcedonia	Ópalo	Sílice	Xilópalo	Jaspe	Total
Capa 1	38	15	8	1	0	0	1	**63**
Capa 2	108	48	31	4	1	0	2	**194**
Capa 3	116	41	31	5	2	1	1	**197**
Capa 4	108	61	29	4	1	1	1	**205**
Capa 5	104	67	30	12	2	0	1	**216**
Capa 6	93	60	19	11	1	2	1	**187**
Capa 7	74	39	19	9	0	0	1	**142**
Total	**641**	**331**	**167**	**46**	**7**	**4**	**8**	**1204**

Tabla 13.VI: Frecuencia de materias primas líticas por capa en los desechos resultado del muestreo de la cuadrícula 12H

Cuadrícula	Capa	Profundidad	UE	Tipo de muestra	Código	Edad (años AP)
4E	2	10-20 cm	II	Tibia de guanaco	Ua-24658	965±40
4E	4 (techo)	30 cm	III	Radioulna de guanaco	Ua-23835	1.360±35
4E	4 (base)	38 cm	IV	Carbón vegetal de fogón	LP-1670	3.100±70
12H	3	24-27 cm	II	Carbón vegetal de fogón	Gx-32280	1.550±60
12H	7	60-70 cm	II	Carbones en capa	Gx-32281	3.440±70
12H	12	110-120 cm	V	Huesos dérmicos de Mylodon	GX-32585	28.690±200

UE=Unidad Estratigráfica

Tabla 14.VI: Fechados radiocarbónicos para el sitio Cóndor 1

Los fechados radiocarbónicos disponibles para esta cuadrícula (tabla 14.VI), indican la presencia humana desde *ca.* 3500 AP. Esta fecha corresponde a la capa 7 (60-70 cm). En la capa 8 la densidad de materiales líticos es muy baja y su tamaño muy pequeño, por lo cual se los considera producto de migración vertical. Esto se encuentra acompañado por una densidad también muy baja de restos óseos, siendo nula la presencia de ambos tipos de evidencias en la capa 9. A partir de esta última capa inclusive y hasta la base de la secuencia (capa 16, profundidad máxima de 175 cm) no se registraron artefactos líticos ni carbones. Los huesos recuperados corresponden a megafauna (Mylodontidae) y no presentan rastros de procesamiento antrópico. Todas estas líneas de evidencia confluyen en señalar un carácter natural para la formación de las capas 9 a 16 (Barbererna op. cit.). El fechado ^{14}C realizado sobre huesecillos dérmicos de *Mylodon* procedentes de la base de la secuencia de la cuadrícula 12H, arrojó una edad de *ca.* 28.690 ± 200 años AP (*cf.* Martin 2007).

Nº capa	RGFO	Dacita	Calcedonia	Ópalo	Sílice	Jaspe	RSil indet	Total
Capa 1	28	3	10	3	0	2	0	**46**
Capa 2	112	26	24	3	1	5	0	**171**
Capa 3	101	26	58	8	0	0	1	**194**
Capa 4	105	53	75	20	2	5	0	**260**
Capa 5	82	24	54	25	2	0	0	**187**
Capa 6	72	51	35	29	0	0	0	**187**
Capa 7	43	18	23	12	0	0	0	**96**
Total	**543**	**201**	**279**	**100**	**5**	**12**	**1**	**1141**

Tabla 11.VI: Frecuencia de materias primas líticas por capa en los desechos iguales o inferiores a 5 mm de diámetro de la cuadrícula 12H

Capa 1	153	59	32	6	0	0	2	**252**
Capa 2	432	191	125	18	5	0	9	**780**
Capa 3	466	164	123	19	9	3	5	**789**
Capa 4	433	245	117	16	2	2	5	**820**
Capa 5	416	270	121	47	8	0	4	**866**
Capa 6	372	242	78	43	3	7	6	**751**
Capa 7	297	160	75	36	0	0	5	**573**
Total	**2569**	**1331**	**671**	**185**	**27**	**12**	**36**	**4831**

Tabla 12.VI: Frecuencia de materias primas líticas por capa en los desechos sujetos a muestreo de la cuadrícula 12H

A nivel formacional, la cuadrícula 4E, localizada en el fondo de la cueva, representa un conjunto promediado de baja resolución conductual. La capa 4 (30-40 cm) presenta dos fechados radiocarbónicos, en el techo y la base de la misma, de 1360±35 y 3100±70 años AP, respectivamente. La cercanía estratigráfica de estas fechas indica que este conjunto es un paquete de baja resolución temporal (Barberena op. cit., Barberena *et al.* 2007b). Por este motivo, el énfasis del análisis en este sitio estuvo puesto en los conjuntos de la cuadrícula 12H. En la cuadrícula 4E, la mayor abundancia y diversidad de clases artefactuales y materias primas líticas se encuentra entre las capas 1 y 5, que estratigráficamente corresponden a unidades holocénicas (tabla 15.VI). A partir de la capa 6 la frecuencia y tamaño de los artefactos disminuye notablemente y sólo se registran desechos de talla. En la capa 7, entre los 62 y 75 cm se reconoció un túnel de roedor, de acuerdo con la coloración del sedimento y el porcentaje de materia orgánica (Barberena 2007). En esta capa no fueron recuperados artefactos líticos fuera del túnel de roedor, los cuales constituyen materiales redepositados procedentes de la parte superior de la estratigrafía. En las capas 10 y 11 (entre los 90 y 110 cm de profundidad), correspondientes a la unidad estratigráfica VIII, de cronología pleistocénica, se recuperaron unos escasos artefactos de tamaño pequeño (dos y cuatro respectivamente). Debido a la falta de evidencias antrópicas defendibles para esta unidad, consideramos que se trata de artefactos redepositados, sobre todo por la cercanía del túnel de roedor que señalamos anteriormente. Por estos motivos, este segmento de la secuencia no se incluye en el análisis.

La roca de base se alcanzó a una profundidad máxima de 130 cm y, al igual que en la cuadrícula 12H, en la base de la secuencia se recuperaron fragmentos óseos de megafauna.

Nº capa	Clase artefactual	MATERIA PRIMA														Total
		RGFO	Dacita	Calced.	Ópalo	Jaspe	Jaspe c/imp.	Gabro	Xilópalo	Sílice	Obsidiana gris verdosa	Obsidiana gris	Obsidiana negra	Obsidiana verde	Indet.	
Capa 1	Desechos de talla	218	52	62	3	0	3	1	0	0	5	4	0	0	0	**348**
	Artef. Format. Unif.	4	5	0	3	0	0	0	0	0	0	0	0	0	0	**12**
	Artef. Format. Bif.	4	0	2	0	0	0	0	0	0	0	0	0	0	0	**6**
	Núcleos	1	0	2	0	0	0	0	0	0	0	0	0	0	0	**3**
	Total	**227**	**57**	**66**	**6**	**0**	**3**	**1**	**0**	**0**	**5**	**4**	**0**	**0**	**0**	**369**
Capa 2	Desechos de talla	356	91	110	3	2	1	1	1	7	7	2	0	0	2	**583**
	Artef. Format. Unif.	8	7	0	0	0	0	0	0	0	0	0	0	0	0	**15**
	Artef. Format. Bif.	8	0	2	1	0	0	0	0	0	0	0	0	1	0	**12**
	Núcleos	2	0	0	0	0	0	0		0	0	0	0	0	0	**2**
	Total	**374**	**98**	**112**	**4**	**2**	**1**	**1**	**1**	**7**	**7**	**2**	**0**	**1**	**2**	**612**
Capa 3	Desechos de talla	647	170	103	4	0	3	0	1	2	2	0	0	0	0	**932**
	Artef. Format. Unif.	13	7	3	2	0	1	0	0	0	0	0	0	0	0	**26**
	Artef. Format. Bif.	2	1	1	1	0	0	0	0	0	0	0	0	0	0	**5**
	Total	**662**	**178**	**107**	**7**	**0**	**4**	**0**	**1**	**2**	**2**	**0**	**0**	**0**	**0**	**963**
Capa 4	Desechos de talla	228	210	57	1	1	0	0	0	11	0	1	3	0	0	**512**
	Artef. Format. Unif.	3	3	0	0	0	0	0	0	0	0	0	0	0	0	**6**
	Artef. Format. Bif.	2	0	0	0	0	0	0	0	0	0	0	0	0	0	**2**
	Total	**233**	**213**	**57**	**1**	**1**	**0**	**0**	**0**	**11**	**0**	**1**	**3**	**0**	**0**	**520**
Capa 5	Desechos de talla	453	101	159	5	0	0	0	0	7	0	31	0	0	0	**756**
	Artef. Format. Unif.	3	0	0	0	0	0	0	0	0	0	0	0	0	0	**3**
	Total	**456**	**101**	**159**	**5**	**0**	**0**	**0**	**0**	**7**	**0**	**31**	**0**	**0**	**0**	**759**
Capa 6	Desechos de talla	19	7	12	0	0	0	0	0	1	1	1	2	0	0	**43**
Total general		**1971**	**654**	**513**	**23**	**3**	**8**	**2**	**2**	**28**	**15**	**39**	**5**	**1**	**2**	**3266**

Tabla 15.VI: Distribución de materias primas líticas por clase artefactual y capa en la cuadrícula 4E de Cóndor 1

Debido a la baja resolución temporal del conjunto de la cuadrícula 4E, de la misma se han analizado los artefactos de obsidiana (*n*=60) y los instrumentos y núcleos comprendidos entre las capas 1 y 5 (*n*=91), correspondientes al Holoceno tardío (*ca.* 3500 AP). En la capa 6 e inferiores sólo se registran desechos de talla y ya hemos señalado los procesos postdepositacionales que han incidido sobre esta porción de la secuencia. De los desechos de talla de esta cuadrícula no se realizó un análisis detallado, sino que se registraron las frecuencias por materia prima lítica. Por consiguiente, la inclusión de estas muestras en el análisis solamente responde a intereses específicos que son detallados en cada caso, principalmente relacionados con el modo y la intensidad de uso de las materias primas líticas. La totalidad de los artefactos en obsidiana, excepto un caso que corresponde a un fragmento de pedúnculo de un cabezal bifacial en obsidiana verde, son desechos de talla y han sido analizados debido a la baja frecuencia de esta materia prima. La distribución de las materias primas líticas por capa y clase artefactual se presenta en la tabla 15.VI.

Cabe señalar que la obsidiana gris agrupa a una serie de variedades en esta tonalidad, pero que presentan diferencias macroscópicas, que van desde ejemplares homogéneos y traslúcidos a otros que se encuentran jaspeados o con bandas en negro. Asimismo también difieren en la opacidad del color. Sin embargo, dado que aún no sabemos si se trata de distintos tipos geoquímicos (los análisis se encuentran a cargo de Ch. Stern, Universidad de Colorado), se consideran como un mismo conjunto.

2.2 CERRO NORTE: NORTE 1, 2 Y 3

El cerro Norte se encuentra constituido por un alineamiento de tres conos volcánicos en sentido NW-SE. A escasos metros hacia el norte de este afloramiento, se localiza un maar (Nº 3 en figura 9.VI, Barberena 2007).

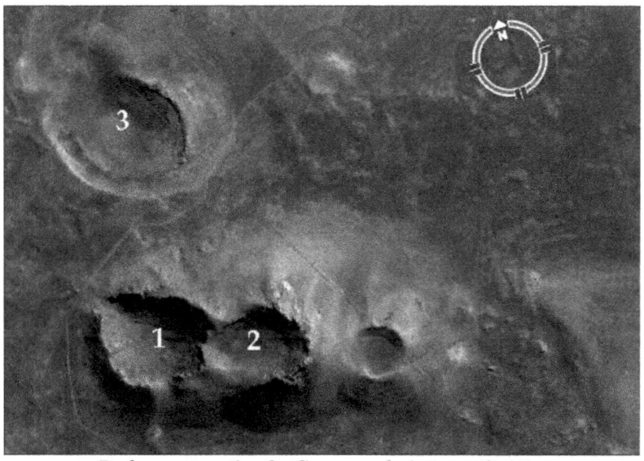

Referencias: 1 y 2. Conos volcánicos, 3. Maar

Figura 9.VI: Rasgos volcánicos del Cerro Norte

En los conos 1 y 2 indicados en la figura 9.VI, se excavaron 12 reparos rocosos de diferentes características, de los cuales tres se consideran en esta tesis, debido a que los otros se excavaron recientemente. Los mismos se ubican en el interior del cono 1 y fueron denominados Norte 1, 2 y 3 (figura 10.VI).

Figura 10.VI: Localización de los sitios Norte 1, 2 y 3 en el cono 1 de cerro Norte

2.2.a Norte 1

Norte 1 es un reparo pequeño, de 4x2 m, en el cual se realizaron recolecciones de materiales líticos en la superficie del mismo y en su periferia. Asimismo, se excavó una cuadrícula de 1x1 m, que alcanzó la roca de base a los 45 cm de profundidad (51° 50.967' S 69° 25.476' O). En este sitio no se han recuperado materiales orgánicos con posibilidades de ser datados; sin embargo, en base a las materias primas líticas representadas y a la cronología obtenida en los aleros cercanos (ver tabla 18.VI) podemos sugerir que corresponde a los últimos 2000 años AP. La distribución de las materias primas líticas por clase artefactual en los conjuntos de superficie y estratigrafía se presenta en la tabla 16.VI. Por fuera del alero, en la superficie del cono, se recuperó como hallazgo aislado una lasca bipolar en dacita.

2.2.b Norte 2

Este sitio se ubica a unos 10 m de distancia de Norte 1 (51° 50.967 S 69° 25.476 O) y presenta un área de 3,9x5,6 m. Se realizaron recolecciones de superficie en la planta del alero y un sondeo de 0,50x0,50 m, en el cual se alcanzó la roca de base a los 0,47 m (el nivel cero artificial se ubica a 5 cm por sobre la superficie). Los niveles de extracción fueron de 5 cm. El sondeo 1 cuenta con un fechado radiocarbónico de 2070±80 AP (Gx-32608) para las primeras evidencias de ocupación humana (capa 8, 40-45 cm). La distribución de materias primas líticas por clase artefactual en superficie y estratigrafía se presenta en la tabla 17.VI.

Cabe señalar que los ecofactos recuperados en las capas 1 y 3 presentan la superficie quemada y con evidencias de alteración térmica.

2.2.c Norte 3

Este sitio consiste en una cueva de dimensiones pequeñas y acceso restringido de 3x3 m (51° 50.969 S 69° 25.460 O, figura 11.VI). Se realizó un sondeo de 1x1 m que alcanzó la roca de base a los 96 cm (el nivel cero artificial se ubica a 5 cm por sobre la superficie). Los niveles de extracción fueron de 5 cm.

Figura 11.VI: Vista de la boca de entrada a Norte 3

		MATERIA PRIMA LÍTICA											
Procedencia	Clase artef.	RGFO	Dacita	Calced.	Sílice	Xilópalo	Jaspe	Ópalo	Diabasa	Ob. gris verdosa	Ob. gris	Indet	Total
Superficie en periferia del alero	Desechos de talla	3	1	0	0	0	0	0	1	0	0	0	**5**
	Artef. Format. Bif	0	0	1	0	0	0	0	0	0	0	0	**1**
	Total	**3**	**1**	**1**	**0**	**0**	**0**	**0**	**1**	**0**	**0**	**0**	**6**
Superficie del alero	Artef. Format. Unif	6	0	0	0	0	0	0	0	0	0	0	**6**
	Núcleos	2	0	0	0	0	0	0	0	0	0	0	**2**
	Total	**8**	**0**	**0**	**0**	**0**	**0**	**0**	**0**	**0**	**0**	**0**	**8**
Total General Superficie		**11**	**1**	**1**	**0**	**0**	**0**	**0**	**1**	**0**	**0**	**0**	**14**
Capa 1	Desechos de talla	362	131	36	3	2	0	1	1	1	1	0	**538**
	Artef. Format. Unif	8	2	0	1	1	0	0	0	0	0	0	**12**
	Artef. Format. Bif	2	0	1	0	0	0	0	0	0	0	0	**3**
	Artef.S/Format.c/RC	0	1	0	0	1	0	0	0	0	0	0	**2**
	Núcleos	0	0	0	0	0	0	0	0	0	0	0	**0**
	Total	**372**	**134**	**37**	**4**	**4**	**0**	**1**	**1**	**1**	**1**	**0**	**555**
Capa 2	Desechos de talla	110	52	4	1	1	3	0	0	0	0	2	**173**
	Artef. Format. Unif	4	3	0	0	0	0	1	0	0	0	0	**8**
	Núcleos	0	1	0	0	0	0	0	0	0	0	0	**1**
	Total	**114**	**56**	**4**	**1**	**1**	**3**	**1**	**0**	**0**	**0**	**2**	**180**
Capa 3	Desechos de talla	43	20	1	0	1	0	1	1	0	0	0	**67**
	Artef. Format. Unif	1	0	0	0	0	0	0	0	0	0	0	**1**
	Total	**44**	**20**	**1**	**0**	**1**	**0**	**1**	**1**	**0**	**0**	**0**	**68**
Capa 4	Desechos de talla	13	7	1	2	0	0	0	0	0	0	0	**23**
	Artef. Format. Unif	1	0	0	0	0	0	0	0	0	0	0	**1**
	Artef.S/Format.c/RC	1	0	0	0	0	0	0	0	0	0	0	**1**
	Total	**15**	**7**	**1**	**2**	**0**	**0**	**0**	**0**	**0**	**0**	**0**	**25**
Capa 5	Desechos de talla	7	6	1	0	0	0	0	0	0	0	0	**14**
Capa 6	Desechos de talla	1	0	0	0	0	0	0	0	0	0	0	**1**
Total General Sondeo 1		**553**	**223**	**44**	**7**	**6**	**3**	**3**	**2**	**1**	**1**	**2**	**845**

Artef. Formatiz .unifacial / bifacial= Artefactos de formatización unifacial / bifacial. Artef. s/ formatiz. c/RC= Artefactos sin formatización con rastros complementarios Ob.= Obsidiana Indet.= Indeterminada.

Tabla 16.VI: Distribución de materias primas líticas en superficie y estratigrafía en Norte 1

Procedencia	Clase artefactual	MATERIA PRIMA LÍTICA								Total
		RGFO	Dacita	Calced.	Jaspe	Ópalo	Sílice	Diabasa	Indet	
Superficie	Desechos de talla	26	10	1	1	0	0	0	0	**38**
	Artef. Format. Unif.	4	5	0	0	0	0	0	0	**9**
	Artef. Format. Bif.	1	0	0	0	0	0	0	0	**1**
	Artef.S/Format.c/RC	0	1	0	0	0	0	0	0	**1**
	Núcleos	1	0	0	0	0	0	0	0	**1**
	Total	**32**	**16**	**1**	**1**	**0**	**0**	**0**	**0**	**50**
Capa 1	Desechos de talla	2	0	0	0	0	0	0	0	**2**
	Ecofactos	0	1	0	0	0	0	0	0	**1**
	Total	**2**	**1**	**0**	**0**	**0**	**0**	**0**	**0**	**3**
Capa 2	Desechos de talla	4	2	0	1	0	0	0	0	**7**
	Artef. Format. Unif.	1	0	0	0	0	0	0	0	**1**
	Total	**5**	**2**	**0**	**1**	**0**	**0**	**0**	**0**	**8**
Capa 3	Desechos de talla	29	12	0	0	0	0	0	1	**42**
	Artef. Format. Unif.	0	0	1	0	0	0	0	0	**1**
	Artef. Format. Bif.	1	0	0	0	0	0	0	0	**1**
	Ecofactos	0	1	0	0	0	0	0	1	**2**
	Total	**30**	**13**	**1**	**0**	**0**	**0**	**0**	**2**	**46**
Capa 4	Desechos de talla	32	8	4	0	2	2	1	0	**49**
	Artef. Format. Unif.	1	0	0	0	0	0	0	0	**1**
	Total	**33**	**8**	**4**	**0**	**2**	**2**	**1**	**0**	**50**
Capa 5	Desechos de talla	62	25	12	1	0	0	0	1	**101**
	Artef. Format. Unif.	2	0	0	0	0	0	0	0	**2**
	Total	**64**	**25**	**12**	**1**	**0**	**0**	**0**	**1**	**103**
Capa 6	Desechos de talla	69	40	13	0	5	3	1	0	**131**
	Artef. Format. Unif.	1	0	0	0	0	0	0	0	**1**
	Núcleos	0	0	1	0	0	0	0	0	**1**
	Total	**70**	**40**	**14**	**0**	**5**	**3**	**1**	**0**	**133**
Capa 7	Desechos de talla	20	12	5	0	0	0	0	0	**37**
Capa 8	Desechos de talla	33	24	6	0	0	1	1	1	**66**
Total general sondeo 1		**446**								

Artef. Formatiz .unifacial / bifacial= Artefactos de formatización unifacial / bifacial. Artef. s/ formatiz. c/RC= Artefactos sin formatización con rastros complementarios

Tabla 17.VI: Distribución de materias primas líticas en la superficie y sondeo 1 del alero Norte 2

Si bien el resto de los sitios relevados recientemente no se consideran en esta tesis, cabe señalar que en una pequeña cueva, denominada Norte 11, que presenta una superficie de 2,7x1,7 m aproximadamente y se localiza en la margen interna del cono 2, se recuperaron al menos dos individuos humanos, un juvenil y un adulto, acompañados por bienes no utilitarios de origen europeo, tales como cuentas, una medalla y fragmentos vítreos de botella (Martin com. pers. 2007). Los restos óseos humanos se observaron en superficie, distribuidos a lo largo del talud. También se recuperaron restos de fauna y moluscos. No contamos con mayor información de este contexto dado que las excavaciones se encuentran en curso.

Se cuenta con dos fechados radiocarbónicos que ubican las ocupaciones iniciales en sincronía con el alero Norte 2, *ca.* 2000 AP (tabla 18.VI). Los primeros restos culturales, aunque escasos, comenzaron a aparecer a los 75 cm (capa 14) y continuaron hasta los 40 cm de profundidad (capa 8). En la capa 9 (40-45 cm) no se recuperaron artefactos líticos.

Nº Capa	Profundidad	Edad	Tipo de muestra	Cód. Lab
11	55-60 cm	1.120±60	Carbón	LP-1764
13	65-70 cm	2.160±60	Carbón	Gx-32606

Tabla 18.VI: Fechados radiocarbónicos en Norte 3

En la tabla 19.VI se muestra la frecuencia de materias primas líticas por capa y clase artefactual.

Procedencia	Clase artefactual	MATERIA PRIMA LÍTICA						Total
		Calcedonia	Dacita	RGFO	Sílice	Jaspe c/imp.	Indet.	
Capa 8	Desechos de talla	0	1	3	0	0	0	4
	Núcleos	0	0	1	0	0	0	1
	Total	0	1	4	0	0	0	5
Capa 10	Desechos de talla	2	5	13	0	0	0	20
	Artef. Format. Unif	0	0	0	0	1	0	1
	Total	2	5	13	0	1	0	21
Capa 11	Desechos de talla	4	4	13	0	0	0	21
	Artef. Format. Unif	0	0	1	0	0	0	1
	Artef. Format. Bif	0	0	1	0	0	0	1
	Artef.S/Format.c/RC	0	0	1	0	0	0	1
	Total	4	4	16	0	0	0	24
Capa 12	Desechos de talla	3	25	8	0	0	0	36
	Artef. Format. Bif	0	0	0	1	0	0	1
	Total	3	25	8	1	0	0	37
Capa 13	Desechos de talla	1	6	11	0	0	1	19
Capa 14	Desechos de talla	0	0	1	0	0	0	1
	Artef. Format. Unif	0	1	0	0	0	0	1
	Total	0	1	1	0	0	0	2
Total general		**10**	**42**	**53**	**1**	**1**	**1**	**108**

Tabla 19.VI: Materias primas líticas representadas en los artefactos del sondeo 1 de Norte 3

2.3 CERRO DON BOSCO: ALEROS 41 Y 46

El cerro Don Bosco se ubica a 1,67 km en sentido NW del cerro Norte. Se encuentra constituido por dos conos volcánicos, que fueron prospectados. Se observó material en superficie y se relevaron dos aleros, denominados Alero 41 (51° 84' 404'' 69° 44' 588'') y Alero 46 (51° 84' 406'' 69° 44' 554'').

El área cubierta del alero 41 es de 7x2,5 m, pero el material de superficie se extiende por 7x5 m. Se realizó una recolección de superficie en una cuadrícula de 2x2 m y un sondeo de 0,50x0,50 m hasta una profundidad máxima de 25 cm, donde se alcanzó la roca de base. Los niveles de excavación fueron de 5 cm. La distribución de las materias primas líticas en ambos contextos se presenta en la tabla 20.VI.

El alero 46 es de 12x4 m, presenta escaso reparo y abundante derrumbe y vegetación. Está orientado hacia el NW (360°). Se realizó una recolección de superficie en un área de 1x1 m. Se observa la presencia de vidrio y metal. La frecuencia de materias primas representadas se muestra en la tabla 21.VI.

Las fuentes potenciales de aprovisionamiento lítico más cercanas al cerro Don Bosco son las lagunas N° 1 y 2 de Tres de Enero, localizadas a 2,7 y 3,51 km hacia el S-SE, respectivamente. Como señalamos anteriormente se trata de fuentes temporarias. El río Chico, considerado como fuente permanente, se localiza a 5,18 km y la costa Atlántica y del estrecho de Magallanes a 41,7 y 42 km, respectivamente.

2.4 TRES DE ENERO

En la E^{a} Tres de Enero se localizan dos lagunas, consideradas como fuentes potenciales de aprovisionamiento lítico. Se trata de lagunas superficiales y por consiguiente, temporarias (Mayr *et al.* 2007, Zolitschka *et al.* 2006, ver capítulo VII.II y 3). La de mayor extensión ha sido identificada con el N° 1, en tanto que a la más pequeña, alojada en un maar (*cf.* Haller *et al.* 2006), le corresponde el N° 2. Ambas lagunas han sido prospectadas, pero solamente se registró material arqueológico en superficie en la laguna N° 1. En su margen este se realizó una recolección controlada por áreas de 12x25,5 m, lo cual suma una superficie total de 1.224m^{2}. Las tres áreas muestreadas se localizan a los 51° 88' 162" 69° 43' 263", 51° 88' 225" 69° 43' 284" y 51° 88' 277" 69° 43' 295" (figura 12.VI).

En dichas recolecciones se recuperaron 18 artefactos (10 desechos de talla, 2 instrumentos unifaciales y 6 núcleos), manufacturados todos ellos sobre dacita, la materia prima predominante en el lugar. En este sector del espacio también se realizaron muestreos de rocas (ver capítulo VII.II), y se recuperó un hallazgo aislado, consistente en un núcleo en dacita, en uno de los muestreos de materias primas líticas.

En la margen oeste se registró una concentración de artefactos, denominada Tres de Enero 1, constituida por seis instrumentos unifaciales, dos de ellos manufacturados sobre RGFO y los cuatro restantes sobre dacita.

		MATERIA PRIMA LÍTICA										
Procedencia	Clase artefactual	RGFO	Dacita	Pórfiro dacítico	Calcedonia	Sílice	Ópalo	Obsidiana verde	Cuarcita	Diabasa	Indet.	Total
Superficie	Desechos de talla	6	3	0	0	0	0	1	0	0	0	**10**
	Artef. Format.Unif	5	2	0	0	1	0	0	0	0	0	**8**
	Artef. Format.Bif	0	1	0	0	0	0	0	0	0	0	**1**
	Núcleos	2	1	0	0	0	0	0	0	0	0	**3**
	Total	**13**	**7**	**0**	**0**	**1**	**0**	**1**	**0**	**0**	**0**	**22**
Capa 1	Desechos de talla	157	46	2	7	3	1	6	3	2	2	**229**
	Artef. Format.Unif	2	2	0	0	0	0	0	0	0	0	**4**
	Artef. Format.Bif	1	0	0	0	0	0	0	0	0	0	**1**
	Núcleos	1	0	0	0	0	0	0	0	0	0	**1**
	Total	**161**	**48**	**2**	**7**	**3**	**1**	**6**	**3**	**2**	**2**	**235**
Capa 2	Desechos de talla	1	1	0	1	0	0	5	0	0	0	**8**
	Artef. Format.Unif	1	0	0	0	0	0	0	0	0	0	**1**
	Ecofacto	0	1	0	0	0	0	0	0	0	0	**1**
	Total	**2**	**2**	**0**	**1**	**0**	**0**	**5**	**0**	**0**	**0**	**10**

Tabla 20.VI: Distribución de materias primas líticas en superficie y estratigrafía en el Alero 41 de Cerro Don Bosco

Clase artefactual	MATERIA PRIMA LÍTICA				Total
	RGFO	Dacita	Pórfiro dacítico	Calcedonia	
Desechos de talla	2	0	0	1	**3**
Artef. Format.Unif	3	1	0	0	**4**
Artef. Format.Bif	1	0	0	0	**1**
Núcleos	0	0	1	0	**1**
Total	**6**	**1**	**1**	**1**	**9**

Tabla 21.VI: Frecuencia de materias primas líticas en superficie del Alero 46 de Cerro Don Bosco

Figura 12.VI: Laguna N° 1 de Tres de Enero
La flecha indica la margen este, donde se realizó la recolección controlada de artefactos

2.4 CERRO DE LOS FRAILES

Los afloramientos volcánicos denominados cerro o sierra de los Frailes son los más orientales del CVPA, y corresponden a la unidad Nº 2 definida por D'Orazio *et al.* (2000). Los mismos presentan una edad pleistocénica, de 0.31±0.03 m.a (Meglioli 1992; Corbella 2002). Se encuentran relativamente aislados y rodeados por una amplia estepa que se extiende hacia el este del río Chico (*cf.* Martin 2006). El afloramiento está constituido por un alineamiento de ocho conos, la mayoría de los cuales presentan evidencias de ocupación humana. El cono más meridional de este alineamiento fue relevado por nosotros (figura 13.VI). Se realizaron recolecciones asistemáticas en los sectores NE y NW del cono, y en la superficie de un paredón rocoso, con escaso reparo (<1m), denominado Frailes 2 (51° 51.156' 69° 10.345''). El mismo presenta una longitud de 43,4 m aproximadamente y se encuentra ubicado en la parte externa del cono, orientado hacia el este (figura 14.VI). El área de dispersión de materiales es de *ca.* 18,2x8,4 m.

En la tabla 22.VI se presenta la distribución de materias primas líticas por clase artefactual en los artefactos recuperados en la superficie del cono y en Frailes 2.

Debido a la abundancia de los desechos de talla, los mismos fueron muestreados con el programa Research Randomizer. Se realizó un muestreo al azar sin reposición del 10% de cada clase de materia prima lítica, considerando los desechos con un tamaño mayor a 5 mm de diámetro máximo. Las obsidianas y las rocas representadas por un solo artefacto no fueron muestreadas, sino que se analizaron los conjuntos completos. Se excluyeron del análisis las rocas alteradas térmicamente cuya petrografía no fue posible identificar.

Figura 13.VI: Alineamiento volcánico Cerro de los Frailes con detalle de Frailes 2 en el cono meridional

Figura 14.VI: Vista del reparo basáltico Frailes 2

Cabe señalar que en el sector oeste de la cima del cerro se recuperó un esqueleto parcialmente completo de un individuo adulto de sexo masculino, con deformación tabular erecta. El mismo se halló en un pequeño espacio rodeado por rocas, sin techo y poco profundo, con algunas grietas, en la parte externa del cono volcánico (51° 50.965' S 69° 10.333' O) (Martin 2006). Se trata de un caso de entierro intencional.

2.6 EL VOLCÁN Y MARKATCH AIKE

Estos sitios se localizan en la cuenca del río Chico. De los mismos se analizaron las muestras de núcleos de superficie recolectadas por la Dra. Sanguinetti de Bórmida (1982, 1984) en las cuevas 1 y 4 de El Volcán, en la margen de una laguna cercana a estos sitios y aquellos procedentes del alero 1 Markatch Aike. Mientras en El Volcán cueva 1 y en la laguna solamente se registran núcleos en RGFO (un núcleo por cada uno de estos espacios), en la cueva 4 se recuperó, además de un núcleo en RGFO, otro en dacita, en tanto que el alero 1 Markatch Aike es el que presenta la mayor abundancia de estos artefactos y la mayor variedad de materias primas líticas (tres núcleos en RGFO, tres en dacita y uno en calcedonia).

La cueva 4 presenta un fechado radiocarbónico para las ocupaciones iniciales de 3600±100 AP (Sanguinetti de Bórmida 1984). Como hemos señalado anteriormente, en esta capa se ha recuperado una punta de proyectil asimilable morfológicamente al tipo Bird V, lo cual señala fechas tempranas en la aparición de esta tecnología, la cual está presente en toda la secuencia (capas 1 a 4), aunque porcentualmente estas puntas son más abundantes en las capas 1 y 2 (Sanguinetti de Bórmida op. cit., Nami 1984b). El instrumental lítico en general no muestra cambios relevantes a lo largo de la secuencia. En todas las capas se registra el empleo de basalto como materia prima lítica predominante para la manufactura de artefactos (entiéndase como RGFO) y en menor porcentaje sílice y cuarcita. Las mismas observaciones con respecto a la clasificación petrográfica de los artefactos que hemos realizado para los conjuntos de Las Buitreras 1 se aplican también a este sitio. Así, consideramos que por cuarcita se está haciendo referencia a la dacita y por sílice a distintas variedades de rocas silíceas. Por otro lado, se señala una mayor diversidad artefactual en las capas inferiores, particularmente en la capa 4 (Sanguinetti de Bórmida op. cit., Nami op. cit.). La cueva 1 presenta las mismas características contextuales. Cabe señalar que Nami (op. cit.) menciona la presencia de obsidiana verde entre los desechos de talla de la cueva 4 y de un fragmento de pedúnculo sobre esta materia prima en la cueva 2. También señala la reutilización de un raspador de sílice posiblemente retomado como núcleo bipolar en la capa 1 de la cueva 4.

	Clase artefactual	MATERIA PRIMA LÍTICA														
		RGFO	Dacita	Calced.	Ópalo	Xilópalo	Jaspe	Jaspe c/imp.	Basalto morado	Obsidiana gris verdosa	Obsidiana gris	Obsidiana negra	Diabasa	Tonalita	Teschenita	Total
Superficie cono	Desechos de talla	0	0	1	0	0	0	0	0	0	0	0	0	0	0	1
	Artef. Format. Unif.	1	0	1	1	0	0	1	0	0	0	0	0	0	0	4
	Artef. Format. Bif.	1	0	0	0	0	0	0	0	0	0	0	0	0	0	1
	Artef.S/Format.c/RC*	0	0	0	0	0	1	0	0	0	0	0	0	0	0	1
	Núcleos	0	0	0	0	0	0	1	0	0	0	0	0	0	0	1
	Total	**2**	**0**	**2**	**1**	**0**	**1**	**2**	**0**	**0**	**0**	**0**	**0**	**0**	**0**	8
Frailes 2	Desechos de talla	631	357	122	19	1	12	3	2	3	1	2	1	1	1	**1156**
	Artef. Format. Unif.	11	8	4	2	1	0	0	0	0	0	0	0	0	0	**26**
	Artef. Format. Bif.	4	0	2	0	0	0	0	0	0	0	0	0	0	0	**6**
	Artef.S/Format.c/RC*	0	1	0	0	0	0	0	0	0	0	0	0	0	0	**1**
	Núcleos	0	1	3	0	0	0	0	0	1	0	0	0	0	0	**5**
	Total	**646**	**367**	**131**	**21**	**2**	**12**	**3**	**2**	**4**	**1**	**2**	**1**	**1**	**1**	**1194**

Artef. Formatiz .unifacial / bifacial= Artefactos de formatización unifacial / bifacial. Artef. s/ formatiz. c/RC= Artefactos sin formatización con rastros complementarios

Tabla 22.VI: Materias primas por clase artefactual en superficie del cerro de los Frailes y en Frailes 2

3. SECTOR MERIDIONAL DEL CVPA

En el extremo SE del campo volcánico se localizan, en estrecha asociación espacial, coladas y conos volcánicos asignados a las unidades N° 2 y 3 definidas por D'Orazio *et al.* (2000). Un mayor detalle de la geología de este sector del espacio se presenta en el capítulo VII.2.III. Estos afloramientos han sido intensamente prospectados y se realizaron sondeos y excavaciones estratigráficas en localizaciones específicas. En los relevamientos de campo se identificaron dos localidades arqueológicas en los afloramientos volcánicos de Orejas de Burro y Laguna Azul, respectivamente (figura 15.VI). A continuación presentamos la información descriptiva de los trabajos realizados en estas dos áreas.

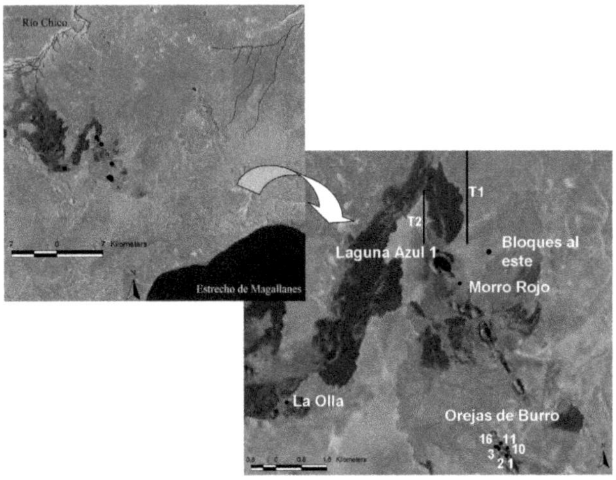

Figura 15.VI: Localización de los lugares relevados en el sector meridional del CVPA

3.1 LOCALIDAD OREJAS DE BURRO (OB)

Comprende la información de superficie relevada mediante la prospección de los afloramientos volcánicos de Orejas de Burro (conos N° 1, 2 y 3) y La Olla, y aquélla procedente de las recolecciones de superficie de las cuevas OB 3 y Monte Aymond 1; la excavación de la cueva OB1 y los sondeos de la cueva OB2 y los aleros OB10, 11 y 16.

3.1.a Los relevamientos de superficie

Si bien el área fue intensamente prospectada, el material de superficie a cielo abierto es muy escaso. Se trata de hallazgos aislados que fueron recuperados a través de la prospección de los conos volcánicos del alineamiento denominado Orejas de Burro, el cual tiene una datación radimétrica de 0.359±0.087 m.a (Corbella 2002). En la prospección de los conos volcánicos (numerados de O a E) la atención estuvo puesta sobre las zonas erosionadas, dado que la visibilidad era baja debido a la cobertura vegetal (80-100%) y al material piroclástico. En la tabla 23.VI se presentan los únicos hallazgos artefactuales que se realizaron en estas prospeccciones.

El núcleo poliédrico recuperado en el cono N° 1 fue determinado petrográficamente a través de cortes delgados como ftanita con ópalo, formando parte del conjunto de las RGFO. Asimismo este ejemplar estuvo sujeto a los análisis geoquímicos realizados por D'Orazio (ver capítulo VII y Anexo 1). Los artefactos del cono 17 fueron determinados como arenisca silicificada en base a la comparación con una muestra natural recuperada en el muestreo Orejas de Burro 2 (ver capítulo VII.2.III), realizado en cercanías del lugar donde se produjeron estos hallazgos. El nódulo recuperado en el muestreo fue determinado microscópicamente como arenisca cementada por ópalo (ver Anexo 1).

Procedencia	Coordenadas	Clase artefactual	Materia prima	Color
Cono 1	52° 07.769' 69° 33.151'	Núcleo poliédrico	Ftanita	negro
Cono 2	52° 12' 680" 69° 56' 153"	Raspador doble	Sílice	castaño claro anaranjado
Cono 17	52° 07.561' 69° 33.526'	Núcleo poliédrico	Arenisca	gris
Cono 17		Núcleo lascados aislados	Arenisca	gris
Cono 17		Lasca plana	Arenisca	gris

Tabla 23.VI: Hallazgos aislados recuperados a cielo abierto en los conos volcánicos de Orejas de Burro.

Hacia el NW del alineamiento de OB, se prospectó el cono denominado "La Olla" (52° 11' 624'' 69° 36' 743'', figura 16.VI), dado que presenta un desarrollo subsuperficial. En el talud de la margen noroeste del cono se realizó una recolección sistemática por áreas según la pendiente. Se realizaron tres muestreos de 15x2 m a 23°, 27° y 35°. Solamente se recuperaron artefactos en los muestreos de 23° y 27° (tabla 24.VI).

Figura 16.VI: La Olla

Unidad de recolección	*N*	Clase artefactual	Materia prima	Color
23°	2	Núcleo no diferenciado	pórfiro dacítico	gris oscuro verdoso
		Instrumento sobre núcleo	dacita	gris
27°	2	Núcleo de lascados aislados	dacita	castaño claro y gris
		Núcleo de lascados aislados	dacita	verde

Tabla 24.VI: Artefactos recuperados en La Olla

En el apartado siguiente, junto con la información estratigráfica, se presentan los materiales de superficie recuperados en las cuevas y aleros que han sido excavados, algunos de los cuales no arrojaron material subsuperficial.

3.1.b Los relevamientos subsuperficiales

Monte Aymond 1

En el alineamiento de aparatos volcánicos que se localiza hacia el sur del casco de la E° Cóndor, Sección Monte Aymond, se ubica la cueva Monte Aymond 1 (52° 11' 448" 69° 54' 471"), en la margen interna de un cono. En la superficie de la misma se recuperó una lasca angular en RGFO, de la cual no se pudo identificar su naturaleza volcánica o sedimentaria debido a la intensa pátina que presenta, la cual no permite observar las características de la pasta (la presencia/ausencia de fenocristales). El sondeo realizado, de 0,50x0,50 m de área, no arrojó evidencias culturales.

Orejas de Burro 1

El sitio Orejas de Burro 1 (OB1) se emplaza en una cueva ubicada en el interior de un cono volcánico (52° 07.769' S 69° 33.151' O, figura 17.VI). La misma cubre un área de 12x5 m aproximadamente y su boca se encuentra orientada hacia el noreste. En la década del '70, esta cueva fue excavada por aficionados, que extrajeron los restos óseos de dos individuos (Guerra de Fretes 1977). Al sur del área alterada por estas intervenciones, se localizaron las cuadrículas por nosotros excavadas, cuya ubicación relativa se presenta en la figura 18.VI.

Figura 17.VI: Vista de la cueva OB1 desde el borde opuesto del cono volcánico

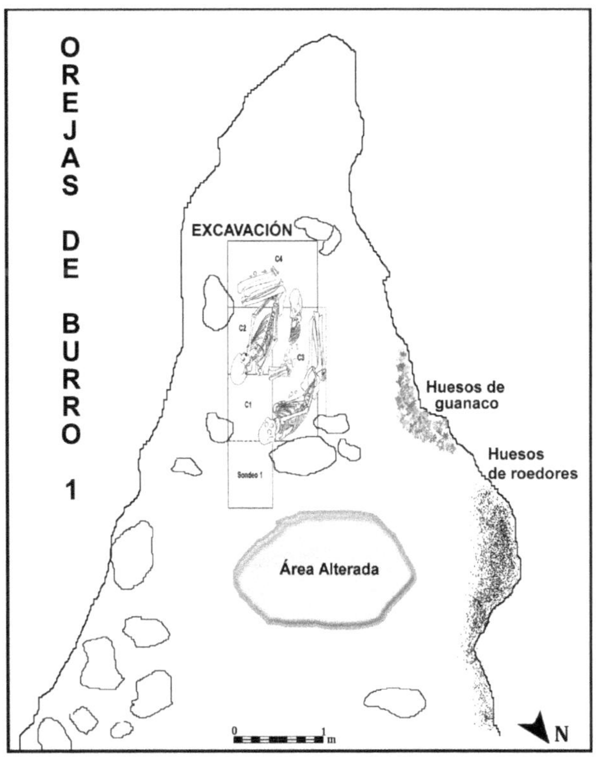

Referencias: la zona subcircular delimitada en el centro del sitio corresponde a la excavación de Guerra de Fretes (1977)

Figura 18.VI: Planta de la cueva OB 1 y ubicación de los sectores muestreados

En la superficie de la cueva se recolectaron un total de 16 artefactos. Las frecuencias de artefactos por clase artefactual y por materia prima lítica se presentan en las tablas 25.VI y 26.VI.

Clase artefactual	Desechos de talla	Núcleos	Artefactos formatizados	Total
Frecuencia	10	3	3	16

Tabla 25.VI: Frecuencia de artefactos por clase tecnológica recuperados en la superficie de la cueva OB1

Materia prima	Calcedonia	Dacita	RGFO	Filita	Total
Frecuencia	3	7	5	1	16

Tabla 26.VI: Frecuencia de artefactos por materia prima lítica recuperados en la superficie de la cueva OB1

OB1		Área (m^2)	*N*
Cuadr.	sondeo 1	0,25	160
	ampliación	0,25	0
cuadrícula 2		0,25	21
cuadrícula 3		0,5	33
cuadrícula 4		0,5	12
cuadrículas 2 a 4		nc	35
Total		1,75	261

Tabla 27.VI: Frecuencia de artefactos líticos por unidades de excavación en OB1

Los primeros trabajos arqueológicos en Orejas de Burro se realizaron en febrero de 2003. En esa primera instancia se realizó un sondeo de 0,25 m^2 en un sector libre de bloques de derrumbe en superficie y próximo al área alterada por las excavaciones de los aficionados. En el perfil sur de éste sondeo se hizo contacto con un cráneo humano y se profundizó hasta los 97 cm. Las excavaciones prosiguieron durante febrero de 2004, cuando se abrieron cuatro cuadrículas de diferentes dimensiones y contiguas al sondeo, para recuperar el entierro previamente detectado (Borrero *et al.* 2004). En esta excavación se alcanzó la roca de caja (*ca.* 91 cm) y se completaron los 1,75 m^2 excavados. Cabe aclarar que al continuar las excavaciones, el sondeo 1 formó parte de lo que se denominó posteriormente cuadrícula 1, que cubrió 1 m^2 (incluyendo el área del sondeo). Sin embargo en la ampliación del sondeo (cuadrícula 1) no se recuperaron artefactos líticos. Por consiguiente, en las tablas se conserva la denominación de sondeo 1, haciendo referencia al área de 0,25 m^2 excavada originalmente. En la tabla 27.VI se presenta el área cubierta por las unidades de excavación y el número de artefactos líticos recuperados en cada una de ellas. Dado que el sitio fue excavado a través de unidades estratigráficas (Barberena *et al.* 2006 y 2007a; Barberena 2007), algunos artefactos líticos que fueron recuperados en el área de entierro solamente cuentan con el registro de la unidad estratigráfica (UE), y se encuentran consignados en las tablas como *cuadrículas 2 a 4*. Estos artefactos (*n*=35) son de las unidades estratigráficas X y XI (ver *infra*). La unidad X corresponde al material de relleno sobre el entierro, por consiguiente se sospecha que se trata de material redepositado, en tanto que la unidad XI es la matriz del entierro.

En las tablas 28 y 29.VI se presenta la frecuencia de artefactos por clase artefactual y por materia prima lítica, diferenciando el conjunto procedente del sondeo 1 de aquéllos de las cuadrículas del área de entierro.

	Clase artefactual				
	Desechos de talla	Artefactos formatizados	Núcleos	Litos modificados por uso	Total
Sondeo 1	154	5	1	0	160
Cuad. 2	20	1	0	0	21
Cuad. 3	22	8	3	0	33
Cuad. 4	7	2	2	1	12
Cuad. 2 a 4	34	0	0	1	35
Total general	237	16	6	2	261

Tabla 28.VI: Frecuencia de artefactos por clase artefactual recuperados en el sondeo 1 y en las cuadrículas del entierro (2 a 4) en OB1

Los litos modificados por uso son dos clastos con residuos de pigmento en ambas caras. El procedente de la cuadrícula 4 posiblemente haya sido utilizado como un artefacto de molienda pasivo.

En el sondeo 1 se reconocieron siete unidades estratigráficas (I, II, IV, V, VII, VIII y IX). La unidad I (*ca.* 0-28 cm) está representada por un nivel de guano compuesto por una capa de este material disgregado, que se encuentra por encima de un guano muy compacto con estratificación tabular; la unidad II (*ca.* 28-48 cm) es limo arenosa, masiva y de color marrón oscuro. En esta unidad se halló una abundante presencia de restos de fauna y malacológicos, carbones, carbonato de calcio y la mayor abundancia de material lítico del sitio; la unidad III/IV (*ca.* 49-64 cm) es limo arcillosa con una estructura masiva y color marrón oscuro con abundantes restos óseos y carbones dispersos; la unidad V (*ca.* 64-70 cm) está compuesta por sedimentos limo arcillos de color marrón claro oliva con abundante carbonato de calcio disgregado. Es importante mencionar que en esta unidad se detectó una cueva de roedor con numerosos huesos que procedían de otras unidades, como por ejemplo falanges de los esqueletos del entierro (unidad XI); la unidad VII (*ca.* 70-85 cm) se trata de un limo de color gris rojizo oscuro y estructura masiva con agregados de arcilla y nódulos de carbonato de calcio. En la base de esta capa

	MATERIA PRIMA LÍTICA																
	Dacita	RGFO	Calcedonia	Ópalo	Pórfiro dacítico	Cuarcita	Gabro	Diabasa	Filita	Jaspe	Obsidiana verde	Xilópalo	Sedimentita indet.	Vulcanita indet.	Sílice	Indet.	Total
Sondeo 1	83	48	19	5	0	0	0	1	1	1	1	0	1	0	0	0	160
Cuadr. 2	14	5	0		1	0	0	0	1	0	0	0	0	0	0	0	21
Cuadr. 3	20	7	4	1	0	0	0	0	0	0	0	1	0	0	0	0	33
Cuadr. 4	3	4	2	0	1	0	0	0	1	0	0	0	0	0	1	0	12
Cuadr. 2 a 4	23	5	2	0	1	1	1	0		0	0	0	1	0	0	1	35
Total	143	69	27	6	3	1	1	1	3	1	1	1	2	0	1	1	261

Tabla 29.VI: Frecuencia de artefactos por materia prima en el sondeo 1 y en las cuadrículas del entierro (2 a 4) en OB1

aparece el cráneo del individuo 1; la unidad VIII (*ca.* 85-89 cm) está formada por sedimentos arenosos de color marrón rojizo y estructura masiva y orgánica, con presencia de abundantes partículas de carbón y hollin que tiñen la capa de un color oscuro; la unidad IX (*ca.* 89-97 cm) es la base del sondeo 1, y se constituye por un material arenoso de color gris oscuro, estructura masiva con presencia de fragmentos de roca de caja disgregada, ausencia de materiales faunísticos y un desecho de talla de 6mm de largo, que posiblemente sea producto de migración vertical (L'Heureux y Charlin 2007).

En la excavación de las cuadrículas 1 a 4 se reconocieron tres unidades estratigráficas (Barberena *et al.* 2006, 2007a): la unidad I es semejante a la descripta para el sondeo 1 pero con una mayor potencia (*ca.* 0-38 cm); la unidad X (*ca.* 38-70/75 cm) representa el sedimento que apoya sobre los bloques de roca de caja que cubren el entierro. En esta unidad la gran abundancia de restos óseos de fauna de diferentes taxa hace que, por sectores, el sostén de esta matriz resulte ser los mismos huesos, siendo muy escaso el sedimento. Otra de sus características es la presencia de espacios huecos y huesos entrampados entre las superficies de contacto de los bloques. La unidad XI (*ca.* 70/75-90 cm) es la matriz del entierro y en su límite inferior se encuentra en contacto con los basaltos de la roca de caja. En esta unidad se halló el entierro y abundantes restos de vegetales disgregados. La representación de restos de fauna es menor, comparada con la unidad X, y se considera que muchos de ellos pudieron haber migrado desde esta unidad. Los artefactos líticos también son menos abundantes que en el nivel del relleno. Cabe aclarar que las profundidades presentadas son aproximadas, ya que las mismas varían entre las cuadrículas. Así, se observa una discontinuidad entre la enumeración y las profundidades de las unidades para el sondeo y para las cuadrículas, que se relaciona con la ausencia de la estructura del entierro en el sondeo y, por lo tanto, de las unidades X y XI identificadas en este sector (para una descripción detallada ver Barberena *et al.* 2006, 2007a).

En el sitio se recuperaron un total de seis individuos diferencialmente representados: cinco en la estructura del entierro (unidad XI) y un sexto individuo representado por tres elementos -que no pertenecen a los individuos inhumados en la estructura descripta- hallado en el sedimento de relleno (unidad X). A éstos deben sumarse los dos esqueletos excavados anteriormente por Guerra de Fretes (1977). En relación con éstos últimos, al realizar la limpieza de los perfiles del sector alterado por tal excavación, se recuperó una epífisis distal de húmero de un individuo adulto. Este elemento no tiene relación con los esqueletos del entierro ni con los elementos del relleno que forman parte de lo que denominamos "individuo 6", y probablemente represente un segmento de alguno de los dos esqueletos excavados por E. Guerra de Fretes (L'Heureux y Charlin 2007).

En la UE XI se recuperaron cinco individuos, dos adultos y tres subadultos, los cuales fueron inhumados sincrónicamente. Los restos óseos de estos individuos mostraban restos de ocre y la superficie sobre la que apoyaban estaba cubierta por algunos restos vegetales dispersos. Los individuos se enterraron en un área excavada para tal fin y fueron cubiertos con grandes bloques de roca volcánica. Por encima de la estructura de entierro, la fosa se rellenó con un abundante depósito que contenía una gran cantidad de restos de fauna, algunos artefactos líticos y relativamante escaso sedimento (L'Heureux y Charlin op. cit.).

Dado que la unidad XI es un sedimento artificial depositado en forma desordenada para rellenar la fosa cavada para la inhumación de los esqueletos, se desprende la contemporaneidad de los entierros y del sedimento de relleno. Por otra parte, ambas unidades muestran fechados radiocarbónicos no distinguibles a nivel estadístico (Tabla 30.VI). La particularidad de este depósito lo diferencia completamente en su origen y funcionalidad al del sondeo 1. Por este motivo, el material de las cuadrículas 1 a 4 (donde se registran las unidades X -relleno- y XI -matriz de los entierros-), se considera como un mismo conjunto, diferente del registrado en el sondeo 1 (L'Heureux y Charlin op. cit.).

Cabe señalar que los datos presentados por Guerra de Fretes (1977) para OB1 son muy limitados y poco precisos, pero de acuerdo con los análisis estratigráficos desarrollados por Barberena (2007) es posible integrar esta información y realizar algunas inferencias con respecto a la estructura del sitio. En base a dos aspectos es posible sostener que ambos conjuntos de entierro (los seis individuos recuperados en nuestras excavaciones *vs.* los dos individuos recuperados por Guerra de Fretes) no constituían una misma inhumación. Por un lado, el pozo realizado por Guerra de Fretes se encuentra alejado del entierro excavado por nosotros (ver figura 18.VI). Por el otro, en nuestra excavación se expusieron los límites de la estructura de entierro recuperada, lo que permite defender que la misma no se extendía, en forma continua al menos, hasta el sector excavado por Guerra de Fretes. Por consiguiente, el sitio OB1 fue utilizado en más de una ocasión para la depositación formal de restos humanos (Barberena op. cit.).

Por otro lado, se han realizado análisis isotópicos sobre los individuos 1, 2, 3 y 4 (figura 19.VI). La información

Procedencia	UE	Profundidad	Edad	Técnica	Código	Tipo de muestra
Sondeo 1	II	33-37 cm	1.760 ± 70	^{14}C	LP-1462	carbón vegetal
Sondeo 1	II	46-50 cm	3.490 ± 50	AMS	Ua-21901	óseo guanaco
Cuadrícula 3	XI	70 cm	3.565 ± 45	AMS	Ua-23097	óseo humano
Cuadrícula 4	X	67 cm	3.490 ± 75	^{14}C	LP-1681	óseo guanaco

Tabla 30.VI: Fechados radiocarbónicos para el sitio Orejas de Burro 1

que presentamos procede de los estudios de R. Barberena (2007). La importancia de estos análisis en el contexto descripto radica en la posibilidad de evaluar la variación dietaria existente en algún nivel intra poblacional, de acuerdo con la penecontemporaneidad que presenta el conjunto, y en relación con la edad, ya que los individuos representan un rango etario que va desde un neonato -casi seguramente lactante- a un adulto mayor (Barberena op. cit.).

Figura 19.VI: Vista en planta del entierro de OB1 e identificación de los individuos

Para el individuo 1 (adulto joven y de sexo masculino), la interpretación conjunta de los valores de $\delta\ ^{13}$Ccol. y $\delta\ ^{15}$N permiten sostener el consumo de recursos marinos en bajas proporciones. Con respecto al individuo 2 (adulto mayor de sexo masculino), el valor de $\delta\ ^{13}$C nos ubica en un terreno de probable consumo de recursos del mar en bajas proporciones, información respaldada por los valores de $\delta\ ^{15}$N. Los valores para el individuo 3, infantil con una edad aproximada de entre 4 y 8 años y probablemente de sexo masculino, marcan que no hay consumo de recursos marinos. Esto marca una diferencia interesante con respecto a los individuos 1 y 2, que son adultos y registran el consumo de recursos marinos, lo cual plantea la hipótesis de que los recursos marinos son consumidos en forma sistemática a partir de una cierta edad mínima de entre 4 y 8 años (Barberena op. cit.).

Por último está el caso del individuo 4, que es un neonato de pocos meses de vida (lactante) y por lo tanto se encuentra en un nivel trófico por sobre su madre, lo cual impide evaluar el consumo de recursos marinos como explicación para el valor elevado de $\delta\ ^{15}$N. Una observación que realiza Barberena (op. cit.) es que la madre de este individuo tendría valores de $\delta\ ^{15}$N considerablemente más bajos que los dos individuos adultos de OB1 y presentaría muy probablemente valores isotópicos interpretables como de dieta 'terrestre'.

Orejas de Burro 2

Se trata de una cueva con doble entrada, de aproximadamente 33, 64 m^2. En la superficie de la misma se recuperaron cuatro artefactos líticos. Se realizaron tres sondeos de 1x1 m, 0,50x0,50 m y 0,50x0,50 m. Sólo el sondeo 3 resultó fértil, presentando huesos de guanaco fracturados, carbones dispersos, un fragmento de valva marina (*Nacella* sp.), una lasca ósea y artefactos líticos. El mismo cubrió un área de 0,25 m^2, alcanzando los 0,80 m de profundidad. En las tablas 31 y 32.VI se presenta la frecuencia de artefactos por clase artefactual y por materia prima, respectivamente, que fueron recuperados en superficie y estratigrafía.

	Clase artefactual		
	Artefactos formatizados	Desechos de talla	Total
Superficie	1	3	4
Sondeo 3	1	9	10
Total	2	12	14

Tabla 31.VI: Frecuencia de artefactos por clase artefactual recuperados en OB2

	MATERIA PRIMA		
	Dacita	RGFO	Total
Superficie	2	2	4
Sondeo 3	3	7	10
Total	2	12	14

Tabla 32.VI: Frecuencia de artefactos por materia prima recuperados en OB2

Orejas de Burro 3

Orejas de Burro 3 (52° 7.668' 69° 33.430') es una bóveda basáltica, en la que se abre un túnel de más de 10 m de largo por 3,6 m de ancho en su boca de entrada (figura 20.VI). La superficie cubierta es de 36 m^2, adonde se recuperaron tres artefactos líticos (un cuchillo de filo retocado en dacita silicificada y un instrumento compuesto y un desecho de talla en RGFO). El sondeo (1x1m) resultó estéril, alcanzando los 85 cm de profundidad.

Figura 20.VI: Orejas de Burro 3

Orejas de Burro 10

Es un alero de 16,2 m^2, de orientación SW, localizado a los 52° 07' 479" 69° 58' 179". Sobre el afloramiento volcánico donde se encuentra el alero se recuperó como hallazgo aislado una lasca en dacita gris verdosa. La superficie del alero fue subdividida cada 2m de longitud para efectuar la recolección de los materiales de superficie (tabla 33.VI). Se realizó un sondeo de 0,50x0,50 m que alcanzó la roca de base a los 0,25 m de profundidad (tabla 34.VI). Solamente se recuperaron desechos de talla.

	Desechos de talla				
Superficie del alero	RGFO	Dacita	Ópalo	Obsidiana verde	Total
2-4 m	5	0	1	0	6
4-6 m	5	2	0	0	7
8-10 m	0	0	0	1	1
Total	10	2	1	1	14

Tabla 33.VI: Frecuencia de artefactos recuperados en la superficie del alero OB10

	Desechos de talla			
Sondeo	RGFO	Dacita	Calcedonia	Total
Capa 1 (2-7 cm)	3	0	0	3
Capa 2 (7-12 cm)	5	0	1	6
Capa 3 (12-17 cm)	0	0	0	0
Capa 4 (17-25 cm)	0	1	0	1
Total	8	1	1	10

Tabla 34.VI: Frecuencia de artefactos por materia prima y por capa recuperados en el sondeo de OB10

Orejas de Burro 11

Es un alero de 24 m^2, con orientación SW. Presenta material en superficie, el cual fue recolectado subdividiendo la cueva en sectores de 2m de longitud (tablas 35 y 36.VI). El lito modificado por uso recuperado entre los 2-4 m del alero corresponde a un nódulo con marcas de machacado en una de sus caras, lo cual indica que posiblemente haya sido utilizado como yunque.

El sondeo realizado en OB11, de 0,50x0,50 m, presentó fragmentos de valvas de moluscos marinos, huesos de guanaco quebrados y artefactos líticos, cuyas clases artefactuales y materias primas se detallan en las tablas 37 y 38.VI. La roca de base se alcanzó a los 0,75 m.

Recolección Superficie	Artefactos Formatizados	Núcleos	Desechos de talla	Litos modificados por uso	Ecofactos	Total
0-2 m	0	0	4	0	0	4
2-4 m	1	0	5	1	1	8
4-6 m	0	0	5	0	0	5
6-8 m	0	1	1	0	0	2
10-12 m	1	0	1	0	0	2
Total	2	1	16	1	1	21

Tabla 35.VI: Frecuencia de artefactos por clase artefactual recuperados en la superficie del alero OB11

Recolección Superficie	Calcedonia	Dacita	Jaspe	Pórfiro dacítico	RGFO	Sílice	Total
0-2 m	1	2	0	0	1	0	4
2-4 m	0	3	1	0	2	0	6
4-6 m	1	1	0	1	2	0	5
6-8 m	0	0	0	0	1	1	2
10-12 m	0	0	0	1	1	0	2
Total	2	6	1	2	7	1	19

Tabla 36.VI: Frecuencia de los artefactos de superficie por materia prima en OB11

Nivel de excavación	Artefactos Formatizados	Núcleos	Desechos de talla	Ecofactos	Total
0-5 cm	1	0	4	2	7
5-10 cm	1	0	7	0	8
10-15 cm	0	0	26	1	27
15-20 cm	0	1	7	1	9
20-25 cm	0	0	4	0	4
25-30 cm	1	0	4	0	5
30-35 cm	1	0	13	3	17
35-40 cm	0	0	8	0	8
40-45 cm	0	0	8	0	8
45-50 cm	0	0	6	0	6
50-55 cm	0	0	1	1	2
55-60 cm	0	0	1	2	3
Total	4	1	89	10	104

Tabla 37.VI: Frecuencia de artefactos y ecofactos por nivel de excavación recuperados en el sondeo 1 de OB11

Nivel de excavación	Calcedonia	Dacita	Ópalo	RGFO	Indet.	Total
0-5 cm	0	2	0	10	0	12
5-10 cm	0	1	0	6	0	7
10-15 cm	5	8	1	12	0	26
15-20 cm	2	4	0	2	0	8
20-25 cm	0	1	0	2	0	3
25-30 cm	1	2	0	1	0	4
30-35 cm	3	3	0	10	0	16
35-40 cm	2	3	0	3	0	8
40-45 cm	0	1	0	7	0	8
45-50 cm	0	4	0	2	0	6
50-55 cm	0	1	1	0	0	2
55-60 cm	0	1	0	0	2	3
Total	13	31	2	56	2	104

Tabla 38.VI: Distribución de materias primas por nivel de excavación del sondeo 1 en OB11

Orejas de Burro 16

Se trata de un alero muy expuesto, con una superficie de 11,5x1,5 m, con orientación hacia el norte (figura 21.VI). La recolección de superficie del alero se efectuó mediante sectores de 2m de longitud (tabla 39.VI). Asimismo, se realizó un sondeo de 1x1 m, en el cual la totalidad de los artefactos corresponde a desechos de talla, a excepción de un instrumento compuesto, recuperado en el nivel de 15-20 cm de profundidad, manufacturado sobre una dacita con evidencias de alteración térmica (tabla 40.VI). El sedimento es arenoso y friable, homogéneo hasta la roca de base, que aparece a 47–52 cm de profundidad. En la base se observa laminación de los sedimentos, probablemente resultado de la circulación de agua.

Figura 21.VI: Orejas de Burro 16

Recolección	Desechos de talla			
Superficie	Dacita	Diabasa	RGFO	Total
0-2 m	1	0	0	1
2-4 m	0	2	0	2
4-6 m	1	0	0	1
6-8 m	2	1	1	4
8-10 m	1	0	2	3
Total	5	3	3	11

Tabla 39.VI: Frecuencia por sectores y por materia prima de los artefactos recuperados en superficie del alero OB16

Nivel de excavación	Calcedonia	Dacita	Diabasa	RGFO	Vulcanita indet.	Total
0-5 cm	0	5	0	0	0	5
5-10 cm	0	4	0	3	0	7
10-15 cm	1	2	0	2	1	6
15-20 cm	0	4	0	1	0	5
20-25 cm	1	0	1	0	0	2
30-35 cm	0	2	0	0	0	2
35-40 cm	0	0	0	0	0	0
40-45 cm	0	1	0	0	0	1
Total	2	18	1	6	1	28

Tabla 40.VI: Frecuencia de artefactos por nivel de excavación y por materia prima en el sondeo 1 del alero OB16

3.2 LOCALIDAD LAGUNA AZUL

Dentro de esta localidad se encuentra el maar Laguna Azul, cuya información geológica y paleoclimática se profundiza en capítulos subsiguientes en relación con la temática de discusión abordada en cada uno de ellos (capítulo VII.2.III y VIII.2, figura 22.VI). Aquí podemos sintetizar que se trata de una laguna de edad holocénica (*ca.* 6000 A.P) alojada en un cráter volcánico (Skewes 1978, Corbella 2000, Haberzettl *et al.* 2003, Mayr *et al.* 2005), en cuya margen NE fue sondeada una cueva, denominada Laguna Azul 1. En la estepa que circunda al cráter, se realizó otro sondeo en unos bloques erráticos localizados hacia el oriente de la laguna (Bloques Laguna Azul). Asimismo, por la zona discurren dos coladas jóvenes, de *ca.* 2,52 y 8,37 km de longitud respectivamente. Ambas coladas fueron prospectadas y se realizaron transectas longitudinales a lo largo de las mismas (ver *infra*).

La colada de menor extensión se desarrolla al norte de Laguna Azul, aproximadamente a 350 m de su margen norte, siguiendo un rumbo sur-norte. En la margen este de la colada se realizó la transecta 1 "Laguna Azul". Por su parte, la colada más larga se localiza a un promedio de 1,6 km hacia el oeste de la laguna y corre en sentido SW-NE. En la pampa intermedia entre ambas coladas se realizaron dos transectas (transectas 1 y 2 Laguna baja-Laguna seca).

Laguna Azul transecta 1

Esta transecta se desarrolló entre los 52° 0 4' 490'' 69°3 4' 894'' y 52° 07' 702" 69° 58' 621", cubriendo un área total de 14.375 m^2, adonde se realizaron 115 muestreos de 125 m^2. Solamente en 36 unidades de muestreo fueron recuperados artefactos, sumando un total de 132 piezas. En la tabla 41.VI se presenta la distribución de materias primas líticas por muestreo. Cabe señalar que los artefactos en obsidiana gris recuperados en los muestreos N° 72 y 76, corresponden a distintas variedades, por lo menos macroscópicas, de esta roca, siendo la primera de ellas gris y negro bandeada y la segunda gris jaspeada en negro. Ambos artefactos son lascas primarias.

En proximidades del inicio de la transecta 1, en la pampa entre el cráter volcánico y la colada, se realizaron cuatro hallazgos aislados, correspondientes a dos instrumentos en dacita, un desecho de talla en ópalo y un núcleo en RGFO.

Figura 22.VI: Laguna Azul

Nº Muestreo	Calcedonia	Dacita	Indet.	Obsidiana gris	Ópalo	RGFO	Sílice	Total
M7	0	1	0	0	0	0	0	1
M8	0	0	0	0	0	1	0	1
M13	0	1	0	0	0	1	0	2
M20	0	0	0	0	0	1	0	1
M23	0	1	0	0	0	0	0	1
M27	0	0	0	0	0	1	0	1
M35	0	0	0	0	0	1	0	1
M42	0	2	0	0	0	8	0	10
M43	1	0	0	0	0	1	0	2
M45	0	1	0	0	0	0	0	1
M46	0	3	0	0	0	1	0	4
M47	0	1	0	0	0	0	0	1
M48	0	2	0	0	0	0	0	2
M50	0	1	0	0	0	2	0	3
M51	0	4	0	0	0	3	0	7
M52	0	3	0	0	0	1	0	4
M55	1	1	0	0	0	5	0	7
M56	0	0	0	0	0	1	0	1
M57	3	4	0	0	0	9	1	17
M58	0	2	1	0	0	4	0	7
M59	0	1	0	0	0	0	0	1
M72	0	2	0	1	0	4	0	7
M73	1	5	0	0	0	3	1	10
M74	2	4	0	0	0	6	0	12
M75	2	2	0	0	0	4	0	8
M76	0	1	0	1	0	1	0	3
M77	1	0	0	0	0	0	0	1
M78	0	0	0	0	0	1	0	1
M81	0	1	0	0	0	0	0	1
M82	0	0	0	0	1	1	0	3
M83	2	1	0	0	0	0	0	4
M96	0	0	0	0	0	2	0	3
M98	0	1	0	0	1	3	0	5
M99	0	0	0	0	0	1	0	1
M104	0	0	0	0	0	1	0	1
M106	0	0	0	0	0	0	0	1
Total general	13	45	1	2	2	67	2	132

Tabla 41.VI: Distribución de materias primas por unidad de muestreo en la transecta 1 Laguna Azul

Laguna baja-Laguna seca

Se realizaron dos transectas que recorrieron el área (aproximadamente 52° 05' 573" 69° 54' 269") entre las coladas de Laguna Azul. En esta zona se detectaron dos lagunas, denominadas Laguna Baja y Laguna Seca. La transecta 1 recorrió el perímetro de esta última laguna (de 75x45 m aproximadamente), desde el extremo NE hacia el S. En total se recorrieron 740 m, adonde se realizaron 29 muestreos sin hallazgos.

La transecta 2 se desarrolló desde el extremo sur de la Laguna Baja hacia la Laguna Seca. Se recorrieron 500 m aproximadamente, con muestreos cada 25 m, habiéndose realizado un total de 20. Solamente en la unidad de muestreo N° 17 se recuperó una lasca en RGFO. Asimismo, en una cicatriz de erosión cercana a la Laguna Baja se recolectó como hallazgo aislado un cuchillo en dacita gris verdosa.

3.2.b Los relevamientos subsuperficiales

Laguna Azul 1

En la margen noreste del cráter fue sondeada la cueva Laguna Azul 1 (52° 04.530' 69° 34.947'), que presenta un área de 7x5m aproximadamente. Sobre el afloramiento volcánico se recuperó un núcleo en dacita como hallazgo aislado y en la superficie interna de la cueva una lasca, también en esta materia prima. Se realizaron dos sondeos de 0,50x0,50 m. Los hallazgos en capa del sondeo 1 se presentan en la tabla 42.VI. En el sondeo 2 solamente se recuperó una raedera en RGFO en la capa 1.

	Desechos de talla		
Nivel excavación	RGFO	Dacita	Total
2	2	1	3
4	2	2	4
Total	4	3	7

Tabla 42.VI: Frecuencia de artefactos por materia prima y por nivel de excavación recuperados en el sondeo 1 de Laguna Azul 1

Bloques al este de Laguna Azul

Hacia el este del cráter de Laguna Azul (52° 03.944' 69° 32.510'), se realizaron dos sondeos de 0,50x0,50 m al NE de unos bloques erráticos. En superficie se recuperó un filo de formatización bifacial de arista sinuosa (Aschero y Hocsman 2004) en dacita gris verdosa veteada. El sondeo 1 (de 40 cm de profundidad) no arrojó material lítico; sólo se recuperaron fragmentos óseos. El sondeo 2 solamente brindó desechos de talla en dos niveles de excavación (tabla 43.VI) y finalizó a la misma profundidad aproximada que el anterior.

	Desechos de talla				
Nivel excavación	Calcedonia	Dacita	Ópalo	RGFO	Total
20-25	0	0	1	2	3
25-30	2	1	0	4	7
Total	2	1	1	6	10

Tabla 43.VI: Distribución de materias primas líticas en los desechos de talla por niveles de excavación en el sondeo 2 de los bloques al este de Laguna Azul

Morro Rojo

Otro sector que fue sondeado hacia el este de Laguna Azul fue el Morro Rojo (figura 23.VI). En superficie se recuperaron dos instrumentos en RGFO como hallazgos aislados (52° 04' 108" 69° 33' 413"). Además, se realizaron dos sondeos de 0,50x0,50 m, localizados a los 52° 04.974' 69° 34.308' y 52° 05 02.9' 69° 34 25.6', que alcanzaron una profundidad de 0,50 y 0,40 m respectivamente. En la superficie del sondeo 1 se recuperaron dos desechos en dacita; el material subsuperficial de ambos sondeos se presenta en la tabla 44.VI.

Figura 23.VI: Morro Rojo

	Nivel excavación	Artefacto	Materia prima
Sondeo 1	20-25 cm	lasca indiferenciada	Dacita
Sondeo 1	35-40 cm	cuchillo filo retocado	Dacita
Sondeo 1	40-45 cm	lasca angular	RGFO
Sondeo 2	15-20 cm	lasca indiferenciada	Dacita
Sondeo 2	15-20 cm	lasca indiferenciada	Calcedonia

Tabla 44.VI: Artefactos recuperados en los sondeos 1 y 2 de Morro Rojo

El análisis de los artefactos líticos recuperados en superficie y estratigrafía en los diferentes *locus* del CVPA que fueron aquí presentados se desarrolla en los capítulos IX y X, respectivamente. En el próximo capítulo desarrollaremos los resultados de los muestreos de materias primas efectuados.

CAPÍTULO VII: LA DISPONIBILIDAD DE MATERIAS PRIMAS LÍTICAS EN EL CVPA

Introducción

La disponibilidad de materias primas líticas en Pali Aike es un tópico de importancia en esta tesis ya que constituye el marco de referencia para evaluar las estrategias de utilización de las rocas para la manufactura de los artefactos. Por este motivo, su estudio se aborda a través de distintas escalas de análisis y a partir de dos ejes de estudio, uno espacial y otro temporal. Las expectativas sobre las fluctuaciones en la disponibilidad de rocas para el Holoceno tardío se presentan en el capítulo VIII; aquí nos focalizaremos en la información espacial sobre la disponibilidad de rocas en el marco regional y en las características que ofrecen las distintas fuentes potenciales de aprovisionamiento (FPA) y los tipos de rocas utilizados para la manufactura de los artefactos.

Sobre los nódulos de roca, se relevaron variables relacionadas con el tamaño, la morfología del clasto y la calidad de la roca para la talla (*sensu* Aragón y Franco 1997) con el objetivo de lograr una comprensión de las propiedades utilitarias de las distintas materias primas líticas. Esta información se utilizó para estudiar la distribución y oferta relativa de recursos líticos en el espacio regional y de acuerdo con los elementos del paisaje (*sensu* Stafford 1995) que están funcionando como fuentes potenciales de aprovisionamiento. Estos análisis nos permitieron jerarquizar el espacio en relación con la disponibilidad de rocas y compararlo con la distribución de otros recursos.

Asimismo, se han realizado análisis geoquímicos y petrográficos sobre muestras de rocas naturales y artefactuales que nos permitieron evaluar la diversidad y procedencia de las materias primas líticas explotadas.

Finalmente, se presenta información sobre las fuentes de procedencia y la circulación de las obsidianas en Patagonia Meridional, ya que esta materia prima no se encuentra disponible en Pali Aike, pero sus distintas variedades han sido utilizadas para la manufactura de los artefactos allí presentes.

1. Las materias primas líticas utilizadas para la manufactura de artefactos y sus fuentes potenciales de aprovisionamiento

Como ha sido mencionado en el capítulo II, las investigaciones previas en Pali Aike señalan que la roca predominantemente utilizada para la manufactura de los artefactos líticos en los diferentes sitios del área es el basalto (Sanguinetti de Bórmida 1976, 1982, 1984; Gómez Otero y Fontanella 1980; Massone e Hidalgo 1981; Nami 1984a y b, 1986; Gómez Otero 1986-87, 1989-90; Prieto 1989-90, 1997, entre otros). En segundo lugar se encuentran las rocas silíceas (incluyendo sílices y calcedonias), al menos en los sitios localizados en territorio argentino[1]. Por último, se señala la explotación de las cuarcitas (Nami 1984a y b, 1986; Gómez Otero 1986-87, 1989-90) que, como hemos mencionamos en un principio, posiblemente se trate de dacitas. Por consiguiente son tres los principales tipos de rocas utilizados para la talla: el basalto, las rocas silíceas y las cuarcitas/dacitas. Asimismo, se indica que estas rocas se encuentran disponibles bajo la forma de rodados glacifluviales en las márgenes de ríos y lagunas y en hoyadas de deflación (Sanguinetti de Bórmida 1982; Massone 1984; Gómez Otero 1986-87; Nami 1986, 1994, 1999; Prieto 1997; Carballo Marina *et al.* 2000; Ercolano *et al.* 2000; Espinosa *et al.* 2000; Ercolano y Carballo Marina 2005). Por lo tanto, se trata de fuentes secundarias de aprovisionamiento lítico (*sensu* Nami 1985).

Para evaluar la disponibilidad de materias primas líticas en Pali Aike con una base cuantitativa que nos permita comparar la oferta relativa de recursos líticos en las diferentes zonas del campo volcánico, hemos seguido la estrategia de muestreo de fuentes potenciales de aprovisionamiento propuesta por Franco y Borrero (1999, ver capítulo IV.1.b.1). De esta forma hemos realizado un total de 61 muestreos de roca, cuyos resultados se presentan en el apartado 2 de este capítulo. Asimismo, se realizaron análisis geoquímicos y petrográficos sobre una selección de muestras artefactuales y naturales, cuyos resultados se presentan como introducción al desarrollo de este capítulo, ya que los mismos ofrecen un panorama algo diferente al referido en las investigaciones previas.

1.a Los análisis geoquímicos

Distintas muestras artefactuales procedentes de varios sitios de Pali Aike manufacturadas sobre "basalto" fueron sometidas a análisis geoquímicos realizados por el Dr. Massimo D'Orazio (Dip. Scienze della Terra, Università di Pisa, Pisa, Italia).

Dado que en los muestreos de rocas realizados durante el primer trabajo de campo en Pali Aike, focalizados en el sector meridional del campo volcánico, no habíamos recuperado nódulos de basalto, las muestras analizadas geoquímicamente fueron en su totalidad artefactuales. En la selección de las mismas se siguieron dos criterios principales: lograr la mayor cobertura espacial posible y cubrir la variabilidad de tipos de basalto que se había observado macroscópicamente en los artefactos.

Con respecto al primer punto, ya que las muestras propias se restringían a sitios relevados en el extremo SE de Pali Aike, se contó con la colaboración de la Dra. Amalia Sanguinetti de Bórmida, quien nos facilitó muestras artefactuales procedentes de los sitios Palermo Aike y El Volcán, localizados en la cuenca de los ríos Gallegos y Chico respectivamente. Asimismo, la Dra. Nora Franco

[1] Según las referencias bibliográficas parecería que en los sitios localizados en la porción chilena del campo volcánico el "silex" (Prieto 1989-90) es utilizado en segundo lugar, pero la calcedonia tiene una representación minoritaria.

puso a nuestra disposición los artefactos recuperados en el cañadón Gap, ubicado aproximadamente a 30 km hacia el norte de Cabo Vírgenes y cercano a la costa atlántica. El conjunto de estas muestras nos brindaba una cobertura espacial amplia que nos permitía evaluar la existencia de variabilidad en los tipos de basalto utilizados en distintos sectores del CVPA (figura 1.VII). Esto era importante ya que los estudios previos de D'Orazio y coautores (2000) indicaban la existencia de distintas coladas basálticas con diferente composición geoquímica.

En relación con la variabilidad que se observa macroscópicamente en los basaltos utilizados para la manufactura de los artefactos, ésta parecía encontrarse en relación con dos aspectos: la presencia y tamaño de los fenocristales en la pasta y la textura de la corteza (también denominada textura superficial o superficie de alteración, ver capítulo IV). En base al primer criterio diferenciamos macroscópicamente tres tipos de basalto:

- Basalto homogéneo: la pasta es completamente uniforme; no se distinguen fenocristales
- Basalto con fenocristales pequeños: los fenocristales se distinguen por su brillo en la pasta, más que por la observación directa de los mismos.
- Basalto con fenocristales medianos: se observan fenocristales con formas reconocibles

En relación con la textura de la corteza también se diferenciaron tres tipos:

- Textura vesicular: la superficie de alteración del nódulo presenta marcas de forma esférica producto del escape de gases previo a la consolidación de la roca (Etchichury com. pers. 2007). Este tipo de textura corresponde a rocas de naturaleza volcánica (Etchichury com. pers. 2007). De esta forma, la superficie externa de la roca tiene una apariencia poceada, con hoyuelos relativamente grandes. Nami (1986) denomina a este tipo de textura "alveolar" (figura 2.VII).
- Textura con marcas en V y en forma de medialuna (*sensu* Scasso y Limarino 1997): la superficie del nódulo se encuentra marcada por pequeñas líneas con sección en V, producto del arrastre glaciar, y formas semicirculares a modo de medialuna, resultado del transporte fluvial o fluvioglaciar (Scasso y Limarino op. cit.; Etchichury com. pers. 2007. Ver capítulo IV) (figura 3.VII).
- Textura salpicada: es una superficie áspera, rugosa, granular (figura 4.VII)

En la tabla 1.VII se enumeran los artefactos seleccionados para el análisis geoquímico y su procedencia espacial según los sitios arqueológicos.

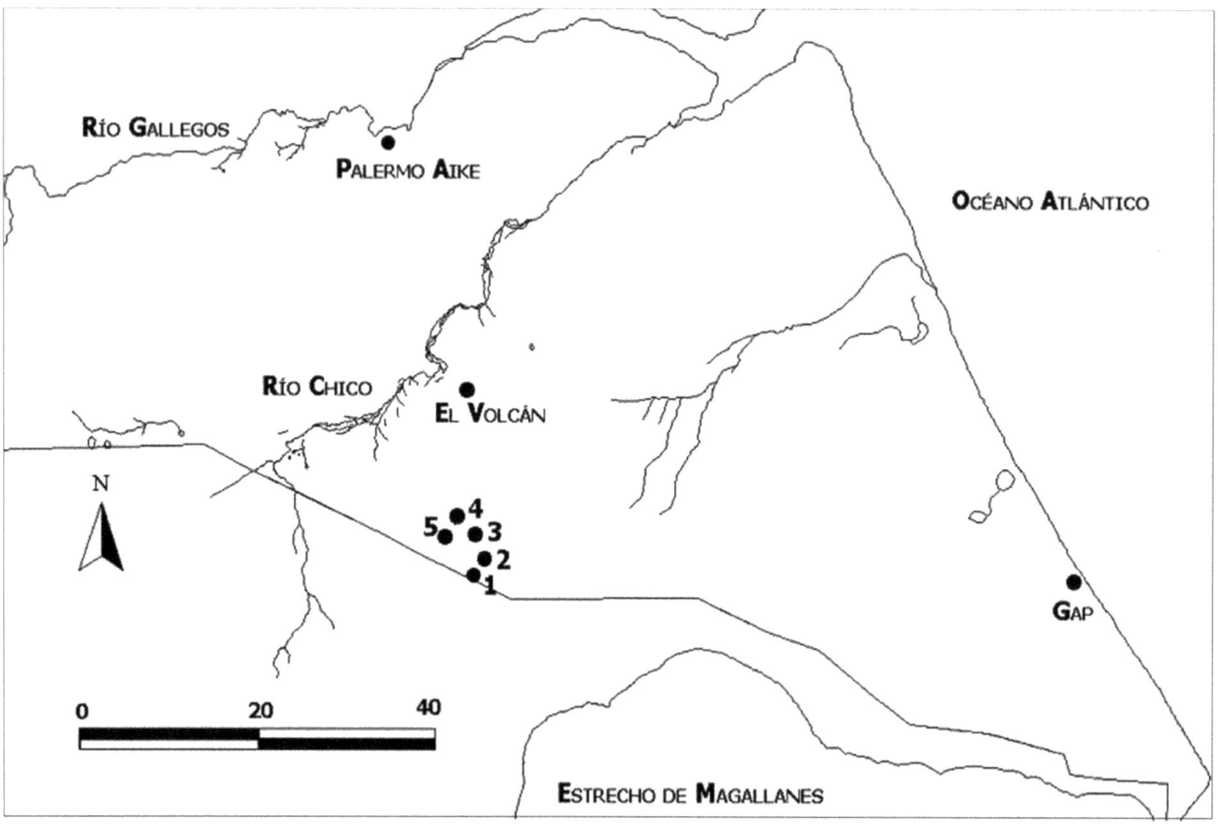

Referencias: 1. OB1, 2. Hallazgo aislado en cono contiguo a OB1, 3. Laguna Azul transecta 1 muestreo 27, 4. Laguna Azul transecta 1 muestreo 57, 5. Laguna Baja-Laguna Seca transecta 2 muestreo 17

Figura 1.VII: Localización en el espacio regional de las muestras artefactuales analizadas geoquímicamente

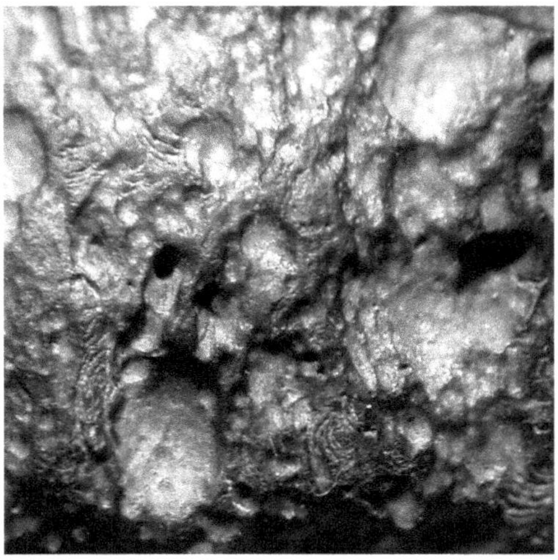

Figura 2.VII: Textura vesicular

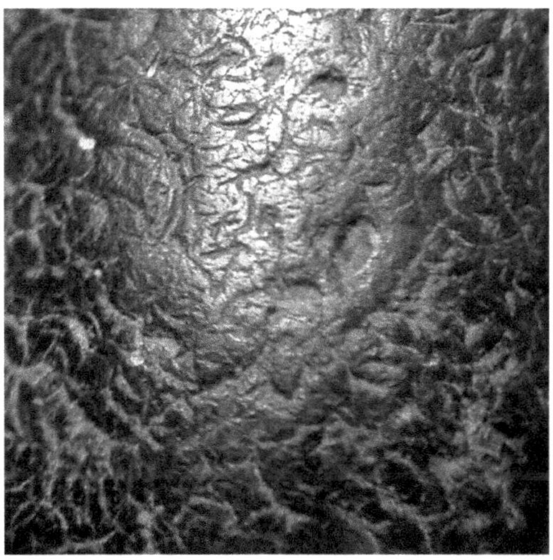

Figura 3.VII: Textura con marcas en V y en forma de medialuna

Figura 4.VII: Textura salpicada

Los resultados del análisis geoquímico comunicados por D'Orazio (com. pers. 2003) son los siguientes:

1. Ninguna de las muestras artefactuales analizadas ha sido manufacturada sobre rocas del Plioceno-Cuaternario del campo volcánico Pali Aike (ver tabla 2.VII y figura 5.VII).

2. Todas las muestras, excepto N° 1 y 135, son probablemente dacitas, con una distribución de elementos típica de rocas orogénicas (tabla 2.VII). En consecuencia no se encuentran relacionadas con las rocas volcánicas de los *plateau* basálticos cenozoicos de Patagonia (ver comparación de la composición geoquímica en la figura 5.VII).

3. Las muestras N° 2, 3, 4, 6, 57, 128 y 134 son composicionalmente muy similares, por lo tanto probablemente fueron manufacturadas sobre el mismo tipo de dacita (figuras 6 y 7.VII). En el diagrama triangular de Bario (Ba), Rubidio (Rb) y Circonio (Zr) estas siete muestras caen aproximadamente en el mismo punto (ver figura 6.VII) y el corte delgado que se efectuó sobre un resto de la muestra N° 57 del sondeo 1 de OB1 indicó que se trata de dacita.

4. Las muestras N° 1, 102 y 135 corresponden, cada una de ellas, a diferentes tipos de rocas (tabla 2.VII, figuras 6 y 7.VII).

5. Las muestras N° 1 y 135 contienen una fracción elevada de material negro insoluble en ácido (grafito o pirita), por consiguiente se trata de rocas sedimentarias, probablemente areniscas o esquistos negros. La composición en elementos mayoritarios es concordante con esta interpretación.

6. La naturaleza de la muestra N° 102 es más problemática. Podría tratarse de una arenisca negra o de una roca volcánica alterada.

Sitio	N° inv	Clasificación Macroscóp.	Textura de la corteza	Clase Artefactual
Orejas de Burro-hallazgo aislado	1	Basalto homogéneo	salpicada	Núcleo poliédrico
Transecta 2 laguna baja a laguna seca-unidad 17	2	Basalto con fenocristales medianos	marcas en V y medialuna	Lasca angular
Palermo Aike-terraza alta	3	Basalto con fenocristales medianos	vesicular	Lasca con dorso natural
El Volcán-talud	4	Basalto con fenocristales medianos	marcas en V y medialuna	Lasca angular
El Volcán-cueva 1 capa 3 sector d	6	Basalto con fenocristales medianos	vesicular	Lasca primaria
Cueva Orejas de Burro1 sondeo 1 capa 3 UE II*	57	Basalto homogéneo	vesicular	Núcleo bipolar
Laguna Azul Transecta1 Muestra 27	134	Basalto con fenocristales medianos	vesicular	Lasca con dorso natural
Gap- Cañadón 1 Transecta1	102	Basalto homogéneo	marcas en V y medialuna	Unifaz
Gap- Cañadón 1 Transecta1	128	Basalto con fenocristales medianos	marcas en V y medialuna	Lasca angular
Laguna Azul Transecta1 Muestra 57	135	Basalto homogéneo	nc**	Lasca indeterminada

*UE: Unidad estratigráfica ** nc: No corresponde*

Tabla 1.VII: Procedencia, características de la pasta, textura de la corteza y clasificación artefactual de las muestras analizadas geoquímicamente.

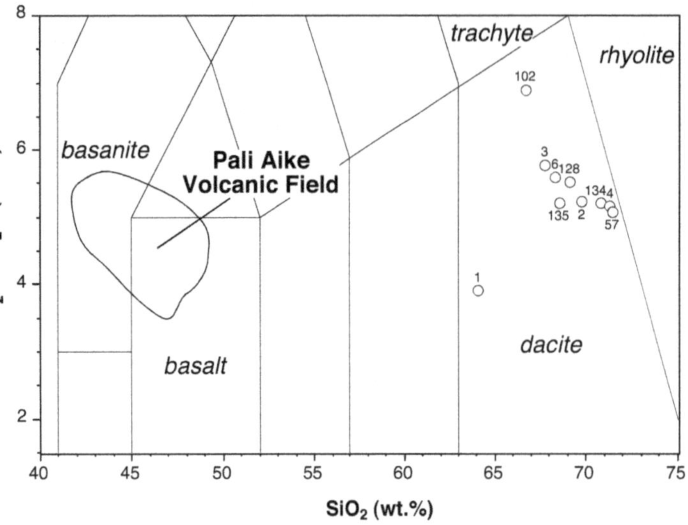

Figura 5.VII: Comparación de la composición geoquímica de los plateau basálticos del CVPA y los artefactos líticos analizados (gentileza de D' Orazio 2003)

	1-OdB	2-LBLS	3-PA	4-EV	6-EV	57-OdB	102-CG	128-CG	134-LA	135-LA
	**	*	*	*	*	*	***	*	*	****
SiO2 (wt.%)	62,8	69,8	66,9	71,0	67,2	71,2	66,0	69,0	70,3	67,1
TiO2	1,10	0,95	0,97	0,88	0,95	0,89	0,80	0,93	0,87	0,59
Al2O3	19,3	12,9	13,6	12,2	13,4	12,2	15,6	13,1	12,4	17,6
Fe2O3 tot	6,69	5,91	6,18	5,49	5,97	5,46	4,72	5,97	5,68	4,96
MnO	0,04	0,11	0,12	0,11	0,12	0,11	0,13	0,11	0,11	0,16
MgO	1,82	1,27	1,27	1,15	1,27	1,14	1,34	1,24	1,14	1,79
CaO	2,19	3,66	3,78	3,39	3,72	3,39	3,33	3,64	3,41	0,45
Na2O	1,17	2,88	3,10	2,81	3,04	2,73	4,55	3,01	2,82	1,96
K2O	2,67	2,37	2,60	2,34	2,47	2,33	2,29	2,52	2,36	3,15
P2O5	0,34	0,26	0,28	0,25	0,28	0,25	0,28	0,27	0,25	0,09
LOI	1,11	0,64	0,75	0,74	0,62	0,81	0,61	0,82	0,56	2,05
Be (ppm)	1,5	1,7	1,8	1,8	1,8	1,7	2,7	1,8	1,7	2,4
Sc	41	17	26	19	23	18	16	24	21	21
V	245	75	72	61	70	61	31	67	64	124
Cr	38	1	1	1	1	1	1	1	1	43
Co	36	9	9	8	9	8	5	9	8	7
Ni	28	4	3	2	3	3	3	2	2	23
Cu	88	10	10	8	10	8	5	8	8	28
Ga	20,1	13,1	15,2	13,3	14,9	13,0	16,2	14,6	13,9	17,9
Rb	66	84	93	83	91	83	52	93	87	110
Sr	129	215	232	208	236	206	375	226	215	117
Y	35	37	40	35	39	35	27,5	38	36	19,3
Zr	130	186	203	181	204	180	413	195	188	102
Nb	5,2	7,3	8,2	7,3	8,2	7,2	15,6	7,9	7,5	8,2
Cs	3,1	3,7	4,1	3,6	4,0	3,6	2,21	4,1	3,8	5,0
Ba	217	428	474	423	468	419	512	461	438	712
La	17,7	23,7	26,3	23,4	26,2	23,0	35	25,4	24,1	18,0
Ce	38	54	59	53	58	52	74	57	54	47
Pr	5,1	6,9	7,6	6,8	7,4	6,7	8,6	7,3	6,8	4,7
Nd	22,1	28,1	30,8	27,5	30,4	27,3	31,6	30,3	28,1	18,0
Sm	5,2	6,3	7,1	6,2	6,8	6,2	5,8	6,7	6,4	3,6
Eu	2,08	1,48	1,63	1,22	1,59	1,27	1,91	1,61	1,19	0,55
Gd	5,4	5,7	6,3	5,6	6,2	5,4	4,5	6,4	5,8	2,87
Tb	0,88	1,01	1,12	1,01	1,07	0,91	0,80	1,08	0,98	0,50
Dy	5,6	6,0	6,7	5,7	6,4	5,8	4,5	6,4	5,7	3,02
Ho	1,18	1,29	1,36	1,19	1,30	1,19	0,96	1,29	1,20	0,72
Er	3,3	3,5	3,6	3,2	3,7	3,3	2,66	3,6	3,3	1,93
Tm	0,49	0,53	0,57	0,50	0,55	0,51	0,44	0,55	0,53	0,31
Yb	2,98	3,3	3,6	3,1	3,4	3,00	2,66	3,4	3,2	1,93
Lu	0,48	0,48	0,54	0,48	0,54	0,48	0,45	0,53	0,48	0,32
Hf	3,5	5,2	5,7	5,0	5,5	5,1	8,9	5,5	5,2	3,02
Ta	0,44	0,60	0,62	0,57	0,65	0,56	1,01	0,63	0,55	0,69
Tl	0,25	0,47	0,59	0,48	0,64	0,47	0,35	0,64	0,55	0,65
Pb	9	15	16	14	16	17	13	16	15	20
Th	4,0	8,7	9,5	8,4	9,5	8,4	8,6	9,2	8,8	10,9
U	1,31	2,64	2,71	2,56	2,56	2,42	2,11	2,68	2,45	2,02

** la cantidad de asteriscos indica la similitud entre las rocas*

*<u>Referencias</u>: **1-OdB:** Orejas de Burro-hallazgo aislado N° 1, **2-LBLS**: transecta 2 laguna baja a laguna seca N° 2, **3-PA**: Palermo Aike-terraza alta N° 3, **4-EV**: El Volcán-talud N° 4, **6-EV**: El Volcán-cueva 1 N° 6, **57-OdB**: Orejas de Burro 1-sondeo 1 N° 57, **102-CG**: Gap-Cañadón 1 transecta 1 N° 102, **128-CG**: Gap-Cañadón 1 transecta 1 N°128, **134-LA**: Laguna Azul transecta 1 N° 134, **135-LA**: Laguna Azul transecta 1 N° 135.*

Tabla 2.VII: Composición geoquímica de las muestras artefactuales analizadas

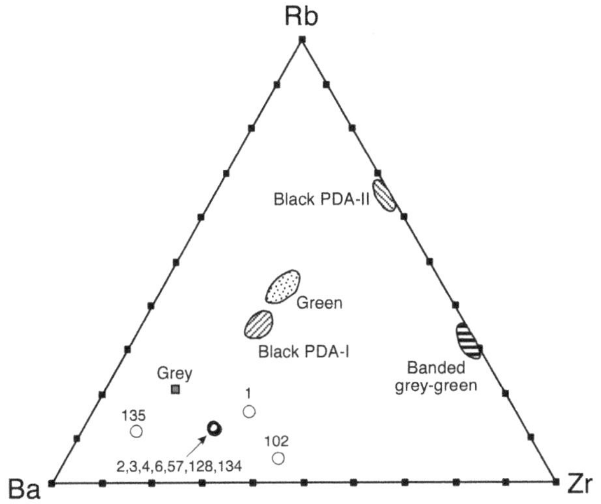

Figura 6.VII: Ubicación en el diagrama de Bario (Ba), Rubidio (Rb) y Circonio (Zr) de las muestras artefactuales analizadas geoquímicamente (gentileza de D' Orazio 2003)

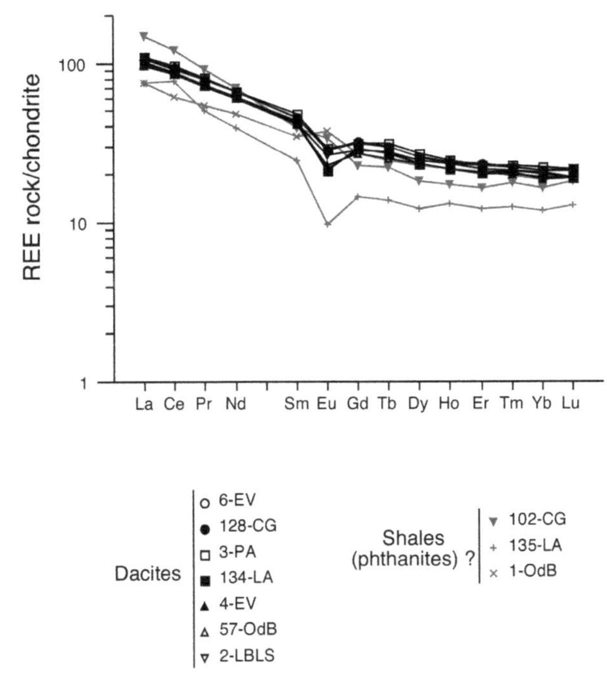

Referencias: La: Lantano, Ce: Cerio, Pr: Praseodimio, N: Neodimio, Pm: Promecio, Sm: Samario, Eu: Europio, Gd: Gadolino, Tb: Terbio, Dy: Disprosio, Ho: Holmio, Er: Erbio, Tm: Tulio, Yb: Iterbio, Lu: Lutecio.

Figura 7.VII: Diagrama de tierras raras de las muestras artefactuales analizadas geoquímicamente

Varias conclusiones se desprenden de estos resultados en relación con la explotación de las materias primas líticas en Pali Aike. En primer lugar y de mayor importancia, los afloramientos primarios de Pali Aike no han sido utilizados como fuente de abastecimiento de basalto, a pesar de su abundante oferta. Esto puede encontrarse relacionado con la baja calidad para la talla que presenta este tipo de basalto, tal como pudimos observarlo en los recorridos de los conos volcánicos y a partir de las muestras tomadas de bloques basálticos de estos afloramientos.

En segundo lugar, debido a la existencia de rocas de distinta naturaleza -volcánica y sedimentaria- semejantes macroscópicamente al basalto, se decidió denominar a este conjunto de materias primas de color negro, como rocas de grano fino oscuras (RGFO). Al respecto, Nami (1999) denomina a las variedades volcánicas, tales como andesitas, dacitas y basaltos, "rocas volcánicas negras".

En tercer lugar, en base a las muestras que estuvieron sujetas al análisis geoquímico es posible sostener que, al menos las variedades volcánicas de estas rocas (dacitas) han circulado por los distintos sectores de Pali Aike, encontrándose representadas hacia el norte del campo volcánico (muestra N° 3), en la zona central (muestras N° 4 y 6) y en el extremo meridional (muestras 1, 2, 57 y 134), incluyendo el sector más cercano a la costa atlántica (muestra N° 128).

Por otro lado, la diferenciación macroscópica de los tipos de roca en base a las características de la pasta nos sirve como una herramienta analítica de grano grueso que nos permite distinguir las variedades volcánicas de las sedimentarias según la presencia o ausencia de fenocristales (sin importar su tamaño), respectivamente. De este modo es posible clasificar las RGFO macroscópicamente en dos grandes grupos diferenciados por su génesis: RGFO volcánicas y RGFO sedimentarias. Si bien la textura de la corteza es un indicador de menor resolución, ya que se encuentra determinada principalmente por el agente de transporte (Scasso y Limarino op. cit.), la textura vesicular se encuentra asociada a rocas volcánicas extrusivas, ya que es el resultado del escape de gases al disminuir la presión (Etchichury com. pers. 2007) y por consiguiente puede ser utilizado como un indicador de RGFO volcánicas. Por otro lado, la textura salpicada se ha registrado solamente en un ejemplar sedimentario, lo cual podría constituir un indicador en este sentido. Esto deberá ser profundizado en el futuro.

Finalmente, y en relación con la metodología de investigación, estos resultados fueron el punto de partida para realizar un análisis petrográfico más extenso de las muestras clasificadas macroscópicamente como basalto, con el objetivo de evaluar si existía una disponibilidad y explotación diferencial de los distintos tipos de RGFO. A continuación se presentan los resultados de los cortes delgados que han sido realizados sobre distintas muestras de RGFO.

1.b La determinación petrográfica

La determinación petrográfica por medio del análisis de cortes delgados ha sido realizada por el Dr. Eugenio Aragón[2] y la Dra. María Clara Etchichury[3]. En el anexo 1

[2] Centro de Investigaciones Geológicas (UNLP-CONICET)

se adjunta la descripción megascópica y microscópica de los mismos. Del conjunto de artefactos que fueron enviados a Italia para el análisis geoquímico, solamente fue posible guardar muestras comparativas de dos de ellos, debido a su pequeño tamaño. Las mismas corresponden a las piezas Nº 1 y 3 analizadas por D'Orazio. Sin embargo, en base a los criterios de "tipo de pasta" y "textura de la corteza" se habían seleccionado otros artefactos como comparativos de los enviados, los cuales fueron utilizados para el análisis petrográfico, junto con otras muestras de RGFO que fueron recuperadas en campañas posteriores. Debido a la variabilidad que había revelado el análisis geoquímico supusimos que tales muestras no iban a resultar "verdaderamente comparativas", pero para nuestra sorpresa las muestras seleccionadas como comparativas de aquéllas que fueron determinadas geoquímicamente como variedades volcánicas o sedimentarias de las RGFO, también resultaron tales en la determinación petrográfica. Estos resultados apoyan la diferenciación de las RGFO en volcánicas y sedimentarias sobre la base de la presencia/ausencia de fenocristales en la pasta y la textura de la corteza. Asimismo, si consideramos la composición de la pasta en la muestra total de RGFO (*n*=45) que ha sido sometida a cortes delgados (tabla 3.VII), solamente en seis casos sobre 30 que han sido determinados como rocas volcánicas, no se diferenciaron fenocristales, uno de ellos por la intensidad de la pátina que presenta el artefacto.

Con respecto a la textura de la corteza, consideramos a la textura vesicular como un indicador de RGFO volcánicas (sería un número mínimo, ya que pueden presentar otras texturas). La corteza vesicular ha sido registrada principalmente en las variedades basálticas identificadas en Potrok Aike, Palermo Aike y El Indio (ver I.1.a, I.2, I.3 y 4 en este capítulo). En este sentido, debemos tener en cuenta que los distintos tipos de rocas reaccionan en un tiempo y un modo diferente a los procesos de alteración física y química (Ehlers y Blatt 1980, Luedtke 1992, entre otros), por lo tanto la textura superficial puede ser considerada como un indicador *grosso modo* de la naturaleza de las rocas, como así también las pátinas[4] (ver Borrazzo 2004). De hecho, los efectos de la meteorización se encuentran condicionados por la isotropía, tamaño de grano, conductividad termal y mineralogía de las rocas (ver referencias en Borrazzo op. cit.).

En la tabla 3.VII se presentan las muestras que fueron sometidas a cortes delgados, su determinación petrográfica y su relación con las muestras analizadas geoquímicamente. Se incluyen las características de la pasta y la textura de la corteza.

Como puede observarse, las RGFO comprenden tipos petrográficos tales como vitrófiros y pórfiros dacíticos, dacita, traquita, andesita y basalto entre las variedades volcánicas, y ftanita, lutita, grauvaca y fangolita entre las variedades sedimentarias. Asimismo se registra una variedad metamórfica asignada a esquisto clorítico.

En este punto nos interesa señalar que frente a las discrepancias entre la determinación macro y microscópica que pusieron en evidencia los análisis realizados, es probable que en la mayoría de las investigaciones previas en los sitios del área las rocas clasificadas como basalto correspondan a alguno de estos tipos. Al respecto, Ratto (1994) ha señalado que varias muestras artefactuales de Juni Aike y Potrok Aike clasificadas macroscópicamente como basalto fueron determinadas al microscopio por el Dr. Teruggi como andesita. Asimismo, Nami (1999) se refiere a "rocas volcánicas negras" en relación a las andesitas, dacitas y basaltos utilizados para la manufactura de artefactos, las cuales se encuentran disponibles en la laguna Pali Aike y la del cerro Mackenzie, siendo escasas en la cuenca del río Chico (ver apartado I.3 en este capítulo).

2. Los muestreos de rocas realizados

Para presentar la información sobre la disponibilidad de materias primas en el área de estudio, la misma ha sido segmentada en cinco grandes sectores de acuerdo con su localización relativa en el espacio regional. La segmentación en sectores cumple la función de ordenar la presentación de los datos y brindar una ubicación relativa en el espacio del campo volcánico y los sectores costeros colindantes. Cada uno de los sectores diferenciados incluye distinto tipo de fuentes potenciales de aprovisionamiento según los elementos del paisaje (*sensu* Stafford 1995) que estén funcionando como tales. Por este motivo, el análisis específico de la disponibilidad de rocas por elemento del paisaje se desarrolla en el apartado 3. Aquí tan solo se presentan, a modo descriptivo, los muestreos de rocas según su localización relativa en el CVPA. Los cinco sectores diferenciados son los siguientes:

I. Sector septentrional: comprende la margen norte y sur del río Gallegos,. Debido a su amplitud, este sector abarca distintos contextos geomorfológicos tales como el valle del río Gallegos, la meseta terciaria de la margen norte y las lagunas del interfluvio Gallegos-Chico, en la margen sur.

II. Sector central: cubre principalmente el curso medio del río Chico y los sectores de estepa aledaños en la margen sur.

III. Sector meridional: incluye los afloramientos volcánicos más australes, localizados en el extremo SE de Pali Aike, próximos a la frontera internacional con Chile.

[3] Sección Petrografía, Depto de Geología, Museo de Ciencias Naturales Bno. Rivadavia (UBA)

[4] Nos referimos a la susceptibilidad de los diferentes tipos de rocas a las condiciones atmosféricas. Así, las rocas básicas (p.e el basalto) son menos estables que las ácidas al ambiente superficial, ya que los minerales que las forman cristalizaron a altas temperaturas y presiones y, por ello, se meteorizan más rápidamente (Ehlers y Blatt 1980).

Procedencia de las muestras	Nº Inv	Tipo de muestra	Tipo de pasta	Textura corteza	Determinación petrográfica	Comparativa de muestras geoquím
Orejas de Burro-hallazgo aislado	1	artefacto	homogénea	salpicada	Ftanita	misma
Palermo Aike-terraza alta	3	artefacto	con fenocristales	vesicular	Vitrófiro dacítico	misma
El Volcán-talud	5	artefacto	con fenocristales	vesicular	Pórfiro dacítico	Cañadón Gap
Laguna Azul Transecta 1-Muestreo 27	95	artefacto	con fenocristales	lisa	Vitrófiro dacítico	Laguna Azul Nº 134
Laguna Azul Transecta 1-Muestreo 57	136	artefacto	homogénea	nc	Grauvaca	Laguna Azul Nº 135
Cañadón Gap-Transecta1	107	artefacto	homogénea	Marcas en V y medialunas	Ftanita	Cañadón Gap Nº 102
Cañadón Gap-Transecta1	137	artefacto	no diferenciado*	nc	Traquita-dacita	nc
Cañadón Gap-Transecta1	3	artefacto	homogénea	nc	Lutita silicificada	nc
Cañadón Gap-Transecta1	158	artefacto	homogénea	nc	Lutita silicificada	nc
Cóndor 1 cuad. 4E capa 3	28	artefacto	con fenocristales	con medialunas	Basalto	nc
Cóndor 1 cuad. 4E capa 3	24	artefacto	homogénea	lisa	Dacita	nc
Cóndor 1 Talud 1 Segmento 9	6	artefacto	homogénea	nc	Basalto	nc
Cóndor 1 Talud 2 Segmento 7	1	artefacto	con fenocristales	nc	Basalto	nc
Cóndor 1 Talud 1 Segmento 11	1	artefacto	homogénea	vesicular	Basalto	nc
Cóndor 1 Talud 1 Segmento 8	2	artefacto	homogénea	vesicular	Basalto	nc
Cóndor 1 Talud 1 Segmento 4	2	artefacto	homogénea	lisa	Esquisto clorítico	nc
Cóndor 1 Talud 1 Segmento 4	5	artefacto	con fenocristales	vesicular	Basalto	nc
Las Buitreras 1	23	nódulo	con fenocristales	vesicular	Vitrófiro	nc
Las Buitreras 1	26	nódulo	con fenocristales	Marcas en V y medialunas	Vitrófiro dacítico	nc
Las Buitreras 2	13	nódulo	homogénea	lisa	Ftanita	nc
Palermo Aike 1	2	nódulo	con fenocristales	vesicular	Vitrófiro dacítico	nc
Palermo Aike 1	6	nódulo	con fenocristales	vesicular	Basalto	nc
Palermo Aike 1	14	nódulo	homogénea	lisa	Ftanita	nc
Palermo Aike 1	27	nódulo	con fenocristales	vesicular	Basalto	nc
Palermo Aike 1	28	nódulo	con fenocristales	lisa	Andesita	nc
Palermo Aike 2	23	nódulo	homogénea	lisa	Grauvaca	nc
Palermo Aike camping 1	9	nódulo	con fenocristales	lisa	Dacita	nc
Palermo Aike camping 1	14	nódulo	homogénea	lisa	Ftanita	nc
Palermo Aike camping 3	26	nódulo	con fenocristales	lisa	Dacita	nc
Primero de Mayo	FTM**	nódulo	con fenocristales	vesicular con medialunas	Vitrófiro	nc
Potrok Aike 1	24	nódulo	homogénea	lisa	Roca porfírica silicificada	nc
Potrok Aike 1	20	nódulo	con fenocristales	Marcas en V y medialunas	Roca porfírica basáltica	nc
Potrok Aike 1	26	nódulo	con fenocristales	vesicular	Andesita	nc
Potrok Aike 1	25	nódulo	homogénea	lisa	Lutita	nc
Potrok Aike 2	1	nódulo	con fenocristales	vesicular	Roca porfírica basáltica	nc
Potrok Aike 2	27	nódulo	con fenocristales	vesicular	Basalto olivínico	nc
Potrok Aike 2	28	nódulo	homogénea	lisa	Pelita lutítica	nc
El Zurdo 1	7	nódulo	con fenocristales	lisa	Basalto	nc
El Zurdo 1	9	nódulo	homogénea	lisa	Lutita	nc
Güer Aike 3	26	nódulo	homogénea	lisa	Roca basáltica alterada	nc
Güer Aike 4	39	nódulo	con fenocristales	lisa	Roca volcánica alterada	nc
Punta Loyola 1	16	nódulo	con fenocristales	lisa	Roca volcánica alterada	nc
Punta Loyola 1	45	nódulo	homogénea	lisa	Fangolita	nc
Punta Loyola 1	56	nódulo	homogénea	lisa	Roca silicificada, posiblemente sedimentaria	nc
Punta Loyola 2	FTM**	nódulo	con fenocristales	con medialunas	Basalto	nc

** por pátina ** fuera de tiempo de muestreo*

Tabla 3.VII: Determinación petrográfica de muestras artefactuales y naturales de RGFO y su correlación con las muestras sometidas a análisis geoquímicos

IV. Costa Atlántica: hacia el oriente del campo volcánico, entre Punta Bustamante y Punta Dungeness.

V. Costa norte del estrecho de Magallanes: es el sector más austral del área de estudio, localizado en territorio chileno. Por este motivo, dado que no contamos con datos propios sobre la oferta de rocas en este sector, el mismo se caracteriza en base a la información bibliográfica disponible.

En la figura 8.VII se muestra la localización de cada uno de los muestreos de rocas realizados en los distintos sectores. En cada uno de los sectores diferenciados se incluyen, además de los datos propios, las referencias bibliográficas sobre la disponibilidad de materias primas líticas. Dado que el análisis específico de las características y disponibilidad de rocas es desarrollado en el apartado 3, aquí se presentan y describen los muestreos realizados de acuerdo con su ubicación espacial, la cantidad de muestreos por localidad, la relación personas/tiempo en la recolección de rocas y la composición petrográfica de los conjuntos. Como en los apartados subsiguientes el análisis se focaliza sobre los tipos de rocas que han sido utilizados en la manufactura de artefactos, en este apartado se presentan con más detalle las características generales de los distintos conjuntos relevados.

La identificación petrográfica comprendió el trabajo en dos escalas complementarias: por un lado, la determinación microscópica a través de cortes delgados (ver Anexo 1), los cuales se utilizaron posteriormente como muestras comparativas de referencia, y por otro lado, la determinación megascópica con el asesoramiento y colaboración de la Dra. Etchichury, en la Sección Petrografía del Departamento de Geología del Museo Argentino de Ciencias Naturales B. Rivadavia. En la tabla 4.VII se presenta el marco de referencia que guió la identificación megascópica de las rocas. En este punto, queremos realizar algunas aclaraciones con respecto a la identificación de las rocas y las categorías de clasificación utilizadas. Existen casos en los que no fue posible realizar una asignación petrográfica específica a ojo desnudo, por consiguiente esos ejemplares fueron clasificados de un modo general de acuerdo con su

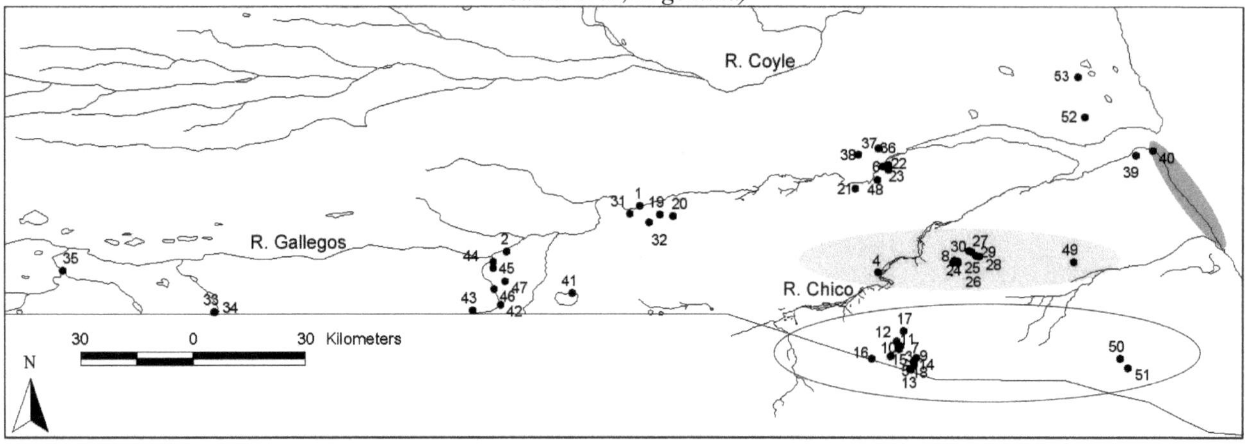

Figura 8.VII: Localización en el CVPA de los muestreos de rocas realizados. En gris claro se marca el sector central,con una línea negra el sector meridional y en gris oscuro la costa Atlántica. El resto de los muestreos corresponden al sector septentrional.

Referencias: 1. Las Buitreras 2, 2. La Carlota 1, 3. Azul 7 y 8, 4.Río Chico 1 y 2, 5. Orejas de Burro 1, 6. Palermo Aike camping 1, 7. Azul 6, 8.Tres de Enero 2, 9. Azul 1 y 2, 10. Azul 3, 11. Azul 4, 12. Azul 5, 13. Orejas de Burro 2, 14. Orejas de Burro 3, 15. La Olla 1, 16. La Olla2, 17. Paleocauce 1, 2 y 3, 18. Monte Aymond 1, 19. Primero de Mayo 2, 20. Primero de Mayo 3, 21. Palermo Aike 1 y 2, 22. Palermo Aike camping 2, 23. Palermo Aike camping 3, 24. Tres de Enero 1, 25. Tres de Enero 3, 26. Tres de Enero 4, 27. Azul 5, 28. Azul 6, 29. Don Bosco 1, 30. Don Bosco 2, 31. Las Buitreras 1, 32. Primero de Mayo 1, 33. El Zurdo 1, 34. El Zurdo 2, 35. Puente Blanco, 36. Güer Aike 1 y 2, 37. Güer Aike 3, 38. Güer Aike 4, 39. Loyola 1, 40. Loyola 2, 41. Potrok Aike 1 y 2, 42. La Carlota 2, 43. La Carlota 3, 44. La Carlota 4, 45. La Carlota 5, 46. La Carlota 6, 47. La Carlota 7, 48. Palermo Aike 3, 49. Frailes I, 50. Frailes II.1, 51. Frailes II. 2, 52. El Indio 1, 53. El Indio 2

COMPOSICIÓN MINERAL		**ROCAS CLARAS**				**LIGERAMENTE COLOREADAS**		**ROCAS OSCURAS**	
Minerales Claros		Principal: Feldespato potásico		Subordinado: Plagioclasa sódica		Principal: Plagioclasa		Plagioclasa cálcica	Sin Plagioclasa
Minerales Oscuros		Biotita, Hornblenda, Piroxenos						Piroxenos, Hornblenda, Olivina	Piroxenos, Hornblenda, Olivina, Biotita
Pres/ausenc de Cuarzo		Con Cuarzo	Sin Cuarzo	Con Cuarzo	Sin Cuarzo	Con Cuarzo	Sin Cuarzo	Con Cuarzo	Sin Cuarzo
T E	**Faneritas equigranulares** grano > 1 mm.	Granitos	Sienita Sienita, nefelínica	Monzonita cuarcífera, Granodiorita	Monzonita	Tonalita (Diorita cu_ arcífera)	Diorita	Gabro	Peridotita, Hornblendita, Piroxenita
X	**Microfaneritas equigranulares** grano < 1 mm.	Microgranito Aplita	Microsienita	Micromonzonita cuarcífera, Microgranodiorita	Micromonzo nita	Microdiorita cuarcífera	Micro_ diorita	Microgabro (Dolerita)	
T U	**Microfaneritas Pórfiros**	Pórfiro granítico	Pórfiro sienítico	Pórfiro monzoníti_ tico cuarcífero, Pórfiro granodiorítico	Pórfiro granítico	Pórfiro cuarzodio_ rítico	Pórfiro diorítico	Pórfiro gábrico	
R	**Afanitas**	Riolita	Traquita	Latita cuarcífera	Latita	Dacita	Andesita	Basalto	
A	**Vidrios**	Vitrófiro (con fenocristales) Obsidiana (sin fenocristales)							

Rocas ácidas ←→ ***Rocas básicas***

Tabla 4.VII: Principales propiedades de las rocas que guiaron la identificación petrográfica megascópica (gentileza Dra. Etchichury)

génesis. Nos referimos a determinaciones tales como *vulcanitas*, *sedimentitas* o *metamorfitas* en los casos de rocas volcánicas, sedimentarias o metamórficas, respectivamente, que resultan indeterminadas en un nivel petrográfico más específico a escala megascópica. Sin embargo, es posible establecer su naturaleza según las características de la pasta/matriz y el tipo de fractura (concoidea o subconcoidea, esquistosa, etc.), entre otros indicadores. Por ejemplo, las rocas sedimentarias de grano fino (tamaño limo-arcilla) como limolita, lutita, fangolita, entre otras, que no fue posible identificar a ojo desnudo, se clasificaron como pelitas.

La identificación petrográfica a ojo desnudo también fue dificultosa en las rocas que han sufrido procesos de alteración química, tales como oxidación o infiltración de manganeso. Asimismo, el relleno de las fisuras de la roca con material secundario también dificultó la identificación. En estos casos, dado que las superficies alteradas o rellenas canalizan la fractura por esos planos, no es posible observar una fractura fresca que no se encuentre meteorizada. Estas rocas han sido clasificadas como *alteradas* o, cuando fue posible determinar su génesis, se las clasificó como *volcánicas*, *sedimentarias* o *metamórficas alteradas*. En las instancias en las que no fue clara la diferenciación de tipos petrográficos sin un análisis microscópico, como sucedió en algunos casos con rocas volcánicas básicas, como basalto, basandesitas y andesitas, las mismas fueron clasificadas con las siglas BBA (basalto, basandesita, andesita) como una forma de señalar la ambigüedad entre tipos cercanos no diferenciados megascópicamente. En este punto es importante aclarar que estos problemas fueron tolerados ya que se trataba de rocas que no fueron utilizadas arqueológicamente. Si bien el basalto y la andesita forman parte del conjunto de las RGFO, los casos a los que nos estamos refiriendo corresponden a variedades de coloración distinta, es decir, no se trata de basaltos o andesitas de color negro, sino en la mayoría de los casos de tonalidades grisáceas y verdosas, con numerosos fenocristales, grano grueso y calidad regular y mala para la talla. La denominación RGFO se reserva a las rocas volcánicas y sedimentarias de grano fino, color negro y muy buena calidad para la talla. Las variedades de basalto en colores diferentes al negro, como el basalto morado o rojizo, son clasificadas como otro tipo de roca (diferente de las RGFO), aclarándose el color. Con respecto a la dacita, principalmente comprende colores verdes, castaños y grises y en menor proporción rojo. Los mismos se presentan en diferentes tonalidades y combinados en distinto grado entre ellos. Debido a la gran variabilidad que presentan las dacitas por fuente potencial de aprovisionamiento no fue detectada una disponibilidad diferencial por colores en el espacio del CVPA (*cf.* Franco 2002a para una discusión de la distribución heterogénea de las dacitas por colores en la cuenca del río Santa Cruz).

Por otro lado, las diferencias en la denominación de las rocas entre, por ejemplo, basalto y roca basáltica, o entre lutita y roca lutítica o pelita lutítica, corresponde a diferencias en la clasificación *strictu sensu* y *sensu lato*, respectivamente (Etchichury com. pers. 2007). Presentamos ahora los resultados por áreas.

I. SECTOR SEPTENTRIONAL DE PALI AIKE

La zona norte del campo volcánico es la de mayor extensión, ya que comprende la cuenca del río Gallegos y la estepa circundante. Este río nace de la confluencia de los ríos Rubens y Penitentes, en territorio chileno y su cauce se desarrolla sobre terrenos depositados a partir del Jurásico (Corbella y Ercolano 2002). A lo largo de su curso recibe dos importantes tributarios, el río Turbio y el río Chico. Con éste último, el río Gallegos comparte un estuario que penetra aproximadamente 30 km en el continente (Corbella y Ercolano op. cit.). Actualmente, el río Gallegos tiene un caudal medio de $15m^3$/seg. Sin embargo, el desarrollo transversal del valle alcanza los 14 km. Esto se debe a que, durante el Plio-Pleistoceno, el río Gallegos funcionó como principal vía de escurrimiento de las aguas de deshielo hacia el océano Atlántico; por consiguiente, el labrado del río se encontró afectado por la alternancia de ciclos climáticos, con avances y retrocesos glaciares. Estas fluctuaciones se encuentran registradas en el sistema de terrazas que se ha desarrollado en las márgenes del valle de este río (Corbella y Ercolano op. cit.). En su curso medio e inferior, se ha identificado un sistema de cinco terrazas escalonadas, enumeradas de I a V en orden decreciente de edad (Mazzoni *et al.* 1998 citado en Corbella y Ercolano 2002). La terraza I (TI) es la superficie topográfica sobre la que se excavó el valle. Es una extensa planicie, que se extiende hasta el Atlántico entre las cotas de ~ 170 y 130 m, cubierta por "Rodados Patagónicos" y vulcanitas de diferente edad. Las TII a V se encauzan en el valle y su origen se vincula a pulsos glaciarios pleistocenos y a procesos fluviales (Corbella y Ercolano op. cit.).

Con respecto al vulcanismo en esta zona, los afloramientos basálticos más antiguos se encuentran hacia el oeste, con edades de 3.78 y 3.3 m.a (Meglioli 1992, Corbella 2002) (figura 9.VII). Los mismos se asientan sobre sedimentos de la Formación Santa Cruz o sobre la superficie aterrazada más elevada, de presumible edad miocena. Se trata de basaltos mesetiformes, muy erosionados, cubiertos por sedimentos glaciales del *drift* Bella Vista (Meglioli op. cit., Corbella op. cit.). Estos afloramientos integran la unidad volcánica 1 definida por D´Orazio *et al.* (2000) (ver figura 2.V). Asimismo, en el fondo y en los flancos del valle del río Gallegos se encuentran basaltos con edades entre 2.15 y 1.85 m.a (Meglioli op. cit.; Corbella op. cit.), que se corresponden con la unidad 2 de D´Orazio *et al.* (op. cit.).

Según los relevamientos de Meglioli (1992), 1 km al este de la confluencia de los ríos Gallegos y Gallegos Chico se encuentran evidencias del *drift* Bella Vista bajo la forma de bloques. Este *drift* es el depósito cuaternario más antiguo y extenso en el lóbulo del río Gallegos. Por consiguiente, los muestreos que han sido realizados en las estancias Bella Vista y La Carlota pueden ser correlacionados con los depósitos glacifluviales de este *drift*. Meglioli (op. cit.: 41) señala que a 500 m del río Gallegos Chico (justo antes de las casas de la Eª La Carlota), en el perfil de la ruta, observó unas rocas estriadas interpretadas como *outwash* del *drift* Bella Vista. Asimismo, río abajo de la estancia, reconoció una terraza de *outwash* de este *drift* a 40 m sobre el nivel del río. El *drift* Bella Vista ha sido correlacionado regionalmente con la glaciación Sierra de los Frailes (> 1.07 m.a < 1.04 m.a) (Meglioli op. cit.).

Dado que los antecedentes de investigaciones en el área (Sanguinetti de Bórmida 1982, Gómez Otero y Fontanella 1980, Carballo Marina *et al.* 2000, Ercolano *et al.* 2000, Ercolano y Carballo Marina 2005, Carballo Marina 2007) indican la disponibilidad de rocas aptas para la talla en la cuenca del río Gallegos, se realizaron un total de 29 muestreos en este sector del espacio. Los mismos se

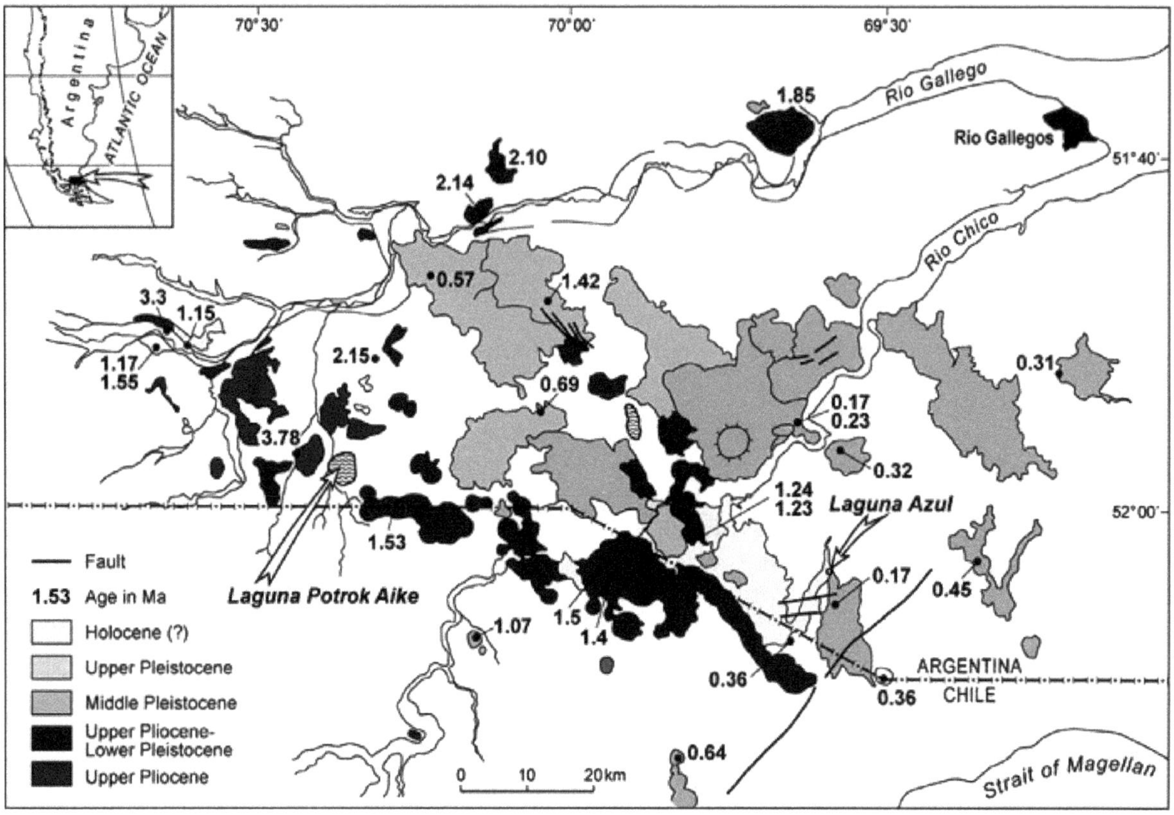

Figura 9.VII: Dataciones radimétricas de los distintos afloramientos volcánicos de Pali Aike (Corbella 1999 tomado de www.salsa.uni-bremen.de/home.html con modificaciones)

presentan de acuerdo con su localización relativa a lo largo del curso del río, en sentido este-oeste, siguiendo la segmentación de Corbella y Ercolano (2002), quienes consideran curso medio e inferior del río Gallegos al tramo de 90 km comprendido entre la confluencia del río Gallegos Chico (~70° 30' W) y la desembocadura del río Gallegos en el océano.

La mayoría de los muestreos (*n*=23) fueron realizados en la margen sur del río Gallegos, al igual que la mayor parte de los relevamientos arqueológicos. En la margen norte se cuenta con cuatro muestreos en el valle de este río, a los que se suman dos más en la meseta.

I.1. El valle del río Gallegos

I.1. a Curso inferior del río Gallegos

GÜER AIKE

Los muestreos (*n*=4) más orientales en el curso del río Gallegos fueron realizados en la margen norte de este río. El primero de ellos se localiza aproximadamente a 2,8 km de la estación de policía de Güer Aike, por la ruta nacional N° 3, a la altura del altar de la virgen. En este sector, se realizó un muestreo por una persona durante 10 minutos en la ribera norte del río Gallegos (51° 37' 594'' 69° 37' 43''). Ya en los predios de la Eª Güer Aike se realizaron tres muestreos más, denominados Güer Aike 2, 3 y 4. El muestreo N° 2 fue efectuado en el talud de la meseta terciaria que se extiende en la margen norte del cauce del río (51° 38.199' 69° 37.862'). La cima de la meseta se encuentra cubierta por los *plateau* basálticos de la unidad volcánica más antigua. Este muestreo fue realizado por una persona durante 10 minutos (figura 10.VII a, b y c).

Figura 10.VII.a: Vista de la meseta de Güer Aike desde la margen sur del río Gallegos

El muestreo Güer Aike 3 (51° 38.249' 69° 37.978') corresponde a un depósito de till (Barberena com. pers. 2007) que subyace al *plateau* basáltico y se encuentra expuesto en un corte artificial de la meseta debido a la construcción de un gasoducto (Julián Caraballo com. pers. 2007) (figura 11.VII). Si bien dicho depósito no constituye actualmente una fuente potencial de aprovisionamiento, el objetivo del muestreo fue evaluar si la diversidad de rocas aquí registrada es comparable con la observada en el talud y en el resto de los muestreos realizados en la meseta (El Indio 1 y 2, ver *infra*). El mismo fue realizado por una persona durante 10 minutos. En la tabla 5.VII se presenta la composición petrográfica de los cuatro muestreos.

El muestreo N° 4 fue realizado por una persona durante siete minutos en la ribera del río, donde los rodados son abundantes (51° 41.213' 69° 40.808') (figura 12.VII a y b).

Figura 11.VII: Corte artificial de la meseta donde se observa el depósito de till que subyace al plateau basáltico

Figura 10.VII.b: Vista del talud de la meseta. En la cima de la misma se observa el plateau basáltico

Figura 12.VII.a: Ribera norte del río Gallegos en Eª Güer Aike

Figura 10.VII.c: Detalle de rodados expuestos en talud de la meseta

Figura 12.VII.b: Detalle de nódulos expuestos en ribera norte del río Gallegos (Eª Güer Aike)

N° muestreo	Dacita	BBA	Pórfiro dacítico	Basalto morado	Cuarcita	Jaspe con impurezas	RGFO	Vulcanita	Sedimentita	Total
Güer Aike 1	18	1	2	1	1	1	7	0	0	31
Güer Aike 2	29	6	0	0	0	0	0	0	0	35
Güer Aike 3	37	4	0	0	0	0	1	0	0	42
Güer Aike 4	38	7	0	0	1	0	1	1	1	49

Tabla 5.VII: Composición petrográfica de Güer Aike 1, 2, 3 y 4

La tendencia general que se observa es que los conjuntos relevados en la ribera actual del río Gallegos (Güer Aike 1 y 4) son los que presentan la mayor variabilidad en tipos de rocas, en tanto que los conjuntos de la meseta ofrecen menor diversidad (lo cual no es dependiente del tamaño de la muestra). Igualmente, en los cuatro muestreos predomina la dacita. Sin embargo, mientras en los muestreos 2, 3 y 4 en segundo lugar se ubican las rocas volcánicas básicas (BBA), en el muestreo 1 lo están las RGFO. Cabe señalar que las RGFO recolectadas en los muestreos 1, 3 y 4 corresponden todas a variedades volcánicas. El ejemplar N° 26 del muestreo 3 fue determinado al microscopio como una roca basáltica alterada, mientras que el N° 39 del muestreo 4 presenta un mayor grado de alteración, por lo cual sólo pudo ser determinado como una roca volcánica alterada (ver Anexo 1).

E^a^ PALERMO AIKE

A través de la ruta nacional N° 40 se procedió a tomar muestras de rocas en el curso inferior del río Gallegos, en su margen sur. A lo largo de aproximadamente 10 km siguiendo el río, se realizó un total de seis muestreos de rocas (tabla 6.VII). A los 3,7 km de la estación de policía de Güer Aike, donde se encuentra el camping municipal Palermo Aike, se realizaron tres muestreos a diferente distancia de la costa del río Gallegos. Entre los 10 y 15,2 km del punto tomado como referencia, en cercanías del casco de la E^a^ Palermo Aike, se realizaron tres muestreos más, dos de ellos en la planicie fluvioglacial (Palermo Aike 1 y 2) que se extiende en la margen sur del río Gallegos y el tercero en un corte artificial de las terrazas altas de este río (*h*= 57 m), en el cual se encontraba material expuesto producto del trazado de un camino (Palermo Aike 3). En el perfil de la terraza, de aproximadamente 2 m, se observó la presencia de un conglomerado con estructura clasto sostén (Barberena obs. pers. 2006) que probablemente corresponda al "conglomerado litificado" de las terrazas altas del Gallegos señalado por Sanguinetti de Bórmida (1982) como fuente potencial de aprovisionamiento de guijarros de "basalto" (figura 13.VII). El conglomerado apoya sobre formaciones sedimentarias y en determinados sectores del mismo se observa una estratificación entrecruzada, lo cual indica la existencia de procesos fluviales de alta energía. El límite superior del conglomerado coincide con un paleosuelo decapitado (Barberena com. pers. 2007).

N° muestreo	Coordenadas geográficas	N° personas/minutos
Ea Palermo Aike 1	51° 42' 15" 69° 41' 15.2"	4px5m
Ea Palermo Aike 2	51° 42' 15" 69° 41' 15.2"	4px5m
Ea Palermo Aike 3	51° 41' 635" 69° 45' 497"	1px10m
Palermo Aike Camping 1	51° 39' 0.1" 69° 27' 27.9"	4px5m
Palermo Aike Camping 2	51° 39' 0.1" 69° 27' 27.9"	4px5m
Palermo Aike Camping 3	51° 39' 0.1" 69° 27' 27.9"	4px5m

Tabla 6.VII: Muestreos de rocas realizados en Palermo Aike

Figura 13.VII: Corte artificial de la terraza alta del río Gallegos donde se observa el conglomerado (E^a^ Palermo Aike)

Cabe señalar que el muestreo N° 2 del Camping Palermo Aike correspondería a la segunda terraza del río Gallegos, en tanto que el N° 3 se correspondería con la tercera (Franco obs. pers. 2003).

Mientras en los muestreos Palermo Aike 1 y 3 y Palermo Aike camping 1 y 3 las rocas que predominan son las dacitas, seguidas por las RGFO, en Palermo Aike 2 y Palermo Aike camping 2 en segundo lugar se ubican las rocas sedimentarias, que no han sido identificadas con mayor especificidad en el primero y que corresponden a limolita en el segundo (tabla 7.VII).

Dado que en la E^a^ Palermo Aike se ha recuperado una cantidad considerable de RGFO, en la tabla 8.VII se detalla la frecuencia de variedades volcánicas y sedimentarias en cada uno de los muestreos. Por este mismo motivo, se han realizado varios cortes delgados sobre estas rocas, cuya determinación petrográfica se detalla en la tabla 9.VII (ver Anexo 1 para una descripción más extendida).

E^a^ PRIMERO DE MAYO

Hacia el oeste por la ruta N° 40, aproximadamente a 39,4 km de Güer Aike, se realizaron tres muestreos en diferentes sectores de la E^a^ Primero de Mayo (51° 44' 18.2'' 70° 04' 40.3'').

Nº muestreo	Dacita		RGFO		Basalto rojizo		Basalto vesicular		Basalto morado		BBA		Pórfiro dacítico		Jaspe		Jaspe con impurezas	
	N	%	N	%	N	%	N	%	N	%	N	%	N	%	N	%	N	%
Palermo Aike 1	20	57,14	9	25,71	0	0,00	1	2,86	0	0,00	1	2,86	0	0,00	1	2,86	1	2,86
Palermo Aike 2	14	48,28	1	3,45	2	6,90	1	3,45	0	0,00	3	10,34	0	0,00	0	0,00	0	0,00
Palermo Aike 3	21	53,85	9	23,08	0	0,00	0	0,00	1	2,56	0	0,00	1	2,56	0	0,00	5	12,82
Palermo Aike camping 1	21	58,33	7	19,44	0	0,00	2	5,56	0	0,00	0	0,00	0	0,00	0	0,00	0	0,00
Palermo Aike camping 2	25	71,43	2	5,71	0	0,00	0	0,00	0	0,00	2	5,71	0	0,00	0	0,00	0	0,00
Palermo Aike camping 3	15	53,57	5	17,86	0	0,00	1	3,57	0	0,00	1	3,57	1	3,57	0	0,00	0	0,00

Nº muestreo	Cuarzo		Cuarcita		Diabasa		Granito		Limolita		Roca silicificada		Sedimentita		Vulcanita		Indet		Total
	N	%	N	%	N	%	N	%	N	%	N	%	N	%	N	%	N	%	N
Palermo Aike 1	0	0,00	0	0,00	0	0,00	0	0,00	0	0,00	0	0,00	1	2,86	0	0,00	1	2,86	35
Palermo Aike 2	0	0,00	0	0,00	0	0,00	0	0,00	0	0,00	0	0,00	5	17,24	2	6,90	1	3,45	29
Palermo Aike 3	1	2,56	1	2,56	0	0,00	0	0,00	0	0,00	0	0,00	0	0,00	0	0,00	0	0,00	39
Palermo Aike camping 1	0	0,00	1	2,78	1	2,78	1	2,78	2	5,56	1	2,78	0	0,00	0	0,00	0	0,00	36
Palermo Aike camping 2	0	0,00	1	2,86	0	0,00	0	0,00	5	14,29	0	0,00	0	0,00	0	0,00	0	0,00	35
Palermo Aike camping 3	0	0,00	1	3,57	0	0,00	0	0,00	1	3,57	0	0,00	1	3,57	2	7,14	0	0,00	28

Tabla 7.VII: Composición petrográfica de los muestreos realizados en la Eª Palermo Aike

Nº de muestreo	RGFO		Total
	Volcánicas	Sedimentarias	
Ea Palermo Aike 1	7	2	9
Ea Palermo Aike 2	0	1	1
Ea Palermo Aike 3	7	2	9
Palermo Aike Camping 1	5	2	7
Palermo Aike Camping 2	2	0	2
Palermo Aike Camping 3	4	1	5
Total general	25	8	33

Tabla 8.VII: Cantidad de RGFO volcánicas y sedimentarias en los muestreos de Palermo Aike

Nº de muestreo	Nº inventario	Determinación petrográfica
Ea Palermo Aike 1	2	Vitrófiro dacítico
Ea Palermo Aike 1	6	Basalto
Ea Palermo Aike 1	27	Basalto
Ea Palermo Aike 1	28	Andesita
Ea Palermo Aike 2	23	Grauvaca
Palermo Aike Camping 1	9	Dacita
Palermo Aike Camping 1	14	Ftanita/Chert
Palermo Aike Camping 3	26	Dacita

Tabla 9.VII: Determinación petrográfica de los cortes delgados realizados sobre las RGFO procedentes de Palermo Aike

En primer lugar se prospectó la superficie alta de la meseta volcánica, donde se observó que la disponibilidad de rodados era prácticamente nula, por consiguiente este muestreo (Primero de Mayo 1), realizado por dos personas durante 10 minutos, está compuesto casi en su totalidad por clastos de basalto vesicular de los afloramientos primarios (n=7). Solamente se recuperó un nódulo de dacita. Descendiendo por la ladera del afloramiento, en su sector medio, se tomaron algunas muestras de los bloques de basalto y se muestrearon los escasos rodados que se hallaban disponibles. Este muestreo, denominado Primero de Mayo 2, fue realizado por dos personas durante 10 minutos. El tercer muestreo (Primero de Mayo 3) fue realizado al descender completamente del afloramiento, en una lomada al pie del mismo, por la misma cantidad de personas y la misma duración de tiempo que el anterior. En la tabla 10.VII se presenta la composición petrográfica de los muestreos 2 y 3. Fuera del tiempo de muestreo se recuperó una RGFO que fue determinada al microscopio como vitrófiro dacítico. Los dos ejemplares recolectados en Primero de Mayo 3 también corresponden a variedades volcánicas.

Nº muestreo	Basalto vesicular	Dacita	Pórfiro dacítico	RGFO	Total
Primero de Mayo 2	4	8	0	0	12
Primero de Mayo 3	1	6	1	2	10

Tabla 10.VII: Composición petrográfica de los muestreos Primero de Mayo 2 y 3

I.1.b Curso medio del río Gallegos

Eª LAS BUITRERAS

En la Eª Las Buitreras, 46,2 km hacia el oeste de Güer Aike, se realizaron dos muestreos de rocas. El primero de ellos fue en la ladera norte del afloramiento volcánico donde se encuentra localizada la cueva 1 de Las Buitreras, excavada por la Dra. Sanguinetti de Bórmida en los '70. Dicha ladera se encuentra por detrás de la cueva, enfrentando al río Gallegos. En el sector medio de la misma, en una porción plana, se encuentra una acumulación de rodados que no había sido observada en otros sectores del afloramiento. Es allí donde se realizó un muestreo por dos personas durante 10 minutos, denominado Las Buitreras 1 (BTR1, 51° 44' 16.5'' 70° 10' 18.5'').

El segundo muestreo (BTR2) se realizó en la margen derecha del río Gallegos, en un pequeño meandro, por tres personas durante cinco minutos (figura 14.VII).

El conjunto recuperado en Las Buitreras 1 tiene una mayor abundancia de dacita y RGFO (tabla 11.VII). Las RGFO comprenden tres rocas volcánicas y una sedimentaria. Dos ejemplares volcánicos fueron sometidos a cortes delgados y determinados como vitrófiro dacítico y vitrófiro (ver Anexo 1).

Figura 14.VII: Localización de los sectores muestreados en Eª Las Buitreras

Nº muestreo	Dacita		RGFO		Jaspe		Sedimentita	
	N	%	N	%	N	%	N	%
BTR 1	23	71,88	4	12,50	1	3,13	1	3,13
BTR 2	23	76,67	7	23,33	0	0,00	0	0,00

Nº muestreo	Cuarzo		Tonalita		Vulcanita		Total
	N	%	N	%	N	%	N
BTR 1	1	3,13	1	3,13	1	3,13	32
BTR 2	0	0,00	0	0,00	0	0,00	30

Tabla 11.VII: Composición petrográfica de los muestreos Las Buitreras 1y 2

En Las Buitreras 2 se recolectó un total de 30 nódulos, todos ellos correspondientes a dacita y RGFO. Dentro de este conjunto de rocas la mayoría corresponden a variedades volcánicas (*n*=5). Entre las sedimentarias, un ejemplar ha sido determinado al microscopio como ftanita/chert (ver Anexo 1).

Eª LA CARLOTA

En la Eª La Carlota, a 74,2 km del punto de referencia, se realizaron un total de siete muestreos (tabla 12.VII), todos ellos en la margen derecha del curso del río ya que es la única zona en que se encuentran rodados expuestos. Se muestrearon distintos sectores del río donde se observaron diferencias de tamaño de los nódulos. Los muestreos Nº 3 y 6 fueron realizados en sectores donde se observó una concentración de RGFO en base a su similitud macroscópica, principalmente en la coloración. Por consiguiente en ambos muestreos solamente se recolectaron posibles ejemplares de RGFO.

Nº de muestreo	Sector muestreado	Coordenadas geográficas	Nº personas/ minutos
La Carlota 1	margen derecha R. Gallegos	51º 50´ 50.8´´ 70º 32´ 00.9´´	2px10m
La Carlota 2	margen derecha R. Gallegos	51º 50´ 50.8´´ 70º 32´ 00.9´´	1px10m
La Carlota 3	área de nodulos pequeños. Muestreo de RGFO potenciales	51º 50´ 56.3´´ 70º 32 ´26.7´´	1px10m
La Carlota 4	área de nódulos de tamaño grade	51º 51´ 14.7´´ 70º 33´ 03.3´´	1px5m
La Carlota 5	margen derecha R. Gallegos	51º 51´ 09.4´´ 70º 32´ 42´´	1px5m
La Carlota 6	margen derecha R. Gallegos	51º 50´ 38.7´´ 70º 31´ 14.3´´	1px10m
La Carlota 7	margen derecha R. Gallegos	51º 50´ 32.1´´ 70º 31´ 04.4´´	1px5m

Tabla 12.VII: Muestreos de rocas realizados en la Eª La Carlota

Muestreo	Dacita		Pórfiro dacítico		RGFO volc.		RGFO sedim.		Cuarzo		Cuarcita		Andesita		Vulcanita		Pelita		Total
	N	%	N	%	N	%	N	%	N	%	N	%	N	%	N	%	N	%	N
CAR1	56	90,32	1	1,61	1	1,61	2	3,23	2	3,23	0	0,00	0	0,00	0	0,00	0	0	62
CAR2	22	61,11	0	0,00	8	22,22	2	5,56	0	0,00	0	0,00	1	2,78	2	5,56	1	2,78	36
CAR3	0	0,00	0	0,00	10	83,33	2	16,67	0	0,00	0	0,00	0	0,00	0	0,00	0	0	12
CAR4	15	88,24	0	0,00	0	0,00	2	11,76	0	0,00	0	0,00	0	0,00	0	0,00	0	0	17
CAR5	13	68,42	0	0,00	1	5,26	2	10,53	1	5,26	1	5,26	0	0,00	0	0,00	1	5,26	19
CAR6	0	0,00	0	0,00	7	70,00	3	30,00	0	0,00	0	0,00	0	0,00	0	0,00	0	0	10
CAR7	11	84,62	0	0,00	1	7,69	0	0,00	0	0,00	0	0,00	0	0,00	0	0,00	1	7,69	13

Tabla 13.VII: Composición petrográfica de los muestreos realizados en la Eª La Carlota

También fueron prospectadas las mesetas basálticas que se encuentran por detrás del afloramiento volcánico donde se emplaza la cueva 1 de La Carlota, pero no se observaron depósitos secundarios expuestos. El sustrato basáltico se encuentra cubierto por sedimento de grano fino y en un 90% por vegetación.

En la tabla 13.VII se presenta la composición petrográfica de los muestreos realizados. Dado que los muestreos 3 y 6 consistieron en la recolección deliberada de RGFO, en la distribución de frecuencias y porcentajes relativos de tipos de roca se distinguen las RGFO volcánicas y sedimentarias para mantener la comparabilidad entre los distintos muestreos.

Si bien en La Carlota 1, 4 y 5 predominan las variedades sedimentarias de RGFO, en los muestreos 2, 3, 6 y 7 (aunque sólo se recuperó un ejemplar) son más abundantes las volcánicas, que considerando la totalidad de los muestreos suman más del doble (*n*=28) que las RGFO sedimentarias (*n*=13).

I.1.c Curso superior del río Gallegos

De acuerdo con los estudios glaciológicos de Meglioli (1992) y Corbella (2002), en este sector del espacio se encuentran evidencias del *drift* Bella Vista, el depósito cuaternario más antiguo y extenso del lóbulo del río Gallegos. Este *drift* ha sido correlacionado regionalmente con la glaciación Sierra de los Frailes (> 1.07 m.a < 1.04 m.a) (Meglioli op. cit.). En el curso superior del río Gallegos se prestó especial atención a la disponibilidad de rocas en los afluentes del mismo: los ríos Gallegos Chico, Zurdo y Turbio. Si bien Prieto (1997) señala la presencia de rodados de basalto en el río Gallegos Chico, en la porción argentina del mismo no se observó la disponibilidad de rocas en sus márgenes, las cuales se encuentran totalmente vegetadas. Posiblemente se encuentren rocas disponibles en las nacientes de este río. La misma situación se registró en el río Turbio, donde tampoco hay rodados expuestos. Solamente se observaron clastos en algunas lagunas temporales de esta zona, que no fueron muestreadas debido al tamaño pequeño de los mismos.

A continuación se presentan los sectores de este área que ofrecieron posibilidades de recolección de rocas.

EL ZURDO

Por la ruta N° 40, a 129,7 km de la estación de policía de Güer Aike, se realizaron dos muestreos de rocas en las inmediaciones del río El Zurdo. El primero de ellos fue efectuado por una persona durante cinco minutos en la margen izquierda de este río (51° 59.575' 71° 13.964'). En estos depósitos se observó la abundancia de tonalitas, que no fueron recolectadas en proporción debido a su baja calidad para la manufactura de artefactos tallados. A escasos metros de la ribera del río se realizó el muestreo N° 2 en el perfil de una morena por una persona durante cinco minutos (51° 59.609' 71° 14.052'). En ambos muestreos la roca más abundante es la dacita y en segundo lugar las vulcanitas básicas (basalto/basandesita/andesita), en colores grises y verdosos de calidad regular y mala para la talla (tabla 14.VII).

En El Zurdo 1 se han recuperado tres RGFO volcánicas, una de ellas determinada al microscopio como basalto. La variedad sedimentaria también ha sido sometida a cortes delgados y fue determinada como una lutita. En El Zurdo 2 la única RGFO recuperada corresponde a una variedad volcánica. Fuera del tiempo de muestreo, también fue recuperada una RGFO volcánica.

N° muestreo	Dacita		BBA		RGFO		Tonalita		Basalto vesicular		Total
	N	%	N	%	N	%	N	%	N	%	N
El Zurdo 1	17	56,67	7	23,33	4	13,33	1	3,33	1	3,33	30
El Zurdo 2	22	75,86	5	17,24	1	3,45	1	3,45	0	0,00	29

Tabla 14.VII: Composición petrográfica de los muestreos El Zurdo 1 y 2

PUENTE BLANCO

A 160 km hacia el oeste, en un meandro del río Gallegos, se observa un depósito de till sobre su margen derecha (51° 53.692 71° 35.836'). Aunque la disponibilidad es escasa y la mayoría de los nódulos son de tamaño pequeño se realizó un muestreo por una persona durante cinco minutos (figura 15.VII a, b y c). En el mismo predomina la dacita (*n*=16), seguida por rocas sedimentarias, tres de las cuales fueron identificadas como lutita y una indiferenciada megascópicamente por el grado de alteración que presenta (figura 16.VII).

Figura 15.VII.a: Vista del depósito de till desde margen izquierda del río Gallegos

Figura 15.VII.b: Vista del talud del depósito de Hill

Figura 15.VII.c: Detalle del tamaño y forma de los nódulos disponibles en Puente Blanco

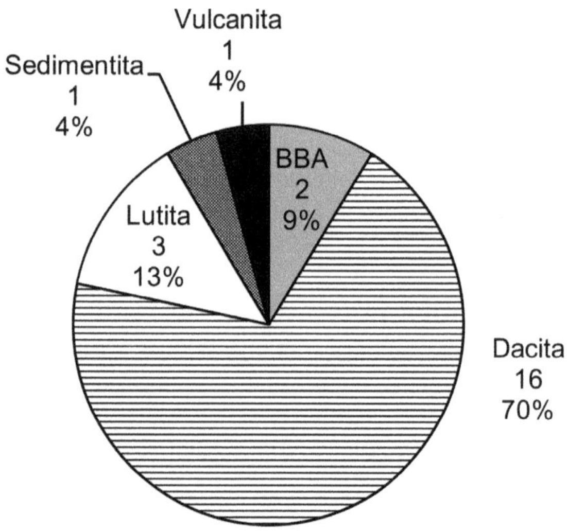

Figura 16.VII: Composición petrográfica de Puente Blanco

I.2 Margen norte: la meseta

La meseta que se extiende en la margen norte del río Gallegos corresponde a la formación Santa Cruz, una espesa secuencia de tobas, tufitas y areniscas continentales que se depositó en la cuenca Austral durante el Mioceno inferior. La misma constituye una superficie topográfica elevada (~170-130 m) cubierta por "rodados patagónicos" de distinta edad (Corbella y Ercolano 2002).

EL INDIO

A 5,6 km al este de la ruta nacional N° 3 se encuentra el yacimiento "El Indio", donde se realizó un muestreo por una persona durante 10 minutos (51° 5.207' 69° 4.114'). Este yacimiento es una cantera de material para la construcción, por lo tanto los rodados no se encuentran expuestos naturalmente. El objetivo de tomar una muestra de rocas en este sector del espacio fue comparar la diversidad de rocas con el resto de los muestreos realizados en la meseta.

En el conjunto predominan las dacitas, seguidas por las RGFO y el jaspe con impurezas, del mismo tipo que el observado en Palermo Aike. Las RGFO están compuestas por tres ejemplares sedimentarios y seis volcánicos, tres de los cuales se encuentran silicificados (tabla 15.VII).

A 30,4 km de la ruta N° 3 se realizó un segundo muestreo en un ojo de agua, en las márgenes del cual afloraban rodados (51° 32.503' 69° 15.512'). El mismo fue realizado por una persona durante 10 minutos. Las RGFO recuperadas corresponden a variedades volcánicas (*n*=2) y sedimentarias (*n*=1) (tabla 15.VII).

Fuera del tiempo de muestreo se recuperaron cuatro ejemplares de jaspe con impurezas y tres nódulos de RGFO. Las características de la pasta (porfírica) y de la corteza (vesicular) y la comparación con muestras de RGFO determinadas al microscopio sugieren que se trataría de basalto.

Según la información geológica y geomorfológica del área estos conjuntos corresponden a depósitos glaciofluviales antiguos, del Plioceno y Pleistoceno temprano, que se encuentran sobre la formación Santa Cruz, de edad miocena (Mazzoni 2001). Esta unidad de paisaje, denominada "meseta aterrazada de rodados proglaciales", se considera de importancia en la cuenca del Gallegos debido a su extensión, ya que abarca una superficie de 2.300 km^2, la más amplia de todas las unidades de paisaje diferenciadas por Mazzoni (op. cit.). Mientras en la margen norte del río Gallegos esta meseta se manifiesta de forma continua entre los ríos Coyle y Gallegos, en la margen sur se desarrolla de forma discontinua, encontrándose afectada por distintos procesos erosivos que actuaron con mayor intensidad. Así, en la margen sur esta meseta se encuentra disectada por valles y cañadones, formando complejos niveles de terrazas (Mazzoni op. cit.). En este punto queremos señalar que estos conjuntos presentan una composición litológica similar a los recuperados en Palermo Aike 3 y Potrok Aike 1 (ver *infra*), localizados en las zonas más elevadas de la margen sur del río Gallegos, principalmente por la mayor abundancia de RGFO basálticas de textura vesicular y por la presencia de jaspe con impurezas, que presenta una coloración característica (rojiza morada moteada en gris y blanco).

I.3 Margen sur: el interfluvio Gallegos-Chico

Este área ha sido diferenciada ya que presenta características topográficas y geomorfológicas diferentes a los valles de los ríos Gallegos y Chico, lo cual repercute en la disponibilidad de materias primas líticas. En esta zona se registra la frecuente presencia de lagunas, que son las geoformas que están funcionando como fuentes potenciales de aprovisionamiento en este sector del campo volcánico (Nami 1994, 1999) (figura 17.VII). Las mismas pueden diferenciarse en dos tipos, de acuerdo con su génesis y estabilidad: lagunas permanentes en cráteres volcánicos (maares) y lagunas superficiales, de régimen temporal, en hoyadas de deflación o "bajos sin salida" (Mayr *et al.* 2007, Zolitschka *et al.* 2006, Mazzoni 2001).

N° muestreo	Dacita		Pórfiro dacítico		RGFO		BBA		Cuarcita		Jaspe		Jaspe con impurezas		Sedimentita		Total
	N	%	N	%	N	%	N	%	N	%	N	%	N	%	N	%	N
El Indio 1	15	36,59	1	2,44	9	21,95	5	12,20	2	4,88	1	2,44	7	17,07	1	2,44	41
El Indio 2	15	55,56	1	3,70	3	11,11	2	7,41	1	3,70	0	0,00	5	18,52	0	0,00	27

Tabla 15.VII: Composición petrográfica de los muestreos El Indio 1 y 2

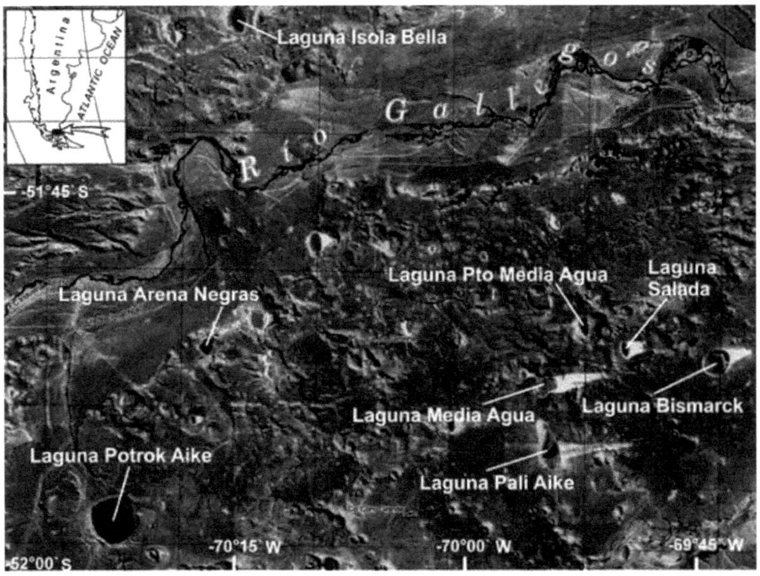

Figura 17.VII: Lagunas en el interfluvio Gallegos-Chico (tomado de Zolitschka et al. 2006)

Como hemos señalado en el capítulo V, los maares son depresiones de origen volcánico generadas por explosiones freatomagmáticas (Corbella 2002, Haller *et al.* 2006, Zolitschka *et al.* op. cit.). Este tipo de explosiones se producen cuando, en el momento de la erupción, las lavas toman contacto con aguas subterráneas, superficiales o con hielo (Corbella op. cit.). En las condiciones climáticas actuales, solamente algunas de estas depresiones maáricas contienen agua, pero en los casos en los que la depresión es más profunda que el nivel de aguas subterráneas, los maares contienen lagunas en su interior, como las lagunas Timoné, Salada, Potrok Aike y Azul (Corbella op. cit., Haberzettl *et al.* 2003).

Ambos tipos de lagunas son alimentados por las precipitaciones y el agua subterránea, ya que no poseen tributarios permanentes (Mayr *et al.* op. cit.). Por esta razón, el nivel de las aguas registra frecuentes fluctuaciones. Las mismas son más rápidas y notorias en las lagunas superficiales, en las cuales se observan fluctuaciones en el rango de un año (ver *infra* laguna Tres de Enero), en tanto que en las lagunas de origen volcánico los cambios hidrológicos se registran a escala de décadas o centenas (Mayr *et al.* op. cit.). En muchos casos, las lagunas superficiales suelen secarse totalmente de un año a otro (obs. pers., Zolitschka *et al.* op. cit.). Los cambios en el nivel de las aguas influyen sobre la disponibilidad de rocas, como ha sido observado en el maar Tres de Enero, en el cual se registró la oferta estacional de rocas en octubre del 2005. Un régimen más seco ocasionó la disminución en el nivel de la laguna y dejó expuestas las rocas del sustrato del maar (ver *infra*).

Así como en momentos de mayor sequía relativa aumenta la oferta de rocas, durante el invierno, debido al congelamiento de las lagunas, estas fuentes potenciales de aprovisionamiento no se encuentran disponibles para su explotación. Mayr *et al.* (op. cit.) señalan el congelamiento total de las lagunas superficiales durante el invierno, así como también de la laguna Azul debido al pequeño tamaño del cráter. A diferencia de éstos, el gran cráter donde se aloja la laguna Potrok Aike sólo es cubierto marginalmente por el hielo (Mayr *et al.* op. cit.).

Mazzoni (2001) señala la importancia regional de los "bajos sin salida", ya que funcionan como concentradores de agua y fauna silvestre. Su distribución, tamaño y génesis no es uniforme en el espacio regional. Estas cuencas endorreicas se han desarrollado preferentemente en el interfluvio Gallegos-Chico, ya que constituye una de las unidades de paisaje más antiguas, denominada "meseta aterrazada de rodados proglaciares". Por consiguiente, no podemos dejar de considerar a los bajos sin salida como fuentes potenciales de aprovisionamiento (Espinosa *et al.* 2000). Al respecto Nami (1994, 1999) señala la disponibilidad de rocas volcánicas negras (andesitas, dacitas, basaltos) en abundante cantidad en la Laguna Pali Aike y en las lagunas del Cerro Mackenzie; Gómez Otero (1986-87) también indica la disponibilidad de rodados de sílice, cuarcita y basalto a orillas de la laguna Potrok Aike, en zonas erosionadas sobre las mesetas circundantes y al pie de los arroyos estacionales que desembocan en la misma. A pesar de que en el sitio Potrok Aike 1 se recuperaron artefactos de calcedonia y obsidiana, no se ha registrado la disponibilidad de nódulos de estas materias en las orillas de la laguna (Gómez Otero op. cit.). A continuación se presentan los resultados de nuestros muestreos de rocas en la laguna Potrok Aike, localizada en este sector del espacio.

POTROK AIKE

A 67,5 km de la estación de policía de Güer Aike y a 15,8 km aproximadamente del curso medio del río Gallegos, ya en la estepa, se encuentra la laguna Potrok Aike. La misma se encuentra alojada en el fondo de un maar de edad pleistocénica (770 ka) (Haberzettl *et al.* 2005, Zolitschka *et al.* 2006).

La laguna Potrok Aike tiene un diámetro máximo de 3.470 m y una profundidad de 100 m. El cráter en el que se encuentra alojada alcanza los 5 km (Zolitschka *et al.* op. cit.). Actualmente, las variaciones interanuales del nivel de las aguas se estiman entre 0-7 m. Las fluctuaciones antiguas quedaron registradas en un sistema de terrazas que se exhibe en las márgenes de la laguna. Las mismas evidencian fluctuaciones pronunciadas del orden de los 20 m (Zolitschka *et al.* op. cit.). Las márgenes norte, sur y este constituyen fuentes potenciales de aprovisionamiento lítico, ya que se encuentran cubiertas de rodados (Haberzettl *et al.* 2005). En la margen NE se realizó un muestreo de rocas por una persona durante 10 minutos (51° 56.922 70° 21.943'). Debido a la abundancia de RGFO que se observó a medida que se realizaba este muestreo, se decidió realizar un segundo muestreo de RGFO solamente, para evaluar la variabilidad y abundancia relativa de los diferentes tipos petrográficos que integran este conjunto de rocas. La recolección la realizó una persona durante diez minutos (figura 18.VII y tabla 16.VII).

Debido a la abundancia de RGFO en Potrok Aike, se realizaron varios cortes delgados, cuya determinación microscópica se presenta en la tabla 17.VII (ver Anexo 1).

Figura 18.VII: Vista de la margen NE de la laguna Potrok Aike donde se realizaron los muestreos y detalle de las rocas disponibles

	Dacita		RGFO volc		RGFO sedim		Andesita		BBA	
Nº muestreo	N	%	N	%	N	%	N	%	N	%
PKA 1	36	63,16	5	8,77	2	3,51	3	5,26	6	10,53
PKA 2	0	0,00	10	90,91	1	9,09	0	0,00	0	0,00

	Diabasa		Gabro		Vulcanita		Total
Nº muestreo	N	%	N	%	N	%	N
PKA 1	2	3,51	1	1,75	2	3,51	57
PKA 2	0	0,00	0	0,00	0	0,00	11

Tabla 16.VII: Composición petrográfica de los muestreos realizados en Potrok Aike

Nº muestreo	Nº inventario	Determinación petrográfica
Potrok Aike 1	20	roca porfírica basáltica
Potrok Aike 1	24	roca porfírica silicificada
Potrok Aike 1	25	lutita
Potrok Aike 1	26	andesita
Potrok Aike 2	1	roca porfírica basáltica
Potrok Aike 2	21	roca porfírica basáltica
Potrok Aike 2	27	basalto olivínico
Potrok Aike 2	28	pelita lutítica

Tabla 17.VII: Determinación petrográfica de las RGFO recuperadas en Potrok Aike 1 y 2

En el muestreo Nº 2 se recuperaron 10 RGFO volcánicas y una sedimentaria, y fuera del tiempo de muestreo se recolectaron ocho variedades volcánicas más.

II. SECTOR CENTRAL DE PALI AIKE

Este sector comprende la cuenca del río Chico y los terrenos que se encuentran al sur del mismo hasta Sierra de los Frailes, el afloramiento volcánico más oriental de Pali Aike. En este área han sido realizados un total de 11 muestreos.

Los afloramientos volcánicos que se encuentran en este sector de Pali Aike corresponden a la unidad 2 de D'Orazio *et al.* (2000). Los conos que han sido prospectados con el objetivo de evaluar la disponibilidad de materias primas líticas dentro y en los alrededores de los mismos poseen dataciones que los ubican en el Pleistoceno final, tales como Cerro Tres Hermanos, Cerro Norte, Cerro Convento y Sierra de los Frailes (ver figura 6 en este capítulo).

Los depósitos de *drift* que cubren esta zona son los más antiguos y externos del lóbulo del estrecho de Magallanes, asignados a la glaciación Sierra de los Frailes (Meglioli 1992). Esta zona se caracteriza por una topografía baja.

Eª MARKATCH AIKE

En las terrazas bajas de la margen sur del río Chico fueron realizados dos muestreos por dos personas durante cinco minutos, denominados Río Chico 1 (RCH1) y 2 (RCH2). Los mismos se efectuaron en sectores erosionados que dejaban expuesto el sustrato de rodados (figura 19.VII a y b).

Figura 19.VII.a: Área muestreada en la terraza baja del río Chico, margen derecha

Figura 19.VII.b: Detalle de las rocas disponibles en las áreas erosionadas de la terraza

En ambos muestreos se ha recuperado la misma cantidad de rocas (*n*=57), cuyos tipos petrográficos se presentan en la tabla 18.VII. Si bien en los dos muestreos la roca más abundante es la dacita, seguida por BBA, en el muestreo N° 2 esta roca se encuentra en igualdad con el pórfiro dacítico.

Nami (1999) señala la abundancia de nódulos de riolita en el curso del río Chico, que probablemente correspondan a las rocas clasificadas como dacitas por nosotros. También indica la disponibilidad de rocas silíceas, haciendo referencia a felsitas, tobas y pórfiros riolíticos con alto contenido silíceo (Nami 1994). Según este investigador, la calcedonia, el xilópalo y las rocas volcánicas negras (andesitas, dacitas, basaltos) son escasas en el río Chico (Nami 1999), lo cual concuerda con nuestros relevamientos. Nami (1994 y 1999) señala que éstas últimas se encuentran en abundante cantidad en fuentes localizadas como la Laguna Pali Aike y las lagunas del Cerro Mackenzie, es decir, en el área del interfluvio Gallegos-Chico.

E^a DON BOSCO

En la E^a Don Bosco se localiza el Cerro Norte, afloramiento volcánico compuesto por dos conos contiguos, en el cual se han sondeado varios aleros (Norte 1 a 7).

En el interior de los conos no se observan depósitos secundarios de rocas, ni siquiera en las zonas deflacionadas, en donde se observa el sustrato volcánico y sedimentos de grano fino (figura 20.VII.a). A diferencia de estos conos, el cono N° 3, localizado en el ángulo NE del alineamiento volcánico, ha sido determinado como un maar (Barberena 2007) y se observó la presencia de rocas, aunque escasas, en un perfil expuesto (figura 20.VII.b).

A diferencia de lo que sucede en el interior de los conos volcánicos, en la planicie que circunda al Cerro Norte, hacia el este del mismo, se observan rodados en las zonas deflacionadas. En éste área se ha depositado una capa delgada de sedimento sobre el *drift*; en consecuencia, la erosión eólica deja rodados expuestos en los lugares en los que la cobertura vegetal es escasa. Por este motivo, se realizaron dos muestreos de rocas por una persona durante 10 minutos cubriendo las áreas deflacionadas (DBco 1 y 2). Es preciso señalar que varias de las rocas fueron indeterminadas, o solamente asignadas a vulcanitas o sedimentitas por el alto grado de alteración que presentan (tabla 19.VII).

Figura 20.VII.a: Vista del interior del cono N° 2 de Cerro Norte

N° muestreo	Dacita		BBA		Cuarzo		Limolita		Vulcanita		Pórfiro dacítico		Total
	N	%	N	%	N	%	N	%	N	%	N	%	N
RCH1	45	78,95	8	14,04	1	1,75	2	3,51	1	1,75	0	0,00	57
RCH2	50	87,72	3	5,26	0	0,00	1	1,75	0	0,00	3	5,26	57

Tabla 18.VII: Composición petrográfica de los muestreos realizados en el río Chico

N° muestreo	Dacita		Pórfiro dacítico		BBA		Cuarzo		Cuarcita		Granito		Vulcanita		Sedimentita		Indet		Total
	N	%	N	%	N	%	N	%	N	%	N	%	N	%	N	%	N	%	N
DBco1	49	71,01	2	2,90	1	1,45	3	4,35	3	4,35	1	1,45	4	5,80	5	7,25	1	1,45	69
DBco2	32	80,00	2	5,00	1	2,50	1	2,50	0	0,00	0	0,00	3	7,50	0	0,00	1	2,50	40

Tabla 19.VII: Composición petrográfica de Don Bosco 1 y 2

Figura 20.VII.b: Rodados expuestos en perfil del maar del cono N° 3 de Cerro Norte

Eª TRES DE ENERO

En la Eª Tres de Enero fue posible realizar numerosos muestreos en tanto presenta dos lagunas que han erosionado el sustrato y por consiguiente es posible observar gravas expuestas en sus márgenes (tabla 20.VII).

En la laguna de mayor tamaño, que se ubica próxima al casco de la estancia, denominada laguna N° 1 (figura 21.VII.a), se realizaron tres muestreos en distintos sectores de los márgenes actuales y un cuarto en una probable paleocosta, donde se recuperaron también artefactos representativos de los primeros estadios de manufactura de artefactos, como núcleos y grandes lascas (ver figura 12.VI).

La segunda laguna (laguna N° 2), de menor tamaño, localizada hacia el noreste de Cerro Convento, corresponde a un maar (Haller *et al.* 2006), localizado aproximadamente a 34 km al SSO de la ciudad de Río Gallegos. El mismo está conformado por un delgado anillo tobáceo que circunda una depresión poco profunda de aproximadamente 350 m de diámetro (Haller *et al.* op. cit.). En el fondo de la misma se aloja la laguna N° 2, cuyas costas fueron muestreadas (figura 21.VII.b).

Los trabajos de pavimentación de la ruta nacional N° 3 produjeron un corte en la margen occidental de la depresión que dejó expuesta una unidad de tefra de 2 a 4 m de espesor que fue estudiada por Haller *et al.* (2006). Si bien no es nuestro objetivo extendernos en la descripción de esta unidad, nos interesa señalar algunas de sus características litológicas en tanto contiene una subunidad conformada por clastos (figura 21.VII.c).

Haller *et al.* (op. cit.) han identificado dos litofacies diferentes en la unidad de tefra: la litofacie 1 (L1) conformada por cenizas finas y la litofacie 2 (L2), que es un lapilli de grano grueso, predominantemente clasto soportada, rica en bombas y bloques líticos accidentales. Esta subunidad es la que nos interesa remarcar, en tanto los clastos provienen de depósitos glacigénicos previos que fueron removidos por la explosión freatomagmática y, según señalan las estimaciones de Haller *et al.* (op. cit.), el volumen total de fragmentos líticos accidentales alcanza más del 50% en las tefras de la L2. Estos clastos son de naturaleza volcánica y no volcánica. "(...) los niveles de L2 representan fases eruptivas durante las cuales las explosiones despejaban el cráter, expulsando el material que ocupaba el conducto (...). Como resultado de estas fases se producía la depositación de lapilli rico en líticos accidentales, bombas y bloques en bancos de hasta algunos metros de espesor." (Haller *et al.* op. cit.).
Si bien estos clastos actualmente se encuentran expuestos por acción antrópica, no podemos descartar que, frente a otros factores erosivos, los mismos hayan podido encontrarse expuestos en tiempos prehistóricos. En este sentido no podemos dejar de considerarlos como una fuente potencial de aprovisionamiento lítico, junto con los depósitos de grava que se encuentran disponibles en las márgenes de la laguna.

En este punto consideramos oportuno señalar que durante los primeros años de trabajo en esta zona no habíamos observado la disponibilidad de gravas en la laguna del maar (laguna N° 2). No fue sino hasta octubre del 2005 que, por un descenso en el nivel de las aguas de la laguna, quedaron gravas expuestas. Esto nos sirvió como un llamado de atención en relación con las fluctuaciones de corto plazo (estacionales o anuales) en la disponibilidad de rocas en este tipo de fuentes.

Nº de muestreo	Sector muestreado	Coordenadas geográficas	Nº personas/ minutos
Tres de Enero 1	margen este de laguna Nº 1	51° 52.338´ 69° 26.419´	2px10m
Tres de Enero 2	margen noroeste de laguna Nº 1	51° 52.323´ 69° 26.426´	2px10m
Tres de Enero 3	margen sur de laguna Nº 1	51° 87' 828" 69° 45' 70"	2px10m
Tres de Enero 4	probable paleocosta de laguna Nº 1	51° 88' 277" 69° 43'295"	2px10m
Tres de Enero 5	margen este de laguna Nº 2	Sin dato	1px5m
Tres de Enero 6	margen noroeste de laguna Nº 2	Sin dato	1px5m

Tabla 20.VII: Muestreos realizados en las lagunas de la Eª Tres de Enero

Figura 21.VII.a: Detalle de las rocas disponibles en las márgenes de la laguna nº 1 (Eª Tres de Enero)

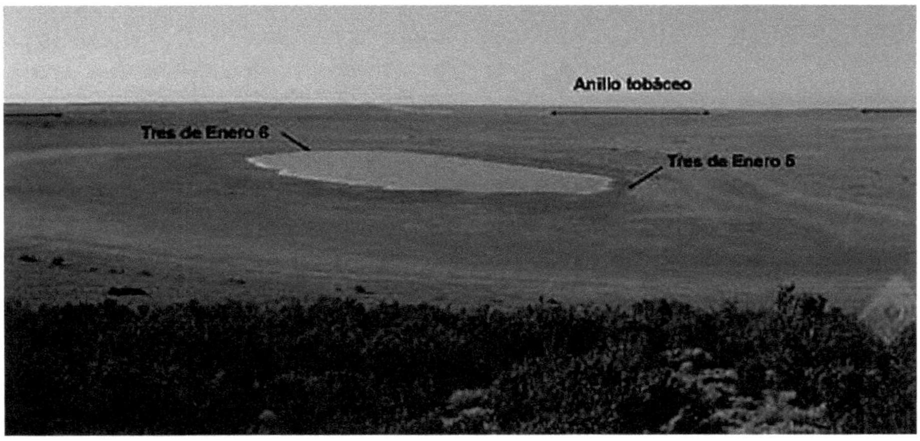

Figura 21.VII.b: Laguna N° 2 de la Eª Tres de Enero, alojada en el fondo de un maar. Se indican los sectores de la laguna que fueron muestreados. Foto tomada en octubre de 2005

Asimismo, en el verano de 2006 la laguna N° 1 se había secado totalmente, al igual que la N° 2 en el 2007 (figura 21.VII.d). En esta última fueron realizados dos muestreos en diferentes márgenes por una persona durante cinco minutos.

En la tabla 21.VII observamos que la laguna N°1 presenta mayor variabilidad petrográfica en comparación con el maar (laguna N°2). Mientras en esta geoforma se registran solamente cinco tipos petrográficos, en la laguna N°1 se identificaron 16 variedades de rocas. En ambas lagunas predomina la dacita, seguida por los pórfiros de esta roca en el maar y por el cuarzo, la andesita y otra variedad volcánica indeterminada en iguales proporciones en la laguna N°1.

Figura 21.VII.c: Perfil expuesto en la ruta N° 3 donde se observa un corte del anillo tobacéo del maar Tres de Enero

CERRO CONVENTO

El maar Tres de Enero corona un alineamiento de cinco conos volcánicos que se extiende en sentido NW-SE (figura 22.VII). Los conos N° 1 a 5 han sido prospectados para evaluar la disponibilidad de materias primas líticas en el interior de los mismos. En ninguno de ellos fue registrada la presencia de depósitos secundarios de rocas (*sensu* Nami 1985). En las hoyadas de deflación y lagunas secas que se observan en el interior de los conos el sedimento es de grano fino. La cobertura vegetal es densa, entre 90 y 100%. Los conos 1, 3, 4 y 5 presentan abundante material arqueológico en superficie.

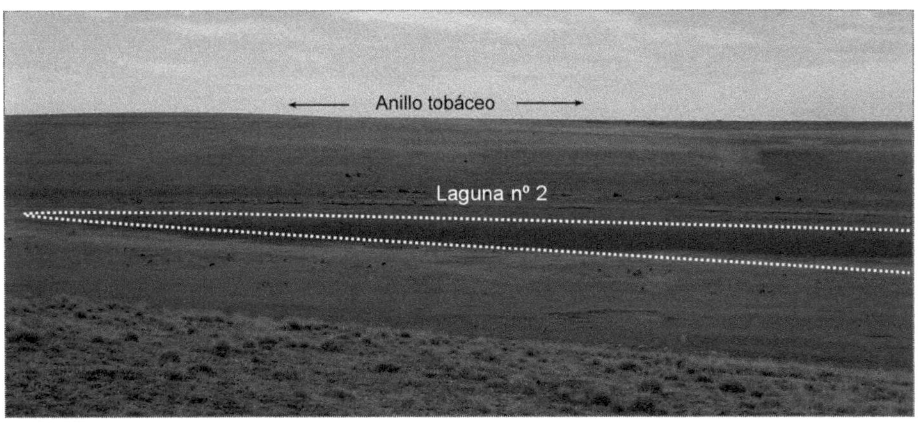

Figura 21.VII..d: Vista de la Laguna N° 2 totalmente seca en el verano de 2007

N° muestreo	Dacita		Basalto rojizo		BBA		Andesita		Cuarzo		Cuarcita		Pórfiro dacítico		Pórfiro diorítico		Jaspe	
	N	%	N	%	N	%	N	%	N	%	N	%	N	%	N	%	N	%
3En1	15	48,39	0	0,00	3	9,68	0	0,00	2	6,45	0	0,00	0	0,00	0	0,00	3	9,68
3En2	13	46,43	0	0,00	3	10,71	1	3,57	1	3,57	0	0,00	0	0,00	2	7,14	0	0,00
3En3	25	52,08	1	2,08	2	4,17	5	10,42	5	10,42	1	2,08	0	0,00	0	0,00	0	0,00
3En4	30	56,60	0	0,00	0	0,00	5	9,43	3	5,66	1	1,87	1	1,89	0	0,00	0	0,00
3En5	23	88,46	0	0,00	0	0,00	0	0,00	0	0,00	0	0,00	3	11,54	0	0,00	0	0,00
3En6	21	77,78	0	0,00	1	3,70	0	0,00	0	0,00	2	7,40	2	7,41	0	0,00	0	0,00

Tabla 21.VII: Composición petrográfica de los muestreos realizados en la Eª Tres de Enero

Figura 22.VII: Alineamiento de conos volcánicos prospectados en las estancias Tres de Enero y Cóndor. El asterisco en el cono Nº 5 indica la localización del sitio Cóndor 1

FRAILES I

Este muestreo corresponde a una laguna seca (51° 52' 298'' 69° 09' 874'') próxima a sierra de los Frailes. En los bordes de la laguna se observaron artefactos arqueológicos. Los nódulos se encuentran semienterrados y la mayoría están fragmentados. Asimismo presentan cicatrices de fracturas previas. El muestreo fue realizado por una persona durante 10 minutos. La composición petrográfica se presenta en la figura 23.VII.

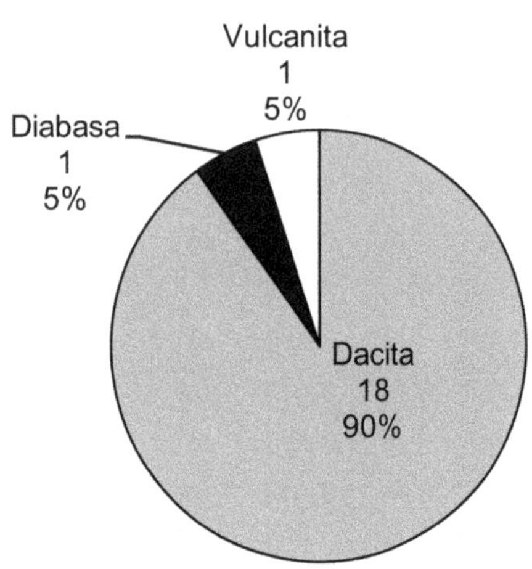

Figura 23.VII: Composición petrográfica del muestreo Frailes I

III. SECTOR MERIDIONAL DE PALI AIKE

Este sector del campo volcánico cubre el área cercana a la frontera con Chile. Los afloramientos volcánicos de esta zona corresponden al último pulso eruptivo, que tuvo lugar a lo largo de una fisura próxima y subparalela al límite internacional (Corbella 2002). Los mismos cubren una superficie superior a los 100 km^2 (Corbella op. cit.). Por tratarse de los afloramientos más jóvenes, los conos y flujos de lava se encuentran bien preservados (D'Orazio *et al.* 2000). Las edades obtenidas en los basaltos de esta zona han sido las siguientes (Corbella op. cit.: cuadro 1):

-Monte Aymond 0.36 ±0.04 m.a
- Cráter Oreja 0.359±0.087 m.a
-Laguna Azul 0.17±0.02 m.a
- W de Laguna Azul 0.01±0.02 m.a

Con respecto a la geología glaciar, Meglioli (1992) señala que cerca del límite internacional, en Monte Aymond, se encuentra una morena bien definida del *drift* Cabo Vírgenes, el cual se extiende hacia el sur hasta San Gregorio (Chile), bordeando el estrecho de Magallanes. Por consiguiente, este es el único sector del espacio relevado por nosotros que podría ser puesto en relación con la glaciación Cabo Vírgenes (≥ 0.45 m.a < 1.07 m.a), aunque, dado que no conocemos los límites exactos de su extensión hacia el norte, no podemos hacer una correlación directa.

En este sector se realizaron un total de 20 muestreos, incluyendo depósitos primarios y secundarios.

AYMOND 1

En la primera línea de conos volcánicos que discurren al norte del casco de la E[a] Cóndor-Sección Monte Aymond, se realizó un muestreo de materias primas en el talud de la cueva Monte Aymond 1 (52° 11' 448'' 69° 54' 471''). Esta cueva se localiza en la ladera interna del cono Nº 10. En el talud de la cueva se encontraban expuestos nódulos de rocas, posiblemente resultado de la remoción del *drift* subyacente producto del evento volcánico. El muestreo fue realizado por dos personas durante 10 minutos. En el mismo se recolectaron 21 nódulos. En la tabla 22.VII se presenta la composición petrográfica del conjunto. Los clastos de basalto vesicular son los que predominan, seguidos por rocas plutónicas/filonianas (granito, tonalita y diabasa) y con un porcentaje levemente menor de las variedades volcánicas (dacita y pórfiro dacítico).

Fuera del tiempo de muestreo, se tomaron muestras de tres bloques de basalto vesicular que se encontraban en la entrada de la cueva. Los mismos presentan una longitud máxima de 58, 125 y 130 cm y una calidad regular para la talla.

Basalto vesicular		Cuarzo		Dacita		Diabasa		Granito		Pórfiro dacítico		Tonalita		Indet		Total
N	%	N	%	N	%	N	%	N	%	N	%	N	%	N	%	N
11	52,38	1	4,76	3	14,29	2	9,52	1	4,76	1	4,76	1	4,76	1	4,76	21

Tabla 22.VII: Composición petrográfica del muestreo Monte Aymond 1

LAGUNA AZUL

Esta zona presenta una génesis compleja en tanto ha sido afectada por eventos volcánicos de alta explosividad (freatomagmáticos), asociados con fallas tectónicas (graben), que han modelado el paisaje de forma particular. Asimismo, por esta zona discurren dos coladas de gran extensión.

Anteriormente hemos explicado el proceso de formación de un maar y la laguna Azul es otro caso de un cuerpo de agua en el interior de un cráter volcánico (Corbella op. cit., Skewes op. cit., Haberzettl *et al.* 2003). La misma se localiza en el sector SE de Pali Aike, en un cráter formado por varias explosiones volcánicas (al menos tres) acompañadas de actividad efusiva. La edad de la laguna es holocénica, de *ca.* 6000 años A.P. Su nivel actual es de 100 m.s.n.m y se encuentra a una profundidad aproximada de 60 m en relación con el anillo del cráter. La laguna presenta una extensión máxima de 560 m en dirección NW-SE (Mayr *et al.* 2005, Haberzettl *et al.* op. cit.). Los muestreos de rocas han sido realizados en diferentes sectores del maar.

En el capítulo V hemos señalado que la actividad volcánica en Pali Aike está asociada con el sistema de fracturas de la placa sudamericana, lo cual es puesto en evidencia por el alineamiento de los afloramientos lávicos (Corbella op. cit.). Asimismo, los maares se alinean a lo largo de los planos de falla, de lo cual es un ejemplo el maar de laguna Azul, en cuya margen SE se encuentra un hemigraben, que también ha estado sujeto a muestreos (figura 24.VII.a).

Con el objetivo de evaluar la existencia de una disponibilidad diferencial de rocas asociada con las diferentes geoformas, se realizaron muestreos dentro y fuera del maar, dentro y fuera del hemigraben, en cercanía de las coladas y en bloques aislados de basalto al este y oeste del maar. Esto suma un total de ocho muestreos en este área (tabla 23.VII y figura 24.VII.b).

Los muestreos dentro del maar (Azul 1, 2 y 3) se realizaron en diferentes laderas y sectores del cráter. En la margen norte predominan los clastos de basalto vesicular, que constituyen la totalidad del conjunto en Azul 1 (*n*=18) y el 94% (*n*=15) en Azul 2, donde también se recuperó una dacita verde (*n*=1; 6%). La situación es diferente en la margen oeste (Azul 3), donde se registra una mayor variedad de rocas (tabla 24.VII).

Figura 24.VII.a: Vista del hemigraben desde margen NW del cráter volcánico de Laguna Azul

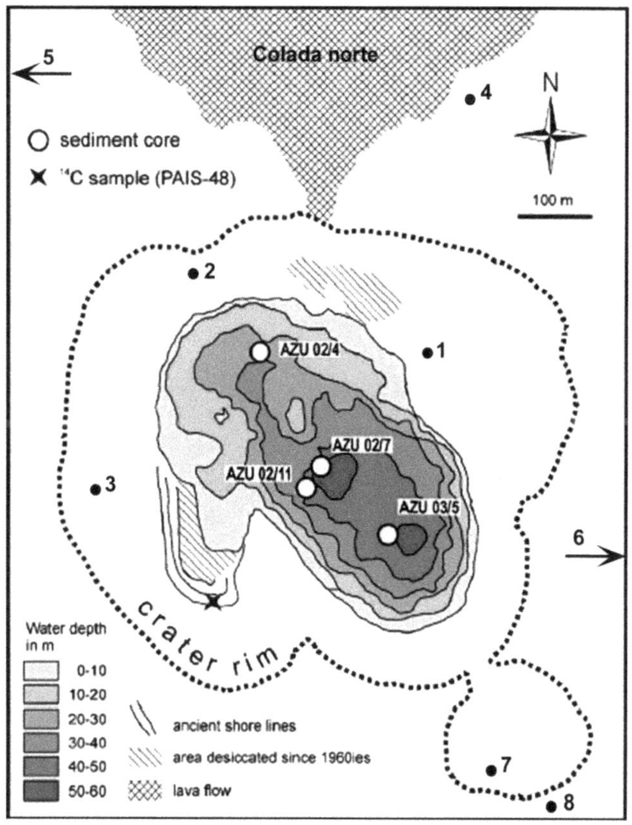

Figura 24.VII.b: Localización relativa de los muestreos realizados en Laguna Azul (tomado de Mayr et al. 2005 con modificaciones)

Nº de muestreo	Sector muestreado	Coordenadas geográficas	Nº personas/minutos
Azul 1	margen norte sector este del cráter	52º 04´ 530´´ 69º 34´ 947´´	2p x 6m
Azul 2	margen norte sector oeste del cráter	52º 04´ 530´´ 69º 34´ 947´´	2p x 10m
Azul 3	margen oeste del cráter	52º 04´ 530´´ 69º 34´ 947´´	2p x 10m
Azul 4	colada basáltica rumbo norte	52º 04´ 457´´ 69º 34´ 821´´	2p x 15m
Azul 5	colada basáltica rumbo noroeste	Sin dato	2p x 5m
Azul 6	bloques basálticos al este	52º 03.944´ 69º 32.510´	2p x 5m
Azul 7	hemigraben	52º 08' 212" 69º 57' 831"	2p x 5m
Azul 8	en pampa fuera de hemigraben	52º 12' 879" 69º 55' 814"	2p x 5m

Tabla 23.VII: Muestreos de rocas realizados en la laguna Azul

	Basalto vesicular		Basalto rojizo		Dacita		Pórfiro dacítico		BBA		Cuarzo		Cuarcita		RMA		Tonalita		Granito		Diabasa		Limolita		Vulcanita	
	N	%	N	%	N	%	N	%	N	%	N	%	N	%	N	%	N	%	N	%	N	%	N	%	N	%
Azul 1	18	100	0	0	0	0	0	0	0	0	0	0	0	0	0	0	0	0	0	0	0	0	0	0	0	0
Azul 2	15	93,75	0	0	1	6,25	0	0	0	0	0	0	0	0	0	0	0	0	0	0	0	0	0	0	0	0
Azul 3	4	14,81	0	0	10	37,04	2	7,41	2	7,41	4	14,81	0	0	2	7,41	3	11,11	0	0	0	0	0	0	0	0
Azul 4	7	26,92	1	3,85	15	57,69	1	3,85	2	7,69	0	0	0	0	0	0	0	0	0	0	0	0	0	0	0	0
Azul 5	0	0	0	0	7	41,18	1	5,88	0	0	2	11,76	3	17,65	0	0	0	0	0	0	0	0	2	11,76	2	11,76
Azul 6	3	50,00	0	0	0	0	1	16,67	0	0	0	0	0	0	0	0	0	0	0	0	2	33,33	0	0	0	0
Azul 7	3	7,89	0	0	21	55,26	1	2,63	0	0	5	13,16	3	7,89	1	2,63	0	0	1	2,63	0	0	1	2,63	2	5,26
Azul 8	2	11,11	0	0	8	44,44	0	0	0	0	1	5,56	0	0	1	5,56	0	0	0	0	1	5,56	5	27,78	0	0

RMA= Roca metamórfica anfibólica

Tabla 24.VII: Composición petrográfica de los muestreos realizados en la laguna Azul

En relación con las coladas, ya fuera del cono volcánico, fue muestreada una acumulación de nódulos cerca de la colada basáltica que se origina en el cráter de Laguna Azul (Azul 4), a lo largo de la cual se realizó una transecta (Transecta 1 Laguna Azul). El muestreo N° 5 fue realizado al oeste de laguna Azul en la intersección entre la colada recién mencionada y otra que corre rumbo NW. En estos sectores, la diversidad de rocas es más alta que dentro del maar (tabla 24.VII).

Al este de la laguna, fueron sondeados unos bloques basálticos y se realizó el muestreo N° 6 en el área próxima, donde la disponibilidad de rodados era escasa (*n*=6) (tabla 24.VII).

Por último, los muestreos 7 y 8 fueron realizados dentro y fuera del hemigraben que corta la margen SE del maar. Se observan diferencias notorias en la disponibilidad de rocas dentro y fuera del hemigraben. Mientras dentro del hemigraben encontramos nódulos aptos para la talla entremezclados con la escoria, por fuera del mismo, la cobertura vegetal impide que los rodados se encuentren expuestos (tabla 24.VII).

PALEOCAUCE

Al norte de laguna Azul se detectó una zona con disponibilidad de rocas que pertenece a un antiguo cauce fluvial, hoy seco (figura 25.VII a y b). Según lo sugiere la imagen satelital, el mismo forma parte de la red de drenaje del río Chico, aunque actualmente se encuentra inactivo. Dicho cauce está profundamente excavado y en algunos sectores se exponen perfiles de 2 m de potencia. La dimensión de este cauce sugiere su asociación con condiciones pasadas, caracterizadas por un aporte hídrico mayor que el actual (Barberena 2007). En el cauce se observó una terraza pequeña sobre la cual se desarrolla un perfil de suelo que ha sido estudiado por R. Barberena (op. cit.), junto con otros perfiles detectados en distintos contextos geomorfológicos (dentro de conos volcánicos, por ejemplo). Este suelo ha sido fechado por OCR[5], indicando que la materia orgánica presente corresponde a los últimos *ca.* 200 años calendáricos. Según lo indican los estudios pedológicos de Barberena (op. cit.), estos resultados refuerzan la conclusión de la estabilidad sedimentaria de los espacios ubicados fuera de los conos volcánicos. Estos contextos sedimentarios dan cuenta de una gran parte del paisaje de esta región, donde predominan condiciones de estabilidad y/o deflación local, que conducen al escaso desarrollo estratigráfico de las secuencias, lo cual se diferencia de los contextos estudiados dentro de los conos (cf. Barberena op. cit.). Esto tendría dos implicaciones a nivel del registro arqueológico: la formación de conjuntos artefactuales muy promediados temporalmente y malas condiciones para la preservación de evidencias orgánicas (Barberena op. cit.).

Dado que se observaron diferencias en el tamaño de los rodados expuestos en diferentes sectores del paleocauce, se realizaron tres muestreos para comprender esta heterogeneidad (tabla 25.VII). Como se ha observado en casos previos, mientras en el paleocauce solo han crecido algunos coirones y arbustos espinosos dispersos, en la pampa que lo rodea la cobertura vegetal es del 100%, lo que dificulta la exposición del *drift* subyacente (tabla 26.VII).

Figura 25.VII.a: Paleocauce al norte de laguna Azul

[5] Oxidisable Carbon Ratio

Figura 25.VII.b: Detalle de nódulos de tamaño pequeño y mediano en muestreo N° 3

N° de muestreo	Sector muestreado	Coordenadas geográficas	N° personas/ minutos
Paleocauce 1	antiguo cauce del río con nódulos de mayor tamaño	52° 02' 132" 69° 34' 218"	2p x 5m
Paleocauce 2	antiguo cauce del río con nódulos de menor tamaño	52° 02' 132" 69° 34' 218"	2p x 5m
Paleocauce 3	zona de meandro con nódulos pequeños y medianos	Sin dato	2p x 5m

Tabla 25.VII: Muestreos de rocas realizados en paleocauce

Es importante señalar, con respecto a estos muestreos, la presencia de calcedonia en el muestreo N° 3 -dado que ha sido el único lugar del CVPA donde ha sido registrada esta roca- y la relativa abundancia de jaspe de muy buena calidad para la talla.

OREJAS DE BURRO

Se realizaron tres muestreos de rocas en el alineamiento de conos de Orejas de Burro. El muestreo Orejas de Burro 1 (OB1) fue efectuado en un derrubio en la margen N/NE del cono donde se encuentra la cueva Orejas de Burro 1, que fue excavada (ver capítulo VI). El derrubio se encuentra en la ladera interna del cono, en la margen opuesta a aquélla en la cual se localiza la cueva (52° 12' 680'' 69° 56' 153''). Este muestreo fue realizado por dos personas durante 10 minutos. El tamaño de los clastos es pequeño (3-5 cm), además de encontrarse fracturados la mayoría de las veces. En el conjunto muestreado la mayor representación la tienen las dacitas (40%), seguidas por las rocas plutónicas y filonianas (granito, tonalita y diabasa), que suman el 36%. Estas rocas, de grano grueso, presentan una baja calidad para la talla (tabla 27.VII).

Debido a la presencia frecuente de bloques de basalto se tomaron cuatro muestras. De acuerdo con la densidad de vesículas y fenocristales la calidad para la talla de estos basaltos varía de buena a regular. La longitud máxima de los bloques es de 54, 63, 65 y 80 cm.

El muestreo Orejas de Burro 2 (OB2) fue realizado en el cono contiguo. Siguiendo el mismo objetivo que en el caso de Laguna Azul de evaluar la disponibilidad diferencial de rocas dentro y fuera de los conos volcánico, este muestreo fue realizado en la ladera externa del cono (52° 07' 579'' 69° 33' 389'') por dos personas durante 10 minutos. El basalto vesicular es la roca que más abunda (53%), seguido por las rocas plutónicas y filonianas (25%), que si bien corresponden a varios tipos, en conjunto son más frecuentes que las dacitas (13%) (tabla 27.VII). Para este muestreo se cuenta con el análisis de cortes delgados de una roca, que fue determinada al microscopio por el Dr. Aragón como una arenisca cementada por ópalo (ver Anexo 1), que se la registró bajo la forma de artefactos en un lugar cercano (cono 17). La misma es de color grisáceo y muy buena calidad para la talla, con un diámetro máximo de 60 mm. En el sector noreste del cono N° 17, el cual se encuentra a escasos metros de OB2 y también ha sido muestreado (ver *infra*), se recuperaron como hallazgos aislados dos núcleos y una lasca manufacturados sobre una roca con características macroscópicas muy semejantes a esta arenisca (tabla 28.VII).

Hacia el noroeste de Orejas de Burro 1 fue realizado un tercer muestreo en el cono N° 17 (52° 07' 561'' 69° 33' 526''). La escasez de nódulos era tal que sólo fueron recuperados tres ejemplares por dos personas durante 10 minutos (tabla 27.VII).

N° muestreo	Basalto vesicular		Dacita		Pórfiro dacítico		Granito		Cuarzo		Cuarcita		BBA		Limolita		Esquisto		Jaspe		Calcedonia		Total
	N	%	N	%	N	%	N	%	N	%	N	%	N	%	N	%	N	%	N	%	N	%	N
Paleocauce 1	5	41,67	5	41,67	1	8,33	1	8,33	0	0,00	0	0,00	0	0,00	0	0,00	0	0,00	0	0,00	0	0,00	12
Paleocauce 2	0	0,00	42	66,67	8	12,70	1	1,59	4	6,35	0	0,00	6	9,52	0	0,00	0	0,00	2	3,17	0	0,00	63
Paleocauce 3	0	0,00	24	77,42	0	0,00	0	0,00	0	0,00	1	3,23	0	0,00	3	9,68	1	3,23	1	3,23	1	3,23	31

Tabla 26.VII: Composición petrográfica de los muestreos realizados en el paleocauce

Muestreo	Dacita		Basalto vesicular		Cuarzo		Arenisca		Diabasa		Gabro		Granito		Tonalita		Vulcanita		Total
	N	%	N	%	N	%	N	%	N	%	N	%	N	%	N	%	N	%	N
OB1	7	41,18	1	5,88	1	5,88	0	0,00	2	11,76	0	0,00	1	5,88	3	17,65	2	11,76	17
OB2	4	12,50	17	53,13	0	0,00	1	3,13	1	3,13	1	3,13	2	6,25	4	12,50	2	6,25	32
OB3	1	33,33	2	66,67	0	0,00	0	0,00	0	0,00	0	0,00	0	0,00	0	0,00	0	0,00	3

Tabla 27.VII: Composición petrográfica de los muestreos realizados en los conos volcánicos de Orejas de Burro

Lugar de procedencia	Clase artefactual	Estado de conservación	Materia prima	Calidad	% corteza	Diam. Máx. (mm)
Cono 17- Superficie	Núcleo poliédrico	Entero	Arenisca	mb	0	65
Cono 17- Superficie	Núcleo de lascados aislados	Entero	Arenisca	b	0	70
Cono 17- Superficie	Lasca plana	Fragmento proximal	Arenisca	b	0	30

Tabla 28.VII: Hallazgos aislados en arenisca recuperados en el cono N° 17 de Orejas de Burro

En este sector del espacio se observa la misma situación que en el hemigraben de laguna Azul: fuera del cono volcánico, en el que la cobertura vegetal es del 100%, no se encuentran rodados expuestos; dentro del cono, debido a factores erosivos, es posible recuperar algunos nódulos de rocas.

LA OLLA

En el área comprendida entre la colada de dirección norte-sur que discurre al oeste de laguna Azul (ver *supra*) y los alineamientos volcánicos de Orejas de Burro se realizaron dos muestreos, denominados La Olla, de acuerdo con la toponimia local, ya que se trata de un cono volcánico de gran profundidad. El muestreo La Olla 1 fue realizado por dos personas durante 10 minutos en una zona de *drift* expuesto debido a la erosión. En este muestreo se observa una gran variabilidad petrográfica que puede sintetizarse de la siguiente manera (tabla 29.VII): existe un predominio de rocas sedimentarias (43%), entre las cuales la mayoría se encuentra representada por la limolita, seguidas por rocas volcánicas extrusivas (39%), entre las que abunda la dacita; las rocas metamórficas (cuarcita y filita) suman un 8% y por último, las rocas plutónicas y filonianas (diabasa y granito) un 5%. Más allá de su clasificación genérica, como tipo petrográfico sobresale la dacita (32%). En este caso, la roca clasificada como *volcánica ácida*, podría tratarse de riolita o traquita (Etchichury com. pers.).

La Olla 2 fue efectuado en el cono volcánico mismo, en la ladera interna de su margen noreste, adonde se observó la disponibilidad de nódulos (52° 11' 624'' 69° 36' 743''). Dentro de esta geoforma la variabilidad de rocas recolectadas por dos personas durante 10 minutos se reduce notablemente, predominando la dacita (77,8%) (tabla 29.VII).

FRAILES II

Los muestreos que se exponen a continuación pueden ser signados al *drift* Sierra de los Frailes, el depósito glacial más antiguo y de mayor extensión relacionado con el lóbulo del estrecho de Magallanes, que ha sido el de mayor tamaño e importancia del área (Meglioli op. cit.).

El *drift* Sierra de los Frailes fue registrado aproximadamente a 20 km al sur de la ciudad de Río Gallegos (estación policial de Chimen Aike), comprendiendo la margen sur del río Chico hasta Punta Loyola. Por consiguiente, de acuerdo la cobertura espacial señalada por Meglioli (op. cit.), los muestreos de roca que se exponen a continuación podrían ser asignados a este *drift*. No obstante, como se ha señalado anteriormente, la mayor parte de los muestreos de roca que hemos realizado corresponden a la glaciación Frailes (> 1.07 m.a < 1.04 m.a), en tanto ha sido la de mayor cobertura espacial, diferenciándose solamente en los lóbulos glaciarios que los depositaron.

Hacia el SE de Pali Aike, tomando la ruta provincial N° 1 a Cabo Vírgenes, se realizaron dos muestreos en sectores del camino que por su pavimentación dejaron expuestos nódulos de rocas, que de otra forma se encuentran cubiertos por el suelo actual. Si bien no constituyen fuentes potenciales de aprovisionamiento nos interesó evaluar la diversidad de rocas allí presente por lo señalado anteriormente. El muestreo Frailes II.1 (51° 54' 14.7'' 69° 0.7' 51.3'') se realizó en una lomada cortada por la ruta, a 88 km aproximadamente de ruta nacional N° 3, por una persona durante 10 minutos. Según las observaciones de Barberena (2007), en el perfil se distinguen dos suelos, uno superficial y otro más viejo que se desarrolla sobre un *drift* arcilloso, que contienen rodados pequeños/medianos. El suelo superficial se desarrolla en una matriz clasto sostén, con rodados de tamaños variados, probablemente de origen eólico-coluvial (retrabajo de los depósitos glaciarios) (Barberena com. pers. 2007). En este muestreo realizado se observa un predominio de la dacita (66%) y de rocas plutónicas (26%) como la diorita y la tonalita (tabla 30.VII).

El muestreo N° II.2 (51° 54' 15.3'' 69° 0.7' 53.7''), fue realizado por una persona durante 10 minutos en un camino de tierra que se bifurca de la ruta N° 1 (tabla 30.VII)

N° muestreo	Dacita		Pórfiro dacítico		Riolita		Cuarzo		Cuarcita		Diabasa		Gabro		Filita		Granito	
	N	%	N	%	N	%	N	%	N	%	N	%	N	%	N	%	N	%
La Olla 1	20	32,79	0	0,00	1	1,64	2	3,28	4	6,56	1	1,64	0	0,00	1	1,64	2	3,28
La Olla 2	14	77,78	1	5,56	0	0,00	0	0,00	0	0,00	0	0,00	1	5,56	0	0,00	0	0,00

N° muestreo	Tonalita		Limolita		Arenisca		Sedimentita		BBA		Vulcanita		Indet		Total
	N	%	N	%	N	%	N	%	N	%	N	%	N	%	N
La Olla 1	0	0,00	17	27,87	4	6,56	5	8,20	1	1,64	2	3,28	1	1,64	61
La Olla 2	1	5,56	0	0,00	0	0,00	0	0,00	0	0,00	1	5,56	0	0,00	18

Tabla 29.VII: Composición petrográfica de La Olla 1 y 2

Nº muestreo	Cuarzo		Cuarcita		Dacita		BBA		Diorita		Tonalita		Diabasa		Jaspe con impurezas		Limolita		Sedimentita		Vulcanita		Total
	N	%	N	%	N	%	N	%	N	%	N	%	N	%	N	%	N	%	N	%	N	%	N
Frailes II.1	1	4,17	0	0,00	16	66,67	0	0,00	3	12,50	3	12,50	0	0,00	0	0,00	0	0,00	1	4,17	0	0,00	24
Frailes II.2	1	3,33	2	6,67	17	56,67	4	13,33	0	0,00	0	0,00	2	6,67	1	3,33	2	6,67	0	0,00	1	3,33	30

Tabla 30.VII: Composición petrográfica de Frailes II. 1 y 2

IV. LA COSTA ATLÁNTICA

PUNTA LOYOLA

En los últimos años, el área de Punta Loyola ha sido un foco de trabajo tanto arqueológico como geológico (Carballo Marina *et al.* 2000; Ercolano *et al.* 2000; Carballo Marina y Ercolano 2001 y 2004; Ercolano y Carballo Marina 2005; Carballo Marina 2007). Desde *ca.* 7000-6000 años AP, cuando comenzó la regresión marina y posterior estabilización del nivel del mar, la mayor parte de este espacio se encontró disponible para la ocupación humana.

El análisis de la densidad de artefactos en las unidades morfoestratigráficas que fueron identificadas en la zona (figura 26.VII) mostró una mayor intensidad de uso del espacio costero del estuario del río Gallegos en comparación con la costa atlántica y el valle medio e inferior del río Gallegos (Carballo Marina *et al.* 2000, Ercolano *et al.* 2000, Ercolano y Carballo Marina 2005, Carballo Marina 2007). Esto fue relacionado con la presencia de canteras potenciales y mayor reparo en esta zona (Ercolano y Carballo Marina 2005). Las materias primas líticas utilizadas en la manufactura de los artefactos se encuentran disponibles localmente en varias de las geoformas del área, como las espigas, los bancos de grava, las playas del estuario y del litoral marino. Se trata de rodados fluvioglaciales transportados desde la cordillera por las aguas de fusión de los distintos eventos glacigénicos del Plio-Pleistoceno. Los nódulos son de tamaño mediano-pequeño (≤ 10 cm), principalmente de basalto y dacita (Ercolano y Carballo Marina 2005, Carballo Marina 2007).

Los muestreos de rocas que hemos realizado corresponden a los sectores de cordones de gravas recurvados (Punta Loyola 1), en el área del estuario y de cordones litorales III (Punta Loyola 2), sobre la costa Atlántica (figura 26.VII). Los cordones recurvados se encuentran circunscriptos a la zona central de Punta Loyola, entre las cotas de 12,5 y 13,5 m. En base a su altitud son comparables a los cordones litorales más elevados de Punta Bustamante, lo que permite vincular su génesis. La formación de estos cordones en Punta Bustamante ha sido determinada en *ca.* 6700 años AP (González Bonorino 2002 citado en Ercolano y Carballo Marina 2005), por lo cual es posible extender esta cronología a los cordones recurvados de Punta Loyola. Sin embargo, debido a la particular génesis hidráulica de los mismos, aún no ha podido establecerse desde qué momento este espacio estuvo disponible para la ocupación humana (Ercolano y Carballo Marina 2005). De acuerdo con los estudios de la intensidad de uso de este espacio, la ausencia de hallazgos en esta unidad morfoestratigráfica no puede explicarse por la edad de las geoformas, la mala visibilidad o la escasez de materias primas, sino que sólo puede atribuirse a un uso muy poco intenso de la misma (Carballo Marina 2007).

Con respecto a la edad de los cordones litorales III, se cuenta con un fechado de 1610±60 años AP que se obtuvo de un horizonte de materia orgánica en una paleoalbúfera que subyace a los cordones. Por consiguiente es posible asignarles un origen reciente, a fines del Holoceno tardío (Ercolano y Carballo Marina op. cit.). El muestreo Punta Loyola 1 (51° 37.565' 69° 01.093') se localiza a 27 km aproximadamente de la ruta nacional N° 3, y fue realizado por una persona durante cinco minutos. Esta zona presenta abundancia de rodados, principalmente de tamaño pequeño, como se observa en la figura 27.VII a y b. Punta Loyola 2 se efectuó en el área de los cordones litorales III por la misma cantidad de personas y la misma duración de tiempo (51° 36.933' 68° 58.694') (figura 28.VII a y b). Ambas fuentes potenciales presentan una disponibilidad de rocas ilimitada y una gran variabilidad petrográfica.

En la tabla 31.VII se indican los porcentajes de rocas recuperadas en Loyola 1 y 2 respectivamente. Si bien ambos muestreos presentan una gran variabilidad petrográfica, nos interesa señalar: el predominio de la dacita; la presencia de RGFO en mayor abundancia en Loyola 1 (n=3), ya que en Loyola 2 también se ha recuperado un ejemplar, pero fuera del tiempo de muestreo (por eso no figura en el gráfico), lo cual puede ser interpretado como producto de una menor disponibilidad relativa, además de la presencia de jaspe con impurezas y de basalto morado.

Nº muestreo	Dacita		RGFO		Andesita		Basalto morado		BBA		Jaspe con impurezas		Sedimentita		Pórfiro dacítico		Pórfiro diorítico		Indet		Total
	N	%	N	%	N	%	N	%	N	%	N	%	N	%	N	%	N	%	N	%	N
Loyola 1	48	70,59	3	4,41	2	2,94	4	5,88	4	5,88	1	1,47	1	1,47	3	4,41	1	1,47	1	1,47	68
Loyola 2	52	83,87	3	4,84	0	0,00	1	1,61	2	3,23	1	1,61	0	0,00	2	3,23	1	1,61	0	0,00	62

Tabla 31.VII: Composición petrográfica Loyola 1 y 2

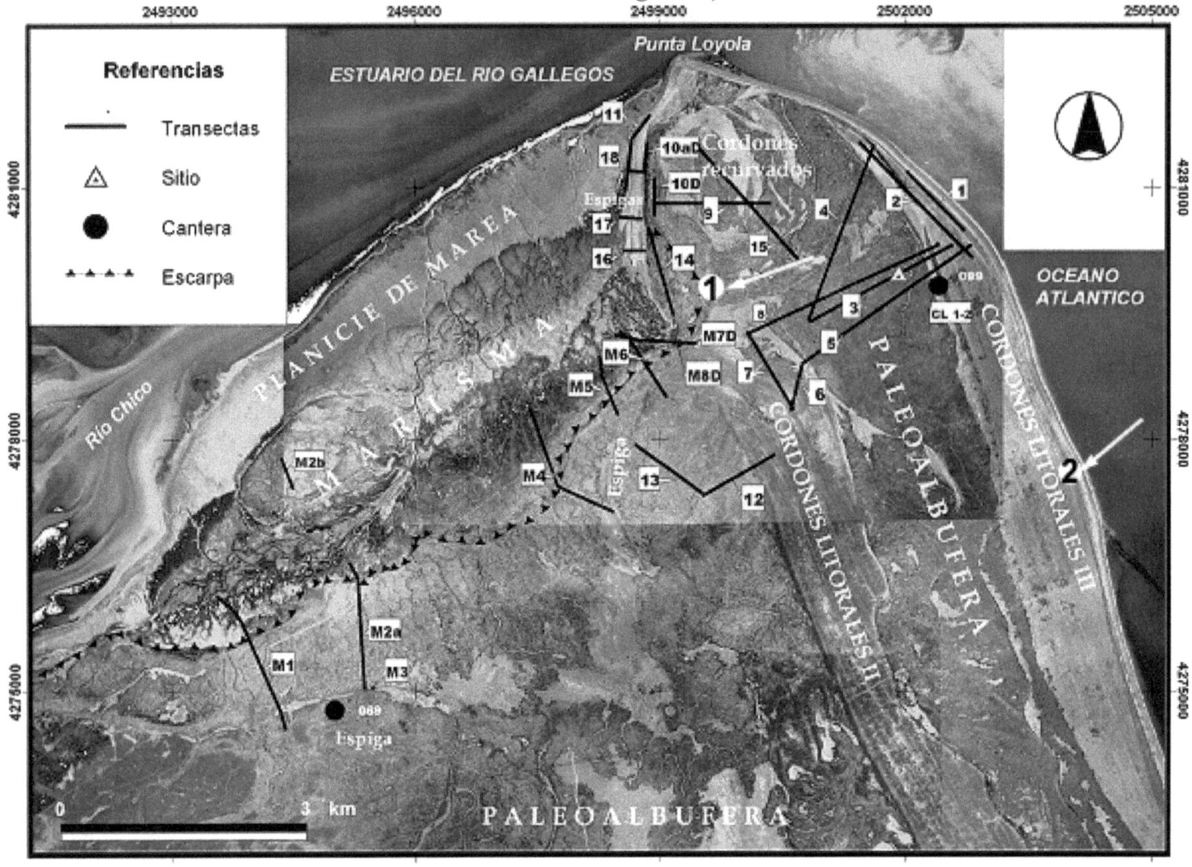

Figura 26.VII: Unidades morfoestratigráficas identificadas en el área de Punta Loyola (tomado de Ercolano y Carballo Marina 2005). Los Nº 1 y 2 dentro de los círculos indican la localización de los muestreos

Figura 27.VII..a: Vista del área de cordones recurvados de Punta Loyola (Muestreo Punta Loyola 1)

Figura 27.VII..b: Detalle de los rodados disponibles en los cordones recurvados

Las rocas volcánicas básicas como los basaltos, basandesitas y andesitas representan variedades de color gris y gris-verdoso, de calidades buena, regular y mala para la talla.

La determinación microscópica de dos de las RGFO recuperadas en Loyola 1 indica una variedad volcánica alterada y otra sedimentaria, atribuible a fangolita (ver Anexo 1). El tercer ejemplar recuperado, que no fue identificado al microscopio, corresponde también a una variedad volcánica, sugerido por la presencia de fenocristales. En Loyola 2, el ejemplar recolectado fuera del tiempo de muestreo fue determinado al microscopio como basalto.

Si bien los depósitos costeros al norte de la ría del Gallegos no fueron relevados de forma directa, contamos con las referencias de Mansur *et al.* (2004) a partir de sus investigaciones en Punta Bustamante. Estos autores señalan que la zona de acreción que dio lugar a la formación de la Punta Bustamante está constituida por playas de guijarros en crestas subparalelas, cuya fecha

Figura 28.VII..a: Vista de los cordones litorales III (muestreo Punta Loyola 2)

Figura 28.VII.b: Detalle de los rodados disponibles en los cordones litorales III

más antigua de formación es de 6300 años AP (González Bonorino *et al.* 1999). Desde estos momentos la disponibilidad de materias primas líticas no ha variado sustancialmente. La mayoría de las rocas utilizadas para la manufactura de los artefactos recuperados en el sitio Rud01 BK, ubicado en la terraza de Cabo Buen Tiempo, se encuentran disponibles en las playas de guijarros al pie del acantilado norte de la ría y de la costa atlántica adyacente (Mansur *et al.* op. cit.). Se trata de basalto, madera silicificada, dacita, riolita y cuarcita. El basalto y la madera silicificada si bien son locales, presentan baja abundancia.

Por otro lado, contamos con el estudio de los sedimentos litorales entre Punta Dungeness y Punta Desengaño realizado por Etchichury y Remiro (1967), que nos ofrece un panorama de utilidad sobre los depósitos de gravas en la costa sur de Santa Cruz. Estos investigadores señalan la heterogeneidad granulométrica del conjunto de sedimentos litorales entre Punta Dungeness y Cabo Buen Tiempo, debido a la acción de diferentes procesos erosivos y agentes de transporte (glaciales, fluviales, eólicos y marinos). Se trata de rodados sumamente desgastados, de coloración gris negruzca, a veces con tintes verdosos. Los clastos de mayor tamaño son en su mayoría rocas volcánicas: basaltos, andesitas, riolitas y dacitas.

También observan la presencia de esquistos, gneisses, dioritas y sílice (Etchichury y Remiro 1967). Las rocas volcánicas alcanzan el 90%, siendo las andesitas y los basaltos las rocas que representan más de la mitad del total. Las riolitas, riodacitas y dacitas presentan en casi todos los casos un aspecto muy similar debido a un intenso proceso de silicificación. Las plutonitas, sedimentitas y rocas metamórficas constituyen menos del 10%. Entre las plutonitas se observaron granitos, dioritas y granodioritas; entre las sedimentitas, areniscas y tobas de grano muy fino y entre las metamórficas cuarcitas de textura fina, a veces con impregnaciones limoníticas (Etchichury y Remiro op. cit.). La composición de los conjuntos señalada se mantiene con fluctuaciones menores en las distintas estaciones muestreadas, que fueron diez entre Punta Dungeness y Cabo Buen Tiempo (figura 29.VII).

Es de importancia señalar que, como lo sostienen los mismos autores, los rodados costeros presentan características similares a los de la meseta, en

Figura 29.VII: Localización de las estaciones de muestreo de sedimentos litorales en la costa sur de Santa Cruz (tomado de Etchichury y Remiro 1967 con modificaciones).

<u>Referencias</u>: I. Playa de Cabo Vírgenes, 8 km al W y a 4° km del Faro chileno Pa. Dungeness II. Al pie de Cabo Vírgenes III. Gap. Al pie del rancho de Jacavecich IV. Gapp (Sección de la Estancia Monte Dinero) V. Desembocadura del Cañadón Chorrillo de los Frailes (norte de Gapp) VI. Gapp. Latitud de Cerro Redondo, Punta Loyola Sud VII. Estancia Punta Loyola, picada de YPF cerca de Pto. Monte Dinero VIII. Punta Loyola entre baliza S. II. N. a la altura del Barco de Hierro IX. En el acantilado entre Cabo Buen Tiempo y el cañadón ubicado hacia el norte X. Tomada 1 legua al sud del punto de bajada a la playa situada al sud del Cañadón Palo Tomado. A la vista del Faro Buen Tiempo.

comparación con los estudios de Fidalgo y Riggi (1965. Ver capítulo V). Por consiguiente no hay grandesvariaciones en la oferta de rodados entre la costa y el interior. Esto se debe a que gran parte de los sedimentos presentes en la costa provienen de depósitos glaciarios cuaternarios que, durante el Pleistoceno y parte del Holoceno, fueron aportados a la zona costera debido a la importante carga de los ríos (Kokot 2004). Los caudales actuales de los principales ríos patagónicos, de los cuales el río Gallegos y el Chico son los que nos interesan, no poseen las condiciones hidráulicas necesarias para el transporte de gravas, por consiguiente las mismas son de carácter relíctico (Kokot op. cit.).

La comparación de la disponibilidad de rocas entre el interior del campo volcánico y el sector costero de cañadón Gap (52° 08' 26.7'' 68° 33'01.0'') ha mostrado esta homogeneidad (*cf.* Charlin y Cardillo 2005). Este cañadón se localiza a 60 km aproximadamente del límite meridional del campo volcánico, siendo la distancia máxima con respecto al sector norte de Pali Aike de 90 km. El mismo se extiende perpendicularmente a la costa atlántica, terminando en una playa de erosión limitada por acantilados, a unos 40 km aproximadamente del sitio Cabo Vírgenes 6. Tanto en la costa como dentro del cañadón se observan rocas provenientes de la erosión del *drift* glaciario, formando depósitos secundarios (Charlin y Cardillo op. cit.).

En el área del cañadón Gap la disponibilidad de materias primas fue evaluada por la Dra. Franco a partir de muestreos selectivos y recolecciones sistemáticas siguiendo la metodología aplicada en esta tesis (Franco y Borrero 1999). En los muestreos se observó la presencia de dacita, diabasa, gabro y RGFO. Entre las dacitas, la roca más abundante, predominan las variedades de color verde y castaño claro (Franco com. pers). Las RGFO están disponibles en forma restringida. En el sector costero se observó una proporción de RGFO de 3:25 en el total de nódulos recolectados en uno de los muestreos realizados y de 4:22 en otro, presentando un tamaño entre 4 y 6 cm de diámetro máximo, semejante a lo observado hacia el interior de Pali Aike. En otros sectores del cañadón, en cambio, no se registraron RGFO sobre un total de 23 nódulos recolectados. Tampoco fueron recuperadas en Cabo Vírgenes (Franco com. pers.). Es posible afirmar, entonces, el carácter local de la dacita, las RGFO, la diabasa y el gabro. En el área también se recuperaron artefactos de calcedonia coloreada y xilópalo en muy bajas proporciones, que no fueron registrados en los muestreos, por lo que se presume que no se encuentran entre las materias primas inmediatamente disponibles (Charlin y Cardillo op. cit., L'Heureux y Franco 2002).

Según la información aportada por Codignotto (1990) y Meglioli (1992) con respecto a los depósitos de *drift* que se encuentran expuestos en la costa Atlántica al sur de río Gallegos, podemos señalar algunas diferencias según los sectores de los que se trate. En el sector costero septentrional, entre Punta Loyola y laguna Zanja Pike, los glaciares no alcanzaron la costa (Meglioli 1992). De acuerdo con los estudios de Codignotto (1990) sobre la dinámica y evolución de la costa, el área comprendida entre el río Coig o Coyle y el cañadón Zanja Grande es una zona de acreción holocénica. Particularmente, el área costera entre Punta Loyola y este cañadón está constituida por cordones litorales y paleoalbúferas; en cambio, el sector costanero entre Zanja Grande y Cabo Vírgenes está modelado en sedimentos de origen glaciario que quedan en exposición debido a la erosión marina (Codignotto op. cit.) (figura 30.VII). Según Meglioli (op. cit.) esos depósitos corresponden a la glaciación cuaternaria más antigua (Sierra de los Frailes), que comienzan a estar expuestos en el acantilado costero cinco km al sudeste de laguna Zanja Pike. Por otro lado, en el extremo más austral de la costa atlántica, el *drift* expuesto en el acantilado que se encuentra abajo del faro Cabo Vírgenes pertenece a los depósitos de la glaciación con este nombre, la segunda en antigüedad entre las glaciaciones cuaternarias.

Más allá de la información geológica reseñada cabe señalar algunos factores geomorfológicos que inciden sobre la accesibilidad al sector costero y por consiguiente a los recursos líticos allí disponibles. La costa meridional de Santa Cruz se caracteriza por un relieve abrupto, conformado por acantilados activos de considerable altura, lo cual dificulta el acceso a la zona de playas desde el interior de la estepa (*cf.* Barberena 2007). Los sectores de mayor accesibilidad se encuentran en relación con dos contextos geomorfológicos específicos: las geoformas marinas de acreción, como las puntas Loyola y Dungeness (Uribe y Zamora 1981; González Bonorino *et al.* 1999), y la desembocadura de cauces fluviales de cierta magnitud, gracias a la erosión de los depósitos de *drift* del acantilado y la conformación, de este modo, de vías de fácil acceso al mar (Barberena op. cit.). Si bien se observa una distribución relativamente regular de estos cauces a lo largo de la costa meridional, muchos de ellos constituyen valles "colgantes", asociados al rápido retroceso del acantilado marino activo (Kokot 2004). Por consiguiente, estos cauces no ofrecen un acceso transitable a las playas marinas; sólo los que presentan un cierto caudal mínimo posibilitan un acceso adecuado (Barberena op. cit.). Estos factores producen restricciones espaciales en el acceso a las fuentes potenciales de aprovisionamiento, por lo tanto, a pesar de que la costa ofrece una disponibilidad continua de recursos líticos, los problemas de accesibilidad dificultan su explotación. Debido a esto, son consideradas como fuentes potenciales de aprovisionamiento lítico sectores puntuales de este espacio, tales como las puntas Loyola y Bustamante, en la desembocadura del río Gallegos, Chorrillo de los Frailes, Cañadón Gap y Cabo Vírgenes. Justamente en varios de estos puntos es en donde fueron realizados los muestreos por Etchichury y Remiro (op. cit. Ver figuras 29 y 30.VII).

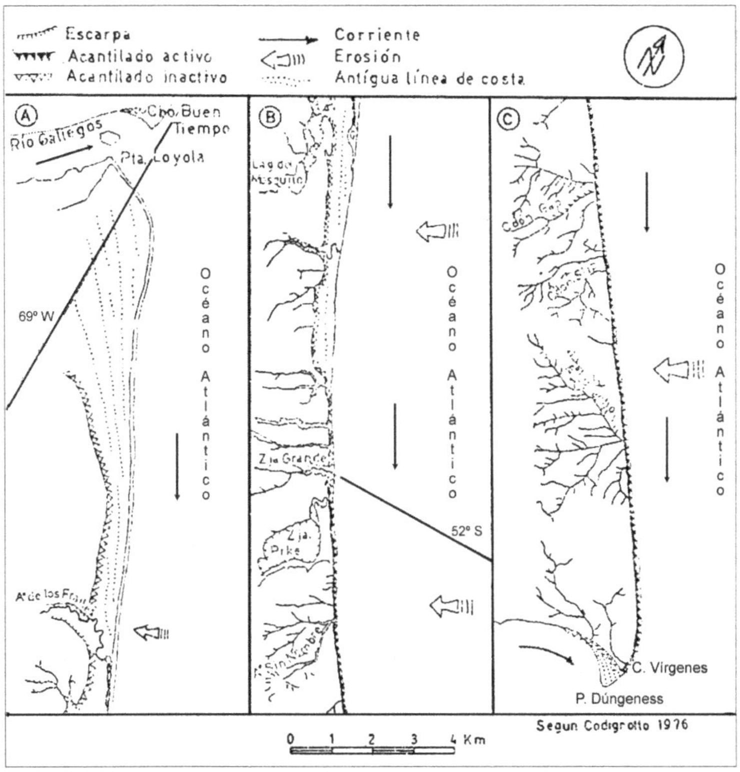

Figura 30.VII: Zonas de erosión y acreción en la costa meridional de Santa Cruz (tomado de Codignotto 1990 con modificaciones)

V. EL ESTRECHO DE MAGALLANES

Como señalamos en otro lado, de acuerdo con los estudios de geología glacial, el lóbulo del estrecho de Magallanes ha sido el de mayor extensión e importancia en nuestra área de estudio. Las unidades de *drift* de este lóbulo son las mejores expuestas (Meglioli 1992), por lo cual la costa norte del estrecho constituye una fuente potencial de aprovisionamiento lítico de gran importancia. Al respecto, los estudios desarrollados por Massone (1984) a lo largo de la costa del estrecho, entre Punta Dungeness (52° 21' S 68° 26' W) y San Gregorio (52° 38' S 70° 11' W), señalan la disponibilidad de rocas aptas para la talla, especialmente lutita silicificada y basalto, en los depósitos fluvioglaciares erosionados, como así también en las antiguas bermas de Punta Dungeness (figura 31.VII). Ambos tipos de roca entran dentro del rango de variabilidad de las RGFO. Asimismo, más hacia el occidente, en la inflexión que el estrecho realiza hacia el sur y donde se ubica la bahía Laredo, Prieto (1988) señala la presencia de playas de cantos y arenas. Entre las materias primas locales indica la disponibilidad de lutita, toba y riolita.

Según los estudios de Meglioli (op. cit.), en la faja costera del estrecho, de este a oeste, se encuentran depósitos de *drift* de la glaciación Cabo Vírgenes -especialmente en la zona de Punta Dungeness hasta San Gregorio-, de Punta Delgada –que rodea enteramente Bahía Posesión-, y de Primera y Segunda Angostura, a partir de los accidentes topográficos respectivos (Meglioli op. cit.).

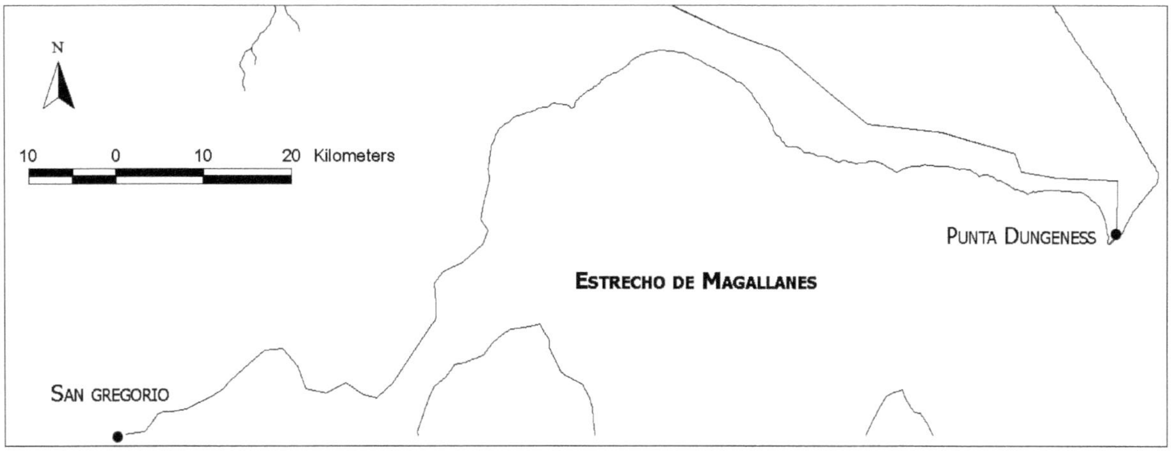

Figura 31.VII: Costa nororiental del estrecho de Magallanes

3. La disponibilidad de materias primas líticas en el paisaje regional

Dado que contamos con numerosa información sobre la disponibilidad de rocas en el CVPA (61 muestreos que representan un *n* total de 1962 rocas), es necesario sintetizarla de algún modo que nos permita apreciar las tendencias generales. Con este objetivo, la variabilidad en la disponibilidad de rocas se evalúa en diferentes escalas espaciales (ver *infra*) a través de las siguientes variables:

- Abundancia: la recolección de rocas en los distintos puntos del espacio que fueron muestreados se realizó en un tiempo determinado por un número de personas. Dado que estos parámetros no se mantuvieron constantes, tuvimos que convertirlos a una unidad comparable. Como el número y tiempo mínimo registrado era de una persona por cinco minutos, el rendimiento relativo de cada fuente potencial de aprovisionamiento (FPA) fue calculado según esta unidad (1px5m), la cual constituye la unidad básica de comparación en todos los análisis que se presentan a continuación. A partir del número total de rocas que es posible obtener por una persona en cinco minutos, se calculó la proporción de los distintos tipos petrográficos que se obtendrían en ese tiempo. Aquí se consideraron solamente los tipos de rocas que fueron efectivamente utilizados para la manufactura de artefactos, ya que son los de nuestro interés. Dado que la unidad de comparación a la que fue necesario reducir los valores es pequeña, en muchos de los casos las proporciones quedaron expresadas en cuatro decimales, por este motivo muchas veces nos referimos a los porcentajes que representan para lograr una mayor claridad.

- Proporción de rocas aptas para la talla: Dado que el número de rocas adecuadas para la manufactura de artefactos mediante talla no siempre es proporcional a la abundancia relativa de nódulos en la FPA, se calculó la proporción de rocas aptas para la talla que es posible obtener en la unidad de comparación considerada (1px5m). La aptitud para la talla fue evaluada en base a la calidad de las rocas para la manufactura de artefactos (*sensu* Franco y Aragón 1997). Así, aquellas rocas con calidad $\geq$ a buena fueron consideradas como rocas aptas. En este punto queremos señalar que en muchos casos la baja calidad de las rocas para la talla no se debe a las características intrínsecas de la pasta/matriz de la roca, sino a procesos de alteración físico-químicos que las han afectado como la oxidación, el relleno secundario de fisuras o la infiltración de manganeso, entre otros.

- Diversidad: se refiere al número de clases de rocas que se encuentran representadas en una FPA. El mismo es un número mínimo dado que, por un lado, las RGFO -que constituyen diferentes tipos petrográficos- fueron contabilizadas como un solo tipo, al igual que las rocas volcánicas básicas (BBA), y por el otro, aquellas rocas indeterminadas petrográficamente fueron excluidas de este análisis.

- Tamaño: se calculó la media aritmética y el desvío estándar del eje mayor o diámetro máximo (ver capítulo IV 1.b.1) de las rocas aptas para la talla por FPA. Se utilizó el eje mayor como medida de tamaño porque es con la que se cuenta para la totalidad de los relevamientos.

La información sobre cada una de estas variables por FPA quedó expresada en una matriz de proporciones, de la cual fueron excluidos los muestreos realizados en cortes o depósitos artificiales -como Güer Aike 3, El Indio 1, Palermo Aike 3 y Frailes II- y aquéllos en los que se recolectaron solamente RGFO potenciales -La Carlota 3 y 6 y Potrok Aike 2-, por consiguiente, el total de muestreos considerados en los análisis que se presentan se reduce a 53 (tabla 32.VII).

El comportamiento de las variables mencionadas se evaluó en diferentes escalas espaciales. La más amplia la constituye el CVPA como unidad regional, el cual fue segmentado en grandes sectores en sentido norte-sur con el objetivo de brindar un panorama general de la disponibilidad de rocas en los grandes espacios. En una escala menor, la oferta de materias primas líticas fue evaluada según los elementos del paisaje (Stafford 1995) que están funcionando como FPA. Considerando como unidad de comparación la FPA, esta información se resume a partir de un análisis de componentes principales (PCA), en un intento por sintetizar la variabilidad que presentan. El PCA es una técnica descriptiva multivariada que nos permite dar cuenta de la interrelación entre las variables que describen un fenómeno y entre éstas y los casos de estudio, poniendo de manifiesto la estructura subyacente de los datos a través de variables hipotéticas o transformadas (los componentes), que dan cuenta de la mayor parte posible de la varianza (Jackson 1991, Manly 1994).

Por último, se analiza en mayor detalle la disponibilidad de las RGFO, en tanto son las materias primas más utilizadas para la manufactura de artefactos y se compara la distribución y utilidad potencial para la talla de las variedades volcánicas y sedimentarias a través de consideraciones de abundancia, tamaño y calidad. Estas características también se comparan con respecto a a la dacita, que es la materia prima de mayor abundancia en el CVPA, pero explotada en segundo lugar luego de las RGFO.

3.a Disponibilidad, distribución y abundancia de rocas en el CVPA

En primer lugar nos referiremos a la presencia/ausencia de los distintos tipos de rocas en los tres grandes sectores del CVPA que fueron diferenciados: norte, centro y sur (tabla 33.VII).

En las fuentes potenciales de aprovisionamiento relevadas en el CVPA se identificaron un total de 13 tipos de roca que fueron efectivamente utilizados para la manufactura de artefactos. De los mismos 9 y 10 tipos se encuentran representados en los sectores norte y sur, respectivamente, en tanto que el sector central presenta una variabilidad mucho menor, reducida a seis tipos.

Hay cinco tipos de roca que presentan una disponibilidad diferencial muy marcada por sectores, dos de los cuales son de los más utilizados para la manufactura de artefactos. Nos referimos a las RGFO, que solamente se encuentran disponibles en el sector norte del CVPA, y a la calcedonia, que únicamente ha sido registrada en un muestreo en el sector sur (figura 32.VII). Por otro lado, el jaspe con impurezas, el basalto morado y la arenisca silicificada (arenisca cementada por ópalo), que sin embargo son tipos poco explotados, sólo

Sector	EP	Muestreo	Nx1px5m	Proporc. rocas aptas	Diversidad	X Tamaño	DS Tamaño	Proporciones												
								Dacita	RGFO	Pórfiro dacítico	Jaspe	Jaspe con impurezas	Cuarcita	Basalto morado	Diabasa	Tonalita	Calcedonia	Filita	Gabro	Arenisca silicificada
N	1	Loy1	68,00	0,59	9,00	68,05	21,70	0,7059	0,0441	0,0441	0,0000	0,0147	0,0000	0,0588	0,0000	0,0000	0,0000	0,0000	0,0000	0,0000
N	2	Loy2	62,00	0,65	7,00	81,28	17,39	0,8387	0,0484	0,0323	0,0000	0,0161	0,0000	0,0161	0,0000	0,0000	0,0000	0,0000	0,0000	0,0000
N	3	GA1	15,50	0,40	7,00	74,96	17,09	0,5806	0,2258	0,0645	0,0000	0,0323	0,0323	0,0323	0,0000	0,0000	0,0000	0,0000	0,0000	0,0000
N	4	GA2	17,50	0,23	2,00	69,75	23,24	0,8286	0,0000	0,0000	0,0000	0,0000	0,0000	0,0000	0,0000	0,0000	0,0000	0,0000	0,0000	0,0000
N	3	GA4	35,00	0,42	6,00	82,72	24,04	0,7755	0,0204	0,0000	0,0000	0,0000	0,0204	0,0000	0,0000	0,0000	0,0000	0,0000	0,0000	0,0000
N	3	PA1	8,75	0,18	8,00	60,92	22,27	0,0163	0,0073	0,0000	0,0286	0,0286	0,0000	0,0000	0,0000	0,0000	0,0000	0,0000	0,0000	0,0000
N	3	PA2	7,25	0,05	7,00	81,67	29,94	0,4828	0,0345	0,0000	0,0000	0,0000	0,0000	0,0000	0,0000	0,0000	0,0000	0,0000	0,0000	0,0000
N	3	PAc1	9,00	0,16	8,00	59,17	20,85	0,5833	0,1944	0,0000	0,0000	0,0000	0,0278	0,0000	0,0278	0,0000	0,0000	0,0000	0,0000	0,0000
N	3	PAc2	8,75	0,14	5,00	55,32	11,18	0,7143	0,0571	0,0000	0,0000	0,0000	0,0286	0,0000	0,0000	0,0000	0,0000	0,0000	0,0000	0,0000
N	3	PAc3	7,00	0,09	9,00	68,47	31,52	0,5357	0,1786	0,0357	0,0000	0,0000	0,0357	0,0000	0,0000	0,0000	0,0000	0,0000	0,0000	0,0000
N	5	1MY1	4,00	0,00	2,00	nc*	nc*	0,1250	0,0000	0,0000	0,0000	0,0000	0,0000	0,0000	0,0000	0,0000	0,0000	0,0000	0,0000	0,0000
N	3	1MY2	6,00	0,17	2,00	90,00	24,08	0,0000	0,0000	0,0000	0,0000	0,0000	0,0000	0,0000	0,0000	0,0000	0,0000	0,0000	0,0000	0,0000
N	3	1MY3	5,00	0,20	4,00	64,88	18,57	0,3000	0,1000	0,0500	0,0000	0,0000	0,0000	0,0000	0,0000	0,0000	0,0000	0,0000	0,0000	0,0000
N	3	BTR1	16,00	0,15	7,00	77,55	27,58	0,3594	0,0625	0,0000	0,0156	0,0000	0,0000	0,0000	0,0000	0,0156	0,0000	0,0000	0,0000	0,0000
N	3	BTR2	10,00	0,30	2,00	87,36	31,94	0,7667	0,2333	0,0000	0,0000	0,0000	0,0000	0,0000	0,0000	0,0000	0,0000	0,0000	0,0000	0,0000
N	3	CAR1	15,50	0,17	4,00	82,81	20,88	0,9032	0,0484	0,0161	0,0000	0,0000	0,0000	0,0000	0,0000	0,0000	0,0000	0,0000	0,0000	0,0000
N	3	CAR2	18,00	0,44	5,00	88,26	27,01	0,6111	0,2778	0,0000	0,0000	0,0000	0,0000	0,0000	0,0000	0,0000	0,0000	0,0000	0,0000	0,0000
N	3	CAR7	17,00	0,76	3,00	84,67	17,92	0,8824	0,1176	0,0000	0,0000	0,0000	0,0588	0,0000	0,0000	0,0000	0,0000	0,0000	0,0000	0,0000
N	3	CAR4	19,00	0,84	2,00	86,46	29,00	0,6842	0,1579	0,0000	0,0000	0,0000	0,0526	0,0000	0,0000	0,0000	0,0000	0,0000	0,0000	0,0000
N	3	CAR5	13,00	0,92	5,00	83,50	18,91	0,8462	0,0769	0,0000	0,0000	0,0000	0,0000	0,0000	0,0000	0,0000	0,0000	0,0000	0,0000	0,0000
N	3	Z1	30,00	0,53	4,00	79,00	25,05	0,5667	0,1333	0,0000	0,0000	0,0000	0,0000	0,0000	0,0000	0,0333	0,0000	0,0000	0,0000	0,0000
N	3	Z2	29,00	0,59	4,00	94,09	19,82	0,7586	0,0345	0,0000	0,0000	0,0000	0,0000	0,0000	0,0000	0,0345	0,0000	0,0000	0,0000	0,0000
N	3	PB	23,00	0,39	5,00	61,00	17,23	0,6957	0,0000	0,0000	0,0000	0,0000	0,0000	0,0000	0,0000	0,0000	0,0000	0,0000	0,0000	0,0000
N	4	IN2	13,50	0,20	6,00	63,36	13,22	0,5556	0,1111	0,0370	0,0000	0,1852	0,0370	0,0000	0,0000	0,0000	0,0000	0,0000	0,0000	0,0000
N	6	PKA1	28,50	0,21	7,00	103,60	31,64	0,6316	0,1228	0,0000	0,0000	0,0000	0,0000	0,0000	0,0351	0,0000	0,0000	0,0000	0,0175	0,0000
C	3	RCH1	28,50	0,36	5,00	82,88	21,83	0,7895	0,0000	0,0000	0,0000	0,0000	0,0000	0,0000	0,0000	0,0000	0,0000	0,0000	0,0000	0,0000
C	3	RCH2	28,50	0,34	4,00	83,56	19,75	0,8772	0,0000	0,0526	0,0000	0,0000	0,0000	0,0000	0,0000	0,0000	0,0000	0,0000	0,0000	0,0000
C	7	DB1	34,50	0,22	8,00	56,48	12,95	0,7101	0,0000	0,0290	0,0000	0,0000	0,0435	0,0000	0,0000	0,0000	0,0000	0,0000	0,0000	0,0000
C	7	DB2	20,00	0,19	5,00	53,30	6,83	0,8000	0,0000	0,0500	0,0000	0,0000	0,0000	0,0000	0,0000	0,0000	0,0000	0,0000	0,0000	0,0000
C	6	3EN1	7,75	0,17	8,00	56,25	33,04	0,4839	0,0000	0,0000	0,0968	0,0000	0,0000	0,0000	0,0645	0,0000	0,0000	0,0000	0,0000	0,0000
C	6	3EN2	7,00	0,10	9,00	87,27	21,14	0,4643	0,0000	0,0000	0,0000	0,0000	0,0000	0,0000	0,0357	0,0000	0,0000	0,0000	0,0000	0,0000
C	6	3EN3	12,00	0,17	11,00	65,91	25,78	0,5208	0,0000	0,0000	0,0000	0,0000	0,0208	0,0000	0,0208	0,0208	0,0000	0,0000	0,0000	0,0000
C	6	3EN4	13,25	0,15	10,00	79,35	32,37	0,5660	0,0000	0,0189	0,0000	0,0000	0,0189	0,0000	0,0189	0,0189	0,0000	0,0000	0,0000	0,0000
C	6	3EN5	26,00	0,77	2,00	82,95	19,08	0,8846	0,0000	0,1154	0,0000	0,0000	0,0000	0,0000	0,0000	0,0000	0,0000	0,0000	0,0000	0,0000
C	6	3EN6	27,00	0,78	5,00	60,33	12,04	0,7778	0,0000	0,0741	0,0000	0,0000	0,0741	0,0000	0,0000	0,0000	0,0000	0,0000	0,0000	0,0000
C	6	FRI	10,00	0,25	3,00	69,44	13,43	0,9000	0,0000	0,0000	0,0000	0,0000	0,0000	0,0000	0,0500	0,0000	0,0000	0,0000	0,0000	0,0000
S	6	AZ1	7,50	0,00	1,00	nc*	nc*	0,0000	0,0000	0,0000	0,0000	0,0000	0,0000	0,0000	0,0000	0,0000	0,0000	0,0000	0,0000	0,0000
S	6	AZ2	4,00	0,02	2,00	nc*	nc*	1,8750	0,0000	0,0000	0,0000	0,0000	0,0000	0,0000	0,0000	0,0000	0,0000	0,0000	0,0000	0,0000
S	6	AZ3	6,75	0,06	7,00	50,00	13,84	0,3704	0,0000	0,0741	0,0000	0,0000	0,0000	0,0000	0,0000	0,1111	0,0000	0,0000	0,0000	0,0000
S	7	AZ4	4,33	0,04	5,00	67,43	18,35	0,5769	0,0000	0,0385	0,0000	0,0000	0,0000	0,0000	0,0000	0,0000	0,0000	0,0000	0,0000	0,0000
S	7	AZ5	8,50	0,21	6,00	49,57	8,98	0,4118	0,0000	0,0588	0,0000	0,0000	0,1765	0,0000	0,0000	0,0000	0,0000	0,0000	0,0000	0,0000
S	7	AZ6	3,00	0,00	3,00	nc*	nc*	0,0000	0,0000	0,1667	0,0000	0,0000	0,0000	0,0000	0,3333	0,0000	0,0000	0,0000	0,0000	0,0000
S	8	AZ7	19,00	0,26	9,00	65,35	18,35	0,5526	0,0000	0,0263	0,0000	0,0000	0,0789	0,0000	0,0000	0,0000	0,0000	0,0000	0,0000	0,0000
S	7	AZ8	9,00	0,17	6,00	49,17	13,57	0,4444	0,0000	0,0000	0,0000	0,0000	0,0000	0,0000	0,0556	0,0000	0,0000	0,0000	0,0000	0,0000
S	3	PAL1	6,00	0,29	4,00	74,29	26,52	0,4167	0,0000	0,0833	0,0000	0,0000	0,0000	0,0000	0,0000	0,0000	0,0000	0,0000	0,0000	0,0000
S	3	PAL2	31,50	0,40	6,00	49,73	14,85	0,6667	0,0000	0,1270	0,0317	0,0000	0,0000	0,0000	0,0000	0,0000	0,0000	0,0000	0,0000	0,0000
S	3	PAL3	15,50	0,31	6,00	54,26	17,11	0,7742	0,0000	0,0000	0,0323	0,0000	0,0323	0,0000	0,0000	0,0000	0,0323	0,0000	0,0000	0,0000
S	8	OB1	9,00	0,09	7,00	67,00	23,38	0,4118	0,0000	0,0000	0,0000	0,0000	0,0000	0,0000	0,1176	0,0588	0,0000	0,0000	0,0000	0,0000
S	8	OB2	16,00	0,03	8,00	69,25	14,91	0,0625	0,0000	0,0000	0,0000	0,0000	0,0000	0,0000	0,0156	0,0625	0,0000	0,0000	0,0156	0,0156
S	8	OB3	1,50	0,08	2,00	nc*	nc*	0,1667	0,0000	0,0000	0,0000	0,0000	0,0000	0,0000	0,0000	0,0000	0,0000	0,0000	0,0000	0,0000
S	7	Olla 1	30,50	0,09	12,00	50,14	15,72	0,1639	0,0000	0,0000	0,0000	0,0000	0,0328	0,0000	0,0082	0,0000	0,0000	0,0082	0,0000	0,0000
S	8	Olla 2	9,00	0,15	5,00	43,09	12,75	0,3889	0,0000	0,0278	0,0000	0,0000	0,0000	0,0000	0,0000	0,0278	0,0000	0,0000	0,0278	0,0000
S	8	MtAy1	4,50	0,07	3,00	57,50	3,54	0,1429	0,0000	0,0476	0,0000	0,0000	0,0000	0,0000	0,0952	0,0476	0,0000	0,0000	0,0000	0,0000
Media aritmética								**0,5650**	**0,0431**	**0,0240**	**0,0039**	**0,0052**	**0,0145**	**0,0020**	**0,0166**	**0,0081**	**0,0006**	**0,0002**	**0,0011**	**0,0003**
Desvio estándar								**0,3219**	**0,0721**	**0,0373**	**0,0150**	**0,0260**	**0,0305**	**0,0093**	**0,0507**	**0,0208**	**0,0044**	**0,0011**	**0,0049**	**0,0021**

Tabla 32.VII: Matriz de proporciones de clases de roca por fuente potencial de aprovisionamiento

***no corresponde, por tratarse de un solo ejemplar o ninguno de roca apta para la talla.*

<u>Referencias</u>: S= Sector del CVPA, EP=Elemento del paisaje, 1=Estuario, 2=Costa Atlántica, 3=Valle fluvial, 4=Meseta terciaria, 5=Meseta volcánica, 6=Laguna, 7=Estepa, 8=Cono volcánico, X=Media aritmética, Tam.=Tamaño, DS=Desvío estándar, GA=Güer Aike,PA=Palermo Aike,PAc=Palermo Aike camping, 1MY=Primero de mayo, BTR=Las Buitreras, CAR=La Carlota, PB=Puente Blanco, PKA=Potrok Aike, RCH=Río Chico, DB=Don Bosco, 3EN=Tres de Enero, FR=Frailes, PAL=Paleocauce, OB=Orejas de Burro, MtAy=Monte Aymond

Sector del CVPA	RGFO	Dacita	Pórfiro dacítico	Cuarcita	Basalto morado	Calcedonia	Arenisca silicificada	Jaspe	Jaspe c/impurezas	Diabasa	Tonalita	Gabro	Filita
Norte	X	X	X	X	X			X	X	X	X	X	
Centro		X	X	X				X		X	X		
Sur		X	X	X		X	X	X		X	X	X	X

Tabla 33.VII: Diversidad de tipos de roca disponibles en las FPA en los sectores norte, centro y sur del CVPA

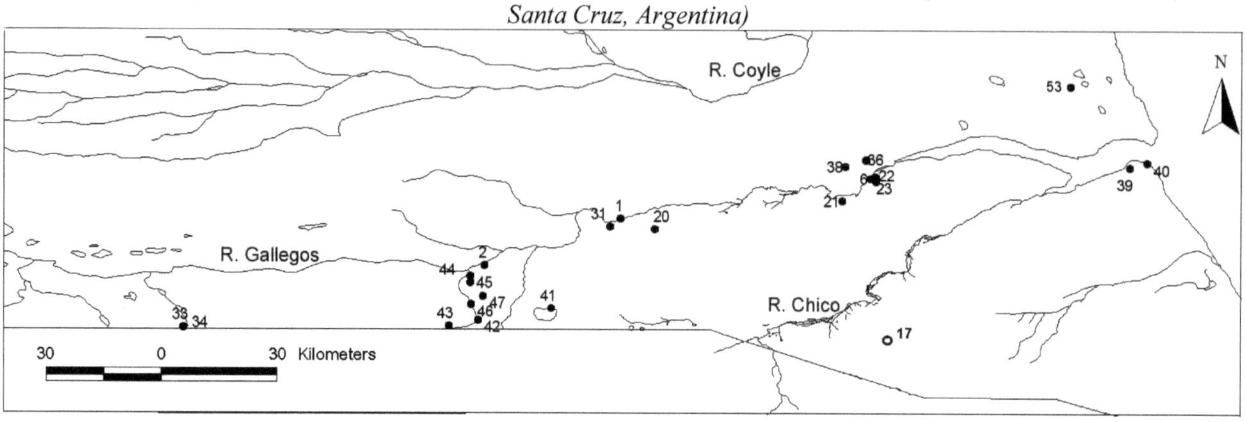

Figura 32.VII: Disponibilidad de RGFO (negro) y calcedonia (círculo vacío) en el CVPA

Referencias: 1. Las Buitreras 2, 2. La Carlota 1, 6. Palermo Aike camping 1, 17. Paleocauce 3, 20. Primero de Mayo 3, 21. Palermo Aike 1 y 2, 22. Palermo Aike camping 2, 23. Palermo Aike camping 3, 31. Las Buitreras 1, 33. El Zurdo 1, 34. El Zurdo 2, 36. Güer Aike 1, 38. Güer Aike 4, 39. Loyola 1, 40. Loyola 2, 41. Potrok Aike 1 y 2, 42. La Carlota 2, 43. La Carlota 3, 44. La Carlota 4, 45. La Carlota 5, 46. La Carlota 6, 47. La Carlota 7, 53. El Indio 2

han sido detectados en determinados sectores del espacio (figura 33.VII). Así, el jaspe con impurezas y el basalto morado sólo se registran en el sector norte, aunque el primero de ellos también fue recuperado en un corte artificial del terreno hacia el sur del CVPA (Frailes II.2), por lo cual no se lo considera en los análisis de las fuentes potenciales de aprovisionamiento que aquí se presentan, pero es posible que se encuentre disponible en este sector, a pesar de no haber sido registrado en otros muestreos de la zona. Cabe señalar que Frailes II.2 es el muestreo más meridional que se ha realizado en el CVPA, y a diferencia de las otras recolecciones realizadas en este sector del espacio, se localiza más hacia el oriente y por consiguiente más próximo a la costa Atlántica. Por su parte, la arenisca silicificada únicamente fue detectada hacia el sur del CVPA.

La cuarcita (figura 34.VII), la dacita y sus variedades porfíricas (figura 35.VII) y el jaspe están presentes en todos los sectores (figura 36.VII).

Con respecto a las rocas de grano grueso, que comprenden variedades plutónicas y filonianas, la diabasa y la tonalita se encuentran disponibles en todos los sectores, en tanto que el gabro no está presente hacia el centro del CVPA (figuras 37, 38 y 39.VII). Por su parte, la filita sólo ha sido recuperada en el sector sur (figura 39.VII). Este último también ha sido el único sector en el que se registró la presencia de diorita en el corte artificial señalado anteriormente (Frailes II.2), por lo cual no se incluye en los análisis pero resulta pertinente señalar su presencia.

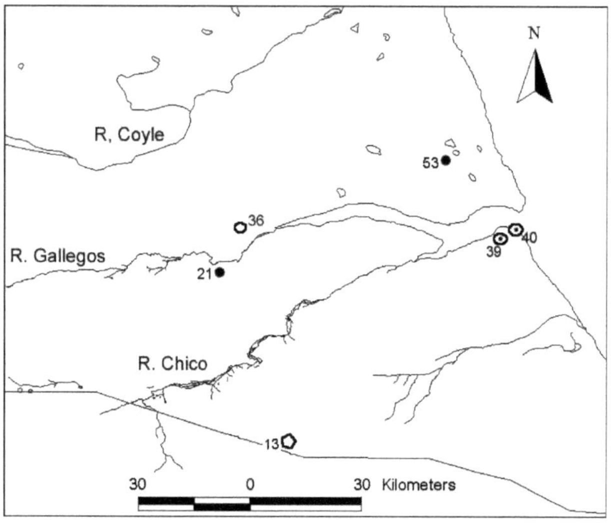

Figura 33.VII: Disponibilidad de jaspe con impurezas (negro y círculos concéntricos), basalto morado (círculo vacío y concéntrico) y arenisca silicificada (polígono) en el CVPA

Referencias: 13. Orejas de Burro 2, 21. Palermo Aike 2, 36. Güer Aike 1, 39. Loyola 1, 40. Loyola 2

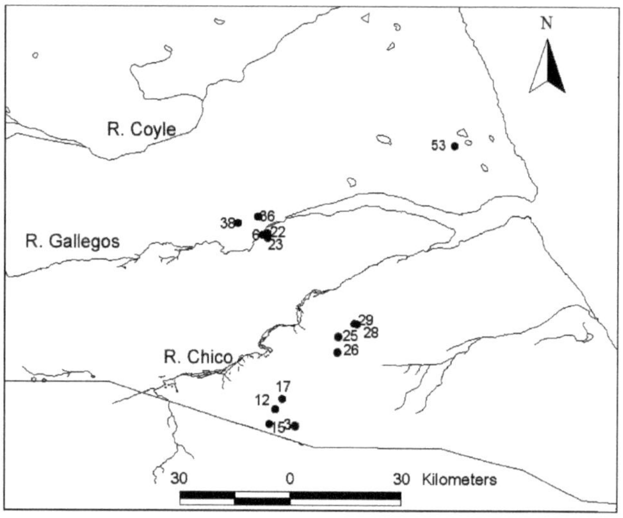

Figura 34.VII: Disponibilidad de cuarcita en el CVPA

Referencias: 3. Azul 7, 6. Palermo Aike camping 1, 12. Azul 5, 15. La Olla 1, 17. Paleocauce 3, 22. Palermo Aike camping 2, 23. Palermo Aike camping 3, 25. Tres de Enero 3, 26. Tres de Enero 4, 28. Azul 6, 36. Güer Aike 1, 38. Güer Aike 4, 44. La Carlota 4, 47. La Carlota 7, 53. El Indio 2

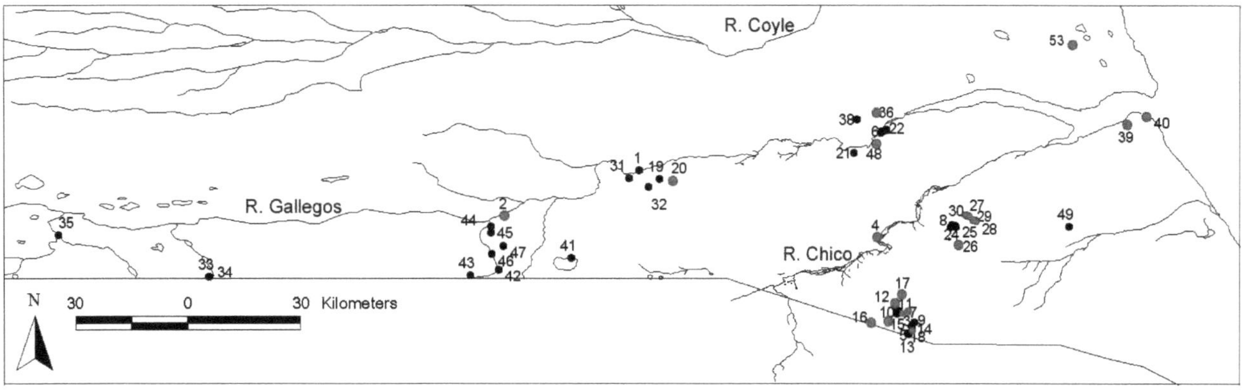

Figura 35.VII: Disponibilidad de dacita y pórfiro dacítico en el CVPA. *En negro se indican las FPA de dacita y en gris las que presentan dacita y pórfiro dacítico. En el punto nº 7 se registra sólo pórfiro dacítico.*

Referencias: 1. Las Buitreras 2, 2. La Carlota 1, 3. Azul 7 y 8, 4.Río Chico 1 y 2, 5. Orejas de Burro 1, 6. Palermo Aike camping 1, 7. Azul 6, 8.Tres de Enero 2, 9. Azul 1 y 2, 10. Azul 3, 11. Azul 4, 12. Azul 5, 13. Orejas de Burro 2, 14. Orejas de Burro 3, 15. La Olla 1, 16. La Olla2, 17. Paleocauce 1, 2 y 3, 18. Monte Aymond 1, 19. Primero de Mayo 2, 20. Primero de Mayo 3, 21. Palermo Aike 1 y 2, 22. Palermo Aike camping 2, 24. Tres de Enero 1, 25. Tres de Enero 3, 26. Tres de Enero 4, 27. Azul 5, 28. Azul 6, 29. Don Bosco 1, 30. Don Bosco 2, 31. Las Buitreras 1, 32. Primero de Mayo 1, 33. El Zurdo 1, 34. El Zurdo 2, 35. Puente Blanco, 36. Güer Aike 1 y 2, 38. Güer Aike 4, 39. Loyola 1, 40. Loyola 2, 41. Potrok Aike 1 y 2, 42. La Carlota 2, 43. La Carlota 3, 44. La Carlota 4, 45. La Carlota 5, 46. La Carlota 6, 47. La Carlota 7, 48. Palermo Aike 3, 49. Frailes I, 53. El Indio 2

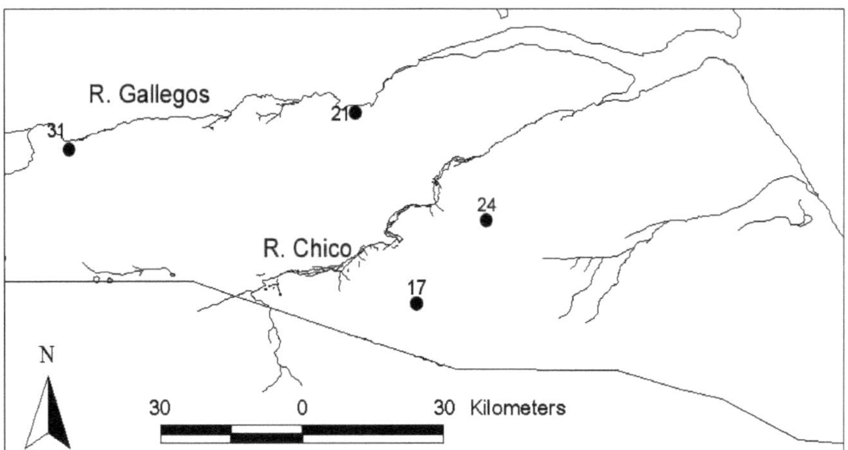

Figura 36.VII: Disponibilidad de jaspe en el CVPA.

Referencias: 17. Paleocauce 2 y 3, 21. Palermo Aike 1, 24. Tres de Enero 1, 31. Las Buitreras 1

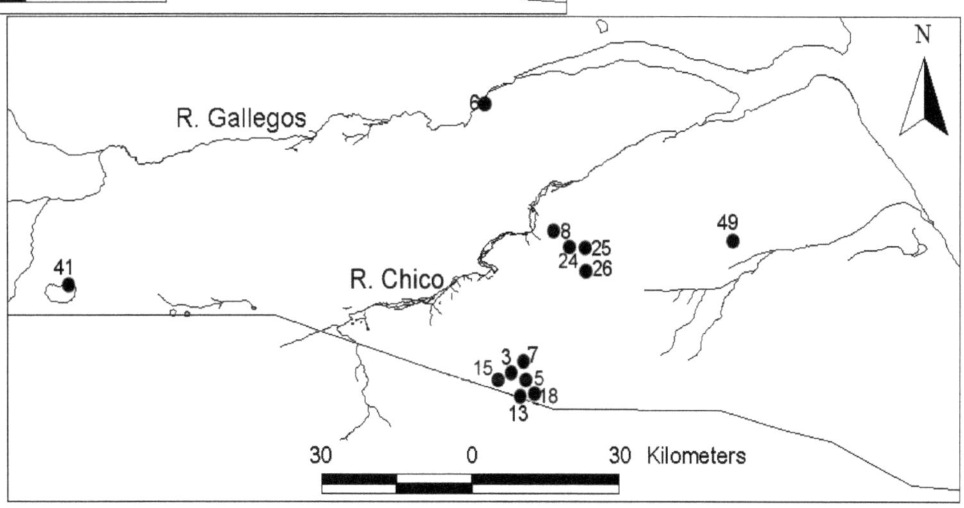

Figura 37.VII: Disponibilidad de diabasa en el CVPA

Referencias: 3. Azul 8, 5. Orejas de Burro 1, 6. Palermo Aike camping 1, 7. Azul 6, 8. Tres de Enero 2, 13. Orejas de Burro 2, 15. La Olla 1, 18. Monte Aymond 1, 24. Tres de Enero 1, 25. Tres de Enero 3, 26.Tres de Enero 4, 41. Potrok Aike 1.

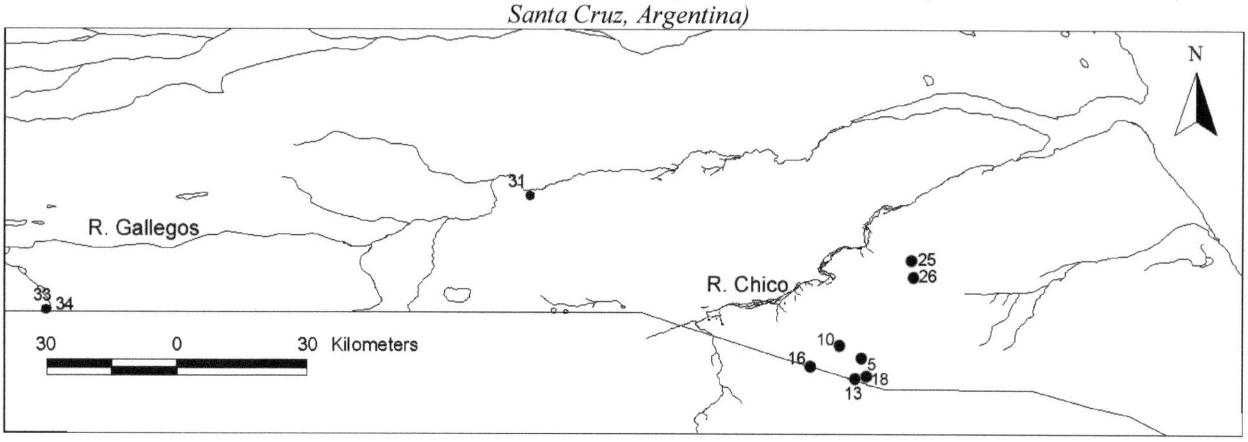

Figura 38.VII: Disponibilidad de tonalita en el CVPA

Referencias: *5. Orejas de Burro 1, 10. Azul 3, 13. Orejas de Burro 2, 16. La Olla 2, 18. Monte Aymond 1, 25. Tres de Enero 3, 26. Tres de Enero 4, 31. Las Buitreras 1, 33. El Zurdo 1, 34. El Zurdo 2*

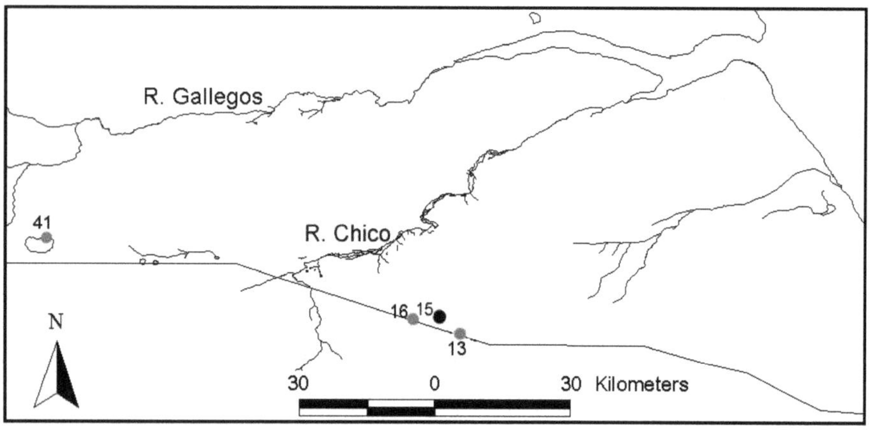

Figura 39.VII: Disponibilidad de gabro (gris) y filita (negro) en el CVPA

Referencias: *13. Orejas de Burro 2, 15. La Olla 1, 16. La Olla 2 y 41. Potrok Aike 1*

De acuerdo con la frecuencia total de rocas que es posible obtener en cinco minutos, los sectores central y norte del CVPA son los que presentan la mayor abundancia de rodados (tabla 34.VII); sin embargo, como señalamos anteriormente, el sector central ofrece una menor diversidad petrográfica. Asimismo, el sector norte es el que muestra el valor más elevado de desvío estándar. Tal variabilidad es lo esperable, en tanto dicho sector es el que abarca el área más grande del campo volcánico, comprendiendo la margen norte y sur del río Gallegos junto con la costa Atlántica, por consiguiente abarca una gran diversidad de ambientes y en consecuencia distinta clase de FPA según los elementos del paisaje (ver *infra*).

Si comparamos la media de rocas que es posible de obtener por una persona en cinco minutos en los distintos sectores del CVPA a través del ANOVA, obtenemos diferencias estadísticamente significativas (tabla 35.VII). Para realizar dicho *test* fue necesario transformar los valores a logaritmo natural para cumplir con los supuestos paramétricos (tabla 36.VII). El *test post-hoc* de Tukey-Kramer nos indica que estas diferencias se registran entre los sectores central y norte *vs.* el sector sur (tabla 37.VII).

De acuerdo con la abundancia relativa de rocas disponibles en los diferentes sectores del CVPA, la dacita es la roca que se encuentra ampliamente disponible, representando el 56,5% del total, y es la que presenta las mayores proporciones en los tres sectores (59%, 70,7% y 44% de norte a sur) (tablas 32.VII y 34.VII). Sin embargo, la misma no ocupa la primera posición entre las materias primas utilizadas para la manufactura de los artefactos, sino que ésta es ocupada por las RGFO (tabla 38.VII). Si bien este conjunto de rocas es el que se posiciona en el segundo lugar en la escala de disponibilidad, la diferencia en la abundancia relativa con respecto a la dacita es muy notoria, ya que representa tan sólo el 4,3% de rocas disponibles en el CVPA (tabla 38.VII). Además de su menor abundancia, la disponibilidad de estas rocas también es limitada espacialmente, en tanto solamente han sido registradas en el sector norte de Pali Aike. Algo similar, pero de mayor magnitud aún, sucede con la calcedonia, que ocupa el tercer lugar entre las rocas utilizadas, y el décimo primero entre las rocas disponibles, habiéndose recuperado un solo ejemplar de esta roca en un depósito secundario al sur del CVPA (tabla 38.VII).

Sector del CVPA	Estadístico	N° total de rocas x1px5m	RGFO	Dacita	Pórfiro dacítico	Cuarcita	Jaspe	Jaspe c/imp.	Diabasa
Norte (n=25)	Media aritm.	19,4500	0,0915	0,5899	0,0112	0,0117	0,0018	0,0111	0,0025
	Desv. Est.	16,0706	0,0816	0,2550	0,0198	0,0188	0,0064	0,0374	0,0088
Centro (n=11)	Media aritm.	19,5000	0,0000	0,7067	0,0309	0,0143	0,0088	0,0000	0,0173
	Desv. Est.	9,8266	0,0000	0,1678	0,0384	0,0243	0,0292	0,0000	0,0233
Sur (n=17)	Media aritm.	10,6814	0,0000	0,4368	0,0382	0,0189	0,0038	0,0019	0,0368
	Desv. Est.	9,0274	0,0000	0,4353	0,0501	0,0457	0,0106	0,0079	0,0846

Sector del CVPA	Estadístico	Tonalita	Gabro	Basalto morado	Calcedonia	Arenisca silicificada	Filita
Norte (n=25)	Media aritm.	0,0033	0,0007	0,0043	0,0000	0,0000	0,0000
	Desv. Est.	0,0097	0,0035	0,0134	0,0000	0,0000	0,0000
Centro (n=11)	Media aritm.	0,0036	0,0000	0,0000	0,0000	0,0000	0,0000
	Desv. Est.	0,0080	0,0000	0,0000	0,0000	0,0000	0,0000
Sur (n=17)	Media aritm.	0,0181	0,0026	0,0000	0,0019	0,0009	0,0005
	Desv. Est.	0,0328	0,0075	0,0000	0,0078	0,0038	0,0020

Tabla 34.VII: Frecuencia total de rocas posibles de obtener por una persona en cinco minutos en los distintos sectores del CVPA y proporciones de cada variedad petrográfica

Source Term	DF	Sum of Squares	Mean Square	F-Ratio	Prob Level	Power (Alpha=0,05)
A: Sector CVPA	2	4,978	2,489	4,72	0,013	0,765
S(A)	50	26,353	0,527			
Total (Adjusted)	52	31,332				
Total	53					

Tabla 35.VII: ANOVA sobre el rendimiento de las FPA por sectores del CVPA

Assumption	Test Value	Prob Level	Decision (0,05)
Skewness Normality of Residuals	0,1874	0,851	Accept
Kurtosis Normality of Residuals	-0,218	0,827	Accept
Omnibus Normality of Residuals	0,0826	0,959	Accept
Modified-Levene Equal-Variance Test	0,2184	0,804	Accept

Tabla 36.VII: Aceptación de los supuestos de normalidad y homocedasticidad sobre el rendimiento relativo de materias primas líticas por sectores del CVPA

Group	Count	Mean	Different From Groups
Sur	17	2,096	Norte, Centro
Norte	25	2,706	Sur
Centro	11	2,832	Sur

Alpha=0,050 Error Term=S(A) DF=50 MSE=0,52 Critical Value=3,4

Tabla 37.VII: Resultados del test de Tukey-Kramer sobre el rendimiento relativo de materias primas líticas por sectores del CVPA

Nos interesa señalar que las FPA de calcedonia han sido buscadas deliberadamente. Dado que la misma puede proceder tanto de fuentes primarias como secundarias, se han prospectado y examinado en detalle los afloramientos basálticos en busca de depósitos de sílice en las vesículas volcánicas, como han sido detectados en la E[a] La Verdadera Argentina, al SE de la sierra Baguales (Borrazzo com pers. 2006). Sin embargo los resultados fueron negativos. La frecuencia de artefactos en calcedonia parecería sugerir que la misma se encuentra disponible en abundancia hacia la zona de las E[a] Don Bosco y Cóndor, en el sector central de Pali Aike. En los afloramientos volcánicos del Cerro Norte (E[a] Don Bosco) se han detectado con bastante frecuencia, pero de pequeño tamaño, depósitos de una sustancia de color blanquecino opaco (como el sílice puro coloidal), que podía tratarse de sílice, zeolita o carbonato (Etchichury com. pers. 2007). Las zeolitas son una familia mineral muy vinculada a las rocas volcánicas, principalmente basálticas, es decir, se trata de productos secundarios de origen volcánico, difíciles de distinguir de la sílice dado que son alúminosilicatos (Etchichury com. pers. 2007). En primer lugar, para descartar que se tratase de carbonato se probó si reaccionaba con ácido clorhídrico y fue negativo. A continuación, entonces, se procedió a examinar una amígdala del cono N° 1 del Cerro Norte al microscopio. La misma presenta un índice de refracción inferior a 1,53 (índice de refracción del Bálsamo de Canadá), birrefringencia muy baja a nula, incolora, ligeramente amarillenta, por lo tanto se trataría de una zeolita (posiblemente chabacita), mezclada con alguna otra variedad de zeolita anisótropa (Etchichury com. pers. 2007). Sin embargo, existe la posibilidad que otras amígdalas contengan minerales de la sílice (Etchichury com. pers. 2007), por lo cual no se descarta de plano la disponibilidad de distintas variedades de rocas silíceas en la zona.

Como se observa en la tabla 38.VII, mientras las distintas variedades de rocas silíceas han sido frecuentemente utilizadas para la manufactura de artefactos, algunas de ellas no han sido detectadas en ninguno de nuestros relevamientos, a saber el ópalo, el xilópalo y el sílice, en variadas tonalidades.

Con respecto al jaspe, se han observado dos variedades de esta roca: una homogénea, de calidad muy buena para la talla en la mayoría de los casos y otra con impurezas, con un predominio de calidades regulares y malas. Si bien el jaspe de calidad muy buena ha sido el más utilizado para la talla, el jaspe con impurezas es el que presenta la mayor disponibilidad entre estas dos variedades, concentrada en el sector norte del CVPA (tablas 32.VII y 34.VII). A pesar de la menor calidad de esta variedad, la misma ha sido aprovechada a través del tratamiento térmico, como lo sugiere la presencia de lustre en varios artefactos manufacturados sobre esta roca. Por su parte, el jaspe homogéneo es más abundante en el sector central.

Por otro lado, mientras el pórfiro dacítico ocupa el tercer lugar en abundancia en el CVPA, ha sido explotado en mucha menor proporción, ubicándose noveno entre las materias primas utilizadas. Esta roca presenta mayor abundancia hacia el centro y sur del CVPA.

Con respecto a las rocas de grano grueso, éstas se encuentran concentradas hacia el sur de Pali Aike, en tanto la diabasa, la tonalita y el gabro son las que presentan las mayores proporciones en este sector del espacio. La diorita también sólo ha sido registrada hacia el sur del CVPA, pero en un corte artificial, como se señaló anteriormente.

Los datos de abundancia que hemos presentado hasta el momento aluden a la totalidad de rocas que fueron recolectadas en los distintos sectores del CVPA. Sin embargo, estos conjuntos muestran variabilidad en la proporción de rocas aptas para la talla, dado que muchos nódulos se encuentran alterados y por este motivo, o por las características propias de la pasta/matriz (granulometría, presencia de fenocristales, etc.), presentan una calidad baja para la talla (*sensu* Aragón y Franco 1997). Por consiguiente, para sopesar este factor, se calculó la proporción de rocas aptas para la talla por FPA y la media aritmética y desvío estándar por sector del CVPA (tabla 39.VII).

Estos resultados muestran la misma tendencia que los análisis previos: los sectores norte y centro son los que presentan la mayor proporción de rocas aptas para la talla. En las figuras 40.VII a, b y c, se observa la variabilidad entre sectores y entre FPA en la proporción de rocas aptas para la talla. Como tendencia general podemos señalar que en el sector sur es donde se registra la menor disponibilidad de estas rocas, con el 76% (*n*=13) de las FPA con menos del 25% de rocas aptas, registrándose además dos casos de ausencia de rocas aptas. Hacia el centro de Pali Aike, este porcentaje se reduce al 63% (*n*=7) de las FPA, en tanto que hacia el norte el número de FPA con sólo un cuarto de rocas aptas para la talla constituye el 52% (*n*=13) de las FPA disponibles en este espacio, con un caso de ausencia de estas rocas en la meseta volcánica de Primero de Mayo 1.

Por otro lado, en los sectores norte y centro se registran casos de FPA con más del 60% de rocas aptas para la talla, alcanzando el 92% en La Carlota 5, en el curso medio del río Gallegos. Por el contrario, en el sector sur, en ninguna de las FPA se sobrepasa el 40% de rocas aptas para la talla. Si bien este sector registra una alta diversidad de tipos de rocas junto con el sector norte, presenta una menor abundancia en general y una menor proporción de rocas en condiciones adecuadas para la talla. Esto se debe a que se registran las mayores concentraciones de rocas de grano grueso como diabasa, tonalita, gabro y diorita (tablas 32.VII y 34.VII).

Ranking	Materia prima utilizadas	*N*	%	Materias primas disponibles	Proporción media	%
1	RGFO	5700	50,54	Dacita	0,565	56,5
2	Dacita	3389	30,05	RGFO	0,0431	4,3
3	Calcedonia	1474	13,07	Pórfiro dacítico	0,024	2,4
4	Ópalo	351	3,11	Diabasa	0,0166	1,66
5	Jaspe	79	0,7	Cuarcita	0,0145	1,45
6	Sílice	68	0,6	Tonalita	0,0081	0,81
7	Xilópalo	25	0,22	Jaspe con impurezas	0,0052	0,52
8	Diabasa	20	0,18	Jaspe	0,0039	0,39
9	Pórfiro dacítico	12	0,11	Basalto morado	0,0020	0,20
10	Jaspe con impurezas	7	0,06	Gabro	0,0011	0,11
11	Cuarcita	5	0,04	Calcedonia	0,0006	0,06
12	Filita	5	0,04	Arenisca silicificada	0,0003	0,03
13	Arenisca silicificada	5	0,03	Filita	0,0002	0,02
14	Basalto morado	3	0,02			
15	Teschenita	2	0,01			
16	Tonalita	1	0,01			
17	Gabro	1	0,01			

Tabla 38.VII: Ranking de materias primas utilizadas vs. disponibles en el CVPA

Estadísticos	Sector del CVPA Norte	Centro	Sur
Proporción media de rocas aptas para la talla	0,35	0,32	0,13
Desvío Estándar	0,25	0,24	0,12

Tabla 39.VII: Proporción media y desvío estándar de las rocas aptas para la talla por sector del CVPA

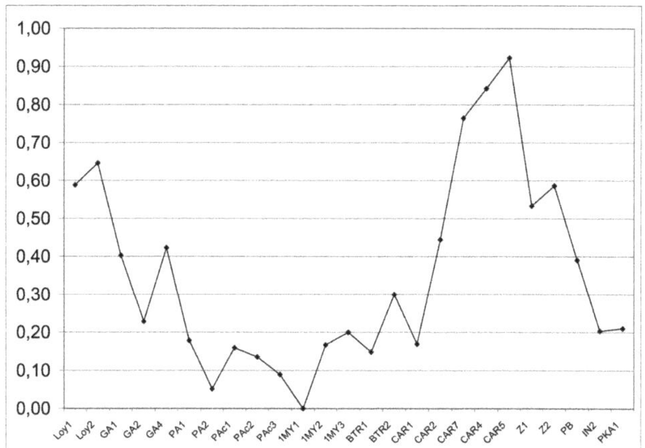

Figura 40.VII.a: Proporción de rocas aptas para la talla en las FPA del sector norte

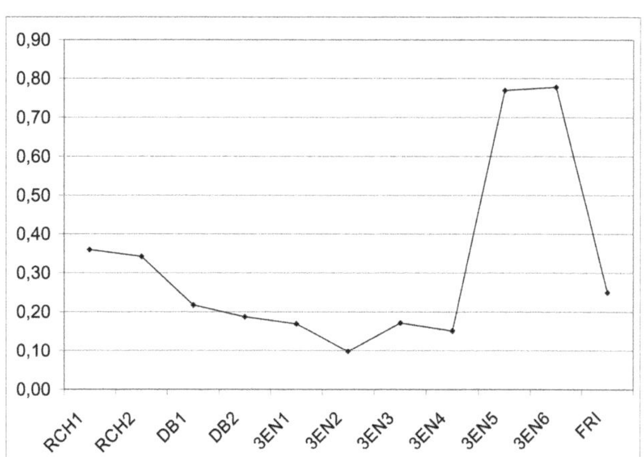

Figura 40.VII.b: Proporción de rocas aptas para la talla en las FPA del sector central

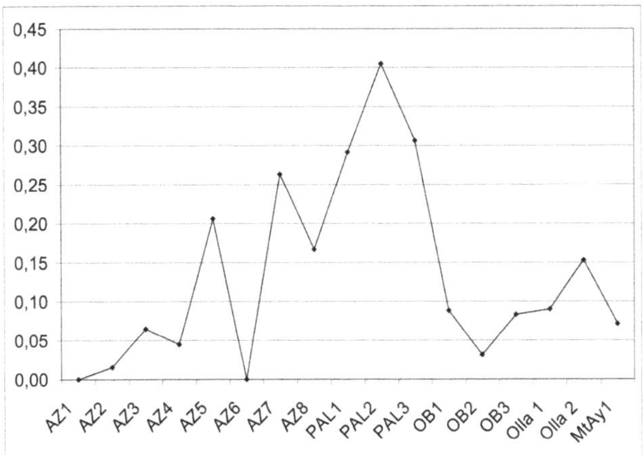

Figura 40.VII.c: Proporción de rocas aptas para la talla en las FPA del sector sur

3.b La variabilidad en la disponibilidad de rocas según los elementos del paisaje

A partir de los datos de abundancia que se presentaron anteriormente, tenemos un panorama general de la disponibilidad de rocas en los grandes sectores del CVPA. Sin embargo, más allá de las diferencias de abundancia relacionadas con el área cubierta por cada uno de los sectores, dentro de los mismos se observa variabilidad según los elementos del paisaje (*sensu* Stafford 1995) que están funcionando como FPA. Así, a continuación analizaremos la disponibilidad de rocas en una escala espacial menor, agrupando a las FPA según los elementos del paisaje (EP) que las constituyen. Por elemento del paisaje nos referimos a la unidad mínima de homogeneidad espacial, "... *a tract of land where at least one land attribute (e.g. landform, soil, or vegetation) is homogeneous*" (Zonneveld 1990 citado en Stafford 1995). Según Stafford (op. cit.), un elemento del paisaje también puede ser definido como un parche de recursos, lo cual también se aplica a las FPA.

Los elementos del paisaje que han sido identificados, y de acuerdo con los cuales se clasificó a las FPA son los siguientes:

- valle fluvial (n=24)
- estuario (n=1)
- costa atlántica (n=1)
- cono volcánico (n=6)
- estepa (n=7)
- laguna (n=11)
- meseta terciaria (n=2)
- meseta volcánica (n=1)

El valle fluvial incluye los muestreos realizados a lo largo del río Gallegos (en su margen norte y sur) y sus afluentes y los muestreos en la margen izquierda del río Chico. El estuario y la costa atlántica comprenden los muestreos realizados en el área de Punta Loyola (los cordones de gravas recurvados y los cordones litorales III, respectivamente. Ver subapartdo 2.IV en este capítulo). La mayoría de los muestreos realizados en el sector meridional del CVPA corresponden a recolecciones de rocas en conos volcánicos, incluyendo los alineamientos de Orejas de Burro, Monte Aymond, La Olla y el hemigraben que corta el cráter volcánico de Laguna Azul. Los muestreos en la estepa (denominación por la cual hacemos referencia a los espacios entre los afloramientos volcánicos) corresponden principalmente a zonas erosionadas, que dejan al descubierto los depósitos de *drift* subyacentes. El elemento laguna abarca cuerpos de agua de distintas características como lagunas temporarias en la estepa, lagunas permanentes en maares y paleolagunas. La meseta terciaria corresponde a los muestreos en la margen norte del río Gallegos, en la formación Santa Cruz. Por último, por meseta volcánica hacemos referencia a los *plateau* basálticos más antiguos del CVPA, asignados a la unidad volcánica N° 1 definida por D'Orazio *et al.* (2000).

En la tabla 40.VII se presenta la media (X) y desvío estándar (DS) de la abundancia, proporción de rocas aptas para la talla, diversidad y tamaño de los nódulos por elemento del paisaje. Como se observa en esta tabla y en la figura 41.VII, el elemento del paisaje con menor abundancia de rocas disponibles y ausencia de rocas aptas para la talla es la meseta volcánica. Si bien los datos corresponden a un solo muestreo (Primero de Mayo 1) realizado sobre el *plateau* basáltico que aflora en inmediaciones del curso inferior del río Gallegos (margen sur), es preciso señalar que también se han prospectado estos afloramientos en Güer Aike (curso inferior del río Gallegos, margen norte) y en Eª La Carlota (curso medio del río Gallegos, margen sur) y no ha sido posible realizar ningún muestreo ya que no se encontraron depósitos secundarios disponibles. Las dos clases de rocas aquí registradas corresponden a dacita y basalto vesicular, la primera de ellas bajo la forma de guijarro y la segunda como bloques, pero ambas de mala calidad para la talla. Por consiguiente, los *plateau* basálticos más antiguos del CVPA no presentan las condiciones de FPA.

Los conos volcánicos y la estepa presentan entre el 12 y 13% de rocas aptas para la talla, a pesar que la estepa ofrece una mayor abundancia de rocas. La meseta terciaria y las lagunas ocupan una posición intermedia, en tanto el valle fluvial es el que ofrece la mayor abundancia y proporción de rocas aptas para la talla hacia el interior del campo volcánico. En el sector costero de Punta Loyola (costa del estuario del río Gallegos y la costa atlántica inmediata) se registra la mayor abundancia de rodados y el mayor porcentaje de rocas aptas. Si bien estos valores corresponden a dos muestreos solamente, los trabajos de Mansur *et al.* (2004) en Punta Bustamante, de Carballo Marina y Ercolano (Carballo Marina *et al.* 2000, Ercolano *et al.* 2000, Carballo Marina y Ercolano 2001 y 2004, Ercolano y Carballo Marina 2005, Carballo Marina 2006) en Punta Loyola y de Etchichury y Remiro (1967) a lo largo de la costa meridional de Santa Cruz ofrecen el mismo panorama (ver IV en este capítulo).

Por otro lado, comparamos la diversidad de rocas disponibles en los diferentes EP. Dado que la mayor parte de los muestreos fueron realizados en el valle fluvial y por consiguiente este EP es el que presenta el tamaño de muestra más grande, se procedió a comparar la diversidad a través de la rarefacción (Krebs 1989). Esta técnica posibilita comparar la riqueza en muestras de diferente tamaño al estimar la media esperada del número de clases en muestras con distinto *n* (Hammer *et al.* 2004, Kintigh 1989, Grayson 1984, Gotelli y Graves 1996). En la figura 42.VII, se presentan las curvas de diversidad estimadas para los diferentes EP. Los valores de estas curvas fueron estimados a partir de la frecuencia de rocas por clase petrográfica para cada EP (tabla 41.VII).

Ha quedado excluida del análisis la meseta volcánica, dado que el programa no aceptó este conjunto para realizar la rarefacción porque sólo representaba un muestreo con *n* menor a 10 y únicamente dos clases de roca.

De acuerdo con las curvas de diversidad estimadas, el elemento laguna es el que presenta la mayor diversidad, seguido en orden decreciente por los conos volcánicos, la estepa, el valle fluvial, el estuario, la costa atlántica y

Elemento del Paisaje	Estad.	Nx1px5m	Proporción de Rocas aptas	Diversidad	X tamaño Roc. aptas
Meseta terciaria	X	15,5	0,22	4	67,15
	DS	2,83	0,02	2,83	4,07
Cono volcánico	X	9,83	0,12	5,67	59,66
	DS	6,65	0,08	2,8	20,79
Costa Atlántica	X*	62	0,65	7	81,28
Estuario	X*	68	0,59	9	68,05
Estepa	X	15,69	0,13	6,43	54,15
	DS	12,77	0,09	2,88	27,94
Laguna	X	13,61	0,24	5,91	74,66
	DS	9,08	0,27	3,51	70,16
Meseta volcánica	*	4	0	2	nc
Valle fluvial	X	16,78	0,36	5,08	74,81
	DS	9,34	0,23	1,93	10,87

Tabla 40.VII: Abundancia, proporción de rocas aptas para la talla, diversidad y tamaño de los nódulos por elemento del paisaje

Tamaño de la muestra	Meseta terciaria		Cono volcánico		Costa Atlántica		Estuario	
	Nº de clases estimado	DS	Nº de clases estimado	DS	Nº de clases estimado	DS	Nº de clases estimado	DS
10	3,11	0,89	4,43	1,09	2,50	0,97	3,17	1,05
20	4,18	0,85	6,10	1,18	3,75	1,10	4,72	1,11
30	4,80	0,79	7,22	1,13	4,80	1,06	5,84	1,04
40	5,25	0,70	8,00	1,03	5,65	0,93	6,66	0,92
50	5,61	0,56	8,56	0,93	6,34	0,72	7,29	0,74
60	5,94	0,25	8,96	0,82	6,90	0,30	7,81	0,42

Tamaño de la muestra	Estepa		Laguna		Valle fluvial	
	Nº de clases estimado	DS	Nº de clases estimado	DS	Nº de clases estimado	DS
10	3,91	1,13	4,36	1,23	3,24	1,11
20	5,69	1,25	6,58	1,44	4,80	1,33
30	6,88	1,26	8,18	1,51	5,98	1,44
40	7,74	1,22	9,41	1,52	6,93	1,51
50	8,39	1,17	10,38	1,50	7,73	1,55
60	8,90	1,13	11,17	1,47	8,42	1,58

Tabla 41.VII: Nº de clases estimado y desvío estándar (DS) para muestras de distinto tamaño por elemento del paisaje obtenidas a través de la rarefacción

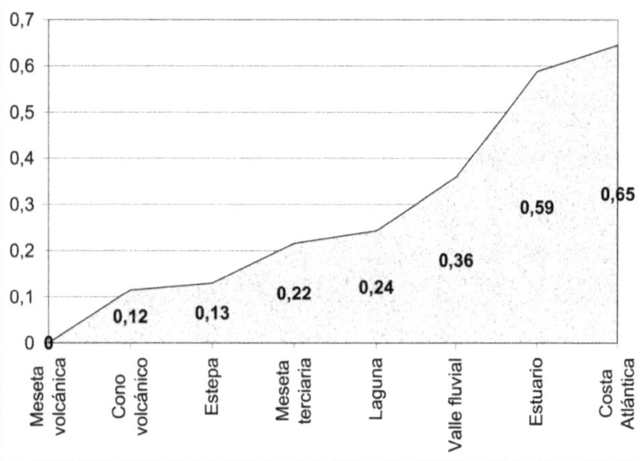

Figura 41.VII: Proporción de rocas aptas para la talla por elemento del paisaje

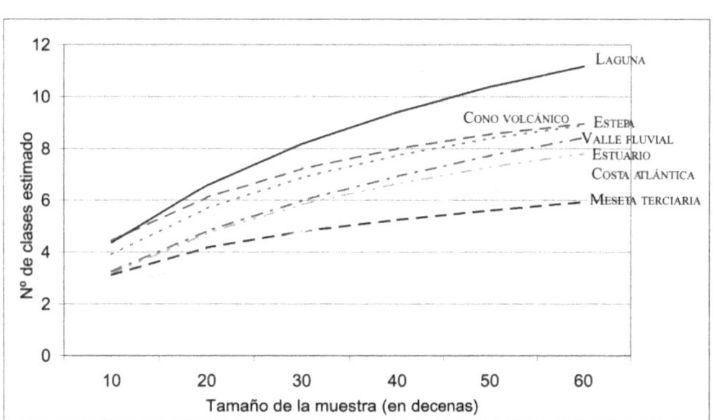

Figura 42.VII: Curvas de diversidad estimadas por elemento del paisaje

la meseta terciaria en último lugar, aunque en realidad éste se encontraría ocupado por la meseta volcánica que no fue considerada en el análisis. Si bien esta comparación nos ofrece un panorama general de la disponibilidad de distintos tipos de roca por EP, nos interesa calibrar si estos tipos se encuentran representados por unos pocos individuos o si alguno de ellos domina la muestra, siendo mayoritario. Esta información es posible obtenerla a través de algunos índices de diversidad, tales como Shannon-Wiener, Simpson y dominancia (ver capítulo IV.2.e.1). En la tabla 42.VII se presentan los resultados obtenidos.

Indice	**Cono volcánico**	**Meseta terciaria**	**Costa Atlántica**	**Estuario**
Taxa S	10	6	7	8
Individuals	119	62	62	64
Dominance	0,2725	0,5297	0,7086	0,5742
Shannon	1,645	0,9903	0,7153	1,009
Simpson	0,7275	0,4703	0,2914	0,4258
Indice	**Estepa**	**Laguna**	**Meseta volcánica**	**Valle fluvial**
Taxa S	12	17	2	20
Individuals	208	328	8	750
Dominance	0,4198	0,3651	0,7813	0,5476
Shannon	1,405	1,649	0,3768	1,171
Simpson	0,5802	0,6349	0,2188	0,4524

Tabla 42.VII: Índices de diversidad por elemento del paisaje

El panorama que sugieren los índices muestra el mismo patrón de similitudes y diferencias entre EP que las curvas de diversidad. Las lagunas son el elemento que muestra el mayor número de clases con frecuencias relativamente homogéneas o bajas, al igual que los conos volcánicos y la estepa, con valores ligeramente inferiores. Por otro lado, el valle fluvial, el estuario, la meseta terciaria y la costa atlántica están dominados por unas pocas clases de gran abundancia. La meseta volcánica, que fue incluida en este análisis, es la que presenta la mayor dominancia, en tanto el basalto vesicular es la clase que representa el 70% del total, pero no es una roca apta para la talla. Entonces, si bien las lagunas, conos volcánicos y la estepa tienen las mayores diversidades de rocas representadas equitativamente, ofrecen un bajo porcentaje de rocas aptas para ser explotadas (inferior al cuarto). Los elementos valle fluvial, estuario, costa atlántica y meseta terciaria presentan menor diversidad de clases, pero con mayor representatividad y proporciones más elevadas de rocas aptas para la talla.

Por último, procedimos a comparar el tamaño (en mm) de las rocas aptas para la talla disponibles en los EP a través de la media aritmética por FPA. De este análisis fueron excluidos los muestreos Azul 2 y Orejas de Burro 3 por poseer una sola roca apta para la talla y Azul 1 y 6 y Primero de Mayo 1 por carecer de rocas aptas. En la figura 43.VII se observa que los tamaños más pequeños se encuentran en la estepa y los más grandes en la costa atlántica, con aproximadamente 30 mm de diferencia. Sin embargo, los tamaños muestran variabilidad en la misma FPA (ver desvío estándar de tamaño en tabla 32.VII), lo cual queda en evidencia a través del ANOVA (tabla 43 y 44.VII), que si bien nos ofrece diferencias significativas, el *test* de Tukey-Kramer (tabla 45.VII) solamente nos señala que las mismas se encuentran entre los tamaños de la estepa y el valle fluvial, lo cual es concordante con la variabilidad observada en las fuentes.

Como síntesis de las tendencias señaladas y para lograr una visión general de las similitudes y diferencias de las FPA según las variables consideradas, realizamos un análisis de componentes principales (PCA; Jackson 1991,

Assumption	Test Value	Prob Level	Decision-0,05
Skewness Normality of Residuals	-0,56	0,58	Accept
Kurtosis Normality of Residuals	0,01	0,99	Accept
Omnibus Normality of Residuals	0,31	0,86	Accept
Modified-Levene Equal-Variance Test	1,27	0,29	Accept

Tabla 43VII: Aceptación de los supuestos de normalidad y homocedasticidad en la muestra de tamaño de las rocas aptas para la talla por elemento del paisaje

Manly 1994) con el programa Multi-Variate Statistical Package 3.1 (MVSP), estandarizando los datos y utilizando una matriz de correlación.

En la figura 44.VII se presenta el *biplot* euclidiano de los dos primeros componentes que explican el 75,6% de la varianza observada en las FPA.

La varianza explicada por el eje principal (axis 1 en figura 44.VII) alude a la proporción y tamaño de las rocas aptas para la talla por FPA. Estas variables son las que presentan los valores de correlación más altos con el eje (tabla 46.VII). El mismo está dando cuenta de un 46,4% de la varianza. La dirección de los autovectores (nos referimos a las flechas que indican las variables) nos muestran hacia qué lado aumentan los valores de las variables. Así, podemos observar que hacia la derecha de la figura se ubican las FPA de la costa atlántica, el estuario del río Gallegos, una gran parte de los muestreos en valles fluviales y algunas lagunas. Estas FPA son las que presentan las mayores proporciones de rocas aptas para la talla en tamaños grandes. Por el contrario, hacia el otro lado se ubican las FPA en conos volcánicos y en la estepa, la mayor parte de las lagunas y algunos muestreos en lo valles. Estas FPA poseen una proporción menor de rocas aptas para la talla en tamaños más chicos. Las FPA en valles fluviales y lagunas son las que presentan la mayor variabilidad en estas dos variables, en tanto se encuentran distribuidas a ambos lados de los ejes.

El eje 2 está explicando el 29,18% de la varianza, asociada con la cantidad de rocas posibles de obtener en

Source Term	DF	Sum of Squares	Mean Square	F-Ratio	Prob Level
A: EP	6	2825,74	470,96	2,83	0,02
S(A)	41	6813,05	166,17		
Total (Adjusted)	47	9638,78			
Total	48				

Tabla 44.VII: Resultados del ANOVA sobre el tamaño de las rocas aptas para la talla por elemento del paisaje

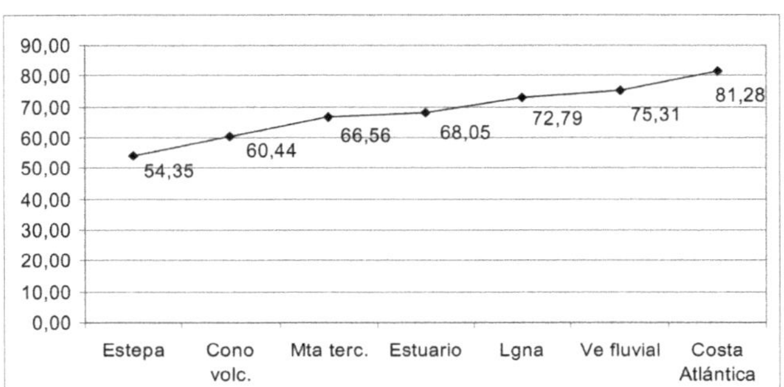

Figura 43.VII: Media de tamaño de las rocas aptas para la talla por elemento del paisaje

Group	Count	Mean	Different from Groups
Estepa	6	54,35	Ve fluvial
Cono volcánico	5	60,44	
Meseta terciaria	2	66,56	
Estuario	1	68,05	
Laguna	9	72,79	
Valle fluvial	24	75,31	Estepa
Costa Atlántica	1	81,28	

Alpha=0,050 Error Term=S(A) DF=41 MSE=166,1719 Critical Value=4,383

Tabla 45.VII: Resultados del test Tukey-Kramer sobre el tamaño de las rocas aptas para la talla por elemento del paisaje

una FPA por una persona en cinco minutos y a la diversidad de clases de rocas disponibles en la misma (tabla 46.VII). Mientras la mayor diversidad la presentan las FPA con menor proporción de rocas aptas y menores tamaños (principalmente las FPA en conos volcánicos y en la estepa), la mayor abundancia de rocas se encuentra en la costa atlántica y el estuario del río Gallegos. La diversidad presenta una correlación negativa con la proporción de rocas aptas y con el tamaño, indicado por la dirección opuesta de los autovectores en relación con el eje. Loyola 1 y 2 (estuario y costa atlántica) son los muestreos que tienen valores elevados en todas las variables comparadas, en tanto mantienen altas correlaciones con los dos ejes.

4. Las RGFO

Dado que este conjunto de rocas ha sido el más utilizado para la manufactura de artefactos, y algunos muestreos estuvieron orientados a la recolección de estos tipos de rocas únicamente, nos extenderemos en el análisis de la distribución de las variedades volcánicas y sedimentarias y del tamaño, características morfológicas y calidad de estas rocas. Estas características luego serán comparadas con las que presenta la dacita, que es la roca que ha sido utilizada en segundo lugar de abundancia y se encuentra ampliamente disponible en el CVPA.

En la tabla 47.VII se presentan las proporciones y porcentajes de RGFO volcánicas y sedimentarias que son posibles de obtener por una persona en cinco minutos en los muestreos de La Carlota 3 y 6 y Potrok Aike 2, que estuvieron orientados a recolectar solamente aquellos ejemplares que por la textura superficial y la coloración podrían tratarse de RGFO.

En los tres muestreos, la mayor parte de las RGFO recolectadas pertenecen a las variedades volcánicas, siendo Potrok Aike el que presenta la mayor abundancia relativa de estas variedades. Por otro lado, La Carlota 6 es el que muestra la mayor proporción de RGFO sedimentarias en comparación con los otros muestreos. La mayor abundancia relativa de las variedades volcánicas también mantiene la mayor frecuencia en el resto de los muestreos realizados en el CVPA, aunque en La Carlota 1, 4 y 5, Palermo Aike 1 y 2 y Loyola 1, las variedades sedimentarias son más abundantes (tabla 48.VII).

A partir de las proporciones relativas de los dos tipos de variedades de RGFO diferenciados nos interesa señalar que la mayor abundancia de las RGFO volcánicas se mantiene en los diferentes EP y en la margen norte y sur del río Gallegos (tabla 49.VII).

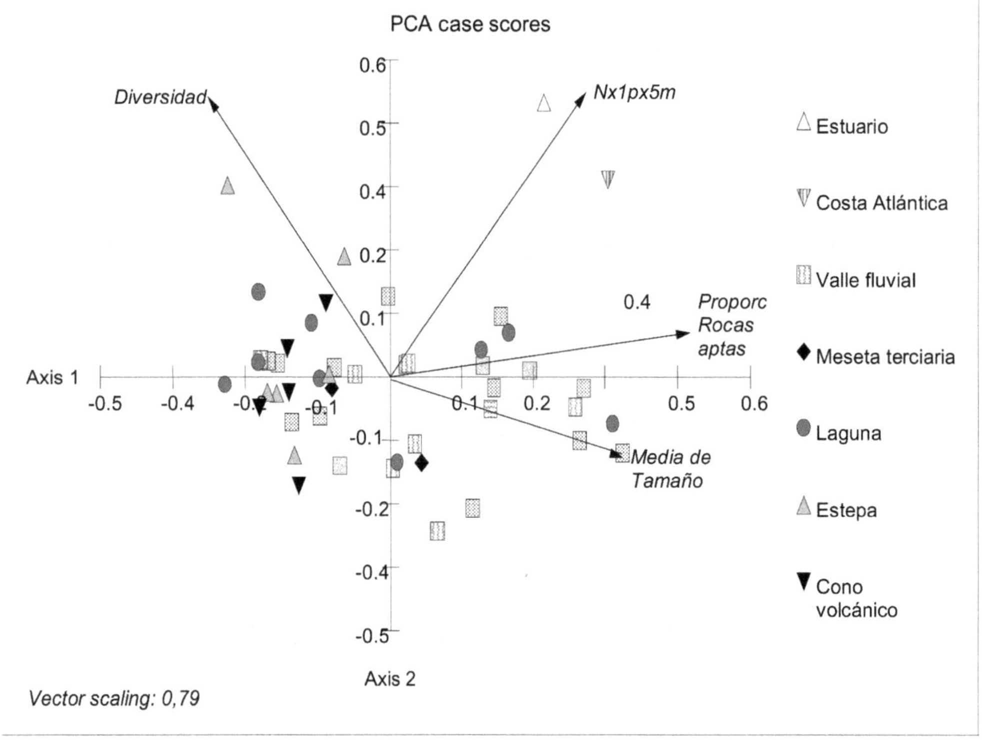

Figura 44.VII: Análisis de componentes principales de las fuentes potenciales de aprovisionamiento en el CVPA

PCA variable loadings	Axis 1	Axis 2
Proporción de rocas aptas	0,645	0,108
Nx1px5m	0,424	0,695
Diversidad	-0,388	0,683
Media de Tamaño	0,504	-0,197

Tabla 46.VII: Correlación entre las variables y los ejes en el análisis de componentes principales

	RGFO volcánicas		RGFO sedimentarias	
Muestreo	Proporc.1px5m	%	Proporc.1px5m	%
CAR3	0,83	83,33	0,17	16,67
CAR6	0,70	70,00	0,30	30,00
Potrok Aike 2	0,91	90,91	0,09	9,09

Tabla 47.VII: RGFO volcánicas y sedimentarias en La Carlota 3 y 6 y Potrok Aike 2

Muestreo	RGFO volcánicas *N*	RGFO volcánicas Proporc.1px5m	RGFO volcánicas %	RGFO sedimentarias *N*	RGFO sedimentarias Proporc.1px5m	RGFO sedimentarias %	Total
1MY FTM	1	nc	nc	0	nc	nc	1
1MY3	2	0,100	10	0	0,000	0	2
BTR1	3	0,047	4,7	1	0,016	1,6	4
BTR2	5	0,167	16,7	2	0,067	6,7	7
CAR1	1	0,016	1,6	2	0,032	3,2	3
CAR2	8	0,222	22,2	2	0,056	5,6	10
CAR4	0	0,000	0	2	0,118	11,8	2
CAR5	1	0,053	5,3	2	0,105	10,5	3
CAR7	1	0,077	7,7	0	0,000	0	1
El Indio 2	2	0,074	7,4	1	0,037	3,7	3
El Indio FTM	4	nc	nc	0	nc	nc	4
El Zurdo 1	3	0,100	10	1	0,033	3,3	4
El Zurdo 2	1	0,034	3,4	0	0,000	0	1
El Zurdo FTM	1	nc	nc	0	nc	nc	1
Güer Aike 1	7	0,226	22,6	0	0,000	0	7
Güer Aike 4	1	0,020	2	0	0,000	0	1
PLA1	7	0,006	0,6	2	0,057	5,7	9
PLA2	0	0,000	0	1	0,034	3,4	1
PLAC1	5	0,139	13,9	2	0,056	5,6	7
PLAC2	2	0,057	5,7	0	0,000	0	2
PLAC3	4	0,143	14,3	1	0,036	3,6	5
Potrok Aike 1	5	0,088	8,8	2	0,035	3,5	7
Potrok Aike FTM	8	nc	nc	0	nc	nc	8
Punta Loyola 1	1	0,015	1,5	2	0,029	2,9	3
Punta Loyola 2	4	0,048	4,8	0	0,000	0	4
Total general	77			23			100

FTM= Fuera de tiempo de muestreo

Tabla 48.VII: RGFO volcánicas y sedimentarias en los muestreos del CVPA

Elemento del paisaje		RGFO volcánicas	RGFO sedimentarias	Total
Valle fluvial	Curso inferior (n=7)	0,084	0,026	0,111
	Curso medio (n=10)	0,085	0,049	0,135
	Curso superior (n=2)	0,067	0,017	0,084
Estuario (n=1)		0,015	0,029	0,044
Costa Atlántica (n=1)		0,048	0,000	0,048
Meseta terciaria (n=1)		0,074	0,037	0,111
Laguna (n=1)		0,088	0,035	0,123
Total		0,462	0,193	0,655

Tabla 49.VII: RGFO volcánicas y sedimentarias por elemento del paisaje

Además de su mayor disponibilidad, las RGFO volcánicas cuentan con otros dos rasgos favorables: una mejor calidad para la talla (*sensu* Aragón y Franco 1997) y nódulos de tamaño más grande.

Además de su mayor disponibilidad, las RGFO volcánicas cuentan con otros dos rasgos favorables: una mejor calidad para la talla (*sensu* Aragón y Franco 1997) y nódulos de tamaño más grande.

Con respecto al primer punto, comparamos la distribución de frecuencias de la calidad de las rocas según se tratase de variedades volcánicas o sedimentarias (tabla 50.VII) a través del *test* de Chi^2 y obtuvimos una diferencia significativa estadísticamente (X^2=20,243 *p*=0,0004 gl=4).

La baja calidad de la mayoría de las rocas sedimentarias se debe a que se encuentran oxidadas y se fracturan fácilmente por los planos de fisilidad, lo cual dificulta controlar la fractura.

En la comparación de los tamaños, se utilizó el eje mayor por ser la medida con la que se cuenta para la totalidad de los muestreos. Dado que las distribuciones no son normales ni siquiera transformadas a logaritmo, se realizó el *test* no-paramétrico de Mann-Whitney, en el cual se comparan las medianas. Las diferencias en el eje mayor resultaron significativas (T=1120 *p*=0,034) en tanto las variedades volcánicas son más largas, con una mediana de 73 mm *vs*. 59 mm en las sedimentarias. Con las muestras que contaban con las medidas de los tres ejes (*n*= 88 en las variedades volcánicas y *n*=24 en las sedimentarias) se calculó el volumen (en mm^3) como una medida más aproximada del rendimiento relativo de las rocas para la talla. Por los mismos motivos que anteriormente, se compararon las medianas, también arrojando el *test* de Mann-Whitney diferencias significativas (T=775,5 *p*=0,047), con una mediana de 143.070 mm^3 las RGFO volcánicas *vs*. 101.598 mm^3 las sedimentarias.

Para comparar la distribución de tamaños de las variedades volcánicas y sedimentarias en los distintos lugares relevados, se ha calculado la media aritmética por localidad de muestreo, considerando la totalidad de los mismos (es decir, incluyendo también los muestreos de RGFO solamente, las recolecciones de nódulos fuera del tiempo de muestreo y los muestreos en depósitos o cortes artificiales), ya que debido a la escasez relativa de estas rocas resulta dificultoso comparar proporciones o porcentajes cuando las frecuencias son bajas y hay casos de una sola roca por muestreo. Consideramos que este procedimiento no sesga la comparación porque el interés en este caso no es el rendimiento relativo de cada FPA, sino evaluar si existe una distribución de tamaños diferencial entre los tipos volcánicos y sedimentarios en los distintos sectores donde se encuentran disponibles.

Calidad para la talla	RGFO Volc.	RGFO Sedim.	Total
Mala	5	10	15
Regular	7	2	9
Buena	47	8	55
Muy Buena	45	9	54
Total	104	29	133

Tabla 50.VII: Distribución de frecuencias de la calidad para la talla de las RGFO volcánicas y sedimentarias

Localidad de Muestreo	X tamaño	
	RGFO volcánicas	RGFO sedimentarias
El Indio	46,66	54,5
Palermo Aike	52,23	49,5
Primero de Mayo	63,3	
Punta Loyola	67,3	51,5
El Zurdo	74,4	99
Güer Aike	78,1	
La Carlota	79	62,7
Las Buitreras	94,57	58,33
Potrok Aike	95,7	75

Tabla 51.VIII: Media de tamaño de las RGFO volcánicas y sedimentarias por localidad de muestreo

Lo que nos interesa remarcar con respecto a los valores de tamaño que se presentan en la tabla 51.VII, es que los tamaños más grandes de RGFO volcánicas se encuentran en la laguna Potrok Aike y en la Eª Las Buitreras, alcanzando aproximadamente el doble de tamaño que en El Indio, donde se registran los nódulos más pequeños. En este punto queremos señalar que la laguna Potrok Aike presenta las mejores condiciones de disponibilidad de RGFO, en tanto se encuentran nódulos de basalto de muy buena calidad para la talla en mayor abundancia y tamaño, representando el 79% (*n*=15) de las variedades volcánicas y el 68% del total de RGFO recuperadas en esta laguna. Dado que nos interesaba saber si los basaltos de textura vesicular recuperados en Potrok Aike constituían un mismo tipo dentro de este conjunto y eran los mismos que los basaltos vesiculares recuperados en otras localidades, la Dra. Etchichury examinó comparativamente los cortes delgados de las piezas Nº 20 correspondiente al muestreo Potrok Aike 1(PKA1), la Nº 1 correspondiente a Potrok Aike 2 (PKA2) y el basalto recuperado fuera del tiempo de muestreo en Punta Loyola 2 (Loy2), en tanto estos ejemplares presentan grandes similitudes megascópicas en las características de la pasta y en la textura superficial. El análisis petrográfico comparativo mostró gran similitud composicional entre las muestras de PKA2 y Loy2, y algunas ligeras diferencias en las características texturales de la pasta de estas muestras con respecto a PKA1. Así, en la muestra Loy2 la pasta, muy fina, se asemeja a PKA2, mostrando alteración arcillosa de las microlitas, que hacen confusa su apariencia general, asimilable a la textura afieltrada; en cambio, en PKA1 la pasta muestra profusa cantidad de microlitas nítidas, en general frescas, en una típica estructura hialopilítica. En líneas generales, la mayor similitud de las características de la pasta se observa en las muestras Loy2 y PKA2. Establecer otro tipo de correlación con la roca madre resulta dificultoso por tratarse de rodados de origen glacial y fluvioglacial (Etchichury com. pers. 2007). Por consiguiente, si bien el basalto de Loy2 mantiene grandes similitudes con el recuperado en PKA2, los basaltos registrados en esta laguna presentan diferencias entre ellos. De hecho también se registra otra variedad asignada a basalto olivínico (PKA2 Nº 27, ver Anexo 1), aunque esta mantiene claras diferencias megascópicas con los ejemplares señalados anteriormente.

Con respecto a las variedades sedimentarias, el mayor tamaño se registra en El Zurdo, pero corresponde a una sola roca, ubicándose Potrok Aike en segundo lugar.

Con respecto a la forma de los nódulos de las variedades volcánicas y sedimentarias de las RGFO, se observan diferencias en la distribución de porcentajes entre las diferentes categorías, pero no resultan significativas estadísticamente según el *test* de Chi^2 (x^2=5,11 gl=3 *p*=0,27)[1]. Mientras entre las variedades volcánicas predominan las formas equidimensionales, entre las sedimentarias son más abundantes las tabulares, lo que sugiere formas más delgadas para estas últimas (figuras 45 y 46. VII. Ver capítulo IV.1.b.1). Esta forma es característica de rocas que presentan laminación (Scasso y Limarino 1997).

Por otro lado, si consideramos el grado de redondez de los vértices del clasto, las RGFO volcánicas presentan un mayor grado de redondeamiento, en tanto las mayores frecuencias se ubican entre 0.5-0.9, siendo 0.7 la moda, a diferencia de las RGFO sedimentarias que presentan vértices más angulosos, ubicados predominantemente entre 0.3-0.7, con la moda en 0.5 (figura 47.VII).

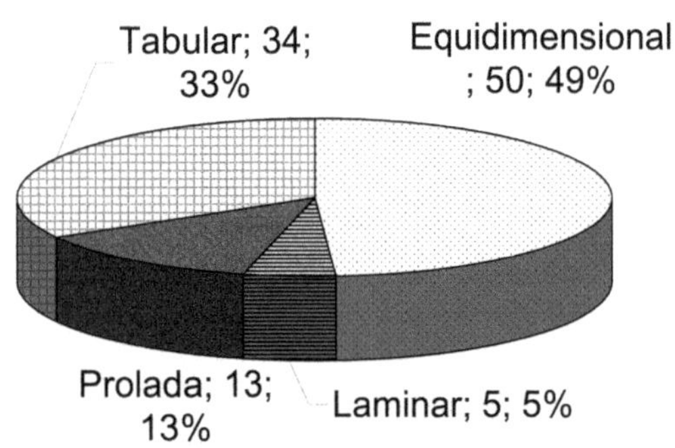

Figura 45.VII: Forma de los nódulos de las RGFO volcánicas

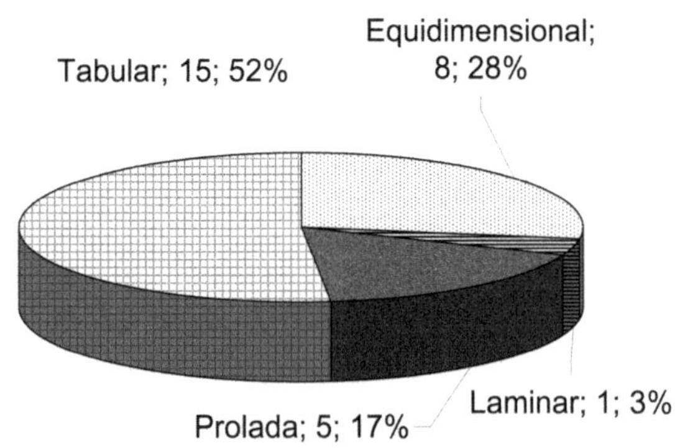

Figura 46.VII: Forma de los nódulos de las RGFO sedimentarias

[1] Para calcular el Chi^2 se sumó una constante de 5 a cada una de las frecuencias por clase de forma, para evitar tener valores menores a este número ya que es un requisito del *test*.

Con respecto a la isoesfericidad, es decir, el grado en el que la morfología de los clastos se aproxima a una esfera, ambas variedades concentran las mayores frecuencias en la curva de valor 0.8, lo cual sugiere que se trata de formas alejadas de la esfera, en tanto las formas más próximas a la misma corresponden a valores bajos (figura 48.VII. Ver capítulo IV.1.b.1).

De acuerdo con las características morfológicas de los clastos de RGFO volcánicas y sedimentarias, podemos aproximarnos a la comprensión de las estrategias de reducción implementadas para optimizar el aprovechamiento de estas rocas. Según los datos que hemos presentado, la mayoría de las variedades volcánicas tienen formas equidimensionales y un elevado redondeamiento de los vértices, mientras que en las variedades sedimentarias predominan las formas tabulares o discoidales, con un menor redondeamiento. Siguiendo a Shelley (1993: 64) "*Spheroids [equant forms] lack a platform area with an adjacent free face of less than 90º, thus limiting the approaches to initial flake removal*". Es por ello que la forma óptima de explotar estas rocas es mediante la reducción bipolar (Shelley op. cit., Flenniken 1981), siendo ésta la técnica que se encuentra más representada entre los artefactos en RGFO y distintas variedades de rocas silíceas, principalmente la calcedonia (Charlin 2005 y 2007a y b). Por otro lado, Shelley también señala que las formas discoidales y tabulares son adecuadas para la reducción bifacial en tanto "*A disk shape closely resembles the outline and cross section of finished biface core tools. This preexisting shape results in relatively minimal modification to achieve the desired finished form*" (op. cit.: 69). En este sentido, las RGFO sedimentarias ofrecen estas características. Al respecto Nami (1984a y b, 1986, 2003) diferencia dos técnicas de manufactura bifacial para las puntas Bird IV según la forma-base empleada, el tamaño de la misma y las etapas de manufactura requeridas. La categoría A de su modelo sostiene el adelgazamiento bifacial directamente sobre los guijarros, aunque este investigador menciona que se trata de guijarros basálticos de tamaños comprendidos entre los 4 y 12 cm. Si bien esto será discutido más adelante, el predominio de las RGFO volcánicas sobre las

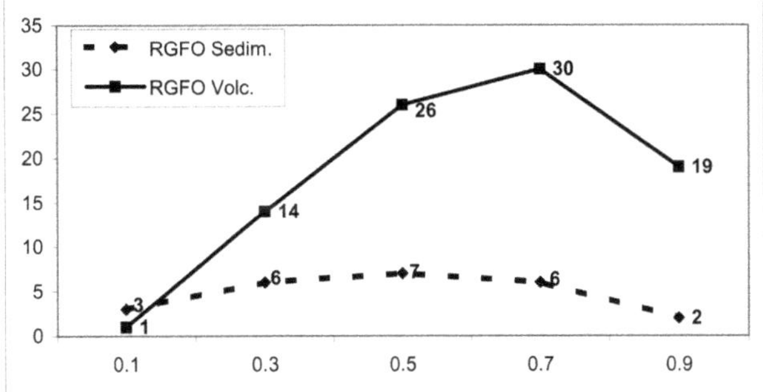

Figura 47.VII: Grado de redondez de los clastos de RGFO volcánicas vs. sedimentarias

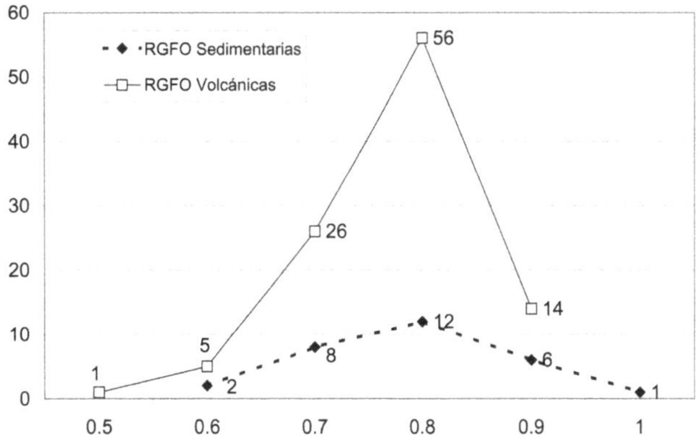

Figura 48.VII: Distribución de frecuencias de los valores de isoesfericidad en las RGFO volcánicas y sedimentarias

sedimentarias (de acuerdo con las características macroscópicas) en la manufactura de los cabezales bifaciales probablemente se debe a la mejor calidad de estas rocas para la talla, en tanto las variedades sedimentarias, si bien presentan la ventaja de su forma tabular, frecuentemente se encuentran oxidadas o sus fisuras rellenas con material secundario, lo cual desfavorece el control de la talla. La utilización de formas-base naturales en la manufactura de artefactos bifaciales también ha sido sugerida en relación con el tamaño pequeño de las RGFO en comparación con otras rocas (Nami op. cit., Prieto 1997).

Una situación similar en cuanto a la morfología y tamaño de los clastos la ofrece la calcedonia, aunque solamente hemos recuperado un nódulo de esta roca en los muestreos realizados, por lo cual no tenemos los datos en bruto necesarios para evaluar la morfología de esta materia prima comparativamente; sin embargo, los núcleos, ecofactos y formas-base de los artefactos sobre calcedonia representados en distintos sitios arqueológicos sugieren que la misma se presenta naturalmente bajo dos formas: una más esferoidal, posiblemente relacionada con la depositación de la sílice en las vesículas volcánicas y otra tabular, más relacionada con una génesis en matrices sedimentarias (*cf.* Franco y Aragón 2004, Etchichury com. pers. 2007). En los conjuntos artefactuales es frecuente observar preformas bifaciales sobre formas-base tabulares de calcedonia, lo cual apoya lo sostenido por Shelley (op. cit.) en cuanto al aprovechamiento de estas formas para la reducción bifacial.

5. La Dacita

Dado que la dacita es la roca más abundante en el CVPA, pero no ha sido la mayormente utilizada para la manufactura de artefactos, nos interesa comparar el tamaño, la morfología de los clastos y la calidad de esta roca para la talla en relación con las RGFO, que han sido las rocas seleccionadas preferentemente. Mencionamos nuevamente que no se ha detectado una distribución diferencial de la dacita según su coloración, como en el río Santa Cruz (*cf.* Franco 2002), por lo cual hemos tomado una muestra al azar del total de dacitas recolectadas en los diferentes muestreos, para mantener un tamaño comparable con el conjunto de las RGFO (*n*=133). Como en casos previos, para realizar esta tarea se utilizó el programa Research Randomizer.

La media aritmética del eje mayor de las dacitas nos indica un tamaño más grande de estas rocas (x= 80,32 mm) en comparación con las RGFO (x= 73,6 mm), pero la forma predominante de los clastos es equidimensional, al igual que las variedades volcánicas de las RGFO, seguida en segundo lugar por las formas tabulares (tabla 52.VII). Con respecto a la esfericidad, los clastos de dacita se ubican en una posición intermedia, con la moda en 0.7 (tabla 53.VII). Las mayores diferencias con las RGFO, en sus variedades volcánicas sobre todo, se encuentran en el grado de redondeamiento de los vértices del clasto (tabla 54.VII) y en la calidad de la roca para la talla (tabla 55.VII). En este sentido, los clastos de dacita tienden a ser angulosos, presentando un grado de redondeamiento bajo (la moda es 0.3 *vs.* 0.7 en las RGFO volcánicas) y si bien aproximadamente el 80% de estas rocas son buenas para la talla (tabla 55.VII), contrastan con las RGFO volcánicas en la baja frecuencia de calidades muy buenas (*n*=4), que solamente representan el 3% del conjunto, mientras que entre las RGFO volcánicas constituyen el 40,6% (*n*=54).

Si consideramos los distintos atributos que fueron medidos para caracterizar la morfología de los clastos de dacita, que se trata de formas equidimensionales, pero alejadas de la esfera y con un bajo redondeamiento de los vértices, nos aproxima hacia formas más bien cuadrangulares. Esto, sumado a un tamaño más grande de los clastos, impone menores restricciones sobre las técnicas de talla, en tanto ofrece plataformas de percusión adecuadas (gracias al bajo redondeamiento y esfericidad de los clastos), permitiendo la percusión a mano alzada. Consideramos que estos factores, junto con la baja frecuencia de calidades muy buenas para la talla, es lo que marca las mayores diferencias con las RGFO.

Forma	Equidimensional	Laminar	Prolada	Tabular	Total
Frecuencia	61	7	21	44	133

Tabla 52.VII: Forma de los clastos de dacita

Esfericidad	0.3	0.5	0.6	0.7	0.8	0.9	Total
Frecuencia	1	1	12	51	48	20	133

Tabla 53.VII: Esfericidad de los clastos de dacita

Redondeamiento	0.1	0.3	0.5	0.7	0.9	Total
Frecuencia	3	51	40	24	15	133

Tabla 54.VII: Redondeamiento de los clastos de dacita

Calidad	Mala	Regular	Buena	Muy buena	Total
Frecuencia	10	13	106	4	133

Tabla 55.VII: Calidad para la talla de la dacita

6. Jerarquización del espacio según la disponibilidad de rocas y estrategias de aprovisionamiento implementadas

En base a la información que hemos presentado es posible sostener que el sector norte del CVPA es el que reúne las mejores condiciones de disponibilidad: mayor abundancia de rocas aptas para la talla, mayor diversidad, mayores tamaños de los nódulos y disponibilidad de RGFO, siendo el sector costero y el valle fluvial del río Gallegos los EP que presentan los valores más elevados en estas variables, a los que se suma la laguna Potrok Aike por la abundancia y tamaño de las RGFO volcánicas. Más allá de la información cuantitativa que fue comparada para caracterizar las distintas FPA nos interesa señalar un factor de escala, tanto espacial como temporal, en la disponibilidad de materias primas líticas según los elementos del paisaje. En primer lugar, en cuanto a la escala espacial, los grandes cursos fluviales, principalmente el río Gallegos y el río Chico, como así también los sectores costeros, constituyen FPA de gran extensión y continuidad en la oferta de rocas, en tanto cubren un área importante del campo volcánico. Por el contrario, elementos del paisaje tales como lagunas superficiales temporarias (*cf.* Mayr *et al.* 2007, Zolitschka *et al.* 2006), conos volcánicos, áreas deflacionadas, entre otros, brindan una oferta limitada y localizada, además de variable en el corto y mediano plazo. En sucesivas campañas hemos observado variaciones estacionales y anuales en la disponibilidad de rocas en los elementos mencionados, principalmente en las lagunas de la E^{a} Tres de Enero. Como señalan Zolitschka y coautores (op. cit.: 299) "*…many of these lakes desiccate toward the end of the austral summer, especially shallow lakes or lakes in exposed topographic positions.*" Esta variabilidad obedece a factores micro-ambientales o climáticos puntuales, que inciden en mayor grado sobre estos elementos del paisaje. En consecuencia, la predictibilidad en la oferta del recurso lítico se encuentra afectada. En este sentido, considerando la escala espacial y temporal en la disponibilidad de rocas en los elementos del paisaje, distinguimos *fuentes de aprovisionamiento permanentes (FAP)*, como los cursos fluviales, la costa y las lagunas permanentes en cráteres volcánicos (maares, ver I.3 en este capítulo) y *fuentes de aprovisionamiento temporales (FAT)* como las lagunas superficiales y aquellos elementos del paisaje que ofrecen rocas producto de un evento erosivo, como sucede generalmente en los conos volcánicos y en la estepa.

Esta diferenciación se retoma en el capítulo VIII, donde se estiman las fluctuaciones en la disponibilidad de rocas según las condiciones paleoambientales durante el

Holoceno tardío. Aquí nos interesa vincular la oferta de rocas con otras características del paisaje regional, lo cual nos posibilita tener una comprensión más integral de las potencialidades de los diferentes espacios y sus ventajas y desventajas para la ocupación humana. En este punto seguiremos los análisis desarrollados por Barberena (2007), quien a partir de información geológica, geomorfológica y ecológica del CVPA ha desarrollado una serie de implicaciones biogeográficas que nos permiten aproximarnos a una mayor comprensión de las estrategias de aprovisionamiento que se implementaron en el CVPA.

En base a una serie de variables que fueron evaluadas en los distintos sectores, tales como productividad de los ambientes, disponibilidad de agua y de refugio, Barberena (op. cit.) desarrolla expectativas en cuanto a la incidencia de estos factores sobre la toma de decisiones de las poblaciones humanas en relación con la movilidad e instalación en el espacio del CVPA. Este investigador señala, por un lado, la variabilidad geológica y geomorfológica del paisaje volcánico según los momentos de formación, lo cual brinda diferentes potencialidades para la ocupación humana. Por otro lado, en los distintos sectores del CVPA también se perciben variaciones importantes en términos de precipitaciones y humedad efectiva, que condicionan diferencias en términos de productividad. Considerando en conjunto tales aspectos, el CVPA constituye un paisaje heterogéneo en términos de las condiciones que ofrece para las poblaciones humanas. A partir de un *ranking* de los diferentes sectores de acuerdo con su productividad (considerando la hidrografía, fitogeografía y capacidad de carga de ovinos) Barberena (op. cit.) diferencia:

- la cuenca del río Chico y el sector meridional del CVPA hasta el estrecho de Magallanes en dirección sur y las costas del océano Atlántico hacia el este. Corresponde principalmente a la estepa magallánica húmeda, por lo cual es el sector más productivo de los tres definidos, con una capacidad de carga de 0.80 herbívoros por hectárea.

- el interfluvio de los ríos Chico y Gallegos. Este espacio se extiende hacia el oeste aproximadamente hasta el río Gallegos Chico. A nivel fitogeográfico, la mayor parte del mismo se ubica en la estepa Magallánica seca, lo cual le confiere una productividad baja, con una capacidad de carga de 0.30 ovino por hectárea.

- la cuenca del río Gallegos, donde se localizan los afloramientos más septentrionales y antiguos del CVPA. Las comunidades vegetales presentes son la estepa Magallánica seca y el matorral de mata negra. La productividad es baja, semejante a la del interfluvio.

En base a esta información queda claro que hacia el sur del río Chico se localizan actualmente los ambientes de mayor productividad, lo cual contrasta con la disponibilidad de materias primas líticas en el CVPA. La oferta de recursos bióticos y líticos es diferencial ya que la densidad y tipo de cobertura vegetal es uno de los principales factores que incide sobre la disponibilidad de rocas, en tanto la misma es dependiente de la erosión del sustrato y la exposición del *drift* subyacente. Es por este motivo que los valles fluviales, lagunas, hoyadas de deflación y costas, entre otros elementos del paisaje, funcionan como FPA. Dado que en el sector central y meridional del CVPA la mayor parte de las FPA son temporarias, excepto el valle del río Chico (pero ver *infra*), tratándose en la mayoría de los casos de áreas erosionadas en los conos volcánicos y en la estepa o de lagunas superficiales, la disponibilidad de rocas es menos abundante que en el sector norte, el cual comprende el valle del río Gallegos y el interfluvio Gallegos-Chico. En la figura 49.VII (tomada de Barberena 2007 con modificaciones) se observan las diferencias entre sectores del CVPA en cuanto a cobertura vegetal (en gris más claro a medida que la cobertura es mayor) y por consiguiente productividad, por un lado, y potencialidades del sustrato para la oferta de rocas, por el otro.

La información ambiental actual, si bien no puede considerarse como un correlato directo de la distribución de las comunidades vegetales en tiempos prehistóricos (ver capítulo IX), constituye un marco de referencia cualitativo para estimar la productividad de los diferentes sectores (Barberena op. cit.). La densidad de ocupación registrada en los diferentes sitios del área también apunta en este sentido, indicando una mayor intensidad de uso del sector que se extiende al sur del río Chico, donde se localizan nodos poblacionales, como el sitio Cóndor 1 (Barberena *et al.* 2006, 2007a; Barberena *et al.* 2007b; Borrero y Barberena 2006; Borrero y Manzi 2007; Barberena 2007; ver capítulo VIII y X en esta tesis). Esta

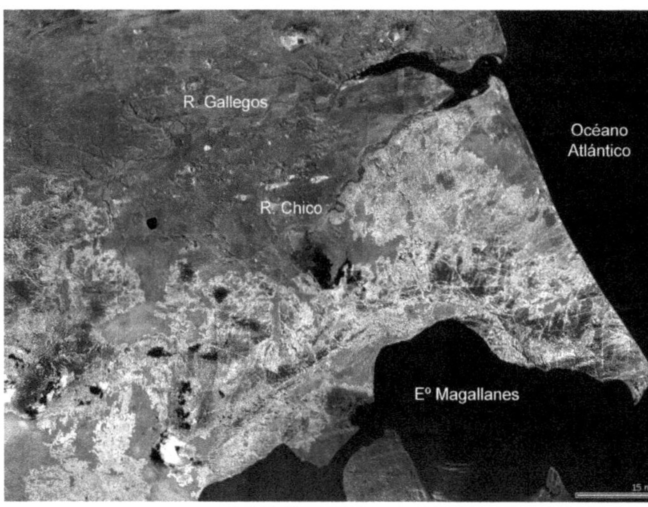

Figura 49. VII: Diferencias en la cobertura vegetal, productividad y disponibilidad de rocas en los diferentes sectores del CVPA

información, junto con las diferencias señaladas, por un lado, en el *ranking* de rocas disponibles *vs.* utilizadas en el CVPA y por el otro, en la disponibilidad de tipos de rocas entre sectores, sugieren que el abastecimiento de los recursos líticos ha sido altamente selectivo, involucrando necesariamente determinados sectores del espacio, en tanto la distribución de las materias primas líticas no es homogénea. La escasez relativa y disponibilidad restringida de la mayoría de las rocas utilizadas para la manufactura de los artefactos (RGFO y distintas variedades de rocas silíceas), junto a la incongruencia espacial en la disponibilidad de los recursos líticos y bióticos, implica la implementación de estrategias de aprovisionamiento planificadas, el transporte de materias primas a aquellos sectores en los que no se encuentran disponibles (ya sea a través del equipamiento de individuos o de lugares *sensu* Kuhn 2004) y una economía en la utilización de las mismas (siguiendo a Odell 1996). En este marco y considerando las evidencias de mayor intensidad de ocupación hacia el sur del río Chico, es posible pensar en un "aprovisionamiento directo "en términos de Binford (1979. Ver capítulo III), por lo menos para las RGFO, ya que la dacitas (la segunda clase petrográfica utilizada para la manufactura de los artefactos) no presenta restricciones en cuanto a su disponibilidad. Por aprovisionamiento directo, este investigador se refiere a los movimientos de una población en el ambiente con el propósito exclusivo de obtener materias primas para la confección de instrumentos.

En este punto no debemos olvidar las observaciones de Gould y Saggers (1985) entre los aborígenes del Desierto Occidental de Australia, quienes organizan excursiones planificadas con el objetivo del aprovisionamiento de materias primas de buena calidad para la talla. El énfasis aquí esta puesto sobre la incidencia de las propiedades utilitarias de las rocas sobre la organización de las estrategias de aprovisionamiento. En este sentido apuntan los estudios desarrollados por Ratto (1994) en nuestra área de estudio sobre las propiedades físico-mecánicas de las rocas utilizadas para la manufactura de los cabezales líticos de los sitios Juni Aike, Potrok Aike y El Volcán 4. Estas rocas son RGFO, que al microscopio fueron determinadas como ftanita silicificada, vulcanita semisilicificada, andesita básica y vulcanita ácida vítrea. Todas ellas presentan una dureza, cohesión y compacidad elevadas y tenacidad cualitativa media (Ratto op. cit.). Asimismo, Ratto (op. cit.) señala que el basalto tiene una tenacidad más elevada que estas rocas. En consecuencia, es probable que la calidad de las RGFO para la talla, una de las principales diferencias con la dacita, haya jugado un rol importante en la configuración de las estrategias de aprovisionamiento en el CVPA.

7. Las materias primas no-locales: las obsidianas

Como se desarrolla en los subsiguientes capítulos, las distintas variedades de obsidiana diferenciadas por su color y áreas de procedencia (Stern y Prieto 1991; Stern *et al.* 1995; Stern 1999, Stern 2000a y b, 2004; Stern y Franco 2000; Morello *et al.* 2001) se encuentran representadas en el CVPA, principalmente bajo la forma de desechos de talla. La variedad más abundante corresponde a la obsidiana gris verdosa veteada, procedente de la cordillera Baguales (Stern y Franco 2000), la cual también ha sido recuperada bajo la forma de un núcleo. La obsidiana gris, de la cual se desconoce su procedencia, y solamente había sido registrada hasta la fecha en escasos ejemplares (Stern 2004), también es abundante en el CVPA, ubicándose en segundo lugar después de la gris verdosa veteada. Este factor, junto con la presencia de un elevado porcentaje de corteza sobre los artefactos manufacturados en esta roca, podrían considerarse como indicadores de una probable procedencia local de la misma o al menos de alguna cercanía relativa de la fuente de aprovisionamiento. Al respecto contamos con la observación de Corbella (Corbella com. pers. a Carballo Marina 2006) de guijarros de obsidiana de colores oscuros en las morenas de la Estancia La Carlota, en el curso medio del río Gallegos, aunque no poseemos mayores precisiones.

Dado que, a pesar de su procedencia no-local, las variedades de obsidiana negra, verde y gris verdosa veteada se encuentran representadas en los conjuntos artefactuales de los distintos sitios de Pali Aike, a continuación se presenta una breve descripción sobre las fuentes de procedencia respectivas y los modelos que han sido propuestos para explicar su circulación en Patagonia meridional.

7.1 Las variedades de obsidiana y sus fuentes de procedencia

Los análisis geoquímicos que han sido realizados sobre muestras de obsidiana procedentes de distintas áreas de Patagonia han permitido identificar cuatro tipos de esta roca, de coloración (negro, verde, gris y gris-verdosa veteada), y áreas de procedencia distintas. Las variedades negra, verde y gris-verdosa veteada presentan una amplia distribución en el espacio macro-regional que supera los 100 km desde sus fuentes de procedencia. La obsidiana gris, sobre la que se cuenta con menor información debido también a su menor frecuencia, parecería restringirse al área de Pali Aike.

En el caso de las variedades verde y gris-verdosa veteada, hasta el momento no ha sido detectada la ubicación puntual de sus respectivas fuentes, pero se ha determinado su área de procedencia a partir de diferentes características que presentan los artefactos líticos descartados en cercanía de las fuentes de aprovisionamiento (Morello *et al.* 2001, 2004; Stern y Franco 2000).

Los estudios arqueológicos desarrollados en la península de Brunswick y mares interiores, en Magallanes, Chile (Emperaire y Laming 1961; Ortiz Troncoso 1973, 1975; Stern y Prieto 1991; Morello *et al.* 2001, 2004), sugieren que la obsidiana verde procedería del área del Seno de Otway y mar de Skyring (53° S 71.5° W). La mayoría de los soportes identificados de esta roca son bloques (bastones y placas), lo cual sugiere que se trataría de una fuente primaria, bajo la forma de filón o domo volcánico (Morello *et al.* 2001). Sin embargo, no se descarta que pueda ser una fuente secundaria, en tanto hay procesos geológicos que podrían generar estas formas por acarreo (Morello *et al.* 2004). Las dataciones por K-Ar efectuadas sobre artefactos de obsidiana verde arrojaron edades comprendidas entre los 18 y 16 m.a, lo cual permite relacionarla con el cinturón volcánico del Mioceno que atraviesa los mares de Otway y Skyring, entre la isla Carlos III y las cordilleras Pinto, Painé y Baguales (Stern y Prieto 1991).

Con respecto a la variedad gris-verdosa veteada, Stern y Franco (2000) señalan que la fuente de la misma se encontraría en algún lugar de la cordillera Baguales (50.5° S 72° W), al sur de Lago Argentino, Santa Cruz, Argentina. La edad obtenida para esta obsidiana por medio de ^{40}Ar-^{39}Ar es de 2.3 m.a, similar a las edades de los basaltos de la meseta de las Vizcachas y de la cordillera Baguales, en la porción sur de la cuenca superior del río Santa Cruz. Ésto, junto con una mayor abundancia de artefactos sobre esta roca en la margen meridional y oriental de lago Argentino, sugiere que la fuente estaría asociada con estas lavas.

En el caso de la obsidiana negra, los análisis químicos han diferenciado tres tipos principales en base a la proporción de elementos traza (Stern 1999). Todos ellos se encuentran disponibles en Pampa del Asador (48° S 71.4° W), al noroeste de Santa Cruz, Argentina (Stern *et al.* 1995, Stern 1999, Espinosa y Goñi 1999, Stern 2000a y b). Esta fuente es un depósito fluvioglaciar, en donde la obsidiana se presenta bajo la forma de guijarros o bochones. Su densidad es alta y su disponibilidad en el espacio se extiende 65 km. hacia el este y 75 km. hacia el noreste del Cerro Pampa, alcanzando en menor frecuencia Pampa de la Chispa (Belardi *et al.* 2006), donde se registra otro tipo de obsidiana negra, diferente químicamente a los anteriores y menos utilizado. Asimismo, las tres variedades de obsidiana negra de Pampa del Asador (denominadas PDA I, II y III) presentan una utilización diferencial que se corresponde con su abundancia relativa en la fuente (Stern 2004).

Para el área de Pali Aike se cuenta con escasas referencias previas en cuanto a la disponibilidad de esta roca. Stern (2004) señala que en esta zona, hasta el momento, sólo se conocen dos casos de artefactos de obsidiana que no corresponden a los tipos previamente conocidos. Se trata de un artefacto en obsidiana gris traslúcida encontrado en la cueva Pali Aike (Chile) y otro recuperado en Punta Bustamante (Argentina), de coloración verde oscuro-negro, de los cuales no se conoce aún su procedencia.

7.2 La circulación de obsidianas en el espacio macro-regional: Modelos propuestos

La obsidiana negra de Pampa del Asador es el tipo que presenta la mayor distribución en el espacio macro-regional, llegando a Tierra del Fuego, a >600 km. al sur de su fuente de procedencia, y cerca de Puerto Madryn, a >800 km. al noreste (Stern 2004). En sentido W-E, comprende todas las franjas ambientales de la Patagonia (precordillera, altiplanicie central y costa) (Molinari y Espinosa 1999). Las mayores concentraciones de sitios con artefactos de esta materia prima se encuentran en la zona precordillerana de Patagonia Central, a no más de 50 km de la fuente de aprovisionamiento, como las áreas del Lago Belgrano, el Lago Posadas y el Río Pinturas (Espinosa y Goñi 1999, Molinari y Espinosa 1999). En esta zona se encuentran los artefactos con mayores tamaños y porcentajes de corteza (Molinari y Espinosa 1999).

En cuanto al contexto temporal de circulación de esta materia prima, como señala Franco (2002b) en su estudio de los conjuntos artefactuales correspondientes a momentos de exploración de nuevos ambientes (*sensu* Borrero 1994-95), podemos señalar que su fuente era conocida desde momentos tempranos (Pleistoceno final). La presencia de artefactos de obsidiana negra con corteza, en sitios ubicados a más de 200 km de distancia de la fuente de aprovisionamiento sugiere el transporte de nódulos de esta materia prima (Civalero y Franco 2003) y que los mismos formarían parte del equipo personal transportado por poblaciones que procedían del norte, en momentos de exploración del área (Franco 2002a y b). Para momentos tardíos, de ocupación efectiva del espacio, Franco (2002a) señala para el área de Lago Argentino, la adquisición de esta materia prima a través del intercambio. Lo mismo es sostenido por Molinari y Espinosa (1999) para las áreas de los ríos Chalía y Gallegos en base a la disminución en las cantidades de artefactos, en sus tamaños y en el porcentaje de los mismos que presentan corteza.

Con respecto a la obsidiana verde, de acuerdo con distintos investigadores, su utilización constituye una característica tecno-cultural muy importante de las poblaciones canoeras o de adaptación marítima (Morello *et al.* 2001 y 2004). Su aprovechamiento ha sido registrado en los senos Skyring, Otway y península Brunswick desde al menos 6500 A.P. Desde estas fechas tempranas, esta materia prima ha sido detectada tanto en contextos asociados a cazadores- recolectores terrestres como a canoeros (Morello *et al.* 2001 y 2004). Sobre la base de sus análisis de conjuntos de esta materia prima en sitios atribuidos a adaptaciones marítimas y terrestres, Morello *et al.* (2001) sugieren que uno o varios grupos canoeros habrían dominado su explotación durante los últimos 6500 años, y que los grupos terrestres habrían tenido un acceso indirecto a la misma. Por otra parte, indican que mientras los canoeros, desde la costa norte del mar de Skyring hasta el estrecho de Magallanes, habrían utilizado esta materia prima de manera expeditiva, los cazadores-terrestres patagónicos la habrían conservado (Morello *et al.* 2001). En este sentido, en los sitios continentales, entre los artefactos formatizados predominan las preformas y las puntas de proyectil, en tanto que entre los desechos de talla se encuentran representadas mayoritariamente lascas de formatización final de instrumentos y de mantenimiento y reactivación. De forma contraria, en los contextos canoeros, destaca la cantidad, tamaño y peso de los nódulos, núcleos y masas centrales de obsidiana verde, especialmente en los sitios arqueológicos de la costa sur de isla Riesco, en el canal Fitz-Roy y en la isla Englefield (Morello *et al.* 2001 y 2004). En los sitios arqueológicos de los archipiélagos chilenos se registra un hiato en la aparición de esta materia prima entre los 4500 y 1500 años AP. Esto ha sido explicado en relación con los avances y retrocesos del bosque y el ascenso y descenso de los niveles marinos a principios del Holoceno Tardío, lo cual pudo haber dificultado la accesibilidad a la fuente de aprovisionamiento (Emperaire y Laming 1961). Asimismo, se ha propuesto a modo de hipótesis que esta discontinuidad en la explotación de la obsidiana verde entre las poblaciones de adaptación marítima podría deberse a la migración de grupos canoeros del norte con una tradición cultural diferente a la de los grupos canoeros tempranos y tardíos, desconociendo la fuente (San Román y Prieto 2004). Al respecto, cabe señalar que esta materia prima se encuentra representada para el lapso señalado en la secuencia del sitio Cóndor 1, lo cual podría sugerir una modificación en los rangos de acción de los grupos que ocuparon el área y por consiguiente en el acceso a las fuentes de aprovisionamiento de las distintas materias primas, o podría tratarse simplemente de la reutilización de artefactos manufacturados sobre esta roca que fueron descartados en momentos previos (para una discusión sobre este tema ver capítulo X).

Cabe señalar que la ausencia o escasez de las diferentes variedades de obsidiana durante la transición del período Bird III al IV (6500 AP) en las cuevas de Fell y Pali Aike, ha sido interpretado por Stern (2000a) como el resultado de una interrupción en la extensión del intercambio de materias primas sobre áreas amplias, debido a la erupción del Volcán Hudson hacia el 6700 AP, "*which must have had a profound negative affect on the inhabitants of this region and perhaps was related in some fashion to the decrease in the accessibility of obsidian away from its immediate source areas*" (op. cit.: 47). Sin embargo, en base a los efectos que produjo la erupción del Hudson en 1991 sobre los diferentes componentes del ecosistema y según los estudios realizados por Mena *et al.* (1995 citado en Borrero 2001b), Borrero (2001b) señala que las erupciones volcánicas sólo producen efectos negativos en el corto plazo y la reversibilidad del fenómeno a largo plazo. En pocas palabras, es imposible que produjera algún efecto sobre la circulación de la obsidiana (Borrero com. pers. 2004).

En cuanto a su distribución espacial, se ha recuperado obsidiana verde en el canal de Beagle, >350 km. hacia el sureste, y en Patagonia continental, cerca de Lago Argentino, >300 km. hacia el noroeste (Stern y Franco 2000). En esta latitud, sobre la costa atlántica, también ha sido registrada en Monte León para momentos tardíos (Caracotche 2003).

Con respecto a la obsidiana gris verdosa veteada, artefactos sobre esta materia prima han sido recuperados en altas concentraciones en sitios de la cordillera Baguales, lo cual sugiere que en algún sector de la misma se encontrarían los depósitos naturales de esta roca (Stern y Franco 2000). Asimismo, artefactos sobre este tipo de obsidiana han sido registrados en la margen sur y este del lago Argentino, como en Chorrillo Malo 2, en depósitos datados entre los 6100 AP y 9700 AP (Franco y Borrero 2003a), como así también a 250 km hacia el sur, en los contextos perteneciente al período III (8500-6500 AP) de las cuevas Fell y Pali Aike y en la laguna Moy Aike, en el curso inferior del río Coyle (Stern y Franco op. cit.).

A continuación nos ocuparemos de las variaciones temporales en la disponibilidad de materias primas.

CAPÍTULO VIII: FLUCTUACIONES TEMPORALES EN LA DISPONIBILIDAD REGIONAL DE ROCAS: UNA APROXIMACIÓN PALEOAMBIENTAL

Introducción

A partir de la información espacial sobre la disponibilidad de rocas en el CVPA y considerando los estudios paleoclimáticos para nuestra área de investigación, se generan hipótesis con respecto a las variaciones temporales en la oferta de recursos líticos en relación con los cambios paleoambientales. De esta forma, se plantean expectativas en cuanto a su incidencia sobre la disponibilidad de rocas en las fuentes potenciales de aprovisionamiento, según se trate de fuentes temporarias o permanentes, y se derivan consecuencias en cuanto a las estrategias tecnológicas implementadas. Estas expectativas se contrastan en el capítulo X.II en relación con las evidencias sobre la intensidad de uso de las materias primas líticas a lo largo del Holoceno tardío.

1. Algunas hipótesis sobre la incidencia de las condiciones paleoambientales en la disponibilidad de rocas

La estrategia de muestreo de los depósitos naturales de rocas que ha sido implementada para conocer la disponibilidad de materias primas líticas en Pali Aike constituye una aproximación actualística a la problemática bajo estudio (ver capítulo VII). Como tal, nos permite acercarnos a la comprensión de las variables ambientales que afectan la oferta de rocas en el paisaje regional y de esta forma nos posibilita generar hipótesis que contemplen las fluctuaciones en la misma.

La mayor parte de los procesos geológicos que tuvieron lugar en Pali Aike (vulcanismo y glaciaciones) fueron previos a la ocupación humana del área y el paisaje que modelaron se ha mantenido relativamente estable desde esos momentos -salvo contadas excepciones, e.g. Laguna Azul-. Las evidencias pedológicas estudiadas por R. Barberena (2007) en el área de investigación, sustentan esta afirmación. Asimismo, las comunidades vegetales actuales han comenzado a establecerse en los últimos 4000 años (Mancini *et al.* 2005). Por consiguiente, la magnitud de los cambios climáticos y geomorfológicos de largo plazo ocurridos en el Holoceno es pequeña en comparación con momentos previos. Sin embargo, no podemos dejar de contemplar las fluctuaciones a mediano y corto plazo en las condiciones ambientales, ya que las mismas afectaron de diferente manera la disponibilidad de rocas en los distintos espacios y de acuerdo con las características propias de cada tipo de fuente de aprovisionamiento (según se trate de fuentes permanentes o temporarias). Como ha quedado ejemplificado en los casos de las lagunas de la E^{a} Tres de Enero, un cambio estacional en la temperatura y/o en las precipitaciones ha incidido notablemente en la oferta de rocas en estas fuentes. Por consiguiente, de acuerdo con las características geomorfológicas del paisaje regional, sostenemos como hipótesis principal que la disponibilidad de materias primas líticas en Pali Aike ha variado a través del tiempo en relación con las condiciones paleoambientales y paleoecológicas. De esta hipótesis general se desprende una hipótesis específica que sostiene que la mayor disponibilidad de materias primas líticas se ha dado en momentos áridos. A pesar que la mayor parte del sustrato en Pali Aike se encuentra constituido por depósitos de *drift*, y por consiguiente podría pensarse en una abundante oferta de rocas para la talla, la cobertura vegetal y la formación de suelos son los principales factores que afectan la visibilidad y accesibilidad a estos depósitos. Es por este motivo que la disponibilidad de rocas se comporta como una variable dependiente de la erosión del sustrato. En consecuencia, las fuentes potenciales de aprovisionamiento lítico se encuentran constituidas principalmente por ríos, lagunas y hoyadas de deflación, incluyendo bajo esta denominación y a una escala mayor a los "bajos sin salida" (*cf.* Mazzoni 2001).

Teniendo esto en cuenta, los fundamentos de la hipótesis específica se basan en que a menor humedad relativa en el ambiente, ya sea por una disminución en la temperatura y/o en las precipitaciones, la cobertura vegetal decrece, lo cual favorece la denudación de los suelos y por consiguiente la exposición de los depósitos fluvioglaciares del sustrato. Para el caso de los bajos sin salida, Clapperton (1993) propone una hipótesis consistente con esto. Este investigador vincula la génesis de estas geoformas con las condiciones climáticas de los períodos glaciares, especialmente en relación con la acción de los vientos catabáticos, que descienden de las masas de hielo, sobre un sustrato con escasa cobertura vegetal debido a las bajas temperaturas. Asimismo, el descenso en el nivel de las aguas debido a estas condiciones ambientales expone el sustrato de *drift* en las márgenes de ríos y lagunas (*cf.* Kocurek y Lancaster 1999).

A continuación se presenta la información paleoambiental con la que se cuenta para nuestra área de estudio, principalmente para el Holoceno tardío, ya que constituye el lapso que abarca la evidencia arqueológica estudiada. A partir de la misma se generan expectativas sobre la disponibilidad de rocas bajo esas condiciones. En el capítulo X.II, donde se presenta la información temporal sobre la utilización de las materias primas líticas en el CVPA a lo largo del Holoceno tardío, se consideran estas fluctuaciones en la disponibilidad de rocas, junto con otros factores, a efectos de evaluar los cambios en la utilización de las materias primas líticas a través del tiempo.

2. Las condiciones paleoambientales en Pali Aike para el Holoceno Tardío

A partir de las investigaciones desarrolladas recientemente por el proyecto SALSA[1] contamos con variada información paleoclimática para nuestra área de estudio, en especial para los últimos 2000 años. Los estudios multi-*proxies* (sedimentos, polen, diatomeas, isótopos, etc.) de núcleos sedimentarios de fondo de lago que se han realizado en el marco de este proyecto nos brindan un panorama local de los cambios ambientales desde *ca.* 16.000 años AP. El registro más continuo y completo ha sido obtenido de los núcleos de sedimentos de la laguna Potrok Aike, que abarcan todo este lapso (Haberzettl *et al.* 2005, Zolitschka *et al.* 2006). El registro sedimentario de la laguna Azul se restringe a los últimos 2.000 años (Mayr *et al.* 2005).

Por otra parte, se cuenta con análisis palinológicos de las secuencias arqueológicas de cuatro sitios de la región y del área de Cabo Vírgenes. Los sitios arqueológicos que brindan esta información son: Las Buitreras 1 (Prieto *et al.* 1998 y 1999), Don Ariel y Markatch Aike 1 (Nami y Frink 1999, Borromei y Nami 2000) y Cueva Fell (Markgraf 1993). En el área de Cabo Vírgenes los registros polínicos proceden de un mallín (52° 19' 45'' S 68° 23' 01'' W) y de un perfil expuesto en un corte de camino (52° 19' 47'' S 68° 22' 22'' W), cercanos a los sitios arqueológicos excavados en esta localidad (Franco *et al.* 2004, Mancini 2007).

Estos datos, al proceder de diferentes localizaciones al sur del río Gallegos, nos brindan una cobertura espacial amplia, aportando información sobre las condiciones ambientales hacia el norte (Las Buitreras 1, margen derecha del río Gallegos), centro (Don Ariel y Markatch Aike 1, margen izquierda del río Chico) y sur (cueva Fell, margen derecha del río Chico, hacia el SE del campo volcánico y Cabo Vírgenes, en la costa Atlántica meridional) de Pali Aike (figura 1.VIII). Al mismo tiempo, esto nos posibilita evaluar la existencia de diferencias microambientales entre los sectores.

Las muestras procedentes de sitios arqueológicos presentan algunas desventajas, ya que no ofrecen un registro continuo, ya sea por problemas tafonómicos en la preservación del polen y/o por hiatos en la secuencia sedimentaria (caso de Las Buitreras 1), como así también por la ausencia o escasez de dataciones, lo que dificulta acotar temporalmente las variaciones paleoclimáticas, por lo cual se consideran en conjunto lapsos de miles de años (casos Cueva Fell y Markatch Aike 1). Dado que nuestro interés se focaliza en los últimos 4.000 años, la información de mayor resolución para estos momentos proviene de los estudios del proyecto SALSA.

[1] South Argentinean Lake Sediments Archives and Modelling

Las secuencias polínicas de los sitios arqueológicos mencionados cubren los siguientes rangos temporales, aunque de forma discontinua debido a los factores anteriormente mencionados:

- Las Buitreras 1 (Prieto *et al.* 1998b y 1999): desde inicios del Holoceno hasta los 650 AP.
- Don Ariel (Borromei y Nami 2000): desde los 7000 hasta los 2500 AP.
- Markatch Aike 1 (Borromei y Nami op. cit.): para los últimos *ca.* 1300 años.
- Cueva Fell (Markgraf 1993): *ca.* 11.000 años AP hasta últimos 1000 años.

Por otro lado, el registro polínico de Cabo Vírgenes abarca el lapso comprendido entre los 1250 y 700 AP (Franco *et al.* 2004, Mancini 2007).

Además de los *proxies* mencionados, los estudios pedológicos realizados por Favier Dubois (2003) en distintas localidades del sur de Patagonia y Tierra del Fuego y los análisis geoarqueológicos desarrollados por Barberena (2007, Barberena *et al.* 2006a y b) en los depósitos sedimentarios de cuevas y aleros en Pali Aike, también nos brindan información paleoclimática.

A continuación se presentan los principales resultados de los estudios que se enumeraron, agrupando la información aportada por las distintas líneas de evidencia en segmentos temporales del Holoceno tardío. Dado que no es nuestro objetivo discutir los datos paleoclimáticos en sí mismos, sino derivar expectativas en cuanto a su incidencia sobre la disponibilidad de materias primas líticas, la información que se presenta no es exhaustiva, poniendo su atención solamente sobre los factores considerados pertinentes a nuestros objetivos.

2. a. 4500 - 2500 años AP

Los datos polínicos de la cueva Don Ariel son los que ofrecen la mayor parte de la información paleoambiental

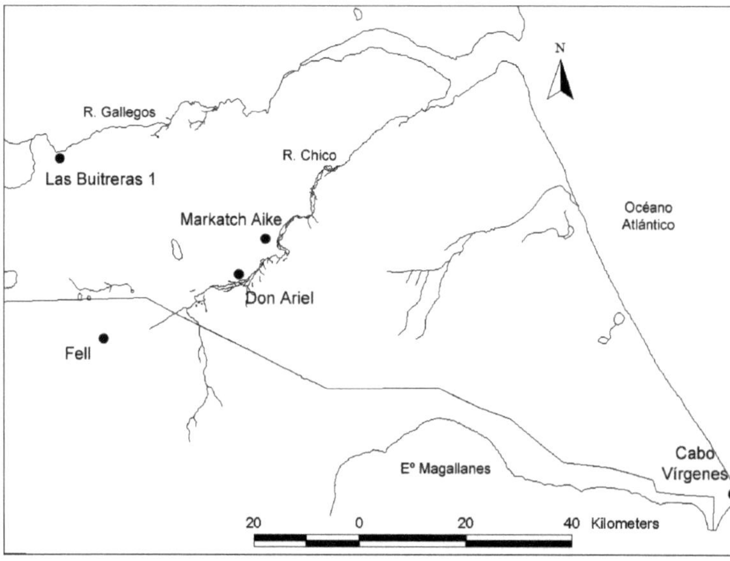

Figura 1.VIII: Localización de las muestras polínicas estudiadas en el CVPA

para estos momentos, ya que presentan una mayor resolución temporal (Borromei y Nami 2000). El espectro polínico de cueva Fell presenta una escasa precisión cronológica para este lapso, considerándose como un conjunto los últimos 6.000 años (Markgraf 1993). Lo mismo sucede con la información sedimentológica de la cueva Orejas de Burro 1 (OB1), con una edad mínima de 3565±45 AP para las unidades estratigráficas que evidencian cambios paleoambientales (Barberena *et al.* 2006a y b). Sin embargo nos extenderemos en su descripción porque el material lítico de este sitio ha sido analizado en la presente tesis. Por otro lado, el registro polínico de la cueva Las Buitreras 1 presenta un hiato entre *ca.* 4.500 y 800 AP (Prieto *et al.* 1998b y 1999).

El diagrama polínico de Don Ariel para el lapso comprendido entre los 4000-3000 AP presenta una asociación análoga a la estepa arbustiva observada en muestras superficiales en áreas de humedad intermedia con precipitaciones entre 200-300 mm anuales (Borromei y Nami op. cit.). Se registran taxa mésicos y la prevalencia de los vientos del oeste. Entre los 3000 – 2500 AP hay un aumento en la aridez, con una asociación polínica que caracteriza a la estepa arbustiva xérica del semidesierto que se desarrolla en regiones con precipitaciones inferiores a los 200 mm anuales y temperatura media anual de 8-10° (Borromei y Nami op. cit.).

Para todo el lapso considerado los datos muestran una disminución en la concentración polínica y una baja diversidad de familias vegetales, lo que sugiere condiciones ambientales desfavorables y una cobertura vegetal pobre (Borromei y Nami op. cit.).

En la laguna Potrok Aike, a partir de 4465±50 años AP, diferentes *proxies* indican el predominio de condiciones secas con bajos niveles de lago, a pesar de varias interrupciones por cortos períodos húmedos (Haberzettl 2006).

Por otro lado, los análisis sedimentológicos de la secuencia estratigráfica de OB1 también han arrojado información paleoambiental (Barberena *et al.* op. cit.). Las variaciones en la abundancia de arenas fueron empleadas como un indicador cualitativo de la cobertura vegetal en el área de captación de los sedimentos de OB1. Para esto, se evaluó la procedencia exógena de los granos que componen esta fracción granulométrica. Así, las variaciones en la abundancia relativa de sedimentos de tamaño mayor a limo indican un predominio de sedimentos arenosos en las unidades VIII y VIII, los cuales descienden abruptamente a partir de la unidad VII, volviendo a aumentar en las unidades IV, III y II (Barberena *et al.* op. cit.) (figura 2.VIII).

A partir de estos indicadores se infiere una importante disponibilidad de arenas transportadas por el viento para las unidades VIII y VIII. Esto implica una menor cobertura vegetal que se correspondería con momentos de marcada aridez regional (Barberena *et al.* op. cit.). En las unidades VII y V se observa, además de una disminución en las arenas, un aumento en la presencia de carbonatos y los valores más elevados de ph. En consecuencia, la disponibilidad regional de arenas en condiciones de ser transportadas por el viento sería menor, junto con una mayor circulación de agua que favorece la precipitación de los carbonatos. Por consiguiente, estas unidades se asociarían con momentos de mayor disponibilidad de agua en la cueva y en la región (Barberena *et al.* op. cit.). Por último, si bien la mayor abundancia de arenas en las unidades IV, III y II podría interpretarse como un retorno a condiciones áridas, las evidencias de una ocupación humana intensa de la cueva para estos momentos desestima cualquier interpretación paleoclimática (Barberena *et al.* op. cit.). Si bien no es posible realizar una precisión cronológica acotada de estas fluctuaciones, el fechado de 3565±45 AP, que procede de un entierro múltiple que produjo la erosión parcial de estas unidades, puede ser considerado como una edad mínima (Barberena *et al.* op. cit.) (figura 3.VIII).

A partir del cuerpo de datos presentado, puede señalarse como tendencia general una disminución progresiva en la humedad en comparación con momentos más tempranos del Holoceno. Esta tendencia hacia la aridez también es señalada por Markgraf (op. cit.) para los últimos 6000 años en cueva Fell, especialmente a partir de los 1000 AP. Los registros polínicos de cueva Fell entre *ca.* 9000-6000 AP, de Don Ariel entre *ca.* 7000 y 4500 AP y de Las Buitreras 1 entre 7600 y 5700 AP y distintos *proxies* de la laguna Potrok Aike para el Holoceno temprano y medio indican condiciones paleoambientales más húmedas que las del Holoceno tardío (Borromei y Nami op. cit., Prieto *et al.* op. cit., Haberzettl op. cit.).

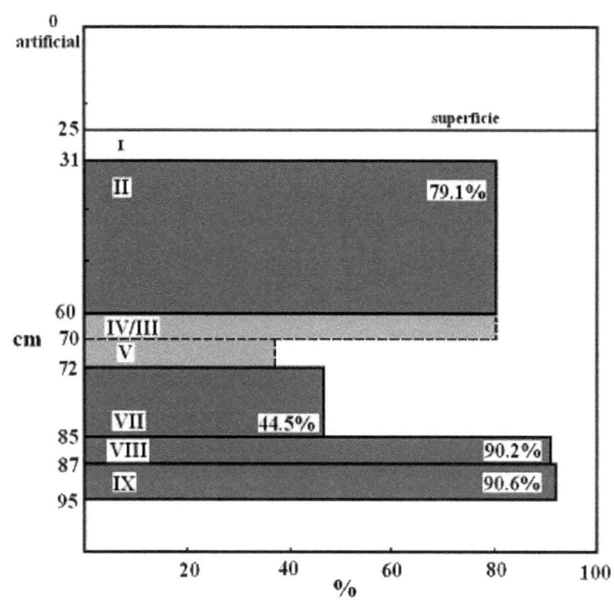

Figura 2.VIII: Abundancia de arenas en la secuencia estratigráfica de OB1 (tomado de Barberena et al. 2006a). El ancho de cada barra representa la potencia estratigráfica de la unidad respectiva.

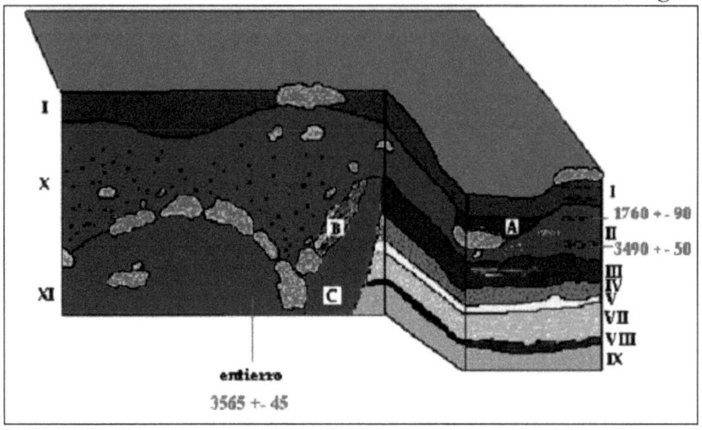

Figura 3.VIII: Estratigrafía de los perfiles 2 y 3 de OB1 donde se observa la relación entre las unidades estratigráficas (en números romanos) (tomado de Barberena et al. 2006a)

2. b. 2.000 AP hasta el presente

Dado que para los últimos 2000 años contamos con datos paleoclimáticos de una mayor cantidad de localidades, que proceden de diferentes líneas de evidencia y cuentan con una mayor resolución cronológica, la información se presenta en lapsos más cortos.

Ca. 1.500 -1.200 AP

Las fluctuaciones en la mayoría de los *proxies* de los núcleos sedimentarios de Potrok Aike indican una situación inestable, en la cual períodos secos que duran de tres a ocho décadas alternan con episodios más largos de condiciones húmedas. El registro polínico indica el desarrollo de una estepa seca, dominada por herbáceas, pero de una cobertura poco densa. La tendencia general es hacia condiciones más secas, acompañadas por grandes y/o frecuentes cambios en el nivel de la laguna (Haberzettl *et al.* op. cit.). Estos cambios también han sido registrados en la laguna Azul, en la que se ha datado un nivel de las aguas mayor que el actual para los 1325±30 AP (Mayr *et al.* 2005).

A partir de 1230±60 AP se cuenta con el registro polínico de Markatch Aike 1. El mismo da cuenta de las variaciones en las comunidades vegetales de ambiente de mallín, ya que este sitio se localiza en un mallín sobre la margen izquierda de la planicie del río Chico. Si bien no contamos con mayores precisiones temporales que el fechado señalado anteriormente, lo cual nos impide asignarle una cronología acotada a los cambios que se registran en la secuencia, los datos parecen sugerir las mismas tendencias generales que se presentaron a partir de las evidencias de Potrok Aike: una alternancia entre períodos secos y húmedos y una cobertura vegetal pobre. La muestra 5, localizada en la base del perfil polínico y a la que corresponde el fechado, indica la existencia de comunidades vegetales de áreas húmedas, representando el desarrollo de una estepa herbáceo arbustiva, en tanto que en las muestras 4 a 2 (sin precisiones cronológicas) se observa un cambio hacia condiciones más áridas, con taxa xéricos característicos del semidesierto (Borromei y Nami op. cit.).

Últimos 1000 años

Las mayores fluctuaciones paleoclimáticas que tuvieron lugar en el área de Pali Aike acontecieron durante los últimos 1000 años, asociadas con cambios ambientales a gran escala que afectaron los hemisferios norte y sur: la Anomalía Climática Medieval (ACM) y la Pequeña Edad de Hielo (PEH).

Desde mediados del siglo XIII y hasta principios del siglo XV AD se registra un clima cálido y seco en Potrok Aike, lo que produce niveles bajos en la laguna. Este panorama se ve interrumpido en un corto plazo por condiciones frías y húmedas alrededor de los 655±25 AP (Haberzettl *et al.* op. cit.). Para el siglo XV AD en la laguna Azul el registro polínico indica un incremento en la vegetación herbácea asociado con niveles bajos en la laguna (Mayr *et al.* op. cit.).

Estas condiciones han sido atribuidas a la Anomalía Climática Medieval (ACM), que se habría registrado en Pali Aike en momentos tardíos en comparación con las edades sostenidas para Europa. Mientras para el *ca.* 1.300 AD el Período Cálido Medieval (*sensu* Lamb 1965) había concluido en Europa, se hallaba en sus comienzos en el sudeste de Patagonia (Haberzettl *et al.* op. cit.). Una situación algo diferente es señalada por Stine (1994) para el lago Cardiel (NW de Santa Cruz) con cronologías más tempranas para la ACM.

Al mismo tiempo, gracias a la alta resolución cronológica del registro de Potrok Aike que indica dos interrupciones de las condiciones áridas, con posibilidades de una tercera, es posible sostener que la ACM en este sector del espacio debe considerarse como persistente, pero no constante (Haberzettl *et al.* op. cit.).

Esta alternancia de períodos secos y húmedos durante la ACM también es señalada por Favier Dubois (2003), quien registra el desarrollo de un suelo a escala supra-regional en distintas localidades del sur de Patagonia y Tierra del Fuego relacionado con un incremento en la humedad (*ca.* 1000 AP) luego de una severa sequía durante la ACM. El suelo ha sido datado por radiocarbono y OCR[2] en las distintas localidades (tabla 1.VIII tomada de Favier Dubois 2003), obteniéndose "edades máximas" a partir de los materiales alojados en las unidades sedimentarias que preceden el desarrollo del suelo y "edades mínimas" a través de fechados OCR en el horizonte AC del molisol, que proveen edades cercanas al comienzo del evento pedológico (Favier Dubois op. cit.). Las edades obtenidas en Cabo Vírgenes son las que mejor representan el desarrollo de este evento en nuestra área de estudio. Dado que es difícil determinar una edad más acotada por medio de OCR debido a factores propios de

[2] Oxidisable Carbon Ratio

esta técnica, las edades más tempranas son consideradas las más próximas al origen del molisol, *ca.* 1000 AD cal. (Favier Dubois op. cit.).

Los espectros polínicos de la parte inferior del perfil de suelo ubicado en cercanías del sitio arqueológico Cabo Vírgenes 6, muestran una estepa herbáceo-arbustiva que indica condiciones más áridas que las actuales, que duran hasta 670±70 AP, cuando se registra un incremento de la humedad, dando lugar a un mallín con buena disponibilidad de agua en el suelo. Para estos momentos se desarrolla una estepa graminosa similar a la actual (Mancini op. cit.).

Para los últimos 800 años, el espectro polínico de Las Buitreras 1 sugiere el desarrollo de una estepa xérica, alcanzando condiciones de semidesierto para los últimos 650 años. Estos cambios hacia condiciones más xéricas han sido relacionados con el impacto biótico que produjo la intensa ocupación humana de la cueva para estos momentos (Prieto *et al.* op. cit.).

A partir de 440±30 AP se registran condiciones húmedas en Potrok Aike, con un aumento de las precipitaciones sugerido por el alto nivel de la laguna y la erosión intensa del suelo. El espectro polínico muestra una asociación de elementos que representan a la estepa actual, con una cobertura vegetal densa, lo que sugiere un menor *stress* en la disponibilidad de agua (Haberzettl *et al.* op. cit.). Un aumento en el nivel de la laguna también se registra en laguna Azul hacia *ca.* 300 AP, junto con un cambio a condiciones más frías (Mayr *et al.* 2005).

Estas condiciones frías y húmedas en ambas lagunas han sido asignadas a la Pequeña Edad de Hielo. La importancia de este evento en el registro paleoclimático regional reside en que condiciones húmedas de semejante duración solamente han sido observadas durante el Holoceno temprano antes del 8650 cal. AP (Haberzettl 2006).

A modo de síntesis de las tendencias generales de los últimos 2.000 años podemos señalar que, de acuerdo con la información paleoclimática de los núcleos de sedimento de la laguna Potrok Aike, el período comprendido entre el siglo V y mediados del siglo XIII AD se caracteriza por condiciones inestables y fluctuaciones en el nivel de la laguna (Haberzettl *et al.* op. cit.). Desde mediados del siglo XIII hasta fines del siglo XV AD, durante la ACM, este registro indica un período seco, interrumpido al menos por dos períodos cortos más húmedos. A comienzos del siglo XV, en la laguna Azul, también se registran bajos niveles lacustres y una mayor extensión de áreas desecadas alrededor de la laguna, debido a un clima más cálido. Durante el siglo XVIII, se registra la última fase húmeda y fría asignada a la PEH.

3. Variaciones temporales en la disponibilidad de rocas y estrategias tecnológicas asociadas: algunas expectativas sobre la explotación de las materias primas líticas

Como señalamos en un principio a modo de hipótesis, consideramos que la oferta de materias primas líticas estuvo sujeta a fluctuaciones de acuerdo con los cambios paleoambientales, siendo mayor en momentos más áridos. Esto se debe a la menor cobertura vegetal, la mayor intensidad de la erosión eólica y la disminución en los niveles de ríos y lagunas, entre los principales factores, que favorecen la exposición del sustrato de *drift*. En este sentido, las expectativas que se derivan se encuentran en relación con la disponibilidad de rocas en las fuentes secundarias de aprovisionamiento, por lo cual afectan en menor medida a aquellas rocas que también pueden ser obtenidas en fuentes primarias, como es el caso de la calcedonia, a pesar que no conozcamos su lugar de procedencia preciso (ver capítulo VII). En consecuencia, esperamos que nuestras expectativas se vean reflejadas principalmente en las RGFO y dacitas.

Localities sampled	Minimum ages (OCR) horizon AC	Maximum ages (conventional and calibrated and material dated at horizons AC/C	^{14}C*)
1. Lago Argentino (Estancia Alice)	632_18 BP (ACT#3644)	1370_70 BP (bone) (Beta11112231)	1316–1259
	860_25 BP (ACT#3642)	1480_70 BP (bone) (Beta11112232)	1409–1299
	828_24 BP (ACT#4077)		
2. Cabo Vírgenes (Magellan Strait)	617 BP (ACT#3227)	1380_180 BP (bone) (AC1523)	1099–720
	846_25 BP (ACT#3857)	1190_60 BP (bone) (GX-25772)	1171–994
	953_28 BP (ACT#3856)	1050_70 BP (bone-pp) (GX-25276-G)	658–546[2]
	445_13 BP (ACT#3858)[1]	1160_70 BP (bone-pp) (Beta144999)	750–644[2]
	1032_30 BP (ACT#4794)		
	958_28 BP (ACT#4793)		
	887_26 BP (ACT#4792)		
	979_29 BP (ACT#4796)		
3. Cerro de los Gatos (San Sebastian Bay)	772 BP (ACT#2802)	900_115 BP (shells-gp) (AC 1483)	578–432[2]
4. Cerro Cabeza de León (San Sebastian Bay)	620 BP (ACT#2801)	1600_60 BP (bone) (LP-413)	1539–1405
	661_19 BP (ACT#3643)		
5. Los Chorrillos (San Sebastian Bay)	574 BP (ACT#2800)	1070_80 BP (charcoal) (Beta-51997)	1060–924
	980_29 BP (ACT#4079)	1479_95 BP (shells) (AC 1403)	1123–920
		1483_80 BP (shells) (AC 1404)	1105–932
		1420_90 BP (shells) (AC 1484)	1046–887

** 1δ con CALIB 3.0.3. Método A*

Tabla 1.VIII: Edades mínimas y máximas para el desarrollo del paleosuelo en distintas localidades de Patagonia meridional y Tierra del Fuego (tomado de Favier Dubois 2003, con modificaciones)

Los cambios en la oferta de las materias primas líticas se evalúan de forma indirecta a través del modo en que fueron utilizadas para la manufactura de los artefactos en los sitios arqueológicos.

Del total de sitios analizados en esta tesis, tres de ellos cuentan con las secuencias temporales más largas, por consiguiente funcionan como marco de referencia para este análisis. Éstos son: Las Buitreras 1, Cóndor 1 y Orejas de Burro 1 (enumerados de norte a sur según su localización en el campo volcánico). Si bien el primero de estos sitios cuenta con evidencias de ocupación humana desde los *ca.* 7000 años AP, el análisis artefactual se ha restringido a los últimos 4000 años (capas I a IV) para mantener la comparabilidad con el resto de los sitios arqueológicos. Las evidencias de ocupación humana en Cóndor 1 y Orejas de Burro 1 se extienden hasta *ca.* 3500 años AP. Estos tres sitios son los que constituyen el eje para evaluar los cambios en la explotación de las materias primas líticas de acuerdo con la variabilidad ambiental, entre otros factores. A esta información se suma, de modo comparativo, la evidencia de los aleros ubicados en Cerro Norte, que cuentan con fechados que comprenden aproximadamente los últimos 2000 años (tabla 2.VIII).

Dado que la información paleoclimática que hemos presentado cuenta con un alto grado de resolución temporal, sobre todo para los últimos 2000 años AP, la misma debe ser considerada de algún modo que sea comparable con la información arqueológica. Si bien en los últimos 4000 años se han registrado numerosas fluctuaciones de corto plazo en las condiciones paleoambientales, la tendencia general ha sido hacia un aumento de la aridez, especialmente en los últimos 1000 años. Por consiguiente, siguiendo las hipótesis propuestas y manteniendo otras condiciones constantes, esperamos que la oferta de materias primas líticas aumente a medida que disminuye la humedad. Esta mayor oferta implica una mayor abundancia de rocas disponibles en las fuentes potenciales de aprovisionamiento y un mayor número de fuentes potenciales. En consecuencia, para momentos de mayor oferta regional de rocas esperamos una menor intensidad de explotación de las materias primas líticas. Esto puede ser evaluado a partir del análisis de la intensidad de uso de los artefactos. En el marco de los estudios de organización tecnológica, por intensidad de uso se hace referencia al grado de reducción o explotación al que estuvieron sujetos los artefactos, y es entendida como una medida de consumo o agotamiento de los mismos (Kuhn 1991). Entonces, las variaciones en el grado de explotación de las materias primas líticas se evalúan a partir de la evidencia artefactual de las secuencias arqueológicas de los sitios antes mencionados, que nos brindan un panorama de las variaciones en la intensidad de uso de los artefactos a través del tiempo, como así también del uso de los diferentes espacios del CVPA, el cual puede haber variado en relación con las fluctuaciones ambientales señaladas.

De acuerdo con los fechados radiocarbónicos disponibles para los diferentes sitios del área, la explotación de las materias primas líticas se compara en dos grandes bloques temporales: para comienzos (*ca.* 4000-2000 AP) y finales (últimos 2000 años) del Holoceno tardío (ver capítulo X.II). Así, se espera una mayor intensidad de uso en el primer bloque temporal señalado, de acuerdo con condiciones paleoambientales más húmedas que a fines del Holoceno tardío. A continuación se detallan y justifican las expectativas derivadas para los distintos momentos considerados.

3.a Comienzos del Holoceno tardío (ca. 4000-2000 años)

Desde una perspectiva temporal, esperamos una explotación más intensa de las materias primas líticas a comienzos del Holoceno tardío (entre *ca.* 4000-2000 años AP), de acuerdo con la mayor humedad del ambiente y por consiguiente, de una menor disponibilidad de rocas, en comparación con momentos tardíos (finales del Holoceno).

Por otro lado, y considerando el marco espacial, esperamos que las fluctuaciones en la humedad relativa del ambiente y fenómenos asociados afecten en mayor medida a las fuentes de aprovisionamiento temporales, como las lagunas en bajos sin salida y las hoyadas de deflación. Al respecto, el monitoreo de la permanencia de los bajos sin salida en una escala temporal de décadas realizado por Mazzoni y coautores (2006) muestra que la mayor parte de los mismos desaparece en momentos prolongados de mayor humedad. Asimismo, Carballo Marina (2007) sugiere que su comportamiento, extremadamente variable en el corto plazo, determina una muy baja predictibilidad y confiabilidad. Por consiguiente, se espera que el abastecimiento de rocas sea

Sitio	Cuadrícula	Capa	Profundidad	Edad (años AP)	Tipo de muestra	Cód. Lab.
Norte 2	sondeo 1	9	40-45 cm	2.070±80	Carbón	Gx-32608
Norte 3	sondeo 1	12	55-60 cm	1.120±60	Carbón vegetal estructura B	LP-1764
	sondeo 1	14	65-70 cm	2.160±60	Carbón	Gx-32606
Orejas de Burro 1	Cuad. 3	UE[1] XI	70 cm	3.565±45	7ª costilla derecha de individuo 1	Ua-23097
	sondeo 1	4 - UE[1] II	46-50 cm	3.490±50	Tibia de guanaco	Ua-21901
	sondeo 1	3 - UE[1] II	33-37 cm	1.760±70	Carbón vegetal de fogón	LP-1462
Cóndor 1	Cuad. 4E	2	10-20 cm	965±40	Splinter de tibia izquierda de guanaco	Ua-24658
	Cuad. 4E	4	30-40 cm	3.100±70	Carbón vegetal de fogón	LP-1670
	Cuad. 4E	4	38 cm	1.360±35	Splinter de radiocúbito de guanaco	Ua-23835
	Cuad. 12H	7 - UE[1] II	60-70 cm	3.440±70	carbones en capa	Gx-32281
	Cuad. 12H	3 - UE[1] I	24-27 cm	1.550±60	Carbón vegetal de fogón	Gx-32280
Las Buitreras 1	Cuad. 2	IV	base de la capa	4.310±110		Gak-6951[2]
	Cuad.1	I-III[3]		670±60		Beta-71985[4]
	Cuad. 1	I-III[3]		750±60		Beta-71984[4]

[1] Unidad estratigráfica [2] Yacobaccio 1979 [3] Borrero com. pers. 2006 [4] Prieto et al. 1999b

Tabla 2.VIII: Fechados disponibles en los sitios Norte 2 y 3, OB1, Cóndor 1 y Las Buitreras 1.

planificado en las fuentes de aprovisionamiento permanentes, como los cursos fluviales del río Gallegos y el río Chico, y la costa Atlántica y del E° de Magallanes. Si bien en estos puntos del paisaje la oferta relativa de rocas también será menor que en momentos más secos, es posible predecir la presencia de las mismas, mientras que en las fuentes temporales pueden encontrarse ausentes, como se ha observado en la laguna n° 2 de Tres de Enero de un año a otro.

En este punto nos interesa señalar algunas diferencias en las características geológicas y geomorfológicas entre el río Gallegos y el río Chico que se encuentran relacionadas directamente con los factores que estamos considerando y por consiguiente afectan la disponibilidad de rocas en ambas fuentes. Lo que nos interesa aquí son los datos ecológicos empleados por Barberena (2007) para desarrollar un modelo cualitativo sobre la productividad de los distintos subambientes de Pali Aike. Él señala que las variaciones en las precipitaciones y humedad efectiva en los distintos sectores del CVPA, condicionan diferencias en términos de productividad. Por la temática que estamos abordando, nos interesa particularmente el caso de los mallines que él presenta. Los mallines son "(...) pastizales húmedos de alta densidad y riqueza florística, cuya génesis está asociada a la presencia de agua cerca de la superficie del suelo. (...) Poseen una distribución espacial dispersa, que responde a factores topográficos, geomorfológicos e hidrológicos particulares" (Mazzoni y Vázquez 2004: 7 citado en Barberena 2007). Por este motivo, los valles fluviales son los contextos geomorfológicos más adecuados para su génesis, aunque la formación de mallines no se restrinja a los mismos. Asimismo, hay un conjunto de propiedades que condicionan la productividad de los valles de un río y que no se mantienen constantes entre uno y otro, a saber (Mazzoni y Vázquez 2004 citado en Barberena 2007):

-la geomorfología fluvial, que condiciona la amplitud de la superficie de irrigación de un río dentro de su propio valle y

- la sedimentología de los depósitos sobre los que se apoya el río, que condiciona el potencial de retención de humedad del suelo.

En consecuencia, los ríos poco excavados que presentan múltiples cauces de poca profundidad que migran sobre la planicie de inundación, y que apoyan sobre sedimentos finos, presentan las condiciones más adecuadas para la retención de la humedad y la formación de mallines (Barberena op. cit).

El río Gallegos presenta un diseño de cauce meandroso, con un alto poder de divagación lateral que ha dado lugar a la formación de terrazas asimétricas y de carácter impar. Aunque estas terrazas definen un amplio valle que alcanza unos 14 km en algunos tramos, la planicie activa de inundación del río se encuentra restringida horizontalmente. Esto hace que los mallines, existentes en sectores muy localizados, se caractericen por una escasa humedad (Barberena op. cit.). Por el contrario, el río Chico presenta un bajo gradiente topográfico y un diseño de tipo distributario, conformado por numerosos cauces pequeños que irrigan una amplia superficie del piso del valle. Estas condiciones generan una muy buena cobertura de mallines que presentan una elevada humedad. Al mismo tiempo, este río recibe una mayor proporción de precipitaciones que el Gallegos, por lo cual posee un desarrollo más importante de pastizales húmedos (Barberena op. cit.). Estos datos se encuentran complementados por los de capacidad de carga de herbívoros (Borrelli *et al.* 1997 citado en Barberena op. cit.). En consecuencia, en base a la información ecológica que hemos sintetizado a partir de un desarrollo mayor y más profundo expuesto por Barberena (op. cit.), las diferencias en la disponibilidad de rocas en los ríos Gallegos y Chico en condiciones de mayor humedad relativa son claras. Por consiguiente, si bien el río Chico puede haber funcionado como una fuente de aprovisionamiento importante, debido a su mayor capacidad de retención de agua -que favorece la formación de pastizales húmedos y mallines- ofrece una menor disponibilidad de rocas que el río Gallegos bajo condiciones de mayor humedad relativa del ambiente. Es por ello, que en las expectativas generadas se asume que las principales fuentes potenciales de aprovisionamiento en este contexto de mayor humedad son el río Gallegos y las costas.

3. b. Fines del Holoceno tardío (últimos 2000 años)

El aumento de la aridez para fines del Holoceno tardío, y en consecuencia la disminución en el nivel de ríos y lagunas y la acción del viento sobre un sustrato con escasa cobertura vegetal, aumenta la oferta de rocas, sobre todo en las fuentes temporales, a diferencia de momentos previos. La mayor abundancia de rocas en las fuentes permanentes y el mayor número de fuentes potenciales –incluyendo a las fuentes temporales- ofrecen un abanico más amplio de posibilidades para el abastecimiento en diferentes sectores del campo volcánico, lo cual posibilita un comportamiento más expeditivo en la explotación de las materias primas líticas, y una menor programación de las actividades de abastecimiento. Es posible que esta tendencia se note más claramente en la explotación de las RGFO, ya que aumentaría su disponibilidad en las lagunas del interfluvio Gallegos-Chico (por ser este tipo de fuentes las más sensibles a los cambios señalados). Así sería posible abastecerse más ampliamente de estas rocas en otros sectores del espacio además de las fuentes permanentes, por consiguiente se podría esperar un comportamiento menos intensivo en la explotación de las RGFO para este lapso.

Las hipótesis aquí sostenidas y las expectativas derivadas (figura 4.VIII) se evalúan en el capítulo X.II.

HOLOCENO TARDÍO

Ca. 4.000-2.000 años AP:

- Mayor humedad relativa del ambiente
- Menor disponibilidad de rocas en las fuentes potenciales de aprovisionamiento y menor N° de fuentes potenciales
- Mayor intensidad de uso de las materias primas líticas

Ca. Últimos 2.000 años AP:

- Mayor aridez
- Mayor disponibilidad de rocas en las fuentes potenciales de aprovisionamiento y mayor N° de fuentes potenciales
- Menor intensidad de uso de las materias primas líticas

Figura 4.VIII: Síntesis de las tendencias esperadas en el abastecimiento y explotación de las materias primas líticas para comienzos y fines del Holoceno tardío

CAPÍTULO IX:
LA EXPLOTACIÓN DE LOS RECURSOS LÍTICOS DESDE EL REGISTRO DE SUPERFICIE

Introducción

En los análisis que se desarrollan en este capítulo pretendemos lograr una primera aproximación a los patrones espaciales de utilización de las materias primas líticas a través del registro de superficie, los cuales serán comparados posteriormente con la evidencia aportada por el registro estratigráfico. De esta forma se estudia la distribución de las materias primas en los artefactos procedentes de distintos sectores del CVPA, la forma en que fueron utilizadas para la manufactura y el grado de reducción que presentan.

1. LA INFORMACIÓN DE SUPERFICIE

Las muestras de superficie analizadas suman un total de 2820 artefactos. Este conjunto comprende los materiales de superficie recolectados en distintos sitios arqueológicos -muchos de los cuales fueron excavados-, en las transectas realizadas en los conos volcánicos y otras geoformas (como lagunas o bordes de colada, por ejemplo) y los hallazgos aislados. La procedencia y el tamaño de las muestras se presenta en la tabla 1.IX, de acuerdo con los sectores diferenciados en el CVPA. La figura 1.IX muestra su localización en el espacio regional.

Sector del CVPA	Lugar de procedencia	Nº de artefactos
Norte	Palermo Aike	12
Norte	Las Buitreras 1	22
Norte	La Carlota cueva 1 y transecta	34
Norte	Alero La Carlota 1	48
Norte	Alero Romario Barría	8
Centro	El Volcán	4
Centro	Markatch Aike Alero 1	7
Centro	Tres de Enero laguna nº 1	25
Centro	Cóndor 1 talud 1 y 2	1129
Centro	Cerro Norte	9
Centro	Alero Norte 1	14
Centro	Alero Norte 2	49
Centro	Alero 41	21
Centro	Alero 46	9
Centro	Cerro Frailes	8
Centro	Alero Frailes 2	1201
Sur	Laguna Azul T1	138
Sur	Laguna Azul 1	2
Sur	Bloques al E de Laguna Azul	1
Sur	Laguna baja-laguna seca T2	1
Sur	Laguna Baja	1
Sur	Morro Rojo	2
Sur	Orejas de Burro 1	18
Sur	Orejas de Burro 2	4
Sur	Orejas de Burro 3	3
Sur	Orejas de Burro 10	15
Sur	Orejas de Burro 11	19
Sur	Orejas de Burro 16	11
Sur	Cono 17	3
Sur	La Olla	4
	Total general	2820

Tabla 1.IX: Procedencia de las muestras de artefactos de superficie según los sectores del CVPA

Sinteticamente volvemos a repetir algunas consideraciones que fueron detalladas en el capítulo VI, para dejar en claro la composición de los conjuntos analizados en este capítulo, sobre todo de aquellos sitios que no fueron relevados en el marco de los proyectos de investigación en los que se inserta esta tesis. Las muestras de superficie de Palermo Aike, El Volcán y Markatch Aike corresponden a conjuntos de núcleos solamente. Esta selección se debe a que los mismos constituyen una línea de evidencia de suma importancia para el tema bajo estudio, ya que son una pieza clave en la cadena operativa de producción de artefactos líticos y nos posibilitan evaluar el grado de explotación y aprovechamiento de cada tipo de materia prima (*cf.* Franco 1991,1993, entre otros). Así, la muestra de Palermo Aike agrupa los núcleos recuperados en la estancia (cota de 30 m), en la cota de 60 m y en la terraza alta (cota de 90 m), en tanto que el conjunto de El Volcán corresponde a los núcleos recuperados en la superficie de la cueva 1 y 4 y en una laguna cercana (*cf.* Sanguinetti de Bórmida 1982, 1984). La muestra de Markatch Aike representa al alero 1 (*cf.* Sanguinetti de Bórmida op. cit.).

Por otro lado, los conjuntos de La Carlota cueva 1 y transecta y Romario Barría, corresponden a núcleos (n= 25 y 6 respectivamente) y raspadores (n=9 y 2 respectivamente). Las piezas correspondientes a este último tipo instrumental, no se consideran en la primera instancia de análisis que se presenta en este capítulo (subapartado 1.a), en la que se evalúa la distribución de las materias primas líticas en el espacio regional, dado que hay una selección de las rocas utilizadas para la manufactura de los raspadores. Por consiguiente, la elección de la muestra que fue analizada ya introduce un sesgo en la representación proporcional de los tipos de roca. Los raspadores se consideran cuando se evalúa el grado de reducción que presentan las distintas materias primas utilizadas para la manufactura de los instrumentos (subapartado 1.c). De esta forma, el conjunto de La Carlota reúne los núcleos y raspadores recuperados en la superficie de la cueva 1, en la transecta realizada en el talud de la misma y un hallazgo aislado recolectado por fuera del área de la transecta 3 (*cf.* Campan *et al.* 2007, ver capítulo VI).

A diferencia de las muestras señaladas anteriormente, que corresponden a los relevamientos realizados por otros investigadores, las muestras de superficie procedentes de los relevamientos propios incluyen la totalidad de los conjuntos artefactuales recuperados en los distintos *loci*. Aquí, sólo queríamos aclarar que el conjunto de Tres de Enero laguna nº 1 reúne las muestras recolectadas por áreas en la margen este de la laguna y una concentración de artefactos de la margen NW. La muestra de Frailes 2 considerada en el subapartado 1. a corresponde al total de artefactos recuperados en este sitio. En el análisis de los desechos de talla (subapartado 1.c), se considera únicamente una muestra (n= 126). Lo mismo ocurre con respecto a las muestras del talud de Cóndor 1. Laguna Azul T1 incluye a los artefactos recuperados en la transecta y los hallazgos aislados en las proximidades. El conjunto de Orejas de Burro 1 comprende los artefactos de superficie de la cueva y los hallazgos aislados en los conos contiguos.

1.a La distribución de las materias primas líticas en el CVPA

En primer lugar nos interesa conocer la distribución de las materias primas líticas utilizadas para la manufactura de artefactos por lugar de procedencia de los hallazgos, en el marco del espacio regional. En la tabla 2.IX se presentan las frecuencias por materia prima lítica para cada uno de los lugares relevados. Dado que en muchos de ellos las muestras son muy pequeñas, la representación en porcentajes sobrerepresenta la frecuencia relativa de las distintas materias primas, por lo que preferimos presentar los valores en bruto. A partir de la tabla de frecuencias podemos señalar dos tendencias generales relacionadas con la utilización de las materias primas líticas y con el uso del espacio regional:

1. con respecto a la utilización de las materias primas líticas, las RGFO son las rocas más explotadas, representando el 53% (*n*=1494) del total de artefactos, seguidas por la dacita, con un 30% (*n*=860) y la calcedonia con un 12% (*n*=337);

2. con respecto al uso del espacio, hay dos sitios que se destacan por la abundancia de artefactos y la diversidad de materias primas representadas: Cóndor 1 y Frailes 2, ambos localizados hacia el centro del CVPA, en la margen sur del río Chico.

Con respecto a las materias primas líticas, si bien las RGFO son las rocas más utilizadas a nivel regional, éstas no se encuentran representadas ni son las más abundantes en todos los relevamientos. Sin embargo, no debemos dejar de considerar que muchas veces se trata de muestras muy pequeñas o de hallazgos aislados, por consiguiente, es más oportuno desarrollar la comparación de la distribución de las materias primas líticas por sectores del CVPA (ver *infra*). Sin embargo, a partir de la distribución de frecuencias podemos señalar que, mientras las RGFO son las más abundantes en los conjuntos del sector norte (predominan en 3 conjuntos sobre 5) y central (predominan en 7 conjuntos sobre 11), hacia el sur del CVPA, en muchos de los sectores relevados, estas rocas no se encuentran representadas (Laguna Azul 1, Bloques al este de Laguna Azul, Cono 17, La Olla y Laguna Baja) o están en segundo lugar luego de la dacita (OB1 y OB16) o en igualdad con ésta (OB2). En este sector, las RGFO son más abundantes en menos de la mitad de los lugares relevados (en 6 conjuntos sobre 14). Algunos casos parecen sugerir que se están explotando las rocas inmediatamente disponibles (0-5 km, *sensu* Meltzer 1989): los tres artefactos recuperados en el cono 17 son de arenisca silicificada de color gris, cuya disponibilidad ha sido detectada en el muestreo Orejas de Burro 2, realizado a escasos metros de los hallazgos. Por otro lado, en La Olla los cuatro artefactos recuperados son de dacita y pórfiro dacítico, las rocas aptas para la talla más abundantes registradas en el muestreo realizado al interior de este cono volcánico (ver capítulo VII.III).

Por otro lado, cabe señalar que en La Carlota y Romario Barria predomina la calcedonia, lo cual sugiere que en algún sector del curso medio del río Gallegos es posible adquirir esta roca (*cf.* Campan *et al.* 2007).

Si comparamos la abundancia de materias primas por sectores, el *ranking* señalado se mantiene (tabla 3.IX), pero mientras las RGFO y la dacita son relativamente constantes entre sectores, la calcedonia muestra un decrecimiento de norte a sur, lo cual avala lo señalado anteriormente.

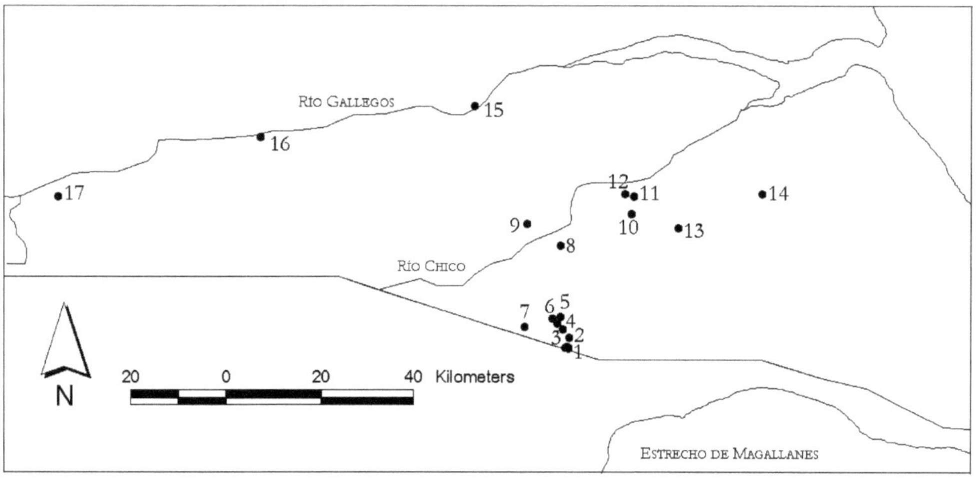

Referencias: 1. Orejas de Burro 1, 2 y 3, 2. Orejas de Burro 10 y 11, 3. Orejas de Burro 16, 4. Morro Rojo y Bloques al este de Laguna Azul, 5. Laguna Azul 1 y transecta 1 laguna Azul, 6. Laguna Baja (transecta 2 laguna baja-laguna seca) 7. La Olla, 8. El Volcán, 9. Markatch Aike alero 1, 10. Tres de Enero laguna n° 1, 11. Cerro Norte (aleros Norte 1 y 2), 12. Aleros 41 y 46, 13. Cóndor 1, 14. Cerro Frailes (Frailes 2), 15. Palermo Aike, 16. Las Buitreras 1, 17. Cueva y alero La Carlota 1y alero Romario Barría.

Figura 1.IX: Ubicación espacial de las conjuntos de artefactos de superficie en el CVPA

La mayor abundancia relativa de RGFO en el sector central del CVPA (cuenca del río Chico), se encontraría en directa relación con la intensidad de uso de este espacio, como lo indica la densidad de hallazgos en Cóndor 1 y Frailes 2 (*cf.* también Borrero y Barberena 2006; Barberena *et al.* 2007b; Barberena 2007). Al respecto, cabe señalar que las RGFO no se encuentran inmediatamente disponibles en este sector del espacio, lo

Sector	Lugar de procedencia	Total	R	Da	PD	C	O	S	X	J	JI	Di	Te	To	BM	AS	F	ON	OGV	OG	OV	I
NORTE	La Carlota cueva y transecta	**25**	1	6	0	17	0	0	0	0	0	0	0	0	0	0	0	1	0	0	0	0
	Alero La Carlota 1	**48**	25	15	0	8	0	0	0	0	0	0	0	0	0	0	0	0	0	0	0	0
	R. Barría	**6**	0	2	0	4	0	0	0	0	0	0	0	0	0	0	0	0	0	0	0	0
	Las Buitreras 1	**22**	10	9	0	3	0	0	0	0	0	0	0	0	0	0	0	0	0	0	0	0
	Palermo Aike	**12**	11	1	0	0	0	0	0	0	0	0	0	0	0	0	0	0	0	0	0	0
	Total	**113**	**47**	**33**	**0**	**32**	**0**	**0**	**0**	**0**	**0**	**0**	**0**	**0**	**0**	**0**	**0**	**1**	**0**	**0**	**0**	**0**
CENTRAL	Tres de Enero laguna nº 1	**25**	2	23	0	0	0	0	0	0	0	0	0	0	0	0	0	0	0	0	0	0
	Alero 41	**21**	12	7	0	0	0	1	0	0	0	0	0	0	0	0	0	0	0	0	1	0
	Alero 46	**9**	6	1	1	1	0	0	0	0	0	0	0	0	0	0	0	0	0	0	0	0
	Cerro Frailes	**8**	2	0	0	2	1	0	0	1	2	0	0	0	0	0	0	0	0	0	0	0
	Cerro Norte	**9**	3	4	0	2	0	0	0	0	0	0	0	0	0	0	0	0	0	0	0	0
	Alero Frailes 2	**1201**	653	367	0	131	21	0	2	12	3	1	1	1	2	0	0	2	4	1	0	0
	Alero Norte 1	**14**	11	1	0	0	0	1	0	0	0	1	0	0	0	0	0	0	0	0	0	0
	Alero Norte 2	**49**	32	15	0	1	0	0	0	1	0		0	0	0	0	0	0	0	0	0	0
	Cóndor 1	**1130**	615	326	0	151	9	7	1	9	0	3	0	0	0	0	0	2	4	3	0	3
	El Volcán	**4**	3	1	0	0	0	0	0	0	0	0	0	0	0	0	0	0	0	0	0	0
	Markatch Aike	**7**	3	3	0	1	0	0	0	0	0	0	0	0	0	0	0	0	0	0	0	0
	Total	**2476**	**1342**	**748**	**1**	**289**	**31**	**9**	**3**	**23**	**5**	**5**	**1**	**1**	**2**	**0**	**0**	**4**	**8**	**4**	**1**	**3**
SUR	Laguna Azul T1	**138**	72	48	0	11	3	2	0	0	0	0	0	0	0	0	0	0	0	2	0	1
	Laguna Azul 1	**2**	0	2	0	0	0	0	0	0	0	0	0	0	0	0	0	0	0	0	0	0
	Bloques al E de Laguna Azul	**1**	0	1	0	0	0	0	0	0	0	0	0	0	0	0	0	0	0	0	0	0
	Morro Rojo	**2**	2	0	0	0	0	0	0	0	0	0	0	0	0	0	0	0	0	0	0	0
	Orejas de Burro 1	**18**	6	7	0	3	0	1	0	0	0	0	0	0	0	0	1	0	0	0	0	0
	Orejas de Burro 2	**4**	2	2	0	0	0	0	0	0	0	0	0	0	0	0	0	0	0	0	0	0
	Orejas de Burro 3	**3**	2	1	0	0	0	0	0	0	0	0	0	0	0	0	0	0	0	0	0	0
	Orejas de Burro 10	**15**	10	3	0	0	1	0	0	0	0	0	0	0	0	0	0	0	0	0	1	0
	Orejas de Burro 11	**19**	7	6	2	2	0	1	0	1	0	0	0	0	0	0	0	0	0	0	0	0
	Orejas de Burro 16	**11**	3	5	0	0	0	0	0	0	0	3	0	0	0	0	0	0	0	0	0	0
	Cono 17	**3**	0	0	0	0	0	0	0	0	0	0	0	0	0	3	0	0	0	0	0	0
	T2 Laguna baja-laguna seca	**1**	1	0	0	0	0	0	0	0	0	0	0	0	0	0	0	0	0	0	0	0
	La Olla	**4**	0	3	1	0	0	0	0	0	0	0	0	0	0	0	0	0	0	0	0	0
	Laguna Baja	**1**	0	1	0	0	0	0	0	0	0	0	0	0	0	0	0	0	0	0	0	0
	Total	**222**	**105**	**79**	**3**	**16**	**4**	**4**	**0**	**1**	**0**	**3**	**0**	**0**	**0**	**3**	**1**	**0**	**0**	**2**	**1**	**1**
	Total general	**2815**	**1494**	**860**	**4**	**337**	**35**	**13**	**3**	**24**	**5**	**8**	**1**	**1**	**2**	**3**	**1**	**5**	**8**	**6**	**2**	**4**

Tabla 2.IX: Frecuencia de materias primas líticas por lugar de procedencia

Referencias: R: RGFO, Da: Dacita, PD: Pórfiro Dacítico, C: Calcedonia, O: Opalo, S: Sílice, X: Xilópalo, J: Jaspe, JI: Jaspe con impurezas, Di: Diabasa, Te: Teschenita, To: Tonalita, BM: Basalto Morado, AS: Arenisca Silicificada, F: Filita, ON: Obsidiana negra, OGV: Obsidiana gris verdosa, OG: Obsidiana gris, OV: Obsidiana verde, I: Indeterminada.

cual implica el transporte de las mismas. De acuerdo con el rango de distancia al que se ubican las fuentes potenciales de aprovisionamiento (FPA) de RGFO más cercanas a los diferentes sitios del área (tabla 4.IX), se trata de materias primas locales lejanas (*sensu* Civalero y Franco 2003). Los lugares más cercanos donde se encuentran disponibles estas rocas, a saber la laguna Pali Aike (Nami 1994, 1999), Punta Loyola (obs. pers; Carballo Marina *et al.* 2000; Ercolano *et al.* 2000; Carballo Marina y Ercolano 2001 y 2004; Ercolano y Carballo Marina 2005; Carballo Marina 2007), el río Gallegos, a la altura de la Eª Palermo Aike (obs. pers., Sanguinetti de Bormida 1982), y la costa nororiental del estrecho de Magallanes (Massone 1984), se localizan más allá de los 20 km de todos los sitios. Nami (1994, 1999) señala la disponibilidad de rocas volcánicas negras (andesitas, dacitas, basaltos) en la laguna Pali Aike y en las lagunas del cerro Mackenzie y Gómez Otero (1986-87; obs. pers.) de basalto, en la laguna Potrok Aike. Si en base a estas observaciones asumimos que todas las lagunas del interfluvio Gallegos-Chico mantienen una disponibilidad de rocas constante, en este caso la FPA de RGFO más cercana sería la laguna Bismarck, aunque sigue siendo una fuente local lejana para todos los sitios del área, excepto Markatch Aike 1, ubicado a 8,5 km de esta laguna. Punta Loyola es la FPA más cercana solamente a Cerro de los Frailes, dado que es el afloramiento más oriental del campo volcánico. Mientras es posible asumir una disponibilidad relativamente constante de las rocas representadas en las lagunas del interfluvio y en la costa del estrecho de Magallanes en base a las referencias bibliográficas, no resulta adecuado el mismo supuesto para la costa atlántica, en tanto la presencia de estas rocas fue detectada sólo en lugares puntuales (Carballo Marina com. pers. Ver capítulo VII .2.IV); es por ello que no se ha calculado la distancia mínima a la costa desde los diferentes lugares relevados, sino que ha sido medida en referencia a las fuentes potenciales de aprovisionamiento de RGFO que fueron detectadas en este sector del espacio: Punta Loyola y Cañadón Gap (obs. pers; Carballo Marina 2007; Franco com. pers.; Charlin y Cardillo 2005). Esta última FPA no se detalla en la tabla 4.IX, dado que se localiza a mayor distancia (>50 km) que las fuentes señaladas anteriormente. Asimismo, en el capítulo VII.2. IV se han mencionado los problemas de accesibilidad a la costa por fuera de determinados valles fluviales, lo cual avala lo sostenido anteriormente, e incrementa la distancia real a la que se encuentran disponibles las rocas.

Sector del CVPA	% materias primas		
	RGFO	Dacita	Calcedonia
Norte	41,59	29,20	28,32
Centro	54,16	30,21	11,67
Sur	47,30	35,59	7,21

Tabla 3.IX: Porcentaje representado de las materias primas más abundantes por sectores del CVPA

Sitios	Distancia a las FPA más cercanas de RGFO Costa Atlántica*	Estrecho Magallanes	Laguna Pali Aike	Laguna Bismarck	Río Gallegos**
C° Frailes	**29**	41,7	51,1	37,7	38
Cóndor 1	40,55	**32**	38,8	**26,25**	33
C° Norte	39,46	41	33,6	**20,6**	**26**
C° Don Bosco	40,61	42	32,2	**18**	**25**
El Volcán	52,57	35,5	**24**	**14,8**	30,1
Markatch Aike	56	41	**18,9**	**8,5**	25,5
Tres de Enero laguna n°1	43,25	37,8	31,6	**18,6**	**27,8**

*FPA= Fuente potencial de aprovisionamiento *a la altura de Punta Loyola **a la altura de Eª Palermo Aike. Se marcan en negritas las FPA más cercanas*

Tabla 4.IX: Distancia de los sitos del sector central del CVPA a las fuentes potenciales de aprovisionamiento de RGFO más cercanas

Si evaluamos la abundancia relativa de las dos variedades de RGFO que fueron diferenciadas (volcánicas o sedimentarias) de acuerdo con la presencia de fenocristales y/o de textura vesicular -que son los indicadores macroscópicos que nos permiten distinguir a las variedades volcánicas (ver capítulo VII.1)-, las rocas volcánicas son la abrumadora mayoria, representando el 84,8% del total de artefactos de superficie manufacturados en RGFO. Existen casos de RGFO indeterminadas, ya sea por la presencia de una pátina intensa que impide observar claramente la superficie de la roca para identificar los fenocristales, o por casos dudosos cuando la presencia de fenocristales no es del todo nítida y los artefactos no conservan corteza o poseen algunos de los otros tipos diferenciados que no son indicadores de la génesis de las rocas (p.e. incisiones lineales en forma de medialuna). Estas rocas indeterminadas constituyen el 12,45%. Las RGFO sedimentarias que han sido fehacientemente identificadas como tales por la realización de cortes delgados o por las características de la matriz (homogénea y con planos de fisilidad) son sólo el 2,8% de los artefactos. Aunque consideremos que las RGFO indeterminadas fuesen sedimentarias, de todos modos representarían un porcentaje bajo (15,25%). Las escasas variedades sedimentarias identificadas se encuentran presentes en los tres sectores del CVPA. Cabe señalar que todos los cabezales bifaciales (*sensu* Ratto 1994) y bifaces (*sensu* Aschero y Hocsman 2004), que suman un total de 15 piezas, se encuentran manufacturados sobre RGFO volcánicas.

Con respecto a la naturaleza de las calcedonias, la mayoría también corresponden a variedades volcánicas, de acuerdo con la comparación megascópica con las muestras de Lago Argentino determinadas geoquímicamente (Franco y Aragón 2002 y 2004) y la inspección visual de algunos ejemplares por el Dr. E. Aragón. Se trata de rocas en tonalidades blanca y castaño claro translúcidas. Las calcedonias coloreadas y con impurezas corresponden a variedades sedimentarias, que representan un 34,4% (*n*=11) del total. Se presentan en colores naranja, rosado/morado y castaño claro y oscuro bandeado. En el Cerro Norte se recuperó un núcleo y una preforma bifacial en una variedad sedimentaria (Aragón com. pers. 2006) de color blanco opaco con impurezas en negro y castaño. Tanto las variedades volcánicas como sedimentarias se encuentran representadas entre los artefactos en los tres sectores del CVPA.

Con respecto a la dacita, esta materia prima se mantiene relativamente constante entre los tres sectores, en concordancia con su amplia disponibilidad en todo el CVPA. Asimismo, las tonalidades registradas en los artefactos corresponden a los grandes grupos de colores que fueron identificados en las fuentes potenciales de aprovisionamiento: verde, castaño, gris y rojo, los cuales no presentan una disponibilidad diferencial por sectores.

Si consideramos la distribución de las materias primas minoritarias, como las distintas variedades de rocas silíceas, las rocas plutónicas y filonianas y variedades volcánicas como la obsidiana, cabe señalar que su falta de representatividad en el sector norte del CVPA probablemente responde a un problema de muestreo. Esto se debe a que los conjuntos de este sector del espacio que fueron analizados consistieron en una selección deliberada de las clases artefactuales, correspondiendo principalmente a núcleos y raspadores, mientras que las materias primas señaladas se recuperaron principalmente bajo la forma de desechos de talla.

En los conjuntos de superficie relevados por nosotros, la obsidiana negra se encuentra representada en La Carlota 1 en un núcleo bipolar y en Frailes 2 y Cóndor 1, al sur del río Chico, como desechos de talla. La variedad verde ha sido registrada hacia el centro y sur del CVPA, en el alero 41 y OB10, respectivamente y las variedades gris-verdosa veteada y gris se restringen al sector central, habiendo sido recuperadas en Frailes 2 y Cóndor 1. En estos sitios también se encuentran representadas distintas variedades de rocas silíceas, además de la calcedonia -que constituye una de las clases mayoritarias-, a saber ópalo, jaspe, xilópalo, entre otras. Las mismas también han circulado por el sector sur. El basalto morado es la única materia prima que ha sido registrada en superficie en un solo lugar del CVPA, en el sitio Frailes 2. Esta roca se encuentra disponible en el curso inferior del río Gallegos. Ha sido detectada en los muestreos realizados en la margen norte (Güer Aike 1) y en el área de Punta Loyola, tanto en la costa del estuario como en la costa atlántica, por consiguiente su obtención desde Frailes 2 demanda una distancia mínima de 29 km.

Las rocas de grano grueso, tales como tonalita, diabasa y teschenita, se presentan en mayor abundancia en el sector central: en los sitios anteriormente señalados y en el alero Norte 1. Hacia el sur, se encuentra diabasa en OB16. Estas rocas están disponibles en ambos sectores del espacio.

Pasando a la segunda de las tendencias observadas -la mayor abundancia de artefactos y diversidad de materias primas líticas en los sitios Cóndor 1 y Frailes 2-, consideramos que la misma constituye un indicador de las diferencias en la intensidad de uso humano del sector central del CVPA. Sin embargo, es posible que la mayor diversidad de materias primas registradas en estos sitios sea un resultado del tamaño de la muestra, ya que son los conjuntos más numerosos entre los relevamientos de superficie.

Clases artefactuales		RGFO	Dacita	Calcedonia	Ópalo	Jaspe	Jaspe c/impurezas	Sílice	Xilópalo	Rsil indet	Total
Artef. Format. Unifacial	De filo	70	58	15	5	1	1	2	1	1	154
	Puntas-herramienta	5	2	0	0	0	0	0	0	0	7
Artef. Format. Bifacial	Cabezales bifaciales	7	0	2	0	0	0	0	0	0	9
	Preformas	6	2	3	0	0	0	0	0	0	11
	Bifaces	3	2	0	0	0	0	0	0	0	5
	Artef. Bif.*	2	1	1	0	0	0	0	0	0	4
Total		93	65	21	5	1	1	3	1	1	190

**en proceso de manufactura e indeterminados*
Rsil indet= Rocas silíceas indeterminadas

Tabla 5.IX: Distribución de las materias primas líticas en los instrumentos del superficie del CVPA

En el capítulo VII nos hemos referido a las diferencias de productividad ambiental entre el sector septentrional y meridional del CVPA (*cf.* Barberena 2007). Señalamos las diferencias en la disponibilidad de recursos bióticos y líticos, por consiguiente se espera que de acuerdo con estos factores la abundancia de artefactos no se mantenga constante entre estos sectores. Al respecto, esta tendencia en la evidencia artefactual apoya la hipótesis de Barberena (op. cit.) de que el sector del CVPA localizado al sur del río Chico es el que presenta la mayor intensidad de ocupación en concordancia con la mayor productividad ambiental. Como señalamos en el capítulo VI, en Cóndor 1 se excavaron tres cuadrículas, mientras que en Frailes 2 solamente contamos con los relevamientos de superficie, por consiguiente la información no es comparable en mayor profundidad. Como se discutirá más adelante y como lo sugieren otras líneas de evidencia, el sitio Cóndor 1 presenta una ocupación intensa para el Holoceno tardío, siendo considerado un nodo poblacional (Borrero y Barberena 2006, Barberena *et al.* 2007b, Borrero y Manzi 2007, Barberena 2007). El sitio Frailes 2 podría presentar las mismas características, pero esto deberá ser evaluado con mayor información en el futuro. Al respecto, en Cerro Frailes se ha identificado un entierro (*cf.* Martin 2006), lo cual apunta hacia las características destacadas de este sitio (ver capítulo VI).

Dado que las diferencias notables en el tamaño de las muestras dificultan la comparación de la abundancia de materias primas por sectores, más allá de las tendencias generales que han sido señaladas, a continuación analizamos, en primer lugar, cómo fueron utilizadas las distintas clases de materias primas líticas para la manufactura de instrumentos (*1.b*), para luego comparar el grado de reducción que presentan los artefactos sobre las distintas clases de rocas por sectores del CVPA y según la distancia a las FPA (*1.c*).

1.b ¿Cómo fueron utilizadas las materias primas líticas para la manufactura de los instrumentos?

Con el objetivo de evaluar la existencia de una explotación diferencial de las rocas se comparan las clases de artefactos formatizados que fueron manufacturadas sobre las distintas materias primas líticas. En la tabla 5.IX se observa que las RGFO son las rocas que predominan tanto en la manufactura de instrumentos unifaciales como bifaciales.

La mayor riqueza de materias primas líticas se encuentra representada entre los instrumentos de filo unifacial (*n*= 154). Los artefactos de formatización bifacial (*n*=29) se restringen a tres clases de rocas: las RGFO, la calcedonia y la dacita, en orden decreciente de abundancia. Las puntas-herramienta (*n*=7) sólo se encuentran manufacturadas en RGFO y dacita. En tres casos se trata de artefactos compuestos (*sensu* Aschero 1975, 1983). Ésta es una característica frecuente en los instrumentos de Pali Aike. Del total de instrumentos unifaciales (*n*=161), aproximadamente la mitad (45% *n*=72) presentan más de un filo y/o punta formatizado y/o con rastros complementarios. Dado que esto es considerado como un indicador de la intensidad de uso de las materias primas líticas sobre las que se encuentran manufacturados, se desarrolla en el subapartado *1.c.3*, junto con el análisis de otros indicadores.

A continuación centralizaremos las comparaciones en las características que presentan las distintas clases de artefactos formatizados según las materias primas líticas, siguiendo la diferenciación establecida en la tabla 5.IX. Para ello, en muchos casos se emplea la terminología de la clasificación morfológica de Aschero (1975, 1983) en un sentido descriptivo, como una primera aproximación a la variabilidad de los conjuntos. Los análisis y comparaciones posteriores se realizan en base a los datos en bruto desde una perspectiva cuantitativa y considerando las variables de interés independientemente de esta clasificación morfológica.

1.b.1 Los instrumentos de filo

Los instrumentos de filo son los que constituyen la mayor parte de la muestra de artefactos formatizados de superficie (*n*=154). Dado que la mayoría de estos instrumentos presentan varios filos por pieza, se considera como unidad de análisis al *filo formatizado o con rastros complementarios* (*sensu* Aschero 1975, 1983). De acuerdo con sus atributos técnico-morfológicos (siguiendo a Aschero op. cit.) se presenta la clasificación de los filos por materia prima lítica en la tabla 6.IX. Los análisis que siguen se basan en la comparación de dos variables que pueden marcar diferencias en las características de los filos presentes sobre las distintas materias primas líticas: la longitud (en mm) y el ángulo inicial del filo (medido en intervalos de 5°).

Cabe señalar que del total de artefactos de filo, 29 (18%) presentan filos naturales con rastros complementarios. Aquéllos que, de acuerdo con sus características macroscópicas, parecían relacionarse con procesos postdepositacionales no fueron incluídos. En nueve casos se trata de artefactos simples, entre los que predomina la dacita (*n*=5); en tres casos son artefactos dobles, todos ellos sobre RGFO y en 17 casos se trata de artefactos compuestos, la mayoría en RGFO (tabla 7.IX).

Asimismo, si bien la totalidad de los filos formatizados son unifaciales, se registra una excepción: un filo bifacial de arista sinuosa (*sensu* Aschero y Hocsman 2004) sobre dacita, procedente de los bloques al este de Laguna Azul.

En la tabla 8.IX se presenta la estadística descriptiva de la longitud (en mm) de los filos enteros formatizados y con rastros complementarios según materia prima lítica. En esta comparación no fueron consideradas aquellas rocas que se encuentran representadas por menos de cinco ejemplares (ver tabla 5.IX).

Como puede observarse, los filos en dacita son los que presentan los mayores largos, con una media aritmética de 35,64 mm, pero también son los que presentan la mayor variabilidad, como lo indican los valores elevados en el rango (85 mm) y el desvío estándar (25,69 mm), comprendiendo longitudes entre 10 y 95 mm. Esto mismo es sugerido por la gran diferencia entre la media (35,64 mm) y la mediana (26,5 mm), lo que indica que la distribución de las longitudes de los filos en dacita es asimétrica.

La longitud mediana de los filos en dacita (26,5 mm) y en RGFO (25 mm) es similar, lo que señala que en ambos grupos la mitad de los instrumentos se ubican por debajo y por encima de ese valor, presentando distribuciones relativamente similares. Los otros grupos de materias primas líticas presentan distribuciones más simétricas en la longitud de los filos, como lo sugiere la similitud entre la media y la mediana, siendo la misma en el caso del ópalo. Igualmente debemos tener en cuenta que el tamaño más chico de las muestras en calcedonia y ópalo reduce la variabilidad. Sin embargo, si comparamos los conjuntos de RGFO y dacita en este sentido, está ultima sigue presentando la mayor variabilidad a pesar de tener un tamaño de muestra menor que las RGFO.

Clasificación tecno-morfológica	Calcedonia	Dacita	Jaspe c/impurezas	Jaspe	Ópalo	RGFO	Rsil indet	Sílice	Xilópalo	Total
Cepillo	0	7	0	0	0	0	0	0	0	7
Chopper	0	1	0	0	0	0	0	0	0	1
Choopping Tool	0	0	0	0	0	2	0	0	0	2
Cortante	0	1	0	0	0	3	0	0	0	4
Cuchillo de filo retocado	0	12	0	0	0	14	0	0	1	27
Denticulado	0	0	0	0	0	1	0	0	0	1
Filo ultramarginal de bisel asimétrico	0	0	0	0	0	7	1	2	0	10
Filo bifacial	0	1	0	0	0	0	0	0	0	1
Filo de formatización sumaria	0	4	0	0	1	6	0	0	0	11
Filo natural con rastros	1	11	0	1	0	17	0	0	0	30
Filo no diferenciado	0	2	0	0	0	6	0	0	0	8
Muesca retocada	0	3	0	0	0	3	0	0	0	6
Muesca por uso	0	2	0	0	0	2	0	0	0	4
Raedera	0	17	0	0	0	9	0	0	0	26
Raspador	13	14	1	0	5	26	0	4	0	63
RBO	4	3	0	0	2	12	0	1	0	22
Total	18	78	1	1	8	108	1	7	1	223

Rsil indet=Rocas silíceas indeterminadas

Tabla 6.IX: Clasificación tecno-morfológica de los filos registrados en los artefactos unifaciales de superficie

Las RGFO son las que se ubican en segundo lugar con respecto a la longitud de los filos, con una media de 27,56 mm. La calcedonia y el ópalo son las rocas que presentan los filos más pequeños y el menor rango de variación. Dado que la longitud de los filos es una variable continua, el análisis más pertinente para comparar el largo de los filos entre materias primas líticas es el ANOVA. Sin embargo, además de las grandes diferencias en el tamaño de las muestras entre materias primas, ni siquiera transformando los valores a logaritmo fue posible cumplir con la totalidad de los supuestos que requiere el *test*. Dado que no se alcanzó el requisito principal, la homogeneidad de varianza, se comparó la mediana a través del *test* no-paramétrico de Kruskal-Wallis. El mismo resultó significativo, rechazándose la hipótesis nula de igualdad entre las medianas (tabla 9.IX). El *test* Z nos indica que las diferencias se encuentran entre las dacitas y las RGFO, que son las que presentan los filos más largos, *vs.* el ópalo y la calcedonia, que presentan los filos más cortos (tabla 10.IX).

Artefacto	RGFO	Dacita	Calcedonia	Jaspe	Rsil indet.	Total
Simple	2	5	1	1	0	9
Doble	3	0	0	0	0	3
Compuesto	9	7	0	0	1	17
Total	14	12	1	1	1	29

Rsil indet= Rocas silíceas indeterminadas

Tabla 7.IX Distribución de materias primas líticas en los artefactos de filo natural con rastros complementarios recuperados en superficie

Materia prima	N	Media	Mediana	Desvío estándar	Error estándar	Mínimo	Máximo	Rango
RGFO	53	27,56	25	13,73	1,89	7	67	60
Dacita	36	35,64	26,5	25,69	4,28	10	95	85
Calcedonia	11	19	18	9,36	2,82	9	44	35
Ópalo	5	7	7	2,24	1	4	10	6

Tabla 8.IX: Estadística descriptiva de la longitud de los filos enteros por materia prima lítica en los artefactos de superficie

Método	Grados de libertad	X^2	Probabilidad	Decisión (0,05)
Not Corrected for Ties	3	18,55	0,000	Reject Ho
Corrected for Ties	3	18,57	0,000	Reject Ho

Tabla 9.IX: Resultados del test de Kruskal-Wallis sobre la longitud de los filos por materia prima en los artefactos de superficie

Longitud Filo	Calcedonia	Dacita	RGFO	Ópalo
Calcedonia	0	**2,2207**	**2,0002**	1,959
Dacita	**2,2207**	0	0,4738	**3,8169**
RGFO	**2,0002**	0,4738	0	**3,6751**
Ópalo	1,959	**3,8169**	**3,6751**	0

Medians significantly different if z-value > 1,9600

Tabla 10.IX: Resultados del test Z sobre la longitud de los filos por materia prima en los artefactos de superficie

Consideramos que estas variaciones en el largo de los filos se encuentran relacionadas con el tamaño de las formas-base. Como mostramos en el capítulo VII, los nódulos de dacita son los que presentan los mayores tamaños, lo cual posibilita la obtención de formas-base más grandes en comparación con las otras rocas. La media aritmética del eje mayor de los nódulos de dacita es de 80,32 mm, en tanto que entre las RGFO es de 73,6 mm. El único ejemplar de calcedonia recuperado tiene un eje mayor de 19 mm, valor que coincide con la media aritmética de la longitud de los filos sobre esta materia prima.

Si comparamos los tamaños de las formas-base de los instrumentos de filo por materia prima a través de la media geométrica (ver capítulo IV.2.e.1), la calcedonia y el ópalo son las rocas que presentan los tamaños más chicos de artefactos (13,78 y 14,82 mm respectivamente), en tanto que las formas-base en RGFO y dacita son más grandes (23 y 31 mm respectivamente). La correlación de Pearson entre el largo de los filos y el tamaño de la forma-base sustenta la relación señalada ($r=0,71$ $p=<0,05$).

Con respecto a la segunda variable de interés, el ángulo inicial de los filos (*sensu* Aschero 1975, 1983), prácticamente no se registran diferencias en los valores de tendencia central entre las materias primas líticas (tabla 11.IX).

Dado que la medición del ángulo del filo se realizó con un goniómetro en intervalos de 5° se trata de una medida ordinal, por lo cual el estadístico que caracteriza más adecuadamente la tendencia central de la distribución de valores es la mediana. En todos los conjuntos de materias primas la mediana es de 55°, a excepción de los filos sobre artefactos en ópalo, con 52,5°. La dispersión en torno a estos valores es muy similar entre las RGFO y la dacita, comprendiendo ángulos entre 30-35° y 75-80° (figura 2.IX). Ambos conjuntos de rocas son los que presentan la mayor variabilidad en el ángulo inicial de los filos. Las distintas variedades de rocas silíceas, presentan una distribución más acotada, entre 40° y 65°, aunque, como hemos señalado anteriormente, el tamaño más chico de las muestras artefactuales sobre estas rocas disminuye la variabilidad.

Materia prima	N	Media	Mediana	Desvío estándar	Error estándar	Mínimo	Máximo	Rango
Dacita	61	53,85	55	10,78	1,38	30	75	45
RGFO	90	54,56	55	8,73	0,92	35	80	45
Calcedonia	19	53,16	55	6,91	1,59	40	65	25
Ópalo	10	53	52,5	5,87	1,86	45	60	15
Sílice	5	58	55	4,47	2	55	65	10

Tabla 11.IX: Estadística descriptiva del ángulo inicial de los filos por materia prima en los artefactos de superficie

El ángulo de desgaste (*sensu* Aschero op. cit.) de los filos es evaluado en el apartado *1.c.3*, como una medida de intensidad de uso.

1.b.2 Las puntas-herramienta

Se trata de seis puntas burilantes y un perforador. Como señalamos anteriormente, en tres casos las puntas burilantes se encuentran combinadas con diferentes filos, constituyendo instrumentos compuestos. Así, en OB1 se ha recuperado un instrumento sobre dacita gris oscuro de muy buena calidad para la talla en el que se observa una punta burilante destacada en filo retocado, un filo en raedera y un filo natural con rastros complementarios. En el talud 2 de Cóndor 1 también se recolectó un instrumento con una punta burilante y un filo en raedera en RGFO y en el alero 41 la punta se encuentra combinada con un filo retocado en bisel oblicuo (RBO), también sobre esta roca; mientras en el caso anterior se trata de una variedad sedimentaria, en este último es volcánica. En OB1 también se registra la reutilización de una raedera doble convergente fracturada como punta burilante. Sobre la superficie de fractura de uno de los filos en raedera es donde se formatizó la punta. Este instrumento es sobre dacita gris claro de calidad muy buena. La punta burilante que resta procede de la transecta 1 de Laguna Azul y es un instrumento simple sobre RGFO. El perforador también se encuentra manufacturado sobre esta roca y corresponde a Frailes 2. Dado que la muestra es pequeña no se pueden señalar

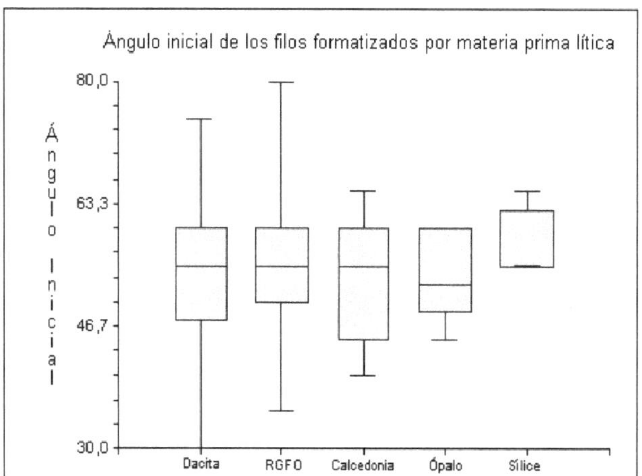

Figura 2.IX: Tendencia central y dispersión de los valores del ángulo inicial de los filos por materia prima lítica en los artefactos de superficie

tendencias en relación con una utilización diferencial de las rocas para la manufactura de puntas-herramienta.

1.b.3 Los artefactos de formatización bifacial

Como hemos mencionado en otros lados, los cabezales bifaciales que circularon por Pali Aike para el Holoceno tardío se asemejan morfológicamente a aquéllos denominados "Bird IV y V" que fueron utilizados como elementos diagnósticos para diferenciar "períodos culturales" en la secuencia propuesta por J. Bird (1993) para Patagonia meridional. En los capítulos II y IV hemos presentado algunas de las evidencias con las que se cuenta para el CVPA sobre la distribución espacial y temporal de estos instrumentos, que sirvieron para discutir los supuestos clásicos y plantear nuevas explicaciones al respecto (Sanguinetti de Bórmida 1984; Massone 1979; Gómez Otero1986-87, 1987, 1993; Aschero 1987; Prieto 1989-90; Massone e Hidalgo 1981; Ratto 1994; Borrero y Franco 2001; Franco 2002a; L´Heureux y Franco 2002; Franco *et al.* 2005 y 2006). Ambos tipos de cabezales son de forma triangular, pedunculados y con aletas. De acuerdo con la clasificación morfológica de Aschero (1975, 1983) se trata de pedúnculos diferenciados y destacados y de aletas entrantes y hombros. Cabe señalar que algunas de estas diferencias morfológicas se encuentran relacionadas con la historia de vida de los artefactos (*cf.* Franco 1999, Charlin y Cardillo 2007. Ver capítulo X sección I 2.b.4) y con los sistemas técnicos de los que formaron parte (Ratto op. cit.).

La mayor parte del conjunto de artefactos bifaciales que se recuperó en superficie se encuentra constituido por preformas (*n*=11), entre las cuales se encuentran dos ejemplares en dacita gris de calidad muy buena para la talla procedentes del talud 1 de Cóndor 1 y del alero 41, ambos sitios localizados en la margen sur del río Chico. Cabe señalar que en superficie no se han recuperado piezas terminadas sobre esta materia prima. La mayoría de los cabezales bifaciales se encuentran manufacturados sobre RGFO volcánicas (*n*=7) y se registran dos casos de calcedonia. Uno de ellos, procedente de la entrada de la cueva OB1, es triangular apedunculado, el único que presenta esta morfología entre los instrumentos bifaciales de superficie. Presenta una fractura oblicua al limbo y la calcedonia se encuentra alterada térmicamente, presentando un color blanco y hoyuelos producto de este proceso. La otra pieza de calcedonia recuperada en superficie es traslúcida con una tonalidad blanquecina y castaño claro, probablemente de origen volcánico.

Entre los bifaces (*n*=5), dos son *strictu sensu* y tres parciales (Aschero y Hocsman 2004), la casi totalidad de los cuales se encuentran manufacturados sobre RGFO (4/5). Los artefactos bifaciales que no fueron clasificados como bifaces (*n*=4) debido a sus características morfológicas y al grado de fragmentación que presentan, se encuentran manufacturados sobre RGFO, calcedonia y dacita.

1.b.4 Las formas-base utilizadas para la manufactura de los instrumentos

Con respecto a las formas-base utilizadas para la manufactura de los instrumentos (tabla 12.IX), entre los artefactos de formatización unifacial predominan las lascas, en tanto que entre los artefactos bifaciales, a pesar de haber muchas formas-base no diferenciadas, se registra la utilización de nódulos. El adelgazamiento bifacial sobre formas-base naturales ya ha sido señalado para Pali Aike (*cf.* Nami 1984a y b, 1986, 2003; Prieto 1997). Los cuatro bifaces (*sensu* Aschero 1975, 1983) manufacturados en RGFO lo son sobre guijarros.

La mayor diversidad de formas-base utilizadas para la manufactura de instrumentos se registra en la dacita y las RGFO, sobre todo en los instrumentos de filo. Esto se debe principalmente a la reutilización de artefactos de formatización unifacial y bifacial como forma-base para la manufactura de otro instrumento, ya sea a través de formas-base retomadas como así también por medio de la formatización de un nuevo filo activo sobre un instrumento fragmentado. También se observa la reutilización de núcleos. El total de formas-base reutilizadas sobre dacita es de 11% (*n*=7) y en las RGFO de 12% (*n*=11). En esta materia prima todas las formas-base reutilizadas lo fueron para la manufactura de un instrumento de filo. Cabe señalar la reutilización de dos instrumentos compuestos, dos raederas y un raspador,

Clase artefactual		Mat. Prima	Lascas	Artef. Format. Unif	Artef. Format. Bif	Artef retomado	Artef indif	Núcleo	Nódulo	Indif	Total
ARTEF. FORMAT. UNIFACIAL	Instrumentos de filo	RGFO	57	6	4	1	0	0	2	0	70
		Calcedonia	14	0	0	0	0	0	0	1	15
		Dacita	47	0	1	2	2	2	2	2	58
		Jaspe c/imp	1	0	0	0	0	0	0	0	1
		Jaspe	1	0	0	0	0	0	0	0	1
		Ópalo	5	0	0	0	0	0	0	0	5
		Rsil indet	1	0	0	0	0	0	0	0	1
		Sílice	3	0	0	0	0	0	0	0	3
		Xilópalo	1	0	0	0	0	0	0	0	1
		Total	**130**	**6**	**5**	**3**	**2**	**2**	**4**	**3**	**155**
	Ptas - herr	Dacita	1	1	0	0	0	0	0	0	2
		RGFO	5	0	0	0	0	0	0	0	5
		Total	**6**	**1**	**0**	**0**	**0**	**0**	**0**	**0**	**7**
ARTEF. FORMAT. BIFACIAL	Cab. Bifac.	RGFO	0	0	0	0	0	0	0	6	6
		Calcedonia	0	0	0	0	0	0	0	2	2
		Total	**0**	**0**	**0**	**0**	**0**	**0**	**0**	**8**	**8**
	Preform	Dacita	1	0	0	0	0	0	0	2	3
		RGFO	2	0	0	0	0	0	0	4	6
		Calcedonia	0	0	0	0	0	0	1	1	2
		Total	**3**	**0**	**0**	**0**	**0**	**0**	**1**	**7**	**11**
	Bifac.	Dacita	0	0	0	0	0	0	0	1	1
		RGFO	0	0	0	0	0	0	4	0	4
		Total	**0**	**0**	**0**	**0**	**0**	**0**	**4**	**1**	**5**
	Artef. Bif.	Dacita	0	0	0	1	0	0	0	0	1
		RGFO	0	0	0	0	0	0	0	2	2
		Calcedonia	0	0	0	0	0	0	0	1	1
		Total	**0**	**0**	**0**	**1**	**0**	**0**	**0**	**3**	**4**
Total general			**139**	**7**	**5**	**4**	**2**	**2**	**9**	**22**	**190**

Tabla 12.IX: Formas-base utilizadas para la manufactura de los artefactos de superficie por materia prima lítica y clase artefactual

todos ellos fragmentados, y también de un RBO y dos preformas bifaciales, entre otros. En la dacita, las formas-base reutilizadas lo fueron tanto para la manufactura de instrumentos de filo, como así también de artefactos bifaciales y puntas-herramienta. Se registra un caso de una punta-herramienta manufacturada sobre un instrumento de filo fracturado y de un artefacto bifacial en proceso de manufactura sobre un artefacto retomado. Entre los instrumentos de filo se registra la reutilización de una lasca y una raedera retomada, de dos núcleos (uno de ellos bifacial) y de un artefacto bifacial no diferenciado.

1.c La reducción de las materias primas líticas

Con el objetivo de aproximarnos a una comprensión de la circulación de las rocas por el espacio regional evaluamos el grado de reducción y la intensidad de uso que presentan las distintas materias primas y cómo ésta se comporta por sectores del CVPA. En los casos que fue posible, debido a la integridad de las muestras, esta evidencia fue explorada en relación con la distancia a las fuentes potenciales de aprovisionamiento. El análisis del grado de reducción se realizó por clase artefactual, ya que se consideran distintos indicadores, a los cuales nos referiremos en cada caso en particular. Una explicación más completa sobre los mismos fue desarrollada en el capítulo IV.2.c y e. Al respecto consideramos oportuno señalar que el tamaño de los artefactos y el porcentaje de corteza que conservan no son considerados como indicadores de reducción debido a las diferencias de tamaño que presentan los nódulos de las distintas variedades de rocas utilizadas para la manufactura de los artefactos (ver el análisis al respecto en capítulo VII). El tamaño es empleado para el cálculo de diferentes índices en combinación con otras variables y bajo ciertas consideraciones que permiten estandarizar las diferencias.

Por otro lado, si bien el porcentaje de corteza es una medida estandarizada, análisis previos (Charlin 2006) han mostrado que las diferencias en las formas-base empleadas para la manufactura de los artefactos según las materias primas líticas, inciden sobre los porcentajes de corteza conservados. Por ejemplo, el aprovechamiento de formas-base naturales para la manufactura de los artefactos bifaciales es un factor a considerar en este sentido. Asimismo, como se demuestra a continuación, la implementación de técnicas de reducción bipolar sobre la calcedonia y las RGFO, relacionadas con el tamaño y forma de estos nódulos, repercute en la utilización mayoritaria de lascas bipolares primarias y secundarias como forma-base de los instrumentos manufacturados sobre estas rocas.

Al respecto, es preciso tener en cuenta lo señalado por Sullivan y Rozen (1985), entre otros (*cf.* también Bradbury y Carr 1995), en cuanto a la variedad de factores, tanto tecnológicos como no tecnológicos, que ejercen su influencia sobre la cantidad de corteza que conservan los artefactos. Estos factores incluyen: el tipo de materia prima y su disponibilidad, el tamaño de los nódulos o núcleos, la intensidad y la técnica de reducción, el tipo de aprovisionamiento implementado y los factores estilísticos y funcionales (Sullivan y Rozen op. cit.). Por consiguiente no es posible sostener una relación lineal entre la cantidad de corteza remanente y las etapas de manufactura representadas.

A continuación se presenta cada uno de los indicadores de reducción considerados y los resultados obtenidos por clase artefactual.

1.c.1 El grado de reducción de los núcleos

Dado que del sector norte del CVPA se analizaron los núcleos de varias colecciones, esta clase artefactual constituye la muestra de superficie más completa para los diferentes sectores. En consecuencia, para obtener una primera aproximación integral a la forma en que se explotaron las materias primas líticas, comenzamos con el análisis de los núcleos.

En primer lugar presentamos la distribución de las materias primas líticas por sectores de acuerdo con la designación morfológica de los núcleos (Aschero 1975, 1983. Tabla 13.IX). En la categoria núcleo poliédrico se incluyen los núcleos globulosos debido a los factores señalados en el capítulo IV (2.c.1).

Como tendencia general podemos señalar que en el sector norte del CVPA predominan los núcleos en calcedonia (22 sobre un total de 46), principalmente bipolares (representando el 63,63% de los núcleos en calcedonia). En el resto de los sectores, los núcleos en RGFO y dacita

Sector	Tipo de Núcleo	Calcedonia	Dacita	Pórfiro dacítico	RGFO	Jaspe c/impurezas	Ob. Gris-verdosa	Ob. negra	Arenisca silicificada	Rsil indet	Total
NORTE	Poliédrico	2	3	0	3	0	0	0	0	0	8
	Discoidal	1	6	0	4	0	0	0	0	0	11
	Bifacial	0	0	0	2	0	0	0	0	0	2
	Bipolar	14	0	0	3	0	0	1	0	0	18
	Ls Aislados	1	0	0	1	0	0	0	0	0	2
	Irregular	1	0	0	0	0	0	0	0	0	1
	No dif.	3	0	0	1	0	0	0	0	0	4
	Total	**22**	**9**	**0**	**14**	**0**	**0**	**1**	**0**	**0**	**46**
CENTRO	Poliédrico	0	5	0	4	0	0	0	0	0	9
	Discoidal	0	0	0	3	0	0	0	0	0	3
	Bifacial	0	3	1	1	0	0	0	0	0	5
	Bipolar	5	4	0	8	0	0	0	0	0	17
	Ls Aislados	0	3	0	1	0	0	0	0	0	4
	Nód prob.	1	0	0	0	1	0	0	0	0	2
	Prismático	0	0	0	0	0	1	0	0	0	1
	Total	**6**	**15**	**1**	**17**	**1**	**1**	**0**	**0**	**0**	**41**
SUR	Poliédrico	0	1	0	1	0	0	0	1	0	3
	Discoidal	0	0	0	0	0	0	0	0	0	0
	Bifacial	0	1	0	0	0	0	0	0	0	1
	Bipolar	2	0	0	4	0	0	0	0	0	6
	Ls Aislados	0	2	0	1	0	0	0	1	0	4
	No dif.	0	0	1	0	0	0	0	0	0	1
	Nód prob.	0	0	0	0	0	0	0	0	1	1
	Prismático	0	1	0	0	0	0	0	0	0	1
	Total	**2**	**5**	**1**	**6**	**0**	**0**	**0**	**2**	**1**	**17**

Ob.= Obsidiana Rsil indet= Rocas silíceas indeterminadas

Tabla 13.IX: Distribución de las materias primas líticas en los núcleos de superficie por sector del CVPA

son los más abundantes en primer y segundo lugar.

Como hemos mencionado en un principio, Campan *et al.* (2004) señalan la presencia de una concentración de nódulos de calcedonia en proximidades de la colada de la estancia La Carlota (curso medio del río Gallegos, sector norte del CVPA), la cual puede ser considerada como una fuente secundaria de aprovisionamiento lítico.

Consideramos que la implementación de una técnica de talla bipolar para la explotación de los nódulos de calcedonia se encuentra relacionada con su tamaño pequeño (*cf.* Andrefsky 1998, Mauldin y Amick 1989, Patterson 1987, Shelley 1993, entre otros). Como lo demuestra el conjunto de núcleos bipolares sobre calcedonia del sector septentrional de Pali Aike, la utilización de esta técnica de reducción se encuentra más relacionada con otros factores que con la escasez de materia prima, dada la cercanía a la fuente potencial de aprovisionamiento en este sector del espacio. Entre estos factores pueden considerarse la forma y el tamaño que presentan los nódulos. Consideramos que la explotación de la calcedonia mediante la bipolaridad constituye una estrategia para optimizar el aprovechamiento de estas rocas de calidad excelente para la talla, debido a las restricciones impuestas por su tamaño para ser explotadas a través de las técnicas de percusión directa (*cf.* Franco 1991, 2002a; Borrazzo 2004).

La media aritmética del tamaño (a partir de la media geométrica) de los núcleos bipolares de calcedonia indica que son más pequeños que los núcleos sobre esta roca explotados a mano alzada (18,80 *vs.* 24,60 mm). Si comparamos las variables de tamaño independientemente (largo, ancho y espesor), los núcleos bipolares presentan los menores valores en todas las variables (tabla 14.IX), siendo, por consiguiente, más cortos, más angostos y más delgados que aquellos explotados mediante otras técnicas.

La bipolaridad es la técnica que principalmente ha sido aplicada sobre la calcedonia en todos los sectores, como así también sobre las RGFO. Estas rocas también presentan un tamaño pequeño en comparación con la dacita -que es la materia prima que presenta los tamaños más grandes (ver capítulo VII.4 y 5)-, aunque éste es mayor que el de las calcedonias. Consideramos que, de acuerdo con las observaciones de Shelley (1993), el principal factor que ha determinado la explotación bipolar de las RGFO, además del tamaño, se encuentra relacionado con el grado de redondeamiento de los vértices y la forma esferoidal (equidimensional) de estos clastos (ver capítulo VII.4).

La distribución de las materias primas líticas en los núcleos por sectores confirma lo indicado por la distribución de frecuencias del total de artefactos de superficie del CVPA presentada en la tabla 2.IX: la mayor diversidad de rocas se encuentra representada en el sector central de Pali Aike (cuenca del río Chico). Cabe señalar que en Frailes 2 (hacia el oriente del campo volcánico) se recuperó un núcleo prismático parcial bidireccional sobre obsidiana gris-verdosa veteada procedente de la cordillera Baguales. Los análisis geoquímicos realizados por el Dr. Ch. Stern han confirmado su procedencia. El mismo presenta un 40% de corteza sobre su superficie y es el único ejemplar que muestra la manufactura de pequeñas hojas en el CVPA. Como será desarrollado más adelante, esta variedad de obsidiana es la que presenta la mayor abundancia en Pali Aike.

Dado que los distintos tipos de roca se presentan en diferentes tamaños, esta variable no puede ser utilizada para evaluar el grado de explotación de las mismas. El grado de explotación de los núcleos se estima a partir de la densidad de negativos de lascado /el volumen del núcleo (en mm^3). Dado que es una medida relativa es posible considerar a los núcleos fragmentados. Cuatro casos no fueron incluídos debido a la dificultad en contabilizar el número de negativos de lascado por tratarse de núcleos bipolares muy machacados. Los mismos corresponden a dos ejemplares de Markatch Aike (uno en dacita y otro en calcedonia) y dos núcleos de calcedonia de La Carlota.

En primer lugar comparamos la densidad de negativos de lascado por materia prima por sector del CVPA. La proporción obtenida fue multiplicada por 1000, para evitar valores expresados en seis decimales. En la tabla 15.IX se presenta la estadística descriptiva para las RGFO.

La media y mediana más altas de densidad se encuentran representadas en el sector central (0,99 y 0,89 e/mm^3 respectivamente), lo que sugiere una mayor reducción de los núcleos en RGFO, en comparación con los sectores norte y sur. Asimismo, en el sector central es en donde se registra la mayor variabilidad en el grado de reducción, como lo indican los valores elevados de desvío estándar (0,73 e/mm^3) y rango (2,65 e/mm^3). El sector sur ocupa el segundo lugar en el grado de explotación de los núcleos en RGFO, pero de acuerdo con los valores de la media (0,41 e/mm^3) y la mediana (0,43 e/mm^3), la densidad de extracciones se reduce a menos de la mitad que aquélla registrada hacia el centro. En el sector septentrional la misma representa sólo un tercio de la de este sector. El

	Largo	Ancho	Espesor
Núcleos bipolares	29	21,67	11,08
Núcleos mano alzada	37,13	25	16,88

Tabla 14.IX: Media aritmética del largo, ancho y espesor (en mm) de los núcleos bipolares y a mano alzada de calcedonia en el sector norte del CVPA.

Sector CVPA	N	Media	Mediana	Desvío estándar	Error estándar	Mínimo	Máximo	Rango
Norte	13	0,33	0,25	0,37	0,10	0,08	1,48	1,4
Centro	17	0,99	0,89	0,73	0,18	0,05	2,7	2,65
Sur	6	0,41	0,43	0,35	0,14	0,01	0,95	0,94

Tabla 15.IX: Estadística descriptiva de la densidad de negativos de lascado en los núcleos en RGFO por sector del CVPA

ANOVA muestra una diferencia significativa estadísticamente en el grado de reducción de los núcleos en RGFO por sectores (tabla 16.IX). Para realizar este análisis los valores de densidad fueron transformados a logaritmo natural. El *test post hoc* de Tukey-Kramer indica que las diferencias se encuentran entre el sector norte y central (tabla 17.IX).

El mayor grado de explotación de los núcleos en RGFO en el centro de Pali Aike probablemente se encuentra relacionado con la distancia a la que se localizan las fuentes potenciales de aprovisionamiento de estas rocas. Por el contrario, la mayoría de los conjuntos del sector norte proceden de sitios y recolecciones realizadas a escasos metros de las fuentes. La muestra más lejana se ubica a tan solo 1 km del río Gallegos. Esto será evaluado luego a partir de un análisis de regresión respecto a la distancia a las fuentes potenciales de aprovisionamiento de RGFO (ver *infra*).

En el centro de Pali Aike, que es el sector donde se registra la mayor diversidad de materias primas líticas, se ha recuperado también un nódulo probado en jaspe con impurezas (con evidencias de tratamiento térmico) en el Cerro de los Frailes, un núcleo prismático en obsidiana gris-verdosa veteada en Frailes 2 y un núcleo bifacial en pórfiro dacítico, también de este color, en el alero 41 de Cerro Don Bosco. Dado que solamente se trata de una pieza en cada una de las materias primas señaladas no es posible realizar ninguna comparación para apreciar las tendencias. En la tabla 18.IX se presenta como referencia la densidad de negativos de lascado en estos núcleos. Cabe señalar la elevada densidad de negativos de lascado en el núcleo de obsidiana.

Source Term	Degree of Freedom	Sum of Squares	Mean Square	F-Ratio	Prob Level	Power (Alpha=0,05)
A: SectCVPA	2	11,06	5,53	4,35	0,02	0,71
S(A)	33	41,96	1,27			
Total (Adjusted)	35	53,02				
Total	36					

Tabla 16.IX: Resultados del ANOVA sobre la densidad de negativos de lascado en los núcleos de RGFO entre sectores del CVPA.

Group	Count	Mean	Different From Groups
Sur	6	-1,641	
Norte	13	-1,440	Centro
Centro	17	-0,401	Norte

Alpha=0,050 Error Term=S(A) DF=33 MSE=1,271556 Critical Value=3,4702

Tabla 17.IX: Resultados del test Tukey-Kramer sobre la densidad de negativos de lascado en los núcleos de RGFO entre sectores del CVPA.

Materia prima	Densidad negativos de lascado
Jaspe con impurezas	0,04
Ob. gris-verdosa veteada	3,08
Pórfiro dacítico.	0,05

Tabla 18.IX: Densidad de negativos de lascado en los núcleos del sector central en materias primas representadas por una sola pieza

La densidad de negativos de lascado en los núcleos de dacita, sigue una tendencia similar a la señalada para las RGFO, con una densidad más alta en el sector central (tabla 19.IX). Sin embargo, las diferencias en la media y la mediana por sectores son mínimas, no resultando significativas mediante un ANOVA (tabla 20.IX). Asimismo, el grado de explotación que presentan estos núcleos en general es mucho más bajo en comparación con los núcleos en RGFO. Este patrón puede ser relacionado con la amplia disponibilidad de esta roca en todos los sectores y fuentes potenciales de aprovisionamiento del CVPA. En concordancia con su mayor disponibilidad, el aprovechamiento de los núcleos sobre esta materia prima es mucho menor, siendo descartados aún con utilidad potencial.

Debido al tamaño pequeño de la muestra de núcleos de calcedonia en el sector sur, se incluyó en este conjunto un nódulo probado bipolarmente en una roca silícea indeterminada de color gris verdoso. La densidad de negativos de lascado sobre los núcleos en calcedonia sigue la misma tendencia que en las comparaciones previas (tabla 21.IX), pero al igual que en el caso de la dacita, las diferencias en el grado de explotación de los núcleos entre sectores no son significativas (F= 1,97 *p*= 0,16), aunque probablemente el tamaño pequeño de las muestras de los sectores centro y sur ejerza influencia sobre este resultado. Cabe señalar que los núcleos sobre calcedonia de los diferentes sectores son los que presentan la densidad de negativos de lascado más elevada de los tres conjuntos de materias primas comparadas.

Debido a la diferencia observada en el grado de reducción de los núcleos sobre RGFO entre sectores, se procedió a evaluar este factor en relación con la distancia a las fuentes potenciales de aprovisionamiento de esta roca. Como fue señalado en el capítulo VII, la disponibilidad de las mismas fue registrada sólo en determinados lugares del CVPA, tales como el valle del río Gallegos, la laguna Potrok Aike en el interfluvio Gallegos-Chico y la costa atlántica, en la zona de Punta Loyola. Las referencias bibliográficas también indican que estas rocas se encuentran disponibles en la laguna Pali Aike y del cerro Mackenzie, en cañadón Gap y en la costa nororiental del estrecho de Magallanes (ver referencias citadas en capítulo VII). Las fuentes potenciales de aprovisionamiento más cercanas a los diferentes conjuntos relevados son principalmente el río Gallegos y el estrecho de Magallanes. La totalidad de los conjuntos del sector norte se localizan entre unos cientos

Sector CVPA	N	Media	Mediana	Desvío estándar	Error estándar	Mínimo	Máximo	Rango
Norte	9	0,15	0,11	0,14	0,05	0,04	0,48	0,44
Centro	13	0,20	0,11	0,20	0,06	0,02	0,61	0,59
Sur	5	0,14	0,04	0,16	0,07	0,03	0,39	0,36

Tabla 19.IX: Estadística descriptiva de la densidad de negativos de lascados en los núcleos de dacita por sector del CVPA

Source Term	Degree of Freedom	Sum of Squares	Mean Square	F-Ratio	Prob Level	Power (Alpha=0,05)
A: Sect CVPA	2	0,49	0,24	0,2	0,81	0,07
S(A)	24	29,08	1,21			
Total (Adjusted)	26	29,57				
Total	27					

Tabla 20.IX: Resultados del ANOVA sobre la densidad de negativos de lascado en los núcleos de dacita entre sectores del CVPA.

Sector CVPA	N	Media	Mediana	Desvío estándar	Error estándar	Mínimo	Máximo	Rango
Norte	20	1,23	0,95	1,08	0,24	0,2	4,56	4,36
Centro	4	3,71	1,68	4,76	2,38	0,67	10,8	10,13
Sur	3	2,41	1,07	2,41	1,39	0,98	5,19	4,22

Tabla 21.IX: Estadística descriptiva de la densidad de negativos de lascados en los núcleos en calcedonia por sector del CVPA

de metros y 1 km de la margen derecha del río Gallegos, en tanto que muchos de los sitios localizados hacia el sur y centro del CVPA se encuentran a menor distancia del estrecho de Magallanes que del río Gallegos o prácticamente se ubican equidistantes de ambos puntos, como es el caso del sitio Cóndor 1, localizado a 32 km del estrecho y a 33 km del río Gallegos, de acuerdo con una distancia lineal mínima (tabla 22.IX). Los únicos sitios en los cuales las fuentes potenciales de aprovisionamiento de RGFO más próximas se encuentran en otro sector del espacio del CVPA diferente a los señalados anteriormente, son las cuevas de El Volcán y el alero 1 Markatch Aike. En estos casos, la laguna Pali Aike (Nami 1994, 1999) es la fuente más cercana. Con respecto a Frailes 2, la fuente potencial de aprovisionamiento que se localiza a menor distancia es Punta Loyola (29 km). Dado que este punto se ubica en la desembocadura del río Gallegos en el océano Atlántico, en la tabla 22.IX se lo considera como el río Gallegos, aunque los muestreos fueron realizados tanto en la costa del estuario como sobre la costa Atlántica, pero a escasos kilómetros entre sí.

Nuestro interés en realizar un análisis espacial del grado de explotación de los núcleos en RGFO consiste en evaluar la importancia relativa que tuvieron las diferentes fuentes potenciales de aprovisionamiento de estas rocas

Lugar de procedencia	Distancia mínima (km) en línea recta	Fuente potencial de aprovisionamiento
Las Buitreras 1	0,5	R. Gallegos
Palermo Aike 30m	0,3	R. Gallegos
Palermo. Aike 60m	0,6	R. Gallegos
Palermo Aike 90m	1	R. Gallegos
La Carlota cueva y transecta	0,4	R. Gallegos
Alero 1 La Carlota	0,6	R. Gallegos
Alero 41	25	R. Gallegos
Norte 1 y 2	26	R. Gallegos
Frailes 2	29	R. Gallegos
Cóndor 1	32	Eº Magallanes
OB11	19	Eº Magallanes
OB1	18,9	Eº Magallanes
Laguna Azul	22,5	Eº Magallanes

Tabla 22.IX: Distancia mínima a las fuentes potenciales de aprovisionamiento de RGFO

en los circuitos de movilidad de las poblaciones humanas pasadas.

El énfasis en el análisis de estas rocas en particular reside en que, por un lado, se trata de la materia prima principalmente utilizada para la manufactura de artefactos, lo cual implica actividades de aprovisionamiento relativamente frecuentes; por otro lado, las principales fuentes potenciales de aprovisionamiento de estas rocas, como el río Gallegos y el estrecho de Magallanes -por su carácter permanente, la disponibilidad ilimitada de recurso líticos que ofrecen y la extensión que abarcan (ver capítulo VII)-, se ubican en sectores opuestos del CVPA, constituyendo prácticamente los límites norte y sur del mismo, respectivamente. Por consiguiente, la importancia de estos factores se encuentra en que nos posibilita lograr una primera aproximación al conocimiento de la movilidad de las poblaciones y la intensidad de uso de los diferentes espacios de Pali Aike.

Dado que para realizar un análisis de regresión de mínimos cuadrados (Jongman *et al.* 1995, Zar 1999) necesitamos un punto de referencia constante a partir del cual medir la distancia, fue seleccionado el río Gallegos. Consideramos que este procedimiento no afecta en mayor grado el análisis ya que las distancias al estrecho de Magallanes se mantienen prácticamente inversamente proporcionales a las del río Gallegos. Nuestras expectativas son que a medida que aumenta la distancia a la fuente potencial de aprovisionamiento, de acuerdo con lo esperado bajo supuestos de economía de materia prima (*sensu* Odell 1996), los núcleos tengan una mayor densidad de negativos de lascado, lo cual indica un mayor grado de explotación de los mismos (por una mayor historia de vida, dado que han sido transportados desde el lugar de obtención, y por la escasez relativa de RGFO en otros sectores del espacio). Dado que el punto de referencia seleccionado es el río Gallegos, esperamos que según la importancia relativa que haya desempeñado esta fuente en las estrategias de aprovisionamiento implementadas por las poblaciones humanas, el patrón sea de un aumento progresivo de la densidad de negativos de lascado hacia el sur. Si, por el contrario, el estrecho de Magallanes fue el espacio más utilizado para el aprovisionamiento de estas rocas, esperamos el patrón inverso, es decir, un incremento en la densidad de negativos de lascado hacia el norte.

El patrón que se observa en la figura 3.IX es el siguiente: los conjuntos cercanos al río Gallegos (núcleos procedentes de Palermo Aike, Las Buitreras y La Carlota) presentan todos ellos una densidad de negativos de lascado baja (<0,8 e/mm^3), a excepción de un caso. Lamentablemente no contamos con muestras arqueológicas para el sector comprendido entre 1-25 km hacia el sur del río Gallegos. En el sector localizado entre los 25 y 40 km de este río se observa una gran variabilidad en el grado de reducción de los núcleos: algunos están poco explotados, con una densidad de negativos de lascado baja, y otros presentan un algo grado de explotación, con densidades altas, que alcanzan el máximo (2,7 e/mm^3) en el conjunto comparado. Aunque no tengamos datos para el sector intermedio, esto es concordante con un aumento en la densidad de negativos de lascado a mayor distancia de la fuente y con un reaprovisionamiento de RGFO en este sector del espacio, ya que es aquí donde se localiza la laguna Pali Aike, que es la fuente de aprovisionamiento más cercana a los sitios de El Volcán y Markatch Aike (ver tabla 22.IX). A partir de los 45 km la densidad de negativos de lascado disminuye nuevamente, siendo comparable a la observada en el primer conjunto, con densidades menores a 0,8 e/mm^3, excepto un caso.

De acuerdo con las expectativas planteadas anteriormente, consideramos que las fluctuaciones en la densidad de negativos de lascado en los núcleos de RGFO observadas a lo largo del CVPA (en sentido norte-sur) sugieren que el abastecimiento de RGFO ha tenido lugar en los tres lugares señalados: el río Gallegos, las lagunas del interfluvio y el estrecho de Magallanes. La disminución en la densidad de negativos de lascado que se observa luego de los 45 km de distancia del río Gallegos es coherente con un abastecimiento de RGFO en la costa del estrecho. Si observamos la dispersión de puntos en la figura 3.IX de izquierda a derecha, el patrón es de un aumento en la explotación de los núcleos a medida que nos alejamos del estrecho, con una mayor explotación hacia el sector central del CVPA, correspondiente a la cuenca del río Chico. Es decir, se observa un mismo patrón de aumento de la intensidad de uso de los núcleos de norte a sur y viceversa, por lo cual las densidades más altas se localizan entre los 25-40 km del Gallegos y 35-42 km del estrecho. En la figura 4.X se grafica este patrón a partir

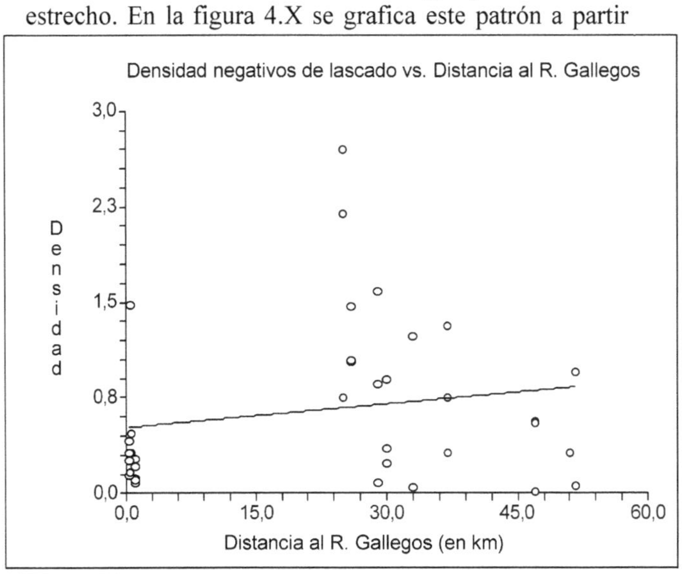

Figura 3.IX: Gráfico de dispersión de los valores de densidad de negativos de lascado en los núcleos en RGFO a medida que aumenta la distancia al río Gallegos

de la media aritmética de la densidad de negativos de lascado por lugar relevado, ya que al reducir la variabilidad es posible observar la tendencia más claramente que en la figura 3.IX.

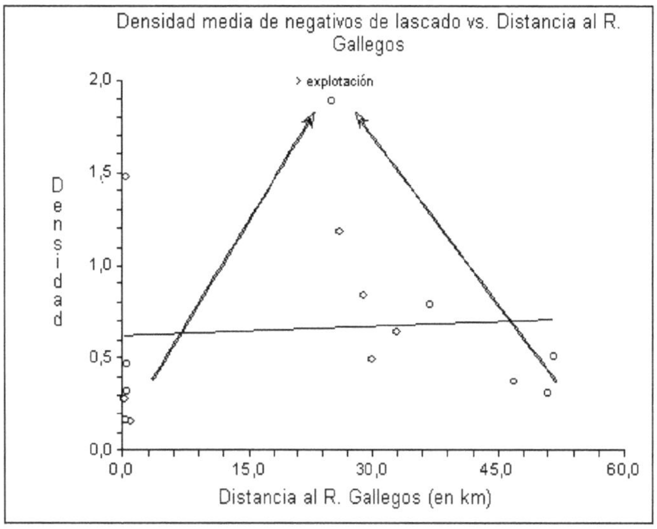

Figura 4.IX: Gráfico de dispersión de los valores medios en la densidad de negativos de lascado por lugar de procedencia de acuerdo con la distancia al río Gallegos

Si bien para contrastar esta hipótesis sería conveniente contar con muestras de núcleos en RGFO entre 1-25 km del río Gallegos y más próximas a la costa del estrecho de Magallanes, consideramos que con las evidencias aportadas por las clases artefactuales que se analizan a continuación y con aquellas que proveen otras líneas de evidencia (análisis arqueofaunísticos, isotópicos y geoarqueológicos), es posible aproximarnos a una mayor comprensión de estos patrones. La relación de los mismos con el rango de acción de las poblaciones que ocuparon este espacio se discute en el capítulo XI.

En la tabla 23.IX se presentan los parámetros y estadísticos del análisis de regresión a modo ilustrativo, ya que este modelo no resultó adecuado para explicar los cambios en la densidad de negativos de lascado en relación con la distancia al río Gallegos únicamente.

Los resultados indican que la correlación (r=0,17) entre la densidad de negativos de lascado y la distancia al río Gallegos es muy baja, por lo cual los cambios estimados en la densidad de negativos de lascado por unidad de cambio en la distancia al río Gallegos también son bajos (b_1= 0,0062). En consecuencia, el aumento de la distancia al río Gallegos es una explicación pobre de la variación en la densidad de negativos de lascado, ya que la proporción de la varianza explicada por este factor es de R^2= 0,03, lo que equivale a un 3% de los cambios observados. Estos resultados nos indican que no hay una relación lineal entre ambas variables.

Intercept (ordenada de origen, b_0)	0,52
Slope (pendiente, b_1)	0,01
R-Squared (R^2)	0,03
Correlation (r)	0,18
Mean Square Error (Error de la media al cuadrado)	0,41

Tabla 23.IX: Resultados del análisis de regresión de la densidad de negativos de lascado en los núcleos en RGFO vs. la distancia al río Gallegos

Al segmentar el conjunto y aplicar un análisis de regresión, por un lado, a las muestras de los sectores norte y central del CVPA en relación con su distancia al río Gallegos y por el otro, a aquellas de los sectores central y meridional con respecto al estrecho de Magallanes, obtenemos un mejor ajuste de este modelo (figuras 5 y 6.IX, tabla 24 y 25.IX). Como lo indican los valores de correlación y R^2, el ajuste es mejor en relación con la distancia al estrecho de Magallanes porque las muestras de los sectores central y sur se distribuyen espacialmente de forma más cercana, lo cual nos permite tener un registro más continuo de los cambios. Por el contrario, en el río Gallegos, la ausencia de datos para el sector comprendido entre 1-25 km de este río, produce un vacío de información que repercute sobre el ajuste de la tendencia. Los valores de densidad corresponden a la media por lugar relevado.

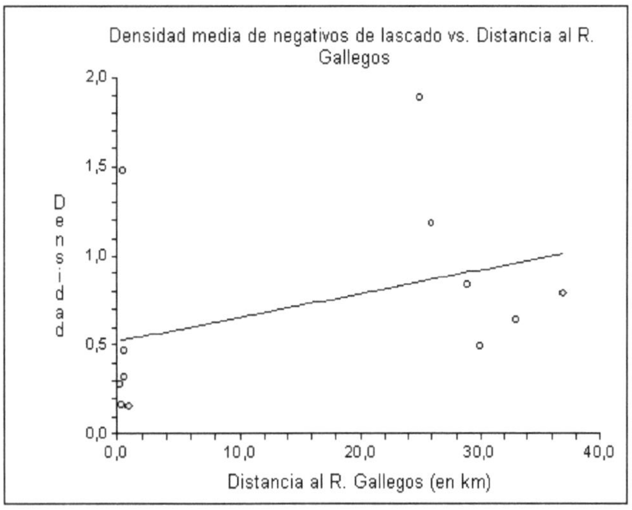

Figura 5.IX: Análisis de regresión aplicado a las muestras de núcleos en RGFO del sector norte y centro del CVPA en relación con la distancia al río Gallegos

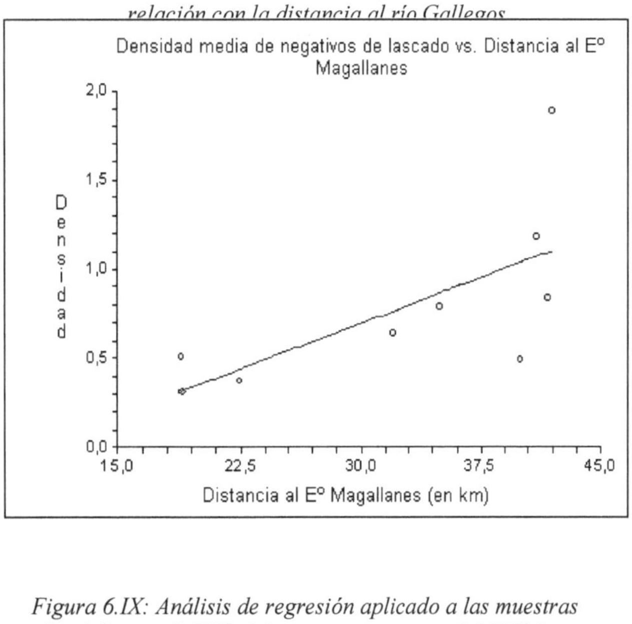

Figura 6.IX: Análisis de regresión aplicado a las muestras de núcleos en RGFO del sector centro y sur del CVPA en relación con la distancia al estrecho de Magallanes

Intercept (ordenada de origen, b_0)	0,52
Slope (pendiente, b_1)	0,01
R-Squared (R^2)	0,15
Correlation (r)	0,38
Mean Square Error (Error de la media al cuadrado)	0,28

Tabla 24.IX: Resultados del análisis de regresión de la densidad de negativos de lascado en los núcleos en RGFO del sector norte y centro del CVPA en relación con la distancia al río Gallegos

Intercept (ordenada de origen, b_0)	-0,32
Slope (pendiente, b_1)	0,03
R-Squared (R^2)	0,46
Correlation (r)	0,68
Mean Square Error (Error de la media al cuadrado)	0,15

Tabla 25.IX: Resultados del análisis de regresión de la densidad de negativos de lascado en los núcleos en RGFO del sector centro y sur del CVPA en relación con la distancia al estrecho de Magallanes

1.c.2 El grado de reducción de los desechos de talla

La totalidad de los desechos de talla identificados corresponden a lascas y desechos indiferenciados, al igual que en los conjuntos de estratigrafía. Como señalamos en el capítulo IV, la clasificación morfológica de las lascas en la tipología de Aschero (1985, 1983) combina aspectos relacionados con el grado de reducción de las mismas (como el porcentaje de corteza que conservan y la cantidad de negativos de lascados previos, a saber lascas primarias, secundarias y con dorso natural, por ejemplo) y con las técnicas de manufactura implementadas. Por consiguiente, de acuerdo con nuestros intereses de investigación, utilizamos el modelo de Ingbar *et al.* (1989) para calcular el grado de reduccion de las lascas, en el cual se considera la razón entre el número de negativos de lascado (o extracciones previas) en la cara dorsal de la lasca/el área (largo x ancho) de la misma (Ingbar *et al.* op. cit). Esta razón es la misma que la calculada para los núcleos, con modificaciones en la variable de tamaño considerada (área *vs.* volúmen).

En la tabla 26.IX se presenta la distribución de frecuencias de los desechos de talla por materia prima lítica y por sector del CVPA (*n*=404).

Del cálculo del índice se excluyen los desechos indiferenciados (*n*=20) y las lascas de reactivación de instrumentos (*n*=13). En el primer caso, porque el índice implica la diferenciación de las caras de la lasca y la contabilización de los negativos de lascado previos en la cara dorsal, lo cual no es posible de identificar en los desechos indiferenciados. En el segundo caso, debido a que la mayor parte de los negativos de lascado -correspondientes principalmente al retoque del filo formatizado- depende más de los sucesivos usos y reactivaciones del filo que del grado de reducción del núcleo al momento de extracción de la lasca (ver capítulo IV). La distribución de las materias primas líticas en estas clases de desechos se presenta en la tabla 27.IX.

Sector CVPA	RGFO	Calcedonia	Dacita	Pórfiro dacítico	Jaspe	Jaspe c/impurezas	Sílice	Xilópalo	Ob. gris verdosa	Ob. gris	Ob. gris	Ob. negra	Ob. verde	Ópalo	Teschenita	Tonalita	Basalto morado	Diabasa	Filita	Arenisca silicificada	Total
NORTE	28	8	21	0	0	1	0	0	0	0	0	0	0	0	0	0	0	0	0	0	58
CENTRO	98	15	61	0	3	0	0	1	3	1	1	2	1	2	1	1	1	2	0	0	192
SUR	75	12	52	2	1	0	1	0	0	2	2	0	1	3	0	0	0	3	1	1	154

Tabla 26.IX: Distribución de frecuencias de las materias primas líticas representadas en los desechos de talla de superficie por sector del CVPA

recuperado en estado natural en pocos lugares del CVPA, presenta una densidad de extracciones mucho mayor que el jaspe con impurezas que presenta mayor disponibilidad. Evidentemente, la menor calidad de esta última variedad (a pesar de ser optimizada a través del tratamiento térmico, como se registra en los instrumentos de Frailes 2 por ejemplo) ha influído en el grado de explotación de esta roca.

Sector CVPA	Desechos de talla	RGFO	Calcedonia	Dacita	Ob. verde	Filita	Jaspe	Total
NORTE	Desecho indiferenciado	2	5	5	0	0	0	12
CENTRO	Desecho indiferenciado	0	1	0	0	0	0	1
	Lasca reactivación de instrumento	3	0	5	0	0	0	8
SUR	Desecho indiferenciado	2	0	2	1	1	1	7
	Lasca reactivación de instrumento	1	0	4	0	0	0	5

Tabla 27.IX: Distribución de las materias primas líticas en los desechos indiferenciados y en las lascas de reactivación de instrumentos por sector del CVPA.

En las tres clases de rocas que han sido las principalmente utilizadas para la manufactura de artefactos (las RGFO, la dacita y la calcedonia), se mantiene el mismo *ranking* de intensidad de uso que en los análisis previos: la calcedonia (2,05 e/mm^2), las RGFO (1,88 e/mm^2) y la dacita (1,39 e/mm^2).

La comparación del comportamiento del índice por sectores del CVPA se restringe a las clases de rocas representadas en los tres sectores: las RGFO, la dacita y la calcedonia. Cabe señalar que los conjuntos de desechos de talla de los diferentes sectores del CVPA que fueron analizados presentan diferencias en el tamaño de la muestra, ya que del sector norte principalmente se estudiaron los núcleos de colecciones previas. Afortunadamente este sesgo no ocurre con los conjuntos de estratigrafía, por lo cual los patrones identificados en la reducción de los desechos de talla por materia prima según el registro de superficie puede ser testeado a partir de esta evidencia. Igualmente fuimos cuidadosos con este tema y las tendencias identificadas a partir de la comparación de la totalidad de los conjuntos de lascas por materia prima y por sector del CVPA fueron contrastadas luego con un conjunto muestreado, para cerciorarnos que no se tratara de un patrón dependiente del tamaño de la muestra. Dado que el conjunto más pequeño pertenece al sector norte, los conjuntos del centro y sur del CVPA fueron reducidos al mismo tamaño que éste, por materia prima lítica. Se consideraron los casos de las RGFO y la dacita, ya que son los conjuntos de rocas que presentan

Las lascas de reactivación de instrumentos han sido registradas solamente sobre RGFO y dacita hacia el centro y sur de Pali Aike. Se han identificado tres formas de reactivación de los filos, aquéllas denominadas reactivación directa e inversa por Aschero (1975, 1983) y una tercera, que hemos llamado "lateral", en la cual la lasca es extraída desde uno de los márgenes laterales del filo del instrumento.

Dado que en el análisis de los núcleos hemos señalado la explotación de la calcedonia y las RGFO a través de la bipolaridad, cabe señalar que fueron identificadas 10 lascas bipolares en RGFO y dos en calcedonia. Esta técnica también ha sido registrada en una lasca en dacita, una en xilópalo y una en basalto morado.

En la tabla 28.IX se presenta la media de densidad de negativos de lascado por tipo de roca. Excepto en los casos de calcedonia, dacita y RGFO, las muestras son pequeñas, pero se dan a conocer los valores a modo comparativo, aunque estas materias primas no sean consideradas en la comparación por sectores. En la tabla, se presentan los valores de densidad para las distintas materias primas en orden decreciente.

Como puede observarse, la obsidiana gris verdosa veteada es la que presenta la mayor densidad de extracciones previas, aunque se trata solamente de tres lascas procedentes de Frailes 2 (sector central del CVPA), adonde fue recuperado un núcleo prismático bidireccional sobre esta roca. La lasca de obsidiana verde del alero 41 (sector central) también tiene una densidad alta, sobre todo si comparamos estas variedades con el resto de las obsidianas. Mientras tanto la negra se ubica en octavo lugar y la gris en el décimo séptimo. Las distintas variedades de rocas silíceas (ópalo, calcedonia y jaspe) mantienen densidades relativamente altas, como así también las RGFO, que se ubican en quinto lugar. Como señalamos en el capítulo VI, el jaspe, el cual ha sido

Materia prima	Densidad	*N*	*Ranking*
Ob. Gris-verdosa veteada	6,06	3	1
Ob. Verde	5,59	1	2
Ópalo	2,93	4	3
Calcedonia	2,05	27	4
RGFO	1,88	192	5
Jaspe	1,63	3	6
Dacita	1,39	115	7
Ob. Negra	1,21	2	8
Jaspe con impurezas	0,88	1	9
Tonalita	0,83	1	10
Diabasa	0,71	5	11
Sílice	0,54	1	12
Pórfiro Dacítico	0,53	2	13
Xilópalo	0,46	1	14
Teschenita	0,31	1	15
Basalto morado	0,26	1	16
Ob. Gris	0,17	3	17
Arenisca silicificada	0,11	1	18

Tabla 28.IX: Densidad media de extracciones en la cara dorsal de las lascas por materia prima lítica

las mayores diferencias de frecuencia con respecto al sector norte, superando el triple de su tamaño. Dado que el conjunto de calcedonia del sector norte se encuentra constituído solamente por tres lascas, no consideramos adecuado reducir los conjuntos de esta roca de los sectores central y meridional a tal tamaño, por lo cual la calcedonia no fue considerada en la comparación de los conjuntos muestreados. Así, se realizó un muestreo al azar sobre el total de lascas en RGFO y dacita de los sectores centro y sur a través del programa Research Randomizer.

En la tabla 29.IX se presenta la estadística descriptiva de la densidad de extracciones previas sobre las lascas por materia prima y por sector del CVPA a partir de los conjuntos completos. Como en análisis previos, se observa que la mayor densidad de negativos de lascado en todas las materias primas se encuentra en el sector central, seguido en orden decreciente por el sector sur y norte. Podemos sostener que estos patrones no se encuentran sesgados por el tamaño de la muestra ya que la comparación de los conjuntos muestreados de RGFO y dacita de los sectores centro y sur muestran la misma tendencia (tabla 30.IX).

Tipo Roca	Sector CVPA	N	Media	Mediana	Desvío estándar	Error estándar	Mínimo	Máximo	Rango
RGFO	Norte	27	0,96	0,87	0,76	0,15	0,13	2,78	2,65
	Centro	94	2,21	1,8	2,08	0,21	0	10	10
	Sur	72	1,81	1,11	2,25	0,27	0	15	15
Dacita	Norte	15	0,85	0,68	0,53	0,14	0	1,76	1,76
	Centro	54	1,77	0,88	2,88	0,39	0	16,67	16,67
	Sur	46	1,12	0,64	1,28	0,19	0	5	5
Calced	Norte	3	0,64	0,64	0,37	0,25	1,38	1,13	0,28
	Centro	13	2,64	2,18	0,61	0	8,33	8,33	2,5
	Sur	11	1,74	1,73	0,52	0	5,56	5,56	1,07

Tabla 29.IX: Estadística descriptiva de la densidad de extracciones previas en las lascas por materia prima lítica y sector del CVPA

Materia prima	Sector CVPA	N	Media	Mediana	Desvío estándar	Error estándar	Mínimo	Máximo	Rango
RGFO	Norte	27	0,96	0,87	0,76	0,15	0,13	2,78	2,65
	Centro	27	2,58	2,12	2,16	0,42	0,11	10	9,89
	Sur	27	2,24	1,15	3,20	0,62	0	15	15
Dacita	Norte	15	0,85	0,68	0,37	0,14	0	1,76	1,76
	Centro	15	1,39	1,31	1,06	0,27	0,08	3,89	3,81
	Sur	15	1,25	0,59	1,39	0,36	0,08	5	4,92

Tabla 30.IX: Estadística descriptiva de la densidad de extracciones previas en los conjuntos muestreados de RGFO y dacita de los sectores centro y sur del CVPA

Materia prima	Natural	Liso natural	Liso	Diedro	Facetado	Filiforme	Puntiforme	Estallado	Eliminado	Indif.	Total
Calcedonia	0	1	1	3	3	4	1	3	0	1	17
Dacita	1	5	31	18	14	17	8	1	1	1	96
RGFO	0	8	46	14	14	23	7	16	0	1	129
Arenisca silicificada	0	0	0	0	1	0	0	0	0	0	1
Basalto morado	0	0	0	0	0	0	0	1	0	0	1
Diabasa	0	2	1	0	1	0	0	0	0	0	4
Jaspe	0	0	2	0	0	0	0	1	0	0	3
Jaspe c/impurezas	0	0	1	0	0	0	0	0	0	0	1
Ob. gris verdosa	0	0	1	0	0	0	0	0	0	0	1
Ob. gris	0	0	0	1	1	0	0	1	0	0	3
Ob. negra	0	0	0	0	2	0	0	0	0	0	2
Ob. verde	0	0	1	0	0	0	0	0	0	0	1
Ópalo	0	0	1	1	0	0	0	0	0	0	2
Pórfiro dacítico	0	1	0	0	0	0	0	0	0	0	1
Teschenita	0	0	1	0	0	0	0	0	0	0	1
Tonalita	0	1	0	0	0	0	0	0	0	0	1
Xilópalo	0	0	0	0	0	0	0	1	0	0	1

Tabla 31.IX: Frecuencia de tipos de talones por materia prima en las lascas de superficie

Varios estudios experimentales con desechos de talla demostraron que el número de facetas en el talón de las lascas constituye un buen indicador del grado de reducción de las mismas (Magne 1985; Bradbury y Carr 1995, entre otros). Debido a las diferencias en el tamaño de los nódulos señaladas, consideramos que la densidad de facetas en el talón es una medida más aproximada del grado de reducción. Así, en primer lugar se presentan las frecuencias de tipos de talones (tabla 31.IX) de acuerdo con la clasificación morfológica de Aschero (1975, 1983) y luego, la densidad de facetas por materia prima en las lascas enteras y con talón. El número de ejemplares que contaban con las medidas necesarias para efectuar este cálculo se vio reducido, por lo cual en la tabla 32.IX se presentan los valores de densidad para aquellas materias primas en las que fue posible estimar la densidad en una sola lasca y en la tabla 33.IX la estadística descriptiva para las RGFO, dacita, calcedonia y obsidiana (consideradas las distintas coloraciones como un mismo conjunto).

La mayor densidad de facetas se observa en las obsidianas, tanto en la media como en la mediana, pero con un alto grado de variabilidad. Si segmentamos el conjunto según los colores, los valores más altos se dan en la obsidiana negra (0,56 e/mm^2) y gris verdosa veteada (0,40 e/mm^2), luego la gris (0,23 e/mm^2) y por último la verde (0,028 e/mm^2). Estos patrones no son concordantes con los obtenidos mediante la densidad de extracciones en la cara dorsal de la lasca, en los cuales la obsidiana gris verdosa y la verde se ubican en los primeros lugares. La calcedonia ocupa el segundo lugar en la densidad de facetas en el talón (luego de las obsidianas), seguida por la dacita y las RGFO. Al respecto, varias lascas en RGFO (n=16) no pudieron ser consideradas para esta medida por la presencia de talones estallados, en los cuales no es posible calcular el área. Por consiguiente, muchas lascas bipolares no fueron consideradas, lo cual limita la aplicabilidad de este índice en dependencia con las técnicas de reducción implementadas. Cabe señalar que los experimentos realizados por Bradbury y Carr (op. cit.) consistieron en la reducción de núcleos a mano alzada mediante un percutor duro, y bifacialmente, con un percutor duro en la primera instancia de la reducción y con un percutor blando posteriormente. Si bien el número de facetas resultó sensitivo del grado de reducción de los núcleos para estas técnicas de talla, parece no tener los mismos resultados con la intervención de otras técnicas de reducción, aunque esto debe ser demostrado a través de la experimentación.

Materia prima	Densidad facetas
Arenisca	0,014
Ópalo	0,008
Jaspe con impurezas	0,011
Pórfiro dacítico	0,003
Diabasa	0,077

Tabla 32.IX: Densidad de facetas en el talón de las lascas por materia prima representadas por un solo ejemplar

Materia prima	N	Media	Mediana	Desvío estándar	Error estándar	Mínimo	Máximo	Rango
Obsidiana	6	0,33	0,23	0,36	0,15	0,028	1	0,97
Calcedonia	4	0,12	0,14	0,09	0,04	0,025	0,2	0,175
Dacita	44	0,11	0,02	0,21	0,03	0	1	1
RGFO	51	0,09	0,06	0,11	0,01	0	0,5	0,5

Tabla 33.IX: Estadística descriptiva de la densidad de facetas en el talón de las lascas de obsidiana, calcedonia, dacita y RGFO

1.c.3 El grado de reducción de los instrumentos

Este subapartado se divide en dos secciones principales según se trate de los artefactos de formatización unifacial o bifacial, ya que la reducción en ambas clases de artefactos ha sido medida a partir de diferentes indicadores.

a. Los instrumentos de filo unifacial y las puntas-herramienta

a.1 Proporcion de filos y/o puntas formatizados y/o con rastros complementarios

La frecuencia de instrumentos formatizados es una medida comúnmente utilizada como un *proxy* de la intensidad de explotación de las materias primas líticas en los conjuntos arqueológicos (Kuhn 2004, entre otros). Dado que los instrumentos unifaciales de Pali Aike se caracterizan por presentar varios filos y/o puntas formatizados y/o con rastros complementarios ($FPF_{y/o}RC$), en el análisis que se presenta hemos considerado como una medida más aproximada de la intensidad de uso de las materias primas líticas la cantidad de $FPF_{y/o}RC$ /la cantidad de biseles disponibles por artefacto. Esta es una medida relativa y ha sido evaluada por tipo de materia prima lítica.

En los casos de instrumentos reutilizados, en la contabilización de los $FPF_{y/o}RC$ se incluyen los filos y/o puntas previos, es decir, aquéllos que se encuentran presentes en la forma-base, en tanto se considera la totalidad de la vida útil del artefacto, ya que generalmente se observa el reciclaje de instrumentos fragmentados a través de la formatización de nuevos filos activos o por la presencia de rastros complementarios en la superficie de fractura. Por este mismo motivo, se consideran tanto los artefactos enteros como fragmentados, ya que las fracturas constituyen biseles potencialmente utilizables en contextos de economía de materia prima (*sensu* Odell 1996).

En las tablas 34 y 35.IX se presentan las frecuencias de instrumentos por materia prima lítica según la cantidad de $FPF_{y/o}RC$ y la proporción de $FPF_{y/o}RC$/biseles potenciales, respectivamente. En la tabla 36.IX se muestra la estadística descriptiva sobre este último índice, excluyéndose los instrumentos manufacturados sobre jaspe, sílice, xilópalo y rocas silíceas indeterminadas por constituir uno o dos ejemplares solamente para cada una de estas materias primas.

Lo que se observa a partir de estos datos es que los instrumentos en ópalo son los que presentan la media y mediana más alta de $FPF_{y/o}RC$ por pieza (0,55 y 0,5 respectivamente). Prácticamente la mitad de los filos y/o puntas disponibles por artefacto se encuentran formatizados y/o con rastros complementarios. Sin embargo, la muestra es muy pequeña. Los instrumentos en calcedonia y RGFO también tienen una media elevada y alcanzan los valores máximos de $FPF_{y/o}RC$ por pieza, que corresponden a la presencia de todos los biseles disponibles formatizados y/o con rastros complementarios, aunque solamente se trata de un caso en cada una de estas materias primas. En la dacita, aproximadamente un tercio de los biseles disponibles se encuentran formatizados y/o con rastros, presentando, por consiguiente, una intensidad de uso menor.

En la tabla 37.IX se comparan estos estadísticos por materia prima lítica pero diferenciando por sector del CVPA. Dado que los instrumentos unifaciales en ópalo son escasos, al segmentarse la muestra por sectores, los mismos quedan reducidos a pocos ejemplares por sector, por lo cual son excluídos de esta comparación. Lo mismo sucede con la calcedonia, que se encuentra representada por un solo artefacto en el sector sur.

Nº FPFy/oRC	RGFO	Dacita	Calcedonia	Jaspe	Jaspe c/impurezas	Ópalo	Sílice	Xilópalo	Rsil indet	Total
1	37	39	9	1	1	1	1	1	0	89
2	25	16	3	0	0	2	0	0	1	47
3	13	4	1	0	0	2	0	0	0	21
4	0	1	2	0	0	0	1	0	0	4
Total	75	60	15	1	1	5	2	1	1	161

Tabla 34.IX: Frecuencia de instrumentos por materia prima lítica según la cantidad de $FPF_{y/o}RC$ por pieza

Proporción FPFy/oRC	RGFO	Dacita	Calcedonia	Jaspe	Jaspe c/impurezas	Ópalo	Sílice	Xilópalo	Rsil indet	Total
0,17	1	3	0	0	0	0	0	0	0	4
0,2	5	6	0	1	0	0	0	0	0	12
0,25	30	26	8	0	1	1	1	1	0	67
0,28	0	1	0	0	0	0	0	0	0	1
0,33	5	4	1	0	0	0	0	0	0	10
0,4	2	4	1	0	0	0	0	0	0	7
0,5	18	10	2	0	0	2	0	0	1	33
0,6	4	2	0	0	0	0	0	0	0	6
0,67	3	2	0	0	0	0	1	0	0	6
0,75	6	1	1	0	0	2	0	0	0	11
0,8		1	1	0	0	0	0	0	0	2
1	1	0	1	0	0	0	0	0	0	2
Total	75	60	15	1	1	5	2	1	1	161

Tabla 35.X: Frecuencia de instrumentos por materia prima lítica según la proporción de $FPF_{y/o}RC$/biseles potenciales

Materia prima	N	Media	Mediana	Desvío estándar	Error estándar	Mínimo	Máximo	Rango
RGFO	75	0,4	0,33	0,19	0,02	0,17	1	0,83
Dacita	60	0,35	0,25	0,15	0,02	0,17	0,8	0,63
Calcedonia	15	0,42	0,25	0,25	0,06	0,25	1	0,75
Ópalo	5	0,55	0,5	0,21	0,09	0,25	0,75	0,5

Tabla 36.IX: Estadística descriptiva de la proporción de FPF$_{y/o}$RC/biseles potenciales por materia prima lítica

Sector CVPA	Materia prima	N	Media	Mediana	Desvío estándar	Error estándar	Mínimo	Máximo	Rango
NORTE	RGFO	7	0,35	0,25	0,15	0,06	0,17	0,5	0,33
	Dacita	5	0,38	0,4	0,13	0,06	0,25	0,5	0,25
	Calcedonia	6	0,51	0,45	0,23	0,09	0,25	0,8	0,55
CENTRO	RGFO	47	0,41	0,33	0,17	0,03	0,2	0,75	0,55
	Dacita	36	0,36	0,25	0,17	0,03	0,2	0,8	0,6
	Calcedonia	8	0,38	0,25	0,27	0,09	0,25	1	0,75
SUR	RGFO	21	0,40	0,25	0,23	0,05	0,2	1	0,8
	Dacita	19	0,32	0,25	0,12	0,03	0,17	0,6	0,43

Tabla 37.IX: Estadística descriptiva de la proporción de FPF$_{y/o}$RC/biseles potenciales por materia prima lítica y por sector del CVPA

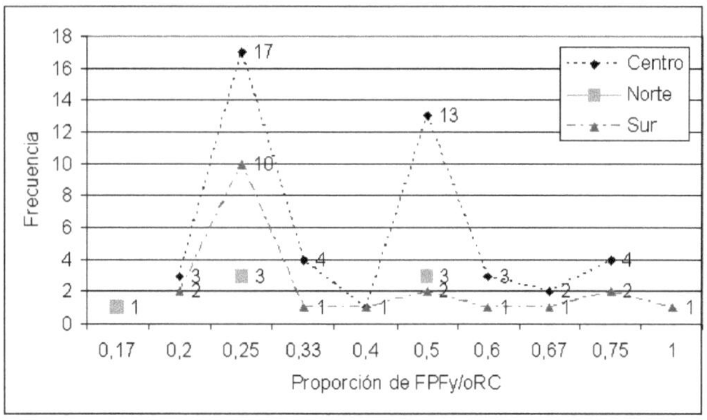

Figura 7.X: Distribución de frecuencias de la proporción de FPF$_{y/o}$RC en los instrumentos unifaciales en RGFO por sectores del CVPA

Las RGFO presentan la media y la mediana más elevadas en el sector central (0,41 y 0,33, respectivamente). La menor proporción de FPF$_{y/o}$RC se registra hacia el norte, en concordancia con la menor distancia a la fuente potencial de aprovisionamiento. El sector sur ocupa una posición intermedia, con un valor de media muy próximo al del sector central (0,40) y la misma mediana que el sector norte (0,25). Con respecto a los conjuntos meridionales de RGFO debemos considerar que, si bien se encuentran relativamente próximos a la fuente potencial de aprovisionamiento (el estrecho de Magallanes se encuentra aproximadamente entre los 18 y 22 km de los diferentes sitios de esta zona), no se localizan con la misma cercanía (≤ 1 km) que los conjuntos del norte con respecto al río Gallegos, donde esta materia prima se encuentra inmediatamente disponible. Por consiguiente los conjuntos meridionales presentan un mayor grado de reducción que los del sector norte, pero menor que el de los conjuntos centrales, localizados entre 25 y 33 Km del río Gallegos y entre 32 y 42 km del estrecho de Magallanes.

Si comparamos las curvas de frecuencia de la proporción de FPF$_{y/o}$RC por sectores (figura 7.IX), el sector central presenta una distribución bimodal con dos picos de frecuencia en 0,25 (*n*=17) y 0,5 (*n*=13). El sector sur es unimodal, con la moda en 0,25 y frecuencias bajas a partir de este valor que fluctuan entre uno y dos alcanzando el valor máximo de 1, que representa la totalidad de los biseles disponibles formatizados y/o con rastros complementarios. El sector norte también presenta bajas frecuencias, pero a lo largo de toda la distribución, que sólo alcanza la proporción de 0,5 FPF$_{y/o}$RC por instrumento.

Con respecto a la dacita, los instrumentos unifaciales del sector norte presentan una mayor proporción de FPF$_{y/o}$RC (0,38) que las RGFO de este sector (0,35), aunque ambos conjuntos alcanzan los mismos valores máximos (0,5). En el resto de los sectores, la dacita tiene una menor proporción de FPF$_{y/o}$RC que las RGFO (0,36 en el sector central y 0,32 en el sector sur). Si bien el bajo número de FPF$_{y/o}$RC por instrumento en las RGFO era lo esperable para el sector norte por la proximidad a la fuente potencial de aprovisionamiento, también se esperaba este comportamiento para las dacitas, que se encuentran ampliamente disponibles en el río Gallegos y en todas las fuentes potenciales de aprovisionameinto del CVPA. Este patrón será evaluado en mayor profundidad a partir de otros indicadores, teniendo en cuenta lo observado en el conjunto estratigráfico de la cueva Las Buitreras 1, en el que se observan instrumentos con varios FPF$_{y/o}$RC por pieza, entre los cuales se presentan casos recurrentes de formas-base reutilizadas y retomadas, pero con una escasa formatización y desgaste de los filos, lo cual sugiere una estrategia expeditiva de explotación de las materias primas líticas disponibles en el mismo sitio (resultado de ocupaciones previas). Esto será discutido con mayor detalle en el capítulo X.

a.2 Ángulo de desgaste de los filos y/o puntas formatizados

La muestra considerada presenta una gran variabilidad tecno-morfológica y posiblemente funcional, lo cual incide en el desgaste relativo de los filos y/o puntas de acuerdo con el trabajo de diferentes sustancias. Si bien en trabajos previos (*cf.* Charlin 2007b) hemos restringido la comparación del ángulo de desgaste de los filos a determinadas clases morfológicas, como los raspadores (*sensu* Aschero 1975, 1983), ya que varios estudios de microdesgaste demostraron la relativa homogeneidad funcional de los mismos (Keeley 1988, Alvarez 2004, entre otros), los análisis microscópicos que se han llevado a cabo sobre muestras de raspadores del CVPA pusieron en evidencia su multifuncionalidad (Yacobaccio 1979, 1987). Por otro lado, como lo hemos señalado en el capítulo IV.2.a.2, la analogía entre la forma y función de los artefactos debe ser considerada como una hipótesis a testear más que como una aseveración (Mansur-Franchomme 1987). Por consiguiente, en el análisis que se presenta a continuación se consideran en grado de igualdad todos los filos y/o puntas formatizados representados en los instrumentos unifaciales. Por otro lado, consideramos que la variabilidad técnico-morfológica que presentan los instrumentos

	Ángulo de desgaste												
Materia prima	0º	5º	10º	15º	20º	25º	30º	35º	40º	45º	50º	55º	Total
Calcedonia	0	0	3	5	4	2	1	1	1	0	1	0	18
Dacita	0	2	6	9	9	11	7	7	7	6	1	1	66
Jaspe c/impurezas	0	0	0	1	0	0	0	0	0	0	0	0	1
Ópalo	0	0	0	3	1	0	2	2	1	0	0	0	9
RGFO	2	10	13	18	17	8	9	7	2	5	2	1	94
Roca silícea	0	0	1	0	0	0	0	0	0	0	0	0	1
Sílice	0	0	0	1	1	0	0	1	0	0	0	0	3
Xilópalo	0	0	1	0	0	0	0	0	0	0	0	0	1
Total	2	12	24	37	32	21	19	18	11	11	4	2	193

Tabla 38.IX: Distribución de frecuencias del ángulo de desgaste de filos y/o puntas formatizados por materia prima lítica

Materia prima	N	Mínimo	Máximo	Rango
Calcedonia	18	10	50	40
Dacita	66	5	55	50
Ópalo	9	15	40	25
RGFO	94	0	55	55
Sílice	3	15	35	20

Tabla 39.IX: Estadística descriptiva del ángulo de desgaste de filos y/o puntas formatizadas por materia prima lítica

Sector CVPA	Materia prima	N	Mediana	Mínimo	Máximo	Rango
CENTRO	Calcedonia	8	25	15	50	35
	RGFO	41	20	0	50	50
	Dacita	31	30	5	50	45
NORTE	Calcedonia	6	15	10	20	10
	RGFO	7	20	5	30	25
	Dacita	5	30	15	40	25
SUR	RGFO	17	20	5	55	50
	Dacita	15	20	10	40	30

Tabla 40.IX: Estadística descriptiva del ángulo de desgaste de filos y/o puntas formatizadas por materia prima lítica por sector del CVPA

manufacturados sobre las diferentes clases de rocas y la presencia de varios filos y/o puntas por artefacto -lo cual apunta hacia la multifuncionalidad de los mismos-, compensa cualquier sesgo relacionado con el aspecto funcional.

En la tabla 38.IX se presenta la distribución de frecuencias del ángulo de desgaste de filos y/o puntas formatizados por materia prima lítica.

Más allá de los distintos tamaños de muestra, no se observan diferencias notables en el ángulo de desgaste entre materias primas líticas. Todas ellas presentan una distribución similar de frecuencias, encontrándose la mediana entre los 20° y 30°. Así, en la calcedonia, el sílice y las RGFO la mediana es de 20°, en la dacita asciende a 25° y en el ópalo alcanza los 30° de desgaste. Cabe señalar que se ha comparado la mediana en lugar de la media, porque el ángulo de los filos y/o puntas ha sido medido en intervalos de 5° (ver capítulo IV), por lo cual es una variable ordinal.

Si bien el ópalo es la materia prima que presenta la mediana más grande, el desgaste máximo que alcanza es de 40°, en tanto que los filos y/o puntas formatizados en RGFO y dacita presentan unos grados más de desgaste, llegando a 55°, que es el valor de desgaste máximo registrado en la comparación de todas las clases de materias primas (tabla 39.IX). Como lo indica el rango, estas rocas son las que presentan la mayor variabilidad, también encontrándose representados en las mismas los menores ángulos de desgaste, a saber 5° en la dacita y 0° en las RGFO. Estos últimos casos en los que el desgaste no ofrece una diferencia de ángulo significativa con respecto al ángulo inicial -que corresponde al de formatización del filo y/o punta-, corresponden a dos instrumentos del alero Frailes 2.

Si evaluamos el desgate por sector del CVPA tampoco se observan diferencias notables (tabla 40.IX). El ópalo y el sílice quedan excluídos de esta comparación por el tamaño pequeño de las muestras, lo mismo que la calcedonia para el sector meridional. La dacita es la roca que mantiene la mayor mediana del ángulo de desgaste (30°) en los sectores norte y centro, pero con un valor máximo más alto (50°) en el norte. Las RGFO tienen la misma mediana de desgaste en los tres sectores (20°), con el máximo más elevado en el sur (55°). La calcedonia presenta un mayor desgaste en el sector central.

a. 3 Longitud residual de los instrumentos

Como fue detallado en el capítulo IV, seguimos la propuesta de Kuhn (2004) de considerar la longitud del instrumento al momento del descarte como una medida de la cantidad de utilidad residual y no como un estimador de la cantidad de utilidad perdida por el uso y la reactivación del mismo, lo cual es dependiente del tamaño de la forma-base. Así, esta variable se midió en los instrumentos unifaciales enteros por eje morfológico (EM). Cabe recordar que mientras en los instrumentos simples se trata de una sola medida de longitud, en los instrumentos con más de un filo y/o punta formatizada y/o con rastros complementarios se ha calculado un promedio de longitud para el instrumento de acuerdo con las *n* medidas de longitud por EM para cada uno de los filos y/o puntas presentes.

En la tabla 41.IX se presenta la estadística descriptiva por materia prima lítica. Dado que las características necesarias para medir la longitud residual, es decir, que el instrumento se encuentre entero según el EM de cada uno de los filos y/o puntas que presenta la pieza, sólo se pudieron registrar en un instrumento de jaspe, uno en jaspe con impurezas, uno en ópalo, uno en una roca silícea indeterminada y dos en sílice, los mismos fueron agrupados en la categoria "Otras rocas silíceas" (Otras Rsil), para no perder estos datos, aunque sean escasos.

Tanto la media como la mediana indican la misma tendencia: los instrumentos que han sido descartados con mayor intensidad de uso, es decir, con la menor longitud residual, fueron aquéllos manufacturados en calcedonia, otras rocas silíceas, RGFO y dacita, en orden creciente de longitud. Mientras que la calcedonia y otras rocas silíceas registran valores mínimos y máximos entre 15 y 28 mm, las RGFO han sido descartadas en tamaños que alcanzan los 70 mm y la dacita los 123 mm. Por señalar sólo algunas de las diferencias, podemos decir que la mitad de los instrumentos en RGFO presentan longitudes mayores a 33 mm, en tanto que ninguna de las variedades de rocas silíceas (incluída la calcedonia) alcanza este valor y mientras la longitud mínima entre los instrumentos en dacita es de 20 mm, en la calcedonia este valor es la mediana. En consecuencia, consideramos que las diferencias arrojadas por este indicador son notables. Por este motivo, realizamos el *test* de Kruskal-Wallis para evaluar si las mismas eran significativas estadísticamente. Se optó por efectuar este *test* dado que las muestras comparadas no cumplían con los requisitos para realizar un ANOVA, ni siquiera transformando los valores de longitud a logaritmo. A través del *test* de Kruskal-Wallis se refutó la hipótesis nula de igualdad entre las medianas (tabla 42.IX) y el *test Z post hoc* indicó que las diferencias se encontraban entre la calcedonia y las otras rocas silíceas *vs.* la dacita y las RGFO (tabla 43.IX).

a.4 Índice geométrico de reducción

Este índice se calculó siguiendo la propuesta de Kuhn (1990) para artefactos con un solo filo formatizado y la de Hiscock y Attenbrow (2002, 2003) para artefactos con más de un filo formatizado (ver capítulo IV). En los casos de reutilización de formas-base instrumentales retomadas (sugerido por las diferencias de pátina), el filo de la forma-base fue excluído del cálculo correspondiente. Al igual que en el análisis previo, fuera de la calcedonia (*n*=14) y el ópalo (*n*=5), las demás rocas silíceas (un instrumento en xilópalo, uno en jaspe con impurezas, dos en sílice y uno en una roca silícea indeterminada) fueron agrupadas en la categoria "Otras rocas silíceas" por el tamaño pequeño de las muestras. En la tabla 44.IX se presenta la estadística descriptiva del índice geométrico por materia prima lítica.

De acuerdo con los valores de media, los instrumentos en dacita son los que presentan el menor grado de reducción, seguidos por las RGFO. Ambos conjuntos de materias primas son los que presentan la mayor variabilidad, comprendiendo valores de reducción entre aproximadamente 0,10 y 1, es decir, presentan instrumentos descartados con poco uso y otros cuando prácticamente se encontraban agotados. La calcedonia es la roca que evidencia los mayores grados de reducción de todos los conjuntos comparados. También presenta una alta variabilidad, pero los valores mínimos son más elevados que en el caso de dacitas y RGFO. El ópalo y las otras rocas silíceas se encuentran en una posición intermedia entre la dacita y las RGFO, por un lado, y la calcedonia por el otro, lo que evidencia que las distintas variedades de rocas silíceas en general son aprovechadas hasta su agotamiento.

Materia prima	N	Media	Mediana	Desvío estándar	Error estándar	Mínimo	Máximo	Rango
Calcedonia	10	21,45	20,5	4,34	1,37	15	26,5	11,5
Otras Rsil	6	22,67	23	3,78	1,54	18	28	10
RGFO	27	35,37	33	13,64	2,62	18,67	70	51,33
Dacita	21	49,81	35	29,40	6,42	20	123	103

Tabla 41.IX: Estadística descriptiva de la longitud residual de los instrumentos por materia prima lítica

Method	Degree of Fredom	Chi-Square (H)	Prob Level	Decision(0,05)
Not Corrected for Ties	3	24,49	0,00	Reject Ho
Corrected for Ties	3	24,53	0,00	Reject Ho

Tabla 42.IX: Resultados del test Kruskal-Wallis sobre la longitud residual de los instrumentos unfaciales por materia prima lítica

LN Longitud Residual	RGFO	Calcedonia	Dacita	Otras rocas silíceas
RGFO	0,00	**3,30**	1,40	**2,54**
Calcedonia	**3,30**	0,00	**4,24**	0,15
Dacita	1,40	**4,24**	0,00	**3,35**
Otras rocas silíceas	**2,54**	0,15	**3,35**	0,00

En negritas se marcan las diferencias significativas. Medians significantly different if z-value > 1,9600

Tabla 43.IX: Resultados del test Z sobre la longitud residual de los instrumentos unfaciales por materia prima lítica

Materia prima	N	Media	Mediana	Desvío estándar	Error estándar	Mínimo	Máximo	Rango
Dacita	53	0,56	0,56	0,24	0,03	0,10	1,00	0,90
RGFO	72	0,58	0,57	0,22	0,03	0,14	1,00	0,86
Otras Rsil	5	0,60	0,56	0,26	0,12	0,29	0,89	0,6
Ópalo	5	0,65	0,62	0,11	0,05	0,5	0,78	0,28
Calcedonia	14	0,67	0,7	0,23	0,06	0,27	1	0,73

Tabla 44.IX: Estadística descriptiva del índice geométrico por materia prima lítica

Sector CVPA	Materia prima	N	Media	Mediana	Desvío estándar	Error estándar	Mínimo	Máximo	Rango
NORTE	RGFO	7	0,65	0,75	0,26	0,10	0,3	1	0,7
	Calcedonia	5	0,64	0,56	0,19	0,08	0,4	0,86	0,46
	Dacita	5	0,52	0,5	0,20	0,09	0,25	0,82	0,57
CENTRO	RGFO	45	0,57	0,56	0,23	0,03	0,14	1	0,86
	Calcedonia	8	0,74	0,74	0,22	0,08	0,33	1	0,67
	Dacita	33	0,60	0,6	0,24	0,04	0,1	1	0,9
SUR	RGFO	20	0,56	0,57	0,19	0,04	0,25	0,91	0,66
	Dacita	15	0,51	0,57	0,25	0,06	0,14	0,89	0,75

Tabla 45.IX: Estadística descriptiva del índice geométrico por materia prima lítica y por sector del CVPA.

De la comparación por sectores fueron excluídos los ópalos y las otras rocas silíceas, por su número pequeño y también la calcedonia del sector sur. En la tabla 45.IX se presenta la estadística descriptiva del índice geométrico por materia prima lítica y por sector del CVPA.

Las tendencias generales que pueden señalarse a partir del índice de reducción es que en todos los sectores y en todas las materias primas el índice alcanza valores elevados, que superan la media de 0,5, es decir, que el espesor del filo sobrepasa la mitad del espesor de la forma base, llegando a representar el 70% del mismo en los instrumentos de calcedonia del sector central, que son los que presentan la media más elevada. Asimismo, los valores máximos son altos en todos los casos. Como tendencias espaciales, a través de este indicador se observa una disminución en la reducción de los instrumentos en RGFO de norte a sur, aunque las diferencias son bajas. La calcedonia y la dacita son las que presentan la mayor reducción en el sector central. En el caso de la dacita, estos valores disminuyen hacia el norte y hacia el sur.

b. Los artefactos bifaciales

La muestra de artefactos bifaciales de superficie, además de ser pequeña (*n*=29), tiene un alto grado de fragmentación, que representa el 61% de la muestra (*n*=11). Entre los cabezales bifaciales (*n*=9) sólo tres se encuentran enteros. Dado que el cálculo del índice de rejuvenecimiento (Iriarte 1995) requiere que los ejemplares estén enteros, los valores se presentan a modo ilustrativo, ya que no es posible establecer tendencias. Los tres cabezales son en RGFO volcánica, que es la materia prima principalmente utilizada para la manufactura de estos instrumentos. Uno procede la laguna Azul transecta 1 (sector sur) y dos del sector central del CVPA, de los sitios Norte 2 y Cóndor 1. El índice de rejuvenecimiento indica una mayor reducción en el cabezal de este último sitio (tabla 46.IX).

Dado que el conjunto de cabezales bifaciales recuperados en estratigrafía también es pequeño, se ha realizado un análisis de estos instrumentos juntando ambos tipos de muestras (superficie y estratigrafía) para lograr tener un númeo más grande de piezas que nos permita realizar algún grado de comparación. Dado que nos interesan los cambios morfológicos relacionados con la historia de vida de los artefactos, en el capítulo X se presenta un análisis exploratorio de los cabezales bifaciales a través de los modelos de morfometría geométrica.

Procedencia	Ind. Rejuv.
Laguna Azul T1	7,02
Alero Norte 2	5,41
Cóndor 1	4,47

Tabla 46.IX: Valores del índices de rejuvenecimiento en los cabezales bifaciales enteros de superficie

2. UNA PRIMERA APROXIMACIÓN A LA INTENSIDAD DE USO DE LAS MATERIAS PRIMAS LÍTICAS

El análisis del registro de superficie nos mostró algunas tendencias en la explotación de las materias primas líticas. De acuerdo con los distintos índices y variables que fueron considerados como indicadores de la intensidad de uso y el grado de reducción de los artefactos podemos señalar que las rocas silíceas en general y entre ellas la calcedonia en particular, son el conjunto de materias primas que muestran en muchos casos el mayor grado de reducción. Si bien aún conocemos poco sobre los lugares de procedencia de las distintas variedades de estas rocas, su disponibilidad es escasa en comparación con otros tipos de rocas utilizados para la manufactura de artefactos. La calcedonia ha sido recuperada en un solo muestreo en el sector meridional del CVPA, sobre un total de 61 recolecciones de rocas realizadas en los depósitos naturales del área. Sin embargo, constituye uno de los tipos de roca más utilizados, ocupando el tercer lugar en abundancia entre los artefactos, luego de las RGFO y la dacita. Evidentemente su disponibilidad es muy localizada, por lo cual resulta dificultoso pensar en una estrategia de aprovisionamiento *embedded* (*sensu* Binford 1979) para la obtención de esta roca.

Del resto de las variedades de rocas silíceas utilizadas para la manufactura de artefactos, tales como sílice, xilópalo, ópalo y jaspe, desconocemos su procedencia, excepto del jaspe (en sus variedades pura y con impurezas), que ha sido detectado principalmente en el valle del río Gallegos y en la costa Atlántica. Las muestras artefactuales de superficie sobre esta roca son bajas en número, por lo cual no es posible establer tendencias significativas en su explotación, más que señalar una elevada intensidad de uso.

La mayoría de los análisis efectuados han permitido evaluar y comparar en mayor grado la utilización de las RGFO y las dacitas, que son las materias primas mayormente empleadas para la manufactura de artefactos. Se han registrado diferencias en las técnicas de talla utilizadas para la explotación de estas rocas y en las caracterísiticas de los instrumentos manufacturados sobre las mismas. Como lo indica la evidencia aportada por los núcleos, las RGFO y la calcedonia fueron explotadas principalmente a través de una tecnología bipolar, en relación con el tamaño y forma de los nódulos en los que se presentan estas rocas. Por el contrario, la dacita, que tiene los tamaños más grandes, ha sido explotada principalmente mediante técnicas de percusión a mano alzada.

Los instrumentos manufacturados sobre RGFO y calcedonia presentan diferencias con respecto a aquéllos confeccionados sobre dacita, tanto en las clases artefactuales como en los atributos específicos de los mismos. Así, mientras las RGFO y la calcedonia son las rocas principalmente utilizadas para la manufactura de artefactos bifaciales, la dacita se encuentra más representada entre los instrumentos de filo, especialmente en los que presentan los filos más largos. La calcedonia en primer lugar, seguida por las RGFO, son las materias primas sobre las que se han manufacturado los instrumentos de filo más corto, lo que se encuentra en relación con el tamaño de las formas-base. Asimismo, la manufactura de filos más cortos en estas materias primas también puede encontrarse relacionada con la selección de diferentes tipos de roca según los requerimientos funcionales específicos.

La evaluación de la cantidad de filos y/o puntas formatizados y/o con rastros complementarios por instrumento, además de constituír un indicador de intensidad de uso de las materias primas líticas, apunta hacia la multifuncionalidad de la mayoria de los instrumentos de Pali Aike, sobre todo de aquellos manufacturados sobre RGFO y rocas silíceas, lo cual puede ser relacionado con el carácter transportable de los mismos y con situaciones de incongruencia espacial en la distribución de recursos.

Con respecto a los patrones espaciales, el análisis de los núcleos en RGFO principalmente ha mostrado la importancia del río Gallegos y el estrecho de Magallanes como fuentes potenciales de aprovisionamiento. La variabilidad en el grado de reducción que presentan estos artefactos en la cuenca del río Chico también permite sostener la utilización del mismo como fuente potencial de aprovisionamiento, donde sería posible reabastecerse cuando aumenta la distancia al río Gallegos y al estrecho de Magallanes. Este espacio (la cuenca del río Chico), localizado hacia el centro del CVPA, es el que presenta la mayor diversidad de materias primas líticas explotadas y las evidencias de un grado de reducción elevado en los instrumentos. Esto se encontraría en relación con la intensidad de uso que presentan dos de los sitios localizados en este espacio, especialmente Cóndor 1, en el cual se han focalizado los trabajos de excavación y presenta varias dataciones que permiten sostener un uso recurrente durante el Holoceno tardío. Otro de los sitios que también presenta este tipo de evidencias, Frailes 2, ha sido relevado sólo superficialmente, por lo que no es posible realizar demasiadas inferencias al respecto, pero presenta una gran densidad de materiales que apuntan en este sentido. El análisis del registro estratigráfico nos permitirá evaluar las similitudes y diferencias en estos patrones y afinar las tendencias temporales.

CAPÍTULO X: LA EXPLOTACIÓN DE LOS RECURSOS LÍTICOS DESDE EL REGISTRO ESTRATIGRÁFICO

Introducción

En el presente capítulo se analiza la información aportada por el registro estratigráfico desde dos perspectivas: una espacial y otra temporal. De acuerdo con ello el capítulo se divide en dos grandes secciones: el análisis espacial en la sección X.I y el análisis temporal en la sección X.II.

En el análisis espacial, los sitios excavados se consideran como puntos en el paisaje. Así, se evalúa la forma en que fueron utilizadas las materias primas líticas en los distintos setores del CVPA y la existencia de diferencias microregionales en la explotación de las mismas de acuerdo con el uso del espacio y la cercanía a las fuentes potenciales de aprovisionamiento lítico. Para ello se parte de un análisis intrasitio de la abundancia, diversidad y grado de reducción de las materias primas líticas, para luego realizar una comparación regional de estas variables. Estos patrones se ponen en relación con la evidencia aportada por el registro de superficie.

Desde una perspectiva temporal, se evalúan las estrategias de utilización de las materias primas líticas durante el Holoceno tardío a partir de las secuencias estratigráficas que se encuentran datadas. Al igual que en el caso anterior, se parte de un análisis a escala de sitio, para luego comparar la utilización de las materias primas líticas segmentando los conjuntos en bloques temporales a partir de los fechados radiocarbónicos disponibles. De esta forma, es posible obtener un panorama de la intensidad de uso de las materias primas líticas para comienzos (*ca.* 4000-2000 AP) y fines del Holoceno tardío (últimos 2000 años AP), lo cual nos permite evaluar la existencia de cambios temporales en la disponibilidad, estrategias de aprovisionamiento y explotación de las rocas.

1. LA UTILIZACIÓN DE LAS MATERIAS PRIMAS LÍTICAS EN LOS SITIOS EXCAVADOS

En esta sección evaluaremos la explotación de las materias primas líticas a partir de la evidencia aportada por los sitios excavados, a los cuales, desde una perspectiva espacial, se los considera como puntos en el paisaje. Así, se cuenta con la información estratigráfica de los siguientes sitios arqueológicos: cueva 1 Las Buitreras en el sector septentrional del CVPA; Cóndor 1, Norte 1, 2 y 3 y alero 41, en la margen sur del río Chico, hacia el centro de Pali Aike, y Orejas de Burro 1, 2, 10, 11 y 16, Laguna Azul 1, Bloques al este de Laguna Azul y Morro Rojo, en el sector meridional del CVPA. Para el sector norte también se dispone del análisis de muestras de artefactos seleccionadas de la cueva 1 La Carlota, las cuales comprenden núcleos y raspadores (*sensu* Aschero 1979, 1983) en RGFO y calcedonia y la totalidad de los artefactos manufacturados en obsidiana, resultado de las excavaciones de la cueva durante 2005 y 2006.

En primer lugar se presenta la información concerniente a la utilización de las materias primas líticas a escala de sitio, de acuerdo con su localización en los grandes sectores del CVPA. Luego, se compara esta información a escala regional con el objetivo de establecer tendencias espaciales.

1.a SECTOR SEPTENTRIONAL

En la figura 1.X se presenta la localización en la cuenca del río Gallegos de los sitios del sector septentrional del CVPA que aportaron material estratigráfico.

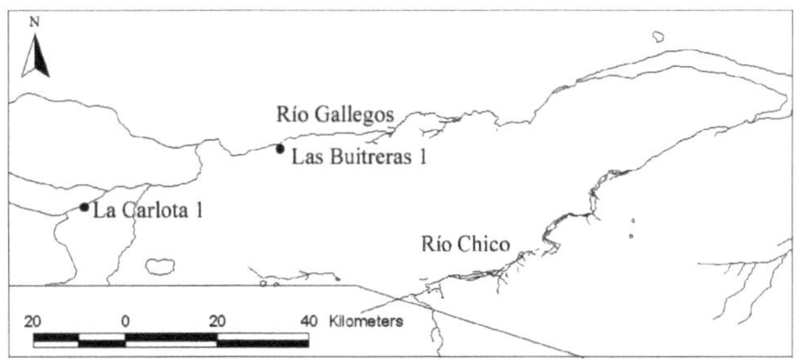

Figura 1.X: Localización de los sitios estratigráficos del sector septentrional del CVPA

1.a.1 Cueva Las Buitreras 1

Durante los últimos *ca.* 4000 años, las tres clases de materia prima más abundantes entre los artefactos de Las Buitreras son la dacita (48,7% *n*=335) en primer lugar, seguida por las RGFO (35,95% *n*=247) y la calcedonia (10,6% *n*=73). La distribución de frecuencias y porcentajes de las materias primas de menor representatividad se presenta en la tabla 1.X.

	Ópalo	Sílice	Pórfiro dacítico	Filita	Jaspe con impurezas	Obsidiana Negra	Granito	Gabro
N	8	3	3	3	1	1	0,3	0,14
%	1,2	0,43	0,43	0,43	0,14	0,14	2	1

Tabla 1.X: Frecuencia y porcentaje de las materias primas minoritarias en los artefactos tallados de Las Buitreras 1

Como señalamos en el capítulo VII, en esta estancia se han realizado dos muestreos de rocas en el valle del curso medio del río Gallegos (BTR1 y BTR2 en figura 2.X). En ambos muestreos se han recuperado dacita y RGFO, la primera de estas rocas en mayor abundancia (ver tabla 32.VII). El resto de las materias primas que se encuentran representadas en los artefactos de este sitio no fueron detectadas en ninguno de los muestreos realizados en la estancia; sin embargo, se ha registrado la disponibilidad de pórfiro dacítico en el curso medio del río Gallegos, en la estancia La Carlota (muestreo CAR1 en tabla 32.VII y figura 2.X), aproximadamente a 11 km de Las Buitreras. Ya a mayor distancia de este sitio (a 35 km aproximadamente), hacia el curso inferior del río, también se ha recuperado pórfiro dacítico en Palermo Aike (PAc3 en tabla 32.VII y figura 2.X), el cual se

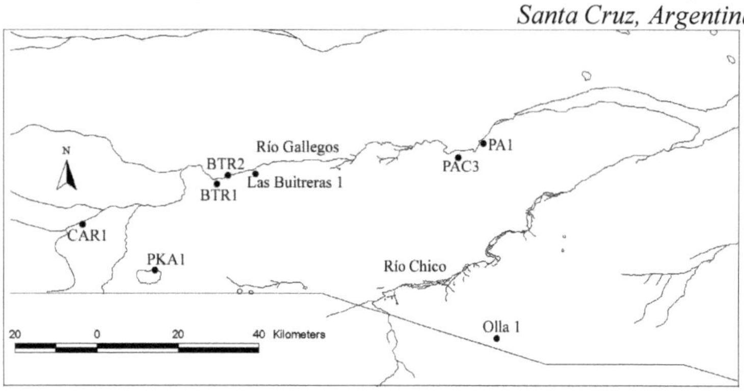

Figura 2.X: Localización de Las Buitreras 1 y de las fuentes potenciales de aprovisionamiento más cercanas

presenta en mayor abundancia que en La Carlota. Igualmente, creemos que la ausencia de pórfiro dacítico en los muestreos realizados en la estancia Las Buitreras probablemente se deba a un sesgo de muestreo, dado que se recolectan las rocas aptas para la talla (ver capítulo VII) y el pórfiro dacítico generalmente se presenta en calidades regulares debido al mayor tamaño de grano.

Por otro lado, en cercanías de la cueva La Carlota 1, Campan *et al.* (2007) señalan la disponibilidad de calcedonia. Este es el panorama si consideramos las fuentes potenciales de aprovisionamiento más cercanas. En la tabla 32 del capítulo VII se puede observar su disponibilidad en otros sectores del espacio del CVPA.

Por su parte, el jaspe con impurezas también puede ser obtenido en Palermo Aike (PA1). Esta materia prima sólo se encuentra disponible en este sector del CVPA (ver capítulo VII). En el mismo, el gabro sólo ha sido recuperado en la laguna Potrok Aike (PKA1), teniendo una mayor disponibilidad hacia el sur. La filita también ha sido registrada sólo en el sector meridional (en el muestreo La Olla 1).

El ópalo, el sílice y la obsidiana no han sido recuperados en ninguno de los muestreos realizados, como así tampoco el granito. Con respecto a esta última roca creemos que su falta de registro se debe a un sesgo de muestreo, dado que la recolección de nódulos en los depósitos naturales se encuentra orientada hacia materias primas aptas para la talla. De hecho, en Las Buitreras el granito se encuentra representado en ecofactos y artefactos sin formatización (un yunque y un percutor), lo cual indica que se aprovechó la roca en estado natural, posiblemente en relación con sus características de tamaño y forma. Por su parte, si bien el sílice y el ópalo no fueron recuperados en los muestreos de rocas del CVPA, creemos que, por la frecuencia de su utilización, se encuentran disponibles en el espacio regional, a diferencia de la obsidiana negra que probablemente proceda de Pampa del Asador, de acuerdo con las determinaciones geoquímicas que fueron realizadas sobre artefactos en esta materia prima procedentes del sitio Cóndor 1 (sector central).

Si consideramos la distribución de las materias primas líticas en los artefactos tallados por clase artefactual, se pueden establecer algunas tendencias en cuanto a su forma de utilización en el sitio (tabla 2.X). Las únicas rocas en las que se encuentran representados núcleos, instrumentos y desechos de talla son las RGFO, la dacita y la calcedonia. Por su parte, el ópalo y el sílice se presentan bajo la forma de instrumentos y algunos desechos muy escasos, el xilópalo solamente como instrumentos, el pórfiro dacítico como un núcleo y dos desechos de talla, y el jaspe con impurezas, la obsidiana negra y la filita se presentan sólo como desechos de talla.

La proporción de artefactos formatizados en relación con el total de desechos de talla por materia prima nos permite evaluar si la manufactura de los mismos fue *in situ* o si fueron ingresados formatizados al sitio (*cf.* Franco 2002a. Para diferentes índices de producción ver Ericson 1984). Las proporciones más altas sugieren la introducción de instrumentos ya terminados o en estadios avanzados de formatización. En la tabla 3.X se observa la proporción de instrumentos/desechos de talla por materia prima lítica, en las que ambas categorias artefactuales se encuentran representadas.

El xilópalo (el cual no se encuentra en la tabla 3) ingresó como instrumento formatizado ya que no se registran núcleos ni desechos de talla sobre esta materia prima. Lo mismo para el ópalo y el sílice, en los cuales hay más instrumentos que desechos. La proporción de instrumentos en calcedonia es alta, lo que nos indica que la mayor parte ingresaron ya formatizados al sitio, aunque algunos fueron terminados o aún manufacturados desde los estadios inciales en la cueva. La dacita y las RGFO presentan proporciones más bajas, lo cual indica una mayor manufactura *in situ*, sobre todo de estas últimas. Esto es concordante con la cercania a la fuente de aprovisionamiento. Una mejor calibración de estas tendencias puede obtenerse al considerar el grado de reducción de los desechos de talla, el cual nos indica si los mismos representan las primeras o últimas etapas de manufactura. Para ello se considera el índice de corteza (Ericson 1984), el cual se basa en la proporción de lascas primarias y secundarias/total de desechos de talla, y la densidad de extracciones previas en la cara dorsal de la lasca.

Materia prima	Artefactos formatización unifacial	Artefactos formatización bifacial	Desechos de talla	Núcleos
RGFO	42	4	178	11
Dacita	77	1	237	14
Pórfiro dacítico	0	0	2	1
Calcedonia	24	0	43	1
Ópalo	6	0	3	0
Sílice	2	1	2	0
Xilópalo	2	0	0	0
Jaspe con impurezas	0	0	1	0
Obsidiana negra	0	0	1	0
Filita	0	0	2	0
Indet.	1	0	3	1
Total	154	6	472	28

Tabla 2.X: Materias primas líticas por clase artefactual en Las Buitreras 1

Materia prima	Total instrumentos/ total desechos
Ópalo	2
Sílice	1,5
Calcedonia	0,56
Dacita	0,33
RGFO	0,26

Tabla 3.X: Proporción de instrumentos/desechos de talla por materia prima lítica en Las Buitreras 1

Materia prima	Nº lascas primarias y secundarias/ total desechos
RGFO	0,07
Dacita	0,09
Pórfiro dacítico	0,5
Calcedonia	0,07
Ópalo	0
Sílice	0
Jaspe con impurezas	1
Obsidiana negra	0
Filita	1

Tabla 4.X: Proporción de lascas primarias y secundarias/total desechos por materia prima lítica en Las Buitreras 1

En la tabla 4.X se presenta la proporción de lascas primarias y secundarias/total desechos por materia prima lítica en la que se registran desechos de talla en el sitio (el xilópalo quedó excluído).

El jaspe con impurezas y la filita presentan una relación de uno a uno entre la cantidad de lascas primarias y secundarias y el total de desechos de talla porque el único desecho de talla recuperado en el sitio sobre la primera de estas materias primas es una lasca primaria, al igual que los dos desechos en filita. Por consiguiente, estas rocas han sido trabajadas en el sitio, pero tanto los núcleos como los instrumentos manufacturados en las mismas han sido transportados. La proporción, también elevada, en pórfiro dacítico responde a que uno de los dos desechos de talla sobre esta roca es una lasca primaria. Esto, sumado a la presencia de un núcleo, indicaría la manufactura de artefactos *in situ* y su transporte, ya que no se encuentran instrumentos sobre esta materia prima descartados en el sitio. La proporción de lascas primarias y secundarias en RGFO, dacita y calcedonia es muy baja, no llegando a alcanzar el 1% del total de desechos de talla sobre cada una de estas rocas, lo cual sugiere que los primeros estadios de manufactura están poco representados en el sitio. En ópalo, sílice y obsidiana negra no se registran ninguno de estos tipos de lasca en los escasos desechos recuperados.

En la tabla 5.X se presenta la estadística descriptiva de la densidad de extracciones previas en la cara dorsal de los desechos de talla por materia prima lítica. Dado que sólo se cuenta con un desecho de talla en jaspe con impurezas y en obsidiana negra, la densidad de extracciones previas (e/mm^2, a saber extracciones por mm^2) en estas lascas no se incluye en la tabla 5 y es de 0 e/mm^2 y 1,48 e/mm^2, respectivamente. Las dos lascas en filita también presentan un valor de 0 e/mm^2 y tampoco se incluyen en la tabla.

Materia prima	N	Media	Mediana	Desvio estándar	Error estándar	Mínimo	Máximo	Rango
Ópalo	3	2,27	2,02	1,22	0,70	1,19	3,59	2,4
RGFO	169	1,04	0,83	1,08	0,08	0	7,69	7,69
Calcedonia	40	0,89	0,74	0,56	0,09	0	2,42	2,42
Sílice	2	0,66	0,65	0,29	0,21	0,45	0,86	0,41
Dacita	214	0,67	0,46	0,68	0,05	0	4,17	4,17
Pórfiro dacítico	2	0,26	0,26	0,37	0,26	0	0,52	0,52

Tabla 5.X: Estadística descriptiva de la densidad de extracciones previas en la cara dorsal de los desechos de talla en Las Buitreras 1

Las densidades más elevadas de extracciones previas, de acuerdo con la media y la mediana de los conjuntos, se registran en el ópalo (2,27 e/mm^2) y en las RGFO (1,04 e/mm^2), aunque la lasca fragmentada en obsidiana negra sería la que ocuparía el segundo lugar. El pórfiro dacítico y la dacita son las que presentan el menor número de extracciones, aunque el menor grado de reducción se registra en el jaspe con impurezas y en la filita, ya que no presentan extracciones previas a la lasca en cuestión.

Dado que en el cálculo de la densidad de extracciones no se consideraron las lascas de reactivación (ya que la cantidad de extracciones previas depende más de las sucesivas reactivaciones a las que estuvo sujeto el filo que al grado de reducción del núcleo), señalamos que se registran ocho lascas de reactivación de instrumento en dacita (una de las cuales es producto de la reactivación de un instrumento retomado), seis en RGFO y una en calcedonia.

Por otro lado, con respecto a la formatización de artefactos bifaciales en el sitio, entre los desechos de talla se encuentran ocho lascas de adelgazamiento bifacial en dacita y 13 en RGFO. No se registra la manufactura de artefactos bifaciales sobre sílice, lo cual sugiere que el cabezal bifacial sobre esta roca ingresó ya formatizado al sitio.

Las tendencias señaladas en el grado de reduccción de los desechos de talla sugieren que la mayoría de las lascas en calcedonia, dacita y RGFO, que son las materias primas más representadas en esta clase artefactual, corresponden a los ultimos estadios de talla, de acuerdo con la baja proporción de lascas primarias y secundarias (<1%) y la presencia de lascas de reactivación de filo en estas materias primas. Si bien se registran diferencias en estos indicadores entre la calcedonia y las RGFO por un lado y la dacita por el otro, esto se encuentra en relación con la intensidad de uso de las diferentes materias primas, pero lo que nos interesa recalcar de este contexto, que será profundizado con el análisis del grado de reducción de los instrumentos y núcleos, es que se registra una frecuente reutilización de formas-base para la manufactura de artefactos. Así, tanto instrumentos como núcleos, algunas veces fragmentados y otras retomados, son utilizados para la manufactura de otro artefacto. Asimismo, se aprovechan como forma-base lascas producto de estadios avanzados de manufactura, como las lascas de reactivación de instrumentos y núcleos. Este comportamiento tecnológico se encuentra en sintonía con una menor representatividad de los estadios iniciales de talla en el sitio, a pesar de la cercanía a la fuente potencial de aprovisionamiento. Estas tendencias pueden ser interpretadas en términos de carroñeo (*sensu* Schiffer 1987) de las materias primas disponibles en el sitio, lo cual puede ser entendido en relación con el uso del espacio. No hay inversión de tiempo y energía en el abastecimiento de rocas en las fuentes potenciales, ni en la manufactura de artefactos. En la comparación regional (ver apartado 2 en este capítulo) veremos que el grado de reducción de los artefactos en este sector del espacio es inferior al registrado hacia el centro y sur del campo volcánico, lo cual apunta hacia una explotación expeditiva de las materias primas líticas, en relación con el uso marginal de la cuenca del río Gallegos (*cf.* Carballo Marina 2007).

Con respecto al grado de reducción que presentan los artefactos formatizados en Las Buitreras, en base a lo señalado anteriormente consideramos oportuno, comenzar con la descripción de las formas-base de los instrumentos, poniendo atención en los artefactos de formatización unifacial, ya que entre los artefactos bifaciales (*n*=6) todas las formas-base son indiferenciadas. En la tabla 6.X se presenta la frecuencia de formas-base por materia prima para los instrumentos unifaciales.

Lo que nos interesa señalar es que, entre las lascas utilizadas como formas-base de los instrumentos, se registran casos de utilización de lascas de reactivación de instrumentos y de núcleos, como así también de una lasca de adelgazamiento bifacial. Asimismo, entre los artefactos retomados, que representan el 6,5% de las formas-base de los instrumentos unifaciales, en cuatro casos son lascas, una de ellas de reactivación de instrumento.

También se registra la reutilización de artefactos formatizados como formas-base para la manufactura de otro instrumento. Todos estos casos corresponden a instrumentos en dacita, RGFO y calcedonia.

Materia prima	Lascas (n=132)										
	Primaria	Secundaria	C/dorso natural	Plana	Angular	Arista	Bipolar	Adel. Bif.	Flanco núcleo	Reactiv. Instr.	Indif.
RGFO	2	2	2	1	13	5	6	0	0	0	6
Calcedonia	2	1	0	0	8	2	5	1	1	0	3
Dacita	3	3	3	0	19	5	1	0	5	2	21
Ópalo	0	0	0	0	1	2	1	0	0	0	2
Sílice	0	0	0	0	2	0	0	0	0	0	0
Xilópalo	0	0	0	0	0	0	0	0	0	0	1
Indif.	0	0	0	0	1	0	0	0	0	0	0
Total	5	4	3	0	30	9	7	1	6	2	27

Materia prima	Artefactos retomados (n=10)			Raspador	Bifaz	Artefacto bifacial indiferenciado	Artefacto indiferenciado	Hemiguijarro bipolar	Percutor	Total
	Lascas	Instrumentos	Núcleos							
RGFO	1	0	0	0	1	2	1	0	0	42
Calcedonia	0	0	0	1	0	0	0	0	0	24
Dacita	4	4	1	0	0	0	2	3	1	77
Ópalo	0	0	0	0	0	0	0	0	0	6
Sílice	0	0	0	0	0	0	0	0	0	2
Xilópalo	0	0	0	0	0	0	1	0	0	2
Indif.	0	0	0	0	0	0	0	0	0	1
Total	4	4	1	1	0	0	3	3	1	154

**Split cobble (Flenniken 1981)*

Tabla 6.X: Formas-base por materia prima en los instrumentos de formatización unifacial de Las Buitreras 1

Materia prima	N	Media	Mediana	Desvío estándar	Error estándar	Mínimo	Máximo	Rango
Ópalo	6	0,47	0,37	0,26	0,11	0,25	0,80	0,55
RGFO	38	0,41	0,33	0,21	0,03	0,20	1,00	0,80
Calcedonia	22	0,40	0,33	0,18	0,04	0,20	0,75	0,55
Dacita	75	0,38	0,33	0,17	0,02	0,20	1,00	0,80
Sílice	2	0,25	0,25	0,00	0,00	0,25	0,25	0,00
Xilópalo	2	0,25	0,25	0,00	0,00	0,25	0,25	0,00

Tabla 7.X: Estadística descriptiva de la proporción de filos y/o puntas formatizados y/o con rastros complementarios por instrumento por materia prima lítica en Las Buitreras 1

Con respecto a la proporción de filos y/o puntas formatizados y/o con rastros complementarios (FPFy/oRC), en la tabla 7.X se presenta la estadística descriptiva de esta variable. En los casos de instrumentos retomados se consideran solamente los filos activos.

La mayor proporción de FPFy/oRC se observa en los instrumentos en ópalo, en los cuales la media indica que aproximadamente la mitad de los biseles disponibles se encuentran formatizados y/o con rastros complementarios. Valores cercanos, aunque inferiores a la mitad, se registran en las RGFO y la calcedonia, en donde un 40% de los biseles potenciales se encuentran formatizados y/o con rastros complementarios. Solamente un cuarto de los biseles potenciales se encuentran formatizados y/o con rastros complementarios en los instrumentos en sílice y xilópalo, que son los que presentan los valores más bajos. Cabe señalar que la información aportada por estos índices adquiere su mayor significatividad en la comparación regional, que se presenta luego, ya que nos permite apreciar las variaciones en el grado de explotación de las materias primas en los distintos sectores del espacio del CVPA. Por el momento, estos índices sólo nos brindan un panorama de la explotación relativa de las diferentes rocas en el sitio.

La longitud de los instrumentos al momento del descarte nos señala que los instrumentos unifaciales descartados con la mayor utilidad residual fueron los manufacturados en dacita, con una media de 46,13 mm. Le siguen los instrumentos en RGFO y luego la calcedonia y el ópalo, que son los que presentan la mayor intensidad de uso en tanto tienen los menores tamaños (tabla 8.X y figura 3.X). Sólo un ejemplar de los instrumentos en sílice y uno en xilópalo pudieron ser medidos, los cuales presentan una longitud de 54 y 51 mm, por lo tanto se encuentran entre los instrumentos con menor explotación.

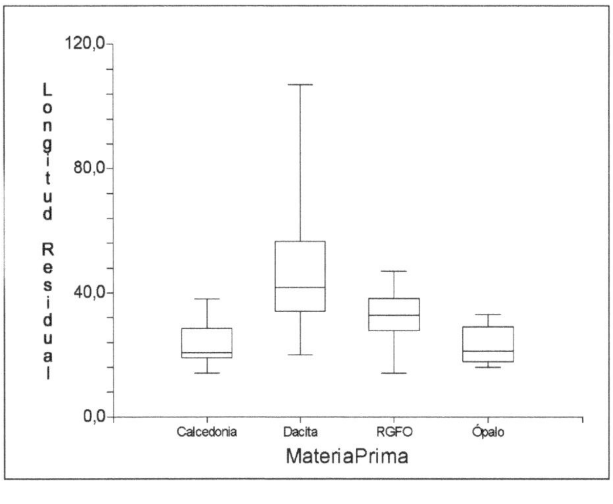

Figura 3.X: Gráfico de cajas de la longitud residual de los instrumentos unifaciales por materia prima lítica en Las Buitreras 1

Materia prima	N	Media	Mediana	Desvío estándar	Error estándar	Mínimo	Máximo	Rango
Dacita	63	46,13	42	17,05	2,15	20	107	87
RGFO	38	32,35	33	8,05	1,31	14	47	33
Calcedonia	21	23,20	21	6,13	1,34	14	38	24
Ópalo	5	23,03	21,5	6,45	2,88	16	33	17

Tabla 8.X: Estadística descriptiva de la longitud residual de los instrumentos unifaciales por materia prima lítica en Las Buitreras 1

Materia prima	N	Media	Mediana	Desvío estándar	Error estándar	Mínimo	Máximo	Rango
Ópalo	6	0,72	0,8	0,21	0,09	0,4	0,9	0,5
Calcedonia	22	0,59	0,5	0,16	0,03	0,4	0,9	0,5
RGFO	35	0,51	0,5	0,23	0,04	0,2	1	0,8
Dacita	72	0,44	0,4	0,22	0,03	0,1	1	0,9

Tabla 9.X: Estadística descriptiva del índice geométrico de reducción de los instrumentos unifaciales por materia prima lítica en Las Buitreras 1

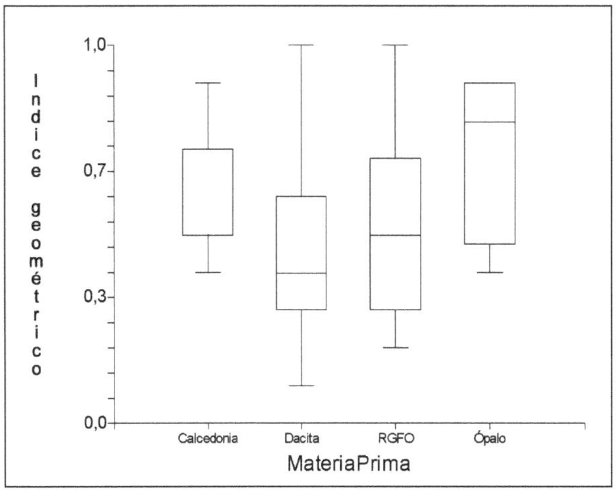

Figura 4.X: Gráfico de cajas del índice geométrico de reducción de los instrumentos unifaciales por materia prima lítica en Las Buitreras 1

El índice geométrico de reducción señala el mismo patrón de intensidad de uso que la longitud residual de los instrumentos. Así, el ópalo y la calcedonia son las materias primas que presentan los mayores desgastes de los filos, seguidas por las RGFO y en último lugar la dacita (tabla 9.X y figura 4.X). Como en el caso anterior este índice sólo pudo ser medido en un instrumento en sílice y uno en xilópalo, con valores de 0,6 y 0,3, respectivamente.

En la tabla 10.X se presenta la estadística descriptiva del ángulo de desgaste de los filos y/o puntas formatizados en los instrumentos unifaciales de Las Buitreras. Según este indicador el mayor desgaste se presenta en la dacita y el xilópalo, seguidos por las RGFO y la calcedonia . El menor ángulo de desgaste le corresponde al sílice (15°) - que no se muestra en la tabla 10, ya que se trata de un solo caso- y al ópalo, lo cual marca una diferencia con las variables consideradas previamente, en las que esta materia prima mostraba la mayor reducción. Si bien esta medida es considerada como un número mínimo, parecería no comportarse como un buen indicador de la intensidad de uso de los instrumentos en base a los patrones opuestos que ofrece en relación con las otras variables. Posiblemente esto se deba a la incidencia de los factores señalados en el capítulo IV.2.c.3, tales como la reactivación de los filos -que puede eliminar la primera serie de lascados de formatización del filo, por lo cual el ángulo inicial correspondería al filo reactivado y no al formatizado originalmente- o el desgaste diferencial de los mismos según su utilización para el desarrollo de diferentes tareas, es decir, por variabilidad funcional.

Con respecto a los artefactos bifaciales, sólo dos cabezales están enteros, ambos en RGFO. Presentan un peso medio de 4,6 grs y una media del índice de rejuvenecimiento de 7. Dado que no es posible comparar estos valores con aquéllos estimados para los cabezales en otras materias primas en el sitio, el significado de los mismos depende de la comparación regional. Sin embargo, parecería tratarse de cabezales pequeños, con un grado bajo de reactivación (recordemos que el valor del índice es inverso al grado de reducción).

Por último, la densidad de extracciones de formas-base en los núcleos, los cuales sólo se encuentran representados en las RGFO y la dacita por varios ejemplares y únicamente por una pieza en la calcedonia y el pórfiro dacítico, indica una mayor explotación de las RGFO que de la dacita, con una diferencia bastante grande (el doble) en los valores máximos de extracciones por mm^3 alcanzados en ambas rocas, aunque las RGFO presentan la mayor variabilidad (tabla 11.X). La calcedonia y el pórfiro dacítico presentan una densidad de 0,36 y 0,02 e/ mm^3 respectivamente.

Materia prima	N	Media	Mediana	Desvío estándar	Error estándar	Mínimo	Máximo	Rango
Dacita	76	24,54	25	13,98	1,60	0	60	60
Xilópalo	2	25	25	7,07	5	20	30	10
Calcedonia	22	20,91	20	12,31	2,62	5	45	40
RGFO	36	22,78	20	13,96	2,33	5	50	45
Ópalo	6	18,33	15	12,52	5,11	5	40	35

Tabla 10.X: Estadística descriptiva del ángulo de desgaste de los filos en los instrumentos unifaciales de Las Buitreras 1

Materia prima	N	Media	Mediana	Desvío estándar	Error estándar	Mínimo	Máximo	Rango
RGFO	11	0,50	0,56	0,29	0,09	0,21	1,06	0,85
Dacita	14	0,17	0,12	0,13	0,04	0,03	0,53	0,5

Tabla 11.X: Estadística descriptiva de la densidad de extracciones de formas-base en los núcleos de RGFO y dacita en Las Buitreras 1

Cabe señalar la utilización de lascas como forma-base de dos núcleos en dacita y tres en RGFO, una de las cuales en este último conjunto de rocas es una lasca retomada.

1.a.2 Cueva La Carlota 1

Dado que las muestras analizadas de este sitio fueron seleccionadas deliberadamente, sólo se presenta la información sobre el grado de reducción que presentan las materias primas líticas, ya que debido a este motivo no es posible realizar un análisis comparativo de la abundancia relativa de los distintos tipos de rocas (Manzi *et al.* 2007). Comenzaremos con las obsidianas, de las cuales se ha analizado la muestra completa de las cuadrículas 2 y 3. La variedad más abundante corresponde a la obsidiana gris verdosa veteada (42% *n*=29), probablemene procedente de la cordillera Baguales, de acuerdo con las determinaciones geoquímicas realizadas sobre un núcleo recuperado en Frailes 2 (Stern com. pers.). Todos los artefactos sobre esta roca corresponden a desechos de talla, con una media de densidad de extracciones previas de 3,13 e/mm^2 (tabla 12.X). El segundo lugar de abundancia lo ocupa la obsidiana verde, representando el 30,4% (*n*=21) del total de obsidianas recuperadas en estas excavaciones. Cabe señalar que 19 artefactos son desechos de talla, uno es un raspador y otro un cabezal bifacial pedunculado con aletas. Los desechos de talla presentan una media de densidad de extracciones previas de 2,13 e/mm^2, la más baja de las densidades para las distintas variedades de obsidiana del sitio. Por último, la variedad gris, representa un 27,5% (*n*=19) de los artefactos en obsidiana y es la que presenta la densidad de extracciones más elevada (tabla 12.X).

Si bien en la superficie de la cueva se ha recuperado un núcleo bipolar en obsidiana negra, no se registra ningún artefacto sobre esta variedad en estratigrafía (*cf.* Campan *et al.* 2007). Tampoco se han recuperado núcleos de obsidiana en las excavaciones, pero la presencia de una lasca de flanco de núcleo en obsidiana verde en la cuadrícula 2 señala la circulación de los mismos por el sitio. También nos interesa remarcar la presencia de una lasca de adelgazamiento bifacial en obsidiana gris y tres lascas de reactivación de instrumentos, dos en esta misma variedad y una en obsidiana gris verdosa. No se registran ni lascas primarias ni secundarias en ninguna de las variedades de obsidiana recuperadas en el sitio.

Como señalamos anteriormente, en la única variedad en la que se encuentran instrumentos es en la obsidiana verde. Para la manufactura del raspador se ha utilizado como forma-base una lasca de flanco de núcleo; la proporción de FPFy/oRC que presenta este instrumento es de 0,2, tiene un desgaste de 20° en el filo, un índice de reducción geométrica de 0,5 y una longitud residual de 28 mm. Con respecto al cabezal bifacial, no contamos con la medida del peso por lo cual presentamos sus dimensiones en bruto: 36x26x6 mm. La forma-base es indiferenciada y el índice de rejuvenecimiento es de 6.

Los otros artefactos analizados de esta cueva corresponden a núcleos y raspadores en calcedonia y RGFO de la cuadrícula 1/2 (ver capítulo VI). En la tabla 13.X se presenta la estadística descriptiva de la densidad de extracciones previas en los núcleos de calcedonia, que fueron los únicos artefactos correspondientes a esta clase tecnológica recuperados en la excavación.

Los raspadores se encuentran representados en mayor variedad de materias primas: cuatro en calcedonia, uno en ópalo y uno en RGFO. En la tabla 14.X se muestra la estadística descriptiva de los indicadores de reducción considerados en los instrumentos unifaciales para los raspadores en calcedonia. Cabe señalar que uno de estos raspadores ha sido manufacturado sobre un núcleo, en tanto que los tres restantes han utilizado lascas como forma-base, al igual que los raspadores en ópalo y RGFO. En la tabla 15.X se presentan los valores en bruto de estas variables para los raspadores en ópalo y RGFO. La longitud por eje morfológico en estos dos ejemplares no pudo ser medida ya que están fragmentados.

Debido a la parcialidad de los datos no es posible caracterizar en mayor detalle el conjunto lítico de este sitio, pero creemos que esta información va a resultar de importancia para comprender las estrategias de utilización de las materias primas líticas en el contexto regional. Lo que podemos señalar es que el índice geométrico de reducción arroja valores elevados para todas las materias primas, con los más altos en los raspadores en RGFO y ópalo. El ángulo de desgaste de los filos también muestra valores similares en todas las rocas, con un desgaste entre 20-25°. En la proporción de FPFy/oRC las RGFO también mantienen el primer lugar, seguidas por la calcedonia

Materia prima	N	Media	Mediana	Desvío estándar	Error estándar	Mínimo	Máximo	Rango
Obsidiana gris	13	3,92	3,00	3,12	0,87	0,67	12,00	11,33
Obsidiana gris verdosa	19	3,13	3,00	1,05	0,24	1,00	5,71	4,71
Obsidiana verde	14	2,13	1,95	1,25	0,34	0,25	4,55	4,30

Tabla 12.X: Estadística descriptiva de la densidad de extracciones previas en los desechos de talla de obsidiana de La Carlota 1

Materia prima	N	Media	Mediana	Desvío estándar	Error estándar	Mínimo	Máximo	Rango
Calcedonia	3	0,67	0,44	0,52	0,30	0,30	1,27	0,97

Tabla 13.X: Estadística descriptiva de la densidad de extracciones previas en los núcleos de calcedonia de La Carlota 1

Variable	N	Media	Mediana	Desvío estándar	Error estándar	Mínimo	Máximo	Rango
FPFy/oRC	4	0,50	0,50	0,20	0,10	0,25	0,75	0,50
Ángulo Desgaste	4	20,00	17,50	12,25	6,12	10,00	35,00	25,00
Longitud residual	3	28,33	27,00	10,07	5,81	19,00	39,00	20,00
Índice geométrico	4	0,65	0,65	0,22	0,11	0,38	0,9	0,51

Tabla 14.X: Estadística descriptiva de los indicadores de reducción para los raspadores en calcedonia de La Carlota 1

	Ópalo	RGFO
FPFy/oRC	0,33	0,75
Ángulo Desgaste	25	25
Índice geométrico	0,75	0,75

Tabla 15.X: Valores en bruto de los indicadores de reducción para los raspadores en ópalo y RGFO de La Carlota 1

1.b SECTOR CENTRAL

En la figura 5.X se muestra la localización de los sitios del sector central del CVPA cuyas muestras artefactuales fueron analizadas.

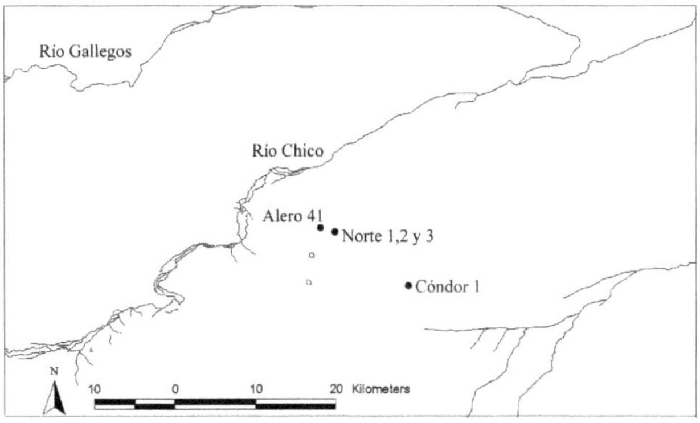

Figura 5.X Localización de los sitios del sector central del CVPA

1.b.1 Cueva Cóndor 1

Para este sitio se cuenta con la información procedente de dos cuadrículas (4E y 12H), las cuales se consideran como conjuntos independientes sobre la base de las diferencias tafonómicas, formacionales y locacionales que presentan (ver capítulo VI, también Barberena 2007).

Como hemos señalado en el capítulo VI, la cuadrícula 4E presenta una baja resolución temporal, con fechados de 3100±70 (LP-1670) y 1.360±35 (Ua-23835) años radiocarbónicos para la capa 4, a escasos centímetros de diferencia. Asimismo, la parte inferior de la secuencia se encuentra afectada por un túnel de roedor. Por este motivo, el foco del análisis se puso en la cuadrícula 12H. Como parte de las diferencias señaladas entre las cuadrículas, se observa una relación inversa entre la abundancia de artefactos líticos y restos arqueofaunísticos. Mientras el registro óseo es más abundante en la cuadrícula 4E, los artefactos líticos son más numerosos en la 12H (*cf.* también Barberena 2007).

En la tabla 16.X se muestran las frecuencias de fragmentos óseos y artefactos líticos en las dos cuadrículas.

Si bien las materias primas líticas más abundantes en ambos contextos son en orden decreciente las RGFO (51,26% y 60,35% en la cuadrícula 12H y 4E respectivamente), la dacita (25,16% y 20,02% respectivamente) y la calcedonia (15,8% y 15,71% respectivamente), las materias primas de representación minoritaria siguen un *ranking* diferente (tabla 17.X).

Mientras en la cuadrícula 12H, luego de la calcedonia se ubican el ópalo, el jaspe, el sílice y la obsidiana gris verdosa, seguidas por otras de menor representatividad, en la cuadrícula 4E en cuarto lugar se encuentra la obsidiana gris, seguida por el sílice, el ópalo y la obsidiana gris verdosa, entre las principales. Dentro de las variedades macroscópicas que agrupa el conjunto de la obsidiana gris, en la cuadrícula 4E el 68% (*n*=22) de las mismas son gris y negro bandeado. En la cuadrícula 12H la obsidiana gris es una de las materias primas de menor representatividad (0,16%), junto con la negra (0,13%) y la variedad gris y negro bandeado representa el 40% (*n*=4) del total de obsidianas grises.

También cabe señalar las diferencias en la representatividad entre cuadrículas del jaspe y el jaspe con impurezas. El primero es más abundante proporcionalmente en la cuadrícula 12H y el segundo en la 4E.

Con respecto a las fuentes potenciales de aprovisionamiento en las que es posible obtener las rocas utilizadas para la manufactura de artefactos en este sitio, las únicas materias primas de disponibilidad local cercana (entre 5-10 km *sensu* Civalero y Franco 2003) son la dacita y el jaspe (figura 6.X). Ambas materias primas se encuentran disponibles en la laguna N° 1 de Tres de Enero, a 7 km del sitio. En la laguna N° 2, a 6,10 km, también es posible obtener dacita. A pesar de la ventaja de la cercanía de estas fuentes debemos tener en cuenta que la disponibilidad de rocas en las mismas varía de

	Cuadrícula	
	4E	12H
N huesos	12.154	2.324
N artefactos líticos	3.266	6.172

Tabla 16.X: Frecuencia de restos arqueofaunísticos y artefactos líticos en las cuadrículas 4E y 12H de Cóndor 1

		RGFO	Dacita	Calcedonia	Ópalo	Sílice	Jaspe	Jaspe c/imp	Xilópalo	Ob. verde	Ob. negra	Ob. Gris verdosa	Ob. Gris	Gabro	Indet	Total
12H	N	3164	1553	975	290	34	47	2	15	16	8	31	10	0	27	6172
	%	51,26	25,16	15,80	4,70	0,55	0,76	0,03	0,24	0,26	0,13	0,50	0,16	0,00	0,44	100
4E	N	1971	654	513	23	28	3	8	2	1	5	15	39	2	2	3266
	%	60,35	20,02	15,71	0,70	0,86	0,09	0,24	0,06	0,03	0,15	0,46	1,19	0,06	0,06	100

Tabla 17.X: Frecuencias y porcentajes de los artefactos líticos por materia prima en las cuadrículas 12H y 4E de Cóndor 1

acuerdo con las condiciones ambientales, ya que pequeñas fluctuaciones en la temperatura o precipitaciones afectan la disponibilidad de las mismas, como fue observado en el transcurso del año 2005 en la laguna-maar N° 2 de Tres de Enero (ver capítulo VII). Frente a un aumento en el nivel de las lagunas y por consiguiente una disminución en la visibilidad de las rocas en su lecho, la fuente potencial de aprovisionamiento de dacita más cercana es el río Chico, a 14,31 km de Cóndor 1. En el caso del jaspe, de disponibilidad más restringida, su obtención implicaría una mayor distancia, ya que otro de los lugares más cercanos donde ha sido detectado se localiza a 21,2 km del sitio, en un paleocauce cercano a Laguna Azul (PAL3), adonde también se encuentra disponible la calcedonia. Esto en referencia al jaspe sin impurezas. La disponibilidad del jaspe con impurezas está restringida al río Gallegos. En el curso inferior de este río, en Palermo Aike (PA1 en tabla 32.VII) es posible obtener ambas variedades de jaspe. Las RGFO, que son las rocas más utilizadas, son de disponibilidad local lejana. Todas las fuentes potenciales de aprovisionamiento detectadas (estrecho de Magallanes, río Gallegos, laguna Pali Aike, entre las más cercanas) se localizan a más de 30 km de Cóndor 1. Asimismo, el gabro puede ser obtenido a 25,75 km del sitio, en los conos de Orejas de Burro (OB2 en tabla 32.VII).

Para comparar la diversidad de materias primas representadas en las cuadrículas realizamos varios análisis. En primer lugar, comparamos los índices de dominancia, Shannon-Wiener y Simpson para evaluar el comportameinto de la distribución de cantidades de artefactos en las diferentes clases de rocas (tabla 18.X). Tanto a través del *bootstrapping* como de la permutación se obtuvieron diferencias significativas en todos ellos.

Debido a las diferencias en el tamaño de las muestras comparadas realizamos una rarefacción para estimar el N° de clases de rocas en ambos conjuntos para un mismo tamaño muestreal (tabla 19.X). A partir del N° de clases de rocas estimado se realizó un gráfico de dispersión (figura 7.X). En el mismo se observa que hasta un tamaño de 1000, la diversidad de materias primas líticas representadas en los artefactos de ambas cuadrículas es la misma. Sin embargo, al continuar incrementándose el tamaño de la muestra, las curvas de diversidad de ambas cuadrículas muestran un comportamiento diferente: mientras en la cuadrícula 12H al aumentar el N° de artefactos, no continúa aumentando el N° de clases de rocas representadas, en la cuadrícula 4E éste sí continúa incrementándose. Esto es, mientras la curva de diversidad de la cuadrícula 12H se vuelve asintótica, es decir, alcanza la diversidad máxima y por consiguiente no continua aumentando a medida que aumenta el *N*, la cuadrícula 4E sigue mostrando un incremento en la diversidad a mayor tamaño muestreal.

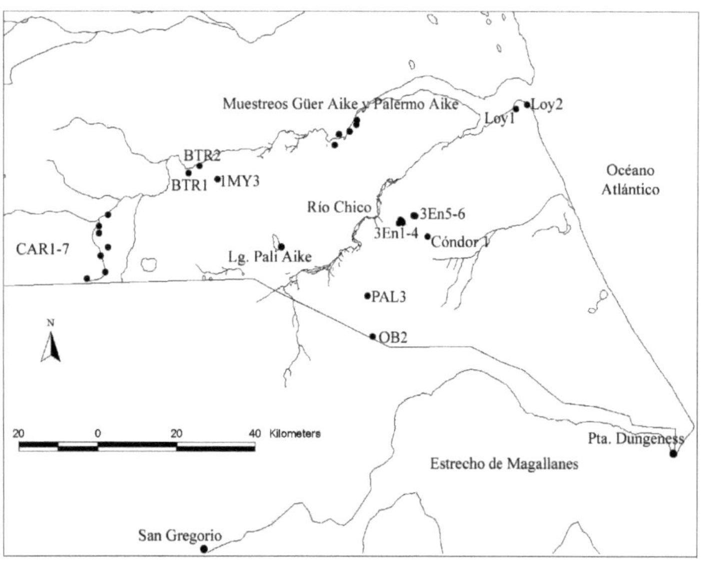

Figura 6.X: Localización de Cóndor y de las fuentes potenciales de aprovisionamiento de materias primas líticas

Cóndor 1	12H	4E	Boot p(eq)	Perm p(eq)
N clases de roca	12	13	0,549	0,565
N artefactos	6145	3264	0	0
Dominance	0,3565	0,4298	0	0
Shannon H	1,27	1,114	0	0
Simpson indx	0,6435	0,5702	0	0

no se incluyen las materias primas indeterminadas

Tabla 18.X: Comparación de la diversidad de materias primas líticas en las cuadrículas 12H y 4E de Cóndor 1

	Cóndor 1 12H		Cóndor 1 4E	
N	N° Clases esperado	Desvío estándar	N° Clases esperado	Desvío estándar
1000	10,75	0,81	10,79	1,06
1500	11,24	0,65	11,66	0,92
2000	11,48	0,56	12,25	0,75
2500	11,63	0,50	12,64	0,54
3000	11,73	0,45	12,91	0,30

Tabla 19.X: N° de clases de rocas estimado para diferentes tamaño de muestra en las cuadrículas 12H y 4E de Cóndor 1 a partir de la rarefacción

Figura 7.X: N° de clases de rocas representadas en los artefactos de la cuadrícula 12H (línea inferior) y 4E (línea superior) a diferentes tamaño de muestra

Al realizar el *test* de Welch (para comparar la media entre muestras con diferencias en la varianza, como fue este el caso. *Cf.* Hammer *et al.* 2004) sobre el N° de clases de rocas estimado para los diferentes tamaños de muestra, se obtuvieron diferencias significativas (Welch t= -3,42 p <0,05), con la media más grande en la cuadrícula

4E. En la tabla 20.X se muestran los valores de media y varianza para ambas cuadrículas.

Si comparamos las clases artefactuales que se encuentran representadas en las distintas materias primas por cuadrícula, también se observan diferencias (tabla 21.X). Las cuatro clases artefactuales diferenciadas (desechos de talla, núcleos, artefactos de formatización unifacial y artefactos de formatización bifacial) sólo se encuentran representadas en las dos cuadrículas en las RGFO y la calcedonia.

Si bien los artefactos bifaciales son escasos y representan menos del 1% del total de artefactos en ambas cuadrículas (0,80% y 0,13%, en la cuadrícula 4E y 12H respectivamente), éstos se presentan en mayor abundancia y variedad de rocas en la cuadrícula 4E. En la tabla 22.X se detalla la distribución de frecuencias en los artefactos de formatización bifacial por materia prima para ambas cuadrículas.

Por el contrario, en la cuadrícula 12H se registra una mayor abundancia y diversidad de materias primas en los núcleos (en RGFO, dacita, calcedonia, ópalo, sílice, jaspe, xilópalo y obsidiana negra), aunque sólo representan un 0,60% del total de artefactos en esta cuadrícula. Sin embargo, en la cuadrícula 4E los núcleos son aún menos frecuentes, con un 0,15% del total de artefactos, y se encuentran representados solamente en RGFO y calcedonia. En esta cuadrícula, la mayor diversidad de rocas está en los artefactos que sólo se encuentran representados como desechos de talla, a saber el sílice, jaspe, xilópalo, gabro, obsidiana negra, gris y gris verdosa. En la 12H, las únicas rocas que se presentan unicamente como desechos son el jaspe con impurezas y las variedades de obsidiana verde, gris y gris verdosa.

Los artefactos de formatización unifacial se presentan en RGFO, dacita, calcedonia y ópalo en ambas cuadrículas, pero en la 4E los de ópalo son más abundantes que los de calcedonia (8% y 4,8% del total de instrumentos unifaciales, respectivamente), al contrario que en la 12H (2,2% y 22,2% del total de instrumentos unifaciales, respectivamente). En cuanto a las materias primas de representación diferencial entre cuadrículas en los instrumentos unifaciales, en la 12H hay cuatro instrumentos en sílice, en tanto que en la 4E hay uno en jaspe con impurezas.

De acuerdo con los porcentajes en los que se encuentran representadas las distintas clases artefactuales en las cuadrículas, ambos contextos muestran situaciones un tanto diferentes en cuanto a la manufactura de los artefactos (tabla 23.X). En ambas cuadrículas predominan los desechos de talla, pero se mantiene una relación inversa entre la abundancia relativa de los artefactos formatizados y los núcleos: en la cuadrícula 4E los artefactos formatizados son más abundantes y los núcleos más escasos que en la cuadrícula 12H, adonde la abundancia relativa de estas clases artefactuales es a la inversa. Esto parecería sugerir que en la cuadrícula 12H se encuentran más representadas actividades de manufactura *in situ*, que en la 4E. La proporción de instrumentos formatizados sobre el total de desechos de talla apoya este panorama, en tanto los valores más elevados en todas las materias primas en las que se encuentran representadas ambas clases artefactuales, corresponden a la cuadrícula 4E -a excepción de la calcedonia (tabla 24.X). Sin embargo, la proporción de artefactos formatizados sigue siendo baja en ambos contextos.

	12H	4E
Media	10,7	11,55
Varianza	2,32	3,8

Tabla 20.X: Media y varianza en el N° de clases de rocas en la cuadrícula 12H y 4E

	Clases artefactuales	RGFO	Dacita	Calcedonia	Ópalo	Sílice	Jaspe	Jaspe c/imp	Xilópalo	Ob. verde	Ob. negra	Ob. gris verdosa	Ob. gris	Gabro	Total
12H	Desechos de talla	3111	1518	940	286	29	46	2	12	16	8	31	10	0	**6009**
	Artef. Format. Unifacial	35	29	20	2	4	0	0	0	0	0	0	0	0	**90**
	Artef. Format. Bifacial	4	0	3	1	0	0	0	0	0	0	0	0	0	**8**
	Núcleos	14	7	12	1	1	1	0	3	0	1	0	0	0	**40**
	Total	**3164**	**1554**	**975**	**290**	**34**	**47**	**2**	**15**	**16**	**8**	**31**	**10**	**0**	**6146**
4E	Desechos de talla	1921	631	503	16	28	3	7	2	0	5	15	39	2	**3172**
	Artef. Format. Unifacial	31	22	3	5	0	0	1	0	0	0	0	0	0	**62**
	Artef. Format. Bifacial	17	1	5	2	0	0	0	0	1	0	0	0	0	**26**
	Núcleos	3	0	2	0	0	0	0	0	0	0	0	0	0	**5**
	Total	**1972**	**654**	**513**	**23**	**28**	**3**	**8**	**2**	**1**	**5**	**15**	**39**	**2**	**3265**

No se incluyen las materias primas indeterminadas

Tabla 21.X: Frecuencia de materias primas por clase artefactual en las cuadrículas 12H y 4E de Cóndor 1

	Artefactos de Formatización Bifacial	RGFO	Calcedonia	Ópalo	Dacita	Obsidiana verde	Total
12H	Preforma	0	2	0	0	0	**2**
	Cabezal	3	0	0	0	0	**3**
	Bifaz	0	1	0	0	0	**1**
	Artef. Bifacial Indiferenciado	1	0	1	0	0	**2**
	Total	**4**	**3**	**1**	**0**	**0**	**8**
4E	Preforma	5	3	1	0	0	**9**
	Cabezal	11	2	1	1	1	**16**
	Bifaz	1	0	0	0	0	**1**
	Artef. Bifacial Indiferenciado	0	0	0	0	0	**0**
	Total	**17**	**5**	**2**	**1**	**1**	**26**

Tabla 22.X: Frecuencia de artefactos de formatización bifacial por materia prima lítica y cuadrícula de Cóndor 1

En la cuadrícula 4E, siete tipos de rocas sobre un total de 13, se encuentran representados sólo como desechos de talla, mientras que en la 12H son cuatro las materias primas que se presentan únicamente bajo la forma de desechos. En esta última cuadrícula, el jaspe, el xilópalo y la obsidiana negra se encuentran como desechos y núcleos, lo que sugiere la manufactura de artefactos *in situ*, pero su transporte a otro lado.

A continuación procedemos a comparar el grado de reducción que presentan las materias primas por cuadrícula, aunque las diferencias en *N* y tipo de materia prima no permiten que la misma pueda realizarse entre todas las categorias por igual.

Ya señalamos anteriormente que en la cuadrícula 12H se registra un mayor número de núcleos sobre diferentes rocas, algunas de las cuales se encuentran representadas por un solo ejemplar. En estos casos, en la tabla 25.X se presenta la media aritmética de la densidad de extracciones de lascas por núcleo y materia prima lítica, mientras que en la tabla 26.X se presenta la estadística descriptiva para aquellas materias primas con un tamaño de muestra mayor.

La densidad de extracciones previas sobre el núcleo en obsidiana negra es muy elevada por gran diferencia con respecto a las otras materias primas. Las distintas variedades de rocas silíceas también presentan un grado de reducción alto, sobre todo el ópalo y el jaspe, aunque corresponden al valor de un solo núcleo en cada una de estas rocas. La calcedonia, el xilópalo y el sílice muestran un decrecimiento en los valores de densidad, pero siempre se mantiene más elevado que para las RGFO. La dacita es la que presenta el valor más bajo.

Clases artefactuales	12H	4E
Desechos de talla	97,77	97,15
Artef.Format. Unif.	1,46	1,90
Artef.Format. Bif.	0,13	0,80
Núcleos	0,65	0,15

Tabla 23.X: Porcentaje de clases artefactuales por cuadrícula en Cóndor 1

Nº instrumentos/ total desechos	RGFO	Dacita	Calcedonia	Ópalo
12H	0,01	0,02	**0,02**	0,01
4E	**0,02**	**0,04**	0,02	**0,44**

Tabla 24.X: Proporción de instrumentos formatizados/total de desechos de talla por cuadrícula y materia prima en la que ambas clases artefactuales se encuentran representadas

Materia prima	Jaspe	Obsidiana negra	Ópalo	Sílice
Densidad extracciones	7,94	47,62	8,33	1,27

Tabla 25.X: Media aritmética de la densidad de extracciones previas en los núcleos por materia prima en la cuadrícula 12H de Cóndor 1

Materia prima	N	Media	Mediana	Desvío estándar	Error estándar	Mínimo	Máximo	Rango
Calcedonia	12	3,28	3,02	1,76	0,51	1,03	7,42	6,39
Xilópalo	3	2,10	2,35	1,93	1,11	0,06	3,89	3,83
RGFO	14	1,22	1,07	1,03	0,28	0,13	3,82	3,69
Dacita	7	0,79	0,58	0,71	0,27	0,04	1,56	1,52

Tabla 26.X: Estadística descriptiva de la densidad de extracciones de lascas sobre los núcleos por materia prima lítica en la cuadrícula 12H de Cóndor 1

En la cuadrícula 4E sólo hay núcleos en RGFO (n=3) y calcedonia (n=2). En uno de los ejemplares en esta última materia prima no fue posible calcular la densidad, dado que fue dificultoso contabilizar el número mínimo de extracciones debido a que el núcleo se encuentra alterado térmicamente y por consiguiente presenta numerosas exfoliaciones que se confunden con los negativos de lascado. El valor de densidad para el otro núcleo en calcedonia es de 2,01 e/ mm^3. En la tabla 27.X se presenta la estadística descriptiva para las RGFO, la cual muestra que en esta cuadrícula los núcleos sobre estas rocas presentan un menor grado de reducción que en la 12H, equiparable al que en esta última cuadrícula muestra la dacita. El valor señalado para la calcedonia también es inferior.

Si comparamos el grado de reducción en los instrumentos de formatización unifacial a través del índice geométrico de Kuhn (1999), algunas materias primas ocupan el mismo lugar en el *ranking* de intensidad de uso entre cuadrículas, mientras que otras difieren (tabla 28.X). Con respecto a las materias primas que no se incluyen en la tabla por el pequeño tamaño de muestra, cabe señalar que en la cuadrícula 12H, los dos instrumentos en ópalo tienen un índice de 0,80, mientras que el instrumento en jaspe con impurezas de la cuadrícula 4E presenta un valor de 0,40.

En la cuadrícula 4E la calcedonia y el ópalo presentan el mayor grado de reducción, seguidos por las RGFO y en último lugar la dacita, aunque este estaría ocupado por el jaspe con impurezas que representa a un solo instrumento. En la cuadrícula 12H, el mayor desgaste lo presentan los dos instrumentos en ópalo, seguidos por las RGFO y luego la calcedonia y el sílice. La dacita ocupa el último lugar en el *ranking* de desgaste.

Con respecto a la longitud residual de los instrumentos, en la cuadrícula 4E se mantiene aproximadamente el mismo patrón de explotación de las materias primas

Materia prima	N	Media	Mediana	Desvío estándar	Error estándar	Mínimo	Máximo	Rango
RGFO	3	0,80	0,68	0,25	0,14	0,64	1,09	0,45

Tabla 27.X: Estadística descriptiva de la densidad de extracciones de lascas sobre los núcleos en RGFO en la cuadrícula 4E de Cóndor 1

	Materia prima	N	Media	Mediana	Desvío estándar	Error estándar	Mínimo	Máximo	Rango
12H	RGFO	30	0,72	0,80	0,25	0,05	0,24	1,00	0,76
	Calcedonia	17	0,70	0,67	0,22	0,05	0,29	1,00	0,71
	Sílice	3	0,61	0,58	0,30	0,17	0,33	0,92	0,59
	Dacita	25	0,58	0,57	0,25	0,05	0,15	1,00	0,85
4E	Calcedonia	3	0,75	0,83	0,13	0,08	0,60	0,83	0,23
	Ópalo	5	0,71	0,73	0,09	0,04	0,58	0,83	0,25
	RGFO	31	0,63	0,67	0,22	0,04	0,20	1,00	0,80
	Dacita	21	0,53	0,47	0,23	0,05	0,22	1,00	0,78

Tabla 28.X: Estadística descriptiva del índice geométrico de reducción por materia prima y cuadrícula de Cóndor 1

líticas que con el índice geométrico de reducción, solamente se encuentra invertido el primer y segundo lugar (tabla 29.X). Así, la calcedonia -que no está en la tabla, dado que sólo un instrumento se encuentra entero según el eje morfológico- es la materia prima que ha sido descartada en el tamaño más pequeño, con 23 mm de longitud. Luego se mantiene el mismo *ranking* que anteriormente: ópalo, RGFO, dacita y jaspe con impurezas, que tampoco está en la tabla por haberse recuperado un solo instrumento sobre esta materia prima en la cuadrícula 4E. El mismo es el que presenta la mayor longitud al momento del descarte, siendo de 32 mm.

En la cuadrícula 12H, no fue posible medir la longitud de ninguno de los instrumentos en ópalo dado que todos se encuentran fragmentados. Entre los artefactos formatizados que pudieron ser medidos, los instrumentos más cortos se encuentran representados en el sílice, en tanto que los más largos en la dacita. En las posiciones intermedias se ubican la calcedonia y las RGFO.

En las figuras 8 y 9.X se presentan los gráficos de caja de la longitud residual de los instrumentos por materia prima y cuadrícula.

Con respecto a la proporción de filos y/o puntas formatizados y/o con rastros complementarios (FPFy/oRC) por artefacto según las materias primas líticas se observan algunas diferencias entre las cuadrículas (tabla 30.X). En primer lugar, en la cuadrícula 4E la mayoria de las materias primas

	Materia prima	N	Media	Mediana	Desvío estándar	Error estándar	Mínimo	Máximo	Rango
12H	Sílice	2	18,25	18,25	4,60	3,25	15,00	21,50	6,50
	Calcedonia	13	21,65	21,00	6,05	1,68	12,00	37,67	25,67
	RGFO	20	34,18	30,00	14,19	3,17	19,00	73,00	54,00
	Dacita	19	37,28	33,00	13,77	3,16	19,00	70,00	51,00
4E	Ópalo	4	21,50	23,00	4,81	2,41	14,50	25,50	11,00
	RGFO	21	35,45	34,00	7,15	1,56	25,00	56,00	31,00
	Dacita	14	43,51	44,50	14,23	3,80	22,00	80,00	58,00

Tabla 29.X: Estadística descriptiva de la longitud residual de los instrumentos unifaciales por materia prima y cuadrícula de Cóndor 1

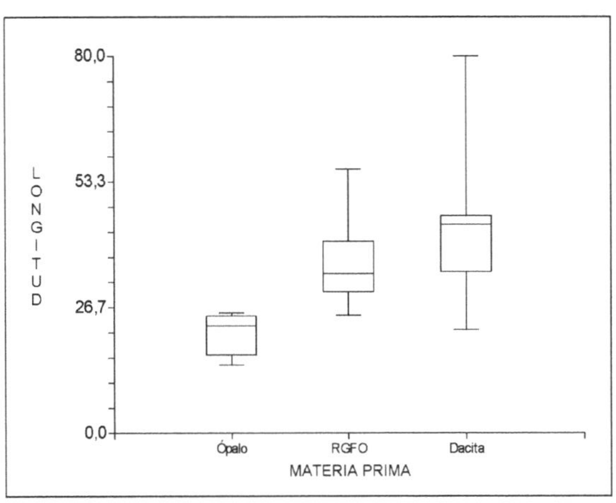

Figura 8.X: Gráfico de caja de la longitud residual de los instrumentos por materia prima de la cuadrícula 4E de Cóndor 1

presentan una media del N° de FPFy/oRC más elevada que en la cuadrícula 12H, excepto en el caso de la calcedonia, que ocupa el primer lugar en esta cuadrícula pero el último en la 4E, junto con el jaspe con impurezas que no está en la tabla porque es un solo artefacto con 0,25 FPFy/oRC. Esta situación inversa también se da con respecto al ópalo, que es la materia prima con la media más alta en la cuadrícula 4E y la más baja en la 12H, aunque en este caso solamente corresponde a dos instrumentos. Por consiguiente, el *ranking* de las materias primas entre cuadrículas es algo diferente: mientras en la cuadrícua 12H el mayor N° de FPFy/oRC se encuentra en la calcedonia, seguida por las RGFO y el sílice, en la 4E estos valores se dan en el ópalo, las RGFO y la dacita.

El ángulo de desgaste de los filos y puntas formatizados muestra el mismo patrón que en otros sitios, con los valores más elevados en ambas cuadrículas en la dacita, con una media de 31,66° en la 12H y 27,14° en la 4E (tabla 31.X). En esta materia prima se alcanzan los valores máximos más elevados, pero también presenta la mayor variabilidad, al igual que las RGFO. Los menores desgastes se observan en las rocas silíceas, principalmente en el sílice y el ópalo en la 12H y en la calcedonia y el ópalo en la 4E.

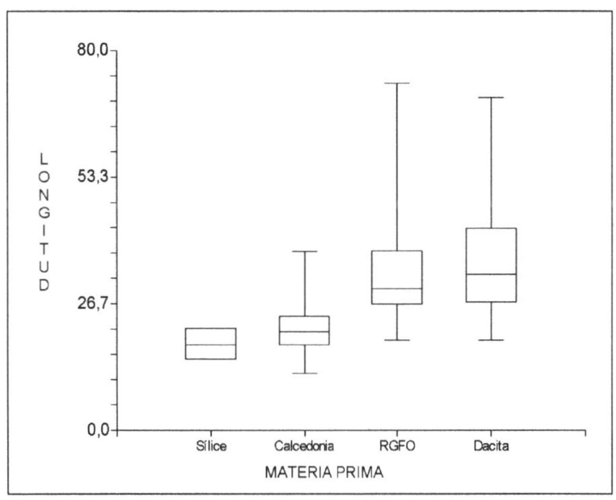

Figura 9.X: Gráfico de caja de la longitud residual de los instrumentos por materia prima de la cuadrícula 12H de Cóndor 1

	Materia prima	N	Media	Mediana	Desvío estándar	Error estándar	Mínimo	Máximo	Rango
12H	Calcedonia	19	0,47	0,50	0,21	0,05	0,25	0,75	0,50
	RGFO	31	0,44	0,50	0,17	0,03	0,25	0,75	0,50
	Sílice	3	0,42	0,50	0,14	0,08	0,25	0,50	0,25
	Dacita	29	0,38	0,25	0,18	0,03	0,20	0,80	0,60
	Ópalo	2	0,29	0,29	0,06	0,04	0,25	0,33	0,08
4E	Ópalo	5	0,55	0,50	0,27	0,12	0,25	1,00	0,75
	RGFO	31	0,46	0,40	0,25	0,05	0,17	1,00	0,83
	Dacita	22	0,41	0,33	0,20	0,04	0,20	0,80	0,60
	Calcedonia	3	0,25	0,25	0,00	0,00	0,25	0,25	0,00

Tabla 30.X: Estadística descriptiva del N° de filos y/o puntas formatizados y/o con rastros complementarios/el N° de biseles potenciales por materia prima y cuadrícula de Cóndor 1

Con respecto a los artefactos de formatización bifacial, además de las diferencias de frecuencia entre cuadrículas que ya hemos señalado (*n*=6 en la cuadrícula 12H y *n*=26 en la cuadrícula 4E), las muestras disminuyen su tamaño debido a la necesidad de considerar a las piezas enteras para la medición de las variables de interés. Así, las cantidades quedan reducidas a un cabezal en la cuadrícula 12H y cinco en la 4E, todos ellos en RGFO. Como medidas de reducción nos interesa evaluar el comportamiento del peso y del índice de rejuvenecimiento. Como hemos señalado en el capítulo IV, el peso fue considerado como medida de tamaño para evitar redundancia con las medidas necesarias para calcular el índice, el cual se basa en dimensiones lineales de tamaño (largo y espesor).

En la tabla 32.X se presenta la estadística descriptiva de estas variables para la cuadrícula 4E. El cabezal de la cuadrícula 12H tiene un peso de 6,8 grs y el índice de rejuvenecimiento es de 3,53.

La comparación del peso y el índice de rejuvenecimiento entre cuadrículas nos muestra que en la cuadrícula 12H el cabezal es más grande a la media calculada para la cuadrícula 4E, pero presenta una mayor reactivación (recordemos que los valores más bajos de este índice indican mayor reducción).

La correlación entre ambas variables (considerando a las dos cuadrículas juntas) es pequeña y negativa (r= -0,34), lo que sugiere que los tamaños más grandes presentan valores bajos en el índice de rejuvenecimiento (lo que indica una mayor reactivación). Por consiguiente, parecería que el tamaño general de la pieza poco varía con la reactivación, y se comporta como una variable independiente, o simplemente que el peso resulta poco sensitivo a las variaciones relacionadas con la reactivación.

Si consideramos los valores presentados en la tabla 32, el desvío estándar del peso es bajo (0,86 grs), lo cual puede ser entendido en términos de una relativa estandarización en el tamaño de los cabezales, a pesar de los diferentes grados de reducción que presentan de acuerdo con la mayor variabilidad que se observa en el índice de rejuvenecimiento (Desvío estándar=1,40. Ver también valores mínimos y máximos). En la figura 10.X se puede observar la dispersión de los valores en las respectivas variables.

	Materia prima	N	Media	Mediana	Desvío estándar	Error estándar	Mínimo	Máximo	Rango
12H	RGFO	31	30,10	30	11,89	2,13	10	55	45
	Calcedonia	18	27,22	25	13,96	3,29	5	50	45
	Sílice	3	18,33	15	20,21	11,67	0	40	40
	Dacita	29	31,66	35	14,59	2,71	0	55	55
	Ópalo	2	20,00	20	21,21	15,00	5	35	30
4E	Calcedonia	3	11,67	10	2,89	1,67	10	15	5
	Ópalo	5	22,00	15	13,04	5,83	15	45	30
	RGFO	28	24,82	22,5	14,30	2,70	5	50	45
	Dacita	21	27,14	30	15,86	3,46	5	65	60

Tabla 31.X: Estadística descriptiva del ángulo de desgaste de filos y puntas formatizados de los instrumentos unifaciales por materia prima y cuadrícula de Cóndor 1

Con respecto a los desechos de talla, en las tabla 33.X se presenta la estadística descriptiva de la densidad de extracciones en la cara dorsal de las lascas para la cuadrícula 12H, ya que de la 4E sólo se ha registrado la frecuencia de desechos por materia prima.

La media más elevada en la densidad de extracciones se registra en la obsidiana gris verdosa veteada (11,06 e/mm^2). En un rango de densidad también alto, entre 6,7 y 5,8 e/mm^2, se encuentran algunas variedades de rocas silíceas, como el ópalo, la calcedonia y el sílice, y las demás variedades de obsidiana (verde, gris y negra). Luego, se ubican las RGFO, con una media de 4,32 e/mm^2 y la dacita con 3,99 e/mm^2. Las variedades de jaspe presentan una densidad menor y el xilópalo ocupa el último lugar, con el menor grado de reducción.

La frecuencia de lascas de retoque (Morrow 1997) y reactivación (*sensu* Aschero 1979, 1983) de los filos, que no fueron incluidas en los cálculos previos, se presentan en la tabla 34.X por materia prima lítica. Cabe señalar que entre las lascas de reactivación directa hemos diferenciado aquéllas en las que la percusión procede del borde inferior del filo, que corresponden a la definición de Aschero (op. cit.), y aquéllas en las que la percusión se ejecuta desde el borde superior del filo formatizado, es decir, desde la cara dorsal de la forma-base. Ambas variedades han sido diferenciadas con el rótulo "reactivación directa inferior" y "reactivación directa superior". La reactivación lateral ya ha sido definida en el capítulo IX.

	N	Media	Mediana	Desvío estándar	Error estándar	Mínimo	Máximo	Rango
Peso	5	5,72	5,20	0,86	0,38	5	6,8	1,8
Ind. Rejuvenecimiento	5	5,36	4,71	1,40	0,63	4,01	7,51	3,5

Tabla 32.X: Estadística descriptiva del peso y el índice de rejuvenecimiento para los cabezales bifaciales en RGFO de la cuadrícula 4E de Cóndor 1

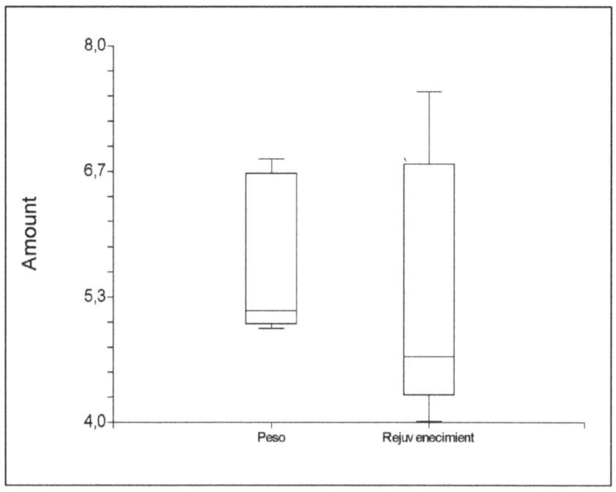

Figura 10.X: Gráfico de cajas del peso e índice de rejuvenecimiento de los cabezales bifaciales en RGFO de las cuadrículas 12H y 4E de Cóndor 1

Materia prima	N	Media	Mediana	Desvío estándar	Error estándar	Mínimo	Máximo	Rango
Ob. gris verdosa	31	11,06	8,33	11,20	2,01	0,89	66,67	65,78
Ópalo	40	6,69	5,40	4,80	0,76	0,35	19,05	18,70
Ob. verde	14	6,47	4,72	4,59	1,23	2,14	18,75	16,61
Calcedonia	146	6,30	5,55	4,26	0,35	0,00	23,33	23,33
Sílice	6	5,93	6,70	3,64	1,49	0,36	11,11	10,75
Ob. gris	9	5,84	6,00	5,30	1,77	0,00	16,00	16,00
Ob. negra	6	5,84	5,15	5,80	2,37	0,00	16,67	16,67
RGFO	607	4,32	3,47	3,36	0,14	0,00	17,58	17,58
Dacita	279	3,99	3,36	3,16	0,19	0,00	20,00	20,00
Jaspe	6	3,35	3,05	1,95	0,80	0,62	6,25	5,63
Jaspe con impurezas	2	2,72	2,71	0,30	0,22	2,50	2,93	0,43
Xilópalo	4	1,47	1,21	1,01	0,51	0,59	2,86	2,27

Tabla 33.X: Estadística descriptiva de la densidad de extracciones en la cara dorsal de las lascas por materia prima lítica para la cuadrícula 12H de Cóndor 1

Lascas	Calcedonia	Dacita	RGFO	Ópalo	Ob. gris	Ob. verde	Ob. negra
Retoque	0	1	5	0	0	0	0
Reactivación directa inferior	6	35	23	1	0	1	1
Reactivación directa superior	0	1	0	0	0	0	0
Reactivación inversa	0	1	2	0	0	1	0
Reactivación lateral	0	7	1	0	1	0	0

Tabla 34.X: Frecuencia de lascas de retoque y reactivación de filos por materia prima lítica para la cuadrícula 12H de Cóndor 1

También nos interesa señalar la presencia de 15 lascas de adelgazamiento bifacial en RGFO, tres en dacita, dos en ópalo, una en calcedonia y una en obsidiana verde.

1.b.2 Norte 1

En el alero Norte 1 las tres clases de materia prima más abundantes en los artefactos son las RGFO, representando el 65,55% (*n*=552) del total, la dacita, con un 26,4% (*n*=222) y la calcedonia, con un 5,2% (*n*=44) (tabla 35.X).

	RGFO	Dacita	Calcedonia	Sílice	Xilópalo	Jaspe	Ópalo	Diabasa	Ob. gris verdosa	Ob. gris	Indet.	N total artef.
N	552	222	44	7	5	3	3	2	1	1	2	842
%	65,55	26,4	5,2	0,8	0,6	0,35	0,35	0,2	0,1	0,1	0,2	100

Tabla 35.X: Frecuencia y porcentaje de materias prima slíticas en los artefactos de Alero Norte 1

	RGFO	Dacita	Calcedonia	Sílice	Xilópalo	Jaspe	Ópalo	Diabasa	Indet	Ob. gris verdosa	Ob. gris	Total
Desechos de talla	536	216	43	6	4	3	2	2	2	1	1	816
Artef. Format. Unif	14	5	0	1	1	0	1	0	0	0	0	22
Artef. Format. Bif	2	0	1	0	0	0	0	0	0	0	0	3
Núcleos	0	1	0	0	0	0	0	0	0	0	0	1
Total	552	222	44	7	5	3	3	2	2	1	1	842

Tabla 36.X: Frecuencia de clases artefactuales por materia prima en Norte 1

Si consideramos las clases artefactuales representadas en las diferentes materias primas se observa una distribución bastante desigual entre las mismas (tabla 36.X). En la única materia prima en la que se ha recuperado un núcleo en este sitio es en dacita, el cual tiene una densidad de extracciones de 0,37 e/ mm^3. Los artefactos de formatización bifacial también son escasos, correspondientes a dos preforma bifaciales fragmentadas, una en RGFO y otra en calcedonia y un pequeño fragmento del ápice de un cabezal bifacial en RGFO. Debido a que todos los ejemplares se encuentran fragmentados no fue posible tomar ninguna de las medidas de interés en estos artefactos.

La mayor parte de los artefactos de formatización unifacial se encuentra manufacturada en RGFO y dacita. En sílice, xilópalo y ópalo sólo se registra un instrumento en cada una de estas rocas. La baja proporción de desechos de talla en estas últimas materias primas sugiere que los instrumentos han ingresado ya formatizados al sitio. El jaspe, la diabasa, y las obsidianas gris verdosa y gris han sido recuperadas únicamente como desechos de talla. Cabe señalar que entre los desechos en RGFO, dacita y calcedonia se registran 25, 7 y 4 lascas de adelgazamiento bifacial, respectivamente. Asimismo, la frecuencia de lascas de reactivación de instrumentos es significativa (tabla 37.X).

	RGFO	Dacita	Calcedonia
Reactivación directa inferior	15	8	3
Reactivación inversa	8	2	2
Reactivación lateral	0	3	0
Total lascas reactivación	23	13	5
% total desechos	4,29	6,02	11,63

Tabla 37.X: Frecuencia y porcentajes de lascas de reactivación de instrumentos en Norte 1

La densidad de extracciones previas en las lascas nos indica que el mayor grado de reducción se observa en las dos varidades de obsidiana recuperadas en el sitio, con un valor de 16,66 e/mm^2 en la gris verdosa y 10 e/mm^2 en la gris. La densidad sólo pudo calcularse en un desecho en xilópalo, siendo también elevada, con un valor de 7,14 e/mm^2 y en uno en diabasa con 4,68 e/mm^2.

En la tabla 38.X se muestra la estadística descriptiva de la densidad de extracciones previas para el resto de las materias primas y en la figura 11.X el gráfico de caja de estos valores.

Materia prima	N	Media	Mediana	Desvío estándar	Error estándar	Mínimo	Máximo	Rango
Jaspe	3	5,00	5,26	2,54	1,47	2,34	7,41	5,07
Calcedonia	2	4,57	4,57	2,86	2,02	2,55	6,59	4,04
RGFO	414	3,63	3,00	2,83	0,14	0,00	16,67	16,67
Dacita	199	3,32	2,77	2,95	0,21	0,00	30,00	30,00
Ópalo	2	3,19	3,19	3,34	2,36	0,83	5,56	4,72
Sílice	2	1,52	1,51	0,38	0,27	1,25	1,79	0,54

Tabla 38.X: Estadística descriptiva de la densidad de extracciones previas en los desechos de talla de Norte 1

Como puede observarse, de acuerdo con los valores de densidad media, el mayor grado de reducción se registra en el jaspe y la calcedonia, seguidos por las RGFO. Esta materia prima y la dacita, que se localiza en cuarto lugar, son las que presentan la mayor variabilidad en la densidad de extracciones previas, lo cual sugiere un *continuum* de manufactura, desde los estadios iniciales, como lo indican los valores mínimos iguales a cero en ambas materias primas (indicando lascas sin extracciones previas, es decir, lascas primarias en la terminología de Aschero) hasta etapas avanzadas de manufactura como lo indican los valores máximos. Cabe señalar que la densidad de 30 extracciones previas en dacita no es un error de cálculo, sino que corresponde a un desecho de tamaño muy chico (5x4 mm) que presenta seis extracciones en su cara dorsal (recordemos que este valor se multiplica por 100. Ver capítulo IV). La dispersión de los valores en estas materias primas se puede observar claramente en la figura 11.X.

Con respecto a los instrumentos unifaciales, en la tabla 39.X se presenta la estadística descriptiva de la proporción de filos y/o puntas formatizados y/o con rastros complementarios para las RGFO y la dacita. Las proporciones más bajas corresponden a los instrumentos en sílice (0,2 FPFy/oRC), ópalo (0,25 FPFy/oRC) y xilópalo (0,25 FPFy/oRC) que no se encuentran en la tabla por tratarse de un sólo ejemplar en cada caso.

Debido al grado de fragmentación de los instrumentos, la longitud por eje morfológico sólo pudo ser medida en algunos artefactos en RGFO y dacita, cuyos valores se presentan en la tabla 40.X. Los menores tamaños se registran en el sílice y el xilópalo, ambos con 20 mm de longitud. El instrumento en ópalo tiene un largo de 23 mm.

Con respecto al desgaste de los filos, tanto el índice geométrico como el ángulo de desgaste no fueron medidos en el instrumento en xilópalo porque se trata de un filo natural con rastros complementarios. En la tabla 41.X se muestra la estadística descriptiva del índice geométrico para los instrumentos unifaciales en RGFO y la dacita. Algunos instrumentos no fueron considerados por los mismos factores que los señalados anteriormente. El ópalo y el sílice tienen valores de 0,8 y 0,7 respectivamente, siendo los más elevados, junto con la dacita (tabla 41.X).

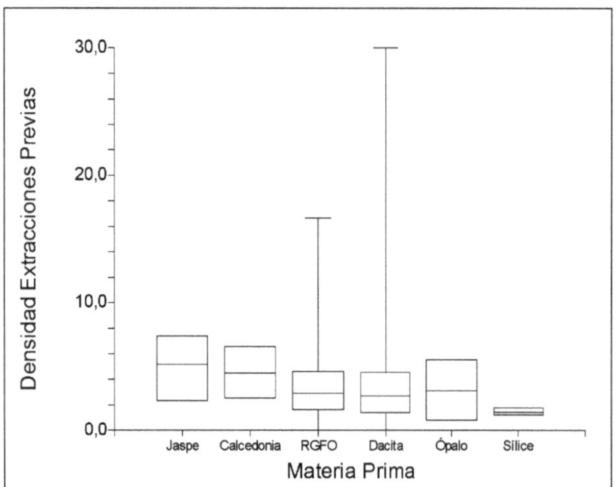

Figura 11.X: Gráfico de cajas de la densidad de extracciones previas en los desechos de talla por materia prima en Norte 1

Finalmente, el ángulo de desgaste más elevado se observa en los instrumentos en dacita, seguidos por aquellos manufacturados en RGFO (tabla 42.X). El ópalo y el sílice tienen un ángulo de 20° y 10°, respectivamente.

1.b.3 Norte 2

En este alero, que es contiguo al anterior, las tres clases de materia prima más abundantes son las mismas que en Norte 1 (a saber, las RGFO, la dacita y la calcedonia), pero la diversidad de rocas representadas es menor (tabla 43.X). Probablemente esto se relacione con el tamaño de la muestra, en tanto el área excavada se reduce a la mitad de la de Norte 1 y la cantidad de artefactos representa aproximadamente la mitad de la de este sitio. Para testear esto se estimó el N° de clases de rocas esperada para distinto tamaño de muestra para cada uno de estos aleros mediante la rarefacción. Luego, se realizó un *test* t Welch (porque el *test* F muestra diferencias significativas en la varianza) que no arrojó diferencias en la diversidad de rocas entre ambos sitios (t Welch= 1,21 p= 0,22). La estimación de la probabilidad mediante el remuestreo tampoco señala diferencias significativas (p= 0,23).

Materia prima	N	Media	Mediana	Desvío estándar	Error estándar	Mínimo	Máximo	Rango
RGFO	14	0,44	0,45	0,19	0,05	0,25	0,80	0,55
Dacita	5	0,33	0,25	0,19	0,08	0,25	0,67	0,42

Tabla 39.X: Estadística descriptiva de la proporción de filos y/o puntas formatizados y/o con rastros complementarios en los instrumentos unifaciales en RGFO y la dacita de Norte 1

Materia prima	N	Media	Mediana	Desvío estándar	Error estándar	Mínimo	Máximo	Rango
RGFO	7	22,64	22	5,42	2,05	13,50	29,00	15,50
Dacita	3	35,33	26	18,82	10,87	23,00	57,00	34,00

Tabla 40.X: Estadística descriptiva de la longitud residual de los instrumentos unifaciales en RGFO y la dacita de Norte 1

Materia prima	N	Media	Mediana	Desvío estándar	Error estándar	Mínimo	Máximo	Rango
RGFO	12	0,52	0,50	0,27	0,08	0,22	0,92	0,69
Dacita	4	0,73	0,70	0,12	0,06	0,60	0,89	0,29

Tabla 41.X: Estadística descriptiva del índice geométrico de reducción de los instrumentos unifaciales en RGFO y la dacita de Norte 1

Materia prima	N	Media	Mediana	Desvío estándar	Error estándar	Mínimo	Máximo	Rango
RGFO	12	23,18	20	10,07	3,04	10	40	30
Dacita	4	30	25	13,54	6,77	20	50	30

Tabla 42.X: Estadística descriptiva del ángulo de desgaste de los instrumentos unifaciales en RGFO y la dacita de Norte 1

	RGFO	Dacita	Calcedonia	Ópalo	Sílice	Jaspe	Diabasa	Total artefactos
N	257	123	42	7	6	2	3	443
%	58	27,8	9,5	1,5	1,35	0,45	0,7	100

Tabla 43.X: Frecuencia y porcentaje de materias primas líticas en los artefactos de Norte 2

Con respecto a las clases artefactuales la casi totalidad de los instrumentos unifaciales recuperados son en RGFO (5/6), como así también el único artefacto de formatización bifacial, correspondiente a un bifaz fracturado (tabla 44.X). Si bien sólo se recuperó un núcleo en calcedonia, entre los desechos de talla se observan dos lascas de flanco de núcleo en RGFO y una en dacita, como así también una lasca en cresta en ópalo, todas correspondientes a la reactivación de núcleos, por consiguiente los mismos circularon por el sitio. El jaspe, el ópalo, el sílice y la diabasa se encuentran representadas solamente en desechos de talla (tabla 44.X). Entre los mismos se registra una lasca de adelgazamiento bifacial en calcedonia, cuatro en dacita y siete en RGFO. La densidad de extracciones previas en la cara dorsal de las lascas señala que el ópalo es la materia prima que presenta el mayor grado de reducción de acuerdo con la media y la mediana (tabla 45.X). Le siguen la calcedonia y las RGFO, en tercer lugar. La menor densidad de extracciones le corresponde a la diabasa.

Como se observa en la figura 12.X y de acuerdo con los valores del rango de la tabla 45, la mayor variabilidad en la densidad de extracciones se presenta en el ópalo, la calcedonia, las RGFO y la dacita. Esto es concordante con la presencia de lascas primarias y de reactivación de núcleos en estas materias primas, lo que sugiere que todas las etapas de manufactura tienen algún grado de representación en el sitio, más allá de los valores máximos de reducción alcanzados. En RGFO, dacita y calcedonia se registra una frecuencia de siete, cuatro y una lasca primaria, respectivamente. La frecuencia de lascas de reactivación ya fue señalada anteriormente.

La densidad de extracciones de formas-base en el único núcleo de calcedonia recuperado en el sitio es de 3,89 e/mm^3.

En referencia al grado de reducción que presentan los instrumentos unifaciales, la menor proporción de FPFy/oRC se encuentra en el instrumento en calcedonia,

Clases artefactuales	RGFO	Dacita	Calcedonia	Jaspe	Ópalo	Sílice	Diabasa	Total
Desechos de talla	251	123	40	2	7	6	3	432
Artef. Format. Unifacial	5	0	1	0	0	0	0	6
Artef. Format. Bifacial	1	0	0	0	0	0	0	1
Núcleos	0	0	1	0	0	0	0	1
Total	257	123	42	2	7	6	3	440

Tabla 44.X: Frecuencia de materias primas por clase artefactual en Norte 2

Materia prima	N	Media	Mediana	Desvío estándar	Error estándar	Mínimo	Máximo	Rango
Ópalo	6	7,01	5,98	5,21	2,13	1,48	15,58	14,10
Calcedonia	40	5,08	4,00	3,36	0,53	0,00	16,67	16,67
RGFO	240	4,58	3,70	3,66	0,24	0,00	22,22	22,22
Sílice	4	3,89	3,56	2,97	1,48	0,64	7,79	7,15
Dacita	115	3,01	2,38	2,63	0,25	0,00	12,00	12,00
Jaspe	2	1,85	1,85	1,01	0,71	1,14	2,56	1,43
Diabasa	3	1,25	1,00	0,88	0,51	0,53	2,22	1,70

Tabla 45.X: Estadística descriptiva de la densidad de extracciones en la cara dorsal de las lascas por materia prima en Norte 2

en tanto la media aritmética de los instrumentos en RGFO es más elevada, de 0,35 FPFy/oRC por artefacto (tabla 46.X).

La longitud a la que fueron descartados en el sitio tanto los instrumentos en RGFO como el de calcedonia es muy similar, siendo de 19 mm en este último y con una media de 19,25 mm en las RGFO (tabla 47.X).

Por otro lado, el mayor desgaste de los filos le corresponde al instrumento en calcedonia, ya que posee un valor igual a 1 en el índice geométrico de reducción y un ángulo de desgaste de 40°, mientras que la media para ambas variables en los instrumentos en RGFO es más baja (tabla 48 y 49.X)

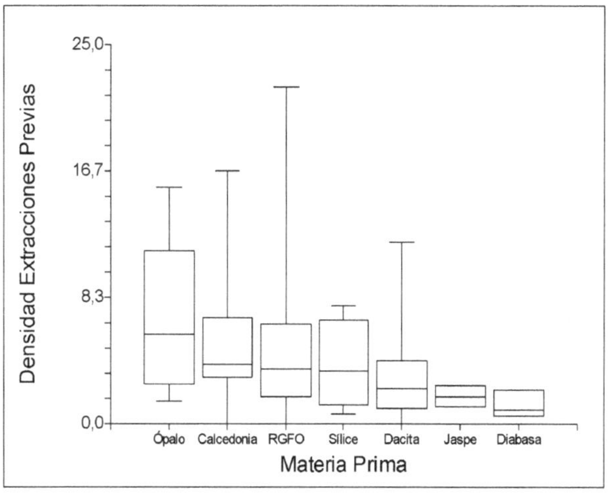

Figura 12.X: Gráfico de cajas de la densidad de extracciones en la cara dorsal de las lascas por materia prima en Norte 2

Materia prima	N	Media	Mediana	Desvío estándar	Error estándar	Mínimo	Máximo	Rango
RGFO	5	0,32	0,25	0,11	0,05	0,25	0,50	0,25

Tabla 46.X: Estadística descriptiva de la proporción de FPFy/oRC en los instrumentos unifaciales en RGFO de Norte 2

Materia prima	N	Media	Mediana	Desvío estándar	Error estándar	Mínimo	Máximo	Rango
RGFO	4	19,25	19,5	5,67	2,8	13,00	25,00	12,00

Tabla 47.X: Estadística descriptiva de la longitud residual de los instrumentos unifaciales en RGFO de Norte 2

Materia prima	N	Media	Mediana	Desvío estándar	Error estándar	Mínimo	Máximo	Rango
RGFO	5	0,65	0,75	0,2876147	0,13	0,33	1,00	0,67

Tabla 48.X: Estadística descriptiva del índice geométrico de reducción en los instrumentos unifaciales en RGFO de Norte 2

Materia prima	N	Media	Mediana	Desvío estándar	Error estándar	Mínimo	Máximo	Rango
RGFO	5	17,50	17,5	11,90	5,95	5,00	30,00	25,00

Tabla 49.X: Estadística descriptiva del ángulo de desgaste en los instrumentos unifaciales en RGFO de Norte 2

1.b.4 Norte 3

En esta pequeña cueva, que culmina la franja de reparos en la ladera sur del cono 1 de Cerro Norte, las materias primas más abundantes son las mismas tres clases que en los sitios presentados previamente: las RGFO, con un 48,59% del total (*n*=52), la dacita representando el 39,25% (*n*=42) y la calcedonia, con un 9,34% (*n*=10). En la tabla 50.X se muestran las frecuencias de materias primas por clase artefactual. Las RGFO son las únicas rocas representadas en las cuatro clases artefactuales. El jaspe con impurezas y el sílice se registran solamente entre los artefactos formatizados: como un instrumento unifacial en el primer caso y como una preforma bifacial en el segundo. La dacita se encuentra entre los desechos de talla y como un instrumento unifacial y la calcedonia únicamente como desechos de talla. Esta materia prima es la que muestra la mayor densidad de extracciones previas en la cara dorsal de las lascas (tabla 51.X). Al respecto, el último lugar lo ocupan los desechos en dacita, que junto con las RGFO, son las rocas que presentan la mayor variabilidad en el grado de reducción (figura 13.X), registrándose lascas primarias y secundarias entre las mismas, como así también lascas de reactivación de instrumentos.

La densidad de extracciones previas en el único núcleo en RGFO que se recuperó en el sitio es de 0,43 e/ mm^3. Los indicadores de reducción para los instrumentos de formatización unifacial se presentan en la tabla 52.X como valores en bruto dado que corresponden a una sola pieza en jaspe con impurezas, dacita y RGFO. En esta última materia prima no fue posible estimar el índice geométrico y el ángulo de desgaste del filo porque se trata de un filo natural con rastros complementarios. El instrumento en jaspe con impurezas es el que presenta la mayor intensidad de uso en tanto muestra la proporción más elevada de FPFy/oRC, el valor máximo en el índice geométrico, la longitud más pequeña y el mayor ángulo de desgaste. Esto es esperable si consideramos que en esta materia prima no se registra ninguna otra clase artefactual, lo cual sugiere el ingreso de este instrumento ya formatizado al sitio y probablemente con una larga vida útil.

Clase artefactual	RGFO	Dacita	Calcedonia	Sílice	Jaspe con impurezas	Indet.	Total
Desechos de talla	49	41	10	0	0	1	101
Artef. Format. Unifacial	1	1	0	0	1	0	3
Artef. Format. Bifacial	1	0	0	1	0	0	2
Núcleos	1	0	0	0	0	0	1
Total	52	42	10	1	1	1	107

Tabla 50.X:Frecuencia de materias primas por clase artefactual en Norte 3

Materia prima	N	Media	Mediana	Desvío estándar	Error estándar	Mínimo	Máximo	Rango
Calcedonia	9	6,32	5,55	4,46	1,49	0,97	12,96	12,00
RGFO	49	5,02	4,16	4,21	0,60	0,00	20,00	20,00
Dacita	37	4,09	3,00	3,74	0,61	0,00	15,56	15,56

Tabla 51.X: Estadística descriptiva de la densidad de extracciones previas en los desechos de talla de Norte 3

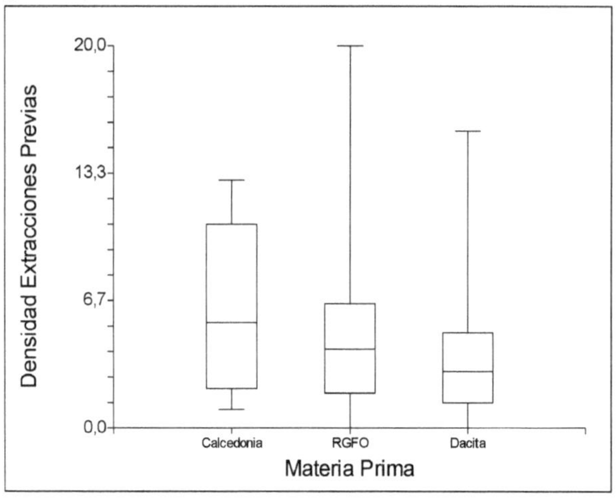

Figura 13.X: Gráfico de cajas de la densidad de extracciones previas en los desechos de talla de Norte 3

Materia prima	FPFy/oRC	Longitud Residual	Índice geométrico	Angulo Desgaste
Jaspe con impurezas	0,75	26,5	1	55
RGFO	0,2	31	nc	nc
Dacita	0,2	49	0,14	40

Tabla 52.X: Valores en bruto de los indicadores de reducción para los instrumentos unifaciales en jaspe con impurezas, RGFO y dacita de Norte 3

1.b.5 Alero 41

En este alero predominan los artefactos en RGFO, con un 66,8% del total. El segundo lugar de abundancia lo ocupa la dacita, pero representa 1/5 de los artefactos del sitio. Cabe destacar el porcentaje elevado de obsidiana verde, que se posiciona en tercer lugar, con un 4,45% del total, siendo más abundante que las distitnas variedades de rocas silíceas (tabla 53.X).

Como en otros sitios, las únicas materias primas que se encuentran representadas en todas las clases artefactuales son las RGFO (tabla 54.X). La dacita presenta dos instrumentos unifaciales además de los desechos de talla y el resto de las rocas sólo están representadas en esta última clase artefactual.

	RGFO	Dacita	Obsidiana verde	Calcedonia	Sílice	Cuarcita	Ópalo	Diabasa	Pórfiro dacítico	Indet.	Total
N	165	50	11	8	3	3	1	2	2	2	247
%	66,8	20,2	4,45	3,2	1,2	1,2	0,4	0,8	0,8	0,8	100

Tabla 53.X: Frecuencia y porcentaje de materias primas líticas en los artefactos del Alero 41

Clase artefactual	RGFO	Dacita	Ob. verde	Calcedonia	Sílice	Cuarcita	Pórfiro dacítico	Diabasa	Ópalo	Indet.	Total
Desechos de talla	160	48	11	8	3	3	2	2	1	2	240
Artef. Format.Unif	3	2	0	0	0	0	0	0	0	0	5
Artef. Format.Bif	1	0	0	0	0	0	0	0	0	0	1
Núcleos	1	0	0	0	0	0	0	0	0	0	1
Total	165	50	11	8	3	3	2	2	1	2	247

Tabla 54.X: Frecuencia de materias primas por clase artefactual en el Alero 41

Al contrario de nuestras expectativas, el conjunto de desechos de obsidiana verde no es el que presenta la media más elevada en la densidad de extracciones previas en la cara dorsal, sino que ocupa el tercer lugar (tabla 55.X). Los valores más elevados los tienen las RGFO (x=4,82 e/mm^2) y el sílice (x=4,74 e/mm^2). El último lugar es ocupado por la diabasa. De acuerdo con los valores de desvío estándar, rango, mínimo y máximo, la mayor variabilidad la presentan los desechos en RGFO y dacita, seguidos por la calcedonia. En estas tres materias primas hay lascas primarias y secundarias en el sitio (tabla 56.X), como así también de reactivación de instrumentos y núcleos en RGFO y dacita (tabla 57.X), lo que sugiere un de reducción. Entre las RGFO se ha recuperado también un núcleo bipolar con una densidad de 2,18 e/mm^3. En dacita, RGFO y obsidiana verde se registran lascas de adelgazamiento bifacial. En el caso de esta última roca, esto es de importancia ya que señala la manufactura de los artefactos en el campo volcánico y por consiguiente sugiere que la misma era obtenida bajo la forma de nódulos o núcleos (tabla 58.X. Ver apartado 3 en este capítulo).

Con respecto a los escasos artefactos formatizados, que se limitan a RGFO y dacita, la proporción media de FPFy/oRC es similar entre ambas materias primas, aunque en las RGFO alcanza valores máximos más elevados (tabla 59.X).

Materia prima	N	Media	Mediana	Desvío estándar	Error estándar	Mínimo	Máximo	Rango
RGFO	148	4,82	3,14	5,67	0,47	0,00	41,67	41,67
Sílice	3	4,74	4,41	1,37	0,79	3,57	6,25	2,68
Obsidiana verde	10	4,29	3,66	2,55	0,81	1,33	8,57	7,24
Dacita	42	2,90	1,67	3,48	0,54	0,00	14,29	14,29
Calcedonia	8	2,63	2,14	3,20	1,13	0,37	10,26	9,89
Cuarcita	3	1,46	1,66	0,39	0,23	1,01	1,70	0,69
Diabasa	2	0,26	0,25	0,09	0,07	0,19	0,32	0,13

Tabla 55.X: Estadística descriptiva de la densidad de extracciones previas en los desechos de talla del Alero 41

	RGFO	Dacita	Calcedonia	Total
Lasca primaria	3	6	1	10
Lasca secundaria	3	0	0	3
Total	6	6	1	13

Tabla 56.X: Frecuencia de lascas primarias y secundarias por materia prima lítica en el Alero 41

	RGFO	Dacita	Total
Reactivación directa inferior	7	1	8
Reactivación lateral	2	1	3
Flanco de núcleo	1	1	2
Total	10	3	13

Tabla 57.X: Frecuencia de lascas de reactivación por materia prima entre los desechos de talla del Alero 41

	RGFO	Dacita	Obsidiana verde	Total
Lascas adelgazamiento bifacial	6	2	1	9

Tabla 58.X: Frecuencia de lascas de adelgazamiento bifacial por materia prima entre los desechos de talla del Alero 41

La longitud sólo pudo medirse en un instrumento en RGFO, que tiene un largo de 22 mm. El desgaste de los filos indica un índice geométrico más alto para las RGFO, pero un ángulo de desgate superior en las dacitas (tabla 60 y 61.X).

1.c SECTOR MERIDIONAL

En la figura 14.X se muestra la localización de los sitios excavados en el sector sur del CVPA.

Materia prima	N	Media	Mediana	Desvío estándar	Error estándar	Mínimo	Máximo	Rango
RGFO	3	0,47	0,33	0,24	0,14	0,33	0,75	0,42
Dacita	2	0,42	0,41	0,12	0,08	0,33	0,50	0,17

Tabla 59:X: Estadística descriptiva de la proporción de FPFy/oRC en los instrumentos unifaciales del Alero 41

Materia prima	N	Media	Mediana	Desvío estándar	Error estándar	Mínimo	Máximo	Rango
RGFO	3	0,85	1	0,26	0,15	0,56	1	0,44
Dacita	2	0,67	0,66	0,47	0,33	0,33	1	0,67

Tabla 60.X: Estadística descriptiva del índice geométrico de reducción en los instrumentos unifaciales del Alero 41

Materia prima	N	Media	Mediana	Desvío estándar	Error estándar	Mínimo	Máximo	Rango
RGFO	3	28,33	15	23,09	13,33	15	55	40
Dacita	2	35	35	7,07	5,00	30	40	10

Tabla 61.X: Estadística descriptiva del ángulo de desgaste en los instrumentos unifaciales del Alero 41

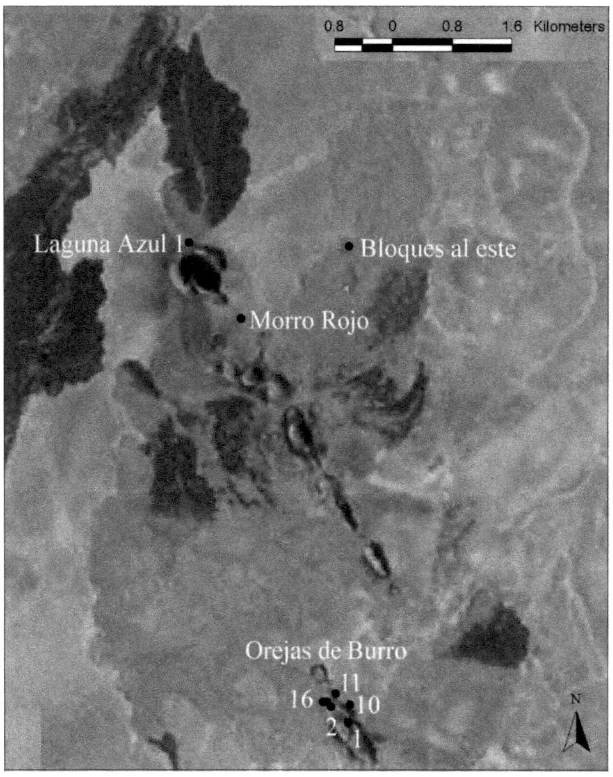

Figura 14.X Localización de los sitios excavados en el sector meridonal del CVPA

1.c.1 Cueva Orejas de Burro 1

Como se señaló en el capítulo VI, el sitio OB1 presenta características particulares en tanto se ha recuperado un entierro de cinco individuos. Dado que el área de entierro (cuadrículas 2 a 4) constituye un contexto en particular, que se diferencia del conjunto recuperado en el sondeo 1, ambas muestras se consideran independientemente. De aquí en adelante nos referimos a estos conjuntos como "cuadrículas" y "sondeo 1". Con anterioridad hemos señalado brevemente algunas de las diferencias estratigráficas y del registro arquefaunístico que presentan ambos contextos (capítulo VI, *cf.* Barberena *et al.* 2006 y 2007a, Barberena 2007; L'Heureux y Charlin 2007). Aquí profundizaremos la evaluación de las semejanzas y diferencias entre los mismos desde el registro lítico.

La mayor cantidad de artefactos líticos (*n*=160) fueron recuperados en el sondeo 1, representando el 61% del total de piezas líticas en la estratigrafía de este sitio (tabla 62.X). Si bien los desechos de talla son la clase artefactual que predomina en todas las unidades de excavación, son más abundantes en el sondeo 1, con un 96,3% (*n*=154) del total. Por el contrario, en las cuadrículas los artefactos formatizados y los núcleos se encuentran representados en mayor proporción, con un 10% (*n*=10) y 5% (*n*=5) respectivamente. En la cuadrícula 4, unidad estratigráfica X, a los 59,5 cm de profundidad se recuperó un probable molino fragmentado, en una roca esquistosa que posiblemente se trate de filita, con pigmento rojo en ambas caras y exfoliaciones producto de alteración térmica. Siete fragmentos líticos producto de la alteración y que remontan con el molino se recuperaron en zaranda. Este instrumento, junto con otro artefacto indiferenciado en dacita verde, también con residuos de pigmento, procedente de las cuadrículas 2 y 3, unidad estratigráfica X, se consideran litos modificados por uso (Aschero 1983), en tanto ninguno se encuentra formatizado. Los mismos no son incluidos en el análisis del grado de reducción de los artefactos, dado que se encuentra orientado hacia los artefactos tallados, que constituyen la casi totalidad de los artefactos en todos los contextos considerados. Cabe señalar que en las excavaciones de OB1 no se recuperaron artefactos de formatización bifacial, aunque se registran lascas de adelgazamiento bifacial en RGFO y dacita en el sondeo 1 y cuadrículas y también de calcedonia y ópalo en el sondeo 1 (tabla 63.X).

Con respecto al estado de conservación de los artefactos, ambos conjuntos mantienen la misma tendencia, con porcentajes de artefactos enteros (43,75% en el sondeo 1 y 46,53% en las cuadrículas) y fragmentados muy similares (56,25% en el sondeo 1 y 53,47% en las cuadrículas). Una comparación general del tamaño de los artefactos se realizó a través del diámetro máximo de las piezas, mediante grillas en intervalos de 25 mm^2. El objetivo fue incluir los fragmentos y así evaluar la incidencia de procesos de formación diferenciales entre ambos contextos. En los dos conjuntos la mayor parte de los artefactos posee tamaños pequeños, comprendidos entre 25 y 625 mm^2 (87,5% en el sondeo 1 y 72,3% en las cuadrículas), siendo la moda de 100 mm^2 en el sondeo 1 y de 225 mm^2 en las cuadrículas. Sin embargo, en las cuadrículas se observa una distribución más continua de los tamaños, alcanzando los 10000 mm^2 de diámetro. Por el contrario, en el sondeo 1 los artefactos no sobrepasan los 4900 mm^2 (figura 15.X). Los tamaños más grandes en las cuadrículas se encuentran en concordancia con una mayor representación proporcional de instrumentos y núcleos en este contexto. Cabe señalar que los instrumentos de la unidad X (ver *infra*), sobre todo, se destacan por su tamaño, como por ejemplo dos cepillos y un chopper, formatizados sobre formas-base naturales.
Con respecto a las materias primas líticas, tanto en el sondeo 1 como en las cuadrículas, los tipos de roca más representados en orden de abundancia son la dacita, las RGFO y la calcedonia (tabla 64.X).

La mayor abundancia de la dacita en OB1 puede ser entendida en el marco de la disponibilidad regional de rocas. En el sector meridional del CVPA esta materia prima se encuentra inmediatamente disponible (figura 16.X), mientras que las fuentes potenciales de aprovisionamiento de RGFO se localizan a mayor distancia (ver *infra*). Los muestreos de roca realizados en el mismo cono volcánico donde se ubica la cueva y en los conos contiguos, señalan que la dacita es la roca de mayor abundancia (ver tabla 32.VII). Por otro lado, la fuente potencial de aprovisionamiento de RGFO más cercana al sitio se localiza aproximadamente a 18,5 km hacia el sur, por lo cual puede ser considerada como una materia prima local lejana. Estas rocas se encuentran disponibles en los depósitos glacifluviales de la costa nororiental del estrecho de Magallanes (Massone 1984, Prieto 1988). Por consiguiente, los núcleos en RGFO recuperados en OB1 han sido transportados.

La única fuente potencial de aprovisionamiento en la que se recuperó calcedonia se localiza aproximadamente a 10,7 km hacia el norte de OB1, en un paleocauce cercano a la laguna Azul (ver capítulo VII). En este lugar, dos personas en cinco minutos recolectaron tan sólo un nódulo de calcedonia sobre un total de 31.

	Clase artefactual				
	Desechos de talla	Artefactos formatizados y/o c/rastros complem.	Litos modificados por uso	Núcleos	Total
Sondeo 1	154	5	0	1	160
Cuad. 2 a 4	83	11	2	5	101
Total	237	16	3	6	261

Tabla 62.X: Clases artefactuales recuperadas en el sondeo y cuadrículas de OB1

	Dacita	RGFO	Calcedonia	Ópalo
Sondeo 1	8	6	1	1
Cuadrículas	2	1	0	0

Tabla 63.X: Frecuencia de lascas de adelgazamiento bifacial por materia prima lítica en el sondeo y cuadrículas de OB1

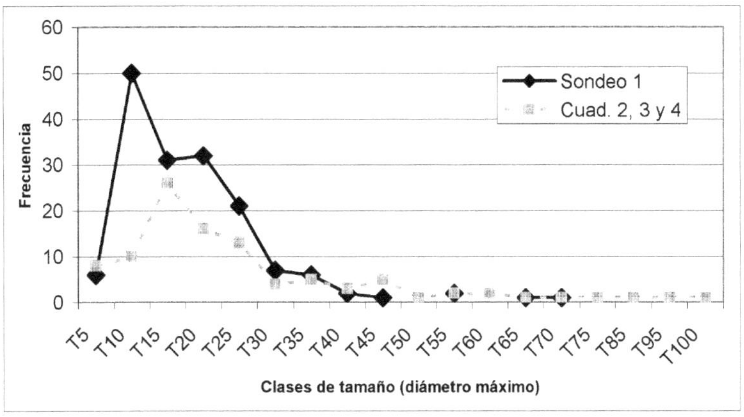

Figura 15.X: Distribución de tamaño de los artefactos líticos del sondeo y cuadrículas de OB1

Materia prima	Dacita	RGFO	Pórfiro dacítico	Calcedonia	Ópalo	Jaspe
OB1 sondeo	51,9 (83)	30 (48)	0	12 (19)	3 (5)	0,62 (1)
OB1 cuadrículas	59,4 (60)	20,8 (21)	2,9 (3)	7,9 (8)	1 (1)	0

Materia prima	Xilópalo	Ob. verde	Cuarcita	Filita	Diabasa	Gabro	Indet.
OB1 sondeo	0	0,62 (1)	0	0,62 (1)	0,62 (1)	0	0,62 (1)*
OB1 cuadrículas	1 (1)	0	1 (1)	1,9 (2)	0	1 (1)	1,9 (2)**

**sedimentita indet. **vulcanita indet. y roca silícea alterada*
Entre paréntesis se indican las frecuencias

Tabla 64.X: Porcentaje de materias primas líticas representadas en el sondeo y en las cuadrículas de OB1

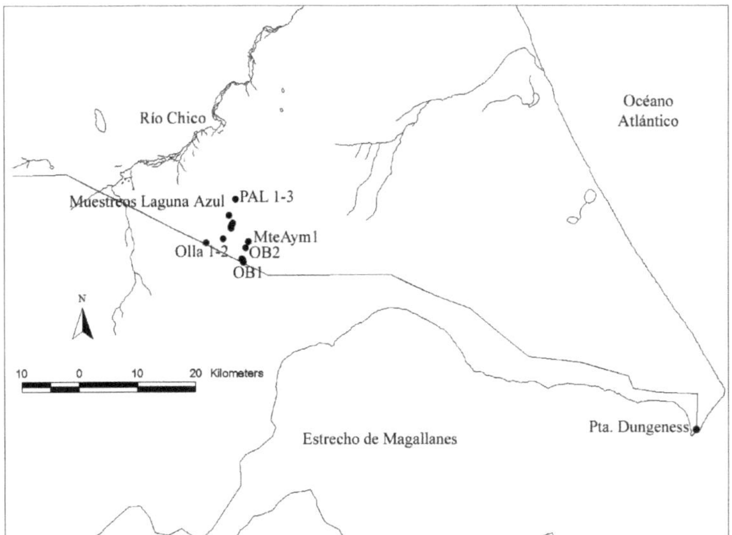

Figura 16.X: Localización de OB1 y de las fuentes potenciales de aprovisionamiento lítico

En base a la abundancia de artefactos en calcedonia en los sitios arqueológicos localizados en Cerro Convento, Cerro Norte y Cerro Don Bosco (sector central del CVPA), es posible que esta roca se encuentre disponible en esta zona. Este espacio se localiza a *ca.* 30 km lineales de OB1. En base a la escasez de esta roca es probable que los núcleos sobre la misma también formen parte del equipo transpotado por las poblaciones pasadas.

El pórfiro dacítico, el jaspe, la cuarcita, la diabasa, la filita y el gabro pueden ser obtenidos en un radio de 10-15 km del sitio. La diabasa se encuentra disponible en el propio cono. Del ópalo y el xilópalo se desconocen las fuentes potenciales de aprovisionamiento, y la obsidiana verde probablemente proceda de la península de Brunswick y el seno de Otway, según los estudios geoquímicos conocidos (Morello *et al.* 2001, 2004).

Con respecto a la disponibilidad de rocas en este sector del espacio cabe recordar que la mayoría de las fuentes potenciales de aprovisionamiento son de carácter temporario, ya que responden a procesos erosivos en los conos volcánicos, y ofrecen una baja proporción de rocas aptas para la talla, que se reducen a menos del 25% de las rocas disponibles en la mayoría de las fuentes potenciales de aprovisionamiento relevadas en este espacio. Las materias primas más abundantes son las rocas de grano grueso (plutónicas y filonianas) como tonalita, gabro y diabasa (ver capítulo VII). Estas diferencias en la disponibilidad de rocas aptas se ven incrementadas, ya que según los análisis presentados en el capítulo VII, tienen una media de tamaño pequeña en comparación con las rocas disponibles en otros sectores.

Por consiguiente, de los tres sectores del CVPA que fueron diferenciados, éste es el que presenta las condiciones de disponibilidad más deficientes. En consecuencia, se espera que todas las clases de rocas muestren un grado de reducción elevado, más allá de las diferencias relativas en la intensidad de uso que a nivel regional muestran determinadas rocas silíceas, como la calcedonia y el ópalo, junto con las RGFO *vs.* las dacitas.

Si consideramos las clases artefactuales en las que se encuentran representadas las rocas, las RGFO, la calcedonia y la dacita se presentan como desechos de talla, núcleos e instrumentos en las cuadrículas, en tanto que en el sondeo sólo las RGFO están presentes en las tres clases artefactuales señaladas. En este contexto, la dacita y la calcedonia sólo se presentan como desechos e instrumentos. Las materias primas que se encuentran representadas solamente como desechos de talla son: jaspe, obsidiana verde, filita y diabasa en el sondeo y xilópalo, gabro, filita y cuarcita en las cuadrículas (tabla 65.X).

Entre los desechos de talla, en las únicas materias primas en las que se registran lascas primarias y secundarias son la dacita y la calcedonia en ambos contextos, las RGFO en el sondeo y el pórfiro dacítico en las cuadrículas. En la tabla 66.X se presentan las frecuencias y proporciones de lascas primarias y secundarias con respecto al total de desechos por materia prima lítica, las cuales son muy bajas, excepto para el caso del pórfiro dacítico en el cual

	Clase artef.*	MATERIA PRIMA														Total
		Dacita	RGFO	Calcedonia	Pórfiro dacítico	Ópalo	Jaspe	Sílice	Xilópalo	Ob. verde	Cuarcita	Filita	Diabasa	Gabro	Indet.	
Sondeo 1	Desechos de talla	81	45	18	0	5	1	0	0	1	0	1	1		1	153
	Artefactos Formatiz. Unifacial	2	2	1	0	0	0	0	0	0	0	0	0	0	0	5
	Núcleos	0	1	0	0	0	0	0	0	0	0	0	0	0	0	1
Cuadrículas	Desechos de talla	52	18	6	1	0	0	0	1	0	1	1	0	1	2	81
	Artefactos Formatiz. Unifacial	6	1	1	2	0	0	1	0	0	0	0	0	0	0	11
	Núcleos	1	2	1	0	1	0	0	0	0	0	0	0	0	0	5
	Total	142	69	27	3	6	1	1	1	1	1	2	1	1	3	256

**se excluyen los litos modificados por uso*

Tabla 65.X: Distribución de las materias primas líticas por clase artefactual en el sondeo y cuadrículas de OB1

	Sondeo 1		Cuadrículas	
	N	Lascas primarias y secundarias/total desechos	N	Lascas primarias y secundarias /total desechos
Dacita	3	0,04	2	0,04
RGFO	2	0,04	0	0
Calcedonia	1	0,06	1	0,17
Pórfiro dacítico	0	0	1	1

Tabla 66.X: Frecuencia y proporción de lascas primarias y secundarias por materia prima lítica en el sondeo y cuadrículas de OB1

el único desecho recuperado es una lasca primaria. Esto, junto con la densidad de extracciones previas en la cara dorsal de las lascas (ver *infra*), sugiere que la mayor parte de los desechos de talla corresponde a estadios finales de manufactura, especialmente en el sondeo.

Con respecto a la diversidad de materias primas presentes en cada contexto, mientras el pórfiro dacítico, el sílice, el xilópalo, la cuarcita y el gabro no se encuentran representados en el sondeo 1, en las cuadrículas están ausentes el jaspe, la obsidiana verde y la diabasa. De todos modos, la comparación de la diversidad de clases de roca presentes en ambos contextos no arroja diferencias significativas en ninguno de los índices de diversidad considerados (dominancia, Shannon-Wiener y Simpson. Ver capítulo IV.2.e.1), ni mediante el *bootstrapping* ni la permutación (tabla 67.X). De dicho cálculo se excluyeron las materias primas indeterminadas.

Con respecto al grado de reducción que presentan los artefactos en uno y otro contexto, comparamos la densidad de extracciones en la cara dorsal de las lascas a través del test t, el cual arrojó diferencias significativas ($t= -2{,}03$ $p=0{,}04$). Los desechos de talla procedentes del sondeo presentan una mayor reducción que aquellos recuperados en las cuadrículas, con una media de 3,3 e/mm^2 y 2,39 e/mm^2, respectivamente. Si discriminamos la densidad de lascados por materia prima para ambos contextos, en aquellas clases de rocas que se encuentran representadas en uno y otro, se observa que todos los conjuntos de rocas del sondeo presentan una densidad más elevada que su contraparte en las cuadrículas (tabla 68.X).

En la tabla 69.X se muestra la frecuencia de lascas de reactivación de instrumentos por materia prima para el sondeo y cuadrículas, ya que no se incluyeron en el análisis previo. Las mismas son más abundantes en el sondeo.

Dado que los núcleos e instrumentos en el sondeo y las cuadrículas son pocos, es difícil la comparación, sobre todo segmentando los conjuntos por materia prima. En consecuencia sólo se describen algunas tendencias generales. Es notoria en el área de cuadrículas (que es donde se registra la mayor proporción de núcleos), la reutilización como núcleos de formas-base instrumentales. Así, se observan extracciones de lascas mediante la técnica bipolar sobre un raspador en calcedonia, un núcleo piramidal sobre un cepillo fragmentado en dacita y un núcleo discoidal sobre una raedera fragmentada en RGFO, el cual presenta restos de pigmento rojo.

La mayor densidad de extracciones (12,65 e/mm^3) se registra en un núcleo bipolar en ópalo, procedente de la cuadrícula 3, el cual se encuentra agotado y cuya forma-base es indiferenciada. En segundo lugar se encuentra el núcleo bipolar sobre el raspador en calcedonia que se señaló anteriormente, con una densidad de 2,4 e/mm^3, el cual también se encuentra agotado. El resto de los núcleos de las cuadrículas presentan una densidad baja, con una media aritmética de 0,18 e/ mm^3 los núcleos en RGFO (n=2) y 0,05 e/mm^3 el núcleo sobre el cepillo en dacita. El único ejemplar recuperado en el sondeo corresponde a un núcleo bipolar en RGFO, con una densidad de 0,77 e/mm^3.

	OB1 Cuadrículas	OB1 Sondeo 1	Boot p(eq)	Perm p(eq)
N clases de roca	10	8	0,55	0,66
N artefactos	99	159	0	0
Dominance	0,42	0,38	0,41	0,40
Shannon H	1,25	1,19	0,67	0,70
Simpson indx	0,58	0,62	0,41	0,40

Tabla 67.X: Comparación de la diversidad de materias primas líticas en ell sondeo y cuadrículas de OB1 mediante los índices de dominancia, Shannon-Wiener y Simpson

	Materia prima	N	Media	Mediana	Desvío estándar	Error estándar	Mínimo	Máximo	Rango
Sondeo	Ópalo	4	5,85	5,57	3,34	1,67	2,73	9,52	6,79
	Calcedonia	14	5,18	5,24	4,18	1,12	0	12,31	12,31
	RGFO	39	4,38	3,08	4,12	0,66	0,22	22,86	22,64
	Dacita	74	2,32	2,09	1,69	0,20	0	8,33	8,33
Cuad	Calcedonia	6	4,99	1,38	6,38	2,61	0,21	15	14,79
	RGFO	17	3,15	1,7	2,76	0,67	0,25	8,33	8,08
	Dacita	47	1,94	1,02	2,27	0,33	0	12,5	12,5

Tabla 68.X: Estadística descriptiva de la densidad de extracciones en la cara dorsal de las lascas por materia prima en el sondeo y en las cuadrículas de OB1

	Dacita	RGFO	Calcedonia
Sondeo 1	4	3	1
Cuadrículas	2	1	0

Tabla 69.X: Frecuencia de lascas de reactivación de instrumento por materia prima en el sondeo y cuadriculas de OB1

Aunque las comparaciones temporales se desarrollan más adelante, cabe señalar que todos los núcleos de las cuadrículas proceden de la unidad X, la cual tiene un fechado radiocarbónico de 3490 ± 75 AP (LP-1681), obtenido de una tibia de guanaco de la cuadrícula 4, a 67 cm de profundidad. Por el contrario, el núcleo del sondeo 1, procede de la capa 3-unidad estratigráfica II, la cual tiene un fechado de 1760±70 AP (LP-1462) sobre restos de carbón vegetal de un fogón, por lo cual las diferencias en la abundancia relativa y el grado de reducción de los núcleos entre uno y otro contexto pueden ser temporales (ver apartado 4 en este capítulo).

En cuanto a los instrumentos, en las cuadrículas se observa un mayor porcentaje de instrumentos manufacturados sobre dacita y pórfiro dacítico (72% n=8), las materias primas inmediatamente disponibles, mientras que en el sondeo la dacita solamente representa un 40% (n=2) y se encuentra en igualdad con las RGFO. El índice geométrico de reducción muestra los valores más elevados en los instrumentos en calcedonia en ambos contextos, con un valor de 1 en las cuadrículas y 0,90 en el sondeo. En este último contexto el índice geométrico en las RGFO corresponde a un solo artefacto, en tanto el otro es un filo natural con rastros complementarios. En comparación con los instrumentos en RGFO de las cuadrículas (0,6), el índice para estas rocas en el sondeo es bajo (0,2). La dacita también muestra un índice más bajo en el sondeo que en las cuadrículas (0,40 y 0,53 respectivamente). El resto de las materias primas representadas en las cuadrículas tienen valores de 0,7 en el sílice y 0,90 en el pórfiro dacítico.

Con respecto a la proporción de filos y/o puntas formatizados y/o con rastros complementarios (FPFy/oRC), la mayoría de los instrumentos en las cuadrículas (n=7) presentan valores bajos, entre 0,20 y 0,25 de los biseles potenciales formatizados y/o con rastros complementarios, lo que representa uno de cada cuatro biseles. Los valores más elevados, correspondientes a ¾ y ½ de los biseles potenciales formatizados y/o con rastros complementarios, pertenecen a tres instrumentos en dacita y uno en sílice.
En el sondeo, tres de los cinco instrumentos presentan la mitad o un poco más (0,60) de los biseles potenciales formatizados y/o con rastros complementarios. Estos instrumentos son dos en dacita y uno en calcedonia. Las RGFO presentan valores bajos (X=0,25), como en las cuadrículas.

Los instrumentos descartados en los tamaños más grandes corresponden a las rocas dacíticas en ambos contextos. En las cuadrículas el instrumento en pórfiro dacítico tiene una longitud residual de 103 mm, en tanto que los instrumentos en dacita presentan una media de 46,9 mm . En el sondeo, la media para la dacita es de 54,3 mm. Mientras en las cuadrículas el único instrumento en RGFO fue descartado en el tamaño más pequeño (24,5 mm), en el sondeo este lugar lo ocupa el instrumento en calcedonia (22 mm), ubicándose las RGFO en una posición intermedia entre la dacita y la calcedonia.

El ángulo de desgaste de los filos presenta el mismo valor en las RGFO (20°) y las rocas silíceas (50°) para el sondeo y las cuadrículas. Con respecto a estas últimas rocas, son las que presentan el mayor desgate en ambos contextos, correspondiendo a sílice en las cuadrículas y a calcedonia en el sondeo. Estas rocas en las cuadrículas presentan un desgaste menor (25°).

Como puede observarse, no es fácil delinear tendencias generales en la utilización de los instrumentos en OB1, ya que se observan diferencias entre el sondeo y las cuadrículas y dependiendo de cada tipo de materia prima en ambos contextos, a lo que se suma el tamaño pequeño de las muestras. La comparación regional en la utilización de las materias primas líticas en los diferentes sectores del CVPA y la división en bloques temporales ayudará a aclarar el panorama.

1.c.2 Orejas de Burro 2

En esta cueva, la frecuencia de artefactos líticos recuperados es muy baja (n=10), siento todos ellos desechos de talla en dacita y RGFO, a excepción de un instrumento unifacial en esta última roca. Los indicadores de reducción medidos sobre el mismo se presentan en la tabla 70.X, siendo datos en bruto excepto para el ángulo de desgaste que es un valor medio, ya que el instrumento posee dos filos formatizados.

La densidad de extracciones previas en los desechos de talla sugiere una mayor explotación de las RGFO, con una media bastante más elevada con respecto a la dacita (tabla 71.X). Sin embargo, los tres desechos recuperados sobre esta materia prima corresponden a una lasca de adelgazamiento bifacial, una lasca de flanco de núcleo y una lasca de reactivación inversa (la cual no fue incluída en el cálculo de la densidad), lo cual apunta hacia estadios finales de manufactura. A pesar de esto, la intensidad de uso de esta materia prima en comparación con las RGFO es menor. Sobre esta última roca también se registra una lasca de adelgazamiento bifacial.

FPFy/oRC	Angulo Desgaste	Índice geométrico	Longitud Residual
0,5	17,5	1	38

Tabla 70.X: Valores de los indicadores de reducción para el instrumento unifacial en RGFO de OB2

Materia prima	N	Media	Mediana	Desvío estándar	Error estándar	Mínimo	Máximo	Rango
RGFO	6	3,88	4,05	1,91	0,78	1,45	6,59	5,14
Dacita	2	1,83	1,82	1,27	0,90	0,93	2,73	1,80

Tabla 71.X: Estadística descriptiva de la densidad de extracciones previas en los desechos de talla de OB2

1.c.3 Orejas de Burro 10

Como en el sitio anterior, en OB10 también se recuperaron solamente 10 artefactos, todos ellos correspondientes a desechos de talla, el 80% de los mismos en RGFO. Luego, se registra una lasca en caldedonia y una en dacita, con una densidad de extracciones previas de 4,13 e/mm^2 y 1,42 e/mm^2 respectivamente. Los valores medios para los desechos en RGFO indican que presentan un mayor grado de reducción que éstas materias primas (tabla 72.X).

Materia prima	N	Media	Mediana	Desvío estándar	Error estándar	Mínimo	Máximo	Rango
RGFO	8	5,35	4,91	3,50	1,24	1,05	10,00	8,95

Tabla 72.X: Estadística descriptiva de la densidad de extracciones previas en los desechos de talla en RGFO de OB10

1.c.4 Orejas de Burro 11

Este sitio es el que presenta el mayor tamaño de muestra (n=94) y diversidad de rocas (cuatro clases), luego de la cueva Orejas de Burro 1, lo que sugiere que ambos factores posiblemente se encuentren relacionados. En el mismo se recuperaron artefactos de formatización unifacial (n=2) y bifacial (n=2), desechos de talla (n=89) y un núcleo. Entre los artefactos bifaciales se recuperó una preforma en dacita silicificada y un cabezal con pedúnculo diferenciado y hombros fragmentado en RGFO. El núcleo en dacita presenta una densidad de extracciones previas de 0,025 e/mm^3. Ambos artefactos unifaciales son en RGFO y en la tabla 73.X se presenta la estadística descriptiva de los indicadores de reducción para estos instrumentos, los cuales son relativamente bajos para esta materia prima en la proporción de FPFy/oRC y el ángulo de desgaste. El índice geométrico de reducción señala una mayor intensidad de uso de los filos. La longitud residual sólo pudo ser medida en uno de ellos y es de 49 mm.

La densidad de extracciones previas en los desechos de talla indica una mayor reducción de las lascas en calcedonia, seguidas por las RGFO, aunque muestran variabilidad (tabla 74.X y figura 17.X). Los valores más bajos le corresponden al único desecho en ópalo recuperado, con 1,33 e/mm^2.

Variable	Media	Mediana	Desvío estándar	Error estándar	Mínimo	Máximo	Rango
FPFy/oRC	0,29	0,29	0,06	0,04	0,25	0,33	0,08
Angulo Desgaste	8,33	5,00	5,77	3,33	5,00	15,00	10,00
Índice geométrico	0,64	0,63	0,52	0,36	0,27	1,00	0,73

Tabla 73.X: Estadítica descriptiva de los indicadores de reducción para los instrumentos unifaciales en RGFO de OB11

Materia prima	N	Media	Mediana	Desvío estándar	Error estándar	Mínimo	Máximo	Rango
Calcedonia	11	8,05	5	8,46	2,55	0,44	31,25	30,81
RGFO	44	4,17	3	4,03	0,61	0,00	20,00	20,00
Dacita	20	2,71	1,39	3,03	0,68	0,25	12,00	11,75

Tabla 74.X: Estadística descriptiva de la densidad de extracciones previas en los desechos de talla de OB11

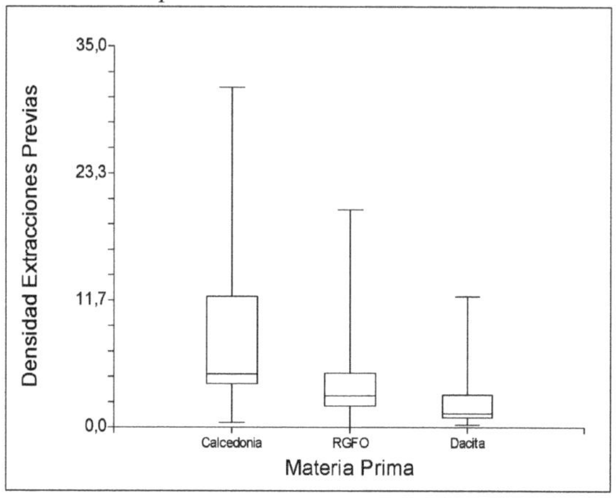

Figura 17.X: Gráfico de cajas de de la densidad de extracciones previas en los desechos de talla por materia prima de OB11

Este alero es el único de la zona en el que se registra una lasca primaria en RGFO y una secundaria en calcedonia. Asimismo, hay cuatro lascas de adelgazamiento bifacial en la primera de estas rocas. Proporcionalmente son más abundantes las lascas de reactivación de instrumentos: dos en RGFO, una en calcedonia y tres en dacita.

1.c.5 Orejas de Burro 16

En OB16, se recuperaron 28 artefactos líticos, 27 de los cuales son desechos de talla, a lo que se suma un instrumento unifacial en dacita. La mayoría de los desechos de talla también está representada en esta roca (n=17), seguida por las RGFO (n=6) y ejemplares únicos en calcedonia, diabasa y una roca volcánica indeterminada. En la tabla 75.X se presentan los datos en bruto de los indicadores de reducción para el artefacto formatizado. El ángulo de desgaste corrresponde a la media aritmética de los valores de dos filos.

La densidad de extracciones previas en los desechos de talla entre las materias primas identificadas presenta el valor más elevado en la calcedonia, con 10,9 e/mm^2. En este alero, la dacita muestra un mayor grado de reducción que las RGFO (tabla 76.X). En la primera de estas rocas también se registra una lasca de reactivación de filo (no incluída en la tabla), dos lascas de retoque y una lasca de adelgazamieno bifacial. El último lugar con respecto a la densidad de extracciones previas lo ocupa la lasca de diabasa, con 1,3 e/mm^2.

FPFyoRC	Angulo Desgaste	Índice geométrico	Longitud Residual
0,5	35	0,68	75

Tabla 75.X: Valores de los indicadores de reducción para el instrumento unifacial en dacita de OB16

Materia prima	N	Media	Mediana	Desvío estándar	Error estándar	Mínimo	Máximo	Rango
RGFO	6	4,45	3,05	4,63	1,89	0,13	13,33	13,20
Dacita	17	6,46	4,76	4,86	1,18	1,04	16,67	15,63

Tabla 76.X: Estadística descriptiva de la densidad de extracciones previas en los desechos de talla de OB16

1.c.6 Morro Rojo

Aquí se realizaron dos sondeos que se consideran en conjunto porque en ambos se recuperaron solamente cinco artefactos: uno en RGFO, tres en dacita y uno en calcedonia. Todos ellos son desechos de talla, a excepción de un artefacto de formatización unifacial en dacita del sondeo 1. En la tabla 77.X se presentan los valores en bruto de los indicadores de reducción para este instrumento y en la tabla 78.X los valores de la densidad de extracciones previas en los desechos de talla, que corresponden a un solo artefacto en todas las materias primas, excepto la dacita que corresponde a la media por tratarse de dos lascas. La lasca en RGFO es la que muestra el valor más elevado de densidad por varios grados de magnitud en comparación con las otras materias primas.

FPFy/oRC	Angulo Desgaste	Índice geométrico	Longitud Residual
0,2	10	0,5	44

Tabla 77.X: Valores en bruto de los indicadores de reducción para el instrumento unifacial en dacita de Morro Rojo

	Densidad
RGFO	7,81
Dacita	1,92
Calcedonia	0,38

Tabla 78.X: Densidad de extracciones previas en los desechos de talla de Morro Rojo

1.c.7 Laguna Azul 1

Al igual que en el caso anterior, en esta pequeña cueva ubicada en el cono volcánico de Laguna Azul se realizaron dos sondeos que son considerados juntos por la escasa cantidad de artefactos recuperados. Los mismos suman un total de ocho artefactos (cinco en RGFO y tres en dacita), habiendo sólo un artefacto formatizado en RGFO procedente del sondeo 1. Los valores de los indicadores de reducción se muestran en la tabla 79.X.

Entre los desechos de talla, la mayor densidad de extracciones previas en la cara dorsal se observa en la dacita. Los valores máximos alcanzados en esta roca casi duplican aquellos registrados en las RGFO (tabla 80.X). Con respecto a esta materia prima cabe señalar que tres de los desechos corresponden a basalto olivínico de calidad regular para la talla debido a su grano grueso. Estos desechos se diferencian claramente del cuarto desecho en RGFO recuperado en esta cueva, como así también del instrumento manufacturado sobre esta materia prima, lo cual señala dos variedades de estas rocas totalmente distintas a nivel macroscópico. En la descripción geológica del área hemos señalado que los afloramientos primarios de Pali Aike son de basalto alcalino, con un alto porcentaje de fenocristales de olivino (hasta un 20% *sensu* Skewes 1978. Ver capítulo V). Esto abre la posibilidad de que en este sector del espacio se hayan explotado los afloramientos primarios de basalto, aunque esto se mantiene a modo de hipótesis, a ser testeada mediante análisis geoquímicos. Cabe señalar que este fue el único sitio del CVPA adonde se observó esta variedad de basalto.

1.c.8 Bloques al este de Laguna Azul

Por fuera del cráter volcánico de Laguna Azul se realizaron dos sondeos al pie de unos bloques erráticos localizados a unos metros de la laguna. Sólo uno de los sondeos arrojó material lítico, consistente en diez desechos de talla asociados con restos de guanaco con huellas antrópicas. La estadística descriptiva de la densidad de extracciones previas se muestra en la tabla 81.X. El valor más elevado lo presentan los desechos en RGFO, seguidos por el único ejemplar en ópalo, que no está en la tabla y presenta una densidad de 4,93 e/mm^2. El valor más bajo le corresponde a la dacita, representada por una sola lasca con 0,83 e/mm^2.

FPFy/oRC	Angulo Desgaste	Índice geométrico	Longitud Residual
0,33	50	0,61	37

Tabla 79.X: Valores en bruto de los indicadores de reducción para el instrumento unifacial en RGFO de Laguna Azul 1

Materia prima	N	Media	Mediana	Desvío estándar	Error estándar	Mínimo	Máximo	Rango
RGFO	4	2,21	1,60	1,62	0,81	1,10	4,55	3,45
Dacita	3	4,56	3,12	3,50	2,02	2,00	8,55	6,55

Tabla 80.X: Estadística descriptiva de la densidad de extracciones previas en los desechos de talla de Laguna Azul 1

Materia prima	N	Media	Mediana	Desvío estándar	Error estándar	Mínimo	Máximo	Rango
Calcedonia	2	4,57	4,57	2,86	2,02	2,55	6,59	4,04
RGFO	6	5,23	5,17	3,53	1,44	1,33	9,09	7,76

Tabla 81.X: Estadística descriptiva de la densidad de extracciones previas en los desechos de talla de los Bloques al este de Laguna Azul

Hasta aquí hemos descripto la utilización de las materias primas líticas en los distintos sitios arqueológicos del CVPA que fueron excavados. A continuación, comparando estos datos en una escala regional de análisis, se discuten las tendencias espaciales en la abundancia, diversidad y grado de redución de las materias primas líticas en los distintos sectores del campo volcánico.

2. TENDENCIAS ESPACIALES EN LA UTILIZACIÓN DE LAS MATERIAS PRIMAS LÍTICAS

2.a Densidad de artefactos, abundancia y diversidad de materias primas líticas en una escala regional

En la descripción de los conjuntos de artefactos por materia prima lítica realizada anteriormente quedaron en evidencia las diferencias en el tamaño de las muestras entre muchos de los sitios arqueológicos considerados. Por consiguiente, antes de proceder con el análisis específico de las materias primas líticas, creemos que es necesario comparar la densidad de artefactos por sitio y en los diferentes sectores del CVPA a fin de evaluar la intensidad de uso de los diferentes espacios. Estas diferencias ya habían sido notadas a partir del registro de superficie, el cual señalaba una mayor abundancia y diversidad de materias primas líticas en los conjuntos artefactuales de dos de los sitios localizados en la margen sur del río Chico, pertenecientes al sector central del CVPA: Cóndor 1 y Frailes 2. Lamentablemente no contamos con material de estratigrafía procedente de este último para comparar las tendencias.

En la tabla 82.X se muestra la densidad de artefactos para cada sitio estratigráfico.

El sondeo 1 y las cuadrículas 2 a 4 correspondientes al área de entierro de OB1 se consideran como muestras independientes de acuerdo con las diferencias señaladas entre ambos contextos. Lo mismo para las cuadrículas 12H y 4E de Cóndor 1. Con respecto a Las Buitreras 1, dado que en las referencias bibliográficas publicadas no encontramos detallado el volumen de excavación de las cuadrículas que analizamos, el área de cada una de ellas se calculó a partir de la comparación de las figuras 1 y 2 de Sanguinetti de Bórmida 1976 y 1999, respectivamente y utilizando la escala de referencia para efectuar las mediciones de las cuadrículas analizadas. Así se estimó un área total de 55 m^2 para las cuadrículas bajo consideración. La profundidad de excavación de las capas correspondientes se estimó en un valor mínimo (0,30 m), para no subrepresentar el número de artefactos recuperados. Esta estimación se realizó a partir del perfil norte de la cuadrícula 1 graficado en la figura 1 de la publicación de Sanguinetti de Bórmida 1976, a pesar de las fluctuaciones en profundidad que se observan en el perfil. A pesar de todos estos recaudos, la densidad de artefactos es muy baja. Para ser aún más cautelosos, decidimos volver a calcular la densidad de artefactos considerando el área de excavación de 1974 y 1975 que se detalla en Sanguinetti de Bórmida 1976, la cual corresponde a las cuadrículas 1 (abierta inicialmente en 1974), 2, 2' y 3 (abiertas en 1975). Si bien la cuadrícula 3 no se encuentra representada entre los materiales aquí analizados, asumimos que el área representada por estas cuatro cuadrículas (42 m^2) sería comparable a la correspondiente a las cuadrículas 1, 2, 2' y 5 consideradas en esta tesis. Así y todo, la densidad sigue siendo baja. Ya a modo de ejercicio comparativo, calculamos la densidad para un área de 36 m^2 (correspondiente a la ampliación de las excavaciones de 1975) y de 6 m^2 (primera cuadrícula excavada en el sitio en 1974). Sólo en este último caso, que correspondería al menor volumen de excavación registrado en este sitio, perteneciente a una sola cuadrícula, la densidad de artefactos sobrepasa únicamente a un alero del sector central del CVPA (Norte 3) y a la mayoría de los aleros del sector sur, excepto OB11, pero en ningún caso la densidad es más elevada que la registrada en las cuevas de los otros sectores del CVPA, las cuales constituyen los contextos más adecuados para la comparación con Las Buitreras, debido a sus características geomorfológicas. La densidad de artefactos registrada en el área de entierro de las cuadrículas 2 a 4 de OB1 no es comparable en el contexto regional debido a las características particulares de este contexto.

Así, se observa que las mayores densidades de artefactos para el Holoceno tardío, tanto en cuevas como aleros, pertenecen al sector central del CVPA, sobresaliendo las dos cuadrículas excavadas en la cueva Cóndor 1. Solamente el alero OB11 y el contexto a cielo abierto de los bloques al este de Laguna Azul presentan una densidad más elevada que Norte 3, el cual es el sitio que tiene la densidad más baja de los del sector central. La mayoría de los aleros del sector sur tienen una densidad baja de artefactos en comparación con el sector central, pero sigue siendo más elevada que la de Las Buitreras 1, considerando todas las variaciones en el área de excavación señaladas para esta cueva, excepto la correspondiente a una sola cuadrícula. El único sitio del sector meridional que presenta una densidad artefactual más baja que Las Buitreras es Morro Rojo, que presenta la menor densidad de todos los sitios comparados.

Las diferencias en la densidad de restos arqueofaunísticos para el Holoceno tardío en varios sitios del CVPA también fue señalada por Barberena (2007), destacándose Cóndor 1 con la mayor densidad, al igual que en nuestro caso. Las investigaciones desarrolladas por Carballo Marina (2007) en relación con el uso del espacio en la cuenca del río Gallegos apoyan estas interpretaciones, ya que han mostrado el uso marginal de este sector del CVPA. La utilización de las materias primas líticas en

Sitio	N total de artefactos	Área de excavación (m^2)	Profundidad excavación (m)	Volumen excavado (m^3)	Densidad Artefactos (m^3)
OB1 sondeo	160	0,25	0,97	0,24	666,67
OB1 cuadrículas	101	1,5	0,9	1,35	74,81
OB2	10	0,25	0,3	0,08	125
OB10	10	0,25	0,23	0,06	173,91
OB11	94	0,25	0,6	0,15	626,67
OB16	28	1	0,45	0,45	62,22
Laguna Azul 1	7	1	0,1	0,1	70
Bloques Laguna Azul	10	0,25	0,1	0,03	333,33
Morro Rojo	5	1	0,15	0,15	33,33
Alero 41	247	0,25	0,25	0,06	4116,67
Alero Norte 1	842	1	0,3	0,3	2806,67
Alero Norte 2	443	0,25	0,45	0,11	4027,27
Alero Norte 3	107	1	0,3	0,3	356,67
Cóndor 1 12H	6172	1	0,7	0,7	8817,14
Cóndor 1 4E	3266	1	0,6	0,6	5443,33
Las Buitreras 1	687	55	0,3	16,5	41,64
		42	0,3	12,6	54,52
		36	0,3	10,8	63,61
		6	0,3	1,8	381,67

Tabla 82.X: Densidad de artefactos por m^3 en los sitios arqueológicos excavados

Sector CVPA	Sitios	N total artef.	% MATERIAS PRIMAS LÍTICAS																	
			RGFO	Dacita	Pórfiro dacítico	Calcedonia	Ópalo	Sílice	Jaspe	Jaspe con impurezas	Xilópalo	Obsidiana verde	Obsidiana gris verdosa	Obsidiana gris	Obsidiana negra	Cuarcita	Filita	Diabasa	Granito	Gabro
SUR	OB1 sondeo	160	30 (48)	51,9 (83)	0	12 (19)	3 (5)	0	0,62 (1)	0	0	0,62 (1)	0	0	0	0	0,62 (1)	0,62 (1)	0	0
	OB1 cuadrículas	101	20,8 (21)	59,4 (60)	2,9 (3)	7,9 (8)	1 (1)	0	0	0	1 (1)	0	0	0	0	1 (1)	1,9 (2)	0	0	1 (1)
	OB2	10	70 (7)	30 (3)	0	0	0	0	0	0	0	0	0	0	0	0	0	0	0	0
	OB10	10	80 (8)	10 (1)	0	10 (1)	0	0	0	0	0	0	0	0	0	0	0	0	0	0
	OB11	94	56 (53)	29 (27)	0	14 (13)	1 (1)	0	0	0	0	0	0	0	0	0	0	0	0	0
	OB16	28	21,4 (6)	67,8 (19)	0	3,6 (1)	0	0	0	0	0	0	0	0	0	0	0	3,6 (1)	0	0
	Laguna Azul 1	8	62,5 (5)	37,5 (3)	0	0	0	0	0	0	0	0	0	0	0	0	0	0	0	0
	Bloques LA	10	60 (6)	10 (1)	0	20 (2)	10 (1)	0	0	0	0	0	0	0	0	0	0	0	0	0
	Morro Rojo	5	20 (1)	60 (3)	0	20 (1)	0	0	0	0	0	0	0	0	0	0	0	0	0	0
CENTRO	Alero 41	247	66,8 (165)	20,2 (50)	0,8 (2)	3,2 (8)	0,4 (1)	1,2 (3)	0	0	0	4,45 (11)	0	0	0	1,2 (3)	0	0,8 (2)	0	0
	Alero Norte 1	842	65,55 (552)	26,4 (222)	0	5,2 (44)	0,35 (3)	0,8 (7)	0,35 (3)	0	0,6 (5)	0	0,1 (1)	0,1 (1)	0	0	0	0,2 (2)	0	0
	Alero Norte 2	443	58 (257)	27,8 (123)	0	9,5 (42)	1,5 (7)	1,35 (6)	0,45 (2)	0	0	0	0	0	0	0	0	0,7 (3)	0	0
	Alero Norte 3	107	48,6 (52)	39,25 (42)	0	9,3 (10)	0	0,9 (1)	0	0,9 (1)	0	0	0	0	0	0	0	0	0	0
	Cóndor 1 12H	6177	51,2 (3164)	25,2 (1554)	0	15,8 (975)	4,7 (290)	0,55 (34)	0,8 (47)	0,03 (2)	0,24 (15)	0,25 (16)	0,48 (31)	0,16 (10)	0,13 (8)	0	0	0	0	0
	Cóndor 1 4E	3267	60,3 (1972)	20 (654)	0	15,7 (513)	0,7 (23)	0,86 (28)	0,09 (3)	0,24 (8)	0,06 (2)	0,03 (1)	0,46 (15)	1,2 (39)	0,15 (5)	0	0	0	0	0,06 (2)
NORTE	Las Buitreras 1	687	35,95 (247)	48,7 (335)	0,43 (3)	10,6 (73)	1,2 (8)	0,43 (3)	0	0,14 (1)	0	0	0	0	0,14 (1)	0	0,43 (3)	0	0,3 (2)	0,14 (1)

Tabla 83.X: Porcentaje de materias primas representadas en los artefactos de los sitios excavados (las frecuencias se indican entre paréntesis)

Las Buitreras 1, que ha sido caracterizada como de *scavenging* (*sensu* Schiffer 1987), también apunta en este sentido.

En la tabla 83.X se presentan los porcentajes de las distintas materias primas líticas representadas en los artefactos de los sitios arqueológicos en consideración.

En la tabla 83.X no se incluyen los porcentajes de las materias primas indeterminadas, incluyendo a las rocas silíceas en las que no fue posible realizar una asignación más específica (generalmente debido a procesos de alteración térmica). Tampoco se incluyen las muestras seleccionadas de La Carlota cueva 1. Estas se consideran más adelante cuando analizamos la intensidad de uso de las materias primas líticas.

A partir de los porcentajes de materias primas de los diferentes sitios arqueologicos se observa que las tres clases de roca más representadas en todos los sitios del CVPA son las RGFO, la dacita y la calcedonia. La única excepción que escapa a esta regla es el alero 41 de Cerro Don Bosco, adonde la tercera clase en abundancia es la obsidiana verde en lugar de la calcedonia.

Si bien las tres clases de materia prima señaladas son las más abundantes, se registran diferencias en el *ranking* entre sectores. Así, en casi la mitad de los sitios excavados en el sector sur del CVPA y en Las Buitreras 1, el único sitio del que contamos con una muestra estratigráfica completa para el sector norte, predominan las dacitas sobre las RGFO. La mayor abundancia relativa de dacita en el sector sur ya había sido observada a partir de los materiales de superficie. En el resto de los sitios meridionales y en todos los sitios del sector central predominan los artefactos sobre RGFO.

Por otro lado, el jaspe (con y sin impurezas), el xilópalo y el sílice se encuentran más representados hacia el sector central y septentrional del CVPA. Las obsidianas también se concentran en el sector central, en tanto que hacia el sur solamente se registra obsidiana verde en el sondeo 1 de OB1 y hacia el norte, obsidiana negra en Las Buitreras 1. Un análisis más pormenorizado de la distribución de las obsidianas se realiza en el apartado 3, por tratarse de materias primas no-locales.

Como desarrollamos en el capítulo VII, mientras la dacita se encuentra ampliamente disponible en los diferentes sectores del CVPA, las RGFO presentan una disponibilidad más restringida, acotada a las márgenes del río Gallegos, las lagunas del interfluvio Gallegos-Chico y la costa nororiental del estrecho de Magallanes. Las mismas también han sido detectadas en algunos sectores de la costa Atlántica, pero limitados, tales como Punta Loyola y cañadón Gap. Dado que Punta Loyola se localiza en la desembocadura del río Gallegos, cuando nos referimos a los grandes sectores del CVPA la misma se considera de modo integrado a la cuenca de este río.

Entonces, al considerar la distribución de estas rocas en el espacio regional, y de acuerdo con los porcentajes de la tabla 83, nos preguntamos ¿por qué los sitios localizados en el sector central del CVPA, que se encuentran entre 30-40 km de las principales fuentes de aprovisionamiento permanentes de RGFO, son los que presentan la mayor abundancia de estas rocas? Creemos que esto responde a las estrategias de economía de materia prima (*sensu* Odell 1996) implementadas en la explotación de estas rocas de muy buena calidad para la talla y disponibilidad escasa, las cuales son transportadas desde las fuentes potenciales de aprovisionamiento y descartadas cuando ya su utilidad remanente es baja. Este patrón de uso se diferencia de la forma en que son explotadas las dacitas, las cuales evidencian un aprovechamiento más expeditivo (*sensu* Binford 1979). A partir del análisis de las evidencias de superficie, especialmente de los núcleos en RGFO, hemos visto que el grado de reducción de los mismos aumenta a medida que se incrementan las distancias a las fuentes potenciales de aprovisionamito en el estrecho de Magallanes y el río Gallegos, es decir, hacia el centro del CVPA. La variabilidad observada en el grado de reducción de los núcleos en este sector del espacio también sugiere la posibilidad de reabastecimiento de

RGFO en las lagunas del interfluvio Gallegos-Chico. Estas hipótesis, generadas a partir del registro de superficie, serán puestas a prueba con las evidencias de intensidad de uso de las materias primas líticas aportadas por el registro estratigráfico (ver *infra*).

Por otro lado, con respecto a la diversidad de materias primas representadas en los diferentes contextos, se estimó el número de clases de materia prima esperado para muestras de diferente tamaño, dado que la diversidad es dependiente del tamaño de la muestra. Esto se realizó a partir de la distribución de frecuencias por clase de roca para cada sitio arqueológico a través de la rarefacción. Asi, en primer lugar, comparamos la diversidad de materias primas líticas en los contextos de cueva y luego, entre los sitios pequeños, la mayoría de los cuales son aleros, a excepción de los bloques al este de Laguna Azul y Morro Rojo, que son contextos a cielo abierto.

En la tabla 84.X se presenta el número de clases de materia prima esperado y el desvío estándar para muestras de diferente tamaño de acuerdo con el análisis de rarefacción para cada uno de los contextos estratigráficos de OB1 (sondeo 1 y cuadrículas 2 a 4) y Cóndor 1 (cuadrículas 4E y 12H) y para Las Buitreras 1.

A partir del número de clases de materia prima esperado para diferentes tamaño de muestra se graficaron las curvas de diversidad estimada para los diferentes contextos de cueva (figura 18.X).

Tamaño	OB1 sondeo 1		OB1 Cuadrículas		Cóndor 1 12H		Cóndor 1 4E		Las Buitreras 1	
muestra	Nº Clases esperado	Desvío estándar	Nº Clases esperado	Desvío estándar	Nº Clases esperado	Desvío estándar	Nº Clases esperado	Desvío estándar	Nº Clases esperado	Desvío estándar
10	3,24	0,77	3,39	0,93	3,41	0,77	3,09	0,72	3,04	0,72
20	3,93	0,84	4,53	1,07	4,09	0,83	3,68	0,80	3,62	0,82
30	4,39	0,91	5,37	1,12	4,50	0,89	4,04	0,90	4,02	0,91
40	4,77	0,95	6,07	1,13	4,82	0,94	4,34	0,99	4,35	0,99
50	5,11	0,98	6,69	1,10	5,09	0,99	4,63	1,05	4,64	1,06
60	5,42	1,00	7,25	1,04	5,33	1,03	4,89	1,10	4,92	1,10
70	5,71	1,01	7,76	0,93	5,54	1,07	5,13	1,13	5,18	1,14
80	5,98	1,00	8,23	0,78	5,74	1,10	5,36	1,16	5,42	1,16
90	6,25	0,99	8,67	0,54	5,93	1,12	5,58	1,18	5,65	1,18
100	6,51	0,96			6,10	1,14	5,78	1,19	5,87	1,20
110	6,76	0,92			6,27	1,16	5,97	1,20	6,07	1,21
120	7,02	0,85			6,42	1,18	6,15	1,21	6,27	1,21
130	7,27	0,77			6,57	1,19	6,32	1,21	6,45	1,22
140	7,52	0,64			6,71	1,20	6,48	1,22	6,63	1,22
150	7,77	0,46			6,85	1,20	6,63	1,22	6,80	1,22

Tabla 84.X: Rarefacción de la diversidad de materias primas líticas en las cuevas del CVPA

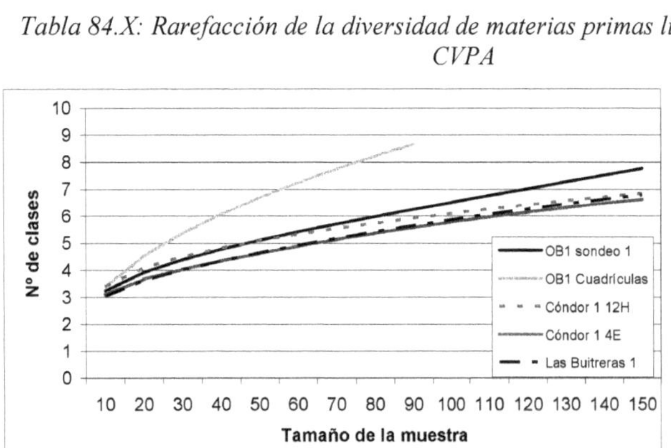

Figura 18.X: Curvas de diversidad de materias primas estimadas para los contextos de cueva del CVPA

A pesar de que las dos cuadrículas de Cóndor 1 y Las Buitreras 1 son las que presentan el mayor número de clases de roca representadas (11 clases están representadas en Las Buitreras 1 y en la cuadrícula 12H de Cóndor 1 y 13 en la cuadrícula 4E de este sitio), en la comparación de la diversidad estimada estos contextos ofrecen una menor riqueza que OB1 sondeo y cuadrículas para el mismo tamaño de muestra, lo cual señala que las diferencias de diversidad observadas son dependientes del *n* de los conjuntos . Esto se confirmó a través de un ANOVA del número de clases de rocas esperado para los contextos bajo consideración, el cual no arrojó diferencias significativas (F=1,82 p=0,13) en la diversidad de materias primas líticas entre las cuevas de los diferentes sectores del CVPA. Este patrón puede ser interpretado como de una amplia circulación de las materias primas líticas utilizadas para la manufactura de los artefactos por el espacio del CVPA.

La comparación de la diversidad de materias primas en otros contextos geomorfológicos, como los aleros y los sitios a cielo abierto, queda restringida a los sectores central y meridional del CVPA. En este último sector, la mayoría de los aleros tienen entre dos y cuatro clases de rocas representadas, en tanto que en el sector central tienen entre cinco y diez.

A partir del número de clases estimado para cada uno de los sitios por medio de la rarefacción se realizó un ANOVA, el cual arrojó diferencias significativas (F=3,54 p=0,002). La dispersión de la media de clases esperadas para cada uno de los sitios muestra la variabilidad entre los mismos (figura 19.X).

El *test* de Tukey-Kramer nos señala las diferencias en diversidad de materias primas entre los sitios considerados (tabla 85.X). Las mayores diferencias se registran entre LA1 y OB2, que son los que presentan el menor número de clases representado, y los sitios con mayor diversidad, tales como OB11, OB16, Bloques al este de LA (BELA en figura 19 y tabla 85.X), Alero 41 y Norte 2.

Por su parte, Morro Rojo, OB10, Norte 1 y Norte 3 se ubican en una posición intermedia entre los sitios con menor y mayor diversidad y por lo tanto no muestran diferencias significativas estadísticamente.

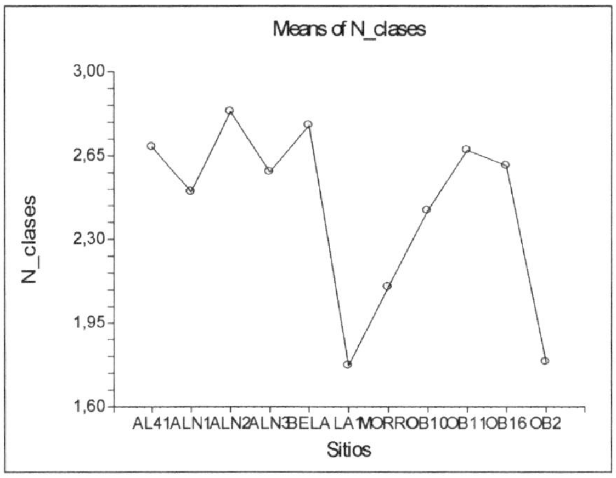

Figura 19.X: Media del número de clases de materia prima esperadas para los aleros y contextos a cielo abierto de los sectores central y meridional del CVPA

Sitio	Count	Mean	Different From Groups
LA1	7	1,77	AL41, ALN2
OB2	10	1,79	OB16, OB11, AL41, BELA, ALN2
Morro Rojo	5	2,10	
OB10	19	2,42	
ALN1	20	2,50	
ALN3	20	2,58	
OB16	20	2,61	OB2
OB11	20	2,67	OB2
AL41	20	2,69	LA1, OB2
BELA	10	2,78	OB2
ALN2	20	2,83	LA1, OB2

Alpha=0,050 Error Term=S(A) DF=160 MSE=0,401 Critical Value=4,618

Tabla 85.X: Resultados del test de Tukey-Kramer sobre la diversidad media de materia primas en los aleros y contextos a cielo abierto de los sectores central y meridional del CVPA

2.b La intensidad de uso de las materias primas líticas en el CVPA

En una escala regional de análisis la intensidad de uso de las materias primas líticas será evaluada comparando los indicadores de reducción, por un lado, entre clases de roca y por el otro, por clase de roca en los distintos sectores del CVPA. De estas comparaciones se excluyen las materias primas indeterminadas. El análisis se presenta de acuerdo con los indicadores de reducción considerados para cada clase artefactual.

2.b.1 La densidad de extracciones en los núcleos

Comenzaremos con la densidad de extracciones en los núcleos, ya que consideramos que esta clase artefactual constituye uno de los indicadores más directos del grado de reducción de las materias primas líticas y para comparar con el patrón registrado en superficie. Así, realizamos un ANOVA de la densidad de extracciones de formas-base en los núcleos de RGFO, dacita, calcedonia y otras rocas silíceas. En esta categoría agrupamos los núcleos en jaspe (n=1), ópalo (n=2), sílice (n=1) y xilópalo (n=3) por el tamaño pequeño de las muestras. Se excluyen los núcleos en pórfiro dacítico y obsidiana negra por tratarse de un solo ejemplar en cada una de estas rocas. En la tabla 86.X se muestran los valores de densidad para cada clase de roca.

Los valores de densidad fueron transformados a logaritmo natural para cumplir con los supuestos del *test*. El ANOVA mostró diferencias significativas en el grado de reducción de los núcleos (tabla 87.X) y el *test* de Tukey-Kramer indicó que las mismas se encuentran entre todos los conjuntos de materias primas comparadas (tabla 88.X). En la figura 20.X se muestra un gráfico de cajas con la tendencia central y dispersión de los valores de densidad por materia prima.

Como podemos observar, todas las rocas silíceas (tanto las agrupadas bajo este rótulo para el análisis, como la calcedonia) son las que muestran los valores más elevados de densidad, seguidas por las RGFO y en último lugar la dacita. Si tenemos en cuenta las materias primas que no se incluyeron en el análisis, la obsidiana negra es la que presenta el valor más elevado de todas las rocas, en tanto que el pórfiro dacítico es el que muestra la menor reducción.

En la figura 21.X hemos graficado los valores de densidad para todas las materias primas según la procedencia de los núcleos por sector del CVPA. Se han utilizado los valores transformados a logaritmo para lograr una mayor claridad de las tendencias, dado que se resaltan las diferencias pequeñas. En la tabla 89.X se presenta la media aritmética por materia prima para cada sector. En negritas se indican los valores que corresponden a un solo ejemplar.

En el sector norte (margen derecha del río Gallegos) se localizan los núcleos con la densidad de extracciones más bajas en todas las materias primas representadas en este área, a saber, pórfiro dacítico, dacita, RGFO y calcedonia. Estas tres últimas materias primas, que son las más utilizadas para la manufactura de artefactos, muestran un mismo patrón de explotación: un aumento de la densidad desde el sector norte hacia el central, volviendo a

Materia prima	N	Densidad (e/mm3)
Obsidiana negra	1	47,62
Ópalo	2	10,49
Jaspe	1	7,94
Calcedonia	19	2,63
Xilópalo	3	2,1
Sílice	1	1,27
RGFO	33	0,89
Dacita	24	0,34
Pórfiro dacítico	1	0,02

e/ mm^3: extracciones por mm^3

Tabla 86.X: Densidad de extracciones previas en los núcleos del CVPA por materia prima lítica

Source Term	DF	Sum of Squares	Mean Square	F-Ratio	Prob Level	Power
A: MatPrima	3	79,51582	26,50527	22,26	0,000	1
S(A)	76	90,48118	1,190542			
Total (Adjusted)	79	169,997				
Total	80					

Tabla 87.X: Resultados del ANOVA sobre la densidad de extracciones previas en los núcleos del CVPA por materia prima lítica

Group	Count	Mean	Different FromGroups
Dacita	24	-1,783338	RGFO, Calcedonia, Otras Rocas Silíceas
RGFO	33	-0,4748105	Dacita, Calcedonia, Otras Rocas Silíceas
Calcedonia	19	0,6712862	Dacita, RGFO
Otras Rocas Silíceas	7	0,9121074	Dacita, RGFO

Alpha=0,050 Error Term=S(A) DF=76 MSE=1,19 Critical Value=3,71

Tabla 88.X: Resultados del test de Tukey-Kramer sobre la densidad de extracciones previas en los núcleos del CVPA por materia prima lítica

Materia prima	Norte	Centro	Sur
Calcedonia	0,59	3,22	**2,43**
Dacita	0,16	0,73	0,04
RGFO	0,55	1,22	0,38
Ópalo	-	**8,33**	**12,65**
Sílice	-	**1,27**	-
Xilópalo	-	2,1	-
Jaspe	-	**7,94**	-
Pórfiro dacítico	**0,02**	-	-
Obsidiana negra	-	**47,62**	-

Tabla 89.X: Valores de densidad de extracciones en los núcleos por materia prima lítica y sector del CVPA

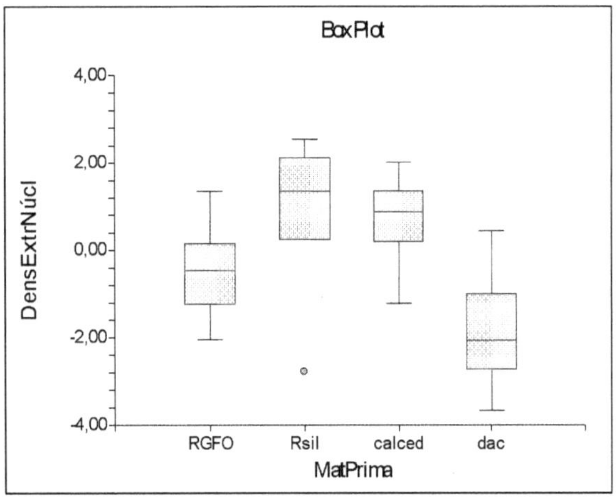

Figura 20.X: Gráfico de cajas de la densidad de extracciones en los núcleos del CVPA por materia prima lítica

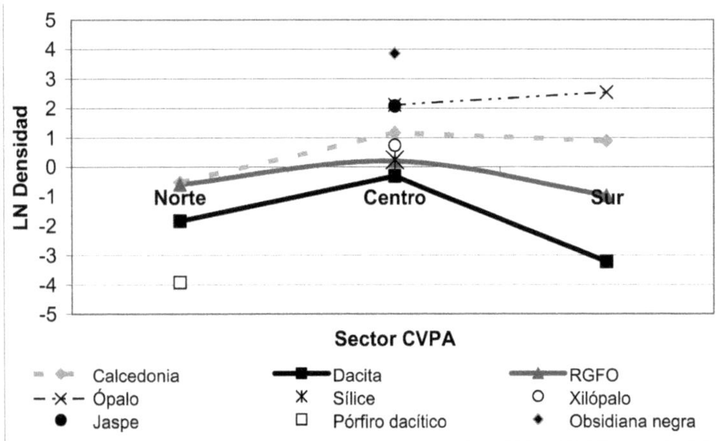

Figura 21.X: Distribución de los valores de densidad de extracciones en los núcleos por materia prima lítica y sector del CVPA

decrecer en el sector sur. Mientras en este último sector la densidad de extracciones en los núcleos de calcedonia se mantiene más elevada que la registrada en el sector septentrional, en las RGFO y la dacita alcanza valores medios menores que los del sector norte. Estas son las únicas clases de roca que permiten realizar una comparación de los tres sectores diferenciados, en los cuales se mantiene el mismo *ranking* en el grado de reducción que presentan, con los menores valores de densidad en la dacita y los mayores en la calcedonia, presentando las RGFO un grado de reducción intermedio.

Por su parte, los núcleos en ópalo, que solamente fueron recuperados en el sector central y meridional, muestran un incremento en la densidad entre ambos sectores. El sílice, el xilópalo, el jaspe y la obsidina negra sólo se encuentran representadas como núcleos hacia el centro de Pali Aike, que es el sector que presenta la mayor variedad

Source Term	DF	Sum of Squares	Mean Square	F-Ratio	Prob Level	Power
A: SectCVPA	2	5,39	2,69	5,17	0,011	0,79
S(A)	30	15,64	0,52			
Total (Adjusted)	32	21,03				
Total	33					

Tabla 90.X: Resultados del ANOVA sobre la densidad de extracciones previas en los núcleos de RGFO por sector del CVPA

Group	Count	Mean	Different FromGroups
Sur	3	-1,23	Centro
Norte	11	0,71	
Centro	19	-0,06	Sur

Alpha=0,050 Error Term=S(A) DF=30 MSE=0,52 Critical Value=3,48

Tabla 91.X: Resultados del test de Tukey-Kramer sobre la densidad de extracciones previas en los núcleos de RGFO por sector del CVPA

Densidad de Extracciones	Centro	Norte	Sur
Centro	0	2,41	2,13
Norte	2,41	0	0,63
Sur	2,13	0,63	0

Medians significantly different if z-value > 1,9600

Tabla 92.X: Resultados del test Z de Kruskal Wallis sobre la densidad de extracciones previas en los núcleos de RGFO por sector del CVPA

de materias primas en esta clase artefactual. La obsidiana negra tiene la densidad de extracciones más elevada de todas las materias primas representadas en cualquiera de los sectores del CVPA. El sílice, el xilópalo y el jaspe se ubican entre las RGFO y el máximo de la obsidiana.

El ANOVA de la densidad de extracciones (transformada a logaritmo) en los núcleos de RGFO, segmentando los conjuntos por sectores, nos muestra diferencias significativas en el grado de reducción de los mismos a través del espacio (tabla 90.X). Mientras el *test* de Tukey-Kramer nos señala diferencias en la densidad media entre el sector central y el meridional (tabla 91.X), el *test* Z de Kruskal-Wallis reconoce diferencias en la mediana entre los sectores norte y sur con respecto al centro (tabla 92.X).

Si realizamos esta misma comparación entre los núcleos de dacita por sectores, el ANOVA también nos arroja diferencias significativas (tabla 93.X). Asimismo, el test de Tukey-Kramer nos señala que las mismas se encuentran entre los sectores central y meridional, como en el caso previo (tabla 94.X). Sin embargo, debemos tener bajo consideración que la muetsra del sur comprende dos núcleos solamente.

El grado de reducción de los núcleos en calcedonia de los sectores norte y centro se comparó a través del *test* t Welch, el cual también mostró diferencias significativas (t Welch= 5,28 p=0,0001). Se utilizó este *test* porque sólo comparamos dos muestras -ya que del sector sur solamente se contaba con los datos de un núcleo de OB1 cuadrículas-, que no mantenian homogeneidad en la varianza (F= 13,28 p= 0,0556). La mayor densidad de extracciones la presentan los núcleos del sector central, con una media de 3,22 e/mm^3 *vs.* 0,59 e/mm^3 en el sector norte. El núcleo de OB1 muestra un valor menor al registrado en los conjuntos centrales, pero más elevado que el correspondiente al sector norte (2,43 e/mm^3).

Estos patrones de explotación son los mismos que habían quedado en evidencia a partir del análisis de regresión entre la densidad de extracciones previas en los núcleos en RGFO de superficie y la distancia al río Gallegos, efectuado en el capítulo IX.

Para corroborar una vez más la tendencia, hicimos una regresión a partir de la densidad de extracciones en los núcleos en RGFO del registro estratigráfico del CVPA. En la tabla 95.X se presentan los valores de densidad de cada uno de los núcleos en RGFO por sitio arqueológico y la distancia lineal al río Gallegos, medida en km.

La tendencia en el grado de reducción de los núcleos en RGFO muestra (figura 22 y 23.X):

Source Term	DF	Sum of Squares	Mean Square	F-Ratio	Prob Level	Power
A: SectCVPA	2	10,65	5,33	5,01	0,02	0,75
S(A)	21	22,31	1,06			
Total (Adjusted)	23	32,96				
Total	24					

Tabla 93.X: Resultados del ANOVA sobre la densidad de extracciones previas en los núcleos de dacita por sector del CVPA

Group	Count	Mean	Different From Groups
Sur	2	-3,26	Centro
Norte	14	-2,04	
Centro	8	-0,96	Sur

Alpha=0,050 Error Term=S(A) DF=21 MSE=1,06 Critical Value=3,56

Tabla 94.X: Resultados del test de Tukey-Kramer sobre la densidad de extracciones previas en los núcleos de dacita por sector del CVPA

- una baja densidad de extracciones (≤1 e/mm^2) en los núcleos cercanos a la fuente potencial de aprovisionamiento

- un aumento de la densidad a medida que se incrementa la distancia al río Gallegos

- valores máximos de densidad luego de los 30 km de distancia, al mismo tiempo que se observa variabilidad en el grado de reducción de los núcleos en este sector del espacio

- un decrecimiento de los valores de densidad pasados los 45 km de distancia al río Gallegos.

En la tabla 96.X se presentan los estadísticos de la regresión sólo como valores de referencia, ya que el modelo no ajusta al comportamiento de la variable bajo estudio.

Estos patrones indican la importancia tanto del río Gallegos como del estrecho de Magallanes como fuentes potenciales de aprovisionamiento de RGFO. Asimismo sugieren el papel que las lagunas del interfluvio Gallegos-Chico habrían desempeñado como lugares de reabastecimiento, dada la variabilidad en el grado de reducción que se observa en los conjuntos del sector central del CVPA (entre 30-35 km del río Gallegos). La baja densidad que muestran algunos núcleos de estos conjuntos señala la obtención de parte de estas rocas en algún lugar más cercano a los mencionados anteriormente.

Sitio	Densidad	Distancia al R. Gallegos
Las Buitreras 1	0,41	0,5
Las Buitreras 1	0,64	0,5
Las Buitreras 1	1,06	0,5
Las Buitreras 1	0,21	0,5
Las Buitreras 1	0,50	0,5
Las Buitreras 1	0,88	0,5
Las Buitreras 1	0,31	0,5
Las Buitreras 1	0,87	0,5
Las Buitreras 1	0,36	0,5
Las Buitreras 1	0,67	0,5
Las Buitreras 1	0,23	0,5
Cóndor 1 cuad 12 H	1,96	33
Cóndor 1 cuad 12 H	0,17	33
Cóndor 1 cuad 12 H	0,60	33
Cóndor 1 cuad 12 H	0,13	33
Cóndor 1 cuad 12 H	0,56	33
Cóndor 1 cuad 12 H	0,97	33
Cóndor 1 cuad 12 H	1,39	33
Cóndor 1 cuad 12 H	0,24	33
Cóndor 1 cuad 12 H	0,65	33
Cóndor 1 cuad 12 H	1,11	33
Cóndor 1 cuad 12 H	1,59	33
Cóndor 1 cuad 12 H	3,82	33
Cóndor 1 cuad 12 H	2,60	33
Cóndor 1 cuad 12 H	1,33	33
Cóndor 1 cuad 4E	1,09	33
Cóndor 1 cuad 4E	0,68	33
Cóndor 1 cuad 4E	0,64	33
Alero 41	2,19	25
Alero Norte 3	0,43	26
OB1 sondeo	0,78	51,7
OB1 cuadrículas	0,13	51,7
OB1 cuadrículas	0,24	51,7

Tabla 95.X: Densidad de extracciones previas en los núcleos en RGFO por sitio arqueológico y ditancia en km al río Gallegos

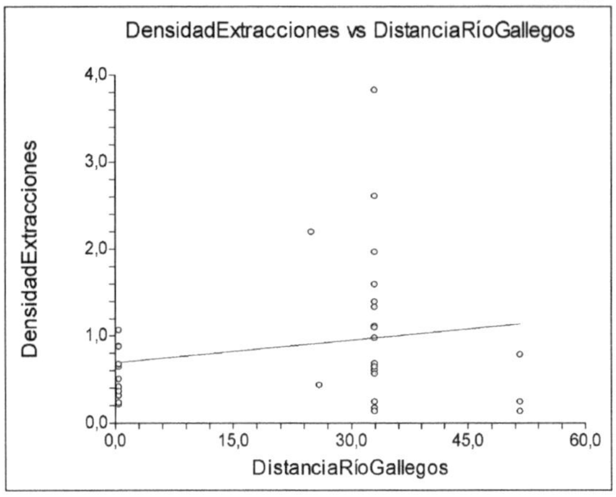

Figura 22.X: Gráfico de regresión entre la densidad de extracciones en los núcleos en RGFO y la distancia al río Gallegos

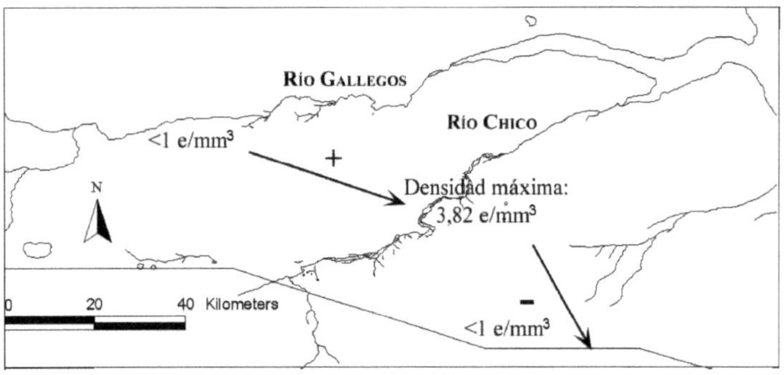

Figura 23.X: Densidad de extracciones en los núcleos en RGFO en el mapa del CVPA

Intercept (ordenada de origen, b_0)	0,69
Slope (pendiente, b_1)	0,01
R-Squared (R^2)	0,04
Correlation (r)	0,19
Mean Square Error (Error de la media al cuadrado)	0,64

Tabla 96.X: Resultados del análisis de regresión de la densidad de negativos de lascado en los núcleos en RGFO vs. la distancia al río Gallegos

Sobre la base de las tendencias observadas en el grado de reducción que muestra la dacita a través del espacio, el río Gallegos y el estrecho de Magallanes también habrían sido los principales lugares de aprovisionamiento de esta materia prima, a pesar de su amplia disponibilidad en otras fuentes potenciales. La calcedonia también muestra ese patrón en el grado de reducción. Si bien esta materia prima no ha sido detectada en ninguno de los muestreos de rocas realizados por nosotros en el río Gallegos, se ha señalado su disponibilidad en cercanías de la colada de La Carlota (siguiendo a Campan *et al.* 2007), localizada a 400 m de la margen de este río, la cual habría funcionado como fuente potencial de aprovisionamiento en este sector del espacio. Asimismo, esta roca ha sido recuperada en uno de los muestreos del rocas realizados en el sector meridional del CVPA (en cercanías de Laguna Azul), por lo cual también pude ser obtenida en este sector del espacio.

2.b.2 La densidad de extracciones en la cara dorsal de los desechos de talla

Entre los desechos de talla, que son la clase artefactual más representada en todos los sitios arqueológicos, podemos comparar el grado de reducción de las materias primas líticas en un mayor número de rocas por sectores. Sin embargo, debido a las diferencias en los tamaños de muestra no podemos aplicar análisis estadísticos por igual en todos los casos. En primer lugar realizamos un ANOVA de la densidad de negativos de lascado en la cara dorsal comparando los desechos en RGFO, dacita y calcedonia, que son los conjuntos más numerosos. Los valores de densidad fueron transformados a logaritmo natural y dado que esta operación no es aplicable a valores cero, en los casos de lascas primarias y por consiguiente con ninguna extracción previa, los ceros fueron reemplazados por 0,1. El análisis de la varianza mostró diferencias significativas (tabla 97.X), que el *test* de Tukey-Kramer señaló que se encontraban entre todos los conjuntos comparados (tabla 98.X).

Como se observa en la figura 24.X y al igual que lo indicaron los resultados del análisis de los núcleos, los valores más elevados se registran en la calcedonia, luego las RGFO y finalmente la dacita.

Si evaluamos el comportamiento de estas materias primas en el espacio a través de un gráfico de la media de densidad por sectores (figura 25.X), observamos que la dacita y las RGFO muestran un aumento en la densidad de norte a centro y una disminución hacia el sur, marcada en las dacitas y leve en las RGFO. La calcedonia muestra un aumento creciente de norte a sur, más profundo entre el norte y el centro y de menor magnitud luego.

Source Term	DF	Sum of Squares	Mean Square	F-Ratio	Prob Level	Power
A: MatPrima	2	195,003	97,502	73,490	0,000	1
S(A)	3113	4130,350	1,327			
Total (Adjusted)	3115	4325,353				
Total	3116					

Tabla 97.X: Resultados del ANOVA sobre la densidad de extracciones previas en los desechos de talla en RGFO, dacita y calcedonia

Group	Count	Mean	Different From Groups
Dacita	1051	0,45	RGFO, Calcedonia
RGFO	1753	0,93	Dacita, Calcedonia
Calcedonia	312	1,14	Dacita, RGFO

Alpha=0,050 Error Term=S(A) DF=3113 MSE=1,33 Critical Value=3,32

Tabla 98.X: Resultados del test de Tukey-Kramer sobre la densidad de extracciones previas en los desechos de talla en RGFO, dacita y calcedonia

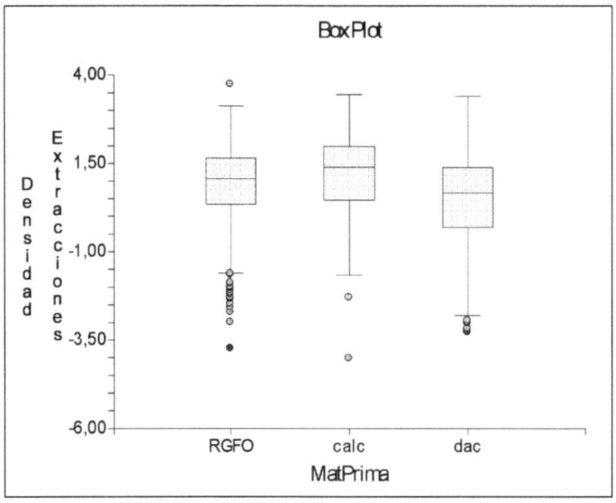

Figura 24.X: Gráfico de cajas de la densidad de extracciones previas (en logaritmo) en los desechos de talla en RGFO, dacita y calcedonia

En la tabla 99.X se presentan los valores medios de densidad de extracciones por sectores del CVPA para todas las materias primas representadas en los desechos de talla. En negritas se indican los valores correspondientes a un solo desecho.

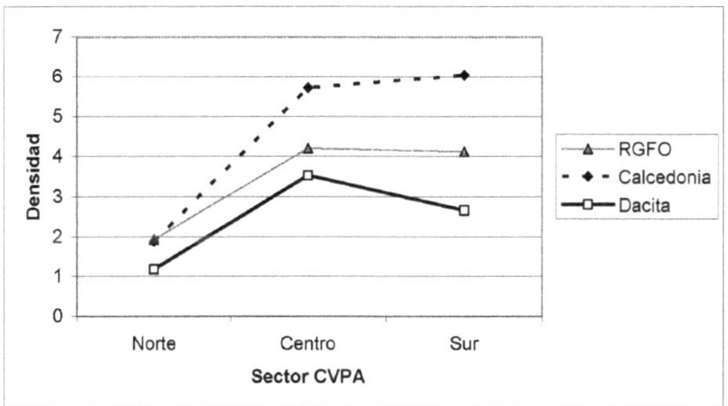

Figura 25.X: Valores medios de densidad en los desechos de talla en RGFO, calcedonia y dacita por sectores del CVPA

Materia prima	Norte	Centro	Sur
RGFO	1,93	4,21	4,12
Calcedonia	1,88	5,72	6,04
Dacita	1,17	3,53	2,66
Ópalo	2,27	6,46	4,94
Sílice	0,66	4,02	-
Pórfiro dacítico	0,26	-	-
Filita	0	-	1,63
Cuarcita	-	1,46	0,99
Diabasa	-	1,36	0,79
Jaspe	-	3,4	-
Jaspe con impurezas	**0**	2,72	-
Xilópalo	-	2,34	**1,51**
Ob. negra	**1,48**	6,28	
Ob. verde	2,13	5,56	**0,59**
Ob. gris	3,74	9	-
Ob. gris verdosa	3,12	10,58	-

Tabla 99.X: Valores medios en la densidad de extracciones en los desechos de talla por materia prima lítica y sector del CVPA

Con respecto a las materias primas de representación minoritaria en los desechos de talla -que no fueron graficadas en la figura 25- se observa que el ópalo y la obsidiana verde muestran el mismo patrón de explotación que la dacita y las RGFO, con el mayor grado de reducción hacia el centro del CVPA. El jaspe con impurezas, el sílice y las restantes variedades de obsidiana se encuentran representadas solamente en el norte y centro de Pali Aike, mostrando un aumento en la densidad entre estos sectores. El xilópalo, la cuarcita y la diabasa están representadas únicamente en el centro y sur y muestran un decrecimiento en la densidad hacia el sur, aunque leve. La filita, presente en los sectores norte y sur, muestra una menor explotación en el primero de estos sectores.

En síntesis, los desechos de talla muestran prácticamente los mismos patrones de explotación que los observados a partir del análisis de los núcleos. Las materias primas que no se encuentran representadas en esta última clase artefactual, también muestran esta tendencia en los desechos de talla con los menores grados de reducción hacia el norte, alcanzando los máximos en el centro y disminuyendo en el sur, pero en niveles inferiores que los registrados hacia el norte. En la calcedonia y el ópalo se registran algunas diferencias entre el grado de redución de los núcleos y desechos de talla entre sectores, lo cual será testeado con el patrón de desgaste que ofrecen los instrumentos unifaciales, que se presenta a continuación.

2.b.3 El grado de reducción en los artefactos de formatización unifacial

Aquí se presenta la comparación regional del grado de reducción de los artefactos de formatización unifacial que fue evaluada desde distintos indicadores. Dado que no todas las variables consideradas muestran el mismo patrón y algunas resultaron más sensitivas que otras, se presenta cada indicador por separado.

Se comparó la proporción de filos y/o puntas formatizados y/o con rastros complementarios (FPFy/oRC) por instrumento entre las RGFO, la dacita, la calcedonia, el ópalo, el xilópalo y el sílice. De la comparación se excluyeron el jaspe con impurezas (n=1), la obsidiana verde (n=1) y el pórfiro dacítico (n=2) por el tamaño de las muestras. Al respecto, el ANOVA no mostró diferencias significativas entre las materias primas (tabla 100.X).

Este análisis también se realizó agrupando al ópalo, xilópalo y sílice como "rocas silíceas", para solventar las diferencias en tamaño de muestra con respecto a las RGFO, dacita y calcedona. Igualmente los resultados tampoco resultaron significativos (tabla 101.X).

Estos resultados apuntan a la frecuente presencia de varios FPFy/oRC en los instrumentos de Pali Aike en las distintas variedades de materias primas, que en muchos casos sugieren la multifuncionalidad de los mismos. Estas características pueden ser interpretadas en términos de instrumentos transportados y conservados, que resultan en la flexibilidad (*sensu* Nelson 1991) de los mismos como producto de su vida útil, más que como un diseño preconcebido (Kuhn 1994). La multifuncionalidad de los instrumentos debe ser considerada en el marco de la movilidad y uso del espacio por los grupos humanos, teniendo en cuenta la incongruencia en la disponibilidad de recursos líticos y bióticos que fue señalada en el capítulo VII (ver discusión sobre este tema *infra*).

Si comparamos la media aritmética de la proporción de FPFy/oRC por materia prima en los distintos sectores del CVPA no se observan diferencias notorias en el espacio, excepto en algunas materias primas, pero que no resultan significativas estadísticamente (tabla 102.X y figura 26.X).

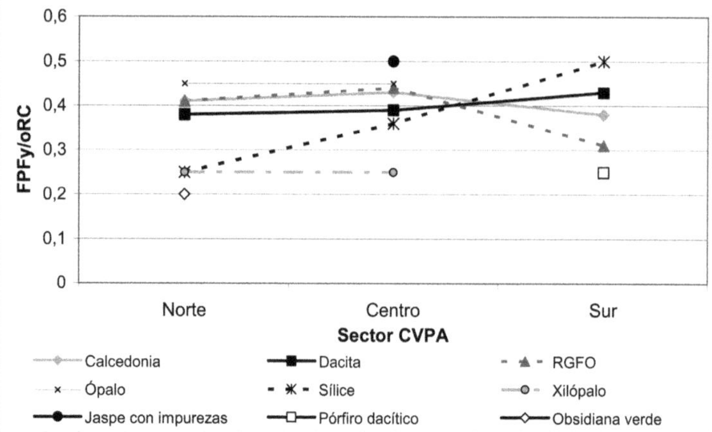

Figura 26.X: Gráfico de dispersión de los valores medios de FPFy/oRC por materia prima lítica y sector del CVPA

En las RGFO y la calcedonia se observa un aumento muy leve en la proporción media de FPFy/oRC entre los sectores norte y centro, para decaer hacia el sur. Sin embargo el ANOVA no arroja diferencias significativas en ninguna de estas rocas a través del espacio (tablas 103 y 104.X). La dacita y el sílice muestran un aumento progresivo a lo largo de los tres sectores, pero en el sílice esto debe considerarse con recaudos dado que en el sector sur se encuentra representado por un único instrumento. Para la dacita, que cuenta con tamaños de muestra comparables entre sectores, el ANOVA tampoco arroja diferencias significativas (tabla 105.X). El ópalo y xilópalo mantienen los mismos valores en los sectores norte y centro, que son en los únicos que se encuentran representados.

FPFy/oRC	Norte	Centro	Sur
Calcedonia	0,41	0,43	0,38
Dacita	0,38	0,39	0,43
RGFO	0,41	0,44	0,31
Ópalo	0,45	0,45	-
Sílice	0,25	0,36	**0,5**
Xilópalo	0,25	**0,25**	-
Jaspe con impurezas	-	0,5	-
Pórfiro dacítico	-	-	0,25
Obsidiana verde	**0,2**	-	-

En negritas se indican los n=1

Tabla 102.X: Media aritmética de la proporción de FPFy/oRC por instrumento unifacial por materia prima lítica y sector del CVPA

Source Term	DF	Sum of Squares	Mean Square	F-Ratio	Prob Level	Power
A: SectCVPA	2	0,08	0,04	1,15	0,32	0,25
S(A)	99	3,56	0,04			
Total (Adjusted)	101	3,65				
Total	102					

Tabla 103.X: Resultados del ANOVA sobre la proporción de FPFy/oRC en los instrumentos en RGFO por sectores del CVPA

Source Term	DF	Sum of Squares	Mean Square	F-Ratio	Prob Level	Power
A: SectCVPA	2	0,03	0,01	0,33	0,72	0,10
S(A)	45	1,74	0,04			
Total (Adjusted)	47	1,77				
Total	48					

Tabla 104.X: Resultados del ANOVA sobre la proporción de FPFy/oRC en los instrumentos en calcedonia por sectores del CVPA

Source Term	DF	Sum of Squares	Mean Square	F-Ratio	Prob Level	Power
A: SectCVPA	2	0,02	0,01	0,38	0,68	0,11
S(A)	119	3,65	0,03			
Total (Adjusted)	121	3,67				
Total	122					

Tabla 105.X: Resultados del ANOVA sobre la proporción de FPFy/oRC en los instrumentos en dacita por sectores del CVPA

De modo general podemos señalar que mientras la proporción de FPFy/oRC muestra valores bastantes similares para las distintas materias primas representadas en los sectores norte y centro (en algunas manteniendo los mismos valores), con un leve aumento en este último sector, la misma decrece hacia el sur, pero también sin grandes diferencias.

Con respecto a la longitud residual de los instrumentos, el ANOVA nos muestra diferencias significativas en el largo de los instrumentos en dacita, RGFO, calcedonia, ópalo y sílice (tabla 106.X). Se excluyeron del análisis los instrumentos en jaspe con impurezas, pórfiro dacítico, xilópalo y obsidiana verde por el tamaño de las respectivas muestras. Las medidas de longitud fueron transformadas a logaritmo natural. El *test* de Tukey-Kramer nos señala que las dacitas se diferencian de todas las otras materias primas comparadas, en tanto son las que presentan la media de tamaño más grande (X= 44,38 mm). Por su parte, las RGFO y la calcedonia se

Source Term	DF	Sum of Squares	Mean Square	F-Ratio	Prob Level	Power
A: MatPrima	5	0,16	0,03	0,95	0,45	0,34
S(A)	280	9,35	0,03			
Total (Adjusted)	285	9,51				
Total	286					

Tabla 100.X: Resultados del ANOVA sobre la proporción de FPFy/oRC en los instrumentos unifaciales entre materias primas

Source Term	DF	Sum of Squares	Mean Square	F-Ratio	Prob Level	Power
A: MatPrima	3	0,10	0,03	1,05	0,37	0,28
S(A)	282	9,41	0,03			
Total (Adjusted)	285	9,51				
Total	286					

Tabla 101.X: Resultados del ANOVA sobre la proporción de FPFy/oRC en los instrumentos unifaciales entre materias primas agrupando a las rocas silíceas

diferencian de la dacita y entre ellas, con una media de 32,30 y 23,1 mm, respectivamente. El ópalo y el sílice sólo se diferencian de la dacita y son las que presentan los tamaños más chicos (23,03 y 27,3 mm, respectivamente) (tabla 107.X).

Estas diferencias nos indican que los instrumentos en dacita fueron descartados con la mayor utilidad residual, en tanto que los manufacturados en rocas silíceas como calcedonia, ópalo y sílice, fueron explotados hasta tamaños menores. Sin embargo, la comparación por tipo de roca en los distintos sectores del campo volcánico no muestra diferencias significativas en ninguno de los conjuntos. En las tablas 108, 109 y 110.X se presentan los resultados del ANOVA para las RGFO, dacita y calcedonia que se encuentran representadas como instrumentos en los tres sectores del CVPA y en la tabla 111.X se muestran los resultados de los *test* t y F entre los instrumentos de ópalo del sector norte y central. El resto de las materias primas no fueron comparadas mediante análisis estadísticos debido a la reducción en el tamaño de las muestras al ser segmentadas por sectores.

Source Term	DF	Sum of Squares	Mean Square	F-Ratio	Prob Level	Power
A: MatPrima	4	13,85	3,46	31,28	0,00	1
S(A)	213	23,57	0,11			
Total (Adjusted)	217	37,42				
Total	218					

Tabla 106.X: Resultados del ANOVA sobre la longitud residual de los instrumentos según materias primas

Group	Count	Mean	Different From Groups
Sílice	4	3,01	Dacita
Calcedonia	37	3,09	RGFO, Dacita
Ópalo	6	3,11	Dacita
RGFO	77	3,39	Calcedonia, Dacita
Dacita	94	3,73	Sílice, Calcedonia, Ópalo, RGFO

Alpha=0,050 Error Term=S(A) DF=213 MSE=0,11 Critical Value=3,89

Tabla 107.X: Resultados del test de Tukey-Kramer sobre la longitud residual de los instrumentos según materias primas

Source Term	DF	Sum of Squares	Mean Square	F-Ratio	Prob Level	Power
A: SectCVPA	2	0,12	0,06	0,58	0,56	0,14
S(A)	95	9,59	0,10			
Total (Adjusted)	97	9,71				
Total	98					

Tabla 108.X: Resultados del ANOVA sobre la longitud residual de los instrumentos en RGFO por sector del CVPA

Source Term	DF	Sum of Squares	Mean Square	F-Ratio	Prob Level	Power
A: SectCVPA	2	0,79	0,40	3,25	0,4	0,61
S(A)	105	12,77	0,12			
Total (Adjusted)	107	13,56				
Total	108					

Tabla 109.X: Resultados del ANOVA sobre la longitud residual de los instrumentos en dacita por sector del CVPA

Source Term	DF	Sum of Squares	Mean Square	F-Ratio	Prob Level	Power
A: SectCVPA	2	61,08	30,54	0,78	0,47	0,17
S(A)	38	1495,31	39,35			
Total (Adjusted)	40	1556,39				
Total	41					

Tabla 110.X: Resultados del ANOVA sobre la longitud residual de los instrumentos en calcedonia por sector del CVPA

F= 2,33	p= 0,43
t= 0,36	p= 0,73

Tabla 111.X: Resultados del los test F y t sobre la longitud residual de los instrumentos en ópalo entre los sectores norte y centro del CVPA

La comparación de la longitud media por sectores muestra el mismo patrón que en otros indicadores (tabla 112.X y figura 27.X): una disminución en la longitud de los instrumentos hacia el centro de Pali Aike, en todas las materias primas que se encuentran representadas en los tres sectores. Si bien estas diferencias en los valores en bruto no resultaron significativas estadísticamente, marcan una tendencia ya conocida.

Por último, evaluamos el desgaste de los filos y/o puntas formatizadas a través del índice geométrico de reducción y el ángulo de desgaste (*sensu* Aschero 1979, 1983). De dicho análisis quedan excluídos los filos naturales con rastros complementarios, lo cual reduce las posibilidades de comparación.

Aún con la transformación a logaritmo de los valores del índice geométrico no se alcanza la homogeneidad de varianza, por lo cual se recurrió a comparar la mediana entre las RGFO, la calcedonia, la dacita y el ópalo a través del *test* de Kruskal-Wallis. El mismo resultó significativo (tabla 113.X) y el *test* Z (tabla 114.X) indicó que todas las diferencias en la reducción de los filos y/o puntas se dan entre la dacita y el resto de las materias primas incluidas en el análisis.

En cuanto a la comparación del índice geométrico por sectores, se registran diferencias en la calcedonia, las RGFO y la dacita (tablas 115, 116 y 117.X respectivamente). Sin embargo, mientras en la calcedonia las diferencias se encuentran entre los artefactos del sector norte con respecto a los del centro y el sur (tabla 118.X), en las RGFO y la dacita las mismas están entre el norte y el centro (tablas 119 y 120.X).

Longitud Residual	Norte	Centro	Sur
Calcedonia	23,84	21,54	25,5
Dacita	46,12	39,79	51,87
RGFO	32,5	27,42	36,75
Ópalo	23,04	23,62	-
Sílice	54	**18,83**	26
Xilópalo	**51**	**20**	-
Jaspe con impurezas	-	29,25	-
Pórfiro dacítico	-	-	**103**
Obsidiana verde	**28**	-	-

En negritas se indican los n=1

Tabla 112.X: Longitud media de los instrumentos unifaciales por materia prima lítica y sector del CVPA

Method	DF	Chi-Square (H)	Prob Level	Decision(0,05)
Not Corrected for Ties	4	31,61	0,00	Reject Ho
Corrected for Ties	4	31,89	0,00	Reject Ho

Tabla 113.X: Resultados del test de Kruskal-Wallis sobre el índice geométrico de reducción por materia prima lítica

Índice Geométrico	RGFO	Calcedonia	Dacita	Sílice	Ópalo
RGFO	0	1,25	3,94	0,19	1,92
Calcedonia	1,25	0	4,18	0,30	1,06
Dacita	3,94	4,182	0	1,37	3,74
Sílice	0,19	0,30	1,37	0	0,92
Ópalo	1,92	1,06	3,74	0,92	0

Medians significantly different if z-value > 1,9600

Tabla 114.X: Resultados del test Z sobre el índice geométrico de reducción por materia prima lítica

Source Term	DF	Sum of Squares	Mean Square	F-Ratio	Prob Level	Power
A: SectCVPA	2	0,38	0,19	5,32	0,01	0,81
S(A)	45	1,59	0,04			
Total (Adjusted)	47	1,97				
Total	48					

Tabla 115.X: Resultados del ANOVA sobre el índice geométrico en los instrumentos en calcedonia por sector del CVPA

Source Term	DF	Sum of Squares	Mean Square	F-Ratio	Prob Level	Power
A: SectCVPA	2	0,52	0,26	4,23	0,02	0,73
S(A)	120	7,39	0,06			
Total (Adjusted)	122	7,91				
Total	123					

Tabla 116.X: Resultados del ANOVA sobre el índice geométrico en los instrumentos en RGFO por sector del CVPA

Source Term	DF	Sum of Squares	Mean Square	F-Ratio	Prob Level	Power
A: SectCVPA	2	0,52	0,26	5,03	0,01	0,81
S(A)	132	6,80	0,05			
Total (Adjusted)	134	7,32				
Total	135					

Tabla 117.X: Resultados del ANOVA sobre el índice geométrico en los instrumentos en dacita por sector del CVPA

Group	Count	Mean	Different From Groups
Norte	25	0,59	Centro, Sur
Centro	21	0,72	Norte
Sur	2	0,95	Norte

Alpha=0,050 Error Term=S(A) DF=45 MSE=0,04 Critical Value=3,42

Tabla 118.X: Resultados del test de Tukey-Kramer sobre el índice geométrico en los instrumentos de calcedonia por sector del CVPA

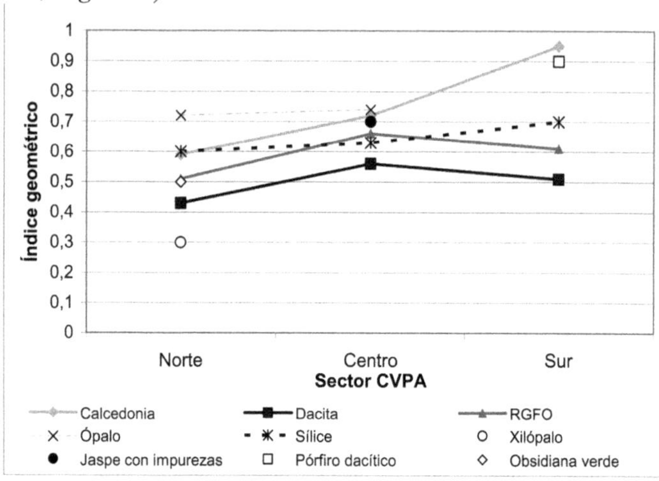

Figura 28.X: Gráfico de los valores medios del índice geométrico de reducción por materia prima y sector del CVPA

Group	Count	Mean	Different From Groups
Norte	36	0,52	Centro
Centro	6	0,62	Norte
Sur	81	0,66	

Alpha=0,050 Error Term=S(A) DF=120 MSE=0,06 Critical Value=3,35

Tabla 119.X: Resultados del test de Tukey-Kramer sobre el índice geométrico en los instrumentos de RGFO por sector del CVPA

Group	Count	Mean	Different From Groups
Norte	72	0,44	Centro
Centro	10	0,51	Norte
Sur	53	0,57	

Alpha=0,050 Error Term=S(A) DF=132 MSE=0,05 Critical Value=3,3523

Tabla 120.X: Resultados del test de Tukey-Kramer sobre el índice geométrico en los instrumentos de dacita por sector del CVPA

Source Term	DF	Sum of Squares	Mean Square	F-Ratio	Prob Level	Power
A: MatPr	4	1213,82	303,45	1,64	0,16	0,50
S(A)	329	60848,90	184,95			
Total (Adjusted)	333	62062,72				
Total	334					

Tabla 121.X: Resultados del ANOVA sobre el ángulo de desgaste de los filos y/o puntas formatizados por materia prima lítica

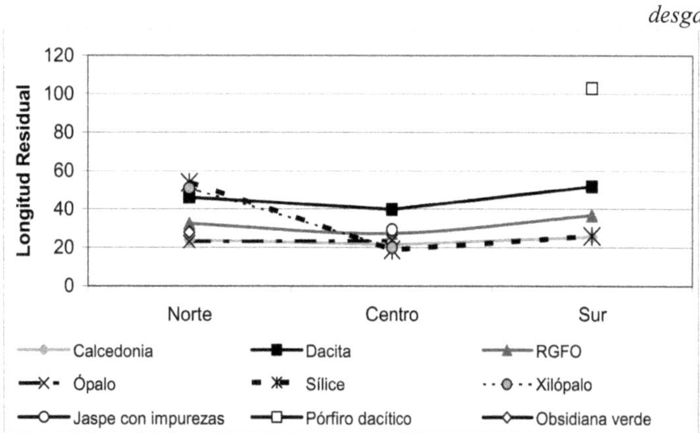

Figura 27.X: Gráfico de dispersión de los valores medios de longitud por materia prima lítica y sector del CVPA

El *test* t Welch no mostró diferencias significativas en la media entre los instrumentos en ópalo de los sectores norte y centro (t Welch= 0,29 *p*=0,77). Por su parte, si bien los instrumentos de sílice se encuentran representados en los tres sectores, sólo incluyen un ejemplar en el norte y otro en el sur, por lo cual no se comparan más que estos valores y la media para el sector central en la figura 28.X, donde se ponen en relación los valores medios para todas las materias primas por sector del CVPA. Entonces, observamos que se da un aumento progresivo del índice entre los tres sectores en los instrumentos de calcedonia y también de sílice, aunque más leve en este último caso. En las RGFO y la dacita la mayor reducción se da hacia el centro, en tanto que el ópalo no ofrece grandes diferencias.

Como ya habíamos notado en otras comparaciones, mientras el índice geométrico mostró diferencias en la intensidad de uso de los filos y/o puntas formatizados entre materias primas, el ángulo de desgaste no resulta sensitivo al respecto, en tanto no ofrece diferencias entre tipos de roca (tabla 121.X) ni tampoco por materia prima en los diferentes sectores del CVPA (tablas 122, 123 y 124.X). Solamente se mantiene en igualdad de resultados con el índice geométrico en los instrumentos en ópalo, ya que este último tampoco marcó diferencias (tabla 125.X). Sin embargo, a pesar de la ausencia de significatividad estadística, los patrones observados en el gráfico de dispersión de los valores medios y en bruto -en el caso de un solo instrumento por sector- es muy similar al ofrecido por el índice geométrico, marcando la misma tendencia (tabla 126.X y figura 29.X).

Las diferentes variables que se compararon en los instrumentos unifaciales entre materias primas y entre sectores del CVPA por materia prima, en algunos casos mostraron diferencias en alguno de estos ejes de comparación, en otros en ambos y a veces en ninguno, pero para sintetizar las tendencias que sugieren estos indicadores en una escala regional, más allá de la significatividad estadística en cada uno de los casos, podemos señalar que la mayor parte de ellos apunta hacia el incremento en la explotación de los instrumentos hacia el sector central del CVPA, donde se descartan con el mayor grado de reducción. Consideramos que este patrón se encuentra relacionado con dos aspectos: la distancia a las principales fuentes potenciales de aprovisionamiento (el río Gallegos, hacia el norte y el estrecho de Magallanes, hacia el sur) y la intensidad de uso de este sector del espacio que es el que ofrece las mejores condiciones de productividad ambiental en el marco regional (*cf.* Barberena 20007). Mientras este patrón es más claro en las RGFO y la dacita, que son las rocas que principalmente se encuentran disponibles en estas fuentes, la calcedonia y el sílice, en algunos casos, muestran un incremento progresivo en el grado de reducción de norte a sur, lo cual puede ser entendido en relación con la disponibilidad de, al menos, la calcedonia en el curso medio del Río Gallegos, en la E[a] La Carlota (Campan *et al.* 2007). Sin embargo, como se ha señalado en el capítulo VII, no descartamos la posible disponibilidad de calcedonia y otras variedades de rocas silíceas hacia el centro de Pali Aike, en los afloramientos volcánicos de Cerro Norte, por ejemplo.

Source Term	DF	Sum of Squares	Mean Square	F-Ratio	Prob Level	Power
A: SectCVPA	2	355,22	177,61	0,98	0,38	0,22
S(A)	119	21466,27	180,39			
Total (Adjusted)	121	21821,49				
Total	122					

Tabla 122.X: Resultados del ANOVA sobre el ángulo de desgaste de los filos y/o puntas formatizados en los instrumentos de RGFO por sector del CVPA

Source Term	DF	Sum of Squares	Mean Square	F-Ratio	Prob Level	Power
A: SectCVPA	2	845,31	422,65	2,81	0,07	0,53
S(A)	47	7060,47	150,22			
Total (Adjusted)	49	7905,78				
Total	50					

Tabla 123.X: Resultados del ANOVA sobre el ángulo de desgaste de los filos y/o puntas formatizados en los instrumentos de calcedonia por sector del CVPA

Source Term	DF	Sum of Squares	Mean Square	F-Ratio	Prob Level	Power
A: SectCVPA	2	594,02	297,01	1,68	0,19	0,35
S(A)	137	24262,99	177,1			
Total (Adjusted)	139	24857,01				
Total	140					

Tabla 124.X: Resultados del ANOVA sobre el ángulo de desgaste de los filos y/o puntas formatizados en los instrumentos de dacita por sector del CVPA

F= 2,5	p=0,28
t= 1,04	p=0,31

Tabla 125.X: Resultados de los test F y t del ángulo de desgaste de los filos y/o puntas formatizados en los instrumentos en ópalo de los sectores norte y centro del CVPA

Ángulo Desgaste	Norte	Centro	Sur
Calcedonia	19,61	25,4	37,5
Dacita	24,63	28,86	18,1
RGFO	22,41	25,6	20,5
Ópalo	17,02	23	
Sílice	**15**	16	**53**
Xilópalo	**25**	-	-
Jaspe con impurezas	-	40	-
Pórfiro dacítico	-	-	75
Obsidiana verde	**25**	-	-

Tabla 126.X: Valores medios y en bruto (en negritas) del ángulo de desgaste por materia prima y sector del CVPA

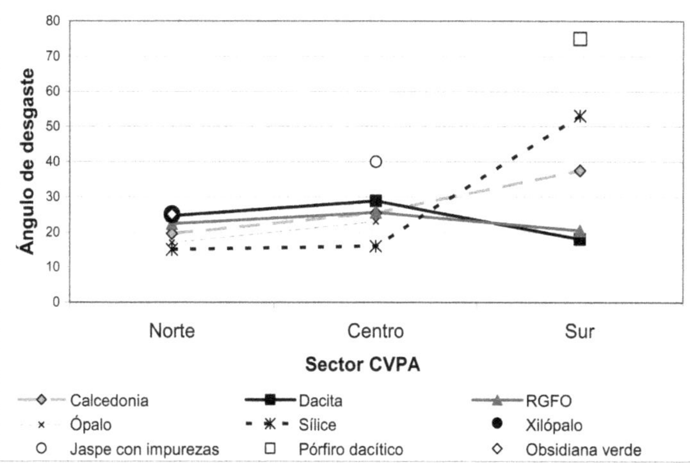

Figura 29.X: Gráfico de dispersión de los valores del ángulo de desgaste por materia prima y sector del CVPA

2.b.4 El grado de reducción en los artefactos bifaciales

El análisis del grado de reducción de los cabezales bifaciales no ha sido fácil de desarrollar en tanto el tamaño de la muestra de piezas enteras recuperadas en estratigrafía es muy bajo (*n*= 8), a lo cual deben sumarse las diferencias de diseño de los cabezales relacionadas con distintas estrategias de caza (Ratto 1994). Esto constituye un ruido, ya que las variaciones en determinados atributos, sobre todo los relacionados con el tamaño, no pueden ser interpretadas linealmente como un resultado de la intensidad de uso, en tanto son conocidas las variaciones en tamaño de los cabezales denominados Bird IV y V. Sin embargo, la correlación entre el peso (como variable de tamaño) y el índice de rejuvenecimiento de los cabezales bifaciales del sitio Cóndor 1 que presentamos anteriormente, mostró que ambas variables se comportaban independientemente, dado que las piezas de mayor tamaño eran las que mostraban los valores más bajos en dicho índice, lo cual sugiere una mayor reactivación. De todos modos, el índice de rejuvenecimiento establece una relación proporcional entre el largo y el espesor del cabezal, por lo cual no se encuentra afectado por las variaciones en tamaño.

Como primera aproximación exploratoria a las variaciones morfológicas en los cabezales bifaciales se recurrió a los análisis de morfometría geométrica considerando en conjunto las piezas de estratigrafía y superficie, en un intento por contar con un mayor tamaño de muestra (Charlin y Cardillo 2007). Las Buitreras 1 (excavación) y la superficie de Orejas de Burro 1 son los únicos sitios en los que se recuperaron cabezales bifaciales apedunculados: dos en RGFO en el primer sitio y uno calcedonia en el segundo. Estos fueron excluidos del análisis el cual se focalizó en los ejemplares pedunculados con aletas, que constituyen la gran mayoria.

Como hemos señalado anteriormente, muchos de los ejemplares presentan fracturas y de acuerdo con la localización de las mismas serían producto de fracturas de impacto (Odell 1988, Odell y Cowan 1986, Martínez 1999, 2001, entre otros). Por este motivo, además del análisis de contorno (ver capítulo IV.2.e.3) de los escasos ejemplares enteros, estos análisis se han aplicado también a determinadas secciones de las piezas, lo cual nos permite incluír a los artefactos fragmentados. Así, se evaluaron las variaciones morfológicas de la sección conformada por la base de las aletas y el borde del pedúnculo en una muestra de 19 cabezales (figura 30.X).

Los análisis de morfometría geométrica agruparon las variaciones observadas en dicha sección en dos componentes principales. El primero de ellos, que explica el 53% de la varianza, tiene que ver con variaciones en el largo respectivo de las aletas y el pedúnculo (figura 31.X). De este modo, por un lado se reconocen pedúnculos cortos asociados con aletas largas (A en figura 31.X) y por el otro, pedúnculos largos con aletas cortas (B en figura 31.X).

Este componente mantiene una correlación positiva moderada (r=0,49 p=<0,05) con el tamaño centroide, lo cual puede relacionarse con diferencias de diseño y enmangue en relación con los sistemas técnicos de los que los cabezales formaron parte (*cf.* Ratto 1994). Cabe señalar que el tamaño centroide es una medida geométrica de la distancia entre todos los puntos tomados en el contorno y la media (Rohl 1990).

El segundo componente, que explica el 43% de la varianza, se relaciona con el ángulo formado por la base de las aletas y el borde del pedúnculo (r=0,49 p=<0,05) (figura 32.X). Así, este eje muestra variaciones desde aletas agudas (A en figura 32.X) hasta aletas obtusas (B en figura 32.X).

Los ángulos de las aletas fueron medidos en vista plana tanto de un lado como del otro de la pieza (es decir, en la aleta izquierda y derecha), siempre con la misma cara de la pieza hacia arriba. Los cabezales fueron dibujados con la cara de menor convexidad (la más plana) hacia abajo. Señalamos esto porque hay una correlación alta (r=0,74 p= <0,05) entre las variaciones señaladas en el ángulo de las aletas entre la sección izquierda y derecha de la pieza, lo cual muestra un patrón simétrico de variación.

Figura 30.X: Sección del contorno de los cabezales bifaciales conformada por la base de las aletas y el borde del pedúnculo considerada en los análisis de morfometría geométrica (ilustración gentileza de Lili Charré)

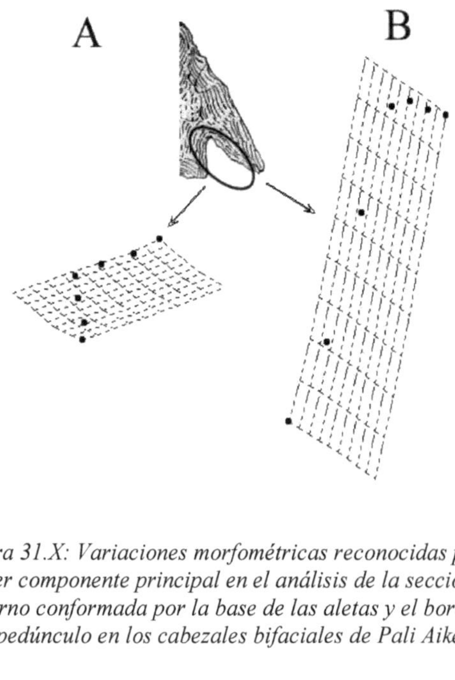

Figura 31.X: Variaciones morfométricas reconocidas por el primer componente principal en el análisis de la sección del contorno conformada por la base de las aletas y el borde del pedúnculo en los cabezales bifaciales de Pali Aike

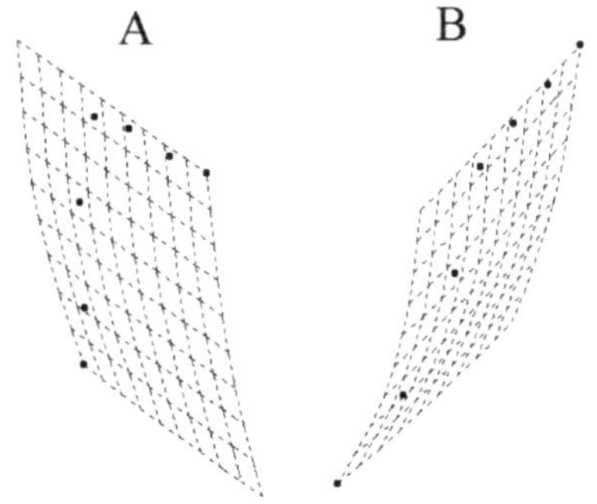

Figura 32.X: Variaciones morfométricas reconocidas por el segundo componente principal en el análisis de la sección del contorno conformada por la base de las aletas y el borde del pedúnculo en los cabezales bifaciales de Pali Aike

La información experimental sobre la localización de las fracturas en "puntas de proyectil" señala que las fracturas de impacto más frecuentes son transversales al ápice de la pieza (Odell 1988, Odel y Cowan 1986, Martínez 2001, entre otros), pero la recuperación del cabezal posterior a la captura de la presa produce fracturas en las aletas, resultado de la fuerza que ejerce la masa muscular sobre el cabezal que está siendo extraído. Por consiguiente, las variaciones capturadas por el segundo componente podrían estar dando cuenta del proceso de mantenimiento y reactivación de aletas fracturadas o melladas por el uso, aunque no podemos dejar de considerar las variaciones relacionadas con el enmangue y los sistemas de propulsión. En otro lado, mediante estudios microscópicos de rastros de uso en una escala supra-regional de análisis (Franco *et. al* 2006) se han identificado diferentes tipos de enmangue (recto *vs.* cruzado) en relación con variaciones métricas en el pedúnculo de los cabezales bifaciales denominados "Bird IV y V". En la presente muestra, se incluyen cinco de esos ejemplares, de los cuales cuatro corresponden al tipo recto, siendo la pieza restante de enmangue cruzado (correspondiente a Cóndor 1, cuadrícula 12H). Si bien el número de piezas pertenecientes a la muestra actual en las que se determinó el tipo de enmangue es bajísimo, nos interesa explorar los factores con los que se encuentran relacionadas las variaciones en el ángulo de las aletas, entre los cuales el tipo de enmague es uno probable. Como una observación preliminar y exploratoria podemos decir que la media aritmética del ángulo de las aletas (X=129°) del único ejemplar en el que se ha determinado un enmangue de tipo cruzado cae dentro del rango de variación de los enmagues rectos, que presentan una media de 111,87° y un desvío estándar de 18,63°, por lo cual no pareciera haber diferencias al respecto.

Estas fueron las mayores variaciones registradas en el contorno de las piezas en vista plana. Con respecto a la sección transversal, que fue tomada a la altura del cuello del pedúnculo en 18 ejemplares, también se diferencian dos componentes principales de variación. El primer componente (CP1), que representa el 40,87% de la varianza, registra las variaciones relacionadas con formas ovales, en un extremo del de variación, y formas chatas en el otro extremo (figura 33.X).

El segundo componente (CP2), que explica el 29,11% de la varianza, tiene que ver con la asimetría de los bordes

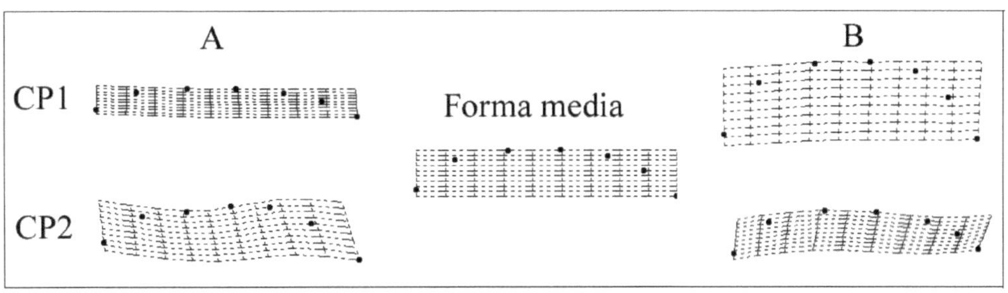

Figura 33.X: Variaciones morfométricas (componente principal 1 y 2) en la sección transversal del cuello del pedúnculo en los cabezales bifaciales de Pali Aike

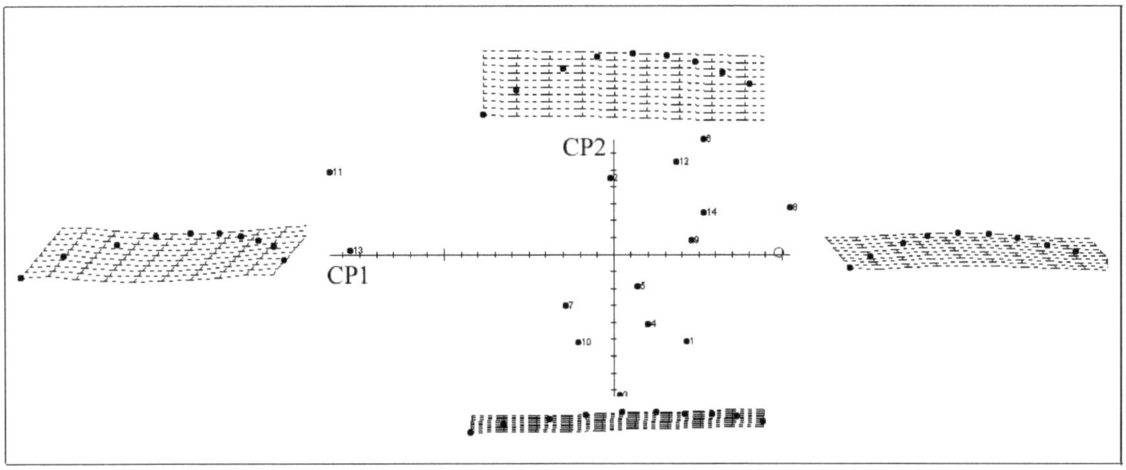

Figura 34.X: Variaciones morfométricas (componente principal 1 y 2) en la sección transversal de los hombros en los cabezales bifaciales de Pali Aike

del pedúnculo (asimetría a la derecha *vs.* asimetría a la izquierda) (figura 34.X). La misma registra una correlación alta entre las caras de la pieza (r=0,70 p=<0,05), lo cual indica que el patrón de asimetría se mantiene en ambas caras.

Las variaciones en la forma del cuello muestran una correlación muy baja (r=0,20) con el tamaño centroide.

La sección transversal también fue registrada a la altura de los hombros, en 14 cabezales. Los dos componentes de variación que explican la mayoría de los cambios morfométricos son similares a los registrados en el cuello: la asimetría de la sección (CP1) y cuán plana es la sección (CP2) (figura 34.X). El primer componente, que explica un 66% de la varianza, reconoce formas con asimetría hacia la izquierda y hacia la derecha en la sección de los hombros. Este componente muestra una correlación moderada (r=0,54 p=<0,05) de la forma de los hombros (en sección transversal) con el tamaño centroide. Asimismo, al igual que el cuello, la asimetría en los hombros muestra una correlación elevada (r=0,86 p=<0,05) entre ambas caras.

El segundo componente, con un 25% de la varianza explicada, identifica formas más robustas y más delgadas. El mismo mantiene una correlación positiva moderada con el espesor de la pieza, pero que no es significativa estadísticamente (r= 0,43 p= 0,12).

En último lugar, se correlacionaron las variaciones morfométricas en el contorno general de los únicos nueve cabezales enteros con el índice de rejuvenecimiento propuesto por Iriarte (1995), lo cual mostró una correlación elevada (r=0,86 p=<0,05). A pesar del tamaño pequeño de la muestra, esto nos sugiere que la reactivación de los cabezales bifaciales repercute sobre los vectores de forma en el limbo, aletas y pedúnculo de la pieza. Estas variaciones se encuentran indicadas en la figura 35.X por la dirección de las flechas en los *landmarcks* del contorno. Las mismas nos indican una compresión del limbo (mayor convexidad) y por consiguiente un ápice menos agudo (más redondeado), un retraimiento del ángulo de las aletas (lo cual resulta en ángulos obtusos) y un retraimiento del pedúnculo (lo cual resulta en bordes convergentes) en los cabezales con mayor reactivación. Esto es concordante con lo observado por Franco (1999) para muestras de colecciones procedentes de espacios ubicados al norte y sur.

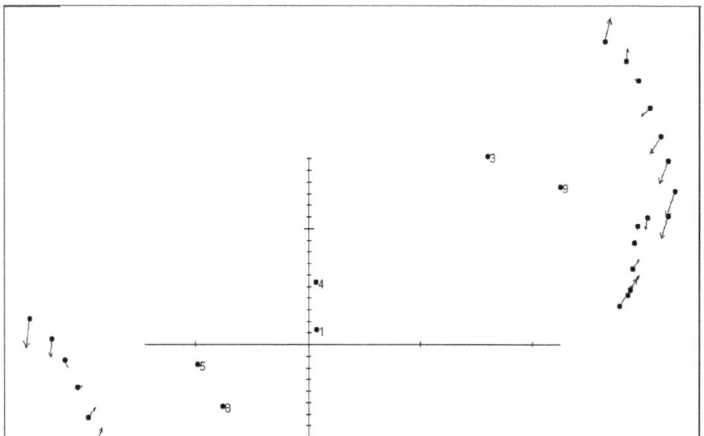

Figura 35.X: Correlación entre los vectores de forma del contono general de los cabezales bifaciales enteros y el índice de rejuvenecimiento

2. c Una síntesis de las tendencias espaciales en la explotación de las materias primas líticas de disponibilidad regional

La comparación de la densidad de artefactos en los sitios bajo estudio del CVPA mostró diferencias en la intensidad de uso de los distintos espacios, registrándose las mayores densidades, tanto en cuevas como aleros, hacia el sector central de Pali Aike, sobresaliendo la cueva Cóndor 1. Las densidades más bajas corresponden a Morro Rojo (sector meridional) y a Las Buitreras 1 (sector septentrional). De acuerdo con las características geomorfológicas de estos sitios, las diferencias entre los mismos resultan aún más notorias si consideramos que el primero de ellos es un contexto a cielo abierto, mientras que Las Buitreras 1 es una cueva, con ocupaciones recurrentes desde el Holoceno temprano (*cf.* Martin 2007).

La abundancia relativa de los distintos tipos de materias primas en los sectores del CVPA también arroja diferencias: en la mayoría de los sitios del norte y sur del CVPA predomina la dacita, en tanto que hacia el centro la mayor abundancia la presentan las RGFO. Este patrón de distribución ha sido relacionado con las estrategias de explotación de los diferentes tipos de rocas. Así, mientras en las RGFO podemos hablar de economía de materia prima, lo cual implica el transporte de los núcleos desde la fuente potencial de aprovisionamiento y el uso de los artefactos hasta el fin de su vida útil, mostrando una elevada intensidad de uso al momento del descarte, la dacita se aprovecha de un modo más expeditivo. Esto queda en evidencia al comparar el grado de reducción que muestran los artefactos confeccionados sobre los distintos tipos de roca. En el marco de las materias primas disponibles en el CVPA, las distintas variedades de rocas silíceas son las que muestran los valores más elevados en los indicadores de reducción considerados (sobre todo el ópalo y la calcedonia), seguidas por las RGFO, que son las rocas más utilizadas para la manufactura de artefactos a nivel regional, y por último la dacita, que casi siempre muestra los menores grados de reducción, junto con el pórfiro dacítico y en algunas ocasiones el jaspe con impurezas. Estas diferencias se encuentran en relación con la calidad de las respectivas rocas para la talla.

Con respecto a los patrones espaciales en el grado de reducción de las materias primas, la mayoría de los indicadores muestran el mismo patrón de explotación para los tres conjuntos de rocas más utilizados: las RGFO, la dacita y la calcedonia. La menor reducción de los artefactos se registra en el sector septentrional del CVPA (cuenca del río Gallegos), aumentando en el sector central (cuenca del río Chico), donde alcanza los valores máximos y volviendo a disminuír hacia el sur. Las únicas variables que no muestran grandes diferencias entre materias primas y sectores del CVPA (pero siguen la misma tendencia en la distribución de frecuencias a nivel general) son la proporción de filos y/o puntas formatizadas y/o con rastros complementarios y el ángulo de desgaste de los filos. Si bien ambas variables fueron consideradas en el análisis como indicadores de reducción, también se encuentran relacionadas con el aspecto funcional de los instrumentos. La presencia frecuente de varios filos y/o puntas formatizadas y/o con rastros complementarios por instrumento en la mayoría de las materias primas apunta hacia la mutifuncionalidad de los mismos, la cual debe ser entendida en el marco de grupos con alta movilidad en un contexto de incongruencia espacial en la disponibilidad de recursos. La ausencia de diferencias en el ángulo de desgaste de los filos también puede ser relacionada con el aspecto multifuncional de los artefactos.

Dado que las obsidianas son materias primas no-locales al CVPA (aunque aún se mantiene la incertidumbre con respecto a la variedad gris) y por este motivo se han analizado muestras específicas de estas rocas (como las procedentes de las cuadrículas 2 y 3 de La Carlota 1 y los desechos de talla de la cuadrícula 4E de Cóndor 1), en el apartado siguiente se profundiza el análisis de las tendencias espaciales en la explotación de estas materias primas y las estrategias de aprovisionamiento implementadas para su obtención.

3. LA EXPLOTACIÓN DE LAS MATERIAS PRIMAS NO-LOCALES: LAS OBSIDIANAS

Del total de sitios excavados en el CVPA considerados en esta tesis (*n*=19), la obsidiana se encuentra presente en siete de ellos (considerando al sondeo y las cuadrículas de OB1 como contextos independientes, lo mismo que ambas cuadrículas de Cóndor 1). En su conjunto, los artefactos en obsidiana representan el 1,15% (*n*=140) del total de artefactos recuperados en las excavaciones. Se excluyen de dicho cálculo los artefactos en obsidiana de La Carlota 1, dado que no contamos con el dato del número total de artefactos recuperados en las cuadrículas de las cuales proceden los ejemplares en obsidiana que fueron analizados para esta tesis (Manzi *et al.* en prep.). Estos artefactos son incluidos en los análisis que siguen. Si diferenciamos las variedades por su color, aquélla que más abunda es la gris verdosa veteada procedente de la cordillera Baguales (Stern y Franco 2000), localizada a una distancia aproximada de 178-250 km al noroeste de los diferentes sitios de Pali Aike (tabla 127.X). Los análisis geoquímicos realizados por Stern sobre un núcleo recuperado en la superficie del Alero Frailes 2, clasificado macroscópicamente como gris verdoso, han confirmado su determinación y procedencia. Con un porcentaje muy similar se encuentra la variedad gris; aunque es necesario tener recaudos dado que se puede encontrar inflado por la agrupación bajo esta tonalidad de diferentes variedades macroscópicas (los análisis geoquímicos a cargo de Stern se encuentran en marcha). Por este motivo, esta variedad se excluye de los análisis subsiguientes.

Materia prima	N	%
Ob. gris verdosa	76	36,36
Ob. gris	69	33,01
Ob. negra	14	6,70
Ob. verde	50	23,92
Total	209	100,00

Tabla 127.X: Frecuencia y porcentaje de las distintas variedades de obsidiana en el CVPA

La obsidiana verde se ubica en tercer lugar, con un 23,92%. Su fuente de procedencia se localiza hacia el sudoeste de Pali Aike, en un rango de distancia de 115-195 km de los sitios del campo volcánico. Stern (2000 y 2004) ha identificado la presencia de esta roca en los conjuntos recolectados por J. Bird en las cuevas Pali Aike y Fell y en Cañadón La Leona.

La variedad negra es la que presenta la menor abundancia (6,7%), aunque podría ser levemente mayor ya que algunas de las variedades grises podrían ser negras (Stern com. pers. 2006). Los análisis geoquímicos realizados por Stern sobre una lasca del sitio Cóndor 1 (cuadrícula 4E capa 4) han confirmado su procedencia de Pampa del Asador, correspondiendo al tipo I (Stern 1999). La fuente de procedencia de esta roca es la más distante, localizada entre 430-465 km de los sitios de Pali Aike.

Con respecto a las clases artefactuales en las que se encuentra representada la obsidiana, la casi totalidad son desechos de talla (*n*=207). Solamente se recuperó un núcleo en obsidiana negra en la cuadrícula 12H de Cóndor 1, un fragmento de pedúnculo de un cabezal bifacial en obsidiana verde en la cuadrícula 4E de este sitio y un cabezal entero y un raspador, también sobre esta variedad, en La Carlota 1 (cuadrícula 3 y 2 respectivamente). La variedad gris verdosa también ha sido recuperada como un núcleo en la superficie de Frailes 2 (ver capítulo IX).

El único indicador de reducción de los considerados en los análisis previos que podemos aplicar de modo comparativo en las obsidianas es la densidad de extracciones en la cara dorsal de los desechos de talla. El mismo constituye un indicador de importancia de la secuencia de manufactura de los artefactos y nos permite evaluar si los mismos fueron manufacturados localmente o ingresaron al campo volcánico ya formatizados o en estadios avanzados de reducción. En muchos casos, el número de negativos de lascado no pudo ser determinado debido a la presencia de una intensa pátina sobre los artefactos, como así también por procesos de alteración térmica (sobre todo en el alero 41). Es por ello que el total de lascas consideradas en este análisis es menor al recuperado (tabla 128.X).

La variedad gris verdosa, además de ser la más abundante, es la que presenta el valor más elevado de densidad (8,44 e/mm^2), pero también la mayor variabilidad en el grado de reducción (como lo sugiere la diferencia con la mediana y los valores de desvío estándar, mínimo, máximo y rango). Luego se encuentra la variedad negra (5,89 e/mm^2), que presenta una distribución más simétrica, de acuerdo con los valores similares de media y mediana. Esta es la única variedad en que se han recuperado dos lascas primarias en Cóndor 1. La obsidiana verde es la que presenta la densidad de extracciones más baja, aunque alcanza un valor máximo mayor al de la variedad negra. Cabe señalar que entre los desechos de talla se registran lascas de reactivación de núcleo en las variedades negra y verde y de reactivación de instrumentos en las tres variedades. En la figura 36.X se muestra la dispersión de los valores de densidad para cada una de estas variedades de obsidiana.

La presencia de corteza en los artefactos en obsidiana también constituye un indicador de la forma en que ingresaron las materias primas no-locales al CVPA (tabla 129.X). El porcentaje más alto de artefactos con corteza se encuentra en la obsidiana negra, representando casi la mitad de los artefactos recuperados sobre esta roca, a pesar que la fuente de aprovisionamiento es la más distante. La variedad gris verdosa es la que tiene el menor porcentaje de artefactos con corteza, lo cual es concordante con el elevado grado de reducción que presenta, de acuerdo con la media de la densidad de extracciones previas.

Materia prima	N	Media	Mediana	Desvío estándar	Error estándar	Mínimo	Máximo	Rango
Ob. gris verdosa	66	8,44	5,71	9,63	1,19	0,89	66,67	65,78
Ob. negra	12	5,89	5,77	5,12	1,48	0,00	16,67	16,67
Ob. verde	39	4,20	3,07	3,62	0,58	0,25	18,75	18,50

Tabla 128.X: Estadística descriptiva de la densidad de extracciones previas en los desechos de talla de obsidiana

Obsidiana	N total	Con corteza	% del total
gris verdosa	76	6	7,89
negra	14	6	42,86
verde	50	5	10

Tabla 129.X: Frecuencia y porcentaje de artefactos con corteza en las distintas variedades de obsidiana

Clase artefactual	DESECHOS DE TALLA								Núcleos
	lasca primaria	lasca secundaria	lasca angular	lasca arista	lasca indiferenciada	lasca reactivación inversa	lasca tableta de núcleo	lasca flanco de núcleo	
Cóndor 1 4E	1	0	2	0	1	0	0	1	1
Cóndor 1 12H	1	0	1	1	2	1	1	0	0
Las Buitreras	0	0	1	0	0	0	0	0	0

Tabla 130.X: Frecuencia de clases de artefactos en obsidiana negra por sitio arqueológico

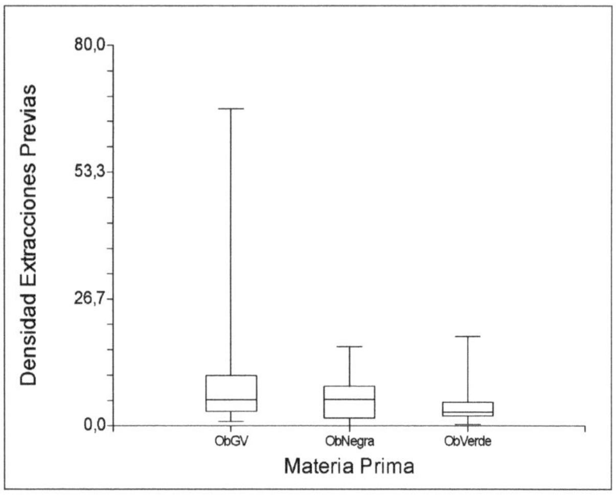

Figura 36.X: Gráfico de cajas de la densidad de extracciones previas en los desechos de talla de obsidiana

Con respecto a las clases artefactuales en las que se encuentran representadas las distintas variedades de obsidiana, nos interesa destacar que en Cóndor 1 encontramos en obsidiana negra lascas de reactivación de núcleo y de instrumento, lascas primarias y otras lascas internas en ambas cuadrículas y un núcleo en la 4E (tabla 130.X).

En la variedad gris verdosa, la mayor frecuencia de artefactos en los diferentes sitios arqueológicos corresponde a lascas internas, pero cabe señalar la presencia de una lasca secundaria, una de adelgazamiento bifacial y una de reactivación de instrumento en Cóndor 1, como así también este último tipo de lasca en La Carlota 1 (tabla 131.X).

En la variedad verde la presencia de numerosas lascas internas, entre las que nos interesan las de adelgazamiento bifacial y las de reactivación de núcleo e instrumentos, nos señalan la manufactura de los artefactos sobre esta materia prima en el campo volcánico y la presencia de núcleos, a pesar de no haber sido recuperados como piezas (tabla 132.X). En esta variedad es en la única en la que se han recuperado artefactos formatizados (unifaciales y bifaciales).

Con respecto a las estrategias de aprovisionamiento que podemos delinear a partir de estos datos, la presencia de un núcleo en obsidiana negra en Cóndor 1 (con una densidad de extracciones de 47,61 e/mm^3), de lascas primarias y de reactivación de núcleo, como así también el elevado porcentaje de artefactos con corteza sobre esta roca, apuntan hacia la obtención de la misma como nódulos o al menos bajo la forma de núcleos, por lo cual sostenemos a modo de hipótesis que la obsidiana negra es obtenida a través del intercambio de estas formas-base. Esto es concordante con lo postulado por Civalero y Franco (2003) para espacios

Clase artefactual	DESECHOS DE TALLA										Total
	lasca angular	lasca arista	lasca bipolar	lasca secundaria	lasca adelgazamiento bifacial	lasca plana	lasca reactivación inversa	lasca reactivación directa	lasca indiferenciada	desecho indiferenciado	
Cóndor 1 4E	4	0	1	0	1	1	1	0	7	0	15
Cóndor 1 12H	14	3	2	1	0	0	0	0	10	1	31
La Carlota C. 2	3	0	0	0	0	0	0	0	1	2	6
La Carlota C. 3	8	0	0	0	0	0	0	1	7	7	23
Norte 1	1	0	0	0	0	0	0	0	0	0	1

Tabla 131.X: Frecuencia de clases de artefactos en obsidiana gris verdosa por sitio arqueológico

Clase artefactual	DESECHOS DE TALLA										Instrumento formatización unifacial	Instrumento formatización bifacial
	lasca angular	lasca arista	lasca plana	lasca bipolar	lasca adelgazamiento bifacial	lasca reactivación inversa	lasca reactivación directa	lasca flanco núcleo	lasca indifrerenciada	desecho indiferenciado		
OB1 Sondeo	0	1	0	0	0	0	0	0	0	0	0	0
Cóndor 1 4E	0	0	0	0	0	0	0	0	0	0	0	1
Cóndor 1 12H	5	1		0	1	1	1		7		0	0

Tabla 132.X: Frecuencia de clases de artefactos en obsidiana verde por sitio arqueológico

ubicados más hacia el norte durante el Holoceno tardío.

La presencia de lascas de reactivación de núcleo, tanto hacia el norte como más hacia el sur de Pali Aike (en La Carlota 1 y Cóndor 1 respectivamente), de artefactos con corteza y de lascas de adelgazamiento bifacial (en el alero 41 y en Cóndor 1) en la variedad verde también apuntan en este sentido, ya que sugieren la manufactura *in situ* de los artefactos, y por consiguiente la obtención de esta roca como nódulos o núcleos. Estas tendencias son coherentes con el modelo propuesto de explotación y control del intercambio por los grupos canoeros de los archipiélagos chilenos (Morello *et al.* 2001, 2004).
El panorama para la obsidiana gris verdosa no resulta del todo claro, ya que si bien es la más abundante, es la que presenta el mayor grado de reducción en los desechos de talla (que es la única clase artefactual en la que se la ha recuperado en estratigrafía) y el menor porcentaje de corteza. La dispersión de los valores de densidad que se muestra en la figura 37.X parecería sugerir diferentes estadios de manufactura y si consideramos la presencia de una lasca secundaria y una de adelgazamiento bifacial en las excavaciones de Cóndor 1 y de un núcleo en la superficie del alero Frailes 2 podríamos sostener el mismo modo de obtención para esta roca que en las variedades tratadas anteriormente, aunque consideramos necesario una mayor cantidad de datos al respecto para definir claramente la estrategia de aprovisionamiento implementada.

SECCIÓN II: Análisis temporal

4. TENDENCIAS TEMPORALES EN LA UTILIZACIÓN DE LAS MATERIAS PRIMAS LÍTICAS

En la presente sección evaluaremos la utilización de las materias primas líticas a lo largo del Holoceno tardío, a partir de los sitios excavados que cuentan con fechados radiocarbónicos. Los mismos son Las Buitreras 1 y La Carlota 1, en el sector septentrional del CVPA, Cóndor 1, Norte 2 y 3, hacia el centro de Pali Aike y OB1 en el sector meridional. En la tabla 133.X se presentan las dataciones radiocarbónicas para cada uno de ellos.

De acuerdo con estas edades y para mantener la comparabilidad entre los distintos sitios, es posible agrupar los fechados en dos grandes grupos: los más tempranos, entre *ca.* 4000-2000 años AP, correspondientes a los inicios del Holoceno tardío, y denominados de aquí en adelante Bloque Temporal 1 (BT1) y los más tardíos, que comprenden los últimos 2000 años, denominados Bloque Temporal 2 (BT2). Sabemos que esta segmentación arbitraria de los conjuntos reduce la variabilidad, pero es la que, de acuerdo con los fechados disponibles, nos permite realizar una comparación regional en la que incluír la mayor parte posible de las secuencias y la mayor cantidad posible de sitios a ser comparados entre sí.

Así, el BT1 comprende los artefactos líticos de la capa IV de Las Buitreras 1, las capas 7 a 4 de la cuadrícula 12H de Cóndor 1, las unidades estratigráficas X y XI de OB1 cuadrículas, la capa 4 de OB1 sondeo 1 y la capa 14 de Norte 3. El BT2 abarca las capas III a I de Las Buitreras 1, las capas 3 a 1 de las cuadrículas 12H y 4E de Cóndor 1, la unidad estratigráfica I de OB1 cuadrículas, las capas 1 a 3 de OB1 sondeo, la totalidad de los conjuntos recuperados en Norte 2 y La Carlota 1 (que corresponde al conjunto de artefactos en obsidiana que fue analizado) y las capas 8 a 13 de Norte 3.

Sitio	Unidad de excavación	Capa/Unidad estratigráfica	Profundidad	Edad (años AP)	Tipo de muestra	Cód. Lab
Las Buitreras 1	cuadrícula 2	IV	base de la capa	4.310±110*		Gak-6951
	cuadrícula 1	I-III		670±60**		Beta-71985
	cuadrícula 1	I-III		750±60**		Beta-71984
La Carlota 1	cuadrícula 2	18	110-115 cm	1.070±40***	Radiocúbito de guanaco	Beta-215184
Cóndor 1	cuadrícula 12H	7	60-70 cm	3.440±70	Carbón	Gx-32281
	cuadrícula 12H	3	24-27 cm	1.550±60	Carbón	Gx-32280
	cuadrícula 4E	4	30 cm	3.100±70	Carbón	LP-1670
	cuadrícula 4E	4	38 cm	1.360±35	Radiocúbito de guanaco	Ua-23835
	cuadrícula 4E	2	10-20 cm	965±40	Tibia de guanaco	Ua-24658
Orejas de Burro 1	sondeo 1	4	46-50 cm	3.490±50	Tibia de guanaco	Ua-21901
	sondeo 1	3	33-37 cm	1.760±70	Carbón	LP-1462
	cuadrícula 3	XI	70 cm	3.565±45	7ª costilla de individuo 1	Ua-23097
	cuadrícula 4	X	67 cm	3.490±75	Óseo guanaco	LP-1681
Cerro Norte 2	sondeo 1	8	40-45 cm	2.070±80	Carbón	Gx-32608
Cerro Norte 3	sondeo 1	13	65-70 cm	2.160±60	Carbón	Gx-32606
	sondeo 1	11	55-60 cm	1.120±60	Carbón	LP-1764

** Yacobaccio 1979 ** Prieto et al. 1999 *** Campan et al. 2006*

Tabla 133.X: Fechados radiocarbónicos para los sitios excavados

Cabe señalar que las capas 6 a 4 de la cuadrícula 4E de Cóndor 1 no se consideran en este análisis dado que la capa 4 presenta dos fechados que comprenden el rango temporal que pretendemos diferenciar (ver tabla 133.X) y la sección inferior de la secuencia estratigráfica se encuentra alterada por cuevas de roedor, procediendo la mayoría de los artefactos de la parte superior de la cuadrícula. Solamente las capas superiores se incluyen en el BT2. Como en los capítulos previos la información se presenta de acuerdo con la localización de los sitios arqueológicos en los diferentes sectores del CVPA. El análisis de los artefactos en obsidiana de la cueva 1 de La Carlota se incluye en el apartado 5, que se focaliza en el estudio de la distribución de las materias prima no-locales en el espacio del CVPA a lo largo del Holoceno.

4.a SECTOR SEPTENTRIONAL

4. a. 1 Las Buitreras 1

En la cueva Las Buitreras 1 la mayor frecuencia de artefactos se registra para el BT2 (n=590), especialmente en las capas III y II (figura 37.X). La frecuencia de artefactos en la capa IV, que cuenta con un fechado radiocarbónico de 4.310±110 AP, es muy baja, al igual que la de la capa I. En el BT2 la frecuencia de artefactos es mayor en todas las clases artefactuales diferenciadas, excepto en los artefactos de formatización bifacial que se mantiene igual entre bloques temporales (BT).

Con respecto a la abundancia relativa de las diferentes materias primas por capa, la dacita presenta los mayores porcentajes en la capa IV (62,96%) y I (56,47%) (tabla 134.X y figura 38.X). Cuando la explotación de esta roca disminuye, en las capas III y II, son más abundantes las RGFO. El menor aprovechamiento de las RGFO se registra en la capa IV, donde representan un 18,52% del total de artefactos. Los mayores porcentajes se encuentran en las capas III (38,1%) y II (38,4%), como fue señalado anteriormente, volviendo a disminuir en la capa I. La calcedonia se mantiene aproximadamente constante entre las capas IV y II, representando entre el 12 y 11%. Estas rocas son muy escasas en la capa 1 (2,35%). Por su parte, el ópalo es escaso en todas las capas, con los valores más bajos en la capa III (0,8%) y los más altos en la IV (2,4%) (tabla 134.X y figura 38.X). Con respecto a las materias primas que no se encuentran presentes en toda la secuencia, podemos decir que el pórfiro dacítico alcanza los mayores porcentajes en la capa I. En esta capa es en la única en la que se encuentra presente el granito. Por otro lado, el gabro sólo se encuentra en la capa IV, el xilópalo en las capas II y I y el sílice en las IV y III. En la capa III, que es la que presenta la mayor variedad de materias primas, se recuperó jaspe con impurezas, obsidiana negra y filita, todas ellas presentes sólo en esta capa, como desechos de talla.

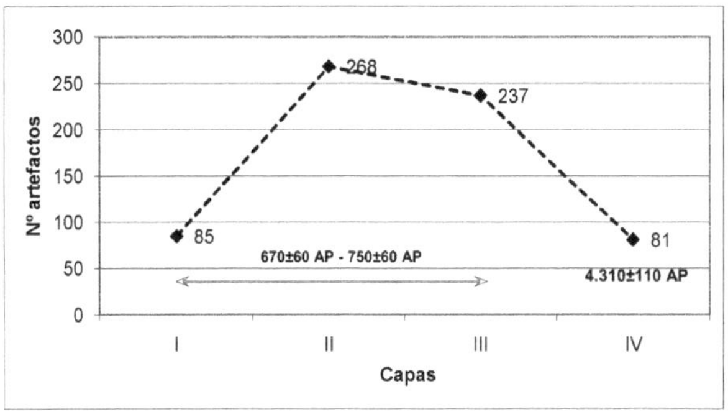

Figura 37.X: Frecuencia de artefactos por capa en Las Buitreras 1

		Dacita	RGFO	Calcedonia	Ópalo	Pórfiro dacítico	Sílice	Xilópalo
Capa I	N	48	27	2	1	2	0	1
	%	56,47	31,76	2,35	1,18	2,35	0	1,18
Capa II	N	126	103	29	4	2	0	1
	%	47,01	38,43	10,82	1,49	0,75	0	0,37
Capa III	N	105	90	28	2	1	4	0
	%	44,5	38,1	11,9	0,8	0,42	1,4	0
Capa IV	N	51	15	9	2	1	1	0
	%	62,96	18,52	11,11	2,47	1,23	1,23	0

		Granito	Gabro	Jaspe con impurezas	Obsidiana negra	Filita	Indif.
Capa I	N	2	0	0	0	0	1
	%	2,35	0	0	0	0	1,18
Capa II	N	0	0	0	0	0	1
	%	0	0	0	0	0	0,37
Capa III	N	0	0	1	1	2	3
	%	0	0	0,42	0,42	0,84	1,27
Capa IV	N	0	1	0	0	0	1
	%	0	1,23	0	0	0	1,23

Tabla 134.X: Frecuencia y porcentaje de artefactos por materia prima y capa en Las Buitreras 1

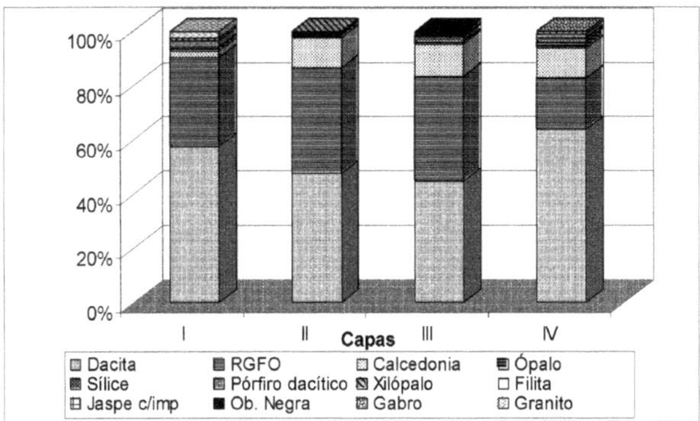

Figura 38.X: Porcentaje de materias primas por capa en Las Buitreras 1

Si bien en el BT2 se encuentra representada una mayor diversidad de materias primas líticas en los artefactos (tabla 134.X), especialmente en la capa III adonde se observa la explotación de nueve clases de roca (sobre un total de 12 clases registradas en el sitio), esto es un efecto del tamaño de la muestra. La comparación de la varianza y la media del número de clases de rocas estimadas por BT para diferentes tamaños de muestra a través de la rarefacción, no arroja diferencias significativas estadísticamente (F= 2,19 p= 0,32 / t= 1,43 p= 0,17).

El grado de reducción de los núcleos entre BT sólo pudo compararse entre las RGFO y la dacita, ya que son las únicas materias primas representadas en esta clase artefactual en ambos BT. En la tabla 135.X se presenta la estadística descriptiva de la densidad de extracciones previas, la cual indica valores de media y mediana más elevados en ambas materias primas para el BT2. Sin embargo, la comparación de la media y la varianza en la densidad de extracciones previas en los núcleos en RGFO entre BT no arrojó diferencias significativas estadísticamente (tabla 136.X), aunque las diferencias en el tamaño de muestra entre BT no son adecuadas para la comparación.

En los núcleos en dacita, se comparó la media a través del *test* t Welch y de la permutación, dado que se observan diferencias significativas en la varianza lo cual no es recomendado para realizar un *test* t (tabla 137.X). La permutación arrojó diferencias significativas, mientras que el *test* t Welch muestra un valor de probabilidad a penas más elevado que el necesario para refutar la hipótesis nula de igualdad entre las medias. Como señalamos anteriormente, las diferencias en la media indican una mayor densidad de extracciones para el BT2. En este BT también se registra un núcleo poliédrico en calcedonia con 0,36 e/mm^3 y dos nódulos probados con 0,02 e/mm^3, uno en pórfiro dacítico y otro en una roca sedimentaria indeterminada. La calidad para la talla de ambos nódulos probados es regular.

En los desechos de talla, las materias primas que se encuentran representadas en ambos BT y por consiguiente permiten la comparación del grado de reducción entre BT son las RGFO, la dacita y la calcedonia. Sin embargo, en esta última el tamaño de muestra para el BT1 es muy pequeño (n=2) y si bien la media y la mediana en la densidad de extracciones previas son más elevadas para este BT, caen dentro del rango de variabilidad registrado para el BT2 (tabla 138.X, ver desvío estándar). Para estos momentos, estas tres

Materia prima	Bloque temporal	N	Media	Mediana	Desvío estándar	Error estándar	Mínimo	Máximo	Rango
RGFO	BT1	2	0,35	0,35	0,21	0,15	0,21	0,5	0,29
	BT2	9	0,60	0,64	0,29	0,10	0,23	1,06	0,83
Dacita	BT1	8	0,10	0,10	0,04	0,02	0,03	0,17	0,15
	BT2	6	0,26	0,22	0,16	0,06	0,10	0,53	0,43

Tabla 135.X: Estadística descriptiva de la densidad de extracciones previas en los núcleos de dacita y RGFO de Las Buitreras 1 por bloque temporal

	BT1	BT2	*Test*	
N	2	9		
Media	0,36	0,60	t= -1,10	p= 0,29
Varianza	0,04	0,09	F= 2,02	p= 0,99

Tabla 136.X: Comparación de la media y la varianza en la densidad de extracciones previas en los núcleos en RGFO de Las Buitreras 1 entre bloques temporales

	BT1	BT2	*Test*	
N	8	6	F= 13,22	p= 0,003
Media	0,10	0,26	Welch t= -2,43	p= 0,053
Varianza	0,002	0,03	Permutation t test (n= 1000)	p= 0,005

Tabla 137.X: Comparación de la media y la varianza en la densidad de extracciones previas en los núcleos en dacita de Las Buitreras 1 entre bloques temporales

clases de materias primas muestran una mayor dispersión en los valores de densidad, lo que sugiere variabilidad en el grado de reducción pero también es una consecuencia del mayor tamaño de la muestra artefactual para el BT2 (figura 39.X).

Además de las materias primas presentadas en la tabla 138, en el BT1 se registra una lasca angular en una roca volcánica indeterminada con 0,39 e/mm^2 y en el BT2 dos lascas primarias en filita, una en jaspe con impurezas y otra en una materia prima indeterminada por alteración térmica, con ninguna extracción previa. Para este BT también hay una lasca angular en obsidiana negra con 1,48 e/mm^2.

Las grandes diferencias en el tamaño de muestra entre BT, lo cual acrecienta la variabilidad en torno a los valores medios, dificulta la comparación estadística, por lo cual se decidió tomar una muestra al azar del conjunto de RGFO y dacitas del BT2 que tuviese el mismo tamaño que para el BT1 para comparar el grado de reducción de estas materias primas durante el Holoceno tardío. Para ello se utilizó el programa Research randomizer. Como en el caso de los núcleos, la comparación de la media y la varianza en la densidad de extracciones previas entre BT en los desechos de talla en RGFO no muestra diferencias significativas (tabla 139.X), pero sí en la dacita, siendo más alevada para el BT2 (tabla 140.X).

Los indicadores de reducción en los instrumentos de formatización unifacial muestran variabilidad entre BT,

	BT1	BT2	*Test*	
N	8	8		
Media	1,38	1,23	t= 0,16	p= 0,87
Varianza	3,91	3,22	F= 1,21	p= 0,80

Tabla 139.X: Comparación de la media y la varianza en la densidad de extracciones previas en los desechos de talla en RGFO de Las Buitreras 1 entre bloques temporales

	BT1	BT2	*Test*	
N	26	26	F= 2,64	p= 0,01
Media	0,39	0,75	Welch t= -2,16	p= 0,03
Varianza	0,20	0,54	Permutation t test	p= 0,03

Tabla 140.X: Comparación de la media y la varianza en la densidad de extracciones previas en los desechos de talla en dacita de Las Buitreras 1 entre bloques temporales

además de las diferencias ya señaladas en los tamaños de muestra. Por estos motivos reducimos la comparación solamente a su aspecto descriptivo. Así, la proporción de FPFy/oRC en los instrumentos en RGFO muestra valores más elevados en la media y la mediana para el BT2 (tabla 141.X y figura 40.X). En la dacita, la media es muy similar entre BT, pero la mediana y el máximo son mayores en el BT2. El caso contrario se presenta en la calcedonia que muestra una media y mediana más alta en el BT1, al igual que el ópalo. Las materias primas que solamente se encuentran representadas entre los instrumentos unifaciales para el BT2 muestran una media de 0,25 FPFy/oRC, tanto en los artefactos en sílice (n=2) como en xilópalo (n=2). Un instrumento compuesto sobre una roca indeterminada presenta una proporción de 0,50 FPFy/oRC.

	Materia prima	N	Media	Mediana	Desvío estándar	Error estándar	Mínimo	Máximo	Rango
BT1	RGFO	8	1,38	0,40	1,98	0,70	0,00	5,29	5,29
	Calcedonia	2	0,98	0,93	0,85	0,60	0,38	1,58	1,20
	Dacita	26	0,39	0,21	0,45	0,09	0,00	1,82	1,82
BT2	Ópalo	3	2,27	2,02	1,22	0,70	1,19	3,59	2,40
	RGFO	161	1,03	0,84	1,02	0,08	0,00	7,69	7,69
	Calcedonia	38	0,88	0,74	0,56	0,09	0,00	2,42	2,42
	Dacita	188	0,71	0,48	0,69	0,05	0,00	4,17	4,17
	Sílice	2	0,66	0,65	0,29	0,21	0,45	0,86	0,41
	Pórfiro dacítico	2	0,26	0,26	0,37	0,26	0,00	0,52	0,52

Tabla 138.X: Estadística descriptiva de la densidad de extracciones previas en los desechos de talla de Las Buitreras 1 por bloque temporal

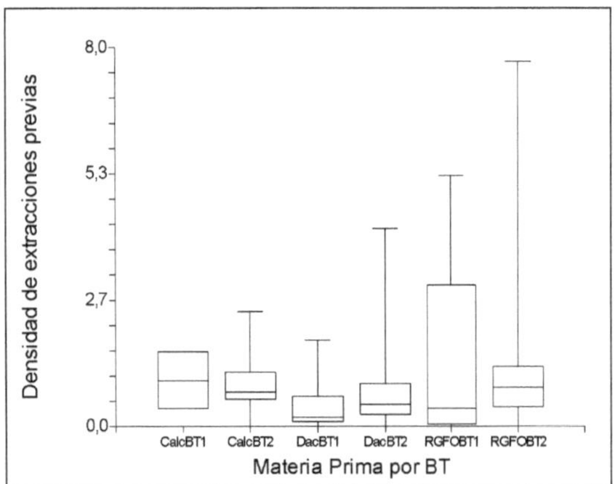

Figura 39.X: Gráfico de cajas de la densidad de extracciones previas en los desechos de talla de calcedonia, dacita y RGFO de Las Buitreras 1 por bloque temporal

		N	Media	Mediana	Desvío estándar	Error estándar	Mínimo	Máximo	Rango
RGFO	BT1	4	0,35	0,25	0,21	0,10	0,25	0,67	0,42
	BT2	34	0,41	0,33	0,22	0,04	0,20	1,00	0,80
Calcedonia	BT1	7	0,51	0,50	0,16	0,06	0,33	0,67	0,33
	BT2	15	0,35	0,25	0,18	0,05	0,20	0,75	0,55
Dacita	BT1	11	0,39	0,25	0,19	0,06	0,20	0,75	0,55
	BT2	64	0,38	0,33	0,17	0,02	0,20	1,00	0,80
Ópalo	BT1	2	0,50	0,50	0,35	0,25	0,25	0,75	0,50
	BT2	4	0,45	0,37	0,26	0,13	0,25	0,80	0,55

Tabla 141.X: Estadística descriptiva de la proporción de FPFy/oRC en los instrumentos unifaciales de Las Buitreras 1 por bloque temporal

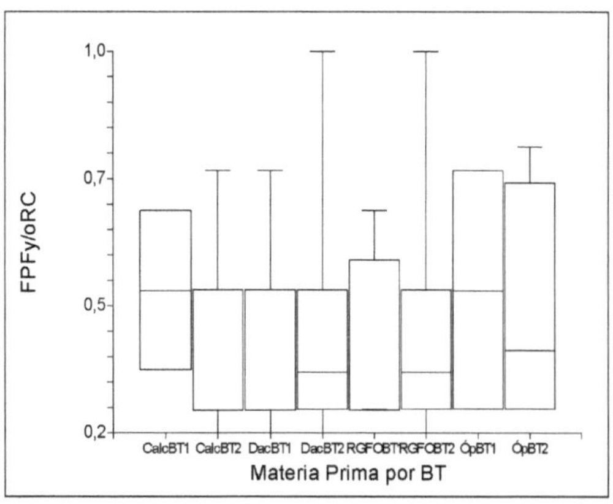

Figura 40.X: Gráfico de cajas de la proporción de FPFy/oRC en los instrumentos unifaciales de Las Buitreras 1 por bloque temporal

La longitud residual de los instrumentos muestra un menor grado de reducción en las RGFO para el BT2 (tabla 142.X y figura 41.X). En la calcedonia y la dacita prácticamente no se observan diferencias entre BT, aunque en este último caso alcanza un valor máximo más elevado para el BT2. El ópalo, que no se encuentra en la tabla 143 porque se recuperó un solo instrumento entero para el BT1, tiene una longitud de 19,7 mm para este BT y una media de 23,87 mm para el BT2 (n=4). Si bien la comparación de estos valores parecería sugerir un mayor grado de reducción para momentos tempranos del Holoceno tardío, la longitud señalada para el BT1 se encuentra dentro del rango de variación en la longitud de los artefactos en el BT2, con un desvío estándar de 7,12 mm. Los instrumentos enteros en sílice y xilópalo tienen 54 mm y 51 mm de largo y el instrumento manufacturado sobre una roca indeterminada tiene 18 mm.

Con respecto a la reactivación de los filos, el índice geométrico prácticamente no muestra diferencias entre ambos BT para las RGFO y la calcedonia, en tanto que presenta valores más elevados en ambos estadísticos para los instrumentos en dacita del BT1 y los instrumentos en ópalo del BT2 (tabla 143.X y figura 42.X). Este índice es de 0,9 en el instrumento sobre la materia prima indeterminada, de 0,6 en el único instrumento de sílice que pudo ser medido (porque el otro instrumento es un filo natural con rastros complementarios) y tiene una media de 0,3 entre los instrumentos en xilópalo.

El ángulo de desgaste de los filos y puntas formatizados no muestra diferencias entre ambos BT en la calcedonia y

		N	Media	Mediana	Desvío estándar	Error estándar	Mínimo	Máximo	Rango
RGFO	BT1	4	29,75	28,5	9,11	4,55	20	42	22
	BT2	34	32,66	33,5	8,01	1,37	14	47	33
Calcedonia	BT1	7	23,82	23	7,05	2,66	14	33	19
	BT2	5	22,60	19	8,62	3,85	18	38	20
Dacita	BT1	10	44,33	43,65	14,08	4,45	25	69	44
	BT2	53	46,47	42	17,65	2,42	20	107	87

Tabla 142.X: Estadística descriptiva de la longitud residual en los instrumentos unifaciales de Las Buitreras 1 por bloque temporal

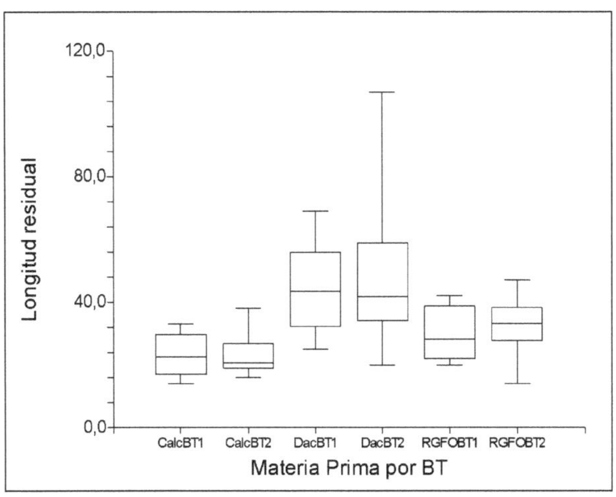

Figura 41.X: Gráfico de cajas de la longitud residual en los instrumentos unifaciales de Las Buitreras 1 por bloque temporal

el ópalo, y señala valores más elevados en la media y la mediana en los instrumentos en dacita para el BT1 y en los instrumentos en RGFO para el BT2 (tabla 144.X y figura 43.X). El desgate es de 40° en el instrumento sobre la materia prima indeterminada, de 15° en el instrumento de sílice y tiene una media de 25° en los instrumentos en xilópalo.

Para finalizar el análisis temporal de la evidencia lítica de Las Buitreras 1 nos interesa señalar que, si bien la comparación estadística de la intensidad de explotación de las materias primas líticas entre BT presentó algunas dificultades relacionadas con las diferencias en el tamaño de muestra entre BT, estas diferencias en sí mismo constituyen un indicador de las variaciones temporales en la intensidad de uso de este espacio a lo largo del Holoceno tardío.

		N	Media	Mediana	Desvío estándar	Error estándar	Mínimo	Máximo	Rango
RGFO	BT1	4	29,75	28,5	9,11	4,55	20	42	22
	BT2	34	32,66	33,5	8,01	1,37	14	47	33
Calcedonia	BT1	7	23,82	23	7,05	2,66	14	33	19
	BT2	5	22,60	19	8,62	3,85	18	38	20
Dacita	BT1	10	44,33	43,65	14,08	4,45	25	69	44
	BT2	53	46,47	42	17,65	2,42	20	107	87

Tabla 143.X: Estadística descriptiva del índice geométrico de reducción en los instrumentos unifaciales de Las Buitreras 1 por bloque temporal

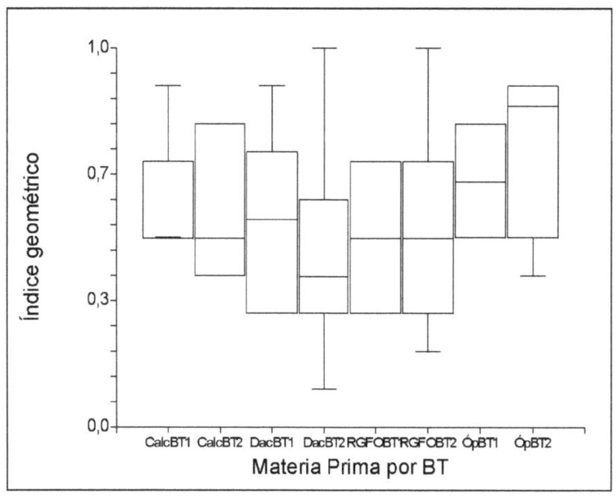

Figura 42.X: Gráfico de cajas del índice geométrico de reducción en los instrumentos unifaciales de Las Buitreras 1 por bloque temporal

		N	Media	Mediana	Desvío estándar	Error estándar	Mínimo	Máximo	Rango
RGFO	BT1	4	20,00	12,50	16,83	8,42	10,00	45,00	35,00
	BT2	33	22,63	20,00	13,50	2,35	5,00	50,00	45,00
Calcedonia	BT1	7	21,43	20,00	14,71	5,56	2,50	40,00	37,50
	BT2	15	19,67	20,00	11,25	2,91	5,00	45,00	40,00
Dacita	BT1	11	27,95	30,00	13,55	4,08	5,00	45,00	40,00
	BT2	65	24,08	20,00	13,87	1,72	0,00	60,00	60,00
Ópalo	BT1	2	15,83	15,83	15,32	10,83	5,00	26,67	21,67
	BT2	4	15,63	15,00	5,15	2,58	10,00	22,50	12,50

Tabla 144.X: Estadística descriptiva del ángulo de desgaste en los instrumentos unifaciales de Las Buitreras 1 por bloque temporal

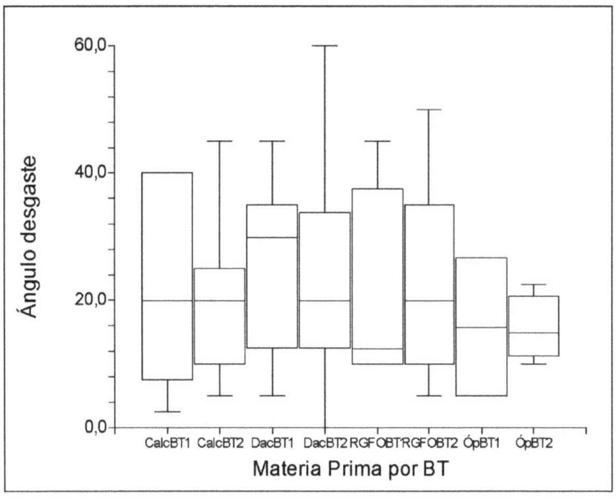

Figura 43.X: Gráfico de cajas del ángulo de desgaste en los instrumentos unifaciales de Las Buitreras 1 por bloque temporal

Si bien se observa variabilidad en la explotación de las materias primas entre BT y las diferencias en el grado de reducción no parecen notables, la estadística descriptiva y los *test* inferenciales en los casos que pudieron realizarse, mostraron algunas tendencias. Así, podemos decir que, si consideramos sobre todo el grado de reducción en los núcleos y desechos de talla, la dacita es la materia prima que principalmente muestra un mayor grado de reducción para momentos finales del Holoceno tardío (BT2) con diferencias significativas estadísticamente. La estadística descriptiva muestra la misma tendencia en algunas variables para las RGFO. Por el contrario, las rocas silíceas (calcedonia y ópalo) presentan una mayor intensidad de uso en momentos tempranos (BT1), como lo indica la densidad de extracciones previas en los desechos de talla sobre calcedonia, la proporción de FPFy/oRC en los instrumentos manufacturados sobre ambos tipos de roca y la longitud residual en los instrumentos en ópalo.

Con respecto a los artefactos de formatización bifacial, encontramos las mismas restricciones en cuanto al tamaño de la muestra y el estado de conservación de las piezas que en el análisis espacial. Sólo podemos mencionar que en la capa IV se recuperó un bifaz parcial en RGFO, un fragmento mesial de cabezal bifacial en sílice gris bandeado, con fractura transversal en el cuello del pedúnculo y en el limbo y un cabezal apedunculado de base cóncava, también con fractura transversal al limbo, en dacita silicificada gris verdosa. En la capa III (BT2) se halló un cabezal lanceolado de base convexa en RGFO y dos cabezales con pedúnculo diferenciado y aletas entrantes en RGFO (uno entero y uno fragmentado).

4. b SECTOR CENTRAL

4.b.1 Cóndor 1

En la cuadrícula 12H de la cueva Cóndor 1 se identificaron siete capas con evidencias culturales, que corresponden a los últimos 3500 años aproximadamente. En el total de la secuencia se recuperaron 6172 artefactos. En la figura 44.X se observa la distribución de cantidades de artefactos por capa.

Como puede observarse, el número de artefactos aumenta gradualmente desde la capa 7, que tiene una cronología de 3440±70 AP y representa las primeras ocupaciones humanas del sitio, hasta la capa 4, donde se alcanza el máximo de abundancia (n=1105). A partir de la misma, la frecuencia de artefactos comienza a decrecer, disminuyendo abruptamente en la capa 1, que representa sólo el 5% de los artefactos de la cuadrícula (figura 45.X).

Si consideramos los porcentajes de artefactos por capa en el total de la secuencia los mismos se mantienen relativamente constantes entre las capas 6 a 2 (figura 45.X). La capa 3 posee un fechado radiocarbónico de 1550±60 AP. Las capas correspondientes al BT1 (capas 7 a 4 inclusive), suman un total de 3848 artefactos, en tanto que el BT2 (capas 3, 2 y 1) tiene un total de 2324 artefactos.

En la tabla 145.X se presentan las frecuencias y porcentajes de las materias primas líticas representadas en los artefactos por capa.

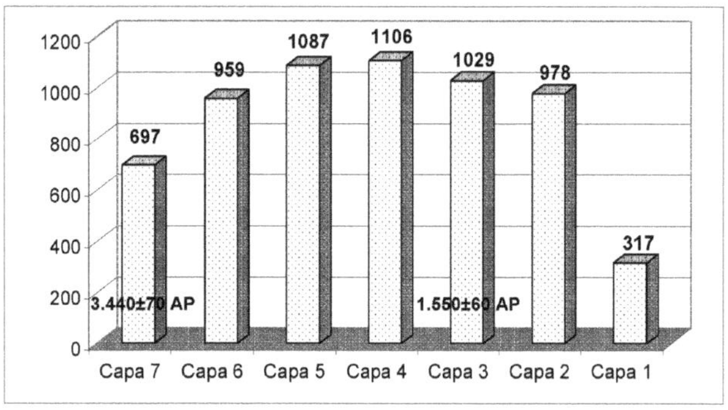

Figura 44.X: Cantidad de artefactos por capa en la cuadrícula 12H de Cóndor 1

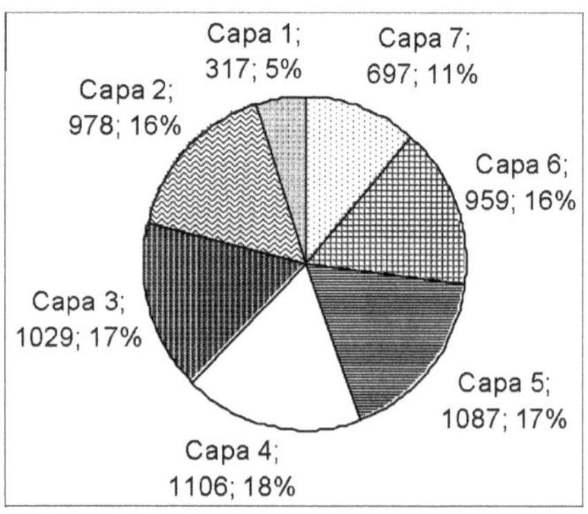

Figura 45.X: Porcentaje de artefactos del total de la secuencia representado por cada capa de la cuadrícula 12H de Cóndor 1

Materia prima	RGFO		Dacita		Calcedonia		Ópalo		Sílice		Xilópalo		Jaspe	
Capa	N	%	N	%	N	%	N	%	N	%	N	%	N	%
7	349	50,14	181	26,01	90	12,93	49	7,04	0	0	0	0	6	0,86
6	449	46,82	299	31,18	115	11,99	72	7,51	4	0,42	7	0,73	6	0,63
5	507	46,64	302	27,78	179	16,47	73	6,72	8	0,74	1	0,09	4	0,37
4	544	49,19	304	27,49	196	17,72	36	3,25	5	0,45	2	0,18	10	0,9
3	576	55,98	195	18,95	194	18,85	28	2,72	11	1,07	4	0,39	5	0,49
2	553	56,54	209	21,37	156	15,95	22	2,25	5	0,51	1	0,1	12	1,43
1	186	58,68	63	19,87	45	14,2	10	3,15	1	0,32	0	0	4	1,27

Materia prima	Jaspe con impurezas		Obsidiana verde		Obsidiana negra		Obsidiana gris-verdosa		Obsidiana gris		Rocas Silíceas indet.		Indet	
Capa	N	%	N	%	N	%	N	%	N	%	N	%	N	%
7	0	0	3	0,43	3	0,43	9	1,29	1	0,14	4	0,57	1	0,14
6	0	0	1	0,1	2	0,1	2	0,21	1	0,1	0	0	1	0,1
5	0	0	0	0	1	0,09	1	0,09	2	0,18	0	0	9	0,83
4	0	0	3	0,27	0	0	4	0,36	1	0,09	0	0	1	0,09
3	0	0	0	0	1	0,1	4	0,39	3	0,29	1	0,1	6	0,58
2	2	0,2	7	0,72	1	0,1	7	0,72	2	0,2	0	0	1	0,2
1	0	0	2	0,63	0	0	3	0,95	1	0,32	0	0	2	0,32

Tabla 145.X: Frecuencias y porcentajes de materias primas líticas por capa en la cuadrícula 12H de Cóndor 1

Como tendencia general, a lo largo de la secuencia se observa que las RGFO, la dacita, la calcedonia y el ópalo han sido las rocas más utilizadas en orden decreciente de abundancia. Este *ranking* se mantiene en todas las capas, con pequeñas fluctuaciones en la abundancia relativa en la que se encuentra representada cada materia prima. Para señalar estos cambios, la descripción de la secuencia se ordena desde las ocupaciones más tempranas (capa 7) a las más tardías (capa 1). Con respecto a las RGFO, entre las capas 7 y 5 se observa un decrecimiento en la abundancia relativa de estas rocas (50,3% y 46,6%, respectivamente), para comenzar a aumentar a partir de la capa 4 (49,4%), alcanzando el mayor porcentaje en la capa 1 (58,9%). Si bien esta capa es la que presenta la frecuencia más baja de artefactos (n=317) en la secuencia, dentro de este conjunto las RGFO alcanzan la representación más alta. La dacita ofrece el patrón contrario al de las RGFO: presenta los valores más altos entre las capas 6 y 4, cuando las RGFO decrecen. La calcedonia sigue una tendencia similar a la de la dacita, pero las mayores proporciones se encuentran entre las capas 5 y 3. Por su parte, el ópalo disminuye desde las primeras ocupaciones a las más tardías. Para sintetizar las tendencias observadas en estas materias primas podemos decir que mientras las RGFO son más utilizadas proporcionalmente en las ocupaciones más tardías (*ca.* 2000-1500 AP en adelante), el ópalo lo es en las más tempranas. En los lapsos en los que la utilización de las RGFO disminuye, se aprovechan en mayor abundancia la dacita y la calcedonia (figura 46.X).

Con respecto a las materias primas de representación minoritaria (entre 1,4 y 0,09% del conjunto de cada capa) las obsidianas gris-verdosa veteada y gris se encuentran en todas las capas, en tanto que el sílice, el xilópalo, el jaspe (con y sin impurezas) y las obsidianas negra y verde se encuentran ausentes en algunas de ellas. Cabe volver a repetir que bajo el rótulo de obsidiana gris se agrupan artefactos en esta tonalidad pero que presentan diferencias macroscópicas, por lo que podrían representar diferentes tipos (los análsis geoquímicos aún se encuentran en curso a cargo del Dr. Ch. Stern). Por este motivo, en los análisis que siguen no se realiza un estudio más pormenorizado de esta variedad de roca, quedando excluída de las comparaciones. Mientras el sílice, xilópalo y jaspe con impurezas no se encuentran representados en la primera ocupación del sitio, todas las variedades de obsidiana están presentes, siendo en esta capa donde la gris verdosa y la negra presentan la mayor abundancia (figura 47.X).

Las rocas silíceas, tales como el jaspe, el sílice y el xilópalo, presentan un patrón irregular a lo largo de la secuencia, no pudiéndose establecer tendencias temporales. Sólo es posible señalar que la mayor representación del xilópalo es en la capa 6, del sílice en las capas 5 y 3, del jaspe en la capa 4 y en las últimas ocupaciones (capas 1 y 2) y el jaspe con impurezas solamente se encuentra representado en la capa 2.

Con respecto a las obsidianas, la gris-verdosa veteada es la más abundante en todas las capas, excepto en la 5, donde predomina la gris y en la capa 2, adonde se encuentra representada en igualdad con la verde. El porcentaje más alto de obsidiana gris-verdosa se encuentra en las primeras ocupaciones (capa 7, 1,29%), al igual que el de la variedad negra (0,43%). Por el contrario, la obsidiana verde es más abundante en momentos tardíos, en las capas 2 y 1. Con respecto a esta variedad, procedente de la península de Brunswick y el

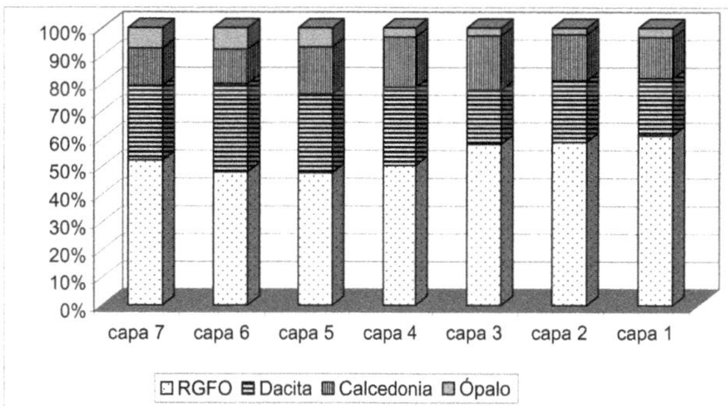

Figura 46.X: Tendencias temporales en la abundancia de las cuatro clases de materias primas líticas más utilizadas en la secuencia de la cuadrícula 12H de Cóndor 1

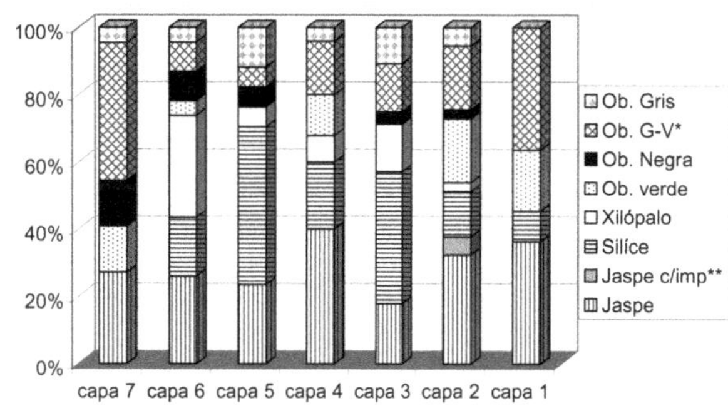

* *Obsidiana gris verdosa* ** *Jaspe con impurezas*

Figura 47.X: Tendencias temporales en la abundancia de las materias primas líticas de representación minoritaria en la secuencia de la cuadrícula 12H de Cóndor 1

seno de Otway, es oportuno señalar que entre los 4500 y 1500 años A.P no se encuentra presente en los sitios con ocupaciones canoeras (Morello, *et al.* 2004, San Román y Prieto 2004), por lo que se ha propuesto a modo de hipótesis que esta discontinuidad en la explotación de la obsidiana verde entre las poblaciones de adaptación marítima podría deberse a la migración de grupos canoeros del norte con una tradición cultural diferente a la de los grupos canoeros tempranos y tardíos, quienes desconocerían la fuente (San Román y Prieto op. cit.). En Cóndor 1, entre los 3440±70 (capa 7) y 1550±60 AP (capa 3) esta materia prima se encuentra representada entre los desechos de talla (ver tabla 145.X), lo cual plantea una serie de interrogantes que se desarrollan luego (ver apartado 5).

Si comparamos la diversidad de materias primas por BT, a partir del número de clases de roca estimado para diferentes tamaño de muestra a través de la rarefacción, la mayor riqueza se observa en el BT2 a pesar del tamaño de muestra más chico. El *test* t señala que las diferencias en la media son significativas estadísticamente (tabla 146.X)

Con respecto a la cuadrícula 4E, ya hemos señalado la presencia de dos fechados radiocarbónicos en la capa 4 (30-40 cm de profundidad) de 3100±701 AP y 1360±35 AP (a escasos centímetros de diferencia) y la remoción de la parte inferior de la secuencia por la acción de roedores. Por consiguiente para el análisis temporal sólo es pertinente considerar las capas superiores (3, 2 y 1), posteriores al *ca.* 1300 AP.

En la tabla 147.X presentamos la distribución de materias primas para cada una de estas capas, todas ellas correspondientes al BT2. Cabe señalar que aunque consideremos a la capa 4 como perteneciente al BT1, junto con las capas 5 y 6 (*n*=1322), la frecuencia de artefactos sigue siendo más elevada para el BT2 (*n*=1944), a pesar de que muchos de los artefactos de la capa 4 corresponden a este BT. Este patrón es inverso al registrado en la cuadrícula 12H, donde la mayor abundancia de artefactos corresponde al BT1.

	BT1	BT2	*Test*	
Media	9,85	10,76	t= -5,99	p= 0,0000
Varianza	2,44	2,87	F= 1,17	p= 0,22

Tabla 146.X: Comparación de la media y la varianza del número de clases de roca estimados por bloque temporal para Cóndor 1 (cuadrícula 12H)

		RGFO	Dacita	Calcedonia	Ópalo	Jaspe	Jaspe c/impurezas	Gabro	Xilópalo	Sílice	Ob. gris-verdosa	Ob. gris	Ob. verde	Indet.
Capa 1	N	227	57	66	6	0	3	1	0	0	5	4	0	0
n=369	%	61,52	4,07	4,88	1,63	0,00	0,81	0,27	0,00	0,00	1,36	1,08	0,00	0,00
Capa 2	N	374	98	112	4	2	1	1	1	7	7	2	1	2
n=612	%	61,11	16,01	18,30	0,65	0,33	0,16	0,16	0,16	1,14	1,14	0,33	0,16	0,33
Capa 3	N	662	178	107	7	0	4	0	1	2	2	0	0	0
n=963	%	68,74	18,48	11,11	0,73	0,00	0,42	0,00	0,10	0,21	0,21	0,00	0,00	0,00

Tabla 147.X: Frecuencias y porcentajes de artefactos por materia prima lítica y capa en la cuadrícula 4E de Cóndor 1 para el BT2

		Calcedonia	Dacita	RGFO	Sílice	Xilópalo	Jaspe	Obsidiana Negra	Ópalo	Total
BT1	N	7	6	9	1	1	1	1	0	26
	%	26,92	23,08	34,62	3,85	3,85	3,85	3,85	0	100
BT2	N	5	1	5	0	2	0	0	1	14
	%	35,71	7,14	35,71	0	14,286	0	0	7,14	100

Tabla 148.X: Abundancia de materias primas líticas en los núcleos de Cóndor 1 cuadrícula 12H por bloque temporal

Mientras las RGFO son las rocas más abundantes en las tres capas, con el porcentaje más elevado en la capa 3, la dacita solamente se ubica en segundo lugar de abundancia en esta capa, en tanto en las capas 2 y 1 la calcedonia es más numerosa. En esta última capa son grandes las diferencias en representatividad entre las RGFO y estas dos clases de materias primas, ya que mientras las primeras suman el 61,52% del total de artefactos, la calcedonia y la dacita representan menos del 5% cada una. El ópalo también es más abundante en la capa 1, seguido por la obsidiana gris verdosa y la gris. La variedad gris verdosa y el sílice son más frecuentes que el ópalo en la capa 2, ocupando el cuarto lugar de abundancia. Esta capa es la que presenta la mayor riqueza de materias primas y es en la única en la que se recuperó obsidiana verde y jaspe. En las capas 1 y 3, en las que esta roca no se encuentra representada, sí lo está la variedad con impurezas.

Con respecto a las clases artefactuales representadas en las diferentes materias primas y al grado de reducción que presentan, podemos señalar que en la cuadrícula 12H, para el BT1 (*ca.* 4000-2000 AP), se observa una mayor abundancia de núcleos en general (tabla 148.X), representados en una mayor diversidad de materias primas líticas, aunque esto último es un efecto del tamaño de la muestra (ver tabla 147.X *supra*). En el BT2 (últimos 2000 años), los porcentajes de RGFO y calcedonia se igualan y el tercer lugar en abundancia es ocupado por el xilópalo, posicionándose la dacita entre las materias primas minoritarias. Si bien la abundancia relativa de RGFO se mantiene prácticamente constante entre ambos BT, la calcedonia aumenta hacia el BT2 y la dacita disminuye.

Con respecto al grado de reducción en los núcleos, en el BT1 las materias primas representadas por un solo ejemplar son las que presentan la mayor intensidad de explotación, a saber, en primer lugar y por varios grados de magnitud de diferencia, la obsidiana negra con 47,6 e/mm^3, luego las rocas silíceas como el jaspe con 7,94 e/mm^3, el xilópalo con 3,89 e/mm^3 y la calcedonia, con un valor medio de 2,76 e/mm^3 (tabla 149.X). En el BT2 también son las rocas silíceas las que presentan la mayor densidad de extracciones: el ópalo en primer lugar con 8, 33 e/mm^3, seguido por la calcedonia y el xilópalo (tabla

150.X). En último lugar se ubica la dacita con una densidad muy baja (0,056 e/mm^3). Para estos momentos, la mayor parte de las materias primas muestran una menor intensidad de uso que en momentos previos, que es notable en el caso de las RGFO, en el cual se reduce a menos de la mitad. La única excepción la constituye la calcedonia cuyos valores de densidad aumentan. En la figura 48.X puede observarse la distribución de los valores de densidad por materia prima para los distintos BT.

El patrón se mantiene en la cuadrícula 4E, aunque en la misma para el BT2 (que es el único segmento temporal considerado para esta cuadrícula) solamente se encuentran representados núcleos en calcedonia (n=2) y RGFO (n=3). La densidad de extracciones sólo pudo calcularse en uno de los núcleos en calcedonia, dado que el otro se encuentra alterado térmicamente y la presencia de exfoliaciones dificulta la contabilización de las extracciones previas. El valor para esta roca es elevado y cercano a la media de la cuadrícula 12H, con 3,34 e/mm^3. La media para el conjunto de las RGFO es baja, como en la cuadrícula 12H, con 0,71 e/mm^3 (tabla 150.X).

La densidad de extracciones previas en los desechos de talla de la cuadrícula 12H muestra mayor variabilidad entre las materias primas por BT, aunque la mayoría

	Materia prima	N	Media	Mediana	Desvío estándar	Error estándar	Mínimo	Máximo	Rango
BT1	Calcedonia	7	2,76	2,70	1,13	0,43	1,21	4,85	3,64
	Dacita	6	0,91	1,01	0,69	0,28	0,04	1,56	1,52
	RGFO	9	1,52	1,33	1,08	0,36	0,24	3,82	3,57
BT2	Calcedonia	5	4,00	4,16	2,33	1,04	1,03	7,42	6,39
	RGFO	5	0,68	0,56	0,75	0,33	0,13	1,96	1,83
	Xilópalo	2	1,21	1,20	1,62	1,15	0,06	2,35	2,29

Tabla 149.X: Estadística descriptiva de la densidad de extracciones en los núcleos de Cóndor 1 cuadrícula 12H por materia prima lítica y bloque temporal

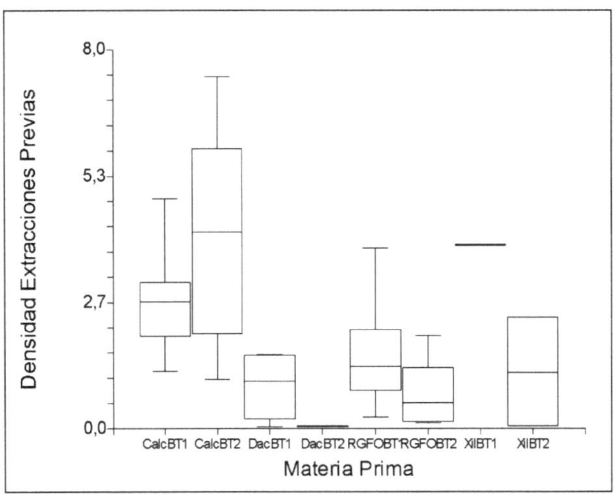

Figura 48.X: Gráfico de cajas de la densidad de extracciones en los núcleos de la cuadrícula 12H por materia prima entre bloques temporales

RGFO	N	Media	Mediana	Desvío estándar	Error estándar	Mínimo	Máximo	Rango
4E	3	0,71	0,67	0,08	0,05	0,64	0,80	0,16

Tabla 150.X: Estadística descriptiva de la densidad de extracciones en los núcleos en RGFO de Cóndor 1 cuadrícula 4E para el BT2

	Materia prima	N	Media	Mediana	Desvío estándar	Error estándar	Mínimo	Máximo	Rango
BT1	Obsidiana gris verdosa	16	9,86	10,00	4,81	1,20	0,89	17,50	16,61
	Obsidiana verde	5	7,40	5,55	6,49	2,90	2,42	18,75	16,33
	Ópalo	33	6,93	5,55	4,83	0,84	1,50	19,05	17,55
	Calcedonia	83	6,75	5,71	4,77	0,52	0,00	23,33	23,33
	Obsidiana negra	5	6,15	6,00	6,43	2,88	0,00	16,67	16,67
	Sílice	3	4,67	6,49	3,74	2,16	0,36	7,14	6,78
	RGFO	354	4,49	3,57	3,54	0,19	0,00	17,58	17,58
	Dacita	189	4,22	3,63	3,34	0,24	0,00	20,00	20,00
	Obsidiana gris	4	4,14	4,00	4,79	2,39	0,00	8,57	8,57
	Jaspe	4	3,24	3,05	2,32	1,16	0,62	6,25	5,63
	Xilópalo	3	1,76	1,56	1,01	0,58	0,86	2,86	2,00
BT2	Obsidiana gris - verdosa	15	12,34	8,33	15,52	4,01	1,78	66,67	64,89
	Obsidiana gris	5	7,19	5,00	5,81	2,60	1,96	16,00	14,04
	Sílice	3	7,19	6,92	3,80	2,19	3,53	11,11	7,58
	Obsidiana verde	9	5,95	4,68	3,52	1,17	2,14	12,50	10,36
	Calcedonia	63	5,71	5,33	3,41	0,43	0,00	17,14	17,14
	Ópalo	7	5,52	4,16	4,87	1,84	0,35	13,33	12,99
	RGFO	253	4,08	3,33	3,09	0,19	0,00	16,00	16,00
	Jaspe	2	3,57	3,57	1,68	1,19	2,38	4,76	2,38
	Dacita	90	3,50	2,89	2,68	0,28	0,00	15,00	15,00
	Jaspe con impurezas	2	2,72	2,71	0,30	0,22	2,50	2,93	0,43

Tabla 151.X: Estadística descriptiva de la densidad de extracciones previas en los desechos de talla por materia prima y bloque temporal en la cuadrícula 12

presenta un menor grado de reducción en el BT2, como sucede con gran parte de los núcleos (tabla 151.X). Esto es más notorio con respecto a las materias primas de disponibilidad regional (RFGO, dacita, calcedonia y ópalo), excepto el sílice que muestra una mayor densidad de extracciones en el BT2. Los desechos en calcedonia muestran una menor densidad de extracciones en el BT2, como la mayoría de las materias primas, aunque los núcleos presentaban un mayor grado de explotación. Con las obsidianas el panorama es algo distinto. La variedad gris verdosa veteada mantiene el primer lugar en ambos BT, pero presenta un mayor grado de reducción en el BT2. La obsidiana verde muestra el patrón contrario: mientras presentaba un alto grado de reducción en el BT1, ocupando el segundo lugar, pasa al cuarto en el BT2 y el segundo lugar es ocupado por la obsidiana gris, que anteriormente presentaba un grado de reducción bajo. Igualmente conocemos las restricciones en el análisis de esta variedad, debido a las diferencias macroscópicas que presenta. La obsidiana negra, representada por un solo desecho en el BT2 muestra un menor grado de reducción que en momentos previos. Entonces, mientras las variedades gris verdosa veteada y gris muestran una mayor explotación en el BT2, las obsidianas verde y negra son utilizadas menos intensivamente. Esto, que será discutido luego, puede encontrarse en relación con cambios en la forma de acceso y relaciones de intercambio con los otros grupos.

En la cuadrícula 4E las únicas variedades de obsidiana representadas para el BT2 son la gris verdosa veteada y la gris. Mientras la primera presenta una menor densidad de extracciones que en la cuadrícula 12H para este BT, mantiene una media similar a la de esta cuadrícula para el BT1. Por otro lado, la gris muestra un mayor grado de reducción que en esta última cuadrícula en ambos BT (tabla 152.X).

Con respecto al grado de reducción que presentan los instrumentos unifaciales, la proporción de filos y/o puntas formatizados y/o con rastros complementarios (FPFy/oRC) en la cuadrícula 12H, muestra valores más bajos en la media y la mediana de los instrumentos en dacita y RGFO para el BT2, lo cual apunta hacia una mayor intensidad de uso de los instrumentos manufacturados sobre estas materias primas en momentos previos. La calcedonia mantiene la misma proporción media en ambos BT, aunque la mediana es menor para el BT2 (tabla 153.X y figura 49.X).

La longitud residual de los instrumentos muestra un grado de reducción bastante similar entre bloques

Materia prima	N	Media	Mediana	Desvío estándar	Error estándar	Mínimo	Máximo	Rango
Obsidiana gris verdosa	14	9,44	4,82	10,38	2,77	1,54	37,50	35,96
Obsidiana gris	6	12,17	7,27	11,27	4,60	1,52	30,00	28,48

Tabla 152.X: Estadística descriptiva de la densidad de extracciones previas en los desechos de talla en obsidiana en la cuadrícula 4E

	Materia prima	N	Media	Mediana	Desvío estándar	Error estándar	Mínimo	Máximo	Rango
BT1	Calcedonia	5	0,47	0,50	0,19	0,09	0,25	0,75	0,50
	Dacita	17	0,41	0,33	0,21	0,05	0,20	0,80	0,60
	Ópalo	2	0,29	0,29	0,06	0,04	0,25	0,33	0,08
	RGFO	21	0,47	0,50	0,17	0,04	0,25	0,75	0,50
BT2	Calcedonia	14	0,47	0,41	0,22	0,06	0,25	0,75	0,50
	Dacita	12	0,34	0,25	0,12	0,04	0,20	0,50	0,30
	RGFO	11	0,36	0,25	0,15	0,05	0,25	0,67	0,42
	Sílice	3	0,42	0,50	0,14	0,08	0,25	0,50	0,25

Tabla 153.X: Estadística descriptiva de la proporción de filos y/o puntas formatizados por instrumento en las diferentes materias primas de la cuadrícula 12H de Cóndor 1 por bloque temporal

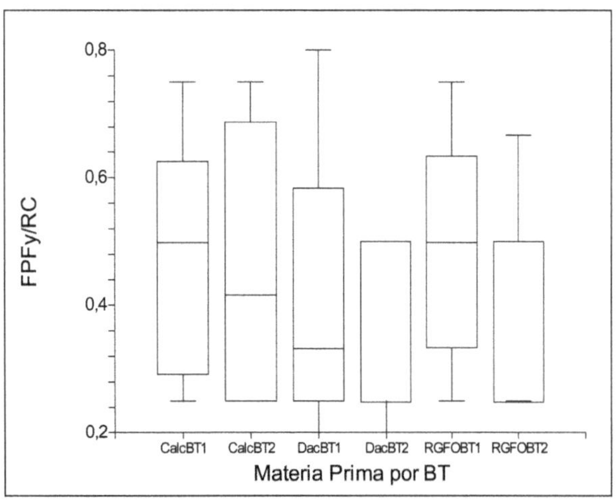

Figura 49.X: Gráfico de cajas de la proporción de filos y/o puntas formatizados por instrumento en RGFO, dacita y calcedonia de la cuadrícula 12H de Cóndor 1 por bloque temporal

temporales, al menos en los instrumentos en calcedonia y RGFO. Si bien las medias muestran algunas diferencias, las medianas son prácticamente las mismas. La dacita es la única materia prima que presenta una mayor diferencia en la longitud de descarte entre BT, siendo mayor en momentos tempranos, lo cual señala una menor intensidad de uso de esta roca para el BT1 (tabla 154.X y figura 50.X).

Los indicadores de desgaste de los filos muestran patrones opuestos entre los BT según de qué variable se trate. Mientras el ángulo de los filos y/o puntas formatizados en calcedonia y dacita muestra un mayor desgaste para el BT2, el índice geométrico no muestra prácticamente diferencias entre los BT para la calcedonia y señala una menor reducción para la dacita en el BT2. Asimismo, mientras el ángulo de desgaste es menor en las RGFO para el BT2, el índice geométrico es mayor (tablas 155 y 156.X y figuras 51 y 52.X). Por consiguiente el panorama no resulta claro sobre la base de estos indicadores.

	Materia prima	N	Media	Mediana	Desvío estándar	Error estándar	Mínimo	Máximo	Rango
BT1	Calcedonia	4	20,50	20,75	3,24	1,62	16,50	24,00	7,50
	Dacita	12	38,69	38,50	12,52	3,62	20,00	60,00	40,00
	RGFO	15	35,64	30,00	15,96	4,12	19,00	73,00	54,00
BT2	Calcedonia	9	22,17	21,00	7,08	2,36	12,00	37,67	25,67
	Dacita	7	34,86	31,00	16,45	6,22	19,00	70,00	51,00
	RGFO	5	29,80	30,00	5,72	2,56	22,00	37,00	15,00
	Sílice	2	18,25	18,25	4,60	3,25	15,00	21,50	6,50

Tabla 154.X: Estadística descriptiva de la longitud residual de los instrumentos de la cuadrícula 12H de Cóndor 1 por materia prima y bloque temporal

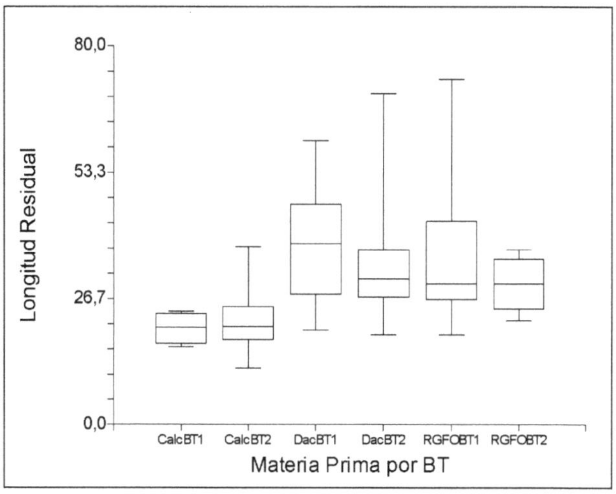

Figura 50.X: Gráfico de cajas de la proporción de la longitud residual de instrumento en RGFO, dacita y calcedonia de la cuadrícula 12H de Cóndor 1 por bloque temporal

	Materia prima	N	Media	Mediana	Desvío estándar	Error estándar	Mínimo	Máximo	Rango
BT1	Calcedonia	5	23,00	20,00	16,81	7,52	5,00	50,00	45,00
	Dacita	18	29,58	35,00	14,31	3,37	0,00	55,00	55,00
	Ópalo	2	20,00	20,00	21,21	15,00	5,00	35,00	30,00
	RGFO	20	30,95	20,00	12,40	2,77	10,00	55,00	45,00
BT2	Calcedonia	13	27,24	30,00	11,85	3,29	7,50	50,00	42,50
	Dacita	11	31,06	31,66	12,21	3,68	5,00	50,00	45,00
	RGFO	11	28,18	22,50	12,95	3,90	15,00	50,00	35,00
	Sílice	3	18,33	15,00	20,21	11,67	0,00	40,00	40,00

Tabla 155.X: Estadística descriptiva del ángulo de desgaste de los instrumentos de la cuadrícula 12H de Cóndor 1 por materia prima y bloque temporal

	Materia prima	N	Media	Mediana	Desvío estándar	Error estándar	Mínimo	Máximo	Rango
BT1	Calcedonia	5	0,69	0,66	0,23	0,10	0,39	1,00	0,61
	Dacita	13	0,61	0,63	0,26	0,07	0,15	1,00	0,85
	Ópalo	2	0,80	0,80	0,00	0,00	0,80	0,80	0,00
	RGFO	19	0,71	0,77	0,24	0,06	0,24	1,00	0,76
BT2	Calcedonia	12	0,70	0,68	0,23	0,07	0,29	1,00	0,71
	Dacita	12	0,55	0,52	0,25	0,07	0,22	1,00	0,78
	RGFO	11	0,74	0,80	0,27	0,08	0,29	1,00	0,71
	Sílice	3	0,61	0,58	0,30	0,17	0,33	0,92	0,59

Tabla 156.X: Estadística descriptiva del indice geométrico de reducción en los instrumentos de la cuadrícula 12H de Cóndor 1 por materia prima y bloque temporal

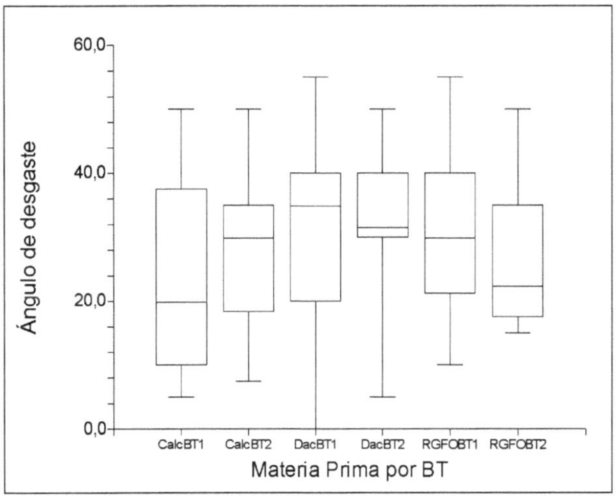

Figura 51.X: Gráfico de cajas del ángulo de desgaste de los instrumentos en RGFO, dacita y calcedonia de la cuadrícula 12H de Cóndor 1 por bloque temporal

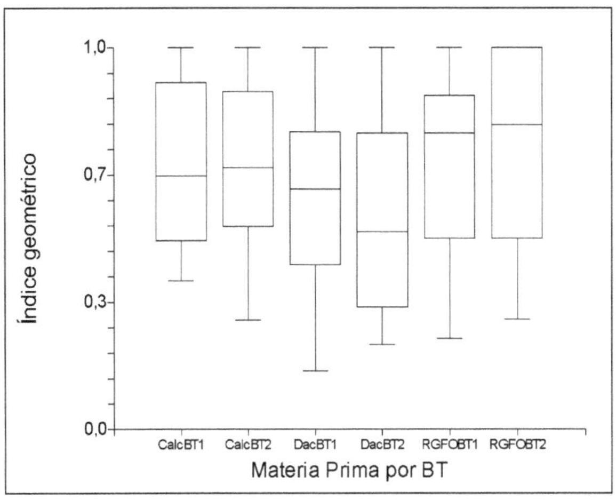

Figura 52.X: Gráfico de cajas del índice geométrico de los instrumentos en RGFO, dacita y calcedonia de la cuadrícula 12H de Cóndor 1 por bloque temporal

Los instrumentos de la cuadrícula 4E, que corresponden al BT2, muestran en la mayoría de las variables consideradas un menor grado de reducción para la calcedonia, la dacita y las RGFO con respecto a la cuadrícula 12H para el mismo BT y con respecto a momentos previos (tablas 157-160.X). El ópalo, que en esta cuadrícula se encuentra representado entre los instrumentos, muestra una mayor proporción de FPFy/oRC en relación con el BT1 de la cuadrícula 12H, el ángulo de desgaste se mantiene similar y el índice geométrico muestra un menor grado de reducción que en los instrumentos del BT1 (tablas 157-160.X). No fue posible medir la longitud residual ya que ambos ejemplares se encuentran fragmentados.

En síntesis, dado que se registran diferencias en el grado de reducción que presentan las materias primas representadas en los instrumentos unifaciales entre cuadrículas y según el tipo de indicador considerado, intentamos resumir las tendencias entre bloques temporales a través de una tabla (tabla 161.X). En la misma se indica si se registra más (+), menos (-) o no hay diferencias entre los bloques temporales en el grado de reducción de los instrumentos por materia prima, para cada una de las variables consideradas. Así, observamos

	Materia prima	N	Media	Mediana	Desvío estándar	Error estándar	Mínimo	Máximo	Rango
Cuadríc. 4E BT2	Calcedonia	3	0,25	0,25	0,00	0,00	0,25	0,25	0,00
	Dacita	19	0,42	0,33	0,21	0,05	0,20	0,80	0,60
	Ópalo	5	0,55	0,50	0,27	0,12	0,25	1,00	0,75
	RGFO	25	0,47	0,33	0,27	0,05	0,17	1,00	0,83

Tabla 157.X: Estadística descriptiva de la proporción de filos y/o puntas formatizados por instrumento en las diferentes materias primas de la cuadrícula 4E de Cóndor 1 para el bloque temporal 2

	Materia prima	N	Media	Mediana	Desvío estándar	Error estándar	Mínimo	Máximo	Rango
Cuadríc. 4E BT2	Calcedonia	3	16,33	13,00	7,57	4,37	11,00	25,00	14,00
	Dacita	16	25,50	25,00	10,35	2,59	10,00	50,00	40,00
	Ópalo	5	21,20	20,00	14,31	6,40	10,00	45,00	35,00
	RGFO	21	25,48	25,00	13,35	2,91	5,00	50,00	45,00

Tabla 158.X: Estadística descriptiva del ángulo de desgate de los instrumentos de la cuadrícula 4E de Cóndor 1 por materia prima para el bloque temporal 2

	Materia prima	N	Media	Mediana	Desvío estándar	Error estándar	Mínimo	Máximo	Rango
Cuadríc. 4E BT2	Calcedonia	3	0,75	0,83	0,13	0,08	0,60	0,83	0,23
	Dacita	18	0,52	0,45	0,23	0,06	0,22	1,00	0,78
	Ópalo	5	0,71	0,73	0,09	0,04	0,58	0,83	0,25
	RGFO	25	0,65	0,70	0,21	0,04	0,20	1,00	0,80

Tabla 159.X: Estadística descriptiva del índice geométrico de los instrumentos de la cuadrícula 4E de Cóndor 1 por materia prima para el bloque temporal 2

	Materia prima	N	Media	Mediana	Desvío estándar	Error estándar	Mínimo	Máximo	Rango
Cuadr. 4E BT2	Dacita	13	44,40	45,00	14,40	3,99	22,00	80,00	58,00
	Ópalo	4	21,50	23,00	4,81	2,41	14,50	25,50	11,00
	RGFO	16	35,51	33,50	7,98	2,00	25,00	56,00	31,00

Tabla 160.X: Estadística descriptiva de la longitud residual de los instrumentos de la cuadrícula 4E de Cóndor 1 por materia prima para el bloque temporal 2

Variable	Cuadrícula	Calcedonia BT1	Calcedonia BT2	Dacita BT1	Dacita BT2	RGFO BT1	RGFO BT2
FPFy/oRC	12H	sin diferencias			-		-
	4E		-	sin diferencias		sin diferencias	
Longitud	12H		-	+		+	
Residual	4E		-		-		-
Ángulo	12H	+		+			-
Desgaste	4E		-		-		-
Índice	12H	sin diferencias			-	sin diferencias	
Geométrico	4E	+			-		-

Tabla 161.X: Síntesis de las tendencias en el grado de reducción de los instrumentos unifaciales por materia prima según los bloques temporales en Cóndor 1

que en las tres clases de materias primas principalmente explotadas durante el Holoceno tardío se registra un menor grado de reducción para el BT2, es decir, en los últimos 2000 años.

4.b.2 Alero Norte 3

La mayoría de los artefactos (72,89% *n*=78) recuperados en Norte 3 corresponden al lapso entre *ca.* 2000-1000 años AP (figura 53.X). Las evidencias artefactuales para momentos tempranos del Holoceno tardío (BT1) se restringen a un cuchillo de filo retocado en dacita y una lasca angular en RGFO.

Con respecto a la distribución de las materias primas por capa, la calcedonia tiene las mayores frecuencias entre los 55-65 cm de profundidad, la dacita alcanza la moda en los 60-65 cm y las RGFO son más abundantes entre los 50-60 cm y en los 65-70 cm (tabla 162.X y figura 54.X).

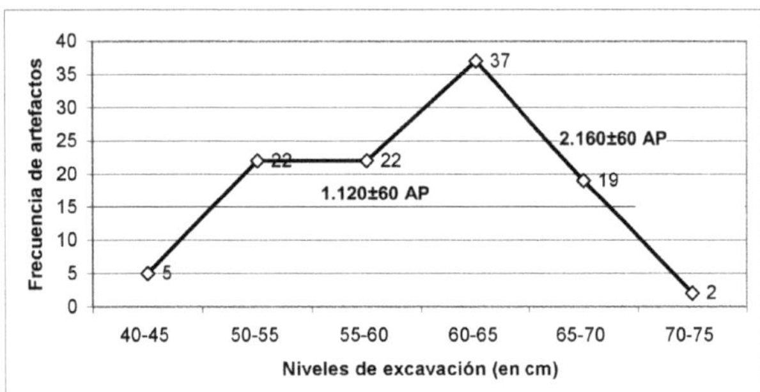

Figura 53.X: Frecuencia de artefactos por nivel de excavación en Norte 3

Nivel de excavación	Calcedonia	Dacita	Jaspe con impurezas	RGFO	Sílice	Vulcanita indet	Total
40-45 cm	0	1	0	4	0	0	5
50-55 cm	2	5	1	14	0	0	22
55-60 cm	4	4	0	14	0	0	22
60-65 cm	3	25	0	8	1	0	37
65-70 cm	1	6	0	11	0	1	19
70-75 cm	0	1	0	1	0	0	2
Total	10	42	1	52	1	1	107

Tabla 162.X: Frecuencia de materias primas por nivel de excavación en Norte 3

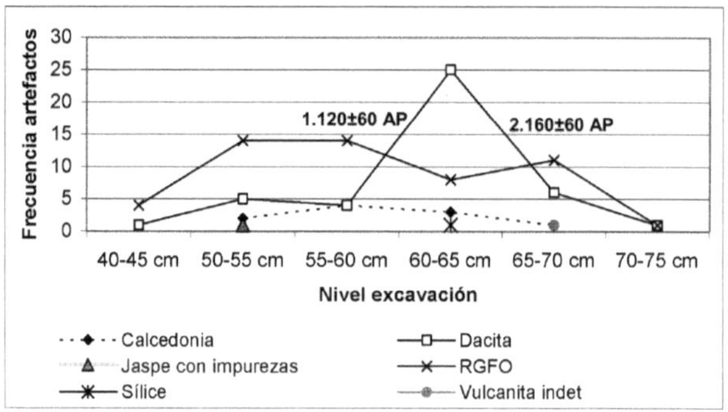

Figura 54.X: Frecuencia de materias primas por nivel de excavación en Norte 3

Materia prima	N	Media	Mediana	Desvío estándar	Error estándar	Mínimo	Máximo	Rango
Calcedonia	9	6,32	5,55	4,46	1,49	0,97	12,96	12,00
Dacita	37	4,09	3,00	3,74	0,61	0,00	15,56	15,56
RGFO	48	5,11	4,30	4,21	0,61	0,00	20,00	20,00

Tabla 163.X: Estadística descriptiva de la densidad de extracciones previas en los desechos de talla de Norte 3 para el BT2

	Materia prima	FPFy/oRC	Longitud residual (en mm)	Ángulo desgaste (en grados)	Índice reducción
BT1	Dacita	0,2	49	60	0,14
BT2	Jaspe con impurezas	0,75	26,5	55	1
	RGFO	0,2	31	nc	nc

Tabla 164.X: Indicadores de reducción en los instrumentos unifaciales de Norte 3 por materia prima y bloque temporal

El único núcleo recuperado en este alero corresponde al BT2 (40-45 cm). Es en RGFO y presenta una densidad de 0,43 e/mm^3. La estadística descriptiva de la densidad de extracciones previas en los desechos de talla para este BT se muestra en la tabla 163.X. El desecho recuperado en el primer nivel de excavación que presenta evidencias culturales (70-75 cm), correspondiente al BT1, es en RGFO y tiene una densidad de 1,08 e/mm^2.

Como queda en evidencia a partir de la tabla 163, todas las materias primas líticas representadas en los desechos de talla para el BT2 presentan una mayor densidad de extracciones que la lasca del BT1.

El grado de reducción de los instrumentos unifaciales no es comparable a escala de sitio, ya que se trata tan solo de tres artefactos, cada uno de ellos manufacturado en una materia prima diferente, uno para el BT1 y dos para el BT2. Algunos de los indicadores de reducción del filo no pudieron ser medidos en el instrumento en RGFO del BT2 dado que es un filo natural con rastros complementarios. En la tabla 164.X se presentan los valores en bruto para cada uno de estos instrumentos.

4.b.3 Alero Norte 2

Este alero muestra las primeras evidencias de ocupación a los 2070±80 AP, por lo cual la totalidad de los artefactos recuperados corresponden al BT2.

Materia prima	FPFy/oRC	Longitud residual (en mm)	Ángulo desgaste (en grados)	Índice reducción
Calcedonia	0,25	19	40	1
RGFO	0,31	19,25	18	0,65

Tabla 165.X: Indicadores de reducción en los instrumentos unifaciales de Norte 2 por materia prima

Materia prima	N	Media	Mediana	Desvío estándar	Error estándar	Mínimo	Máximo	Rango
Calcedonia	40	5,08	4,00	3,36	0,53	0,00	16,67	16,67
Dacita	115	3,01	2,38	2,63	0,25	0,00	12,00	12,00
RGFO	240	4,58	3,70	3,66	0,24	0,00	22,22	22,22
Ópalo	6	7,01	5,98	5,21	2,13	1,48	15,58	14,10
Sílice	4	3,89	3,56	2,97	1,48	0,64	7,79	7,15
Diabasa	3	1,25	1,00	0,88	0,51	0,53	2,22	1,70
Jaspe	2	1,85	1,85	1,01	0,71	1,14	2,56	1,43

Tabla 166.X: Estadística descriptiva de la densidad de extracciones previas en los desechos de talla de Norte 2 para el BT2

El 98,33% (*n*=412) de los mismos son desechos de talla. Sólo se registra un núcleo poliédrico en calcedonia con 3,89 e/mm^3 y seis artefactos de formatización unifacial, uno en calcedonia y cinco en RGFO, cuyos valores en los indicadores de reducción se presentan en la tabla 165.X. Los valores son en bruto para el primer caso y corresponden a la media aritmética para el segundo.

En los desechos de talla se encuentra representada una mayor variedad de materias primas líticas. La mayor abundancia se encuentra en las RGFO, con un 57,29%, seguidas por la dacita, con 27,45%. En tercer lugar está la calcedonia, con 9,55%. El ópalo representa un 1,43% de los desechos de talla y tipos de roca como el sílice, el jaspe, la diabasa y rocas indeterminadas constituyen menos del 1% cada uno. La frecuencia de materias primas y la estadística descriptiva de la densidad de extracciones previas se muestran en la tabla 166.X, pero como en el caso previo, no es posible realizar una comparación a escala de sitio de las diferencias y semejanzas en la utilización de las rocas en los lapsos diferenciados, dado que las ocupaciones en estos aleros se restringen mayoritariamente a los últimos 2000 años.

4.c SECTOR MERIDIONAL

4.c.1 Orejas de Burro 1

La mayor parte de la evidencia en OB1 corresponde a momentos tempranos del Holoceno tardío, *ca.* 3500 años AP, de acuerdo con los fechados radiocarbónicos efectuados tanto en el área de cuadrículas como en el sondeo 1, a pesar de tratarse de conjuntos independientes. A estos momentos corresponde el entierro múltiple registrado en las cuadrículas 2 a 4 (ver capítuloVI), adonde se recuperaron 99 artefactos para el BT1. La mayoría de los mismos (*n*=70) procede de la unidad estratigráfica X, que corresponde al material de relleno del entierro (Barberena 2007). El resto de los artefactos (*n*=29) se recuperaron en asociación con el entierro, perteneciendo a la unidad estratigráfica XI. En el capítulo VI hemos señalado la penecontemporaneidad de ambas unidades, las cuales presentan fechados indistinguibles a nivel estadístico (ver tabla 133.X). El análisis estratigráfico y los aspectos contextuales del entierro permiten defender que se trata de un único evento de depositación de los individuos inhumados y de la matriz sedimentaria que los contiene. Por consiguiente, en una escala arqueológica, este contexto puede ser considerado como sincrónico, representando una depositación simultánea (Barberena op. cit.). Por otro lado, en el sondeo 1, el total de artefactos para dicho lapso es de 93.

Para momentos tardíos (post 1700 años AP), en el área de cuadrículas sólo se recuperaron dos artefactos tallados, correspondientes a desechos de talla. En el sondeo 1, el 94% (*n*=65) de los artefactos para este BT también son desechos de talla. Las otras dos piezas recuperadas en el sondeo 1 para este BT son un raspador en calcedonia y un núcleo bipolar en RGFO. Así, la mayor abundancia de artefactos en este sitio pertenece al BT1 (tabla 167.X).

Si bien se observa una mayor riqueza de materias primas representadas en ambos contextos para momentos más tempranos (tabla 168.X), con un total de 13 clases de rocas en el BT1 *vs.* siete en el BT2, comparamos el número de clases de rocas estimado por BT a través de la rarefacción debido a las diferencias en el tamaño de las muestras que fueron señaladas anteriormente (tabla 169.X). Así, ni el *test* F ni el *test* t ofrecen diferencias significativas en la varianza y la media entre ambos conjuntos (tabla 170.X).

	Núcleos		Desechos de talla		Artefactos formatizados y/o con rastros complementarios		Litos modificados por uso		
	Sondeo 1	Cuadríc.	Sondeo 1	Cuadríc.	Sondeo 1	Cuadríc.	Sondeo 1	Cuadríc.	Total
BT1	0	5	89	81	4	11	0	2	192
BT2	1	0	65	2	1	0	0	0	69
Total	1	5	154	83	5	11	0	2	261

Tabla 167.X: Frecuencia de artefactos en el sondeo 1 y en las cuadrículas de OB1 por clase artefactual y bloque temporal

	Dacita		RGFO		Calcedonia		Ópalo		Diabasa	
	Sondeo	Cuadríc	Sondeo	Cuadríc	Sondeo	Cuadríc	Sondeo	Cuadríc	Sondeo	Cuadríc
BT1 (n=192)	56	59	33	20	0	8	2	1	1	0
BT2 (n=69)	27	2	15	1	19	0	3	0	0	0
Total	83	61	48	21	19	8	5	1	1	0

	Filita		Jaspe		Obsidiana verde		Sedimentita indet		Vulcanita indet	
	Sondeo	Cuadríc	Sondeo	Cuadríc	Sondeo	Cuadríc	Sondeo	Cuadríc	Sondeo	Cuadríc
BT1 (n=192)	0	2	0	0	0	0	1	0	0	1
BT2 (n=69)	1	0	1	0	1	0	0	0	0	0
Total	1	1	1	0	1	0	1	0	0	1

	Cuarcita		Gabro		Pórfiro dacítico		Xilópalo		Sílice	
	Sondeo	Cuadríc	Sondeo	Cuadríc	Sondeo	Cuadríc	Sondeo	Cuadríc	Sondeo	Cuadríc
BT1 (n=192)	0	1	0	1	0	3	0	1	0	1
BT2 (n=69)	0	0	0	0	0	0	0	0	0	0
Total	0	1	0	1	0	3	0	1	0	1

Tabla 168.X: Frecuencia de artefactos por materia prima y bloque temporal en el sondeo 1 y en las cuadrículas de OB1

	BT1		BT2	
N	Nº clases	Desv. Estánd.	Nº clases	Desv. Estánd.
10	3,09	0,92	3,71	0,78
20	4,09	1,15	4,50	0,89
30	4,95	1,29	5,11	0,92
40	5,71	1,37	5,64	0,88
50	6,40	1,42	6,12	0,78
60	7,04	1,45	6,57	0,60
70	7,64	1,46	7,00	0,00
80	8,20	1,46		
90	8,72	1,44		
100	9,22	1,42		
110	9,70	1,38		
120	10,16	1,33		
130	10,60	1,27		
140	11,02	1,19		
150	11,43	1,09		
160	11,83	0,97		
170	12,22	0,82		
180	12,59	0,61		
190	12,96	0,19		

Tabla 169.X: Nº de clases de roca estimado por bloque temporal para diferentes tamaños de muestra en OB1 (análisis de rarefacción)

	BT1	BT2
Media	5,56	5,52
Varianza	2,65	1,36
Test F	1,95	p=0,43
Test t	0,05	p=0,95

Tabla 170.X: Resultados de los tests F y t en la comparación del Nº de clases de rocas estimado por BT para OB1

Si bien en el BT1 dos clases de materias primas son indeterminadas, las mismas corresponden a una roca sedimentaria entre los desechos de talla del sondeo 1 y a una roca volcánica en las cuadrículas, pero que se diferencian del resto de las materias primas registradas, por lo cual se consideraron como dos tipos diferentes de roca. A pesar de que las diferencias no sean significativas estadísticamente, cabe señalar la presencia de una lasca de arista en obsidiana verde en el sondeo 1 para el BT2. De acuerdo con las evidencias a escala regional, esto se encontraría en relación con una mayor circulación de esta roca para momentos finales del Holoceno tardío (Ver apartado 5 en este capítulo).

Por otro lado, sobre la base de las diferencias en las clases artefactuales representadas en el sondeo 1 y cuadrículas para los distintos BT, solamente se registra la presencia de núcleos para el BT1 en el área de cuadrículas, en la unidad estratigráfica X, que corresponde al relleno de la fosa del entierro (n=5). En la tabla 171.X se presentan los valores en bruto de densidad para aquellos núcleos representados por una sola pieza y la media aritmética para las RGFO.

Los núcleos en dacita y RGFO presentan un grado de reducción bajo en comparación con las rocas silíceas,

Materia prima	Densidad (e/mm^3)
Dacita (n=1)	0,05
RGFO (n=2)	0,18
Calcedonia (n=1)	2,43
Ópalo (n=1)	12,65

Tabla 171.X: Densidad de extracciones previas en los núcleos recuperados en las cuadrículas de OB1 para el BT1

especialmente el ópalo que se destaca en los valores de densidad.

El único núcleo recuperado para el BT2 es en RGFO y corresponde al sondeo 1, con una densidad de 0,77 e/mm^3, mayor a la registrada para momentos previos sobre esta materia prima, pero igualmente baja.

La densidad de extracciones en los desechos de talla del sondeo 1, en las materias primas comparables entre BT, no muestran grandes diferencias, excepto el ópalo, que presenta la media y la mediana más elevada para el BT2 (tabla 172.X y figura 55.X). La densidad de extracciones en los desechos en dacita y RGFO muestra variabilidad, con una mayor dispersión en la dacita para el BT2 y en las RGFO para el BT1.

En la tabla 173.X se muestran los valores de densidad para aquellas materias primas representadas por un solo ejemplar por BT.

	Materia prima	N	Media	Mediana	Desvío estándar	Error estándar	Mínimo	Máximo	Rango
BT1	Dacita	50	2,27	2,22	1,41	0,20	0,00	6,06	6,06
	Ópalo	2	3,03	3,03	0,42	0,30	2,73	3,33	0,60
	RGFO	28	4,80	2,90	4,65	0,88	0,63	22,86	22,23
BT2	Calcedonia	15	5,37	6,67	4,09	1,06	0,00	12,31	12,31
	Dacita	24	2,43	1,77	2,21	0,45	0,13	8,33	8,20
	RGFO	11	3,31	3,33	2,07	0,62	0,22	6,67	6,45
	Ópalo	2	8,67	8,66	1,21	0,86	7,81	9,52	1,71

Tabla 172.X: Estadística descriptiva de la densidad de extracciones previas en los desechos de talla del sondeo 1 de OB1 por materia prima y bloque temporal

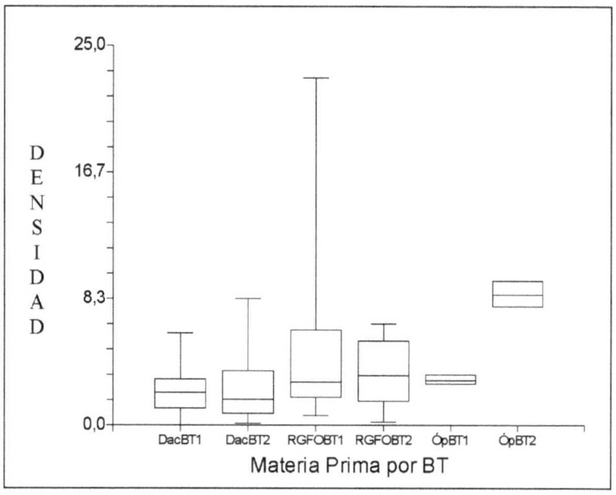

Figura 55.X: Gráfico de cajas de la densidad de extracciones previas en los desechos de talla del sondeo 1 de OB1 por materia prima y bloque temporal

	Materia prima	Densidad
BT1	Diabasa	0,25
	Sedimentita	1,3
BT2	Filita	1,63
	Jaspe	5,77
	Obsidiana verde	0,59

Tabla 173.X: Densidad de extracciones previas en los desechos de talla del sondeo 1 de OB1 representados por una sola pieza por BT

En las cuadrículas es difícil comparar el grado de reducción de los desechos de talla entre BT, ya que para el lapso de fines del Holoceno tardío (BT2) sólo se recuperaron dos lascas en este contexto, con una densidad de extracciones previas de 0,38 en la dacita y de 0,67 en las RGFO. En la tabla 174.X se presenta la estadística descriptiva para el BT1.

En la tabla 175.X se muestran los valores de densidad para aquellas materias primas representadas por una sola pieza para el BT1.

El grado de reducción de las únicas lascas en dacita y RGFO registradas para el BT2 es menor que aquella que presentan para el BT1 (figura 56.X). Asimismo, la reducción de estas rocas en las cuadrículas en el BT1 es menor que en el sondeo 1. En general, en el sondeo 1 los desechos de talla muestran una mayor intensidad de explotación que en las cuadrículas para ambos BT.

Con respecto a los instrumentos unifaciales, la comparación entre BT también resulta difícil de realizar, ya que en las cuadrículas no se han recuperado instrumentos para el BT2 y en el sondeo 1 tan sólo uno. Por consiguiente la comparación se focaliza en los instrumentos en RGFO y dacita de las cuadrículas y el sondeo 1 para el BT1, ya que las restantes materias primas se encuentran representadas solamente en las cuadrículas, que es el contexto que arroja el número más elevado de artefactos formatizados. Los instrumentos en RGFO presentan los mismos valores en la proporción de FPFy/oRc y el ángulo de desgaste en las cuadrículas y el sondeo 1, en tanto que el índice geométrico y la longitud residual indican un mayor grado de reducción para los instrumentos de las cuadrículas (tabla 176.X). En las dacitas, la mayoría de las variables (longitud, ángulo e índice geométrico) indican una intensidad de uso más elevada para los instrumentos de las cuadrículas.

Con respecto al BT2, el único instrumento recuperado en el sondeo 1, está manufacturado en calcedonia, presenta una proporción de 0,5 FPFy/oRC, una longitud de 22 mm, un ángulo de desgaste de 50° y un índice geométrico de 0,9.

	Materia prima	N	Media	Mediana	Desvío estándar	Error estándar	Mínimo	Máximo	Rango
BT1	Calcedonia	6	4,99	1,38	6,38	2,61	0,21	15,00	14,79
	Dacita	46	1,98	1,06	2,28	0,34	0,00	12,50	12,50
	RGFO	16	3,30	2,06	2,78	0,69	0,25	8,33	8,08

Tabla 174.X: Estadística descriptiva de la densidad de extracciones previas en los desechos de talla de las cuadrículas de OB1 por materia prima para el BT1

Materia prima	Densidad
Cuarcita	0,98
Gabro	0,24
Pórfiro dacítico	0
Xilópalo	1,5
Vulcanita	0,28

Tabla 175.X: Densidad de extracciones previas en los desechos de talla de las cuadrículas de OB1 representados por una sola pieza para el BT1

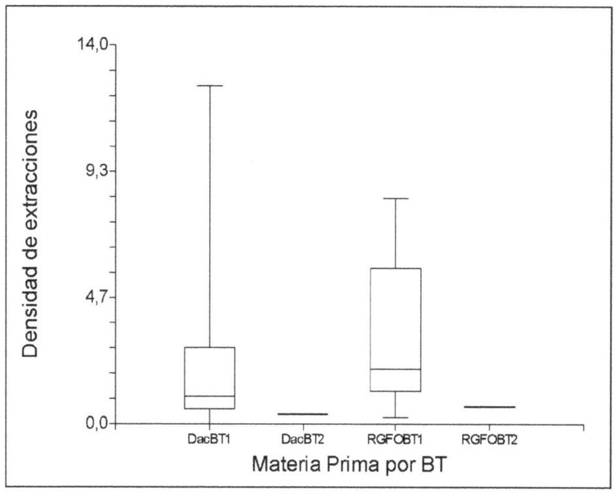

Figura 56.X: Gráfico de cajas de la densidad de extracciones previas en los desechos de talla de las cuadrículas de OB1 por materia prima y bloque temporal (para el BT2 son valores en bruto de una sóla pieza)

	Cuadrículas			
Materia prima	FPFy/oRC	Longitud residual	Ángulo desgaste	Índice geométrico
Calcedonia	0,25	29	25	1
RGFO	0,25	24,5	20	0,6
Sílice	0,5	26	53	0,7
Dacita	0,4	39	32	0,5
Pórfiro dacítico	0,25	103	15	0,9
	Sondeo 1			
Materia prima	FPFy/oRC	Longitud residual	Ángulo desgaste	Índice geométrico
Calcedonia	-	-	-	-
RGFO	0,25	35,25	20	0,2
Sílice	-	-	-	-
Dacita	0,55	54,25	25	0,4
Pórfiro dacítico	-	-	-	-

Tabla 176.X: Indicadores de reducción en los instrumentos unifaciales de las cuadrículas y el sondeo 1 de OB1 para el BT1

Debido a las características particulares de OB1, la evidencia lítica es escasa con respecto a otras líneas de evidencia, pero podemos sostener que la mayor intensidad de uso de la cueva, en general, y de los artefactos líticos, en particular, corresponde a comienzos del Holoceno tardío (*ca.* 3500 años AP). En relación con las materias primas líticas, no se observan diferencias notables en la explotación de las mismas por BT, excepto en el caso del ópalo, que muestra una diferencia significativa en el grado de reducción para el BT2, además de ser siempre más elevada con respecto a las otras materias primas representadas.

4.d Una síntesis de las tendencias temporales en la explotación de las materias primas líticas de disponibilidad regional

A lo largo del Holoceno tardío, podemos señalar algunas tendencias relacionadas con el uso de los distintos espacios del CVPA como así también con la intensidad de explotación de las materias primas líticas. Asimismo, es posible señalar algunas diferencias en el uso del espacio intrasitio en el caso de Cóndor 1.

Del mismo modo que lo hicimos en el análisis espacial de los conjuntos estratigráficos, comparamos la densidad de artefactos por bloque temporal en los sitios considerados (tabla 177.X). En el caso de Cóndor 1 cuadrícula 4E sólo se considera la densidad de artefactos para el BT2 por los factores ya señalados, la cual es un número mínimo dado que una cantidad no estimada de artefactos de la capa 4 corresponden a este BT. La potencia de las diferentes capas de Las Buitreras 1 se estimó a partir de la figura 1 de Sanguinetti de Bórmida (1976), como en el análisis espacial. Dado que en esta cueva las excavaciones siguieron técnicas microestratigráficas por capas naturales (Sanguinetti de Bórmida 1976), en el perfil norte de la cuadrícula 1 que se muestra en la figura 1 se observan diferencias en la potencia de las capas a lo largo de su extensión horizontal. Sin embargo, para evitar la subrepresentación de estas muestras se consideró la profundidad mínima comprendida por las capas correspondientes a cada BT. Asimismo, se estimó la densidad considerando diferentes tamaños de área como se hizo previamente.

La mayor densidad de artefactos durante el Holoceno tardío entre los sitios considerados se registra en la cuadrícula 12H de Cóndor 1 para el BT1, es decir, a comienzos del Holoceno tardío (entre 4000-2000 años atrás). La mayor intensidad de ocupación en este sitio también se mantiene para el BT2, cuando se comienza a registrar un uso más frecuente de los aleros localizados en las cercanías, como Norte 2 y 3.

En OB1, el área de cuadrículas, adonde se recuperó el entierro múltiple con una edad de *ca.* 3500 AP, también presenta la mayor densidad de artefactos para comienzos del Holoceno tardío, que es más elevada que la registrada en Las Buitreras 1 para ambos BT -a pesar de tratarse de un contexto de entierro-, excepto en el caso que se considere el área de una sola cuadrícula para este último sitio. La densidad de artefactos en el sondeo 1 de OB1 se mantiene relativamente constante en ambos BT.

En Las Buitreras 1, la densidad de artefactos presenta valores más elevados para el BT2, aunque siguen siendo bajos en relación con otros sitios, aún cuando se trata de aleros, como Norte 2 y 3, localizados en el sector central del CVPA. Así, puede observarse que las áreas al sur del río Chico presentan una mayor intensidad de uso durante todo el Holoceno, pero particularmente desde momentos tempranos. Estas tendencias se graficaron en las figuras 57 y 58.X, en la primera en base a los valores de densidad en bruto y en la segunda transformados a logaritmo natural para resaltar las diferencias en los sitios con un tamaño de muestra menor al de Cóndor 1, que es el que se destaca en la figura 57, por ser el que presenta un tamaño de muestra que se diferencia en miles de artefactos de los otros sitios.

	Sitio	N artefactos	Área de excavación (m²)	Profundidad excavación (m)	Volumen excavado (m³)	Densidad Artefactos (por m³)
BT1	Cóndor 1 12H	3848	1	0,4	0,4	**9620**
	OB1 Sondeo 1	93	0,25	0,57	0,14	652,63
	OB1 Cuadríc.	99	1,5	0,52	0,78	**126,92**
	Norte 3	2	1	0,05	0,05	40
	Las Buitreras 1	81	55	0,05	2,75	29,45
			42		2,1	38,57
			36		1,8	45
			6		0,3	270
BT2	Cóndor 1 12H	2324	1	0,3	0,3	7746,67
	Cóndor 1 4E	1944	1	0,3	0,3	6480
	OB1 Sondeo 1	67	0,25	0,4	0,1	**670**
	OB1 Cuadríc.	3	1,5	0,38	0,57	5,26
	Norte 2	419	0,25	0,45	0,1125	3724,44
	Norte 3	105	1	0,25	0,25	**420**
	Las Buitreras 1	590	55	0,15	8,25	**71,52**
			42		6,3	**93,65**
			36		5,4	**109,26**
			6		0,9	**655,56**

Tabla 177.X: Densidad de artefactos por bloque temporal

Con respecto a las materias primas líticas, para momentos tempranos de la secuencia en la cuadrícula 12H de Cóndor 1, se registra la mayor intensidad de uso de los artefactos manufacturados en RGFO, dacita y calcedonia, que son las tres clases de rocas más utilizadas a lo largo de todo el Holoceno tardío. El caso de las obsidianas se discute luego (ver apartado siguiente). La cuadrícula 4E presenta un panorama diferente a éste, con una mayor frecuencia de artefactos para el BT2, pero con una menor reducción de las RGFO, dacita y calcedonia, tanto en comparación con la cuadrícula 12H para ese mismo BT, como en relación con momentos previos. Por consiguiente, en Cóndor 1, en ambas cuadrículas, las materias primas líticas presentan un menor grado de explotación en los últimos 2000 años, a pesar de las diferencias en la abundancia relativa entre BT.

En Las Buitreras 1 la mayor reducción de las materias primas se registra para fines del Holoceno tardío. En este sitio, mientras las RGFO y la dacita muestran una mayor explotación en el BT2, la calcedonia y el ópalo son

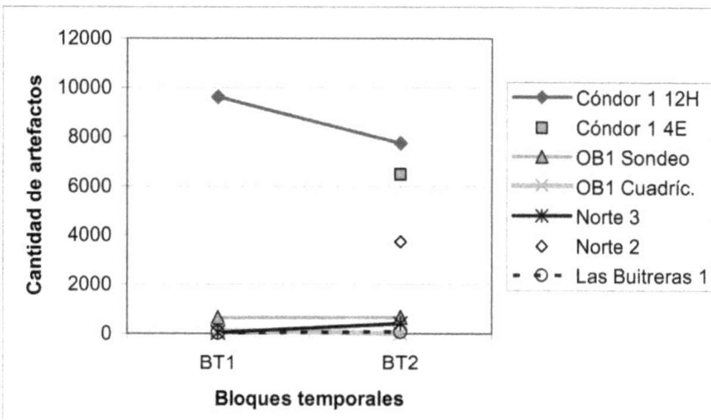

Figura 57.X: Densidad de artefactos en los sitios estratigráficos comparados por bloque temporal (valores en bruto)

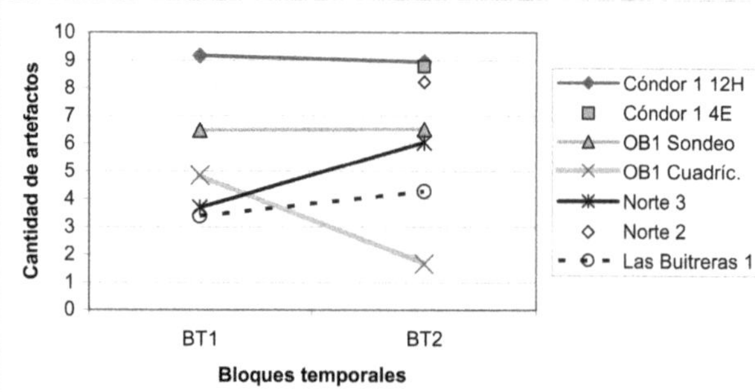

Figura 58.X: Densidad de artefactos en los sitios estratigráficos comparados por bloque temporal (valores transformados a logaritmo natural)

utilizadas más intensivamente en el BT1. En Cóndor 1 (12H), el ópalo también es más explotado para estos momentos. Excepto en este caso, en ambos sitios se registra un patrón opuesto en la abundancia relativa en que son utilizadas las diferentes materias primas durante el Holoceno tardío. Mientras en Las Buitreras 1 la dacita es más abundante al principio y al final de la secuencia (en las capas IV y I, respectivamente), en Cóndor 1 para esos momentos son más abundantes las RGFO (en la capa 7 y 1, respectivamente). Cuando en este último sitio se registra un decrecimiento en la explotación de las RGFO y aumenta la dacita, Las Buitreras ofrece la situación inversa. Estas tendencias se grafican en las figuras 59 y 60.X comparando los porcentajes de RGFO, dacita y calcedonia por bloque temporal entre ambos sitios. Estos patrones se discuten luego en relación con los rangos de acción de las poblaciones y el uso del espacio del CVPA para el Holoceno tardío (ver capítulo XI).

En el capítulo VIII hemos desarrollado una serie de expectativas en relación con los cambios paleoambientales para fines del Holoceno tardío. De acuerdo con el incremento de la aridez en Patagonia meridional para estos momentos, esperamos un aumento en la oferta de rocas en las fuentes potenciales de aprovisionamiento y, como consecuencia de ello, planteamos como expectativa una menor intensidad de explotación de las materias primas líticas a causa de su mayor disponibilidad, sobre todo en las RGFO que probablemente se encontrarían disponibles en mayor abundancia en las lagunas del interfluvio Gallegos-Chico gracias a la disminución en el nivel de las aguas como así también a la sequía de muchas de ellas. Al respecto, la utilización de las materias primas líticas en Cóndor 1 se ajusta bastante bien a los patrones esperados, ya que en ambas cuadrículas la mayoría de las materias primas de disponibilidad regional representadas en núcleos, desechos de talla e instrumentos muestran una menor intensidad de explotación que en los momentos más tempranos de la secuencia. Esto es más notorio en el caso de las RGFO que para el BT2 son más abundantes en la cuadrícula 12H y la densidad de extracciones previas en los núcleos se reduce a menos de la mitad que la registrada en momentos previos, lo cual muestra que los núcleos están siendo descartados aún con utilidad potencial. Los escasos núcleos recuperados en la cuadrícula 4E para este BT, muestran una media similar a la de la cuadrícula 12H y por ende baja, en comparación con los momentos más tempranos (figura 61.X). En ambas cuadrículas, el mayor porcentaje de RGFO a lo largo de la secuencia se registra en la capa 1, con un 58,9% en la cuadrícula 12H y un 61,52% en la 4E, lo que indica una mayor explotación de estas rocas para momentos finales del Holoceno tardío, en concordancia con su mayor disponibilidad. En síntesis, las RGFO se usan en mayor abundancia y son descartadas con un menor grado de reducción en comparación con momentos previos.

Si bien para OB1 también hemos sugerido una mayor intensidad de uso para el BT1, la evidencia lítica para el BT2 es muy escasa para realizar una comparación robusta. Por su parte, Las Buitreras 1 ofrece al patrón contrario, con una mayor explotación de las materias primas para el BT2, lo cual no se ajusta a las expectativas propuestas. Se grafica esta tendencia a partir de los núcleos dado que son los artefactos más indicativos al respecto (figura 62.X).

Consideramos que estas diferencias en la explotación de las materias primas por BT entre los sitios, especialmente Cóndor 1 y Las Buitreras 1, responden a las distintas formas de uso del espacio entre sectores del CVPA, como

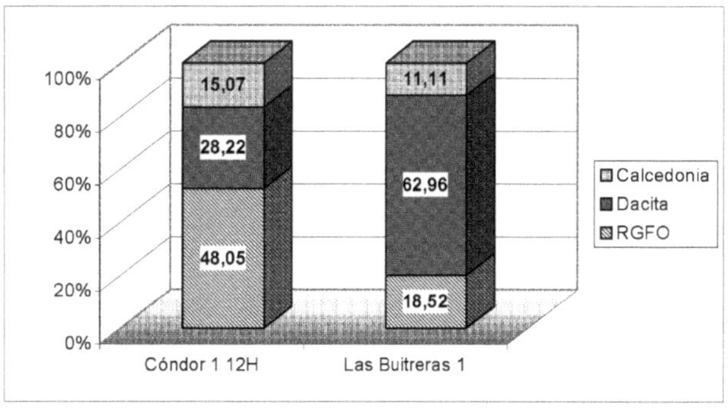

Figura 59.X: Abundancia relativa en la utilización de las RGFO, dacita y calcedonia para el bloque temporal 1 en Cóndor 1 (12H) y Las Buitreras 1

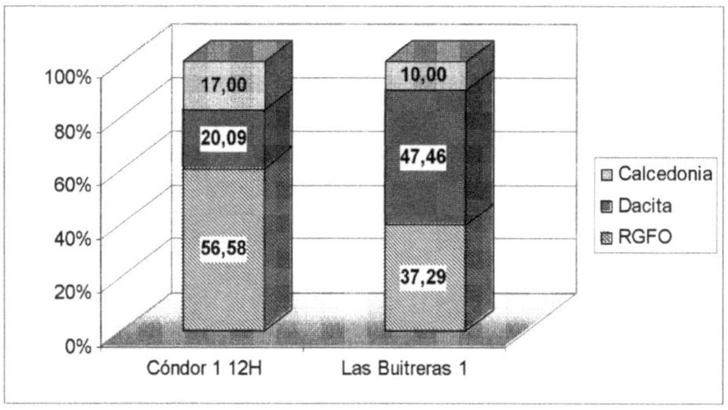

Figura 60.X: Abundancia relativa en la utilización de las RGFO, dacita y calcedonia para el bloque temporal 2 en Cóndor 1 (12H) y Las Buitreras 1

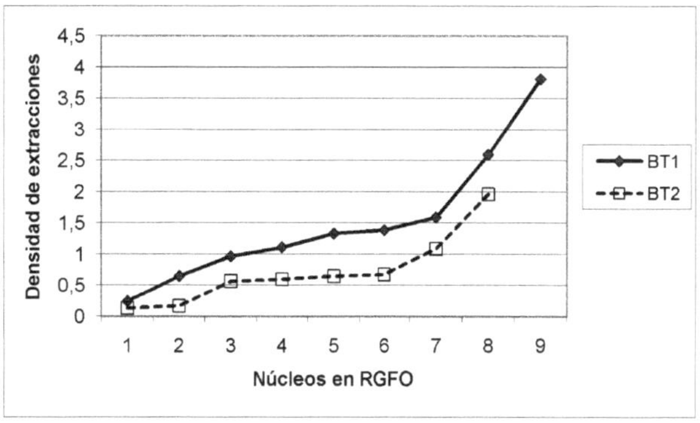

Figura 61.X: Densidad de extracciones en los núcleos en RGFO de las cuadrículas 12H y 4E de Cóndor 1 por bloque temporal

han sido señaladas anteriormente, más que a las diferencias esperadas en la oferta de rocas. Este aspecto incide sobre los patrones esperados en tanto los mismos se formularon considerando al CVPA como un todo homogéneo y por consiguiente, las variaciones relacionadas con los distintos modos de uso del espacio no fueron consideradas. De todas formas, si comparamos la reducción de la totalidad de núcleos en RGFO (sin establecer diferencias espaciales) entre BT, se observa la tendencia esperada, con una media, mediana y máximo en la densidad de extracciones previas más elevados para el BT1 (tabla 178.X y figura 63.X), pero el ANOVA no indica diferencias significativas estadísticamente (tabla 179.X). Para realizar dicho análisis los datos fueron transformados a logaritmo natural.

El mismo patrón se mantiene en los núcleos en dacita (tablas 180 y 181.X). La calcedonia, que como hemos señalado en el capítulo VII puede ser obtenida tanto en fuentes primarias (rellenos de vesículas volcánicas y de matrices sedimentarias) como secundarias de aprovisionamiento, ofrece el patrón opuesto en la intensidad de uso, siendo mayor para el BT2, pero la tendencia sigue sin ser significativa estadísticamente (tabla 182 y 183.X). Esto no incide sobre los patrones esperados en tanto las expectativas se desarrollaron en relación con las materias primas disponibles en los depósitos secundarios, que fueron los afectados por las variaciones paleoclimáticas que señalamos (ver capítulo VIII), y dado que la calcedonia puede ser obtenida en fuentes primarias escapa a nuestras estimaciones.

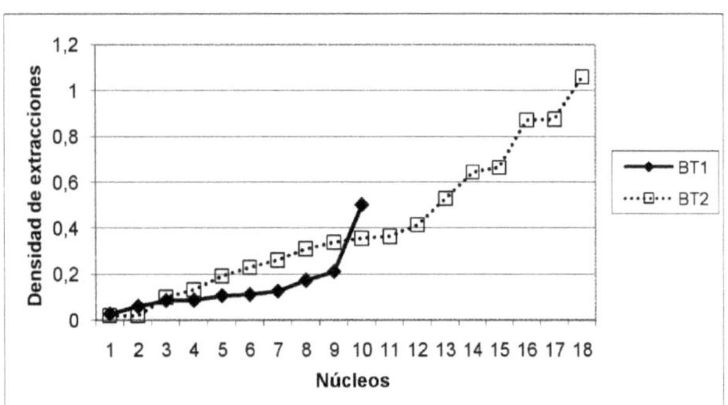

Figura 62.X: Densidad de extracciones en los núcleos de Las Buitreras 1 por bloque temporal

Bloque temporal	N	Media	Mediana	Desvío estándar	Error estándar	Mínimo	Máximo	Rango
1	13	1,14	0,96	1,07	0,30	0,13	3,82	3,68
2	19	0,66	0,64	0,42	0,10	0,13	1,96	1,83

Tabla 178.X: Estadística descriptiva de la densidad de extracciones previas en los núcleos en RGFO del CVPA por bloque temporal

Source Term	DF	Sum of Squares	Mean Square	F-Ratio	Prob Level	Power
A: Bloque_temporal	1	0,71	0,71	1,01	0,32	0,16
S(A)	30	21,18	0,71			
Total (Adjusted)	31	21,89				
Total	32					

Tabla 179.X: Resultados del ANOVA sobre de la densidad de extracciones previas en los núcleos en RGFO del CVPA por bloque temporal

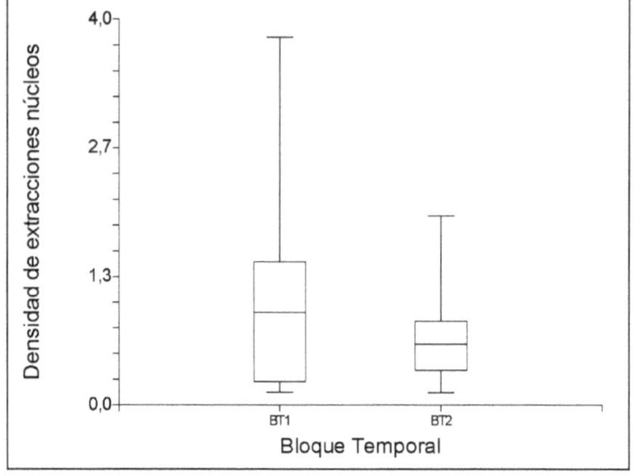

Figura 63.X: Gráfico de cajas de la densidad de extracciones previas en los núcleos en RGFO del CVPA por bloque temporal

Bloque temporal	N	Media	Mediana	Desvío estándar	Error estándar	Mínimo	Máximo	Rango
1	15	0,42	0,11	0,59	0,15	0,03	1,56	1,53
2	7	0,23	0,19	0,16	0,06	0,06	0,53	0,47

Tabla 180.X: Estadística descriptiva de la densidad de extracciones previas en los núcleos en dacita del CVPA por bloque temporal

Source Term	DF	Sum of Squares	Mean Square	F-Ratio	Prob Level	Power
A: BT	1	0,17	0,17	0,68	0,42	0,12
S(A)	20	4,96	0,25			
Total (Adjusted)	21	5,13				
Total	22					

Tabla 181.X: Resultados del ANOVA sobre de la densidad de extracciones previas en los núcleos en dacita del CVPA por bloque temporal

Bloque temporal	N	Media	Mediana	Desvío estándar	Error estándar	Mínimo	Máximo	Rango
1	8	2,72	2,58	1,06	0,37	1,21	4,85	3,64
2	7	3,46	3,89	2,35	0,89	0,36	7,42	7,07

Tabla 182.X: Estadística descriptiva de la densidad de extracciones previas en los núcleos en calcedonia del CVPA por bloque temporal

Source Term	DF	Sum of Squares	Mean Square	F-Ratio	Prob Level	Power
A: BT	1	2,07	2,07	0,66	0,43	0,12
S(A)	13	40,82	3,14			
Total (Adjusted)	14	42,89				
Total	15					

Tabla 183.X: Resultados del ANOVA sobre de la densidad de extracciones previas en los núcleos en calcedonia del CVPA por bloque temporal

5. La circulación de las materias primas no-locales durante el Holoceno tardío: las obsidianas

Cóndor 1 (cuadrícula 12H) es el único sitio de los que cuentan con fechados radiocarbónicos en el que encontramos representadas todas las variedades de obsidiana (verde, gris verdosa, negra y gris) desde las primeras ocupaciones, datadas en 3440±70 años AP. En toda la secuencia de esta cuadrícula las obsidianas se presentan como desechos de talla, a excepción de un núcleo poliédrico en obsidiana negra de la capa 6, correspondiente al BT1. En OB1 y Las Buitreras 1, que también presentan ocupaciones humanas para momentos tempranos del Holoceno tardío, los escasos desechos de obsidiana que fueron recuperados corresponden al BT2. Se trata de una lasca de arista en obsidiana verde de la capa 2 en el primero y una lasca angular en obsidiana negra de la capa III en el segundo.

Con respecto a Cóndor 1 (cuadrícula 12H), ya hemos señalado la presencia de obsidiana verde en el lapso en el que no se encuentra presente en los archipiélagos chilenos, a saber 4500-1500 AP (Morello *et al.* 2004, San Román y Prieto 2004), lo cual plantea interrogantes con respecto a su forma de obtención. Esta roca se presenta bajo la forma de desechos de talla, cuya clasificación según la tipología de Aschero (1975, 1983), estado de conservación (siguiendo a Hiscock 2002), porcentaje de corteza y diámetro máximo por capa se presentan en la tabla 184.X.

Al respecto, es importante evaluar los antecedentes brindados por otros trabajos. Las referencias biliográficas publicadas en las que se indica la presencia de esta variedad de obsidiana en sitios del CVPA y de la costa del estrecho de Magallanes con ocupaciones de cazadores-recolectores terrestres durante este lapso no son del todo claras. En la mayoria de los casos no se especifica de qué variedad de obsidiana se trata, ni su relación con los fechados radiocarbónicos del sitio, por lo cual nos vemos en la dificultad de evaluar este patrón en una escala regional de análisis.

Por ejemplo, en la laguna Thomas Gould, Massone (1989-90) señala la presencia de una punta tipo Bird IV en obsidiana (?) en la trinchera 1, Unidad III, con un fechado de 4560±130 AP. En el alero Pali Aike 2 también se indica la presencia de obsidiana (?) en el nivel 3, asignado al perído IV de Bird, con los siguientes fechados radiocarbónicos 1990±120 AP, 1840±120 AP, 1700±100 AP, 1140±55 y 900±45 AP (estos dos últimos fuera del rango temporal de nuestro interés) (Massone e

Nº de Capa	Tipo de lasca	Estado de conservación	% corteza	Diámetro máximo (en mm)
1	indiferenciada	proximal	0	10
1	angular	entero	0	20
2	angular	distal	5	10
2	indiferenciada	long prox der*	60	10
2	indiferenciada	long dis der**	0	5
2	indiferenciada	long izq***	5	10
2	arista	mesial	0	10
2	indiferenciada	proximal	0	10
2	angular	indiferenciado	0	5
4	reactivación inversa	entero	0	10
4	reactivación directa	entero	0	10
4	indiferenciada	indiferenciado	0	5
6	angular	proximal	0	15
7	adelgazamiento bifacial	mesial	0	10
7	angular	proximal	0	10
7	indiferenciada	mesial	0	10

* *longitudinal proximal derecho* ***longitudinal distal derecho* ****longitudinal izquierdo*

Tabla 184.X: Desechos de talla en obsidiana verde de la cuadrícula 12H de Cóndor 1

Hidalgo 1982). En la costa nororiental del estrecho de Magallanes se menciona la presencia de un 0,3 % de obsidiana (?) en Punta Dungeness 2, con un fechado de 1590±110 AP y un 0,9% en San Gregorio 2, con 2830±150 AP (Massone 1979). Si bien la información de primera mano publicada sobre estos sitios no hace referencia al color de la obsidiana de estos artefactos, Morello *et al.* (2004) mencionan a estos sitios en su listado de sitios arqueológicos de Patagonia meridional donde se encuentra presente la obsidiana verde, por lo cual asumimos que se trata de la misma aunque no podemos sostener su asociación directa con los fechados radiocarbónicos, por lo cual nuestro interrogante en cuanto a la circulación de esta materia prima durante ese lapso continua sin respuesta.

Por el contrario, en otros sitios se señala explícitamente su ausencia para este lapso, como en los casos de Fell, Pali Aike 1 y Cañadón La Leona (Stern 2000a y b). Por otro lado, los trabajos previos en la cuenca del río Chico señalan la presencia de obsidiana verde en las cuevas 2 y 4 de El Volcán, esta última con un fechado de 3600±100 AP para las ocupaciones iniciales (capa 4. *Cf.* Sanguinetti de Bórmida 1984, Nami 1984). Si bien en los trabajos publicados no encontramos referencias directas sobre la ubicación en capa de estos hallazgos, posiblemente se correspondan con el lapso considerado. Si nos basamos en las referencias de Nami (1984) sobre la presencia de microlascas de obsidiana verde en El Volcán 4 (sin referirse a la presencia de otras variedades de obsidiana entre los desechos de talla) y la mención de Sanguinetti de Bórmida (1984:11) de "una pequeña lasca de obsidiana" en la capa 4 de la cuadrícula B2 de esta cueva, podemos asumir que se trata de obsidiana verde y que se encontraría presente desde las primeras ocupaciones del sitio. Asimismo, Nami y coautores señalan la presencia de obsidiana verde en Don Ariel, pero debido a los mismos motivos que anteriormente, no contamos con una referencia más específica sobre la ubicación temporal de estos hallazgos, presentando esta cueva ocupaciones que se extienden entre los 6930±190 - 100±50 AP (Nami 1995 y 1999b, Vásquez *et al.* 2001). Para Las Buitreras 1, cuyos materiales hemos reanalizado para esta tesis, esta variedad de obsidiana no ha sido registrada y en las referencias bibliográficas tampoco se encuentra mención sobre la presencia de la misma (Sanguinetti de Bórmida 1976, Yacobaccio 1979). Por consiguiente, la distribución de esta roca en los sitios continentales en el rango temporal señalado, podría pensarse como restringida a la cuenca del río Chico y el área meridional al mismo, aunque todos estos postulados se mantienen a modo de hipótesis frente a la falta de mayores evidencias. Sin embargo, el registro de Cóndor 1 estimula a pensar en dos posibilidades: un cambio en el rango de acción de las poblaciones y por consiguiente en las estrategias de aprovisionamiento implementadas para la obtención de esta roca durante este lapso o la reutilización de artefactos en obsidiana verde disponibles en sitios del CVPA con ocupaciones más tempranas, como cueva Fell, cueva Pali Aike y Cañadón La Leona (Bird 1988). Si bien en los artefactos de obsidiana verde de Cóndor 1 no se observan diferencias de pátina (pero debemos tener en cuenta el tamaño pequeño de los mismos), sostenemos a modo de hipótesis la reclamación (*sensu* Schiffer 1987) de esta roca. Al respecto, Stern (2000a y b) señala la presencia de artefactos en obsidiana verde en el período Bird III (8500-6500 AP. *Cf.* también Morello *et al.* 2004). La reutilización de artefactos de momentos más tempranos ha sido señalada por algunos investigadores, especialmente en relación con la manufactura de las puntas de proyectil (Prieto 1989-90, Massone e Hidalgo 1981). Morello *et al.* (2004) plantean específicamente la posibilidad de la reclamación de la obsidiana verde por los cazadores-recolectores terrestres como una forma de aprovisionamiento.

En la cuadrícula 12H de Cóndor 1, para estos momentos tempranos del Holoceno tardío, la obsidiana verde se encuentra representada en menor abundancia que para momentos finales (0,18% para el BT1 *vs.* 0,38% para el BT2) y los desechos de talla presentan un mayor grado de reducción (tabla 185.X). Cabe señalar que el número total de lascas para el BT1 es de siete, pero en la tabla 179 se consideran sólo cinco, por la presencia de dos lascas de reactivación de instrumento en la capa 4, las cuales no son consideradas en el cálculo de la densidad de extracciones previas por los motivos ya señalados (ver capítulo IV). Más allá de la media y la mediana más elevadas en la densidad de extracciones para el BT1, la presencia de estas lascas también constituye un indicador del mantenimiento y economía de esta materia prima para momentos tempranos.

En la cuadrícula 4E, correspondiente al BT2, no se registran desechos en obsidiana verde, sino un fragmento de pedúnculo en la capa 2. Asimismo, hacia el norte del CVPA, en La Carlota 1, cuyas ocupaciones pertenecen a este BT (posteriores al *ca.* 1000 AP), se ha recuperado un cabezal bifacial y un raspador sobre esta roca. La media y la mediana en la densidad de extracciones previas que presentan los desechos de talla en obsidiana verde en esta cueva son inferiores a los valores registrados en Cóndor 1 para momentos previos (comienzos del Holoceno tardío) (tabla 186.X).

Cabe señalar la presencia de una lasca de flanco de núcleo en la cuadrícula 2 de La Carlota, lo cual sugiere la circulación de núcleos. En la tabla 187.X se presenta la frecuencia y tipos de lascas recuperados en La Carlota 1 por cuadrícula para el BT2.

La única lasca en obsidiana verde recuperada en OB1 sondeo 1 para el BT2 también presenta una menor densidad de extracciones (0,59 e/mm^2) en comparación con momentos más tempranos.

Por otro lado, en Cerro Don Bosco, en el Alero 41 se recuperaron numerosos desechos en esta materia prima, que es la única variedad de obsidiana presente. Si bien este sitio no posee fechados radiocarbónicos, podemos asumir que corresponde a los últimos 2000 años, de acuerdo con las dataciones que presentan aleros cercanos, como Norte 2 y 3. La media y la mediana en la densidad de extracciones también es inferior en este sitio que la registrada en Cóndor 1 para el BT1 (tabla 188.X).

En la 189.X se presenta la distribución de frecuencias por tipo de desecho de talla. Al respecto, nos interesa señalar la presencia de una lasca de adelgazamiento bifacial, lo cual señala la manufactura de cabezales bifaciales en el CVPA.

Estas diferencias en la abundancia, clases artefactuales representadas y grado de reducción de los artefactos en obsidiana verde en los distintos momentos del Holoceno tardío nos inclinan a pensar en dos aspectos relacionados con la forma de obtención de esta materia prima: 1. en distintas estrategias de aprovisionamiento para comienzos y finales del Holoceno tardio y 2. en la obtención o acceso a la obsidiana bajo distintos soportes en los respectivos momentos.

La menor abundancia de esta roca, la mayor densidad de extracciones en los desechos de talla y la presencia de lascas de reactivación de instrumento en la cuadrícula 12H de Cóndor 1 para el BT1, sugieren una economia de

	N	Media	Mediana	Desvío estándar	Error estándar	Mínimo	Máximo	Rango
BT1	5	7,4	5,55	6,49	2,9	2,42	18,75	16,33
BT2	9	5,95	4,68	3,52	1,17	2,14	12,5	10,36

Tabla 185.X: Estadística descriptiva de la densidad de extracciones previas en las lascas de obsidiana verde de la cuadríucla 12H de Cóndor 1 por bloque temporal

N	Media	Mediana	Desvío estándar	Error estándar	Mínimo	Máximo	Rango
14	2,13	1,95	1,25	0,34	0,25	4,55	4,30

Tabla 186.X: Estadística descriptiva de la densidad de extracciones previas en las lascas de obsidiana verde de La Carlota 1

	DESECHOS DE TALLA						
	Lasca angular	Lasca arista	Lasca flanco	Lascas plana	Lasca indif.	Desecho indif.	Total
cuadrícula 2	6	1	1	0	3	2	13
cuadrícula 3	3	0	0	1	0	2	6

Tabla 187.X: Frecuencia de desechos de talla en obsidiana verde en las cuadrículas de La Carlota 1

N	Media	Mediana	Desvío estándar	Error estándar	Mínimo	Máximo	Rango
10	4,29	3,66	2,55	0,81	1,33	8,57	7,24

Tabla 188.X: Estadística descriptiva de la densidad de extracciones previas en las lascas de obsidiana verde del Alero 41

Lasca angular	Lasca arista	Lasca adelgazamiento bifacial	Lasca bipolar	Lasca indif.	Desecho indif.	Total
5	1	1	1	2	1	11

Tabla 189.X: Frecuencia de desechos de talla en obsidiana verde en el Alero 41

materia prima que puede ser el resultado tanto de la reclamación de artefactos manufacturados en esta roca de sitios con ocupaciones más tempranas, como de un cambio en las estrategias de uso del espacio que implicarian la obtención de esta roca por otros medios que los señalados para momentos más tempranos (previos al *ca.* 4500 AP) y más tardíos (posteriores al *ca.* 1500 AP) del Holoceno (*cf.* Morello *et al.* 2004). Ambas alternativas se mantienen a modo de hipótesis, pero nos inclinamos por la primera de ellas.

Para los últimos 2000 años se registra una mayor circulación de esta roca, que alcanza el sector septentrional del CVPA, y una explotación menos intensiva de la misma para estos momentos, lo cual puede encontrarse en relación con un acceso más fácil a su obtención, a través del contacto con otros grupos, como señalan las evidencias a escala regional. En este sentido, estamos pensando en una mayor frecuencia de los contactos y/o en la obtención de esta roca en soportes con una mayor utilidad potencial. Consideramos que la mayor diversidad de clases artefactuales registradas para estos momentos (cabezales bifaciales y un raspador, además de los desechos de talla) y la menor intensidad de uso que muestran los desechos de talla en todos los sitios con ocupaciones tardías podrían ser entendidas en el marco de un intercambio de núcleos. Al respecto cabe volver a señalar la presencia de una lasca de reactivación de núcleo en La Carlota 1. La presencia de corteza en los artefactos, que constituiría un indicador en este sentido, no ofrece un panorama del todo claro, pero es pertinente señalar la presencia de tres lascas con corteza (sobre 10, con porcentajes de un 5% dos de ellas y la tercera con un 60%) para el BT2 en Cóndor 1, mientras para el BT1 ninguna de los desechos (n=6) tiene corteza; un 20% de corteza en la lasca de arista de OB1 sondeo 1 del BT2; un 5% de corteza en un desecho de La Carlota 1 (sobre 19) y la ausencia de corteza en todos los desechos del Alero 41 (n=11).

Con respecto a la obsidiana gris verdosa veteada, que es la variedad más frecuente en el CVPA, entre los contextos más tempranos del Holoceno tardío solamente ha sido recuperada en Cóndor 1 (12H) y en menor abundancia que para el BT2 (0,41% en BT1 *vs.* 0,64% en BT2). Esta roca se presenta bajo la forma de desechos de talla en toda la secuencia. Asimismo, en los conjuntos de la cuadrícula 4E y en La Carlota 1, correspondientes al BT2, también se presenta sólo como desechos. Si bien la media de la densidad de extracciones previas es más elevada para el BT2 en la cuadrícula 12H de Cóndor 1, como así también los valores mínimos y máximos, el desvío estándar es grande, lo que sugiere variabilidad en el grado de reducción. De hecho, si comparamos la distribución de frecuencias de las densidades en los diferentes sitios en los que esta roca se encuentra representada, segmentando los conjuntos por BT, se observa que la densidad entre ambos BT para la cuadrícula 12H es muy similar, salvo que en el BT2 hay una lasca con un valor muy elevado (66 e/mm^2), lo cual incide sobre la media (figura 64.X).

El conjunto de la cuadrícula 4E para el BT2 tiene una media similar al de la cuadrícula 12H para el BT1 (9,20 e/mm^2 *vs.* 9,86 e/mm^2), aunque en general la mayoría de los desechos de talla muestran un menor grado de reducción, a excepción de unos pocos ejemplares (n=4.). La muestra de La Carlota 1 (para el BT2) es la que presenta el menor grado de reducción con respecto a los otros conjuntos (tabla 190.X). Por consiguiente, si bien no es posible señalar grandes diferencias entre BT, al menos la cuadrícula 4E de Cóndor 1 y el conjunto de La Carlota 1 parecen mostrar un menor grado de reducción para momentos finales del Holoceno tardío.

Los artefactos en obsidiana gris verdosa con corteza son escasos en todos los contextos para los diferentes BT, siendo nulos en La Carlota 1 (tabla 191.X).

En relación con las clases de lascas que se encuentran representadas sobre esta materia prima, la mayoría son lascas internas en tamaños entre 5-20 mm^2. Nos interesa señalar la presencia de una lasca secundaria para el BT1 en Cóndor 1 12H y de una lasca de adelgazamiento bifacial y otra de reactivación de instrumento en La Carlota 1 para el BT2.

Las características señaladas en la explotación de esta roca no resultan del todo claras para definir la forma de

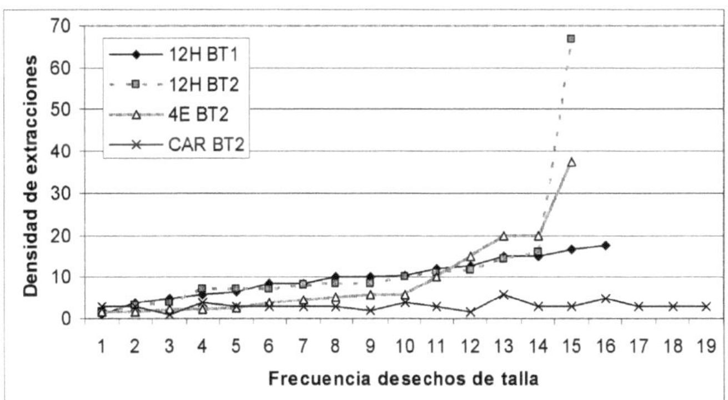

Figura 64.X: Densidad de extracciones previas en los desechos de talla en obsidiana gris verdosa por sitio arqueológico y bloque temporal

Sitio/BT	N	Media	Mediana	Desvío estándar	Error estándar	Mínimo	Máximo	Rango
Cóndor 1 12H BT1	16	9,86	10,00	4,81	1,20	0,89	17,50	16,61
Cóndor 1 12H BT2	15	12,34	8,33	15,52	4,01	1,78	66,67	64,89
Cóndor 1 4E BT2	15	9,20	5,20	10,05	2,59	1,54	37,50	35,96
La Carlota 1 BT2	19	3,13	3,00	1,05	0,24	1,00	5,71	4,71

Tabla 190.X: Estadística descriptiva de la densidad de extracciones previas en los desechos de talla en obsidiana gris verdosa por sitio arqueológico y bloque temporal

Sitio/Bloque Temporal	Proporción de artefactos con corteza
Cóndor 1 12H BT1	2/16
Cóndor 1 12H BT2	2/15
Cóndor 1 4E BT2	1/15
La Carlota 1 BT2	0

Tabla 191.X: Proporción de desechos que conservan corteza/total de desechos en obsidiana gris verdosa por sitio arqueológico y bloque temporal

aprovisionamiento durante el Holoceno tardío ni para señalar diferencias entre BT.La mayor abundancia de esta variedad para el BT2 en Cóndor 1 (12H), las evidencias que arrojan los desechos de talla de variabilidad en el grado de reducción, lo cual puede ser entendido en el marco de un *continuum* de manufactura, como así también la menor intensidad de uso de esta roca en Cóndor 1 4E y en La Carlota 1 para el BT2, la presencia de determinados tipos de lascas que indican la manufactura de artefactos *in situ* y de un núcleo en esta materia prima en la superficie de Frailes 2, podrían ser interpretadas en el marco de un acceso directo a la fuente, al menos en momentos tardíos. Sin embargo, la baja diversidad de clases artefactuales recuperadas, los bajos porcentajes de artefactos con corteza y el tamaño pequeño de los desechos, pueden ser entendidos como el resultado de un aprovisionamiento indirecto. Por el momento creemos que no nos encontramos en condiciones para defender una u otra estrategia de aprovisionamiento y consideramos necesaria una mayor cantidad de evidencias que nos permitan discutir el acceso directo a la fuente.

Con respecto a la obsidiana negra, en los contextos datados solamente se encuentra representada en la cuadrícula 12H de Cóndor 1 para ambos BT y en Las Buitreras 1 para el BT2. Si bien en la cuadrícula 4E de Cóndor 1 se recuperaron tres lascas en obsidiana negra en la capa 4 (ver *infra*), la misma no ha sido considerada en el presente análisis por poseer dos fechados de *ca.* 1300 y 3100 años, lo cual nos impide discriminar los BT bajo análisis. En las capas superiores, pertenecientes al BT2 no se ha recuperado esta variedad, como así tampoco en La Carlota 1, a pesar de la presencia de un núcleo bipolar en superficie. Esta obsidiana es la más escasa de las diferentes variedades de color que se registran en la cuadrícula 12H de Cóndor 1, siendo más abundante para el BT1 (0,13% *vs.* 0,08%). Para estos momentos, la misma se registra bajo la forma de cinco desechos de talla y un núcleo poliédrico. Los desechos de talla son una lasca primaria, una lasca angular, una lasca de arista con 25% de corteza y dos lascas indiferenciadas. La media en la densidad de extracciones previas que presentan estos desechos es de 6,15 e/mm^2. Para el BT2 se registran una lasca de reactivación de instrumento y una lasca de tableta de núcleo con una densidad de extracciones previas de 4,3 e/mm^2. Ninguno de los dos desechos presenta corteza. El único artefacto en obsidiana negra recuperado en Las Buitreras 1 para este BT es una lasca angular con 50% de corteza y 1,47 e/mm^2.

De acuerdo con las evidencias de la cuadrícula 12H de Cóndor 1 es posible sostener la circulación de núcleos en esta roca para ambos BT, lo cual se ajusta a las propuestas previas de intercambio de nódulos en esta roca en áreas más al norte de Patagonia meridional durante tiempos tardíos (*cf.* Franco 2002a y b, 2007).

Si bien las evidencias de la capa 4 de la cuadrícula 4E no nos permiten una discriminación temporal, la presencia de una lasca de flanco de núcleo, una lasca primaria y una lasca indiferenciada, también sugieren (ya sea para uno u otro BT) la presencia de núcleos en el sitio. Por consiguiente no se observan variaciones en la estrategia de aprovisionamiento de esta roca durante el Holoceno tardío, siendo adquirida de modo indirecto bajo la forma de nódulos o al menos núcleos.

CAPÍTULO XI: TENDENCIAS ESPACIALES Y TEMPORALES EN EL APROVISIONAMIENTO Y UTILIZACIÓN DE LAS MATERIAS PRIMAS LÍTICAS EN EL CVPA

Introducción

Aquí presentamos una síntesis de las principales tendencias espaciales y temporales en las estrategias de aprovisionamiento y utilización de los recursos líticos en el CVPA durante el Holoceno tardío. Estos patrones son puestos en relación con otras líneas de evidencia para discutir las formas de uso del espacio regional y la movilidad de las poblaciones humanas.

Como expusimos en un principio, el marco que guió nuestra investigación fue el estudio de las formas de uso del espacio y los modos de interacción entre las poblaciones humanas en Patagonia Meridional (Borrero 2001a). Así, en la región de estudio que abarca nuestra tesis, al sur del río Gallegos, se diferenciaron dos áreas principales: el interior del CVPA y las zonas costeras colindantes (costa Atlántica y estrecho de Magallanes). Las principales líneas de evidencia que sirvieron para discutir estos tópicos fueron la distribución de las materias primas líticas en los diferentes espacios del CVPA y de los recursos de procedencia marina en el interior, como así también los análisis de isótopos estables sobre restos óseos humanos con el objetivo de detectar el consumo de estos recursos (*cf.* Barberena 2002, 2007).

De esta forma, a través del estudio de las estrategias de aprovisionamiento y utilización de las materias primas líticas intentamos contribuir a la comprensión de los patrones de circulación humana y las formas de utilización del espacio por las poblaciones que ocuparon la región. Para abordar esta problemática, fue necesario estudiar los diferentes modos de obtención de las materias primas líticas y la forma en que las mismas eran utilizadas en el área, tanto en un eje espacial como temporal (ver *infra*).

A partir de la distribución de elementos marinos (moluscos, huesos de mamíferos marinos o de peces, entre otros) hacia el interior del CVPA y de los valores de isótopos estables sobre restos óseos humanos que muestran el consumo de recursos marinos a distintas distancias de la costa, Barberena (2007) ha diferenciado dos esferas de circulación humana en el espacio regional del CVPA y áreas costeras colindantes, que muestran la interacción interior-costa para el Holoceno tardío (*cf.* también Borrero *et al.* 2001, Borrero y Barberena 2006). Estas líneas de evidencia constituyen indicadores del rango de acción de los individuos en tanto las distancias geográficas indicadas por el transporte de objetos de procedencia marina (ya sea con fines alimentarios o artefactuales, entre otros) como así también en las que se registra el consumo de recursos marinos de acuerdo con los análisis isotópicos, son informativas de la amplitud de los movimientos usuales realizados por los individuos (Barberena op. cit.).

La abundancia de elementos marinos en los diferentes sitios del interior del continente no muestra un decrecimiento monotónico con respecto a la distancia a la costa (Renfrew 1977), sino que configura una distribución bimodal que muestra un patrón descendente desde la costa hasta los 50 km aproximadamente, para volver a incrementarse las cantidades hacia los 80 km (figura 1.XI) .

Barberena interpreta este patrón en términos de dos ámbitos geográficos que funcionan bajo condiciones diferentes. Para demostrar esto segmenta la muestra total, considerada anteriormente (ver tabla 2 (XIX) en Barberena 2007), en dos subconjuntos: uno que comprende a los sitios arqueológicos de la cuenca del río Gallegos y otro a los más próximos espacialmente al estrecho de Magallanes. De esta forma el modelo de decrecimiento monotónico funciona, pero considerando dos puntos de origen diferentes: la costa Atlántica por un lado y la costa del estrecho de Magallanes por el otro.

En segundo lugar, a partir de la información isotópica sobre el consumo de recursos marinos a distintas distancias de las respectivas costas se observa que las muestras vinculadas al océano Atlántico se ubican entre 1 y 40 km de la costa (A en figura 2.XI) y aquéllas asociadas al estrecho de Magallanes se localizan entre 1 y 17 km de la costa (B en figura 2.XI) (Barberena op. cit.).

Cabe señalar que la muestra localizada a 90 km de la costa en la sección A de la figura 2.XI corresponde al sitio Fortaleza (*cf.* Barberena 2002), en cercanías del río Santa Cruz y ha sido incluída en el análisis desarrollado por Barberena de modo operativo, para mostrar que las tendencias observadas en la escala del CVPA también se mantienen en una escala espacial mayor.

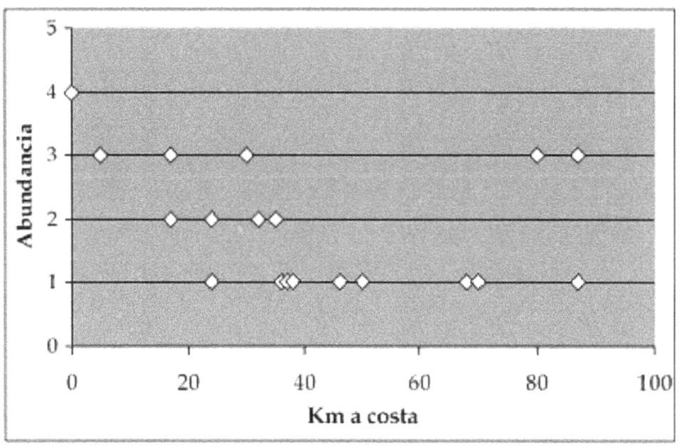

Figura 1.XI: Abundancia de elementos marinos en los sitios arqueológicos y distancia a las costas (tomado de Barberena 2007)

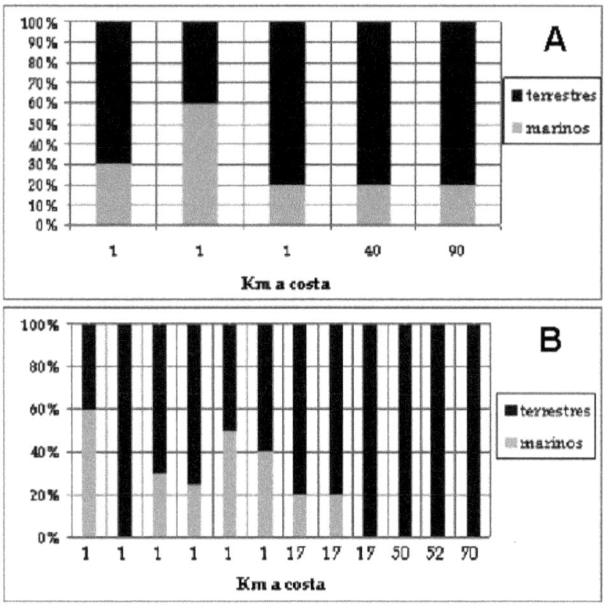

Figura 2.XI: Porcentaje en el consumo de recursos terrestres y marinos según la distancia a la costa (tomado de Barberena 2007)

A partir de esta evidencia, Barberena (op. cit.: 596) sostiene que "*los individuos con dieta mixta asociados a la costa atlántica habrían ocupado franjas más amplias de espacio peri costero que aquéllos asociados a las costas -más productivas- del estrecho de Magallanes*". De esta forma se observa una mayor amplitud espacial en la movilidad entre la costa y el interior en la vertiente atlántica que en los espacios asociados al sector centro-oriental del estrecho de Magallanes.

En este marco ¿qué es lo que nos sugiere la evidencia lítica? ¿Los estudios de procedencia constituirían una via adecuada para evaluar la circulación de materias primas líticas en los ámbitos diferenciados? La respuesta es que sí, sin embargo en el contexto geológico del CVPA y de acuerdo con las materias primas líticas principalmente utilizadas para la manufactura de los artefactos, contamos con algunas deficiencias al respecto. En primer lugar, como hemos señalado en el capítulo VII, los análisis geoquímicos mostraron que la fuente de aprovisionamiento de la roca hasta ese momento considerada como "basalto" no eran los afloramientos primarios de Pali Aike. Los muestreos de rocas en los depósitos secundarios expuestos en diferentes sectores del CVPA, principalmente en las márgenes de los ríos y lagunas, como así también en la costa Atlántica, mostraron la presencia de nódulos de "basalto", proporcionalmente minoritarios en relación con la disponibilidad de otros tipos de rocas, en los depósitos glacifluviales. Asimismo, los análisis geoquímicos y petrográficos indicaron que muchas de las rocas clasificadas macroscópicamente como basalto no eran de naturaleza volcánica y/o no eran "basalto". La identificación petrográfica de cortes delgados mostró que se trataba de una amplia variedad de rocas volcánicas y sedimentarias, principalmente, pero también algunas variedades metamórficas, todas ellas muy similares a ojo desnudo, sobre todo por su coloración (capítulo VII.1.b). Este conjunto de rocas, que pasó a denominarse RGFO para evitar las ambigüedades macroscópicas en su clasificación, no muestra una distribución petrografica diferencial en las fuentes potenciales de aprovisionamiento secundarias en las que ha sido detectado. Por ejemplo, hay dacita, lutita y basalto en el río Gallegos, también en la laguna Potrok Aike y en la costa Atlántica, en Punta Loyola. Este ejemplo figurativo sirve para demostrar lo dificil que nos resultó la tarea de aislar tipos petrográficos de RGFO que se encuentren disponibles en una fuente y no en otra, con el objetivo de identificar su procedencia en forma fehaciente. Asimismo, la inspección comparativa al microscopio (a cargo de la Dra. Etchichury) de cortes delgados de muestras naturales determinados como del mismo tipo (basalto, en este caso) dentro y entre fuentes potenciales de aprovisionamiento (la comparación se realizó entre los basaltos de textura vesicular de Potrok Aike y Punta Loyola), mostró diferencias de composición dentro de la misma fuente (en Potrok Aike se identificaron, al menos, tres tipos de basalto) y similitudes en algunas variedades de basalto entre fuentes localizadas a 103 km en línea recta (por ejemplo, entre el basalto del nódulo n° 1 recuperado en Potrok Aike 2 y un nódulo de basalto recolectado fuera del tiempo de muestreo en Punta Loyola 2), es decir, que la misma variedad se encuentra disponible en diferentes *loci* (capítulo VII.4).

Por otro lado, la composición geoquímica de muestras artefactuales de RGFO (determinadas petrográficamente como dacita, de acuerdo con el corte delgado efectuado sobre una de las piezas analizadas geoquímicamente) procedentes de diferentes sectores del CVPA, como la cuenca de los ríos Gallegos y Chico, el extremo SE de las formaciones volcánicas y el sector meridional de la costa Atlántica (ver tabla 1.VII), resultó muy similar, tratándose del mismo tipo geoquímico (D' Orazio com. pers. 2003), a pesar de la amplia dispersión geográfica de las muestras (ver figura 6.VII). En consecuencia, los análisis geoquímicos efectuados no mostraron diferencias, al menos en la dacita de color negro -que forma parte del conjunto de las RGFO- utilizada para la manufactura de artefactos en los distintos sectores del CVPA.

Por consiguiente, en este caso de estudio en particular, los análisis de procedencia no resultaron una vía útil para acercarnos a nuestros objetivos de estudio, por lo menos en esta primera etapa de trabajo. Este papel lo desempeñaron los análisis del grado de reducción de los artefactos. La distribución de las distintas variables que se consideraron como indicadores de la intensidad de uso de las materias primas líticas mostraron un patrón espacial que sugería, principalmente, la explotación del río Gallegos y de la costa nororiental del estrecho de Magallanes como fuentes potenciales de aprovisionamiento. En ambas fuentes se encuentran disponibles RGFO y dacita en distintas variedades de colores (capítulo VII), que son dos de las clases de materias primas más utilizadas en el CVPA para la manufactura de artefactos durante el Holoceno tardío. Así, los indicadores de reducción evaluados sobre las distintas clases artefactuales mostraron un incremento a medida que aumentaba la distancia al río Gallegos y al estrecho de Magallanes (en sentido sur y norte respectivamente), alcanzando los valores máximos de reducción hacia el sector central del CVPA, aproximadamente entre 30-40 km de las respectivas fuentes potenciales de aprovisionamiento (figura 3.XI). Al igual que en el caso de la abundancia de restos marinos en los sitios arqueológicos del CVPA, las curvas de decrecimiento o incremento (según el tipo de indicador de reducción considerado) sólo funcionan segmentando la muestra total en dos subconjuntos y tomando como punto de referencia el río Gallegos por un lado y el estrecho de Magallanes por el otro (ver capítulo IX y X.I).

Los artefactos en RGFO, materias primas que a diferencia de las dacitas no incluidas en este grupo[1] poseen una disponibilidad restringida a determinados sectores del espacio -como el curso del río Gallegos (incluyendo su desembocadura en Punta Loyola), las lagunas del interfluvio Gallegos-Chico y la costa nororiental del estrecho de Magallanes- alcanzan los valores máximos de reducción en el sector central del CVPA, pero también allí muestran variabilidad, lo que sugirió el reabastecimiento de RGFO en las lagunas del interfluvio Gallegos-Chico, localizadas en este sector del espacio.

El tercer tipo de roca más explotado es la calcedonia, cuyas fuentes potenciales de aprovisionamiento en el CVPA aún no han sido detectadas con exactitud. En nuestros relevamientos de las fuentes potenciales, esta roca solamente ha sido registrada en un muestreo en el sector meridional del CVPA (en un paleocauce cercano a laguna Azul), y también existen referencias de su disponibilidad en cercanías del curso medio del río Gallegos (Campan *et al.* 2007). Asimismo, nuestras observaciones y análisis petrográficos sugieren que las variedades volcánicas podrían encontrarse en algún lugar de los afloramientos basálticos de Cerro Norte y proximidades, hacia el centro de Pali Aike (ver capítulo VII). La distribución de los indicadores de reducción en los artefactos sobre esta roca, en muchos casos muestra un patrón creciente de desgaste en sentido norte-sur, aunque en otros marca la misma tendencia que las RGFO y la dacita. Sin embargo no hemos encontrado referencias sobre la disponibilidad de esta roca en el estrecho de Magallanes, adonde se la considera "exógena" (Prieto 1988, Massone 1984, entre otros), pero sería posible obtenerla en los depósitos secundarios del sector meridional del CVPA, como lo indicaron nuestros muestreos de materias primas.

Con respecto a las distintas variables que se consideraron como indicadores de reducción nos interesa señalar que, dentro de un rango de variación, la mayoría de los artefactos unifaciales del CVPA presentan más de un filo y/o punta formatizado y/o con rastros complementarios. Esta multifuncionalidad de los artefactos puede ser entendida en términos de equipos instrumentales transportables, de larga vida útil, en el marco de grupos con alta movilidad en un espacio con incongruencia de recursos, principalmente bióticos y líticos (ver capítulo VII y X).

La comparación del grado de reducción entre tipos de rocas mostró que en la mayoría de los casos las distintas variedades de rocas silíceas son las que presentan los valores más elevados, seguidas por las RGFO y luego la dacita. Esto se encuentra en concordancia con la disponibilidad de estas rocas en el espacio regional. De las primeras se conoce bastante poco de sus lugares de procedencia y en la mayoría de los conjuntos artefactuales son minoritarias (a excepción de la calcedonia y en algunos casos el ópalo), lo cual sugiere una disponibilidad escasa, acrecentada por el tamaño pequeño de los nódulos, al menos en el caso de la calcedonia, lo cual reduce su rendimiento (ver capítulo VII y IX). Debido a este factor, y también a la forma de los nódulos, esta roca ha sido explotada frecuentemente por medio de la técnica bipolar (*cf.* Andrefsky 1998, Mauldin y Amick 1989, Patterson 1987, Shelley 1993, entre otros).

En cuanto a las RGFO, si bien han sido registradas en varios lugares, especialmente en el curso del río Gallegos y en las lagunas del interfluvio Gallegos-Chico, tienen una disponibilidad muy localizada, poco abundante y restringida a este sector del espacio, que cubre el área septentrional del CVPA. Las investigaciones en la costa del estrecho de Magallanes también señalan allí su presencia (Massone 1984, Prieto 1988), pero en gran parte de los sectores central y meridional del CVPA no han sido detectadas, lo cual implica rangos de 30-40 km

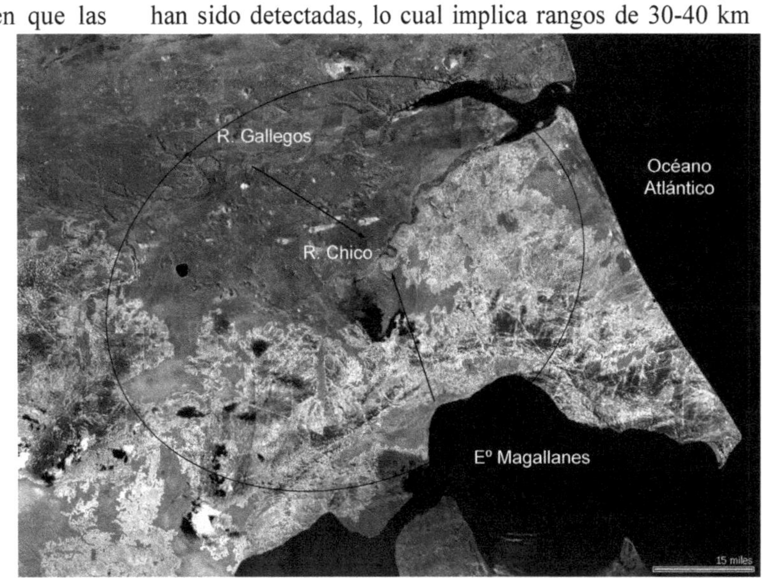

Figura 3.XI: Tendencias espaciales en el grado de reducción de los artefactos líticos en el CVPA. Las flechas indican la dirección en la que se registra el incremento en la intensidad de uso de la mayoría de las materias primas líticas

[1] Es decir, en colores diferentes al negro

de distancia aproximada en los que estas rocas no se encuentran disponibles. En base a ello, y siendo la materia prima más utilizada para la manufactura de artefactos, consideramos que las actividades de aprovisionamiento de estas rocas debieron implicar cierta programación, sobre todo si tenemos en cuenta que las zonas del CVPA donde se encuentran disponibles (el área comprendida entre el río Gallegos y el Chico) presentan baja productividad ambiental (ver capítulo VII y Barberena 2007), lo cual implicaría movimientos logísticos o una organización de los circuitos de movilidad que priorice el abastecimiento de estas rocas y el transporte de los nódulos o núcleos. Por el contrario, la dacita se encuentra ampliamente disponible en todos los sectores del CVPA, siendo el tipo de roca más abundante en todas las fuentes potenciales de aprovisionameinto relevadas. Esto ha posibilitado que las mismas sean explotadas menos intensivamente y se descarten aún con utilidad potencial (ver capítulo IX y X.I).

La comparación de la densidad de artefactos en los sitios estratigráficos ha mostrado que las mayores densidades se registran en los sitios del sector central de Pali Aike, especialmente Cóndor 1, pero también en los aleros localizados en proximidades (*cf.* también Barberena 2007, Barberena *et al.* 2007b). La diferencia en densidad es notoria en comparación con Las Buitreras 1, hacia el norte de Pali Aike, lo cual posiblemente se encuentre en relación con las formas de uso del espacio. La marginalidad en la utilización de la cuenca del río Gallegos ya había sido señalada en estudios previos (Carballo Marina 2007).

La utilización de las materias primas líticas a escala de sitio ha mostrado diferencias, principalmente, entre Cóndor 1 y Las Buitreras 1. En este último sitio, a pesar de su cercanía a la fuente potencial de aprovisionamiento (0,5 km), se observa la reutilización frecuente de instrumentos formatizados y núcleos, en muchos casos fragmentados, como así también de lascas resultado de estadios avanzados de manufactura (como las lascas de reactivación), como formas-base para la confección de otro instrumento. Esto implica una inversión mínima de tiempo y energía en el abastecimiento y manufactura de artefactos, que ha sido interpretada en términos de carroñeo (*sensu* Schiffer 1987) de las materias primas disponibles en el propio sitio, resultado de ocupaciones previas. Asimismo, se registra una estrategia expeditiva (*sensu* Binford 1979) en la utilización de los artefactos, en tanto son descartados con valores bajos en los indicadores de reducción.

Por el contrario, en Cóndor 1, localizado en cercanía de fuentes potenciales de aprovisionamiento temporarias, como las lagunas Tres de Enero n° 1 y 2 (a 7 y 6 km de distancia respectivamente) donde se encuentra disponible la dacita, pero en un rango de distancia de 32-33 km de las fuentes potenciales de aprovisionamiento permanentes, donde es posible abastecerse de RGFO (el río Gallegos hacia el norte y el estrecho de Magallanes hacia el sur), se observa una estrategia de economía de materia prima (*sensu* Odell 1996). Esto se encuentra en relación tanto con la distancia a las fuentes de abastecimiento de los principales recursos líticos explotados, como con la intensidad de uso de esta cueva, que ha sido definida como un "nodo poblacional" (*cf.* Borrero y Barberena 2006, Barberena *et al.* 2007b).

En términos de las estrategias de aprovisionamiento implementadas estamos pensando en un "aprovisionamiento de individuos" (*sensu* Kuhn 2004. *Cf.* también Binford 1979), al menos para la explotación de las RGFO, lo cual implica el transporte de instrumentos y materias primas. La presencia de los mayores grados de reducción en los artefactos líticos recuperados en este sitio es lo esperado en relación con esta estrategia de aprovisionamiento, en tanto los costos de transporte son un importante constreñimiento en este caso, por lo cual se espera que los artefactos producto de esta estrategia maximicen la utilidad potencial en relación con el peso (Kuhn op. cit.). Esto también puede encontrarse en relación con la mayor permanencia en el sitio.

Si bien el eje de nuestro análisis ha sido principalmente espacial, en la comparación de los conjuntos artefactuales por bloques temporales (BT) para comienzos (*ca.* 4000-2000 AP) y fines del Holoceno tardío (últimos 2000 años), se manifestaron algunas tendencias que es pertinente señalar (capítulo X.II).

Cóndor 1 sigue manteniendo la mayor densidad de artefactos en los dos momentos diferenciados, siendo más elevada para comienzos del Holoceno tardío. Las evidencias para OB1 también señalan una mayor intensidad de uso de la cueva para estos momentos, especialmente por el contexto de entierro. Por el contrario, Las Buitreras 1 presenta valores de densidad más elevados para fines del Holoceno tardío, lo cual apunta nuevamente hacia las diferencias en el uso del espacio entre los sectores al norte y sur del río Chico. Sin embargo, son muy pocas las evidencias con las que contamos para el sector septentrional para evaluar este patrón comparativamente a nivel regional. Llaman la atención las tendencias opuestas en la abundancia, diversidad e intensidad de explotación de las materias primas líticas a lo largo del Holoceno tardío entre Cóndor 1 y Las Buitreras 1, lo cual puede ser entendido en el marco de las diferentes esferas de circulación señaladas por Barberena (2007). Asimismo, las diferencias en las estrategias de aprovisionamiento lítico que han sido señaladas para estos sitios apuntan en este sentido. Sin embargo, consideramos necesaria una mayor cantidad de datos para el sector septentrional del CVPA para contrastar estos patrones.

En el capítulo VIII desarrollamos una serie de expectativas en cuanto a las variaciones en la oferta de rocas en las fuentes potenciales de aprovisionamiento de acuerdo con los cambios paleoambientales a lo largo del Holoceno tardío. Así, esperábamos una menor intensidad de uso de las materias primas líticas en general y de las RGFO en particular para fines del Holoceno tardío (últimos 2000 años) debido a la mayor disponibilidad de las mismas en las fuentes potenciales de aprovisionamiento y a un mayor número de fuentes potenciales, gracias a un aumento de la aridez. A nivel regional, se observa una menor intensidad de uso de las RGFO y dacita para este bloque temporal, pero a escala de sitio, el patrón se mantiene en Cóndor 1, pero Las Buitreras 1 muestra la tendencia contraria. Sin embargo, consideramos que esto puede encontrarse más en relación con la mayor intensidad de uso del sector septentrional del CVPA para fines del Holoceno tardío que con las variaciones en la oferta de rocas señaladas.

En general, en las materias primas de disponibilidad regional (es decir, que es posible obtener en el espacio del CVPA) no parecen observarse grandes variaciones durante el Holoceno tardío en las estrategias de aprovisionamiento y la utilización de las recursos líticos más que las señaladas anteriormente en relación con la oferta relativa de rocas en el ambiente. Sin embargo, la forma de explotación de las materias primas no-locales, como las obsidianas, muestra algunos cambios que sugieren variaciones en los modos de obtención. Así, para el caso de la obsidiana verde, cuya presencia se registra en la secuencia de Cóndor 1 entre los *ca.* 3500-1500 AP, se propusieron diferentes formas de abastecimiento para este lapso y para momentos posteriores. Dado que en el lapso señalado la obsidiana verde no se encuentra representada en los sitios canoeros de los archipiélagos chilenos, por lo cual se sugirió la migración de grupos canoeros del norte que desconocerían la fuente y por consiguiente una interrupción en los sistemas de intercambio (Morello *et al.* 2004, San Román y Prieto 2004), creemos que su presencia en Cóndor 1 puede responder a la reclamación de artefactos de sitios más tempranos. Su menor abundancia y la mayor intensidad de uso que muestran los desechos de talla (única clase artefactual recuperada) sobre esta roca para estos momentos en comparación con momentos posteriores avalan esta hipótesis. Sin embargo, no se observaron diferencias de pátina en los artefactos que llevarían a fortalecer la hipótesis. Por otro lado, también se ha sugerido un cambio en la forma de uso del espacio al sur del río Chico que posibilitase otro tipo de acceso a esta roca, pero consideramos más factible la primer alternativa debido la escasa evidencia con la que contamos al respecto.

Para la obsidiana gris verdosa veteada, que es la más abundante de las variedades de obsidiana que ha circulado por el CVPA, no se observan grandes diferencias en los modos de explotación de esta roca a lo largo del Holoceno tardío. Las diferentes variables consideradas en el análisis no muestran un patrón claro que nos permita definir su forma de obtención. Sin embargo, en base a algunos indicadores como la presencia de un núcleo prismático en la superficie de Frailes 2 y el menor grado de reducción que muestran los desechos de talla en algunos conjuntos de fines del Holoceno tardío, consideramos la posibilidad de un acceso directo a la fuente de aprovisionamiento, al menos para estos momentos. Esto se mantiene a modo de hipótesis y a la espera de mayores evidencias al respecto. En la variedad negra, la presencia de un núcleo en Cóndor 1 para comienzos del Holoceno tardío y de lascas de reactivación de esta clase de artefactos para fines de este lapso nos sugiere la circulación de nódulos o núcleos sobre esta roca a lo largo de todo el Holoceno tardío y por consiguiente la obtención de la misma a través del intercambio de estas formas-base (*cf.* Franco 2002a y b, 2007).

La obsidiana gris, presente en abundancia en el CVPA, no ha sido considerada en los análisis desarrollados debido a la falta de certeza de si todos los ejemplares recuperados corresponden a la misma variedad de roca o se trata de diferentes tipos de acuerdo con sus variaciones macroscópicas.

En síntesis, el estudio de la distribución de las materias primas líticas y la forma en que fueron utilizadas en los distintos sectores del CVPA nos permitió acercarnos a la comprensión del uso del espacio por las poblaciones humanas que ocuparon la porción más austral de la Patagonia meridional. Las diferencias contrastantes en la densidad de artefactos, en la intensidad de uso de los mismos, y en la abundancia relativa en la que fueron explotadas las diferentes materias primas en Las Buitreras 1 y Cóndor 1 a lo largo del Holoceno tardío, nos permitió discriminar *grosso modo* dos espacios, hacia el norte y sur del río Chico, que fueron utilizados de diferente modo. Otras líneas de evidencia, como la distribución de elementos de procedencia marina, el porcentaje de consumo de recursos terrestres y marinos según los valores de isótopos estables sobre restos óseos humanos, y las evidencias arqueofaunísticas en los sitios del interior, también apoyan tal diferencia (*cf.* Barberena 2007).

CAPÍTULO XII
CONSIDERACIONES FINALES

Introducción

En este capítulo final, más que enunciar nuevas inferencias en base a la evidencia lítica analizada -cuyas tendencias generales ya han sido sintetizadas en el capítulo precedente-, consideramos interesante realizar una evaluación de las ventajas y desventajas de las distintas líneas de análisis implementadas en esta tesis y señalar las perspectivas a futuro en el marco de las investigaciones en marcha (Borrero 2006, 2007).

En primer lugar, destacamos la importancia del muestreo regional de la estructura de recursos líticos (*sensu* Ericson 1984) ya que constituye el marco de referencia para discutir, con una base empírica y cuantificable, la disponibilidad de materias primas líticas y a partir de eso, las estrategias de aprovisionamiento y utilización de las rocas por las poblaciones humanas pasadas (*cf.* Franco 2002a). La metodologia de muestreo de los depósitos naturales de rocas que hemos seguido en nuestra investigación (*cf.* Franco y Borrero 1999) constituyó una herramienta de importancia en tanto nos permitó evaluar el rendimiento relativo de las diferentes fuentes potenciales de aprovisionamiento y en consecuencia, jerarquizar el espacio regional según sus potencialidades para el aprovisionamiento de rocas. En una escala menor de análisis, pero en el marco del relevamiento de las diferentes características de las fuentes potenciales de aprovisionamiento, nos resultó de suma utilidad el registro de la morfología de los clastos (*cf.* Scasso y Limarino 1997). Si bien la morfología comprende una serie de variables, tales como forma, esfericidad, redondeamiento y textura superficial de los clastos, la mayoría de ellas se obtienen a partir de la medición de tres ejes de longitud, por lo cual resultan operativas y económicas en el tiempo de trabajo que insumen, pudiendo ser registradas mismo en el campo. Estas variables nos permitieron evaluar distintos aspectos relacionados con la utilidad potencial de los diferentes tipos de rocas para la talla (*cf.* Gould y Saggers 1985; Ratto 1991, 1994; Ratto y Kligman 1992), como así también con las técnicas de manufactura implementadas (*cf.* Shelley 1993). Por otro lado, la textura superficial fue uno de los indicadores macroscópicos considerados (junto con la presencia de fenocrsitales, entre otros) para diferenciar las RGFO volcánicas de las sedimentarias.

Siguiendo en el marco del análisis de la disponibilidad de rocas y su procedencia, ya hemos señalado en el capítulo anterior las dificultades que encontramos con los análisis petrográficos y geoquímicos para diferenciar las fuentes de procedencia de las RGFO. En otros contextos de estudio estos análisis han mostrado su utilidad (*cf.* Franco 2002a), pero en nuestro caso la intensidad de uso de los artefactos desde una perspectiva espacial fue el indicador clave al respecto. En este sentido, concordamos con Kuhn (2004) en la importancia de evaluar la forma en la que un artefacto llega a su punto de descarte, en relación al momento de su vida útil en el que es descartado, más que simples consideraciones de la distancia a la fuente de aprovisionamiento.

Las tendencias espaciales observadas en el grado de reducción de los artefactos sobre RGFO dejaron abiertos varios interrogantes, sobre todo con respecto a los lugares de abastecimiento, que seguiremos indagando en nuestros trabajos futuros. Uno de ellos es el papel que desempeñaron como fuentes potenciales de aprovisionamiento de esta materia prima lítica las lagunas localizadas en el interfluvio Gallegos-Chico. La información de este área de estudio es muy escasa, más allá de algunas menciones de Nami (1994, 1999, 2003) sobre la disponibilidad de rocas en estas lagunas y de los trabajos de Gómez Otero (1983-85, 1986-87, 1987) en Potrok Aike y Juni Aike (1988, 1989-90). En nuestro análisis no contamos con ninguna muestra artefactual procedente de este área, por lo cual nos interesa evaluar la explotación de las materias primas líticas en este sector del CVPA, sobre todo de las RGFO, para corroborar o refutar el patrón observado a partir de los análisis de regresión del grado de reducción de los artefactos en relación con la distancia a la fuente potencial de aprovisionamiento (el río Gallegos en este caso). Estos análisis mostraron un incremento de la reducción de los artefactos entre los conjuntos del río Gallegos y aquéllos del sector central del CVPA, al sur del río Chico. Sin embargo, la variabilidad en el grado de reducción de los artefactos procedentes de este último sector sugirió la obtención de RGFO en algún lugar más cercano a este espacio, lo cual fue entendido en términos de reabastecimiento de estas rocas en las lagunas del interfluvio. Dado que hemos diferenciado las formas de uso del espacio en la cuenca del río Gallegos y al sur del río Chico, y que la zona del interfluvio cuenta con el potencial de la oferta de una materia prima de muy buena calidad para la talla, de disponibilidad escasa y localizada, como las RGFO, nos interesa evaluar la forma de explotación de este área. Consideramos que una mayor información sobre esta zona nos permitirá comprender en mayor profundidad la extensión de los rangos de acción de las poblaciones que ocuparon este espacio y si realmente es posible diferenciar esferas de circulación o el espacio del CVPA funcionó como un todo. En el caso de la primer alternativa, nos preguntamos, entonces, si la zona del interfluvio fue un área compartida, de límites laxos -mantenidos pero no defendidos-, que se explotó desde los dos espacios diferenciados o si existió algún tipo de exclusividad en su uso (*cf.* Stanner 1965, Cashdan 1983, Wiessner 1983, Schweizer 1997, Hitchcock y Bartram 1998, entre otros).

Dado que en los años subsiguientes nuestras investigaciones se focalizarán en las cabeceras del río Gallegos y en el área intermedia entre la cordillera Baguales y este río (Borrero 2007), podremos contar con un mayor número de muestras del sector septentrional del CVPA lo que nos permitirá profundizar el estudio de las tendencias señaladas y continuar evaluando esta diferenciación en el uso del espacio.

Estos patrones fueron observados principalmente a partir del análisis de las materias primas de disponibilidad regional. Las materias primas que no se encuentran disponibles en el CVPA, como las distintas variedades de obsidiana, mostraron algunas diferencias en su explotación a lo largo del Holoceno tardío, que fueron interpretadas en relación con variaciones en la forma de obtención de las mismas. Al respecto, nos encontramos interesados en evaluar y profundizar el estudio de diferentes mecanismos de circulación de bienes foráneos, que no implican necesariamente el intercambio de los mismos (*cf.* Earle 1994, Wiessner 1983, Hitchcock y Bartram 1993, Borrero 2007).

Los escasos conjuntos artefactuales en los que la obsidiana se encuentra representada no nos permitieron evaluar comparativamente la circulación de esta roca en los dos ámbitos diferenciados, lo cual sería de importancia para fortalecer las tendencias señaladas. Con la ampliación de las muestras del sector septentrional del CVPA contaremos con mayores elementos para alcanzar este objetivo, sobre todo en relación con la obsidiana gris verdosa veteada, para la cual hemos propuesto a modo de hipótesis un acceso directo a la fuente de aprovisionamiento, al menos para fines del Holoceno tardío. Los sucesivos trabajos, programados en la margen norte del río Gallegos, nos permitirán completar la escasa información sobre la distribución de esta variedad al sur de la cordillera Baguales y así lograr un panorama supra-regional de la distribución de esta roca hacia el norte y sur de su fuente de abastecimiento.

Por otra parte, la distribución de la obsidiana verde entre los cazadores-recolectores del CVPA para el lapso 4500-1500 AP también abre interrogantes sobre la circulación de esta roca. Entendemos que los futuros trabajos serán útiles al respecto.

En consecuencia, las líneas de investigación que quedaron abiertas a partir de los análisis desarrollados en esta tesis son varias, por lo cual en las investigaciones subsiguientes el foco de nuestra atención estará puesto hacia la resolución de estos problemas.

ANEXO 1

1. Análisis geoquímico - Dr. M. D'Orazio

Se presenta la información descriptiva de las muestras artefactuales que fueron sometidas a análisis geoquímicos, los cuales fueron realizados por el Dr. M. D'Orazio. Se detalla la procedencia de las muestras según los sitios arqueológicos en las que fueron recuperadas, la clase artefactual, la composición de la pasta y el tipo de corteza (en base a la observación macroscópica y según las categorías definidas en el capítulo VII). En los casos en los que se cuenta con una determinación petrográfica de estas mismas muestras (realizada por el Dr. M. D'Orazio o el Dr. E. Aragón según los casos), la misma se detalla. Se adjuntan las imágenes de estas piezas.

1. Sitio: Orejas de Burro. Hallazgo aislado en superficie del cono (figura 1.XIII).
Nº Pieza: 1
Clase artefactual: núcleo poliédrico
Pasta: homogénea
Tipo de corteza: salpicada
Determinación petrográfica: ftanita con ópalo (Dr. Aragón)

Figura 1.XIII: Núcleo poliédrico en ftanita de Orejas de Burro

2. Sitio: Transecta 2 laguna baja a laguna seca. Unidad 17 (figura 2.XIII)
Nº Pieza: 2
Clase artefactual: lasca angular
Pasta: con fenocristales
Tipo de corteza: lisa con algunas marcas en medialuna

Figura 2.XIII: Lasca de la transecta 2 laguna Baja a laguna Seca

3. Sitio: Palermo Aike. Terraza alta (figura 3.XIII)
Nº Pieza: 3
Clase artefactual: lasca angular con dorso natural
Pasta: con fenocristales
Tipo de corteza: vesicular
Determinación petrográfica: vitrófiro dacítico con plagioclasa y piroxeno (Dr. Aragón)

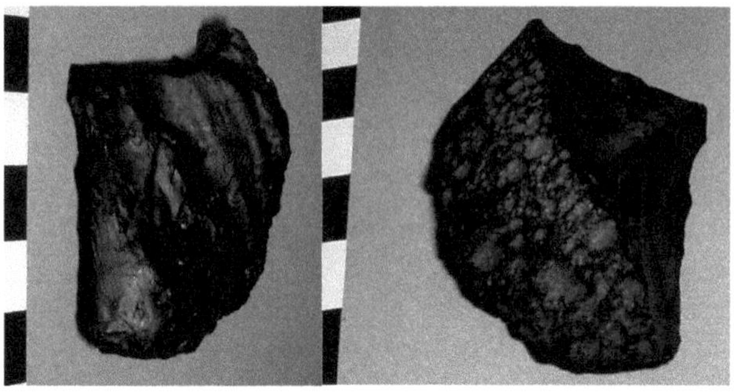

Figura 3.XIII: Lasca angular en vitrófiro dacítico de Palermo Aike-terraza alta

4. Sitio: El Volcán. Talud (figura 4.XIII)
Nº Pieza: 4
Clase artefactual: lasca angular
Pasta: con fenocristales
Tipo de corteza: marcas en V y en medialuna

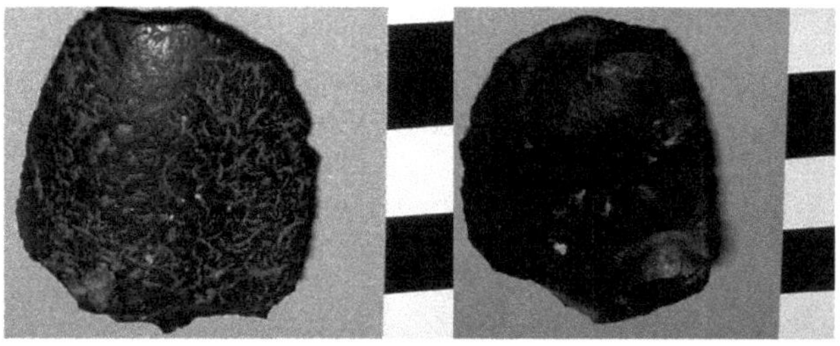

Figura 4.XIII: Lasca angular del talud de El Volcán

5. Sitio: Orejas de Burro 1. Sondeo 1. Capa 3. Unidad estratigráfica II (figura 5.XIII)
Nº Pieza: 57
Clase artefactual: núcleo bipolar
Pasta: homogéneo
Tipo de corteza: vesicular
Determinación petrográfica: dacita (Dr. D'Orazio)

Figura 5.XIII: Núcleo bipolar en dacita de OB1-Sondeo 1

6. Sitio: Gap. Cañadón 1. Transecta 1 (figura 6.XIII)
Nº Pieza: 102
Clase artefactual: unifaz
Pasta: homogéneo
Tipo de corteza: marcas en V y en medialuna

Figura 6.XIII: Unifaz de la transecta 1 de Cañadón Gap

7. Sitio: Gap. Cañadón 1. Transecta 1 (figura 7.XIII)
Nº Pieza: 128
Clase artefactual: lasca angular
Pasta: con fenocristales
Tipo de corteza: marcas en V y en medialuna

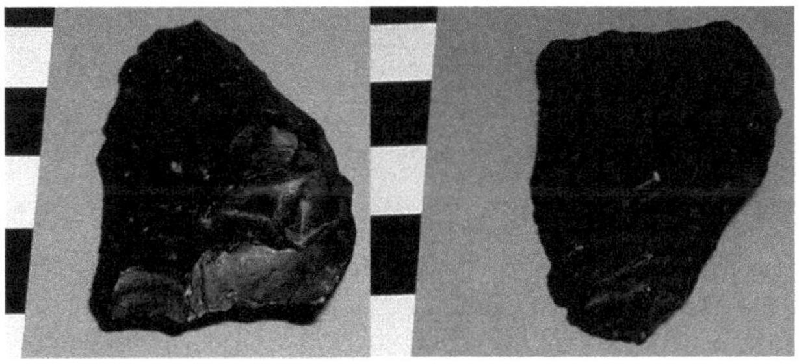

2. Determinación petrográfica microscópica de cortes delgados

2.a Dr. E. Aragón

En primer lugar, se presenta la determinación petrográfica de muestras naturales seleccionadas como ejemplares de referencia que fueron recolectadas en los muestreos de rocas realizados en diferentes sectores del CVPA. En segundo lugar, se presenta la determinación petrográfica de un conjunto de artefactos de distintos sitios arqueológicos. Se detalla la procedencia y en el caso de los artefactos, las características de la pasta y la corteza. Se adjuntan las imágenes en los casos disponibles.

MUESTRAS DE ROCAS NATURALES

1. Muestreo: Las Buitreras 1
Nº Pieza: 23
Determinación: Vitrófiro bandeado con plagioclasa y piroxeno.

2. Muestreo: Las Buitreras 1
Nº Pieza: 28
Determinación: Vitrófiro dacítico, fluidal, con piroxeno y plagioclasa

3. Muestreo: Las Buitreras 1 (figura 8.XIII)
Nº Pieza: 13
Determinación: Ftanita/Chert

Figura 8.XIII: Nódulo de ftanita/chert recolectado en el muestreo Las Buitreras 1

4. Muestreo: Palermo Aike 1
Nº Pieza: 2
Determinación: Vitrófiro dacítico

5. Muestreo: Palermo Aike 1
Nº Pieza: 28
Determinación: Andesita

6. Muestreo: Palermo Aike 1 (figura 9.XIII)
Nº Pieza: 27
Determinación: Basalto
Descripción : Pasta desvitrificada de plagioclasa, con microcristales de plagioclasa, muy básica, y clinopiroxeno.

Figura 9.XIII: Nódulo de basalto recolectado en el muestreo Palermo Aike 1

7. Muestreo: Palermo Aike 1 (figura 10.XIII)
Nº Pieza: 6
Determinación: Basalto
Descripción: Pasta muy fina, con abundantes microlitos de plagioclasa y algunos microfenocristales de plagioclasa y clinopiroxeno.

Figura 10.XIII: Nódulo de basalto recolectado en el muestreo Palermo Aike 1

8. Muestreo: Palermo Aike 1
Nº Pieza: 14
Determinación: Ftanita
Descripción: Tiene restos de materia orgánica y pequeñas concreciones de sílice y algo de ópalo. Bandeamiento.

9. Muestreo: Palermo Aike 2
Nº Pieza: 23
Determinación: Grauvaca

10. Muestreo: Palermo Aike Camping 1
Nº Pieza: 14
Determinación: Ftanita/Chert
Descripción: Agregado fino de cuarzo microcristalino, con bandeamiento y restos orgánicos. Muy laminado, similar a Las Buitreras 2 nº 13.

11. Muestreo: Palermo Aike Camping 1
Nº Pieza: 10
Determinación: Limolita
Descripción: Pasta arcillosa, tipo fangolita, con micronódulos de cuarzo. Fractura tipo esmeril.

12. Muestreo: Palermo Aike Camping 1
Nº Pieza: 9
Determinación: Dacita
Descripción: Con microporfirismo de cuarzo.

13. Muestreo: Primero de Mayo
Nº Pieza: Fuera de tiempo de muestreo
Determinación: Vitrófiro
Descripción: Vitrófiro muy bandeado por fluidalidad, con plagioclasa y piroxeno

14. Muestreo: Orejas de Burro 2
Nº Pieza: 8
Determinación: Arenisca
Descripción: Arenisca cementada por ópalo

15. Muestreo: Palermo Aike Camping 3 (figura 11.XIII)
Nº Pieza: 26
Determinación: Dacita
Descripción: Pasta muy felsítica, con microfenocristales de cuarzo.

Figura 11.XIII: Nódulo de dacita recolectado en el muestreo Palermo Aike Camping 3

MUESTRAS LÍTICAS ARTEFACTUALES

1. Sitio: El Volcán cueva 1
Nº Pieza: 5
Clase artefactual: desecho indiferenciado
Pasta: con fenocristales
Tipo corteza: vesicular
Determinación: Pórfiro dacítico, muy bandeado, con piroxeno y plagioclasa

2. Sitio: Laguna Azul, transecta 1, muestra 74 (figura 12.VIII)
Nº Pieza: 95
Clase artefactual: núcleo bipolar sobre artefacto indiferenciado
Pasta: con fenocristales
Tipo corteza: lisa con algunas marcas en medialuna
Determinación: Vitrófiro dacítico con esférulas en pasta. Pórfiro con plagioclasa, clinopiroxeno y ortopiroxeno.

Figura 12.XIII: Núcleo bipolar en vitrófiro dacítico de la transecta 1 de Laguna Azul

3. **Sitio:** Laguna Azul, transecta 1, muestra 57
Nº Pieza: 136
Clase artefactual: lasca de reactivación directa
Pasta: homogénea
Tipo corteza: -
Determinación: Grauvaca

4. Sitio: Cañadón Gap
Nº Pieza: 107
Clase artefactual: lasca angular
Pasta: homogenea
Tipo corteza: con marcas en V y en medialuna
Determinación: Ftanita

5. Sitio: Cóndor 1. Talud 1. Segmento 4. Primera recolección (figura 13.XIII)
Nº Pieza: 5
Clase artefactual: lasca de flanco de núcleo
Pasta: con fenocristales
Tipo corteza: vesicular
Determinación: Basalto
Descripción: Roca volcánica con bandas que marcan la fluidalidad y pasta muy fina, en partes vítrea. Hay bandas de vidrio y bandas desvitrificadas. Presenta microfenocristales de plagioclasa, olivina y clinopiroxeno.

Figura 13.XIII: Lasca de flanco de núcleo en basalto del talud 1 de Cóndor 1

6. Sitio: Cóndor 1. Talud 1. Segmento 4. Segunda recolección
Nº Pieza: 2
Clase artefactual: lasca primaria
Pasta: homogénea
Tipo corteza: lisa
Determinación: Esquisto clorítico
Descripción: Roca metamórfica alterada (cloritizada), con bandas cloríticas y cuarzosas.

7. Sitio: Cóndor 1. Talud 1. Segmento 8 (figura 14.XIII)
Nº Pieza: 2
Clase artefactual: lasca angular con dorso natural
Pasta: homogénea
Tipo corteza: vesicular
Determinación: Basalto
Descripción:
Pasta parcialmente desvitrificada, de grano fino con microcristales de olivina y clinopiroxeno.

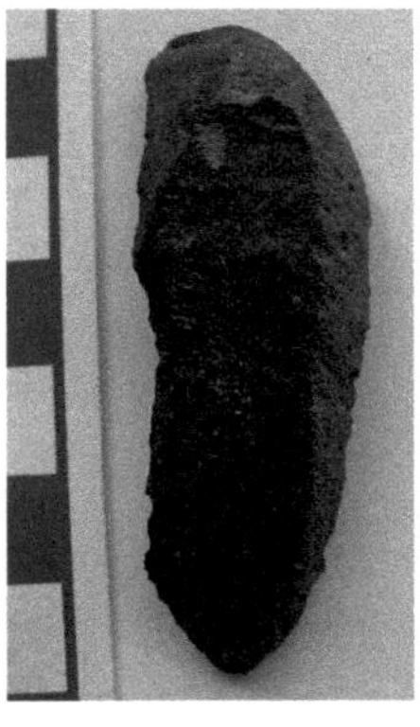

Figura 14.XIII: Lasca angular en basalto del talud 1 de Cóndor 1

8. Sitio: Cóndor 1. Talud 1. Segmento 9
Nº Pieza: 6
Clase artefactual: raedera
Pasta: homogénea
Tipo corteza: -
Determinación: Roca basáltica
Descripción: Desvitrificada con cierta fluidalidad, con microlitos subredondeados feldespáticos.

9. Sitio: Cóndor 1. Talud 1. Segmento 11 (figura 15.XIII)
Nº Pieza: 1
Clase artefactual: muesca retocada sobre raedera fragmentada
Pasta: homogénea
Determinación: Roca basáltica
Descripción: Desvitrificada con cierta fluidalidad, con microlitos subredondeados feldespáticos. De grano un poco más grueso que la anterior

Figura 15.XIII: Muesca retocada en roca basáltica del talud 1 de Cóndor 1

10. Sitio: Cóndor 1. Talud 2. Segmento 7
Nº Pieza: 1
Clase artefactual: Fragmento de instrumento indeterminado
Pasta: con fenocristales
Tipo corteza: -
Determinación: Basalto
Descripción: Pasta desvitrificada mediana, con poco vidrio. Se observan cristales de olivina y algo de plagioclasa. Algunas vesículas rellenas de zeolita y cuarzo.

11. Sitio: Cóndor 1. Capa 3 (20-30 cm.) (figura 16.XIII)
Nº Pieza: 24
Clase artefactual: cuchillo filo retocado
Pasta: homogénea
Tipo corteza: lisa
12. Determinación: Dacita
Descripción: desvitrificada con textura felsítica mediana.

Figura 16.XIII: Cuchillo de filo retocado en dacita de la capa 3 de Cóndor 1

13. Sitio: Cóndor 1. Capa 3 (figura 17.XIII)
Nº Pieza: 28
Clase artefactual: instrumento compuesto (cuchillo filo retocado+filo natural con rastros complementarios)
Pasta: con fenocristales
Tipo corteza: marcas en V
Determinación: Basalto
Descripción: Roca volcánica parcialmente desvitrificada, con mucha fluidalidad. Tiene microlitos de plagioclasa, microfenocristales de clinopiroxeno y olivina y un seno (intrusivo) de cuarzo.

Figura 17.XIII: Instrumento compuesto en basalto de la capa 3 de Cóndor 1

2.b Dra. M. C. Etchichury

Se presentan los datos de procedencia espacial de las muestras naturales de rocas que fueron determinadas por la Dra. Etchichury, junto con la descripción macroscópica y microscópica de las mismas y las imágenes en los casos disponibles.

MUESTRAS DE ROCAS NATURALES

1. Muestreo: Potrok Aike 1 (figura 18.XIII)
Nº Pieza: 24
Determinación: Roca porfírica silicificada
Descripción macroscópica: Roca afanítica, de color gris con bandeado subparalelo discontinuo de color gris blanquecino. Posee fractura concoide astillosa y una cubierta de alteración gris-verdosa.
Descripción microscópica: Roca muy alterada, constituida por una base muy fina de microlitas, gránulos opacos, escamas cloríticas y epidoto, asociado con polvo arcilloso, que cubren con cierta uniformidad la mayoría del corte. En la masa, algunos cuerpos mayores se distribuyen con cierto paralelismo borroso, compatibles por su forma a cristales de feldespato actualmente reemplazados por un pavimento silíceo, que tapiza algunas cavidades irregulares. Muchos de estos cristales aparecen rodeados por un contorno de productos secundarios (clorita, epidoto y magnetita residual). Algunas formas de arco, también reemplazadas por sílice, podrían atribuirse a cavidades de vesículas rellenadas por sílice. El óxido de hierro es el segundo componente, que aparece como agregados de pequeños gránulos opacos. En conjunto, la roca original aparece enmascarada por una fuerte impregnación silícea. No obstante, sugiere un origen volcánico y/o piroclástico. Esta última clasificación se explicaría por la presencia de clastos de naturaleza similar, de granulometría más gruesa.

Figura 18.XIII: Nódulo de roca porfírica silicificada recolectado en el muestreo Potrok Aike 1

2. Muestreo: Potrok Aike 1
Nº Pieza: 20
Determinación: Roca porfírica basáltica
Descripción macroscópica: Roca de grano muy fino, de color gris negruzco, donde resaltan por sus brillos, caras de clivaje de feldespatos de dimensiones inferiores al mm. La fractura es subconcoidea y la superficie de alteración, muy irregular, muestra una cantidad de marcas de impacto en V, similares a las que se observan en clastos glaciarios Irregularmente dispersas se ven pequeñas cavidades puntuales resultantes de impacto y otras muy alargadas producidas por disolución de materiales.
Descripción microscópica: Roca porfírica basáltica constituida por una pasta de microlitas feldespáticas desordenadamente distribuidas en medio de una masa de cristales alterados y gránulos opacos de minerales de hierro. Las microlitas se presentan frescas y aumentan en forma gradual de tamaño hasta alcanzar el de fenocristal. Los fenocristales de plagioclasa son prismáticos alargados con terminaciones en cola de golondrina. Los mismos son escasos, constituyendo aproximadamente el 5% de la masa total de la roca y de distribución irregular. En general, no presentan secciones aptas para la medición de ángulos de extinción de Albita. Un único resto de

mineral ferromagnésico, atribuible por su forma a piroxeno, aparece parcialmente uralitizado (alterado).

3. Muestreo: Potrok Aike 2
Nº Pieza: 1
Determinación: Roca porfírica basáltica
Descripción macroscópica: Roca compacta, de color gris negruzco oscuro, con diminutas manchas de forma tabular que brillan al incidir la luz. En la superficie de alteración se observan abundantes cavidades, más opacas y ligeramente más claras, atribuibles a vesículas, marcas de impacto y de disolución. Las vesículas, producto del escape de gases, muestran en algunas porciones un alargamiento resultante del movimiento de la lava antes de su consolidación
Descripción microscópica:_Confirmando la observación megascópica, la roca presenta estructura porfírica con fenocristales tabulares de plagioclasa, de maclas generalmente difusas y ocasionales crecimientos zonales. En general, el estado de las plagioclasas de mayor tamaño es fresco, observándose en muchas de ellas abundantes inclusiones de vidrio volcánico castaño. Por su composición, medida en ángulos de extinción simétrica sobre maclas de ley de Albita, se trata de una Labradorita básica. Las secciones de las plagioclasas son heudrales. La pasta está integrada por microlitas feldespáticas, desordenadamente distribuidas en la mayoría de los casos, y con cierto subparalelismo en determinados sectores. Las microlitas están desordenadamente dispuestas en una pasta vítrea muy alterada, donde se intercalan gránulos opacos.

4. Muestreo: Potrok Aike 2
Nº Pieza: 27
Determinación: Basalto olivínico
Descripción macroscópica: Roca volcánica compacta, gris-verdosa oscura, porfírica, que presenta fenocristales blanquecinos y amarillentos tabulares, que no sobrepasan los 3 mm. De largo, dispuestos en forma irregular. La superficie de alteración muestra numerosas cavidades que corresponden la disolución de los fenocristales. También se observan marcas puntuales de pequeño tamaño (1-2 mm.).
Descripción microscópica: En sección delgada se observa que el componente principal de los fenocristales es la plagioclasa, que no solo se presenta como individuos asilaos, sino como agrupaciones de 2 o 3 fenocristales. Los mismos son en general heuedrales, relativamente frescos, maclados según leyes de Albita y sus combinaciones con Casbald, cuya composición corresponde a Labradorita básica-Bitownita. El tamaño de los fenocristales muestra variaciones que corresponden a, por lo menos, dos generaciones. Cuantitativamente subordinados al feldespato se ven cristales de olivina, en general muy alterados, con reemplazo por óxido de hierro, y en unos pocos se observa un principio de serpentinización. En general las plagioclasas presentan inclusiones vítreas, y disoluciones parciales. La pasta, integrada por microlitas feldespáticas, desordenadamente distribuidas en una aparente base vítrea alterada, contiene además gránulos opacos y productos secundarios.

5. Muestreo: Potrok Aike 1
Nº Pieza: 26
Determinación: Andesita
Descripción macroscópica: Roca de color gris oscuro, de textura porfírica, constituida por cristales tabulares claros, de dimensiones comprendidas entre 1-3 mm., irregularmente distribuidos en medio de una masa afanítica oscura, acompañados por tablillas más escasas y de menor tamaño, también prismáticas alargadas, de un mineral negro-verdoso muy oscuro, atribuible a piroxeno. La superficie de alteración, de color más claro, presenta algunos huecos de disolución de los fenocristales.
Descripción microscópica: Se observan abundantes cristales tabulares de plagioclasa con diversidad de maclado, que va desde las leyes de albita a sus combinaciones con Carlsbad y periclino y otras leyes más complejas. Del material oscuro, los fenocristales aparecen totalmente alterados en una masa clorítica, muy fina en la mayoría de los casos. Aisladamente se observó un cristal de augita verde muy pálida a incolora, maclada, y otros agregados del mismo piroxeno, con diferentes grado de alteración. La pasta muestra cristales de feldespato, que gradan de fenocristales a microlitas, y alternan con gránulos opacos de magnetita muy abundantes, que en buena parte provendrían de la descomposición de los fémicos primarios. Junto a ellos se observan plagioclasas de Labradorita.

6. Muestreo: Potrok Aike 2
Nº Pieza: 28
Determinación: Pelita lutítica
Descripción macroscópica: Roca pelítica oscura, densa, que observada en sus porciones más frescas muestra una alineación paralela de algunos minerales, que dan al conjunto una apariencia físil discontinua. Megascópicamente resulta difícil establecer la mineralogía, aunque aisladamente se observan finas maclas tabulares brillantes, que se interpretan como caras de clivaje de feldespato.
Descripción microscópica: Se observa la isorientación de los clastos alargados, así como de minerales laminares muy alterados, de color amarillento, atribuibles a micas alteradas, a veces densamente rodeadas por gránulos opacos de óxidos de hierro. Los minerales opacos marcan, por su distribución, las líneas de visibilidad. Los fenoclastos, muy alterados en su mayoría, y esporádicos granos tabulares más frescos de feldespato, siguen la misma distribución en planos paralelos. La observación microscópica evidencia, con mayor claridad, el carácter físil de la roca, lo que inclina a ubicarla taxonómicamente como una pelita del grupo de las lutitas.

7. Muestreo: Potrok Aike 1 (figura 19.XIII)
Nº Pieza: 25
Determinación: Lutita
Descripción macroscópica: Roca oscura, color gris negruzco, con superficies alteradas ferruginosas, que presentan planos de esquistosidad. Está constituida por fino material pelítico, distribuido en bandas de diferentes gamas de color gris.
Descripción microscópica: Se observa la distribución paralela a subparalela de los componentes laminares,

destacándose algunos clastos tamaño arena muy fina, correspondientes a cuarzo y otros, claros y muy alterados, atribuibles por su forma a feldespatos. Toda la roca es de grano muy fino con sectores donde se agrupan clastos opacos, en forma de cristales de diferentes dimensiones. Si bien la mayoría de los granos opacos, que tienen una distribución uniforme, presentan un ordenamiento subparalelo, hay sectores donde estos se hacen más pronunciados. La masa contiene abundantes laminillas cloríticas y material arcilloso.

Figura 19.XIII: Nódulo de lutita recolectado en el muestreo Potrok Aike 1

8. Muestreo: El Zurdo 1
Nº Pieza: 7
Determinación: Basalto
Descripción macroscópica: Roca porfírica, pesada, compacta, de grano muy fino y color negruzco. Presenta una superficie de alteración de color gris claro que contrasta con el color oscuro de la fractura fresca. En dicha fractura, la incidencia directa de la luz sobre planos de clivaje de algunos minerales tabulares grises blanquecinos, atribuibles a plagioclasas, permite diferenciar dos generaciones, cuyos componentes mejor desarrollados (fenocristales) están representados por plagioclasas y minerales oscuros, atribuibles a piroxenos. Ambos aparecen incluidos en una pasta fina.
Descripción microscópica: Los fenocristales constituyen aproximadamente la tercera parte de los componentes, representados en orden de frecuencia por plagioclasas, piroxenos, minerales opacos y restos de un mineral alterado. Las plagioclasas presentan sus características formas tabulares, en la mayoría de los casos sin maclas visibles. Su estado de conservación es relativamente fresco. Los fenocristales de piroxeno, en general, aparecen alterados, probablemente uralitizados (transformados en anfibol). Respecto de la olivita, sus clastos, sumamente alterados y de dimensiones muy reducidas, aparecen rodeados por un reborde de minerales opacos. La pasta es de tipo pirotáxica y está constituida por microlitas desordenadamente orientadas, que en determinadas porciones adoptan una distribución orientada, resultante de la fluidalidad. En la roca se observan nidos o agrupaciones de varios cristales de plagioclasa y piroxeno, rodeados por una aureola de microlitas.

9. Muestreo: El Zurdo 1
Nº Pieza: 9
Determinación: Lutita
Descripción macroscópica: Roca pelítica oscura, densa, que observada en sus porciones más frescas muestra una alineación paralela de algunos minerales, que dan al conjunto una apariencia físil discontinua. Megascópicamente resulta difícil establecer la mineralogía, aunque aisladamente se observan finas maclas tabulares brillantes, que se interpretan como caras de clivaje de feldespato.
Descripción microscópica: Roca sedimentaria, constituida por clastos limo-arcillosos, en la que se advierte la isorientación de los componentes laminares y de los fragmentos y cristales, atribuibles a feldespatos de formas preferentemente tabulares. Igualmente, los minerales opacos, en forma de pequeños gránulos, tienden a formar pequeñas alineaciones granulares.

10. Muestreo: Güer Aike 3
Nº Pieza: 26
Determinación: Roca basáltica alterada
Descripción macroscópica: Roca pesada, densa, oscura, de superficies pulidas, ligeramente ferruginosas, en las que se observan algunas marcas de percusión en forma de estrías, en v, etc. En fractura fresca, el grano es muy fino y se rompe en fractura concoidea, donde se destacan excepcionales fenocristales tabulares de hasta 5 mm de largo, inmersos en una masa microcristalina, donde se destacan, por el brillo de sus caras de clivaje, microlitas feldespáticas.
Descripción microscópica: Los caracteres primarios de la roca aparecen parcialmente modificados por alteración y por fisuración. En medio de una masa de productos secundarios, constituida por minerales opacos, arcillosos, clorita y abundante epidoto (que enmascaran las características de la pasta original), se destacan: microlitas feldespáticas, con diferentes grados de alteración y fenocristales feldespáticos, cubiertos por escamas de clorita y granos opacos de óxido de hierro. Los minerales ferromagnésicos primarios se hayan finamente divididos en la pasta, y han sido reemplazados por epidoto. Por la forma de los seudomorfos, podría atribuirse a piroxenos. En general, la roca aparece muy fisurada, con relleno de las fisuras por minerales opacos.

11. Muestreo: Güer Aike 4
Nº Pieza: 39
Determinación: Roca volcánica alterada
Descripción macroscópica: *Idem* anterior
Descripción microscópica: En líneas generales, la roca guarda cierta semejanza con la anterior, aunque su grado de alteración es más acentuado, como también lo es la fisuración. Los fenocristales claros (feldespatos) aparecen totalmente reemplazados por una masa de restos feldespáticos, calcita y minerales opacos, que a nikoles cruzados adquieren un aspecto pavimentoso. En algunos casos ha habido un principio de impregnación silícea, observándose agregados fibrosos radiales de calcedonia. El número de seudomorfos fesldespáticos es más abundante que en la muestra anterior. La isorientación de

los clastos alargados, siguiendo aproximadamente la misma orientación de las grietas, sugiere efectos de presión.

12. Muestreo: Punta Loyola 2
Nº Pieza: recolección fuera de tiempo de muestreo
Determinación: Basalto
Descripción macroscópica: Roca compacta, negra, opaca, de típica estructura porfírica, con escasos fenocristales grises de hasta 3 mm de largo, finos, tabulares, atribuibles a feldespatos, que resaltan por el brillo de sus planos de clivaje, señalando una distribución subparalela, en medio de una masa afanítica. Presenta fractura concoidea a subconcoidea y escasas estrías de hasta 1 cm, poco profundas y de distribución irregular a subparalela.
Descripción microscópica: Textura porfírica bien definida, con escasos fenocristales de plagioclasa, de contornos parcialmente corroídos, que a veces formas verdaderos senos de corrosión. En general son cristales alargados, que en algunos casos muestran abundantes inclusiones vítreas. La mayoría de las secciones no presentan maclas, pero en algunos individuos se observan maclas de ley de albita y combinaciones de Carlsbad y albita. En los pocos individuos en los que se pudo efectuar mediciones sobre maclas de albita, los valores obtenidos corresponden a una Labradorita básica. De los minerales ferromagnésicos primarios se conservan escasos fenocristales de augita con márgenes alterados. La relación fenocristales/pasta es aproximadamente de 1:10. La pasta, muy fina, afieltrada, muestra microlitas desordenadamente dispuestas, muy alteradas, que se confunden en medio de una pasta microcristalina, y se encuentran asociadas con gránulos opacos de óxido de hierro, escamas cloríticas y abundantes minerales de arcilla.

13. Muestreo: Punta Loyola 1
Nº Pieza: 16
Determinación: Roca volcánica alterada
Características megascópicas y al microscopio similares a la muestra Güer Aike 3 nº 39, aunque el número de fenocristales feldespáticos es menor.

14. Muestreo: Punta Loyola 1
Nº Pieza: 45
Determinación: Fangosita
Descripción macroscópica: Roca pelítica, con granos que presentan dimensiones correspondientes al intervalo limo mediano-grueso, distribuidos en una matriz cuyos componentes disminuyen de tamaño hasta la fracción arcilla.
Descripción microscópica: En todos los clastos alargados se observa isorientación paralela a gruesas venas cuarzosas. Abundantes gránulos opacos y de epidoto, atribuibles a productos de descomposición de minerales ferromagnésicos, forman agregados de distribución irregular. A pesar del paralelismo observado en los granos largos, en la observación megascópica no se detectan planos de fisilidad, razón por la cual se considera que se trata de una fangolita.

15. Muestreo: Punta Loyola 1
Nº Pieza: 56
Determinación: Roca silicificada, posiblemente sedimentaria
Descripción macroscópica: Roca oscura, compacta, de grano muy fino. Presenta una superficie pulida por el desgaste, con marcas de disolución de algunos componentes tabulares. Tiene fractura concoidal, donde se observa una masa de grano muy fino dominante, de color negro, con finas tablillas de color gris verdoso oscuro.
Descripción microscópica: Bajo microscopio se observa que la roca ha estado sometida a intensos procesos de alteración y silicificación que han desfigurado sus características originales. No obstante, el reconocimiento de algunos seudomorfos de cristales alargados, compatibles por su forma con individuos de plagioclasa totalmente reemplazados por un pavimento silíceo, y pequeñas esferas y otras formas (medialunas, volutas, etc.), sugieren un origen biogénico, con posterior reemplazo. Dichos materiales, en general irregularmente distribuidos, en algunas porciones del corte tienden a orientarse con relativo paralelismo. Están distribuidos en una masa silico-arcillosa, rica en productos secundarios (gránulos opacos, clorita y epidoto). El estado de conservación de la muestra no permite determinar su especie, pero la presencia de restos compatibles con materiales organógenos, sugiere que se trataría de una roca de origen sedimentario.

REFERENCIAS CITADAS

AGOSTA, E., C. FAVIER DUBOIS Y R. COMPAGNUCCI
2005. Anomalías climáticas en la Patagonia durante el Calentamiento Vikingo y la Pequeña Edad de Hielo. En: *Actas del IX Congreso Argentino de Meteorología.* Buenos Aires.

AGOSTINI, S., D'ORAZIO, M., GONZALEZ-FERRAN O., HALLER, M. J., INNOCETTI, E., LAHSEN, A., MANETTI, P., MAZZARINI, F., MAZZUOLI, R. Y MEISTER, C.
1999. The Pali Aike Volcanic Field, Southern Patagonia: petrogenesis and geodynamic significance. *XIV Congreso Geológico Argentino*, Actas II, pp. 261-264, Salta.

ÁLVAREZ, M.
2000-2002. El trabajo del hueso en la costa norte del canal Beagle: técnicas de manufactura de a través del análisis funcional de instrumentos líticos. *Cuadernos del Instituto Nacional de Antropología y Pensamiento Latinoamericano* 19: 49-70.

2003. Organización tecnológica en el Canal Beagle. El caso de Túnel I (Tierra del Fuego, Argentina). Tesis Doctoral. Facultad de Filosofía y Letras, Universidad de Buenos Aires. Buenos Aires.

2004. ¿A qué responde la diversidad instrumental? Algunas reflexiones a partir del análisis funcional de materiales líticos de la costa norte del Canal Beagle. En: *Contra viento y marea. Arqueología de Patagonia*, comp. por M. T. Civalero, P. M. Fernández y A. G. Guraieb. Pp. 29-43. INAyPL y Sociedad Argentina de Antropología. Buenos Aires.

2005. Organización tecnológica en la costa norte del canal Beagle: estrategias de uso de materiales líticos de los cazadores litorales del extremo sur de Patagonia. *Relaciones de la Sociedad Argentina de Antropología* XXX: 33-57.

AMICK, D. Y R. MAULDIN (Eds.).
1989. *Experiments in Lithic Technology.* BAR International Series 528.

ANDREFSKY, W.
1994. Raw-material availability and the organization of technology. *American Antiquity* 59 (1): 21-34.

1998. *Lithics. Macroscopic approaches to analysis.* Cambridge University Press. Cambridge.

ARAGÓN, E. Y N. FRANCO
1997. Características de rocas para la talla por percusión y propiedades petrográficas. *Anales del Instituto de la Patagonia* 25: 187-199.

ASCHERO, C.
1975. Ensayo para una clasificación morfológica de artefactos líticos aplicada a estudios tipológicos comparativos. Informe entregado al CONICET. MS.

1983. Ensayo para una clasificación morfológica de artefactos líticos aplicada a estudios tipológicos comparativos. Revisión. Cátedra de Ergología y Tecnología (FFyL-UBA). Buenos Aires. MS.

1987. Tradiciones culturales en la Patagonia Central -una perspectiva arqueológica-. En: *Comunicaciones. Primeras Jornadas de Arqueología de la Patagonia*, A. M. Aguerre, C. C. Aschero y C. Belleli comp. Ed. Dirección de Cultura de la Provincia de Chubut, pp. 17-32. Rawson.

ASCHERO, C. Y S. HOCSMAN
2004. Revisando cuestiones tipológicas en torno a la clasificación de artefactos bifaciales. En: *Temas de Arqueología. Análisis lítico*, pp. 7-25. A. Acosta, D. Loponte y M. Ramos (Comp.). Universidad Nacional de Lujan.

BAMFORTH, D.
1986. Technological Efficiency and Tool Curation. *American Antiquity* 51: 38-50.

1991. Technological organization and hunther-gatherer land use. *American Antiquity* 56: 216-235.

BAMFORTH, D. Y P. BLEED
1997. Technology, flaked stone technology, and risk. En: *Rediscovering Darwin: Evolutionary theory and archeological explanation*, M. Barton y G. Clark (Eds.), pp. 109-139. Archeological Papers of the American Anthropological Association 7.

BARBERENA, R.
2002. *Los límites del mar. Isótopos estables en Patagonia Meridional.* Colección Tesis de Licenciatura, dirigida por L. Nacuzzi. Sociedad Argentina de Antropología. Buenos Aires.

2007. Arqueología y biogeografía humana en Patagonia meridional. Tesis doctoral. Facultad de Filosofía y Letras, Universidad de Buenos Aires. Buenos Aires.

BARBERENA, R., A. BLASI Y C. CASTIÑEIRA
2006. Geoarqueología en Pali Aike: cueva Orejas de Burro 1 (Patagonia, Argentina). *Magallania* 34: 103-122.

2007a. Geoarquelogía y biogeografía: el registro de cuevas en Pali Aike. En: *Arqueología de Fuego-Patagonia. Levantando piedras, desenterrando huesos... y develando arcanos,* ed. por F. Morello, M. Martinic, A. Prieto y G. Bahamonde, pp. 75-88, Ed. CEQUA, Punta Arenas.

BARBERENA, R., F. MARTIN Y L. BORRERO
2007b. Estudio biogeográfico de conjuntos faunísticos: sitio Cóndor 1 (Pali Aike). En: *Arqueología de Fuego-*

Patagonia. Levantando piedras, desenterrando huesos... y develando arcanos, ed. por F. Morello, M. Martinic, A. Prieto y G. Bahamonde, pp. 139-150, Ed. CEQUA, Punta Arenas.

BATE, F.
1970. Primeras investigaciones sobre el arte rupestre de la Patagonia chilena (Primer informe). *Anales del Instituto de la Patagonia* 1 (1): 15-25.

1971. Primeras investigaciones sobre el arte rupestre de la Patagonia chilena (Segundo informe). *Anales del Instituto de la Patagonia* 2 (1-2): 33-41.

BECK, CH., TAYLOR, A., JONES, G., FADEM, C., COOK, C. Y MILLWARD S.
2002. Rocks are heavy: transport cost and Paleoarchaic quarry behaviour in the Great Basin. *Journal of Anthropological Archaeology* 21: 481-507.

BELARDI, J. B., L. A. BORRERO, P. CAMPAN, F. CARBALLO MARINA, N. V. FRANCO, M. F. GARCÍA, V. D. HORWITZ, J. L. LANATA, F. M. MARTÍN, F. E. MUÑOZ, A. S, MUÑOZ Y F. SAVANTI
1992. Intensive Archaeological Survey in the Upper Santa Cruz Basin, Southern Patagonia. *Current Anthropology* 33: 451-454.

BELARDI, J., P. TIBERI, CH. STERN Y A. SÚNICO
2006. Al este del cerro Pampa: ampliación del área de disponibilidad de obsidiana de la Pampa del Asador (Provincia de Santa Cruz). *Intersecciones en Antropología* 7: 27-36.

BENN, D. Y CH. CLAPPERTON
2000. Pleistocene glacitectonic landforMS and sediments around central Magellan Strait, southernmost Chile: evidence for fast outlet glaciers with cold-based margins. *Quaternary Science Reviews* 19: 591-612.

BETTINGER, R. Y J. ERKENS
1999. Point typologies, cultural transmission, and the spread of bow-and-arrow technology in the prehistoric Great Basin. *American Antiquity* 64 (2): 231-242.

BINFORD, L.
1977a. Forty-seven trips: A case study in the character of archaeological formation process. En: *Stone Tools as Cultural Markers*. Ed. por R. Wright, pp. 24-36. Australian Institute of Aboriginal Studies, Camberra.

1977b. *For theory building in Archaeology*. Ed. por L. Binford. Academia Press. New York.

1979. Organization and formation processes: looking at curated technologies. *Journal of Anthropological Research* 35: 255-273.

1980. Willow smoke and dog's talls: hunter and gatherers settlement systems and archaeological site formation. *American Antiquity* 45: 4-20.

1981. Middle-range research and the role of actualistic studies. En: *Bones: ancient men and modern myth*, pp. 21-30. Academic Press. London.

1982. The Archaeology of place. *Journal of Anthropological Archaeology* 1: 5-31.

1986. An Alyawara day: making men's knives and beyond. *American Antiquity* 51 (3): 547-562.

1994. Etnografía de cazadores-recolectores y sus implicaciones para la construcción de teoría arqueológica. *Anales de la Academia Nacional de Ciencias de Buenos Aires* XVIII (1): 214-230.

BINFORD, L. Y S. BINFORD
1966. A Preliminary Analysis of Functional Variability in the Mousterian of Levallois Facies. *American Anthropologist* 68 (2): 238-295.

BINFORD,L. Y L. SABLOFF
1983. ParadigMS, Systematics and Archaeology. *Journal of Anthropological Research* 40 (3): 137-153.

BINFORD, L. Y J. O'CONNELL
1984. An Alyawara day : the stone quarry. *Journal of Anthropological Research* 40: 406- 432.

BINFORD, L. Y N. STONE
1985. "Righteous rocks" and Richard Gould: some observations on misguided "debate". *American Antiquity* 50 (1): 151-153.

BIRD, J.
1938. Antiquity and migrations of the early inhabitans of Patagonia. *Geographical Review*, vol. XXVIII: 250-275.

1946. The Archaeology of Patagonia. En: *Handbook of South American Indians. Volume I: The Marginal Tribes.* Editado por: J. H. Steward, pp. 17-24. Washington, Smithsonian Institution, Bureau of American Ethnology.

1983. Enterratorios paleoindios con cremación en las cuevas de Pali Aike y Cerro Sota en Chile Meridional. *Anales del Instituto de la Patagonia* 14: 55-66.

1993. *Viajes y Arqueología en Chile Austral.* Ed. por J. Hyslop. Ediciones de la Universidad de Magallanes, Punta Arenas.

BLEED, P.
1986. The optimal design of hunting weapons: maintainability or reliability. *American Antiquity* 51 (4): 737-747.

BORRAZZO, K.
2004. Hacia una tafonomía lítica: el análisis tafonómico y tecnológico de los conjuntos artefactuales líticos de superficie provenientes de los *loci* San Genaro 3 y 4 (Bahía San Sebastián - Tierra del Fuego, Argentina). Tesis de licenciatura en Ciencias Antropológicas.

Facultad de Filosofía y Letras, Universidad de Buenos Aires. Buenos Aires.

BORRERO, L.
1980a. Problemas geomorfológicos y cronológicos relacionados con materiales arqueológicos atribuidos a las industrias Solanense y Oliviense. *Sapiens* 4: 117–121.

1980b. La Fauna de Las Buitreras: su significado en un marco sudamericano. *Runa* XIII (1-2): 21- 30.

1987. Variabilidad de sitios arqueológicos de la Patagonia meridional. En: *Comunicaciones. Primeras Jornadas de Arqueología de la Patagonia,* A. M. Aguerre, C. C. Aschero y C. Belleli comp. Ed. Dirección de Cultura de la Provincia de Chubut, pp. 41-49. Rawson.

1989. Replanteo de la arqueología patagónica. *Interciencia* 14 (3): 127-135.

1994-95. Arqueología de la Patagonia. *Palimpsesto. Revista de Arqueología* 4: 9-69.

1995. Historia reciente de la arqueología patagónica. *Runa* XXII: 151-176.

2001a. Modos de interacción entre las poblaciones humanas de la Patagonia Meridional. Proyecto PICT-ANPCyT N° 04-9498. MS.

2001b. *El poblamiento de la Patagonia. Toldos, milodones y volcanes.* Ed. Emecé, Buenos Aires.

2004. Corredores acuáticos en la estepa patagónica: un estudio micro-regional. Proyecto UBACyT F124. MS

2005. Hunter-Gatherer Archaeology and Palaeoecology at the End of the World (Patagonia, Argentina, Southernmost South America). National Geographic Research Grant N° 7736-04. MS

2006. Arqueología del límite noroccidental del campo de lava Pali Aike. Proyecto PIP- CONICET N° 5676. MS.

2007. Visitas, intercambio y la zona vacía. Proyecto PICT-ANPCyT N° 08-6721. MS.

BORRERO, L. A. Y N. V. FRANCO.
2001. Las colecciones líticas del Museo Británico. *Anales del Instituto de la Patagonia. Serie Ciencias Humanas* 29: 207-210.

BORRERO, L. Y R. BARBERENA
2006. Hunter-gatherer home ranges and marine resources. *Current Anthropology* 47 (5): 855-867.

BORRERO, L. Y L. MANZI
2007. Arqueología supra-regional y biogeografía en la Patagonia meridional. En: *Arqueología de Fuego-Patagonia. Levantando piedras, desenterrando huesos... y develando arcanos,* ed. por F. Morello, M. Martinic, A. Prieto y G. Bahamonde, pp. 163-172, Ed. CEQUA, Punta Arenas.

BORRERO, L. A., R. A. GUICHÓN, R. TYKOT Y J. KELLY, A. PRIETO Y P. CÁRDENAS
2001. Estudios de dieta por medio de isótopos estables sobre huesos humanos de Patagonia Meridional y Tierra del Fuego. *Anales del Instituto de la Patagonia. Serie Ciencias Humanas* 29: 119-127.

BORRERO, L. A., L. MANZI, L. L'HEUREUX, F. MARTIN, N. FRANCO, J. CHARLIN, R. BARBERENA Y P. CAMPAN
2004. Arqueología del campo de lava Pali Aike, Argentina. En: *Resúmenes del XV Congreso Nacional de Arqueología Argentina.* Río Cuarto, Córdoba.

BORRERO, L. A., R. BARBERENA, N. FRANCO Y J. CHARLIN
2006. Isótopos y rocas: organización geográfica en cazadores-recolectores de Patagonia. Trabajo presentado al taller "Isótopos estables en el sur de Sudamérica". Malargüe, Mendoza.

BORROMEI, A. Y H. NAMI
2000. Contribución a la paleoecología de la cuenca del río Chico en el extremo sur de la Provincia de Santa Cruz: el aporte de la Palinología. En: *La perspectiva interdisciplinaria en la arqueología contemporánea.* Ed. por H. Nami, Arqueología Contemporánea 6: 105-122.

BOUSMAN, C. B.
1993. Hunter-gatherer adaptations, economic risk and tool design. *Lithic Technology* 18 (1 y 2): 59-86.

2005. Coping with risk: Later stone age technological strategies at Blydefontein Rock Shelder, South Africa. *Journal of Anthropological Archaeology* 24: 193-226.

BRADBURY, A. Y P. CARR
1995. Flake typologies and alternative approaches: an experimental assesment. *Lithic Technology* 20 (2): 100-115.

BRANTINGHAM, P. J.
2003. A neutral model of stone raw material procurement. *American Antiquity* 68 (3): 487-509.

2006. Measuring Forager mobility. *Current Anthropology* 47 (3): 435-459.

CALDENIUS, C.
1932. *Las Glaciaciones Cuaternarias en la Patagonia y Tierra del Fuego. Una Investigación Regional, Estratigráfica y Geocronológica. Una Comparación con la Escala Geocronológica Sueca.* Ministerio de Agricultura de la Nación, Buenos Aires.

CAMILLI, E. L. Y J. I. EBERT
1992. Artifact reuse and recycling in continuous surface distributions and implications for interpreting land use pattern. En: *Space, Time and Archaeological Landscapes*, ed. por J. Rossignol y L. A. Wandsnider, pp. 113-136. New York Plenum Press. New York.

CAMPAN, P., F. CARBALLO MARINA Y L. MANZI
2006. Informe campaña Estancia La Carlota, campo volcánico Pali Aike, Pcia. de Santa Cruz. Enero 2006. MS.

2007. Arqueología de estancia La Carlota (campo volcánico Pali Aike, Santa Cruz). En: *Arqueología de Fuego-Patagonia. Levantando piedras, desenterrando huesos... y develando arcanos.* Punta Arenas, ed. por F. Morello, M. Martinic, A. Prieto y G. Bahamonde, pp. 687-699, Ed. CEQUA, Punta Arenas.

CARACOTCHE, S.
2003. La arqueología de Monte León: informe de situación. Delegación regional Patagonia, Administración de Parques Nacionales. MS

CARBALLO MARINA, F.
2007. La cuenca superior del río Santa Cruz: las poblaciones humanas y el uso del espacio. Tesis doctoral. Facultad de Ciencias Naturales y Museo, Universidad Nacional de La Plata. La Plata.

CARBALLO MARINA, F. Y B. ERCOLANO
2001. Arqueología de Punta Loyola. En: *Actas del XIV Congreso Nacional de Arqueología Argentina.* Universidad Nacional de Rosario, Santa Fé. En prensa.

2004. El uso humano de las marismas del río Gallegos durante el Holoceno. En: *Actas de las II Jornadas Patagónicas Mallines y Humedales.* Universidad Nacional de la Patagonia Austral, Unidad Académica Río Gallegos (ed.). Río Gallegos. CD-ROM

CARBALLO MARINA, F., B. ERCOLANO, E. MAZZONI Y M. VÁZQUEZ
2000. Las unidades de paisaje y la distribución de artefactos en el valle inferior del río Gallegos. En: *Desde el país de los gigantes. Perspectivas arqueológicas de Patagonia.* Universidad Nacional de la Patagonia Austral (ed.), pp. 331-343. Río Gallegos.

CARDILLO, M. Y J. CHARLIN
2007. Tendencias observadas en la variabilidad de los raspadores de Norte y Sur de Patagonia. Explorando las interrelaciones entre forma, tamaño e historia de vida. Trabajo presentado en el 2° Congreso Argentino y 1° Latinoamericano de Arqueometría. Buenos Aires. En evaluación.

CARDILLO, M. Y F. SCARTASCINI
2007. Tendencias observadas en las estrategias de explotación de recursos líticos en el golfo San Matías. Provincia de Río Negro. Argentina. En: *Arqueología de Fuego-Patagonia. Levantando piedras, desenterrando huesos... y develando arcanos,* ed. por F. Morello, M. Martinic, A. Prieto y G. Bahamonde, pp. 117-128, Ed. CEQUA, Punta Arenas.

CARR, P.
1994. The organization of technology: impact and potential. En: *The Organization of North American Prehistoric Chipped Stone Toll Technologies*, ed. por P. Carr, pp. 1-8. International Monographs in Prehistory, Archaeological Series 7.

CASHDAN, E.
1983. Territoriality among human foragers: Ecological models and a application to four Bushman groups. *Current Anthropology* 24 (1): 47-66.

CAVIGLIA, S. E.
1976-1980. La presencia de Dusicyon avus (Burmeister), 1864 en la Capa VIII de la Cueva Las Buitreras (Patagonia, Argentina): su relación con otros hallazgos en la Patagonia meridional. *Runa* XIII (1-2): 31-33.

CAVIGLIA, S. E. Y M. J. FIGUERERO TORRES
1976. Material faunístico de la cueva "Las Buitreras" (Dpto. Güer Aike, Provincia de Santa Cruz). *Relaciones de la Sociedad Argentina de Antropología (N. S.)* 10: 315-319.

CHARLIN, J.
2005. Aprovisionamiento de materias primas líticas en el campo volcánico de Pali Aike (Santa Cruz): una primera aproximación a partir del análisis de los núcleos. *Werken* 7 (2):39-55.

2006. Los instrumentos líticos en Pali Aike (Pcia. Santa Cruz): ¿Homogeneidad o diversidad en la utilización de las materias primas líticas? *Werken* 9 (2): 47-71.

2007a. Una perspectiva espacial de la intensidad de uso de las materias primas líticas en el campo volcánico Pali Aike (Prov. Santa Cruz, Argentina). En: *Arqueología de Fuego-Patagonia. Levantando piedras, desenterrando huesos... y develando arcanos,* ed. por F. Morello, M. Martinic, A. Prieto y G. Bahamonde, pp. 129-138, Ed. CEQUA, Punta Arenas.

2007b. Explorando la intensidad de uso de las materias primas líticas en Pali Aike (Prov. Santa Cruz, Argentina). *Intersecciones en Antropología* 8:287-299.

2007c. La circulación de obsidianas en el extremo sur de Sudamérica. Distribución espacial y estrategias de aprovisionamiento. MS

CHARLIN, J. Y M. CARDILLO
2005. Análisis comparativo de núcleos procedentes del extremo sur de Patagonia continental (Rep. Argentina): materias primas y técnicas de reducción. *Magallania* 33 (2): 57-68.

2007. Morfometría geométrica de los cabezales bifaciales del Campo Volcánico Pali Aike. En preparación.

CIVALERO, M. T.
1999. Obsidiana en Santa Cruz, una problemática a resolver. En: *Soplando en el viento. Actas de las III Jornadas de Arqueología de la Patagonia*, ed. por el Instituto Nacional de Antropología y Pensamiento Latinoamericano y la Facultad de Humanidades, Universidad Nacional del Comahue, pp. 155-164. Neuquén-Buenos Aires.

CIVALERO, M. T. Y C. ASCHERO
2003. Early Occupations at Cerro Casa de Piedra 7, Santa Cruz Province, Patagonia Argentina. En: *Ancient Evidences for Paleo South Americans: From where the South Winds Blow*, edited by Center for the Studies of the First Americans (CSFA) and Texas A&M University Press.

CIVALERO, T. Y N. FRANCO
2003. Early human occupations in western Santa Cruz province, Southernmost South America. *Quaternary International* 109-110: 77-86.

CLAPPERTON, CH.
1993. *Quaternary Geology and Geomorphology of South America*. Elsevier, Amsterdam.

CLAPPERTON, CH., D. SUGDEN, D. KAUFMAN Y R. MCCULLOCH
1995. The last glaciation in central Magellan Strait, Southernmost Chile. *Quaternary Research* 44: 133-148.

CLARKE, D.
1984. *Arqueología Analítica*. Ediciones Bellatera, S.A. Barcelona.

CLARKSON, C.
2002. An index of invasiveness for the measurement of unifacial and bifacial retouch: a theoretical, experimental and archaeological verification. *Journal of Archaeological Science* 29: 65-75.

CLAY, B.
1976. Typological classification, attribute analysis and lithic variability. *Journal of Field Archaeology* 3: 303-311.

CLOSE, A.
1991. On the validity of Middle Paleolithic tool types: A test case from the eastern Sahara. *Journal of Field Archaeology* 18: 256-264.

CODIGNOTTO, J.
1990. Evolución en el cuaternario alto del sector de costa y plataforma submarina entre río Coig, Santa Cruz y Punta María, Tierra del Fuego. *Revista de la Asociación Geológica Argentina* XLV (1-2): 9-16.

CORBELLA, H.
2002. El campo volcánico-tectónico de Pali Aike. En: *Geología y recursos naturales de Santa Cruz*. Relatorio del XV Congreso Geológico Argentino. El Calafate, 1-18: 285-301. Buenos Aires.

CORBELLA, H. Y B. ERCOLANO
2002. Acerca del valle medio e inferior del río Gallegos. Patagonia austral – Argentina. Actas del XV Congreso Geológico Argentino, pp. 661-666. El Calafate.

CORONATO, A., A. MEGLIOLI Y J. RABASSA.
2004. Glaciations in the Magellan Straits and Tierra del Fuego, Southernmost South America. En: *Quaternary glaciations. Extent and chronology*. Part III: South America, Asia, Africa, Australasia and Antarctica. Quaternary Book Series. Elsevier Publishers, Amsterdam. En prensa

COWGILL, G.
1982. Clusters of objects and associations between variables: two approaches to archaeological classification. En: *Essays on Archaeological Typology*, ed. por R. Whallon y J. Brown, pp. 30-55. Center for American Archaeology Press, Evanston, Illinois.

DANCEY, W. S.
1998. The value of surface archaeological data in exploring the dynamics of community evolution in the middle Ohio valley. En: *Surface Archaeology*, ed. por A. P. Sullivan III, pp. 3-19. Albuquerque, University of New Mexico Press.

DAVIS, Z. Y J. SHEA
1998. Quantifying lithic curation: and experimental test of Dibble and Pelcin´s original flake-tools mass predictor. *Journal of Archaeological Science* 25: 603-610.

DIBBLE, H. L.
1984. Interpreting typological variation of Middle Paleolithic scraperss: function, style, or sequence of reduction? *Journal of Field Archaeology* 11: 431-436.

1987. The interpretation of Middle Paleolithic Scraper Morfology. *American Antiquity* 52 (1): 109-117.

1991. Rebuttal to Close. *Journal of Field Archaeology* 18: 264-267.

1997. Platform variability and flake morphology: a comparison of experimental and archaeological data and implications for interpreting prehistoric lithic technological strategies. *Lithic Technology* 22 (2): 150-170.

1998. Comment on "Quantifying lithic curation: an experimental test of Dibble and Pelcin´s original flake-tool mass predictor", by Zachary J. Davis and John J. Shea. *Journal of Archaeological Science* 25: 611-613.

DIBBLE, H. Y J. WHITTAKER
1981. New experimental evidence on the relation between percussion flaking and flake variation. *Journal of Archaeological Science* 6: 283-296

DIBBLE, H. Y A. PELCIN
1995. The effect of hammer mass and velocity on flake mass. *Journal of Archaeological Science* 22: 429.439.
D'ORAZIO, M., S. AGOSTINI, F. MAZZARINI, F. INNOCENTI, P. MANETTI, M. J. HALLER Y A. LAHSEN
2000. The Pali Aike volcanic Field, Patagonia: Slab-Window Magmatism near the Tip of South America. *Tectonophysics* 321: 407-427.

D'ORAZIO, M., F. INNOCENTI, P. MANETTI, M. HALLER
2004. Cenozoic back-arc magmatism of the south extra-Andean Patagonia (44° 30'- 52° S): A review of geochemical data and geodynamic interpretations. *Revista de la Asociación Geológica Argentina* 59 (4): 525-528.

DOUGLAS, B., SAUL, S. Y CH. STERN
1987. Rheology of the upper mantle beneath Southernmost South America inferred from peridotite xenoliths. *Journal of Geology*, vol. 95: 241-253.

DUNNELL, R.
1977 [1971]. Introducción sistemática a la Arqueología Prehistórica. Colegio Universitario. Ediciones Istmo. Madrid.

1986. Methodological issues in americanist artifact classification. *Advances in Archaeological Method and Theory* 9: 149-207.

2001. Foreword. En: *Style and Function. Conceptual Issues in Evolutionary Archaeology*, ed. By T. D. Hurt y G. F. M. Rakita, pp. XIII-XXIV. Bergin & Garvey. Wesport, Estados Unidos.

DUNNELL, R. Y W. DANCEY
1983. The siteless survey : a regional scale data collection strategy. *Advances in Archaeological Method and Theory* 6: 267-287.

DYSON-HUDSON, R. Y E. SMITH
1978. Humana territoriality: An ecological reassessment. *American Anthropologist* 80: 21-41.

EARLE, T.
1994. Positioning exchange in the evolution of human society. En: *Prehistoric exchange systeMS in North America*, ed. por T. Baugh y J. Ericson, pp. 419-437. Plenum, New York.

EBERT, J.
1979. An ethnoarchaeological approach to reassessing the meaning of variability in stone tool assemblages. En: *Ethnoarchaeology. Implications of Ethnography for Archaeology*. C. Kramer (ed.), pp. 59-74. Columbia University Press, New York.

EHLERS, E. Y H. BLATT
1982. *Petrology: Igneous, sedimentary and metamorphic*, capítulo 11, pp. 268-282. Ed. W. H. Freeman and Company. San Francisco.

EMPERAIRE, J. Y A. LAMING-EMPERAIRE
1961. Les gisements archeólogies des ilas Englefield et Vivian dans la mer d' Otway. *Journal de la Société des Américanistes* 50: 167-229.

EMPERAIRE, J., A. LAMING-EMPERAIRE Y A. REICHLEN
1963. La grotte Fell et autres sites de la region volcanique chiliene. *Journal de la Société des Américanistes* N° 52: 167-255, Paris.

ERCOLANO, B. Y F. CARBALLO MARINA
2005. Cazadores recolectores de la boca del estuario del río Gallegos, Santa Cruz, Argentina. *Magallania* 33 (2): 109-126.

ERCOLANO, B., F. CARBALLO MARINA Y E. MAZZONI
2000. El uso del espacio por parte de las poblaciones cazadoras-recolectoras en la cuenca inferior del río Gallegos, extremo sur de Patagonia, Argentina. *Anales del Instituto de la Patagonia* 28: 233-250.

EREN, M., M. DOMÍNGUEZ-RODRIGO, S. KHUN, D. ADLER, I. LE Y O. BAR-YOSEF
2005. Defining and measuring reduction in unifacial stone tools. *Journal of Archaeological Science* 32: 1190-1201.

ERICSON, J.
1984. Toward the analisis of lithic production sisteMS. En: *Prehistoric Quarries and Lithic Production*, eds J. Ericson y B. Purdy, pp. 1-9. University Press, Cambridge.

ESPINOSA, S. Y R. GOÑI
1999. ¡Viven!: Una fuente de obsidiana en la Provincia de Santa Cruz. En: *Soplando en el viento. Actas de las III Jornadas de Arqueología de la Patagonia*, ed. por el Instituto Nacional de Antropología y Pensamiento Latinoamericano y la Facultad de Humanidades, Universidad Nacional del Comahue, pp. 177-188. Neuquén-Buenos Aires.

ESPINOSA, S., J. B. BELARDI Y F. CARBALLO MARINA
2000. Fuentes de aprovisionamiento de materias primas líticas en los sectores medio e inferior del interfluvio Coyle-Gallegos (departamento Güer Aike, provincia de Santa Cruz). En: *Desde el país de los gigantes. Perspectivas arqueológicas en Patagonia*, tomo I, pp. 5-17, Universidad Nacional de la Patagonia Austral. Río Gallegos.

ETCHICHURY, M. C. Y J. R. REMIRO
1967. Los sedimentos litorales de la Provincia de Santa Cruz entre Punta Dungeness y Punta Desengaño. *Revista del Museo Argentino de Ciencias Naturales "Bernardino Rivadavia"*, Tomo IV (8): 323-376.

FAVIER DUBOIS, C.
2003. Late Holocene climatic fluctuations and soil genesis in southern Patagonia: effects on the archaeological record. *Journal of Archaeological Science* 30: 1-8.

FERUGLIO, E.
1950. *Descripción geológica de la Patagonia.* Tomo III, Capítulos XXIII y XXIV. Dirección General de Yacimientos Petrolíferos Fiscales. Buenos Aires.

FIDALGO, F. Y J. RIGGI
1965. Los rodados patagónicos en la Meseta del Guenguel y alrededores (Santa Cruz). *Revista de la Asociación Geológica Argentina*, tomo XX, N° 3: 273-325.

1970. Consideraciones geomórficas y sedimentológicas sobre los rodados patagónicos. *Revista de la Asociación Geológica Argentina*, tomo XXV, N° 4: 430-443.

FLENNIKEN, J.
1981. Replicative systeMS analysis: A model applied to the vein quartz artefacts from the Hoko river site. *Hoko river archaeological project contribution n° 2.* Washington State University, Laboratory of Anthropology, Reports of investigations n° 59.

FLENNIKEN, J. Y A. RAYMOND
1986. Morphological projectile point typology: replication, experimentation and technological analysis. *American Antiquity* 51 (3): 603-614.

FOLEY, R.
1981. A model of regional archaeological structure. *Proceedings of the Prehistoric Society* 47: 1-17.

FORD, J.
1954. On the concept of types. The type concept revisited. *American Anthropologist* 56 (1): 42-57.

FRANCO, N.
1991. El aprovisionamiento de los recursos líticos por parte de los grupos del Área Interserrana Bonaerense. *Shincal* 3 (2): 39-50.

1993. Análisis de núcleos recuperados en la margen norte del lago Argentino (Santa Cruz, Argentina). *Boletín 4 del Museo Regional de la Araucania*, Tomo I: 75-79.

1994. Maximización en el aprovechamiento de los recursos líticos. Un caso analizado en el Área Interserrana Bonaerense. En *Arqueología de cazadores-recolectores. Límites, casos y aperturas.* J. L. Lanata y L. A. Borrero compiladores, pp. 75-88. Arqueología contemporánea 5. Edición Especial.

1998. La utilización de recursos líticos en Magallania. En: *Arqueología de la Patagonia Meridional (Proyecto Magallania)*, pp. 29-51. Compilado por L. Borrero. Ed. Búsqueda de Ayllu, concepción del Uruguay, Entre Ríos.

1999. Puntas de Proyectil y circulación humana: una aproximación tecnológica. Trabajo presentado en el XIII Congreso Nacional de Arqueología Argentina, Córdoba. MS.

2002a. Estrategias de utilización de recursos líticos en la cuenca superior del Río Santa Cruz. Tesis doctoral. Facultad de Filosofía y Letras. Universidad de Buenos Aires. Buenos Aires.

2002b. ¿Es posible diferenciar los conjuntos líticos atribuidos a la exploración de un espacio de los correspondientes a otras etapas del poblamiento? El caso del extremo sur de Patagonia. *Werken* 3: 119-132.

2007. Lithic Artifacts and the Information about Human Utilization of Large Areas. *Artefactos Líticos, Movilidad y Funcionalidad de Sitios: Problemas y Perspectivas*, P. Escola y S. Hocsman eds., British Archaeological Reports, John and Erica Hedge Ltd., Oxford, United Kingdom: En prensa.

FRANCO, N. Y E. ARAGÓN
2002. Muestreo de fuentes potenciales de aprovisionamiento lítico: un caso de estudio. En: *Del mar a los salitrales. Diez mil años de historia pampeana en el umbral del tercer milenio*, ed. por D. Mazzanti, M. Berón y F. Oliva, pp. 243-250. Universidad Nacional de Mar del Plata y Sociedad Argentina de Antropología.

2004. Variabilidad en fuentes secundarias de aprovisionamiento lítico: El caso del sur del lago Argentino (Santa Cruz, Argentina). *Estudios Atacameños* 28:71-85.

FRANCO, N. V. Y L. A. BORRERO
1999. Metodología de análisis de la estructura regional de recursos líticos. En: *En Los tres Reinos: Prácticas de recolección en el cono Sur de* Eds. C. Aschero, M. Korstanje y P. Vuoto, pp. 27-37, Ediciones Magna Publicaciones, Universidad Nacional de Tucumán.

2003a. Chorrillo Malo 2: initial peopling of the upper Santa Cruz basin, Argentina. En: *Ancient Evidences for Paleo South Americans: From where the South Winds Blow*, ed. Por R. Bonnichsen, L. Miotti, M. Salemne y N. Flegenheimer, pp. 149-152. Center for the Studies of the Firts American (CSFA) y Texas A&M University Press. Texas, USA.

2003b. Mind the gap: technological variations between both sides of the Magellan Strait. *Fifth World Archaeological Congress*, Washington, USA

FRANCO, N., L. A. BORRERO Y V. MANCINI
2004. Environmental changes and hunter-gatherers in southern Patagonia: Lago Argentino and Cabo Vírgenes (Argentina). *Before farming*, article 3: 1-17.

FRANCO, N., M. CARDILLO Y L. BORRERO
2005. Una primera aproximación a la variabilidad presente en las puntas denominadas "Bird IV". *Werken* 6 (1): 81-95.

FRANCO, N., A. CASTRO, M. CARDILLO Y J. CHARLIN
2006. El valor de los indicadores tecnomorfológicos y funcionales para discutir la interacción entre grupos sociales: el caso de los cazadores-recolectores del Holoceno Tardío del extremo sur de Patagonia continental. Trabajo presentado en el 52° congreso Internacional de Americanistas, Sevilla, España. MS.

GAMBLE, C.
1993. Exchange, Foraging and Local Hominid Networks. En: *Trade and Exchange in Prehistoric Europe.* Proceeding of a Conference held at the University of Bristol, April 1992. Ed. C. Scarre y F. Healy, pp. 35-44. Oxbow Books y The Prehistoric Society and the Société Préhistorique Francaise. Oxford.

1996. Making tracks. Hominid networks and the evolution of the social landscape. En: *The Archaeology f Human Ancestry. Power, Sex and Tradition.* J. Steele y S. Shennan eds. TAG. Routledge, pp. 253-273.

1998. Palaeolithic society and the release from proximity: a network approach to intimate relations. *World Archaeology* vol. 29 (3): 426-449.

GERO, J. Y J. MAZZULLO
1984. Analysis of Artifact Shape Using Fourier Series in Closed Form. *Journal of Field Archaeology* 11 (3): 312-322.

GÓMEZ OTERO, J.
1983-85. Investigaciones arqueológicas en las cuencas media y superior del río Gallegos. Informe final de beca de perfeccionamiento (Conicet). MS.

1986-87. Investigaciones arqueológicas en el alero Potrok - Aike (Provincia de Santa Cruz): Una revisión sobre los períodos IV y V de Bird. *Relaciones de la Sociedad Argentina de Antropología* XVII/1: 173-198.

1987. Posición estratigráfica particular de puntas de los períodos IV y V de Bird en el alero Potrok-Aike (Santa Cruz). En: *Primeras Jornadas de Arqueología de la Patagonia*, ed. por Dirección de Cultura de la Provincia del Chubut, pp. 125-130. Chubut.

1988. Investigaciones arqueológicas binacionales en la zona fronteriza argentino-chilena (paralelo 52° S), entre el valle del río Chico y el del Gallegos Chico. Informe de beca de formación superior (Conicet). MS.

1989-90. Cazadores tardíos en la zona fronteriza del paralelo 52° sur. El paraje de Juni Aike. *Anales del Instituto de la Patagonia* 19: 47-71.

1993. The function of small rockshelters in the Magallanes IV phase settlement system (South Patagonia). *Latin American Antiquity* 4 (4): 325-345.

GÓMEZ OTERO, J. Y M. V. FONTANELLA
1980. Informe sobre una prospección arqueológica en el extremo sur de la Provincia de Santa Cruz. *Karu-Kinka*: 91-108.

GONZÁLEZ BONORINO, G., G. BUJALESKY, F. COLOMBO Y M. FERRERO
1999. Holocene coastal paleoenvironments in Atlantic Patagonia, Argentina. *Journal of South American Earth Sciences* 12: 325-331.

GOTELLI, N. Y G. GRAVES
1996. *Null models in ecology*. Smithsonian institution press, Washington and London.

GOULD, R.
1978. Anthropology of human residues. *American Anthropologist* 80 (4):815-835.

1979. *Palaeolithic reflections. Lithic technology and ethnographic excavations among Australian Aborigines.* Australian Institute of Aboriginal Studies, Camberra, Australia.

1982. To have and have not: the ecology of sharing among hunter-gatherers. En: *Resource Managers: North American and Australian Hunter-Gatherers.* N. M. WilliaMS y E. S. Hunn eds., pp. 69-92. Australian Institute of Aboriginal Studies, Canberra.

GOULD, R. Y S. SAGGERS
1985. Lithic procurement in Central Australia: a closer look at Binford's idea of embeddedness in archaeology. *American Antiquity* 50 (1): 117-136.

GOULD, R., D. KOSTER Y A. SONTZ
1971. The Lithic Assemblage of the Western Desert Aborigines of Australia. *American Antiquity* 36 (2): 149-169.

GRADÍN, C. J., C. ASCHERO Y A. M. AGUERRE
1976. Investigaciones Arqueológicas en la Cueva de las Manos, Estancia Alto Río Pinturas, Pcia. de Santa Cruz. *Relaciones de la Sociedad Argentina de Antropología* X: 201-270. Buenos Aires.

1979. Arqueología del Área Río Pinturas (Pcia. Santa Cruz). Rela*ciones de la Sociedad Argentina de Antropología* XIII: 183-221. Buenos Aires.

GRAYSON, D.
1984. *Quantitative zooarchaeology. Topics in the analysis of archaeological faunas*. Academic Press.

GUERRA DE FRETES, E.
1977. Informe preliminar del hallazgo de restos humanos en una de las cuevas del paraje denominado "Monte Aymond". Actas y Memorias del IV Congreso Nacional de Arqueología Argentina, Revista del Museo de Historia Natural de San Rafael, IV(1/4):101-102, Mendoza.

HABERZETTL, T.
2006. *Late quaternary hydrological variability in southeastern Patagonia. 45,000 years of terrestrial evidence from Laguna Potrok Aike*. Dissertation zur erlangung des doktorgrades (Dr. Rer. Nat.) am fachbereich 8 der Universität Bremen, Bremen.

HABERZETTL, T., WILLE, M., FEY, M., LÜCKE, A., MAYR, C., OHLENDORF, C., SCHÄBITZ, F., SCHLESER, G. Y ZOLITSCHKA, B.
2003. Sedimentology and physico-chemical limnology of crater lakes in the Pali Aike Volcanic Field, Southern Patagonia (Argentina). Poster presentado en el XVI INQUA Congress, Reno.

HABERZETTL, T., M. FEY, A. LÜCKE, N. MAIDANA, C. MAYR, C. OHLENDORF, F. SCHÄBITZ, G. SCHLESER, M. WILLE Y B. ZOLITSCHKA
2005. Climatically induced lake level changes during the last two millenia as reflected in sediments of Laguna Potrok Aike, southern Patagonia (Santa Cruz, Argentina). *Journal of Paleolimnology* 33: 283-302.

HAIR, J., R. ANDERSON, R. TATHAM Y N. BLACK
1999. *Análisis multivariante*. Ed. Prentice Hall, Madrid.

HALLER, M. A. K. NÉMETH Y C. M. MEISTER
2006. Un maar en las cercanías de Río Gallegos, Santa Cruz. En: *Actas del XVI Congreso Geológico Argentino*. La Plata.

HAMMER, Ø., HARPER, D. Y P. RYAN
2004. PAST - *PAlaeontological STatistics*, ver. 1.21. http://folk.uio.no/ohammer/past

HAURY, C. E.
1995. Defining Lithic Procurement Technology. En: *Lithic Resource Studies: A Sourcebook for Archaelogists*, ed. T. Church, pp. 26-31. Lithic Technology, Special Publication 3. Department of Anthropology, University of Tulsa. Tulsa, Oklahoma.

HAYDEN, B.
1998 [1977]. Stone tool functions in the Western Desert. En: *Archaeology of Aboriginal Australia: A reader*, T. Murray (ed.), pp. 266-284. Sydney. Unwin and Allen.

1979. *Palaeolithic reflections. Lithic technology and ethnographic excavations among Australian Aborigines*. Australian Institute of Aboriginal Studies, Canberra, Australia. Humanities Press Inc., New Jersey, U.S.A.

1984. Are emic types relevent to Archaeology?. *Ethnohistory* 31 (2): 79-92.

1989. From chopper to celt: the evolution of resharpening techniques. En: *Time, energy and stone tools*, ed. por R. Torrence, pp. 7-16. Cambridge University Press, Cambridge.

HISCOCK, P.
1994. The end of Points. En: *Archaeology in the North*, M. Sullivan, S. Brockwell and A. Webb (eds), pp.72-83. North Australia Research Unit, Australian National University.

1998. Revitalising artifact analysis. En: *Archaeology of Aboriginal Australia: A reader*, T. Murray (ed.), pp. 257-265. Sydney. Unwin and Allen.

2002. Quantifying the size of artifact assemblages. *Journal of Archaeological Science* 29: 251-258.

2006. Blunt and to the Point: Changing technological strategies in Holocene Australia. En: *Archaeology in Oceania: Australia and the Pacific Islands*, I. Lilley (ed.), pp. 69-95. Blackwell.

2007. Looking the other way. A materialist/technological approach to classifying tools and implements, cores and retouched flakes. En *Tools versus Cores? Alternative approaches to Stone Tool Analysis*, ed. por S. McPherron, pp. 198-222. Cambridge Scholars Publishing. Newcastle, United Kingdom.

HISCOCK, P. Y P. VETH
1991. Change in the Australian desert culture: a reanalysis of tulas from Puntutjarpa rockshelter. *World Archaeology* 22 (3): 332-345.

HISCOCK, P. Y V. ATTENBROW
2002. Morphological and reduction continuums in Eastern Australia: Measurement and implications at Capertee 3. *Tempus* 7: 167-174.

2003. Early Australian implement variation: a reduction model. *Journal of Achaeological Science* 30: 239-249.

2005. Reduction continuums and tool use. En: *Lithics 'Down Under': Recent Australian Approaches to Lithic Reduction, Use and Classification*, Clarkson, C. and L. Lamb (eds), pp. 43-55. British Archaeological Reports International Monograph Series. Oxford: BAR Publishing.

HISCOCK, P. Y C. CLARKSON
2005a. Measuring artefact reduction. An examination of Kuhn's geometric index of reduction. En: *Lithics "Down Under". Recent Australian Approches to lithic reduction, use and classification*. C. Clarkson y L. Lamb eds. British Archaeological Reports International Monograph series. Oxford: BAR Publishing.

2005b. Experimental evaluation of Kuhn's geometric index of reduction and the flat-flake problem. *Journal of Achaeological Science* 32: 1015-1022.

HITCHCOCK, R. Y L. BARTRAM
1998. Social boundaries, technical systeMS, and the use of space and technology in the Kalahari. En: *The Archaeology of social boundaries*, ed. Por M. Stark, pp. 12-.49. Smithsonian Institutuion Press, Washington and London.
HOLDOWAY, S., S. MCPHERRON Y B. ROTH
1996. Notched tool reuse and raw material availability in French Middle Paleolithic sites. *American Antiquity* 61 (2): 377-387.

HUNT, R.
2000. Forager food sharing economy: transfers and exchanges. En: *The Social Economy of Sharing: Resource Allocation and Modern hunter-Gatherer*. G. W. Wenzel, G. Hovelsrud-Broda y N. Kishigami eds., pp. 7-26. Seri Etnological Studies 53, Tokio.

INGBAR, E.
1994. Lithic Material Selection and Technological Organization. En: *The Organization of North American Prehistoric Chipped Stone Tool Technologies*, ed. por P. Carr, pp.45-56. International Monographs in Prehistory. Ann Arbor. Michigan.

INGBAR, E., M. L. LARSON Y B. BRADLEY
1989. A nontypological approach to debitage analysis. En: *Experiments in lithic technology*, D. Amick y R. Mauldin eds., BAR International Series 528: 117-135.

IRIARTE, J.
1995. Afinando la puntería: tamaño, forma y rejuvenecimiento en las puntas de proyectil pedunculadas del Uruguay. En: *Actas del VIII Congreso Nacional de Arqueología Uruguaya,* pp. 142-151. Montevideo, Uruguay.

JACKSON, J.
1991. *A User's Guide to Principal Components*. A Wiley-Interscience Publication. John Wiley and Sons.

JESKE, R.
1992. Energetic efficiency and lithic technology: An Upper Mississippian example. *American Antiquity* 57 (3): 467-481.

JOCHIM, M.
1989. Optimization and stone tool studies: probleMS and potentials. En: *Time, energy and stone tools*, ed. por R. Torrence, pp. 106-111. Cambridge University Press, Cambridge.

JOHNSON, J.
1989. The utility of production trajectory modeling as a framework for regional analysis. En: *Alternatives Approach to Lithic Analysis*, ed. por D. Henry y G. Odell, pp. 119-138. Archaeological Papers of the American Anthropological Association I.

JONES, G. Y R. LEONARD
1989. The concept of diversity: an introduction. En: *Quantifying Diversity in Archaeology*, editado por R. Leonard y G. Jones, pp. 1-3. Cambridge University Press, Cambridge.

JONGMAN, R., C. TER BRAAK Y O. VAN TONGEREN
1995. *Data analysis in community and landscape ecology*. Cambridge University Press, United Kingdom.

JUNGERS, W., A. FALSETTI Y C. WALL
1995. Shape, relative size and size adjustments in morphometrics. *Yearbook of Physical Anthropology* 38: 137-161.

KEELEY, L.
1988. Lithic Economy, Style and Use: A Comparison of Three Late Magdalenian Sites. *Lithic Technology* 17: 19-25.

KELLY, R.
1995. *The Foraging spectrum. Diversity in hunter-gatherer lifeways.* Smithsonian Institution Press.

KINTIGH, K.
1989. Sample size, significance, and measures of diversity. En: *Quantifying Diversity in Archaeology*, editado por R. Leonard y G. Jones, pp. 25-36. Cambridge University Press, Cambridge.

KOCUREK, G. Y N. LANCASTER
1999. Aeolian sediment system state: theory and Mojave Desert Kelso dune field example. *Sedimentology* 46: 505-515.

KOKOT, R.
2004. Erosión en la costa patagónica por cambio climático. *Revista de la Asociación Geológica Argentina* 59 (4): 715-726.

KREBS, C.
1989. *Ecological Methodology*. Harper & Row, New York.

KUHN, S.
1990. A geometric index of reduction for unifacial stone tools. *Journal of Achaeological Science* 17: 583-593.

1991 "Unpacking" Reduction: Lithic Raw Material Economy in the Mousterian of West-Central Italy. *Journal of Anthropological Archaeology* 10: 76-106.

1992. On planning and curated technologies in the Middle Paleolithic. *Journal of Anthropological Research* 48 (3): 185-214.

1994. A formal approach to the design and assembly of mobile toolkits. *American Antiquity* vol. 59 (3): 426-442.

2004. Upper Paleolithic raw material economies at Ücagizli cave, Turkey. *Journal of Anthropological Archaeology* 23: 431-448.

LAMB, H.
1965. *Climate history and the modern world*. 2nd edition. Routledge.

L'HEUREUX, G.
2006. El estudio arqueológico del proceso coevolutivo entre las poblaciones humanas y las poblaciones de guanaco en Patagonia Meridional y norte de Tierra del Fuego. Tesis doctoral, Facultad de Ciencias Naturales y Museo, Universidad Nacional de La Plata. La Plata.

L'HEUREUX, G. Y N. FRANCO
2002. Ocupaciones humanas en el área de Cabo Vírgenes (Pcia. de Santa Cruz, Argentina): el sitio Cabo Vírgenes 6. *Anales del Instituto de la Patagonia, Serie Ciencias Humanas* 30: 183-201.

L'HEUREUX, G. Y J. CHARLIN
2007. Análisis lítico y arqueofaunístico del sitio Orejas de Burro 1, Pali Aike, Pcia de Santa Cruz. En: *Libro de resúmenes del XVI Congreso Nacional de Arqueología Argentina*, Tomo III, pp. 409-415. EdiUnju. San Salvador de Jujuy.

LUEDKE, B.
1992. *An Archaeologist's Guide to Chert and Flint*. Archaeological Research Tools 7, Institute of Archaeology, University of California, Los Angeles.

LYMAN, E., M. O'BRIEN Y R. DUNNELL
1997. *The rise and fall of culture history*. Plenum press. New York .

MAGNE, M.
1985. Lithics and livelihood: Stone tool technologies of Central and Southern Interior B. C. Archaeology Survey of Canada, Mercury Series N° 133, Ottawa.

MANCINI, M. V.
2007. Variabilidad climática durante los últimos 1000 años en el área de Cabo Vírgenes, Argentina. *Ameghiniana* 44 (1): 173-182.

MANCINI, M. V., M. PAEZ, A. PRIETO, S. STUTZ, M. TONELLO E I. VILANOVA
2005. Mid-Holocene climatic variability reconstruction from pollen records (32°-52° S, Argentina). *Quaternary International* 132: 47-59.

MANLY, B. F. J.
1994. *Multivariate statistical methods*. Segunda edición. Chapman & Hall, Londres.

MANSUR-FRANCHOMME, M.E.
1987. El análisis funcional de artefactos líticos. *Cuadernos del Instituto Nacional de Antropología*, Serie Técnica 1.

MANSUR, M. E., A. LASA Y M. VÁZQUEZ.
2004. Investigaciones arqueológicas en Punta Bustamante, Prov. de Santa Cruz: El sitio RUD01 bk. En: *Contra viento y marea. Arqueología de Patagonia*. M. T. Civalero, P. M. Fernández y A. G. Guráieb (comps.), pp. 755-774. Instituto Nacional de Antropología y Pensamiento Latinoamericano y Sociedad Argentina de Antropología, Buenos Aires.

MANZI, L., I. FREQUET, S. LAZELOTTI, J. JAIME Y M. ORLANDO
2005. Rangos de acción y territorialidad en el extremo sur de Patagonia. MS.

MANZI, L., F. CARBALLO MARINA Y P. CAMPAN
2007. Ampliación de las excavaciones en la cueva La Carlota 1 (curso medio del río Gallegos, Santa Cruz, Argentina). En preparación

MARKGRAF, V.
1993. Cueva Fell: 11.000 años de cambio en paleambientes, fauna y ocupación humana. En: *Viajes y Arqueología en Chile Austral*, ed. por J. Hyslop. Ediciones de la Universidad de Magallanes, pp. 225-231. Punta Arenas.

MARTIN, F.
2006. *Carnívoros y huesos humanos de Fuego-Patagonia. Aportes desde la tafonomía forense*. Colección Tesis de Licenciatura, dirigida por L. Nacuzzi. Sociedad Argentina de Antropología. Buenos Aires.

2007. Tafonomía y paleoecología de la transición Pleistoceno-Holoceno en Fuego-Patagonia. Interacción entre poblaciones humanas y de carnívoros y su importancia como agentes en la formación del registro fósil. Tesis Doctoral. Facultad de Ciencias Naturales y Museo, Universidad Nacional de La Plata. La Plata.

MARTÍNEZ, G.
2002. Organización y cambio en las estrategias tecnológicas: un caso arqueológico e implicaciones comportamentales para la evolución de las sociedades cazadoras-recolectoras pampeanas. En: *Perspectivas integradoras entre Arqueología y evolución. Teoría, método y casos de aplicación*. G. Martínez y J. L. Lanata eds. Serie teórica n° 1. INCUAPA, UNC.

MARTÍNEZ, J.
1999. Puntas de proyectil: Diseños y materias primas. En: *En los tres reinos: Prácticas de recolección en el cono sur de América*. C. A. Aschero, M. A. Korstanje y P. M. Vuoto eds. Ediciones Magna Publicaciones.

2001. Confección y uso de puntas de proyectil experimentales. En: *Actas del XIII Congreso Nacional de Arqueología Argentina*, Tomo 1, pp. 53-59. Córdoba.

MARTÍNEZ ARIAS, R.
2003. *El análisis multivariante en la investigación científica*. Ed. La Muralla S. A, Madrid.

MASSONE, M.
1979. Panorama etnohistórico y arqueológico de la ocupación Tehuelche y Prototehuelche en la costa del Estrecho de Magallanes. *Anales del Instituto de la Patagonia, Serie Ciencias Humanas* 10: 69-107.

1981. Arqueología de la región volcánica de Pali Aike (Patagonia Meridional Chilena). *Anales del Instituto de la Patagonia, Serie Ciencias Humanas* 12: 95-121.
1984. Los paraderos tehuelches y prototehuelches en la costa del Estrecho de Magallanes (Una aproximación teórica y metodológica). *Anales del Instituto de la Patagonia*, 15: 27-42.

1989-1990. Investigaciones arqueológicas en la Laguna Thomas Gould. *Anales del Instituto de la Patagonia, Serie Ciencias Humanas* 19: 87-99.

MASSONE, M. Y E. HIDALGO.
1981. Investigaciones arqueológicas en el alero Pali Aike 2. *Anales del Instituto de la Patagonia, Serie Ciencias Humanas* 12: 125-140.

MAULDIN, R. Y D. AMICK
1989. Investigating patterning in debitage from experimental bifacial core reduction. En: *Experiments in Lithic Technology*. Ed. D. Amick y R. Mauldin. BAR International Series 528, pp. 65-88.

MAYR, C., M. FEY, T. HABERZETTL, S. JANSSEN, A. LÜCKE, N. MAIDANA, C. OHLENDORF, F. SCHÄBITZ, G. SCHLESER, U. STRUCK, M. WILLE Y B. ZOLITSCHKA
2005. Paleoenvironmental changes in southern Patagonia during the last millennium recorded in lake sediments from Laguna Azul (Argentina). *Palaeogeography, Palaeoclimatology, Palaeoecology* 228: 203-227.

MAYR, C., A. LÜCKE, W. STICHLER, P. TRIMBORN, B. ERCOLANO, G. OLIVA, C. OHLENDORF, J. SOTO, M. FEY, T. HABERZETTL, S. JANSSEN, F. SCHÄBITZ, G. SCHLESER, M. WILLE Y B. ZOLITSCHKA
2007. Precipitation origin and evaporation of lakes in semi-arid Patagonia (Argentina) inferred from stable isotopes (^{18}O, ^{2}H). *Journal of Hydrology* 334: 53-63.

MAZZARINI, F. Y M. D'ORAZIO
2003. Spatial distribution of cones and satellite-detected lineaments in the Pali aike Volcanic Field (southernmost Patagonia): insights into the tectonic setting of a Neogene rift system. *Journal of Volcanology and Geothermal Research* 125: 291.305.

MAZZONI, E.
2001. Distribución espacial y caracterización geomorfológica de "bajos sin salida" de la Patagonia austral extracordillerana. *Anales del Instituto de la Patagonia 29*: 5-24.

MEGLIOLI, A.
1992. Glacial geology and chronology of southernmost Patagonia and Tierra del Fuego, Argentina and Chile. Tesis doctoral. Universidad de Lehigh.

1994. Glacial stratigraphy of central and northern Tierra del Fuego, Argentina. En: *Field Trip Guidebook. Symposium and field meeting "The termination of the Pleistocene in South America"*, ed. Por J. Rabassa, M. Salemme, A. Coronato, C. Roig, A. Meglioli, G. Bujalesky, M. Zarate y S. Gordillo, pp. 9-26. Tierra del Fuego, Argentina.

MEGLIOLI, A., B. E. EVENSON, P. D. ZEITLER Y J. RABASSA
1990. Cronología relativa y absoluta de los depósitos glaciarios de Tierra del Fuego, Argentina y Chile. *II Actas del Décimo Primer Congreso Geológico Argentino*, pp. 457-460. San Juan.

MELTZER, D.
1989. Was Stone Exchange Among Eastern North American Paleoindians?. En: *Eastern Paleoindian lithic resource use*. Ed. C. Ellis y J. Lothrop, pp.11-39. Westview Press, Boulder.

MENEGAZ, A. Y H. NAMI
1999. Nota sobre los hallazgos paleontológicos de la fauna del Pleistoceno final en la cueva de Las Buitreras (Provincia de Santa Cruz, Argentina). *Praehistoria* 3:183-187.

MENGHIN, O.
1952. Fundamentos cronológicos de la prehistoria de Patagonia. *Runa* V (1-2), Buenos Aires.

MERCER, J.H.
1976. Glacial history of southernmost South America. *Quaternary Research* 6:125-166.

MOLINARI, R. Y S. ESPINOSA
1999. Brilla tu, diamante "loco". *Soplando en el viento. Actas de las III Jornadas de Arqueología de la Patagonia*, ed. por el Instituto Nacional de Antropología y Pensamiento Latinoamericano y la Facultad de Humanidades, Universidad Nacional del Comahue, pp. 189-198. Neuquén-Buenos Aires.

MORELLO, F., M. SAN ROMÁN, A. PRIETO Y CH. STERN
2001. Nuevos avances para una discusión arqueológica en torno a la obsidiana verde en Patagonia Meridional. *Anales del Instituto de la Patagonia, Serie Ciencias Humanas* (29): 129-148.

MORELLO, F., M. SAN ROMÁN Y A. PRIETO
2004. Obsidiana verde en Fuego-Patagonia: distribución y estrategias tecnológicas. En*: Contra viento y marea. Arqueología de Patagonia.* M. T. Civalero, P. M. Fernández y A. G. Guraieb Compiladores, Instituto Nacional de Antropología y Pensamiento

Latinoamericano y Sociedad Argentina de Antropología, pp. 149-166. Buenos Aires.

MORROW, J.
1997. End scraper morphology and use life: an approach for studying paleoindian lithic technology and mobility. *Lithic Technology* 22 (1):70-85.

NAMI, H.
1984a. Análisis tipológico de los instrumentos provenientes del sitio "El Volcán" C. 4. Cuenca del Río Chico, Provincia de Santa Cruz. *PREP: Informes de Investigación* 1: 55-81.

1984b. Algunas observaciones sobre la manufactura de las puntas de proyectil de El Volcán. *PREP: Informes de Investigación* 1:85-107.

1985. El subsistema tecnológico de la confección de instrumentos líticos y la explotación de los recursos del ambiente: una nueva vía de aproximación. *Shincal* 2: 33-53.

1986. Experimentos para el estudio de la tecnología bifacial de las ocupaciones tardías en el extremo sur de Patagonia Continental. *PREP: Informes de Investigación* 5:1-120.

1987. Cueva del Medio: Perspectivas arqueológicas para la Patagonia Austral. *Anales del Instituto de la Patagonia, Serie Ciencias Humanas* 17: 73-107.

1993. Informe sobre el avance de las investigaciones arqueológicas en la cuenca del Río Chico (Provincia de Santa Cruz, Argentina). *Revista del Museo de Historia Natural de San Rafael (Mendoza)*, t. XII (2): 79-93.

1994. Paleoindio, cazadores-recolectores y tecnología lítica en el extremo sur de Sudamérica continental. En: *Arqueología de Cazadores-recolectores. Límites, casos y aperturas*. J. L. Lanata y L. A. Borrero comp., pp.89-103. Arqueología contemporánea 5. Edición Especial.

1995. Archaeological Research in the Argentinian Río Chico Basin. *Current Anthropology* 36 (4): 661-664.

1999. Arqueología en la localidad arqueológica de Pali Aike, cuenca del Río Chico (Provincia de Santa Cruz, Argentina). *Praehistoria* n° 3: 189-218.

2003. Experimentos para explorar la secuencia de reducción Fell de la Patagonia Austral. *Magallania* 31:107-138.

NAMI, H. Y D. FRINK
1999. Cronología obtenida por la tasa del carbón orgánico oxidable (OCR) en Markatch Aike 1 (cuenca del río Chico, Santa Cruz). *Anales del Instituto de la Patagonia* 27: 231-237.

NASH, S.
1996. Is curation a useful heuristic? En: *Stone tools: theoretical insights into human prehistory*. Ed. por G. Odell, capítulo 3, pp. 81-99. Plenum Press, New York

NELSON, M.
1991. The Study of Technological Organization. *Archaeological Method and Theory* vol. 3: 57-100.

NORMAN, G. Y D. STREINER
1998. *Bioestadística*. Harcourt Brace, Madrid.

ODELL, G.
1981. The morphological express at function junction: searching for meaning in lithic tool types. *Journal of Anthropological Research* 37: 319-342.

1988. Addressing Prehistoric Hunting Practices Through Stone Tool Analysis. *American Anthropologist* 90 (2): 335-356.

1994. Prehistoric hafting and mobility in the North American Midcontinent: examples from Illinois. *Journal of Anthropological Archaeology* 13: 51-73.

1996. Economizing behavior and the concept of "curation". En: *Stone tools: theoretical insights into human prehistory*. Ed. por G. Odell, capítulo 2, pp. 51-80. Plenum Press, New York.

ODELL, G. Y F. COWAN
1986. Experiments with spears and arrows on animal targets. *Journal of Field Archaeology* 13: 195-212.

ORQUERA, L. A.
1984-1985. Tradiciones culturales y evolución en Patagonia. *Relaciones de la Sociedad Argentina de Antropología* XVI: 249-267.

ORTIZ TRONCOSO, O.
1973. Aspectos arqueológicos de la penísula de Brunswick (Patagonia austral). *Anales del Instituto de la Patagonia* IV (1-3): 109-129.

1975. Los yacimientos de Punta Santa Ana y Bahía Buena (Patagonia Austral). Excavaciones y fechados radiocarbónicos. *Anales del Instituto de la Patagonia* VI (1-2): 93-122.

PARRY, W. Y R. KELLY
1987. Expedient core technology and sedentism. En: *The organization of core technology*, ed. por J. Johnson y C. Morrow, pp. 285-304. Westview Press, Boulder, Colorado.

PATTERSON, L.
1987. Amorphous cores and utilized flakes: a commentary. *Lithic Technology*, vol. 16, n° 2-3: 51-64.

PELCIN, A.
1998. The threshold effect of platform width: a reply to Davis and Shea. *Journal of Archaeological Science* 25: 615-620.

POTTS, R.
1984. Home base and early hominids. *American Scientist* 92: 338-349.

PRIETO, A.
1988. Cazadores-recolectores del istmo de Brunswick. *Anales del Instituto de la Patagonia* 18: 113-131.
1989-90. Cazadores tardíos en la zona fronteriza del paralelo 52° sur. El alero Peggy Bird. *Anales del Instituto de la Patagonia* 19: 73-85.

1997. Algunos resultados de los trabajos arqueológicos en Juni Aike 2. *Anales del Instituto de la Patagonia* 25:137-146.

PRIETO, A., F. MORELLO, R. CÁRDENAS Y M. CHRISTENSEN
1998a. Cañadón Leona: A sesenta años de su descubrimiento. *Anales del Instituto de la Patagonia,* 26: 83-105.

PRIETO, A., S. STUTZ Y S. PASTORINO
1998b. Vegetación del Holoceno en la cueva Las Buitreras, Santa Cruz, Argentina. *Revista Chilena de Historia Natural* 71: 277-290.

PRIETO, A., S. STUTZ Y S. PASTORINO
1999. Arqueopalinología de la cueva Las Buitreras (Provincia de Santa Cruz, Argentina). *Praehistoria* 3: 169-187.

RABASSA, J. Y C. CLAPPERTON
1990. Quaternary glaciations of the southern Andes. *Quaternary Science Review* 9: 153-174.

RATTO, N.
1991. Análisis funcional de las puntas de proyectil líticas de sitios del sudeste de la isla grande de Tierra del Fuego. *Arqueología* 1: 151-178.

1992. Técnicas de caza prehistóricas en ambientes de Patagonia (Tierra del Fuego, Argentina). *Palimpsesto* 1: 37-49.

1994. Funcionalidad vs. adscripción cultural: cabezales líticos de la margen norte del estrecho de Magallanes. En *Arqueología de cazadores-recolectores. Límites, casos y aperturas*. J. L. Lanata y L. A. Borrero compiladores, pp. 105-120. Arqueología contemporánea 5. Edición Especial.

RATTO, N. Y D. KLIGMAN
1992. Esquema de clasificación de materias primas líticas arqueológicas en Tierra del Fuego: intento de unificación y aplicación a dos casos de análisis. *Arqueología* 2: 107-134.

RENFREW, C.
1977. Alternative models for exchange and spatial distribution. En: *Exchange SysteMS in Prehistory*, ed. por T. Earle y J. Ericson, pp. 71-90. Academic Press, New York.

ROHLF, F. J.
1990. Fitting Curves to outlines. *Proceedings of the Michigan Morphometrics Workshop*. Special Publication No. 2, University of Michigan, Museum of Zoology, pp. 167-178. Ann Arbor.
2002. TpsPLS. Version 1.13. Department of Ecology and Evolution, State University of New York at Stony Brook.

2004a. TpsUtil, file utility program. Version 1.29. Department of Ecology and Evolution, State University of New York at Stony Brook.

2004b. TpsRelw, relative warps analysis, version 1.39. Department of Ecology and Evolution, State University of New York at Stony Brook.

2006. Tps serie softwares. Disponible en http//life.bio.sunysb.edu/morph/.

ROSE, I.
1960. The classification of artifacts in Archaeology. *American Antiquity* 25 (3): 313-323.

SANGUINETTI DE BÓRMIDA, A.
1976. Excavaciones prehistóricas en la cueva de Las Buitreras, Santa Cruz, Argentina. *Relaciones de la Sociedad Argentina de Antropología* X: 271-292.

1976-1980. El sitio Las Buitreras como aporte al manejo de fuentes prehistóricas del temprano poblamiento sudamericano. *Runa* XIII (1-2):11-25.

1982. Introducción a la prehistoria de la Patagonia Argentina. Tesis doctoral. Facultad de Filosofía y Letras, Universidad de Buenos Aires. Buenos Aires.

1984. Noticias sobre el sitio "El Volcán", su relación con el poblamiento tardío de las cuencas de los ríos Gallegos y Chico (Provincia de Santa Cruz, Argentina). *PREP: Informes de Investigación* 1: 5-34.

1999. Informe sobre las investigaciones llevadas a cabo en el área de investigaciones de la cuenca del río Gallegos (Provincia de Santa Cruz, Argentina). *Praehistoria* 3: 119-133.

SANGUINETTI DE BÓRMIDA, A. Y L. BORRERO
1977. Los niveles con fauna extinta de la cueva Las Buitreras (Río Gallegos, Provincia de Santa Cruz). *Relaciones de la Sociedad Argentina de Antropología,* vol. XI: 167-178.

1983. Las Buitreras cave and the palaeoenvironments of the río Gallegos valley, Province of Santa Cruz, Argentina. *Quaternary of south America and Antartic peninsula* 1: 151-156.

SAN ROMÁN, M. Y A. PRIETO
2004. (Dis) continuidad del uso de obsidiana verde entre poblaciones de adaptación marítima del mar de Otway y estrecho de Magallanes. En: *Contra viento y marea. Arqueología de Patagonia*, (M. T. Civalero, P. M. Fernández y A. G. Guráieb Comp.), Instituto Nacional de Antropología y Pensamiento Latinoamericano y Sociedad Argentina de Antropología, Buenos Aires: 571-580.

SAN ROMÁN, M., F. MORELLO Y A. PRIETO
2002. Cueva de los chingues (Parque Nacional Pali Aike), Magallanes, Chile. Historia natural y cultural I. *Anales del Instituto de la Patagonia, Serie Ciencias Humanas* 28: 125-146.

SCASSO, R. A. Y C. O. LIMARINO
1997. *Petrología y diagénesis de rocas clásticas*. Asociación Argentina de Sedimentología. Publicación especial nº 1.

SHELLEY, P.
1993. A geoarchaeological approach to the analysis of secondary lithic deposits. *Geoarchaeology* 8 (1): 59-72.

SCHIDLOWSKY, V.
1999. Comportements techno-economiques et identite culturelle des premieres chasseurs maritimes et des chasseurs terrestres de Patagonie Australe. Tesis de Doctorado. Universite Paris 1.

SCHIFFER, M.
1983. Toward the Identification of Formation Processes. *American Antiquity* 48 (4): 675-706.

1987. *Formation processes of the archaeological record*. University of New Mexico Press, Albuquerque.

1990. Contexto arqueológico y contexto sistémico. *Boletín de Antropología Americana* 22 (2): 81-93.

SCHWEIZER, T.
1997. Embeddedness of ethnographic cases. A social networks perspectiva. *Current Anthropology* 38 (5): 739-760.

SCILLATO YAÑÉ, G. J.
1976. Sobre algunos restos de *Mylodon* (¿) *listai* (Edentata, Tardigrada), procedentes de la cueva de "Las Buitreras" (Provincia de Santa Cruz). *Relaciones de la Sociedad Argentina de Antropología (N. S.)* 10:309-312.

SELVERSTONE, J.
1982. Fluid Inclusions as Petrogenetic Indicators in Granulite Xenoliths, Pali Aike Volcanic Field, Chile. *Contributions to Mineralogy and Petrology* 79: 28-36.

SELVERSTONE, J. Y C. STERN
1983. Petrochemistry and recrystallization history of granulite xenoliths from the Pali-Aike volcanic field, Chile. *American Mineralogist*, vol. 68: 1102-1112.

SHELLEY, P.
1993. A geoarchaeological approach to the analysis of secondary lithic deposits. *Geoarchaeology: An International Journal* 8 (1):59-72.

SHOTT, M.
1986. Technological organization and settlement mobility: an ethnographic examination. *Journal of Anthropological Research* 4 (2): 15-51.

1989. Diversity, organization, and behavior in the material record. Ethnographic and archaeological examples. *Current Anthropology* 30: 283-315.

1994. Size and form in the analysis of flake debris: review and recent approaches. *Journal of Archaeological Method and Theory* 1: 69-110.

1995. Curation, use rates and the formation of scraper assemblages. *Lithic Technology* 20 (1): 53-72.

1996a. An exegesis of the curation concept. *Journal of Anthropological Research* 52 (3): 259-280.

1996b. Stage versus continuum in the debris assemblages from production of a fluted biface. *Lithic Technology* 21 (1): 6-22.

1997. Stones and shafts redux: the metric discrimination of chipped-stone dart and arrow points. *American Antiquity* 62 (1): 86-101.

2005. The reduction thesis and its discontents: Overview of the volume. En: *Lithics 'Down Under': Recent Australian Approaches to Lithic Reduction, Use and Classification*, Clarkson, C. and L. Lamb (eds), pp. 109-125. British Archaeological Reports International Monograph Series. Oxford:BAR Publishing.

SKEWES, M.
1978. Geología, petrología, quimismo y origen de los volcanes del área de Pali-Aike, Magallanes, Chile. *Anales del Instituto de la Patagonia* 9: 95-106.

SMITH, E.
1992a. Human Behavioral Ecology I. *Evolutionary Anthropology* 1 (1): 20-25.

1992b. Human Behavioral Ecology II. *Evolutionary Anthropology* 1 (2): 50-55.

SMITH, E. Y B. WINTERHALDER
1992. *Evolutionary Ecology and Human Behavior*. Aldine de Gruyter. New York.

SPAULDING, A.
1953. Statistical techniques for the discovery of artifact types. *American Antiquity* XVIII (4): 305-313.

STAFFORD, C. R.
1995. Geoarchaeological perspectives on paleolandscapes and regional subsurface archaeology. *Journal of Archaeological Method and Theory* 2 (1): 69-104.

STANNER, W.
1965. Aboriginal territorial organization: estate, range, domain and regime. *Oceania* XXXVI (1): 1-26.

STERN, CH.
1999. Black obsidian from central-south Patagonia: chemical characteristics, sources and regional distribution of artefacts. *Soplando en el viento. Actas de las III Jornadas de Arqueología de la Patagonia*, ed. por el Instituto Nacional de Antropología y Pensamiento Latinoamericano y la Facultad de Humanidades, Universidad Nacional del Comahue, pp. 221-234. Neuquén-Buenos Aires.

2000a. Sources of obsidian artefacts from the Pali Aike, Fell´s Cave and Cañadón La Leona archaeological sites in southernmost Patagonia. *Desde el país de los gigantes. Perspectivas arqueológicas en Patagonia*, (UNPA ed.), Tomo II, Río Gallegos: 43-55.

2000b. Fuentes de los artefactos de obsidiana en los sitios arqueológicos de las cuevas de Pali Aike y Fell, y Cañadón La Leona, en Patagonia Austral. *Anales del Instituto de la Patagonia,* 28: 251-263.
2004. Obsidian in southern Patagonia: Review of the current information. *Contra viento y marea. Arqueología de Patagonia*, (M. T. Civalero, P. M. Fernández y A. G. Guráieb Comp.), Instituto Nacional de Antropología y Pensamiento Latinoamericano y Sociedad Argentina de Antropología, Buenos Aires: 168-176.

STERN, CH. Y N. FRANCO
2000. Obsidiana gris verdosa veteada en la cuenca superior del río Santa Cruz, extremo sur de Patagonia. *Anales del Instituto de la Patagonia, Serie Ciencias Humanas* 28: 265-273.

STERN, CH. Y A. PRIETO
1991. Obsidiana verde de los sitios arqueológicos en los alrededores del mar de Otway, Magallanes, Chile. *Anales del Instituto de la Patagonia, Serie Ciencias Humanas* 20: 139-144.

STERN, CH., K. FUTA, S. SAUL Y M. SKEWES
1985. Evolution of the subcontinental mantle lithosphere below Southernmost South America. *Comunicaciones* N° 35: 227-231.

STERN, CH., A. PRIETO Y N. V. FRANCO
1995. Obsidiana negra en sitios arqueológicos de cazadores-recolectores terrestres en Patagonia austral. *Anales del Instituto de la Patagonia, Serie Ciencias Humanas* 23: 105-109.

STINE, S.
1994. Extreme and persistent drougth in California and Patagonia during medieval time. *Nature* 369: 546-549

STOUT, D.
2002. Skill and cognition in stone tool production. *Current Anthropology* 43 (5): 693-722.

SUGDEN, D. (ed.)
2005. Late glacial events in souhernmost south America and their global significance. *Geografiska Annaler* 87A (2): 271-408.

SULLIVAN, A. P. Y K. C. ROZEN
1985. Debitage analysis and archaeological interpretation. *American Antiquity* 50: 755-779.
THOMAS, D.
1978. Arrowheads and atlatl darts: how the stones got the shaft. *American Antiquity* 43 (3): 461-472.

1986. Points to points: a reply to Flenniken and Raymond. *American Antiquity* 51 (3): 619-627.

TORRENCE, R.
1983. Time budgeting and hunter-gatherer technology. En: *Pleistocene Hunters and Gatherers in Europe*. Ed. por G. Bailey, pp. 11-22. Cambridge University Press, New York.

1984. Monopoly or direct access? Industrial organization at the Melos obsidian quarries. En: *Prehistoric quarries and lithic production*, ed. por J. Ericson y B. Pudri, pp. 49-64.

1989. Tools as optimal solutions. En: *Time, energy and stone tools*, ed. por R. Torrence, pp. 1-6. Cambridge University Press, Cambridge.

TOWNER, R. Y M. WARBURTON
1990. Projectile point rejuvenation: a technological analysis. *Journal of Field Archaeology* 17 (3): 311-321.

URIBE, P. Y E. ZAMORA
1981. Origen y geomorfología de la Punta Dungeness, Patagonia. *Anales del Instituto de la Patagonia* 12: 143-158.

WHALLON, R.
2006. Social networks and information: Non-"utilitarian" mobility among hunter-gatherers. *Journal of Anthropological Archaeology* 25: 259-270.

WHITE, P., N. MODJESKA E I. HIPUYA
1977. Group definitions and mental templates. An ethnographic experiment. En: *Stone tools as cultural markers*, ed. por R. Wright, pp. 380-390. Australian Institute of Aboriginal Studies, Canberra.

WIANT, M. Y H. HASSEN.
1984. The role of lithic resource availability and accessibility in the organization of lithic technology. En: *Lithic resource procurement: Proceedings from the second conference on prehistoric chert exploitation.* Ed. por S. Vehik, pp.101-113. Centre for Archaeological Investigations, Occasional Paper 4.

WIESSNER, P.
1983. Style and social information in Kalahari San projectil points. *American Antiquity* 48 (2): 253-276.

WINTERHALDER, B. Y E. SMITH
2000. Analyzing adaptive strategies: Human behavioral ecology at twenty-five. *Evolutionary Anthropology* 9 (2): 51- 72.

YACOBACCIO, H.
1979. Estudio comparado sobre la funcionalidad de artefactos y contextos líticos arqueológicos. Primer informe de Beca de Iniciación del CONICET. MS.

1987. Los raspadores de Patagonia: un problema de multifunción. En: *Comunicaciones de las Primeras Jornadas de Arqueología de la Patagonia*, Aguerre, A. M., Aschero C. A. y Belleli C. (comp.), pp. 311-320. Ed. Dirección de Cultura de la Provincia, Rawson, Chubut.

1994. Biomasa animal y consumo en el Pleistoceno-Holoceno Surandino. *Arqueología* 4: 43-72.

ZAR, J.
1999. *Bioestatistical analysis*. Ed. Prentice Hall, New York.

ZOLITSCHKA, B., F. SCHÄBITZ, A. LÜCKE, H. CORBELLA, B. ERCOLANO, M. FEY, T. HABERZETTL, S. JANSSEN, N. MAIDANA, C. MAYR, C. OHLENDORF, G. OLIVA, M. PAEZ, G. SCHLESER, J. SOTO, P. TIBERI Y M. WILLE
2006. Crater lakes of the Pali Aike Volcanic Field as key sites for paleoclimatic and paleoecological reconstructions in southern Patagonia, Argentina. *Journal of South American Earth Science* 21: 294-309.

www.ingramcontent.com/pod-product-compliance
Lightning Source LLC
LaVergne TN
LVHW072252300926
849160LV00018B/1646